"十二五"普通高等教育本科国家级规划教材

计算机组成与系统结构

（第二版）

裘雪红　盛立杰　张剑贤　
车向泉　刘　凯　编著

西安电子科技大学出版社

内 容 简 介

本书主要讲述计算机的基本体系结构、基本组成原理和基本实现方法，涉及的内容包括从计算机底层的 CPU 核心直到最上层的并行系统架构，具体介绍了各种计算机系统中采用的数据表示与运算方法、指令设计与流水线处理技术、存储体系与存储技术、输入/输出系统与 I/O 技术、并行体系结构及互连技术等成熟技术与新技术，并结合新产品、新系统说明了各种技术的应用。

本书力求语言精练，深入浅出，通俗易懂，重点突出，在强调原理的同时注重技术与实例的结合，在强调基础知识的同时注重新技术的融入。

本书与教育部高等学校教学指导委员会下设的计算机科学与技术教学指导委员会制定的计算机科学与技术专业规范中建议的"计算机组成与体系结构"教学大纲和 ACM/IEEE-CS 课程指南吻合，涵盖了全国硕士研究生入学考试计算机科学与技术学科联考大纲中"计算机组成原理"课程的内容，适用于"计算机组成与体系结构"和"计算机组成原理"课程的教学与自学，能够给学生建立完整的计算机组成与体系结构的基本概念和知识体系。

图书在版编目(CIP)数据

计算机组成与系统结构/裘雪红等编著. —2 版. —西安：西安
电子科技大学出版社，2020.9(2023.11 重印)
ISBN 978 - 7 - 5606 - 5761 - 5

Ⅰ. ①计… Ⅱ. ①裘… Ⅲ. ①计算机组成原理—高等学校—教学参考资料
②计算机体系结构—高等学校—教学参考资料 Ⅳ. ①TP30

中国版本图书馆 CIP 数据核字(2020)第 132128 号

策　　划　臧延新
责任编辑　臧延新
出版发行　西安电子科技大学出版社(西安市太白南路 2 号)
电　　话　(029)88202421　88201467　　邮　　编　710071
网　　址　www. xduph. com　　　　电子邮箱　xdupfxb001@163. com
经　　销　新华书店
印刷单位　陕西天意印务有限责任公司
版　　次　2020 年 9 月第 2 版　2023 年 11 月第 12 次印刷
开　　本　787 毫米×1092 毫米　1/16　印张 28.5
字　　数　678 千字
定　　价　62.00 元

ISBN 978 - 7 - 5606 - 5761 - 5/TP

XDUP　6063002 - 12

＊＊＊如有印装问题可调换＊＊＊

第二版前言

我们总是感叹计算机的发展速度太快，以至于在编写教材时总有太多的新技术因为篇幅的限制而无法纳入其中，为此也不免有所遗憾。但我们仍力求为未来从事计算机系统硬件设计和软件设计的学习者提供有价值的参考书。

了解计算机体系结构和基本工作原理，对于计算机系统硬件设计者和软件设计者来说，是同等重要的。本书力求较完整地阐述现代计算机的基本组成、软硬件相互配合的工作原理、重要的并行体系结构和核心技术，使软件设计者在对计算机基本硬件技术深入理解的基础上能够充分发挥软件系统的效能，使硬件设计者在充分了解软硬件协同关系及硬件对软件具有深刻影响的基础上运用与创新更完善的计算机体系结构和硬件技术。

编写本书最直接的动因是希望引入新推出的开源的 RISC-V 指令集体系结构，在编写中我们将其作为更新本书相关章节技术内容的支撑。我们保留了第一版中的有用元素，对全书结构进行了更合理的设计，对文字进行了更精心的修改，删除了一些不影响大局的非关键技术的内容。对比第一版，本书增删的内容包括：

第 1 章，增加了指令集体系结构、高级语言程序执行过程的描述，精简了基准测试程序描述。

第 2 章，增加了 Unicode 与 UTF-8 编码介绍。

第 3 章，增加了逻辑与移位运算，删除了两位乘法运算。

第 4 章，增加了主存的物理和逻辑结构、主存的设计方法、2/4/8 路组相联地址映射与变换的实现方法、RISC-V 中页式虚拟存储器的实现等，重新组织了 Cache 性能测量与性能提高的内容，精简了磁盘阵列 RAID。

第 5 章，增加了 RISC-V 和 x86 寻址方式、RISC-V 指令格式和指令系统，删除了 MIPS 指令系统。

第 6 章，增加了基础的 RISC-V 系统结构、RISC-V 系统控制单元设计，删除了 Sun 的 CPU。

第 7 章，增加了 RISC-V 基本指令流水线设计，精简了基本的指令流水线、处理控制冒险的方法。

第 8 章，增加了 RISC-V 和 x86 处理器中的异常与中断、直接高速缓存存取（DCA），精简了 I/O 通道方式、输入/输出设备。

第 9 章，增加了 GPU 体系结构、云计算、高性能计算机发展现状，删除了阵列处理机、部分互连模式和互连网络、集群。

在完成本书编写之际，我们依然要感谢国内外同类教材和相关资料的作者，特别是参考文献中提及著作的作者，是他们的众多作品为我们提供了丰富的参考和借鉴素材。我们也依然要感谢西安电子科技大学出版社为本书的出版提供机会。

本书第 1、4 章由车向泉老师编写，第 2、8 章由盛立杰老师编写，第 3、5 章由张剑贤老师编写，第 6、7 章由裴雪红老师编写，第 9 章由刘凯老师编写，全书由裴雪红老师统稿与修改。

由于实践条件和我们自身水平的限制，对于本书中某些新技术，我们无法实际验证，所以可能对某些新技术理解得不透彻，书中难免有不足之处，恳请专家、同行和读者给予批评指正，我们将不胜感激。

作者 E-mail：xhqiu@xidian.edu.cn。

作　者

2020 年 4 月

第一版前言

为了将"计算机组成原理"和"计算机系统结构"这两门紧密关联的课程有机地联系在一起，也为了避免两门独立课程的部分内容重叠造成课时浪费，已有一些院校的计算机专业选择将这两门课整合为一门课程，本书就是为这种课程提供的配套教材。另外，本书也完全适宜作为"计算机组成原理"课程的教材及研究生入学考试用书。

目前关于"计算机组成与结构"的中外教材有不少，但我们从教学一线的实践中感受到仍然需要一本在内容上能够比较完整地覆盖计算机组成与系统结构，原理性比较强，融合新技术，且适合我们教学需要的教材，这也是促成我们编写本书的最直接原因。希望本书能帮助我们达成这一愿望，也希望能为兄弟院校同类课程教学提供一本内容较新的教材。编写本书时，我们努力做到以普适的基本原理应对多变的计算机机型，并以实际的计算机产品或机器作为实例，使读者能够将原理与实践联系起来。

本书主要讲述计算机硬件的基本组成和典型的并行体系结构。第1章对计算机进行了宏观概述，可以让对计算机不太了解的读者先有一个感性的认识。第2章介绍计算机系统中的数据表示，包括数值、非数值表示及校验码，它是计算机设计、实践的基础，也是认识计算机信息的基础。第3章是运算方法与运算器，重点讲述定点数与浮点数的加、减、乘、除运算方法和具体实现，读者可以通过本章了解计算机是如何进行计算的以及如何设计算术逻辑单元ALU。第4章讲述存储系统，涉及存储系统的基本概念、内存与外存，读者可以从中了解到存储系统各层次存储器的工作原理及存储技术。第5章是指令系统，在一般性介绍指令格式和指令设计的基础上，选择Intel指令系统和MIPS指令系统作为CISC与RISC指令系统的实例，让读者对CISC与RISC有一个基本的认识。第6章描述了CPU，包括CPU结构、控制器设计以及CPU性能、新技术和实例，本章将为读者呈现从内到外较为全面的CPU。第7章详细地介绍了流水线技术及指令级并行的概念，包括浮点运算流水线、指令流水线、流水线性能度量、指令流水线的性能提高、多发射处理器等内容，读者可以学习到较为完整的关于流水线的知识和技术。第8章是总线与输入/输出系统，涉及总线、仲裁、实例和程序查询、中断、DMA、I/O通道等输入/输出技术，本章有助于读者掌握 I/O 设备接入计算机系统的连接技术。第9章为并行体系结构，重点讨论了计算机体系结构的并行性、多处理器与多计算机系统等体系结构以及互连网络等并行计算机系统中普遍关注的问题，读者可以从本章了解当今高性能计算机的基本结构及相关技术。

在编写本书的过程中，我们参考了国内外一些同类教材及相关资料，特别是参考文献中提及的几本国外经典教材对本书的编写有直接的影响，在此，我们要特别感谢这些作者和他们的精彩著作。另外，我们也要感谢相关文献资料、电子教案等的作者(尽管有些作者的姓名我们并不知晓)，是他们给了我们许多灵感。另外还要感谢西安电子科技大学出版社为本书的出版提供了机会。

本书的第1~4章由李伯成教授编写，第5~9章由裘雪红教授编写，全书由裘雪红教授统稿。由于实践条件及我们自身水平的限制，本书中有些新技术我们无法实际验证，所以可能对某些新技术理解得不透彻，书中难免有不足之处，恳请专家、同行和读者给予批评指正，我们不胜感激。作者 E-mail：qiuxh0699@sina.com。

作　者

2011 年 10 月

目　录

第1章　绪　　论

本章主要描述计算机的发展、构成及性能，使读者在开始了解全书内容之前，先对计算机有一个宏观的认识。

1.1　计算机的发展历史

电子数字计算机无疑是人类社会科学技术发展史上最伟大的发明之一，它的出现深刻影响着人类精神文明和物质文明的发展。所谓电子数字计算机，是指能对离散逻辑符号表示的数据或信息进行自动处理的电子装置，简称计算机。

1.1.1　发展历史

电子数字计算机的发展根据所使用的电子元器件划分为如下几个阶段。

1. 第 1 代：电子管计算机(1946—1957 年)

第一代计算机是由电磁继电器、电子管等器件构成的，直接使用机器语言编程。

Atanasoff-Berry 计算机(简称 ABC)是世界上第一台用电子管制造的二进制电子计算机，由爱荷华州立大学的约翰·文森特·阿塔那索夫(John Vincent Atanasoff)和他的研究生克利福特·贝瑞(Clifford Berry)在 1937 年至 1941 年间开发。这台计算机是为了求解线性方程系统专门制造的，不能称为通用计算机。

ENIAC(Electronic Numerical Integrator And Computer，电子数字积分计算机)在 1946 年公布于众，是世界上第一台全电子通用数字计算机，主要发明人为 John William Mauchly 和 John Presper Eckert。这台计算机使用了 17 468 个电子管、约 10 000 个电容器和 70 000 个电阻器，占地面积约 167 平方米，重 30 英吨(注：1 英吨＝1016.15 千克)，功耗 174 千瓦，每秒能执行 5000 次加法运算。ENIAC 用十进制表示数字，算法也以十进制完成。其存储器包含 20 个累加器，每个累加器可保存一个 10 位十进制数。ENIAC 必须手动编程，编程通过设置开关和插拔电缆插头实现。

1947 年，ENIAC 的开发者创办了 Eckert-Mauchly 计算机公司，制造商用计算机，其第一个成功机型是 UNIVAC Ⅰ，适用于科学计算和商业。1953 年，IBM 生产了首台程序存储计算机 IBM 701，主要面向科学计算。

2. 第 2 代：晶体管计算机(1958—1964 年)

第二代计算机由晶体管、磁芯存储器等构成。软件上采用监控程序对计算机进行管理，并且开始使用高级语言。

与电子管相比，晶体管体积更小，功耗更低，可靠性更高。晶体管计算机中的电子线路也随之更加小型化，具有更高的可靠性和更快的速度，成本也进一步降低。

1961 年，数字设备公司（Digital Equipment Corporation，DEC）推出了 PDP-1（Programmed Data Processor）小型计算机，该计算机配有 4 K 字（字长 18 位）的主存，每秒可执行 20 万条指令，性能是 IBM 7090（当时世界上最快的计算机）的一半，但价格不到 IBM 7090 的十分之一。

1962 年，IBM 推出 IBM 7094 大型计算机，机器周期为 $2\mu s$，其处理单元可以实现快速的浮点数运算以及定点数乘法、除法运算，配有 32 K 字（字长 36 位）的磁芯存储器，主要用于科学计算领域。

1964 年，控制数据公司（Control Data Corporation，CDC）推出世界上第一台超级计算机 CDC 6600。该计算机由西摩·克雷（Seymour Cray）主持研发，主频为 10 MHz，每秒钟可以进行 100 万次浮点运算，配有 6500 字（字长 60 位）的主存，8 个 60 位通用寄存器，8 个 18 位地址寄存器，8 个 18 位暂存寄存器，是首个使用 CRT（阴极射线管）显示终端的商用计算机，首次使用了氟利昂制冷剂冷却系统用于散热。

3. 第 3 代：中小规模集成电路计算机(1965—1971 年)

第 3 代计算机由小规模及中规模集成电路芯片、多层印刷电路板及磁芯存储器等构成，具有更高的可靠性、更小的体积以及更低的成本。在软件上，高级语言迅速发展，出现了分时操作系统，具有分时共享和多道程序处理（即多个人同时使用一台计算机）的能力。在这个时期，计算机的应用领域不断扩展，开始向国民经济各部门及军事领域渗透。

1964 年，IBM 发布了基于集成电路的 System/360 系列大型计算机，可同时满足科学计算和商务处理两方面的需求。IBM 在设计 System/360 时，首次提出了系列机的概念，即同一系列的计算机必须保证软件向下兼容。也就是说，同一系列的计算机，高端型号虽然规模更大，速度更快，功能更强，但低端型号计算机上运行的软件无须修改，可以直接在高端型号计算机上运行（可能运行时间更短）。

1965 年，DEC 推出了更便宜、体积更小（可以放在实验室的工作台上）的 12 位字长的 PDP-8 小型计算机，首次使用了 Omnibus 单总线结构。此后，这种总线结构几乎被所有的小型机、微型机采用。PDP-8 创造了小型机的概念，并使之成为数十亿美元的产业，使 DEC 成为最大的小型机制造商。

1970 年，DEC 推出了 16 位字长的 PDP-11 小型计算机，其 CPU 包含 8 个 16 位的寄存器（包括 6 个通用寄存器、1 个堆栈指针寄存器 SP、1 个程序计数器 PC），最大 32 K 字的主存寻址空间（高 4 K 字保留给输入/输出接口，主存最大为 28 K 字）。PDP-11 是最早运行 AT&T UNIX 操作系统（用 C 语言开发）的计算机，最初的 BSD UNIX 操作系统也是在 PDP-11 上开发的。

4. 第 4 代：大规模和超大规模集成电路计算机(1972—2010 年)

第 4 代计算机由大规模、超大规模集成电路构成，在结构上有了很大的变化，得益于芯片集成度的提高，在性能上有了很大的提升。

这一代计算机所使用的电子元器件具有以下两方面的特点：

（1）计算机中的存储器由半导体存储器实现。20 世纪 50 年代至 70 年代，计算机中的存储器通常使用磁芯存储器。每个磁芯由直径约 1.6 mm 的磁铁环做成，被悬挂在计算机内用细线做成的网格上，一个磁芯可以存储一个二进制位(通过磁化方向区分 0 或 1)，价格昂贵，体积庞大。1970 年，仙童半导体公司(Fairchild Semiconductor，又译为飞兆半导体公司)生产了第一个容量较大的半导体存储器，单个芯片可以存储 256 个二进制位，读写速度远远快于磁芯存储器，但每位的价格比磁芯贵。1974 年，半导体存储器的每位价格低于磁芯存储器。此后，半导体存储器的每位价格迅速下降，而单个芯片的容量不断提升，计算机的主存也随之体积更小，读写速度更快，容量更大，价格更便宜。

(2) 微处理器的广泛使用。在这一时期，微细加工技术的发展、超净环境的实现以及超纯材料的研制成功，推动着超大规模集成技术的发展和集成电路芯片集成度的迅速提高，可以将构成 CPU 的所有元件集成在一块集成电路芯片中，这样的芯片称为微处理器。1971 年，Intel 推出了世界上第一个微处理器芯片 4004，这是一款 4 位的专用微处理器，为特殊用途而设计，性能较弱。1974 年，Intel 推出 8 位的 8080 微处理器，这是第一个通用微处理器，具有更快的速度、丰富的指令集以及更强的寻址能力。1978 年，Intel 推出功能更强的 16 位的 8086 微处理器，这是著名的 x86 系列微处理器的第一款。此后，随着个人计算机的普及，Intel 的 x86 系列微处理器迅速发展，字长从 16 位提升至 32 位、64 位，指令集不断扩充，体系结构持续优化。现在大多数个人计算机、工作站、服务器、超级计算机中都在使用 Intel x86/x64 微处理器。

1981 年，IBM 推出首款个人计算机 IBM PC，也称作微型计算机。其微处理器采用 Intel 8088，主存、接口电路均采用集成电路芯片。IBM 公开了该计算机的全部设计方案，希望其他公司也可以生产 IBM PC 的插件，使得 IBM PC 的扩展性更强、更灵活。此后，很多公司开始仿制 IBM PC，人们称之为 IBM PC 兼容机，从而造就了一个新的行业，计算机的价格便宜到个人也能承受的地步，个人计算机时代开始了。IBM PC 及其兼容机最主要的特点是使用 Intel 的 x86 微处理器。

这期间，也有一些其他公司采用非 Intel 的微处理器制造个人计算机，典型的是苹果(Apple)公司。1983 年的 Apple Lisa 是第一台使用图形用户界面的计算机，但价格昂贵，一年后被价格低廉的 Macintosh 所取代。Lisa 与早期的 Macintosh 均使用了摩托罗拉(Motorola)的 16 位 68000 微处理器芯片(内部采用 32 位寄存器组)。Lisa 可实现存储保护、协同式多任务，支持最高 2 MB 的主存、高分辨率显示器。1994 年的 Power Macintosh 6100 使用了 IBM PowerPC 601 微处理器。PowerPC 系列微处理器属于 POWER 架构，是 1991 年由 Apple、IBM、Motorola 组成的 AIM 联盟研发的微处理器架构，此后也一直用在 IBM 的计算机产品中。从 2006 年开始，苹果电脑开始使用 Intel 的微处理器。

集成电路技术的发展也促进了功能更强大的超级计算机的开发。1972 年，西摩·克雷(Seymour Cray)创办了克雷研究公司(Cray Research Corporation)，从 1976 年推出 Cray-1 开始，一直致力于超级计算机的研发与生产。Cray-1 主频为 80 MHz(时钟周期为 12.5 ns)，主存访问周期为 50 ns，每秒钟可以进行 136×10^6 次浮点运算；主存由大规模集成电路芯片构成，共 1 M 字，字长为 72 位(64 位数据，8 个校验位)。

在硬件发展的同时，计算机的软件也得到了飞速发展，出现了许多著名的操作系统，比如微软公司的 DOS、Windows，苹果公司的 macOS，以及 UNIX、Linux 等。

5. 第 5 代：巨大规模集成电路计算机(2010 年至今)

如何定义第 5 代计算机，目前说法不一。由于计算机性能的持续提升，软件和通信变得与硬件同等重要。

2001 年，IBM 推出 POWER4 双核体系结构，首次将两个 CPU 内核集成在一个微处理器芯片中。目前，所有微型计算机、工作站、服务器中的微处理器，包括高性能嵌入式处理器，均采用多核体系结构，它在一个微处理器芯片中集成了多个 CPU 内核、大容量的多级高速缓存、多路主存控制器、图形处理器、多种高速总线与接口，支持多通道大容量主存。这样的微处理器芯片包含除主存、辅助存储器之外构成计算机所需的绝大部分元件和电路，称为片上系统(System on a Chip，SoC)。用多核处理器构成计算机，配合多线程并行软件，可获得很高的性能。

第 5 代计算机具有如下特点：

(1) 体积小，功耗低，性能高，无处不在。这些计算机被嵌入家用电器、手表、银行卡、交通工具、智能手机中，从根本上改变了这些产品的工作方式，成为人们日常生活的一部分，对世界产生了巨大的影响。而这些产品可以接入互联网实现信息的交换和通信，这样人们就可以对这些产品进行识别、定位、跟踪、监控和管理，并享受各种互联网服务。

(2) 通过并行处理技术实现高性能。处理器内部多个 CPU 内核并行工作，甚至用多个多核处理器构成计算机，实现多个处理器、多个内核并行工作，这样的体系结构称为多处理器系统。这种系统可以实现非常高的性能。若用几百、几千甚至上万台计算机(多处理器系统)作为节点，通过高速的互连网络连接在一起，各节点协同工作，共同完成规模非常大的任务，则这样的体系结构称为多计算机系统，其性能与节点数成正比。目前性能最强的超级计算机就是用多计算机系统实现的。如果利用图形处理器(Graphic Processing Unit，GPU)中大量的浮点运算单元并行工作，则可以实现非常高的浮点运算速度。因此，很多超级计算机均使用了 GPU 加速技术。

(3) 目前计算机的性能已经足够强，人工智能、机器学习技术快速发展，使得计算机更加人性化、智能化，能听，会看，会说，有感情。这也对软件、算法提出了更高的要求，促使操作系统等各种软件快速发展。

(4) 虚拟化技术广泛应用，使得各种开发工具软件也更加自动化、智能化。通过虚拟化技术，将计算机系统中的各种资源整合，集中管理，提高了计算机物理资源的利用率，实现了计算机中各种资源的聚合共享、按需分配、快速部署，并以此为基础为用户提供云计算、云存储等服务。

1.1.2　摩尔定律

1965 年 4 月，《电子学》杂志刊登了戈登·摩尔(Gordon Moore)撰写的一篇文章。摩尔当时是仙童半导体公司研发部门的主管。摩尔在该文中讲述了他如何将 50 个晶体管集成在一块芯片中，并且预言，到 1975 年，就可能将 6.5 万只这样的元件密植在一块芯片上，制成高度复杂的集成电路。

当时，集成电路问世才 6 年，摩尔的预测听起来似乎不可思议。但那篇文章的核心思想——预测集成电路芯片内可集成的晶体管数量差不多每年可增加一倍，在后来的技术发展过程中被证明是正确的，并被称为摩尔定律。现在人们根据几十年走过的技术历程将摩尔定律描述为：集成电路芯片的集成度每 18 个月翻一番。到今天，摩尔定律依然有效，而且许多人确信该定律在未来很多年仍将成立。

摩尔的预言不仅对他本人，而且对整个社会都是意义深远的。后来摩尔与其他人共同成立了英特尔(Intel)公司，并通过他所开创的技术创造了无数的财富。

摩尔定律并不是一个物理定律(物理定律是放之四海皆准的)，而是一种预言，它鞭策着工业界不断地改进，并努力去实现它。从人们认识摩尔定律开始，无论是 Intel 公司、AMD 公司，还是其他半导体器件公司，无一不是在不断地努力去实现摩尔定律，不断地推出集成度更高的产品。

50 多年的实践证明，摩尔定律有利于工业的发展及人类的需求。直至今日，半导体工业还是按照 DRAM 每 18 个月、微处理器每 24 个月集成度翻倍的规律发展着。

图 1.1 为典型微处理器集成度随时间(年)的增长情况。由图 1.1 可见，到目前为止，微处理器芯片的集成度仍然随时间呈指数级增长。

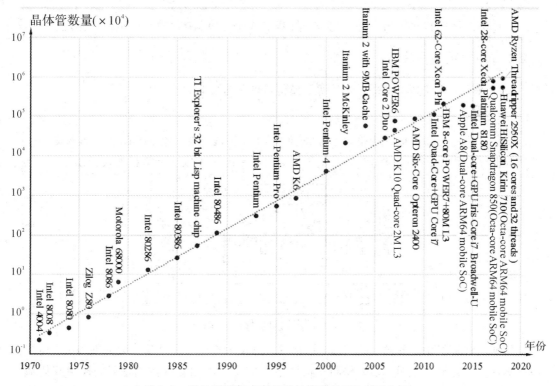

图 1.1　微处理器集成度的增长情况(1971—2018 年)

随着芯片集成度的提高，计算机的性能及可靠性大大提高，价格大大降低。正是摩尔定律使得计算机日新月异地发展，其影响体现在如下几个方面：

(1)虽然芯片的集成度快速提高，但单个芯片的成本变化不大，这意味着可以用更少的芯片来实现计算机逻辑电路和存储电路，在相同性能的情况下，价格显著下降；在相同价格的情况下，新一代的计算机功能更强，性能更好。

(2)随着芯片集成度的提高，芯片中电路各部分之间的信号传输路径显著缩短，信号传输延时小，微处理器的主频得以提高，计算机的速度更快。

(3)随着芯片集成度的提高，芯片尺寸可以更小，计算机的体积也变得更小，可以嵌入到各种设备里，放置在各种环境中。

（4）通过提高芯片的集成度，降低工作电压，可显著降低芯片的功耗，使得便携式、嵌入式计算机用电池供电成为可能，也降低了高性能计算机对散热的要求。

（5）芯片内部电路各部分之间的连接比外部连接更加可靠。随着芯片集成度的增加，构成计算机所需的芯片数量越来越少，芯片之间所需的连线（焊点）也越来越少，计算机的可靠性越来越高。

新技术、新材料的出现，使芯片的集成度进一步提高成为可能。尽管集成度不可能无限地提高，但人们预计今后的很多年，芯片的制造依旧会继续遵循摩尔定律，摩尔定律将会继续激励着人们攀登新的高度。

1.2　计算机的基本组成

计算机由硬件和软件两大部分组成，其基本功能为控制、运算、存储和传输。

1.2.1　硬件系统

硬件系统是指计算机中那些看得见、摸得着的物理实体。

1. 硬件组成

图 1.2 所示的计算机结构是冯·诺依曼在 1946 年提出的。他基于此硬件结构提出计算机是依据存储程序、程序控制的方式工作的。这就是冯·诺依曼计算机的设计思想。

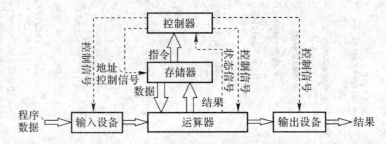

图 1.2　早期计算机（硬件）的组成

早期的计算机由运算器、控制器、存储器、输入设备和输出设备五大部件构成。运算器用以实现算术运算和逻辑运算；控制器根据指令信息产生相应的控制信号，控制其他部件的工作，以实现指令的功能；存储器用来存放数据和程序；输入设备可将外部的信息输入到计算机中；输出设备则接收计算机处理的结果，并做出显示、存储等操作。

2. 冯·诺依曼计算机的特点

冯·诺依曼计算机工作的基本思想就是：将计算机要处理的问题用指令编成程序，并将程序存放在存储器中，在控制器的控制下，从存储器中逐条取出指令并执行，通过执行程序最终解决计算机所要处理的问题。尽管经历了几十年的发展，也出现了新的设计思想，但冯·诺依曼的这种存储程序控制原理直到今天仍然在广泛地应用。

冯·诺依曼计算机的特点可归纳如下：

（1）计算机由运算器（算术逻辑部件 ALU）、存储器、控制器、输入设备和输出设备五大部件组成。

（2）指令和数据以二进制形式表示，以同等地位存放在存储器中，并可按地址访问。用二进制不仅电路简单，使用方便，而且抗干扰能力强。

（3）指令由操作码和地址码组成。操作码指明指令的功能，地址码指明操作数与运算结果的存放位置（地址）。

（4）将计算机要处理的问题用指令编成程序。

（5）在控制器的控制下，指令被逐条（顺序）从存储器中取出来执行，产生控制流，在控制流的驱动下完成指令的功能。在此过程中，数据（流）则是被动地调用。

（6）在特定条件下，可由跳转类指令根据运算结果或设定的条件改变程序中指令的执行顺序。

（7）早期的冯·诺依曼计算机以运算器为中心，输入/输出设备通过运算器与存储器传送数据。

计算机的发展已走过了七八十年，尤其是最近 30 年，其规模、结构更是日新月异，但存储程序控制这一基本的冯·诺依曼工作原理到目前为止还没有发生根本变化，而正在研制中的量子计算机有望开创出新的计算机工作原理。

3. 计算机硬件结构的发展

目前，在冯·诺依曼体系结构思想的基础上，计算机硬件体系结构已经得到了很大的发展，主要有以下几个方面：

（1）不断扩充硬件及功能：增加了更多通用寄存器、多种寻址方式，支持浮点数据类型、中断和异步 I/O 结构。

（2）存储器分层：引入高速缓存（Cache）、虚拟存储器等，在程序执行之前，将程序与数据存放在速度慢、容量大、成本低的存储介质（比如磁盘）中；在程序执行时，将即将（或正在）执行的程序和所需的数据复制到速度快、容量小、成本高的存储介质（比如主存、高速缓存）中。

（3）总线结构：通过总线连接计算机系统中的各个模块。总线信号根据传输的信息类型，分为地址线、控制线、数据线。地址线用来选择要访问的存储单元或 I/O 接口，控制线传输相应的读写控制信号，数据线用来传输数据。总线大大简化了计算机系统各模块之间的连接，增强了计算机系统硬件的扩展能力。

应当特别提及的就是个人计算机（Personal Computer，PC）。从 1981 年 PC 诞生以来，由于其规模小，结构简单，因此人们称其为微型计算机。在近 40 年的时间里，PC 一代接一代地发展，现在已遍布全世界。尽管今天的 PC 其功能已十分强大，但人们仍然将其称为微型计算机。目前人们所使用的、所看到的计算机绝大多数是 PC。

图 1.3 为微型计算机（PC）的硬件结构框图。微处理器、主存、各种外部设备的接口通过系统总线连接在一起，构成了计算机系统的硬件。随着芯片集成度的进一步提高，图 1.3 中用虚线标出的 A、B 部分可以分别集成在两块芯片中，分别称为芯片组的北桥芯片（Memory Controller Hub，MCH）和南桥芯片（I/O Controller Hub，ICH）。目前，北桥芯片的大部分电路和图形处理单元可以集成在微处理器中，北桥芯片余下的电路与原来的南桥芯片合为一块芯片，称为平台控制中枢（Platform Controller Hub，PCH）。图 1.3 的 C 部分称为主机；主机以外的称为输入/输出设备（I/O 设备），也称为外部设备，简称外设。

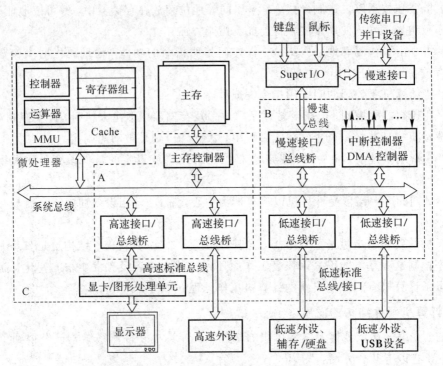

图 1.3　微型计算机(PC)结构框图

1.2.2　软件系统

对计算机而言，只有硬件系统，计算机是不能工作的，必须配上软件计算机才能工作。

计算机软件通常是指计算机所配置的各类程序和文件，由于它们是存放在主存或外存中的二进制编码信息，不能直接触摸而且修改相对比较容易，因此称之为软件。在计算机系统中，各种软件相互配合，支持计算机有条不紊地工作，这一系列软件就构成了计算机的软件系统。软件系统一般包括两大部分：系统软件和应用软件。

1.　系统软件

系统软件是一系列保障计算机能很好地运行的程序集合。它们的功能是对系统的各种资源(硬件和软件)进行管理和调度，使计算机能有条不紊地工作，为用户提供有效的服务，充分发挥其效能。系统软件包括：

1) 操作系统

操作系统是最重要的系统软件，它是管理计算机硬、软件资源，控制程序运行，改善人机交互并为应用软件提供支持的一种软件。通常，操作系统包括五大功能：处理器管理、存储管理、文件管理、设备管理及作业管理。

2) 语言处理程序

每一台计算机都会配置多种语言以利于用户编程，从各种高级语言到汇编语言均会涉及。当用户使用某种语言编写程序后，在该语言编译程序的支持下，可将用户的源程序转换为计算机可执行的目的程序。

3）各种服务支持软件

各种服务支持软件是指一些帮助用户使用和维护计算机的软件，如各种调试程序、诊断程序、提示警告程序等。

2. 应用软件

应用软件是指用户在各自的应用中，为解决自己的任务而编写的程序。这是一类直接以用户的需求为目标的程序。用户的多样性（各行各业、各种部门）和用户需求的多样性，使得这类软件也具有多样性。例如，应用软件包括用于办公自动化、视频编辑、图形图像处理、科学计算、信息管理、过程控制、武器装备等方面的软件。

1.2.3　指令集体系结构

计算机系统底层硬件只能识别机器语言，也就是存储在主存中的指令。CPU 从主存中取指令，执行指令，每条指令可实现计算机系统内最基本的操作，比如基本的算术运算（加、减）、逻辑运算（与、或、异或）、移位运算（左移、右移）、数据传送（装载、存储）、跳转（条件转移、无条件转移），这些指令被编码为一个字或多个字节组成的二进制格式。

早期，软件都是针对特定计算机系统硬件编写的，即使同一公司的不同计算机产品，其软件也不能通用。IBM 公司在设计 System/360 大型机时，首次引入了"指令集体系结构"的概念，将编程所需了解的硬件信息从硬件系统的具体实现中抽象出来。

1. 指令集体系结构（ISA）概述

处理器支持的指令和指令的字节级编码称为指令集体系结构（Instruction-Set Architecture，ISA）。ISA 是软件和硬件的分界面，软件（程序）是由 ISA 规定的"指令"组成的，指令通过二进制编码规定其功能、源操作数和目的操作数的位置等信息。计算机中的控制器在执行指令时，根据上述信息产生相应的控制信号，控制计算机系统各硬件模块完成指令要求的功能。

这样，软件设计者就可以面向 ISA 进行编程，开发出的软件可以不经修改直接在相同 ISA 的计算机系统上运行，尽管这些计算机可能具有不同的实现方式，其性能、配置也各不相同。

编译器的设计者需要知道 ISA 规定了哪些指令，它们是如何编码的，从而将高级语言程序源代码转换为处理器能够识别并执行的机器语言代码；处理器设计者的任务是实现 ISA 规定的指令、功能和相应的硬件模块。因此，当某处理器的 ISA 确定之后，其对应的各种编程语言的编译器和处理器的硬件可以同时设计。当编译器实现后，便可开发运行在该处理器上的系统软件和应用软件。

为了让程序员可以编写底层软件，ISA 不仅要规定指令集，还要定义任何系统程序员需要了解的硬件信息。因此，ISA 需要规定计算机中程序员可见的所有组件及操作，包括以下几方面的内容：

（1）指令集：处理器可执行的指令的集合。

① 指令格式、操作种类以及每种操作对应的操作数的相应规定。

② 数据类型，即指令可以接受的操作数的类型。

③ 寻址方式，即指令获取操作数的方式。

（2）软件可见的处理器状态：

① 寄存器的个数、名称（编号）、长度和用途，包括通用寄存器和特殊用途寄存器。

② 指令执行过程的控制方式，包括程序计数器、条件码定义以及每条指令对状态的影响。

（3）存储模型：

① 主存组织，即主存最大寻址空间和编址方式。

② 字节次序，即操作数在存储空间存放时按照大端还是小端方式存放。

③ 存储保护。

④ 虚拟存储器的管理方式。

⑤ 输入/输出接口的访问与管理方式。

（4）系统模型：

① 处理器状态。

② 特权级别。

③ 中断和异常的处理方式。

软件无须做任何修改即可运行在任何一款遵循同一 ISA 实现的处理器上；而不同的处理器家族（系列）具有不同的 ISA，不同 ISA 的计算机的软件之间是不兼容的。因此，指令集体系结构（ISA）是区分不同处理器（CPU）的主要标准。

在几十年的发展中，出现过几十种不同的 ISA，其中大部分已经消亡或很少使用，少数流传至今，且仍在持续发展，并在各领域得到了广泛的应用。近几年新出现的 ISA 具有很好的发展前景。

2. 典型的 ISA

1）x86

x86 由 Intel 公司推出，于 1978 年首次用于 8086 处理器。随着个人计算机的兴起和飞速发展，x86 从最初的 16 位架构发展到 32 位、64 位架构，越来越多的指令和功能被添加进来，使得 x86 越来越臃肿。但是，保持软件的向后兼容远比技术更重要，这使得 x86 拥有了广泛的软件资源和越来越多开发基于 x86 的软件的程序员。如今，x86 已成为个人计算机的标准处理器架构，成为桌面计算机和高性能计算领域最成功的 ISA。

目前，绝大多数个人计算机、工作站、服务器、超级计算机使用的都是兼容 x86 指令集体系结构的处理器。巨大的销量带来了巨额的利润，这也保证 Intel 有足够的研发经费，将更多的先进技术使用在 x86 处理器中。

目前，可运行于 x86 处理器的操作系统主要有 Microsoft Windows 和 Linux 系列，以及 Apple 公司的 macOS。

2）ARM

ARM（Advanced RISC Machines）公司诞生于英国，总部位于英国剑桥，主要业务是设计 ARM 架构的处理器，同时提供与 ARM 处理器相关的配套软件，以及各种 SOC 系统 IP、GPU、物联网平台等。

ARM 公司只负责设计开发基于 ARM 架构的处理器核，并不生产具体的处理器芯片，而是以知识产权（Intellectual Property，IP）转让指令集授权、内核授权给其他芯片生产商

（合作伙伴）。芯片生产商从 ARM 公司购买 ARM 处理器 IP，根据各自不同的应用领域，加入适当的外围电路、接口、协处理器等，从而形成 ARM 内核的处理器芯片，使其进入市场，或者用于自己的产品之中。

ARM 处理器在设计时将低功耗、低成本的优先级排在高性能之前，主要面向嵌入式应用。随着智能手机、平板电脑、智能手表（手环）等移动设备的普及，ARM 公司已成为全球最大的芯片架构（IP）供应商。除了智能移动设备之外，ARM 处理器也广泛用于机顶盒、数字电视、路由器等设备中，成为世界上销量最大的处理器，形成了完整的软件生态环境，购买 ARM 处理器 IP 成为移动和嵌入式领域芯片生产商的首选。

目前，可运行于 ARM 处理器的操作系统主要有 Linux、Google 的 Android 和 Apple 的 iOS。

3）POWER

POWER（Performance Optimization With Enhanced RISC，增强 RISC 性能优化）是 IBM 公司设计开发的指令集体系结构，最早于 1990 年推出，性能卓越。

为了进军个人计算机领域，1991 年，Apple、IBM 和 Motorola 三家公司成立了 AIM 联盟，对 POWER 架构进行了修改，形成了 PowerPC（PC 是 Performance Computing 的缩写）架构。PowerPC 架构的处理器上市时，其性能强于同时期的 x86 处理器。虽然有微软、IBM、Sun 公司为 PowerPC 开发操作系统，但缺乏应用软件，因此 PowerPC 通常只用于 Apple 和 IBM 公司自己的计算机产品中。2004 年，Motorola 公司将长期亏损的半导体部门拆分出来，成立了飞思卡尔半导体（Freescale Semiconductor）。2005 年，Apple 宣布今后其计算机产品的处理器改用 x86，AIM 联盟解散。

2004 年，IBM 和 Freescale 成立了 Power.org 联盟，发布统一的指令集体系结构，将 POWER 和 PowerPC 体系结构统一到新的 Power 体系结构中，其指令集可兼容从低成本到高性能的应用。同时，Power.org 联盟开放了 Power 指令集，并向外提供 Power 内核授权。

目前，基于 Power 架构的处理器芯片主要用于 IBM 自己的高端服务器、工作站、超级计算机中，这些产品在性能、可靠性、可用性和可维护性等方面表现出色。IBM 至今仍在不断开发性能更强的 Power 架构处理器。

目前，可运行于 Power 架构处理器的操作系统主要是 Linux，还有 IBM 公司的 AIX 操作系统（基于 UNIX）和 IBM i 操作系统。

4）MIPS

MIPS（Microprocessor without Interlocked Piped Stages，无内部互锁流水线微处理器）是一款经典的精简指令集架构，由美国斯坦福大学的 John L. Hennessy 教授领导的研究小组于 1981 年开始设计。他们在 1984 年创立了 MIPS Computer System 公司，推出了商用的 MIPS 处理器。此后，MIPS 指令集体系结构不断扩充与改进，从 MIPS Ⅰ、MIPS Ⅱ、MIPS Ⅲ、MIPS Ⅳ、MIPS Ⅴ 发展到了 MIPS 32、MIPS 64。

MIPS 的高端处理器主要用于 SGI 公司（Silicon Graphics Inc.）的高性能工作站、服务器和超级计算机系统，而 MIPS 的低功耗处理器被广泛用于路由器、游戏机、激光打印机等嵌入式设备中。20 世纪 90 年代，SGI 公司的基于 MIPS 的工作站是电影后期制作、特效处理等工作的首选。在 1999 年以前，MIPS 是世界上销量最大的嵌入式处理器。

20 世纪 90 年代后期，MIPS 处理器在服务器、工作站市场受到了 x86 处理器的强烈冲击，在嵌入式领域又被 ARM 处理器后来居上。虽然目前 MIPS 架构的处理器已经很少使用，但其经典的设计思想已被很多处理器借鉴与吸收。

可运行于 MIPS 架构处理器的操作系统主要有 Linux 和 IRIX。SGI 公司将 UNIX System V 移植到 MIPS，称为 IRIX 操作系统，其应用软件针对 3D 图形和虚拟现实环境做了优化。

5）SPARC

从 1980 年开始，美国加州大学伯克利分校的 David A. Patterson 教授领导了 RISC-I 的设计与实现工作，这是一台超大规模集成电路精简指令集计算机，为商业 SPARC 体系结构奠定了基础。

SPARC（Scalable Processor ARChitecture，可扩展处理器架构）源自 Patterson 教授的 RISC-I 项目，由 Sun Microsystems 公司（简称 Sun 公司）在 1985 年提出，之后 Sun 公司与 TI 公司合作开发了基于该架构的处理器芯片，1989 年成为商用架构。在这期间，Patterson 教授是 Sun 公司 SPARC 处理器的主要顾问。1995 年，Sun 公司推出其首款 64 位处理器 UltraSPARC。SPARC 架构的设计定位于高端处理器市场，主要应用在 Sun 公司及富士通公司制造的高性能工作站、大型服务器中。

SPARC 架构是面向高性能服务器领域设计的，具有非常高的性能，但是芯片面积、功耗太大，不适用于个人计算机和嵌入式领域。2000 年以后，随着 Sun 公司在服务器领域与 Intel 公司竞争的失败，SPARC 处理器的市场占有率大幅度缩减。2006 年 Sun 公司推出 SPARC 架构的开源版本 OpenSPARC；2009 年 4 月，Sun 公司被 Oracle 公司收购；2017 年 9 月，Oracle 公司宣布正式放弃硬件业务，包括从 Sun 公司收购的 SPARC 处理器。

可运行于 SPARC 处理器的操作系统主要是 Sun/Oracle 的 Solaris（基于 UNIX）。另外，NeXTSTEP、Linux、FreeBSD、OpenBSD 及 NetBSD 操作系统也提供了 SPARC 版本。

6）RISC-V

RISC-V 架构是一款袖珍的、开源的 ISA，于 2011 年推出，由美国加州大学伯克利分校的 Krste Asanović 教授、Andrew Waterman 和 Yunsup Lee 等开发人员发明，并得到了 David A. Patterson 教授的大力支持。"RISC"表示精简指令集，"V"表示伯克利分校从 RISC-I 开始设计的第五代指令集。

在处理器领域，目前主流的架构为 x86 与 ARM 架构。在几十年的发展过程中，为了能够保持架构的向后兼容性，不得不保留许多过时的定义，在扩展新的架构部分时，为了兼容已经存在的部分，使得新定义部分显得非常不规范。久而久之，其体系结构越来越庞大，指令集也变得极为冗长。造成这些问题的主要原因是，x86 与 ARM 架构的发展过程也伴随了现代处理器架构技术的不断发展成熟。那些过时的定义占用处理器的芯片面积，增加了处理器的功耗，也降低了处理器的性能。另外，x86 与 ARM 架构也存在着高昂的专利和架构授权问题。

基于上述原因,加州大学伯克利分校的研发人员决定发明一种全新、简单且开放免费的指令集架构,即 RISC-V 架构。计算机体系结构经过多年的发展,其技术日趋成熟,在发展过程中暴露的问题都已经被研究透彻并得以解决。所以,新的 RISC-V 架构能够规避曾经出现过的各种问题,并且没有背负向后兼容的历史包袱,做到简洁,低成本,高性能(或低功耗),架构和具体实现分离,并预留一定的扩展空间。

经过几年的研发,加州大学伯克利分校的研发人员为 RISC-V 架构开发了完整的软件工具链和若干开源的处理器实例,得到了越来越多人的关注。

2016 年,RISC-V 基金会成立并开始运作。RISC-V 基金会是非营利组织,负责维护标准的 RISC-V 指令集手册与结构文档,推动 RISC-V 架构的发展,"仅仅出于技术原因缓慢而谨慎地发展它"。RISC-V 与绝大部分旧架构不同,它的未来不受任何单一公司的浮沉或一时兴起的决定的影响。

RISC-V 是一个模块化的架构,其核心是一个名为 RV32I 的基础 ISA,运行一个完整的软件栈。RV32I 是固定的,永远不会改变,为编译程序的设计者、操作系统开发人员、汇编语言程序员提供了稳定的目标。RISC-V 架构还定义了一些可选的标准扩展,根据具体应用的需要,硬件可以包含或不包含这些扩展。RISC-V 编译器在获知当前硬件包含哪些扩展后,可以生成当前硬件条件下的最佳代码。这些模块包括(以 32 位版本为例):RV32I(基础指令集)、RV32M(乘法扩展)、RV32F(单精度浮点数扩展)、RV32D(双精度浮点数扩展)、RV32A(原子操作扩展)、RV32C(压缩扩展)、RV32V(向量扩展)。用户可以灵活选择不同的模块组合,以满足不同的应用场景。比如,针对小面积低功耗嵌入式应用场景,用户可以选择 RV32IC 组合的指令集,仅使用 Machine Mode(机器模式);而高性能应用操作系统场景则可以选择 RV32IMFDC 的指令集,使用 Machine Mode(机器模式)与 User Mode(用户模式)两种模式。其共同的部分可以相互兼容。

当前可用的 RISC-V 软件工具包括 GNU 编译器集合(GCC 工具链和 GDB 调试器)、LLVM 工具链、OVPsim 仿真器(以及 RISC-V 快速处理器模型库)、Spike 仿真器和QEMU 模拟器。当前支持该指令集架构的操作系统包括 Linux、FreeRTOS、SylixOS、RT-Thread 等。

1.2.4　高级语言程序的执行过程

程序员通常用某种高级语言(比如 C 语言)设计软件,而计算机硬件只能识别并执行其指令集体系结构(ISA)所规定的指令(也称作机器指令、机器码)。由二进制的机器指令构成的程序称作机器语言代码。因此,需要由编译器将程序员设计的高级语言源代码转换为计算机硬件能直接识别和执行的机器语言代码。编译器在进行转换时,需要基于源代码编程语言的规则和目标机器的指令集,并遵循操作系统的有关约定。使用高级语言编写的程序,可以在不同的计算机上编译和执行,而机器语言代码只针对某种特定 ISA 的计算机。

图 1.4 为用 C 语言实现的插入排序函数源代码。该 C 语言程序可运行在基于 x86 处理器的 Windows 操作系统下,使用 Microsoft Visual C++2017 编译,目标平台设置为 Intel x86 的 32 位指令集(IA-32),通过设置优化参数以减小输出代码,提高运行速度,同时使生成的代码更简洁,更容易理解。生成的机器语言代码如表 1.1 所示。

表 1.1　插入排序的 x86 代码(IA‑32 指令集)

十进制	十六进制		汇编语言代码		注　释
行号	地址	机器语言代码			
1	0：	55	push	ebp	保护现场
2	1：	8B EC	mov	ebp,esp	准备取参数
3	3：	8B 45 0C	mov	eax,[ebp+0Ch]	取 n 至 eax
4	6：	56	push	esi	保护现场
5	7：	BE 01 00 00 00	mov	esi,1	i 在 esi,初值 1
6	C：	3B C6	cmp	eax,esi	比较
7	E：	76 32	jbe	42	若 i≥n,子程序返回
8	10：	53	push	ebx	保护现场
9	11：	8B 5D 08	mov	ebx,[ebp+8]	取数组首地址至 ebx
10	14：	57	push	edi	保护现场
11	15：	8B 3C B3	mov	edi,[ebx+esi*4]	外层循环开始,取 array[i]至 edi
12	18：	8B CE	mov	ecx,esi	j 在 ecx,j=i
13	1A：	85 F6	test	esi,esi	测试 i
14	1C：	74 1A	je	38	i=0(即 j=0),跳过内层循环
15	1E：	8D 43 FC	lea	eax,[ebx−4]	
16	21：	8D 04 B0	lea	eax,[eax+esi*4]	array[j−1]地址在 eax
17	24：	8B 10	mov	edx,[eax]	内层循环开始,array[j−1]在 edx
18	26：	3B D7	cmp	edx,edi	比较 array[j−1]和 array[i]
19	28：	7E 0B	jle	35	若 array[j−1]≤array[i],退出内层循环
20	2A：	89 50 04	mov	[eax+4],edx	array[j]=array[j−1]
21	2D：	83 E8 04	sub	eax,4	eax 指向新的 array[j−1]
22	30：	83 E9 01	sub	ecx,1	j−−
23	33：	75 EF	jne	24	j!=0,跳转到内层循环开始
24	35：	8B 45 0C	mov	eax,[ebp+0Ch]	取 n 至 eax
25	38：	46	inc	esi	i+1
26	39：	89 3C 8B	mov	[ebx+ecx*4],edi	array[j]=array[i]
27	3C：	3B F0	cmp	esi,eax	比较 i 与 n
28	3E：	72 D5	jb	15	小于则跳转到外层循环开始
29	40：	5F	pop	edi	恢复现场
30	41：	5B	pop	ebx	恢复现场
31	42：	5E	pop	esi	恢复现场
32	43：	5D	pop	ebp	恢复现场
33	44：	C3	ret		子程序返回

　　表 1.1 中,第二列为十六进制表示的主存地址偏移量。第三列为十六进制表示的机器语言代码,每一行对应一条机器指令。在调试环境下,将机器语言代码反汇编为汇编语言代码,如第四列所示。汇编语言是机器指令的助记符写法,用可读性更好的文本格式表示

每一条二进制的机器指令。通常每条汇编语言指令都有一条机器指令与之对应。

```
void insertion_sort(long array[], size_t n)
{
    for (size_t i = 1, j; i < n; i++)
    {
        long temp = array[i];
        for (j = i; j > 0 && array[j - 1] > temp; j--)
        {
            array[j] = array[j - 1];
        }
        array[j] = temp;
    }
}
```

图 1.4　插入排序的 C 语言源代码

由表 1.1 可知，插入排序函数的 C 语言源代码经过编译之后，产生了 33 条机器指令，共 69 个字节。x86 的指令长度从 1～17 个字节不等。常用指令或操作数较少的指令所需的字节数较少，而不太常用或操作数较多的指令所需字节数较多。本例中，最短的指令为 1 个字节，最长的指令为 5 个字节。

Microsoft Visual C++编译器通过堆栈向子程序传递参数。因此，在表 1.1 的机器语言或汇编语言代码中，通过 ebp 寄存器相对寻址，将数组元素的个数 n、数组首地址 array[] 分别从堆栈中取出，将数组元素的个数 n 存储在寄存器 eax 中，将数组首地址 array[] 存储在寄存器 ebx 中，将外层循环变量 i 存储在寄存器 esi 中，将内层循环变量 j 存储在寄存器 ecx 中。上述寄存器均为 32 位。

子程序如果需要使用某个寄存器，需将其原来的内容压入堆栈（称为保护现场），然后才可修改该寄存器的内容。在子程序返回之前，将保存在堆栈中的寄存器值弹出至对应的寄存器（称为恢复现场）。这样可以保证执行子程序后不会影响通用寄存器的内容，因为主程序可能正在使用这些寄存器。

指令"sub eax,4"（表 1.1 第 21 行）的功能为：寄存器 eax 的内容与立即数 4（符号位扩展至 32 位）相减，结果存入寄存器 eax。该指令的机器语言代码为三个字节，内容为十六进制数 83E804，其二进制编码各部分含义如图 1.5 所示。

23　　　　　16	15　14	13　11	10　8	7　　　　　0
1 0 0 0 0 0 1 1	1　1	1 0 1	0 0 0	0 0 0 0 0 1 0 0
主操作码	寻址方式	附加操作码	目的操作数	源操作数（立即数）

图 1.5　"sub eax，4"的二进制编码含义

图 1.5 中，操作码（包括主操作码、附加操作码）规定了指令功能为减法运算，源操作数为 8 位有符号立即数，目的操作数为寄存器；寻址方式、目的操作数字段指明了目的操作数为 32 位寄存器，其编号为"000"，即 eax 寄存器；源操作数为立即数"4"，直接存储在指令中。

使用 gcc 编译器，将目标平台设置为 RISC-V RV32I 指令集，通过设置优化参数以减

少输出代码的大小，使得生成的代码更简洁，更容易理解。插入排序的 C 语言源代码经过 gcc 编译后，生成的汇编语言及机器语言代码如表 1.2 所示。

表 1.2　插入排序的 RISC-V 代码(RV32I 指令集)

十进制	十六进制		汇编语言代码	注　释
行号	地址	机器语言代码		
1	0：	00 45 06 93	addi　a3,a0,4	a3 指向 array[i]
2	4：	00 10 07 13	addi　a4,x0,1	i=1
3	8：	00 b7 64 63	bltu　a4,a1,10	外层循环开始，若 i<n,继续外层循环
4	c：	00 00 80 67	jalr　x0,x1,0	子程序返回
5	10：	00 06 a8 03	lw　a6,0(a3)	继续外层循环,a6 中为 array[i]
6	14：	00 06 86 13	addi　a2,a3,0	a2 指向 array[j]
7	18：	00 07 07 93	addi　a5,a4,0	j=i
8	1c：	ff c6 28 83	lw　a7,−4(a2)	内层循环开始,a7=array[j−1]
9	20：	01 18 5a 63	bge　a6,a7,34	若 array[j−1]≤array[i],退出内层循环
10	24：	01 16 20 23	sw　a7,0(a2)	array[j]=array[j−1]
11	28：	ff f7 87 93	addi　a5,a5,−1	j−−
12	2c：	ff c6 06 13	addi　a2,a2,−4	a2 指向 array[j]
13	30：	fe 07 96 e3	bne　a5,x0,1c	若 j!=0,跳转到内层循环开始
14	34：	00 27 97 93	slli　a5,a5,0x2	退出内层循环,a5 乘以 4
15	38：	00 f5 07 b3	add　a5,a0,a5	a5 指向 array[j]
16	3c：	01 07 a0 23	sw　a6,0(a5)	array[j]=array[i]
17	40：	00 17 07 13	addi　a4,a4,1	i++
18	44：	00 46 86 93	addi　a3,a3,4	a3 指向 array[i]
19	48：	fc 1f f0 6f	jal　x0,8	跳转到外层循环开始

　　由表 1.2 可知，编译生成的机器语言代码由 19 条 RV32I 指令组成，共 76 个字节。与 x86 的可变长度指令不同，RISC-V 所有指令均为 4 个字节(32 位)。RISC-V 基础指令集 (RV32I)架构共有 32 个通用寄存器(x86 只有 8 个)，在调用子程序时，可直接通过寄存器传递参数。执行子程序时，这些寄存器也可直接使用，无须保护现场。因为无须访问主存 (堆栈)，所以子程序调用的效率更高，速度更快。

　　子程序执行时，寄存器 a0(x10)中为数组首地址，寄存器 a1(x11)中为数组元素个数 n，寄存器 a4(x14)中为外层循环变量 i，寄存器 a5(x15)中为内层循环变量 j，寄存器 a6(x16) 中为临时变量 temp。

　　表 1.2 的第 12 行，需要将寄存器 a2 的内容减 4，使其指向数组的前一个元素。RV32I 指令集没有"寄存器值"减"立即数"的减法指令，但是有"寄存器值"加"立即数"的加法指令。因此，将寄存器 a2 的内容减 4 可以用加法指令"addi a2,a2,−4"实现。这体现了 RISC-V 精简指令的设计理念。

　　指令"addi a2,a2,−4"的功能为：源 1(a2 寄存器的内容)与源 2(立即数"−4"，符号位扩展至 32 位)相加，结果存入目的寄存器 a2。该指令的机器语言代码为十六进制数 ffc60613，其二进制编码各部分含义如图 1.6 所示。

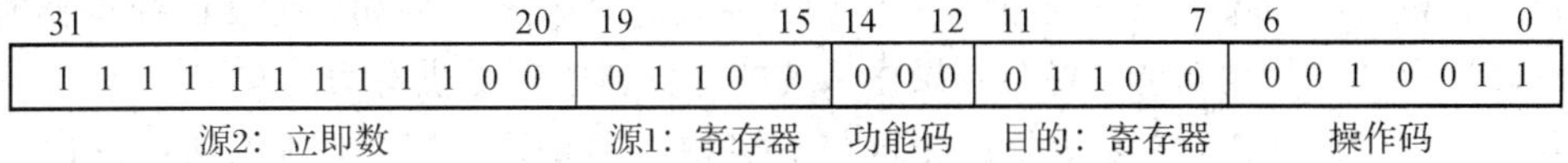

31		20	19		15	14		12	11		7	6		0
1 1 1 1 1 1 1 1 1 1 0 0			0 1 1 0 0			0 0 0			0 1 1 0 0			0 0 1 0 0 1 1		

源2: 立即数　　　　　源1: 寄存器　功能码　目的: 寄存器　　　操作码

图 1.6　"addi a2,a2,－4"的二进制编码含义

图 1.6 中，操作码规定指令的基本功能与格式；功能码规定指令具体的操作类型；源 1 与目的寄存器编码为"01100"，即寄存器 x12，其别名为 a2(RISC-V 基础指令集(RV32I)规定了 32 个寄存器(x0～x31)，因此寄存器编号用 5 位二进制数进行编码。RISC-V 汇编语言根据各寄存器的功能和使用方式的不同，规定了相应的别名)；源 2 为立即数"－4"，直接存储在指令中，用补码表示。

1.3 计算机的层次概念

由前述可知，计算机是由硬件、软件系统构成的复杂电子系统，所以，不同的人从不同的角度、不同的目的，站在不同的层次去理解和描述的计算机是不一样的。

1.3.1 计算机系统的层次结构

计算机系统的层次结构如图 1.7 所示。

第 1 级是硬件逻辑层。该层是计算机硬件设计者所要描述和设计的计算机。设计者需认真考虑计算机的指令设置和每条指令工作的细节，考虑在硬件上如何实现各种运算，需要设计控制器的实现方案，也需要考虑主存、外存、I/O 接口及外设等一系列功能部件设计的细节问题，所以该层也称为微体系结构层。

由于硬件设计复杂度的提高，第 1 级的硬件设计越来越依赖设计工具软件来实现。

第 2 级为机器语言层。该层是计算机软件设计者所要描述和设计的计算机。该层的主要设计工作是计算机

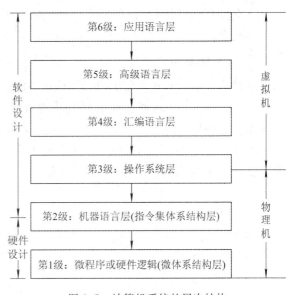

图 1.7　计算机系统的层次结构

体系结构设计，包括指令系统设计，所以该层也称为指令集体系结构层。指令系统中的所有指令必须采用二进制编码，这样才能被第 1 级中的指令译码器识别并生成相关的控制信号，控制被控部件工作来完成指令的功能。所以该层对下提供硬件设计的依据，对上提供各层软件设计的支持，是软硬件设计的分界。

无论用什么语言编写的程序，最终都必须编译或解释为机器语言程序。而机器语言是面向具体硬件物理计算机的，不同的计算机其机器语言也不相同。

第 3 级是操作系统层。操作系统的功能是对整个系统的硬件、软件资源进行有效管理，

在设计计算机时必须考虑要尽可能多地对操作系统给予支持。例如，在设计处理器时，若设计有虚拟存储器管理功能，将会对操作系统的存储器管理提供有力的支持。

就操作系统层来说，它是上层虚拟机与下层物理机联系的桥梁，所以该层设计者既要了解物理计算机，又要了解虚拟计算机。

第4级是汇编语言层。汇编语言层涉及的指令系统是面向特定处理器的，不同处理器的指令系统是不一样的(系列处理器的指令系统可兼容)。若仅限于利用汇编语言编写程序来使用计算机，程序设计者只需最低限度知道一些处理器的寄存器和 I/O 接口即可，无须知道更多的计算机硬件细节。

第5级为高级语言层。此层上的用户为高级语言程序设计者。高级语言程序由编译程序转换成计算机可执行的机器语言(二进制代码)，再由计算机执行。所以此层上的程序员通常不必了解计算机的硬件细节，只在虚拟计算机上即可完成工作。

第6级为应用语言层。在此层可设计更适合于应用的、更接近自然语言的编程语言，使应用者在虚拟计算机上工作，完全不依赖计算机硬件系统。

从应用与设计计算机的不同层次来说，本书的读者主要是研究与描述计算机硬件和指令系统的工程技术人员，工作层次位于1~3层。

1.3.2 计算机体系结构、组成与实现

计算机体系结构、计算机组成与计算机实现三者有密切的关系，但又各不相同，且具有不同的概念。

1. 计算机体系结构

计算机体系结构的概念是在20世纪60年代提出的。计算机体系结构是程序员所看到的计算机系统的属性，即概念性结构及功能特性。不同层次上的程序员所看到的计算机系统的属性是不尽相同的，低的机器语言层上的概念性结构及功能特性，高级语言以上层级的程序员可能是看不见的。在定义计算机体系结构的年代里，计算机的属性、概念性结构及功能特性主要是指低层的硬件。今天的计算机体系结构所指的计算机的属性主要包括：

- 数据的表示形式；
- 寻址方式；
- 内部寄存器组；
- 指令集；
- 中断系统；
- 处理器工作状态及其切换；
- 存储系统结构；
- 输入/输出结构；
- 信息保护及特权；
- 高性能设计等。

计算机体系结构就是对这些属性的详细描述，而这些属性主要由指令集体系结构确定。也就是说，计算机体系结构界定了指令集实现所需的硬件系统结构及所要实现的功能。

2. 计算机组成

计算机组成也被称为计算机组织，是计算机系统的逻辑实现，包括最底层内部算法、数据流、控制流的逻辑实现。利用这一概念可以对计算机进行逻辑设计。计算机组成的设计主要包括：

- 数据通路的宽度；
- 专用部件（如乘除法专用部件、浮点运算专用部件等）的设置；
- 各功能部件的并行程度；
- 各种操作的相容性与互斥性；
- 控制器的组成方式；
- 存储器使用的技术；
- 缓冲与排队技术的应用；
- 预估、预判方法；
- 高可靠性技术等。

可以看到，计算机组成注重的是硬件细节，如机器内部各功能部件的设置，它们之间的相互关系及如何实施控制，逻辑上如何更合理地构成计算机，并使其性价比尽可能地提高。

3. 计算机实现

计算机实现就是指计算机组成的物理实现。

在上述计算机体系结构及计算机组成的基础上，利用具体的集成电路芯片、电子元器件、部件、插头、插座等，根据计算机组成的逻辑设计，即可实现物理计算机。

综上可以看到，计算机体系结构、计算机组成与计算机实现三者在概念上是不同层次的，但是它们的联系是十分紧密的。体系结构决定了计算机的总体属性，组成是体现这些属性的逻辑设计，而实现则是用物理器件来实现逻辑设计。相同的体系结构可以有不同的组成，相同的组成可以有不同的实现。

1.4 计算机分类及性能描述

1.4.1 计算机分类

了解计算机的分类，有助于理解计算机的结构及工作原理。在不同时期，站在不同角度，有不同的分类方法。

1. 按用途分类

20 世纪 80 年代之前，人们根据计算机的字长、规模、价格等指标，将计算机分为微型机、小型机、中型机、大型机和巨型机。随着计算机的发展，它们之间的界限已十分模糊，所以这种分类方法基本上已不再使用。今天，人们更多的是按用途分类计算机。

按照用途可将计算机分为通用计算机和嵌入式计算机（专用计算机）。

1）通用计算机

通用计算机的硬件系统及系统软件均由有关的计算机公司设计制造，其用途不是针对某一个或某一类用户的，而是可以满足许多用户的。例如，目前国内外广泛使用的台式 PC 或笔记本电脑，用户可直接在市场上购买，在厂家提供的软件支持下工作。也许用户只需配上少量的软件或硬件，即可满足用户的需求。

除了个人计算机（PC）外，具有更高性能的各种服务器或高性能计算机因可以适用于许多领域或部门，故也可以看作通用计算机。

（1）个人计算机。个人计算机也称为电脑，是一种面向个人使用的计算机，可以完成办公、上网、编程、看电影、玩游戏等。个人计算机内部 CPU 一般有一颗至多颗，计算能力和扩展能力有限，支持较少用户登录使用。

（2）服务器。服务器是用于高性能实现某种服务的计算机，如 Web 服务器、FTP 服务器、Mail 服务器、文件共享服务器、数据库应用服务器、域名服务器、网关服务器、DNS 服务器、流媒体服务器等。服务器的构成包括处理器、主存、硬盘系统、系统总线等，与通用计算机架构类似，但是由于需要提供高可靠的服务，因此在处理能力、稳定性、可靠性、安全性、可扩展性、可管理性等方面要求较高。目前高档服务器是由多达千个处理器构成集群系统来实现的，其速度超过万亿次/秒。也有用性能好一些的 PC 来充当最简单的服务器的。

（3）超级计算机。超级计算机是计算机中功能最强、运算速度最快、存储容量最大的一类计算机，多用于国家高科技领域和尖端技术研究，对国家安全、经济和社会发展具有举足轻重的意义，是国家科技发展水平和综合国力的重要体现。目前的超级计算机是由几十万至上千万个处理器核组成的超大规模多处理器系统，其优势是具有超强的计算能力，运算速度已达到每秒 10^{18} 次浮点运算的量级。

2）嵌入式计算机

嵌入式计算机可定义为：以应用为目标，以计算机技术为基础，软硬件可裁减，对功能、实时性、可靠性、安全、体积、重量、成本、功耗、环境、安装方式等方面有严格要求的专用计算机系统。

可见，嵌入式计算机是一种专用计算机，广泛应用于工业企业、军事装备的测量与控制。这类计算机通常采用系统集成，即利用一些工业控制机提供商所提供的部件，进行硬件系统和软件系统集成来实现嵌入式计算机。针对体积特别小、工作温度特别高、振动特别剧烈等特殊要求而无法通过系统集成设计嵌入式计算机的情况，需要由设计者从元器件开始设计，或者采用片上系统（SoC）进行设计。

2. Flynn 分类法

Flynn 分类法是按照计算机在执行程序的过程中信息流的特征进行分类的。在程序执行中存在三种信息流：

（1）指令流（IS）：机器执行的指令序列，它由存储器流入控制单元（CU）。

（2）数据流（DS）：指令流所使用的数据，包括输入数据、中间数据和结果。数据在处理单元（PU）中进行处理。

（3）控制流（CS）：指令流进入 CU，由 CU 产生一系列控制流（信号），在控制流的控制下完成指令的功能。

按照 Flynn 分类法，可将计算机分为四类，如图 1.8 所示。

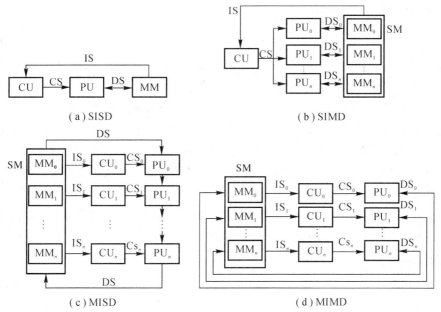

注：CU—控制单元；PU—处理单元；MM—主存储器；IS—指令流；CS—控制流；DS—数据流

图 1.8　按照 Flynn 分类法的计算机分类

（1）单指令流单数据流（Single Instruction Single Data，SISD）：计算机结构如图 1.8 (a)所示。该计算机由单一控制单元、单一处理单元和单一主存储器组成。控制器控制从存储器逐条获取指令，对指令译码，产生控制信号，并控制处理单元完成指令规定的功能。这是最简单的一类计算机，但已充分展示了计算机的基本组成与工作原理，是本书后续章节的重点内容。

（2）单指令流多数据流（Single Instruction Multiple Data，SIMD）：计算机结构如图 1.8(b)所示。它由一个控制单元、多个处理单元和多个主存储器组成。控制器控制从存储器获取一条指令，对指令译码，产生控制信号，并用相同的控制信号控制多个处理单元，执行相同的操作，完成这条指令对多个数据的相同处理，最终实现一条指令所规定的功能。这类计算机将在本书第 9 章予以描述。

（3）多指令流单数据流（Multiple Instruction Single Data，MISD）：实现的是多个控制单元同时执行多条指令对同一数据进行处理，其结构如图 1.8(c)所示。这种计算机尚无实例。

（4）多指令流多数据流（Multiple Instruction Multiple Data，MIMD）：计算机结构如图 1.8(d)所示。它由多个控制单元、多个处理单元和多个主存储器构成，实际上是由多处理机用各种方式连在一起构成的计算机系统，通常称为多处理机系统。这类计算机中各个处理机分别执行不同的指令，处理不同的数据，并行工作而实现某种功能。目前性能好的多核处理器、多计算机的集群或云计算系统都属于这类计算机，本书第 9 章将予以描述。

计算机的分类方法还有以并行度为准则的冯氏分类法，以并行度和流水线为准则的 Handler 分类法等。

1.4.2 计算机系统性能描述

每一款处理器(CPU)都有自己的性能指标,例如,处理器是 32 位还是 64 位,时钟频率为多少赫兹,一级、二级和三级 Cache 容量各为多少,是否采用超流水、超标量技术,引脚有多少,封装形式如何,集成度为多少亿个晶体管,工作电压及功耗分别是多少,制造工艺多少纳米,等等。利用这些性能参数,人们可以大致了解这种处理器的性能。

由处理器构成的计算机系统的性能,与所采用的处理器有很大关系,但也并不完全由处理器来决定。计算机系统的性能还与构成计算机的系统总线、主存容量、外存容量、接口总线、外设以及系统软件的配置有密切关系。因此,计算机性能取决于该系统的硬、软件的配置。

人们所关心的计算机的性能包括速度、主存容量、外设配置、软件配置、接口配置、可靠性、可操作性、功耗、体积、重量、价格等,其中最重要的当属速度。

1. 计算机系统配置

根据计算机系统的配置,可以了解计算机系统的基本性能。下面以高性能计算机为例做简单说明。

不同时期,对高性能计算机有不同的解释。目前,高性能计算机是指能够在可接受的时间内处理一般个人计算机无法处理的大量数据,执行一般个人计算机无法完成的密集型运算的计算机,也称为超级计算机。高性能计算机的性能一般用其浮点数运算能力衡量,通常可达到或超过几百 TFlops(1 TFlops 即每秒钟可进行 $1×10^{12}$ 次浮点运算)。

例如,超级计算机神威·太湖之光的配置如下:

- 系统峰值性能:125.436 PFlops(1 PFlops 即每秒钟可进行 $1×10^{15}$ 次浮点运算)。
- 实测持续运算性能:93.015 PFlops。
- 处理器型号:"申威 26010"众核处理器(260 核,申威-64 指令集,主频为1.45 GHz)。
- 整机处理器个数:40 960 个。
- 整机处理器核数:10 649 600 个。
- 系统总主存:1 310 720 GB。
- 操作系统:Raise Linux。
- 编程语言:C、C++、Fortran。
- 并行语言及环境:MPI、OpenMP、OpenACC 等。
- SSD 存储:230 TB。
- 在线存储:10 PB,带宽为 288 GB/s。
- 近线存储:10 PB,带宽为 32 GB/s。
- 功耗:15.371 MW。

神威·太湖之光超级计算机由中国国家并行计算机工程技术研究中心研制,安装在国家超级计算无锡中心,由 40 个运算机柜和 8 个网络机柜组成。

2. 计算机系统性能计算

时间是测量计算机性能的重要指标。一个性能良好的计算机应是快速的,而最快的计算机则是完成相同任务用时最少的那一台。吞吐量和执行时间是描述计算机系统性能常用的参数，也是用户所关心的。

执行时间(Execution Time)也称响应时间，定义为一个任务从开始到完成所用的时间或计算机完成一个任务所用的总时间。

吞吐量(Throughput)定义为在给定时间内(并行)完成的总任务数。

在许多实际的计算机中，减少执行时间通常会改善吞吐量。对多处理机系统而言，虽然每个任务的完成并没有加快，但增加了吞吐量。在计算机系统中使用更快的 CPU，可以改善执行时间和吞吐量。

如果用时间来定义计算机系统的性能，则有

$$性能\ P = \frac{1}{执行时间\ T} \tag{1.1}$$

这意味着，如果计算机 X 的性能好于计算机 Y，则有

$$P_X > P_Y \quad 或 \quad T_Y > T_X$$

也即如果计算机 X 比计算机 Y 速度快，则在 Y 上的执行时间比 X 的长。从上述定义也可以得到

$$P = \frac{完成的总任务数}{完成任务所需的时间} = 吞吐率 \tag{1.2}$$

也即计算机的性能与其吞吐率成正比。

在设计计算机时经常要进行计算机性能比较，相对性能(Relative Performance)或性能比(Performance Ratio)被定义为

$$\frac{P_X}{P_Y} = \frac{T_Y}{T_X} = n \tag{1.3}$$

这意味着，计算机 X 的性能是计算机 Y 的 n 倍，或在 Y 上的执行时间是 X 的 n 倍。

例 1.1　计算机 A 的性能是计算机 B 的性能的 4 倍，B 完成一个指定的任务用时 20 s，那么 A 完成该任务用时多长?

解　因为

$$\frac{P_A}{P_B} = \frac{T_B}{T_A} = \frac{20}{T_A} = 4$$

所以 $T_A = 5$ s，即 A 完成该任务用时 5 s。

3. 用测试程序来测评计算机系统性能

以往对计算机的测试采用如下几种程序:

(1) 实际应用程序，即计算机工作的真实程序。

(2) 修正的实际应用程序，即对真实程序进行某些修改构成的测试程序。

(3) 核心程序，即提取真实程序中的核心部分构成的测试程序。

(4) 小测试程序，即具有特定目的的 100 行以内的测试程序。

(5) 合成测试程序，即选择具有各种代表性的一系列测试程序，将它们组合在一起的测试程序，称为测试程序组件或基准测试程序。

利用基准测试程序的优点是可以避免单个测试程序的片面性，更加全面地测试计算机硬件的最高实际性能以及软件优化的性能提升效果。因此，目前利用基准测试程序进行计算机性能评估已被广泛采用。

基准测试程序可分为微基准测试程序(Microbenchmark)和宏基准测试程序(Macro-benchmark)两类。微基准测试程序用来测量一个计算机系统的某一特定方面,如 CPU 定点/浮点性能、存储器速度、I/O 速度、网络速度或系统软件性能(如同步性能)。宏基准测试程序用来测量一个计算机系统的总体性能或优化方法的通用性,可选取不同应用,如Web 服务程序、数据处理程序以及科学与工程计算程序等。

基准测试程序在过去多用于测试大型计算机的性能,今天也可以用这些基准测试程序测试 PC。对 PC 的测试分为三部分:第一部分是利用基准测试程序对 CPU、GPU 和存储系统的基本性能进行测试,通过测试对 CPU、GPU 和存储系统的性能作一个基本了解;第二部分是用测试工具软件进行测试,使用的测试工具大多模拟了真实的软件工作环境,所以测试结果能够客观地反映 CPU、GPU 和存储系统在实际应用中的性能差异;第三部分是用实际应用软件进行测试,通过使用现实生活中常用的软件,记录在实际应用中的测试结果,以最直接的方式体现 CPU、GPU 和存储系统的处理速度。

1.4.3 Amdahl 定律

Amdahl 定律是 20 世纪 60 年代由 IBM 360 系列计算机的主要设计者 Amdahl 提出的。其内容为:计算机系统中某一部件采用某种更快的执行方式后,整个系统性能的提高与这种执行方式的使用频率或占总执行时间的比例有关。Amdahl 定律给出了加速比的定义:

$$加速比 = \frac{改进后的系统性能}{改进前的系统性能} = \frac{改进前的系统总执行时间}{改进后的系统总执行时间} \tag{1.4}$$

从 Amdahl 定律所描述的内容可以看到,加速比即性能之比。对计算机的某一部分进行改进后,在处理相同任务的情况下,改进前总执行时间是改进后总执行时间的多少倍,就是加速比。计算机系统的加速比取决于下面两个因素:

(1) 可改进部分在原系统总执行时间中所占的比例:称为可改进比例,用 f_e 表示。例如,程序的总执行时间为 100 s,可改进的部分是其中的 20 s,则 $f_e = 0.2$。可见,f_e 总是小于或等于 1 的。

(2) 可改进部分改进后性能提高的程度:通常用部件加速比 r_e 来表示某部件改进后性能提高的比例。例如,某部件改进后,执行时间由原来的 20 s 减少到 5 s,则部件加速比 $r_e = 20/5 = 4$。可见,r_e 一般是大于 1 的。

根据上述分析,若假设改进前的系统总执行时间为 T_0,可以得出改进后的系统总执行时间 T_n 为

$$T_n = T_0 \left(1 - f_e + \frac{f_e}{r_e}\right) \tag{1.5}$$

若加速比用 S_p 表示,则根据式(1.4)和式(1.5),加速比 S_p 可表示为

$$S_p = \frac{1}{1 - f_e + \dfrac{f_e}{r_e}} \tag{1.6}$$

式中,$1 - f_e$ 为不可改进(或未改进)的部分,当可改进(或已改进)部分为 0 时,系统的加速比 S_p 就是 1。随着可改进部分的增加(f_e 加大)和改进效果的提升(r_e 增加),系统的加速比 S_p 就会增加。当系统可改进的部分 f_e 确定后,即使这一部分改进后不再需要执行时间,即 $r_e \rightarrow \infty$,仍存在 $S_p = 1/(1 - f_e)$。可见,系统性能的改善受可改进部分 f_e 的限制。

例 1.2 升级某文件共享服务器,采用新的 CPU 以提高其性能,新 CPU 的运行速度是原来 CPU 的 10 倍。该服务器工作时,CPU 有 35% 的时间用于计算(实现各种网络协议、文件共享协议,将文件级访问转换为磁盘的块级访问),另外 65% 的时间用于等待磁盘(磁盘延迟大,读写速度慢)。请问进行这一升级后,该服务器所得到的总的加速比是多少?

解 由题意可知,$f_e=0.35$,$r_e=10$,则

$$S_p = \frac{1}{1-f_e+\dfrac{f_e}{r_e}} = \frac{1}{1-0.35+\dfrac{0.35}{10}} \approx 1.46$$

由计算可见,即使某一部件的加速比已达 10 倍,但若该部件仅影响到总执行时间的小部分,则对整个计算机系统的贡献也是有限的。所以,改进后系统的加速比只有 1.46 倍左右。

例 1.3 若计算机系统有三个部件 a、b、c 是可改进的,各部件改进后的加速比分别为 30、30、20。它们在总执行时间中所占的比例分别是 30%、30%、20%。试计算这三个部件同时改进后系统的加速比。

解 在多个部件可同时改进的情况下,Amdahl 定律可表示为

$$S_p = \frac{1}{1-\sum f_e + \sum \dfrac{f_e}{r_e}} \tag{1.7}$$

将已知条件代入式(1.7),得

$$S_p = \frac{1}{1-\sum f_e + \sum \dfrac{f_e}{r_e}} = \frac{1}{1-30\%-30\%-20\%+\dfrac{30\%}{30}+\dfrac{30\%}{30}+\dfrac{20\%}{20}} \approx 4.35$$

例 1.4 某基准测试程序中包含一定比例的卷积运算、点积运算、矩阵运算和数字滤波器运算,实现这些运算需要大量的乘法、累加操作,即乘积累加运算:$a \leftarrow a+b \times c$。假设乘积累加运算占用该基准测试程序 15% 的执行时间。为了改进某计算机执行该基准测试程序时的性能,提出以下两种解决方案:

方案 1 新增乘积累加运算向量指令。为了实现该指令,增加专用硬件,采用单指令流多数据流(SIMD)结构,实现快速并行乘积累加运算。采取上述措施后,执行乘积累加运算的速度可以提高到原来的 15 倍。

方案 2 改进原来的运算器(包括原来的加法器与乘法器),使得所有算术运算指令的执行速度达到原来的 1.6 倍。已知算术运算指令(包括普通加法指令、乘法指令)占用该基准测试程序 40% 的执行时间。

经过评估,实现方案 1 与实现方案 2 的工作量、成本相同。

试比较这两种设计方案中采用哪种改进方案执行该基准测试程序时的性能更高。

解 方案 1 的加速比

$$S_{p1} = \frac{1}{1-0.15+\dfrac{0.15}{15}} = \frac{1}{0.86} \approx 1.163$$

方案 2 的加速比

$$S_{p2} = \frac{1}{1-0.4+\dfrac{0.4}{1.6}} = \frac{1}{0.85} \approx 1.176$$

可见，采用方案 2 改进原来的运算器电路性能会稍好一些，因为普通的算术运算指令使用的频度更高。

采用方案 2，原来的基准测试程序无须修改和重新编译，可以直接运行。如果采用方案 1，需要升级编译程序以支持新增的指令，原基准测试程序需要用新的编译器重新编译，才可使用新增的指令以提高性能。所以方案 2 的软件兼容性也更好。

习　　题

1.1　第一代计算机所采用的器件是_____；第二代计算机所采用的器件是_____；第三代计算机所采用的器件是_____；第四代计算机所采用的器件是_____。

1.2　参见图 1.8，在计算机中有三种信息在流动。其中，一种是_____，即操作命令，它由_____产生，流向各个部件；另一种是_____，它在计算机中被加工处理。

1.3　计算机的软件通常分为两大类，一类是_____；另一类是_____。操作系统属于_____。

1.4　在计算机系统的层次结构中，位于硬件之外的所有层次统称为_____。

1.5　描述摩尔定律并说明在最近 20 年里摩尔定律得以延续的理由。

1.6　早期的冯·诺依曼计算机硬件系统主要由哪几部分组成？各部分的功能是什么？

1.7　叙述冯·诺依曼计算机的基本工作过程。

1.8　什么工具可以将高级语言源程序转换为机器语言目标代码文件？调查编程语言的发展历史。

1.9　以你的某台电子设备为例，说明其处理器属于哪种指令集体系结构(ISA)，有什么特点。

1.10　说明计算机系统结构与计算机组成各自的含义。

1.11　说明采用 Flynn 法对计算机分类的依据，并描述不同类型计算机的特点。

1.12　为大致了解某种处理器(CPU)的性能，人们应注意哪些性能参数？

1.13　要描述一台计算机的性能，主要从哪些方面来说明？

1.14　查找资料，以某计算机的配置单为依据，说明该计算机的性能如何。

1.15　目前常见的基准测试程序有哪些？

1.16　用于对 PC 的性能测试分为哪三个部分？

1.17　希望通过改进某计算机的浮点数运算部件，使其运行某科学计算程序的性能达到原来的 2 倍。已知浮点数运算时间占该程序总运行时间的 70%，那么浮点数运算部件的速度提高到原来的多少倍才可以达到整体的性能目标？

1.18　若计算机系统的 3 个部件 a、b、c 是可改进的，它们的部件加速比分别为 30、30、20。若部件 a 和 b 在总执行时间中所占的比例分别是 30%、30%，要使整个系统的加速比达到 10，则部件 c 在总执行时间中所占的比例应为多少？

第 2 章　计算机系统中的数据表示

　　在计算机系统中如何表示数据，是计算机体系结构的设计内容之一。计算机只能识别二进制数据，只能对二进制表示的数据进行加工和处理。清楚地了解各种数据在计算机中的表示方法，有助于理解计算机硬件是如何对这些数据进行运算和加工的。本章作为本书的基础知识，将描述各种数据在计算机中的表示方法。

2.1　概　　述

2.1.1　数的进制及转换

　　常见的进位计数制有十进制、二进制、八进制和十六进制。

　　十进制数中有 0～9 十个数码，其计数特点及进位原则为"逢十进一"。十进制的基数为 10，位权为 10^i（i 是整数）。十进制数的后面常用字母 D 标记或不加标记。

　　计算机中常用的计数制还有二进制、八进制、十六进制。

　　二进制数中只有 0 和 1 两个数码，其计数特点及进位原则为"逢二进一"。二进制的基数为 2，位权为 2^i（i 是整数）。二进制数的后面常用字母 B 标记。

　　八进制数中有 0～7 八个数码，其计数特点及进位原则为"逢八进一"。八进制的基数为 8，位权为 8^i（i 是整数）。八进制数的后面常用字母 O 标记。

　　十六进制数中有 0～9、A、B、C、D、E、F 十六个数码，其计数特点及进位原则为"逢十六进一"。十六进制的基数为 16，位权为 16^i（i 是整数）。十六进制数的后面常用字母 H 标记，也可以用在数前加前缀"0x"标记。

　　任何一种进位计数制表示的数都可以写成按权展开的多项式之和，即任意一个 r 进制数 N 可表示为

$$N_r = \sum_{i=-k}^{m} D_i \times r^i \qquad (2.1)$$

其中，D_i 为该数制采用的基本数码，r^i 是权，r 是基数。

　　数值数据是表示数量多少和数值大小的数据，即在数轴上能找到其对应点的数据。

　　各种数值数据在计算机中表示的形式称为机器数。机器数对应的实际数值称为数的真值。

2.1.2　无符号数与有符号数的定义

1. 无符号数

　　所谓无符号数，即没有符号的数，数中的每一位均用来表示数值。所以 8 位二进制无

符号数所表示的数值范围是 0~255，而 16 位无符号数的表示范围为 0~65 535。

2. 有符号数

由于机器无法直接识别"＋"(正)、"－"(负)符号，而"正""负"恰好是两种截然不同的状态，因此若用"0"表示"正"，用"1"表示"负"，则符号可被数字化，再按规定将符号放在有效数字的前面就组成了有符号数。

2.1.3 定点数与浮点数的定义

1. 定点数

在机器数表示中，若约定小数点的位置固定不变，则称为定点数。有两种形式的定点数，即定点整数(纯整数，规定小数点在数据最低有效数位之后)和定点小数(纯小数，规定小数点在数据最高有效数位之前)，如图 2.1 所示。

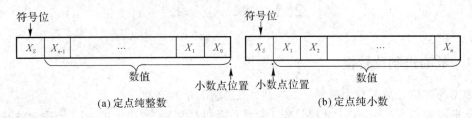

(a) 定点纯整数　　　　　　　(b) 定点纯小数

图 2.1　有符号定点数的表示形式

2. 浮点数

基数为 2 的数 F 的浮点表示为

$$F = M \times 2^E \tag{2.2}$$

其中，M 称为尾数，E 称为阶码。尾数为带符号的纯小数，阶码为带符号的纯整数。

按式(2.2)表示的数据既可以是纯整数，也可以是纯小数，还可以是同时含有整数和小数的数据，其小数点的位置是不固定的，故称为浮点数。计算机中常用的一种浮点数的编码格式如图 2.2 所示，其中数符(即数据的符号)就是尾符(即尾数的符号)。

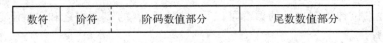

图 2.2　浮点数的编码格式之一

2.2 定 点 数

定点数可以为有符号数或无符号数。有符号定点数通常有原码、补码、反码、移码 4 种编码表示。

2.2.1 原码

原码是机器数中最简单的一种表示形式，其符号位为 0 表示正数，符号位为 1 表示负数，数值位即真值的绝对值。

1. 整数原码的定义

根据图 2.1(a)，若整数用二进制 n 位表示，则整数原码的定义为

$$[X]_{原} = \begin{cases} X & 2^{n-1} > X \geqslant 0 \\ 2^{n-1} - X & 0 \geqslant X > -2^{n-1} \end{cases} \tag{2.3}$$

式中，X 为真值，$n-1$ 为整数数值位的位数。

原码可用定义表示，也可用符号位后面紧跟数的绝对值表示。

例 2.1　当 $X = +35$ 或 $X = -35$ 时，若采用 8 位二进制编码，其原码如何表示？

解　当 $X = +35$ 时，有

$$[X]_{原} = 00100011$$

当 $X = -35$ 时，有

$$[X]_{原} = 10100011$$

从本例可以看到，符号位总是在最高位。原码又称作带符号的绝对值表示，即在符号的后面跟着的就是该数据的绝对值。

2. 小数原码的定义

根据图 2.1(b)，若小数用二进制 n 位表示，则小数原码的定义为

$$[X]_{原} = \begin{cases} X & 1 > X \geqslant 0 \\ 1 - X & 0 \geqslant X > -1 \end{cases} \tag{2.4}$$

根据式(2.4)，纯小数的原码可以表示为

$$正数：[X]_{原} = 0.\, x_1\, x_2 \cdots x_{n-1}$$
$$负数：[X]_{原} = 1.\, x_1\, x_2 \cdots x_{n-1}$$

值得注意的是，在计算机中小数点是隐含的，是不用出现的，上面编码中出现小数点是为了强调小数点的位置。在本书各章节中，所有编码中若出现小数点，其作用与此处相同，都仅仅是为了提示。

例 2.2　若纯小数 $X = 0.468\,75$ 或 $X = -0.468\,75$，试用包括符号位在内的 8 位定点原码表示。

解　当 $X = 0.468\,75$ 时，有

$$[X]_{原} = 0.0111100$$

当 $X = -0.468\,75$ 时，有

$$[X]_{原} = 1.0111100$$

3. 原码的特点

(1) 数值原码表示法简单直观，但加减运算很麻烦。

(2) 对于数值 0，用原码表示不是唯一的。以 8 位原码表示，有

$$[+0]_{原} = 0.0000000 \quad 或 \quad [+0]_{原} = 00000000$$
$$[-0]_{原} = 1.0000000 \quad 或 \quad [-0]_{原} = 10000000$$

可见，$[+0]_{原} \neq [-0]_{原}$，即原码中的"零"有两种表示形式。

(3) n 位原码（包括一位符号位）纯整数可表示的数值范围为 $-(2^{n-1}-1) \sim +(2^{n-1}-1)$，纯小数可表示的数值范围为 $-(1-2^{-(n-1)}) \sim +(1-2^{-(n-1)})$。

2.2.2 补码

1. 补数的概念

在日常生活中，常会遇到补数的概念。例如，当前时钟指针指示在 6 点，欲使它指示 3 点，既可按顺时针方向将分针转 9 圈，也可按逆时针方向将分针转 3 圈，其结果是一致的。由于时钟的时针转一圈能指示 12 个小时，因此时钟指针两个方向转动产生的效果在数学上称为模 12 运算，写作 mod 12。

将补数的概念用到计算机中，便出现了补码机器数。

2. 补码的定义

1) 整数补码的定义

根据图 2.1(a)，若整数用二进制 n 位表示，则整数补码的定义为

$$[X]_{补}=\begin{cases}X & 2^{n-1}>X\geqslant0 \\ 2^n+X & 0>X\geqslant-2^{n-1}\end{cases}\quad(\mathrm{mod}\ 2^n)\tag{2.5}$$

由式(2.5)可以看到，对正数来说，补码与原码的定义完全一样。

例 2.3 假定 $X=+68$ 或 $X=-68$，试用 8 位二进制补码表示。

解 当 $X=+68$ 时，有

$$[X]_{补}=01000100=[X]_{原}$$

对负数而言，补码与原码是不同的。可以利用式(2.5)来求负数的补码，但比较麻烦。可用如下 3 种简单方法求解。

(1) 将 $X=+68$ 用原码表示，然后包括符号位在内各位取反，再在最低位加 1。

(2) 将 $X=-68$ 用原码表示，然后不包括符号位各位取反，再在最低位加 1。

(3) 将 $X=+68$ 用原码表示，然后从右往左搜索第一个 1，第一个 1 和右边的 0 保持不变，左边全部按位取反，如下所示：

$$[+68]_{原}=\underline{01000}\underline{100}$$

取反　　不变

$$[-68]_{补}=\underline{10111}\underline{100}$$

所以，当 $X=-68$ 时，$[X]_{补}=10111100$。

2) 小数补码的定义

若小数用二进制 n 位表示，则小数补码的定义为

$$[X]_{补}=\begin{cases}X & 1>X\geqslant0 \\ 2+X & 0>X\geqslant-1\end{cases}\quad(\mathrm{mod}\ 2)\tag{2.6}$$

根据式(2.6)，纯小数的补码同样可以表示为

$$正数：[X]_{补}=0.\ x_1x_2\cdots x_{n-1}$$

$$负数：[X]_{补}=1.\ x_1x_2\cdots x_{n-1}$$

同样地，小数点是隐含的。

例 2.4 若纯小数 $X=0.468\ 75$ 或 $X=-0.468\ 75$，试用包括符号位的 8 位定点补码表示。

解　当 $X=0.468\,75$ 时，有

$$[X]_{\text{补}}=0.0111100=[X]_{\text{原}}$$

对于负数纯小数，构成补码表示所采用的方法与整数一样。因此，当 $X=-0.468\,75$ 时，$[X]_{\text{补}}=1.1000100$。

3. 补码的特点

（1）n 位补码表示的整数数值范围为 $-2^{n-1}\sim+(2^{n-1}-1)$，n 位补码表示的小数数值范围为 $-1\sim+(1-2^{-n+1})$。

（2）0 的表示是唯一的。以 8 位小数编码为例，有

$$[+0]_{\text{补}}=0.0000000$$

$$[-0]_{\text{补}}=2+(-0.0000000)=10.0000000-0.0000000=0.0000000$$

显然，$[+0]_{\text{补}}=[-0]_{\text{补}}=0.0000000$，即补码中的"零"只有一种表示形式。

（3）变形码。当模数为 4 时，可形成双符号位补码，如 $X=-0.1001\text{B}$，对 mod 2^2 而言，有

$$[X]_{\text{补}}=2^2+X=100.0000000-0.1001000=11.0111000$$

这种双符号位补码又叫作变形补码，它在阶码运算和溢出判断中有其特殊作用。

（4）求补运算。许多处理器中设置有求补指令，其功能是对操作数取负数（即正数变负数，负数变正数）。可以采用上述的负数补码的 3 种编码方法之一实现。

（5）简化加减法。利用补码实现两数相加是很方便的，补码加法的运算规则为

$$[X+Y]_{\text{补}}=[X]_{\text{补}}+[Y]_{\text{补}} \tag{2.7}$$

即两数和的补码就等于两数补码之和。

如上所述，对补码求补就相当于在其前面加一个负号。也就是说，有

$$[[X]_{\text{补}}]_{\text{求补}}=[-X]_{\text{补}},\quad [[-X]_{\text{补}}]_{\text{求补}}=[X]_{\text{补}}$$

因此，减法运算就可以用加法运算来实现，即

$$[X-Y]_{\text{补}}=[X]_{\text{补}}+[-Y]_{\text{补}}$$
$$=[X]_{\text{补}}+[[Y]_{\text{补}}]_{\text{求补}} \tag{2.8}$$

这样在运算器中就可以不设置减法器，从而简化了运算器的结构。

例 2.5　求 $68-35$。

解　可以将上式写作 $Z=68+(-35)$，则有

$$[Z]_{\text{补}}=[68]_{\text{补}}+[-35]_{\text{补}}=01000100+11011101=00100001$$

所获得的结果正是 33。

（6）算术或逻辑左移。对补码表示的数值做算术或逻辑左移一位（即编码各位依次向左移动一位，最高位移出，最低位补 0），如果移位结果没有超出所规定的数值范围，则相当于该数值乘 2。

（7）算术右移。对补码表示的数值做算术右移一位（即编码各位依次向右移动一位，最低位移出，最高位保持原符号不变），相当于该数值除以 2。

2.2.3　反码

反码通常用来作为由原码求补码或者由补码求原码的中间过渡。

1. 反码的定义

1）整数反码的定义

整数反码的定义为

$$[X]_{反} = \begin{cases} X & 2^{n-1} > X \geqslant 0 \\ (2^n - 1) + X & 0 \geqslant X > -2^{n-1} \end{cases} \quad (\mathrm{mod}(2^n - 1)) \qquad (2.9)$$

由式(2.9)可以看到，正整数的反码表示与原码及补码相同。对于一个负数，可直接利用式(2.9)来获得，也可以将与负数绝对值相同的正数原码（包括符号位）各位取反获得，还可以利用该负数的原码保持符号位不变，其余各位取反来获得。这或许就是反码名称的由来。

例 2.6 若 $X = 35$ 或 $X = -35$，求其 8 位反码表示。

解 当 $X = 35$ 时，有

$$[X]_{反} = 00100011$$

当 $X = -35$ 时，有

$$[X]_{反} = 11011100$$

2）小数反码的定义

小数反码的定义为

$$[X]_{反} = \begin{cases} X & 1 > X \geqslant 0 \\ (2 - 2^{-n+1}) + X & 0 \geqslant X > -1 \end{cases} \quad (\mathrm{mod}\,(2 - 2^{-n+1})) \qquad (2.10)$$

2. 反码的特点

(1) 0 的表示不唯一。0 有两种表示形式，如 8 位表示为

$$[+0]_{反} = 00000000$$
$$[-0]_{反} = 11111111$$

(2) 负数反码与补码的关系。以小数定义为例，有

$$[X]_{反} = 2 - 2^{-n+1} + X$$
$$[X]_{补} = 2 + X$$

可见，有

$$[X]_{补} = [X]_{反} + 2^{-n+1} \qquad (2.11)$$

式(2.11)进一步验证了前面的结论：只要在某负数的反码的最低位加 1，即可获得该数值的补码。该结论对整数同样成立。

(3) n 位反码表示的整数数值范围为 $-(2^{n-1} - 1) \sim +(2^{n-1} - 1)$，小数数值范围为 $-(1 - 2^{-(n-1)}) \sim +(1 - 2^{-(n-1)})$。

2.2.4 移码

1. 移码的由来

当真值用补码表示时，由于符号位和数值部分一起编码，与习惯上的表示法不同，因此人们很难从补码的形式上直接判断其真值的大小。例如：

十进制数 $X = +31$，对应的二进制数为 $+11111$，若用 8 位表示，则 $[X]_{补} = 00011111$；

十进制数 $X=-31$，对应的二进制数为 -11111，若用 8 位表示，则 $[X]_{补}=11100001$。

上述补码表示中，从代码形式看，符号位也是一位二进制数。如果按这 8 位二进制代码比较其大小，会得出 $11100001>00011111$，而实际情况恰恰相反。

如果对每个真值加上 2^m（m 为整数的数值位数，此处为 7，即 $8-1$），情况就发生了变化，即

$X=00011111$ 加上 2^7，可得 10011111；

$X=11100001$ 加上 2^7，可得 01100001。

比较它们的结果可见，$10011111>01100001$，而这个比较结果正确反映了真值的实际大小。

在原来补码表示的编码基础上再加上一个偏移量，就构成了新的编码，即移码。上述示例中，由于编码长度为 8 位，故使用的偏移量为 2^7。这或许就是移码名称的由来。

2. 移码的定义

由于移码多用于浮点数中表示阶码，均为整数，因此这里只介绍定点整数的移码表示。当用包括符号位在内的 n 位字长时，整数移码的定义为

$$[X]_{移}=2^{n-1}+X \quad (2^{n-1}>X\geqslant -2^{n-1}) \quad (\bmod 2^n) \qquad (2.12)$$

要获得整数的移码表示，可以利用定义计算，也可以先求出该数的补码后将符号位取反。

例 2.7　若 $X=35$ 或 $X=-35$，求其 8 位字长移码。

解　当 $X=35$ 时，先求出 $[X]_{补}=00100011$，再将其符号位取反，即 $[X]_{移}=10100011$。或用定义求解，此时 2^{n-1} 表示为二进制数 10000000，$X=00100011$，则有

$$[X]_{移}=2^{n-1}+X=10100011$$

当 $X=-35$ 时，先求出 $[X]_{补}=11011101$，则有

$$[X]_{移}=01011101$$

或用定义求解，则有

$$[X]_{移}=2^{n-1}+X=10000000-00100011=10000000+11011101=01011101$$

3. 移码的特点

（1）移码就是在其真值上加一个常数 2^{n-1}。移码在数轴上所表示的范围恰好对应其真值在数轴上的范围向轴的正方向移动 2^{n-1} 个数据，如图 2.3 所示。

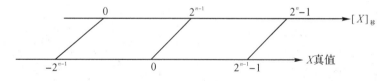

图 2.3　移码在数轴上的表示

（2）移码与补码的关系。由图 2.4 可知，移码与补码间的关系十分密切，只要将补码的符号位取反，补码就转换成了相应的移码；同样，只要将移码的符号位取反，移码就转换成了相应的补码。进而可以想到，只要字长相同，补码与移码所能表示的数值范围是相同的。

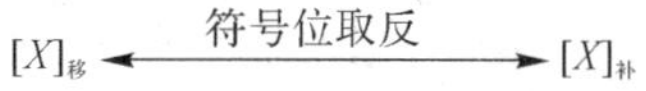

$$[X]_{移} \xleftrightarrow{\text{符号位取反}} [X]_{补}$$

图 2.4　移码与补码的关系

（3）移码码值的大小反映了数值的大小，因此，正数移码的码值一定大于负数移码的码值。也就是说，大码值所表示的数值一定大于小码值所表示的数值。

由于具有上述突出优点，移码目前已被广泛采用。

2.2.5 不同编码的比较

原码表示很直观。若采用原码做乘除运算，可取其绝对值（原码的数值部分）直接运算，并按同号相乘除取正，异号相乘除取负的原则，单独处理符号位，比较方便。但原码加减运算时，其运算比较复杂。例如，当两个操作数符号不同且要作加法运算时，先要判断两个数的绝对值的大小，然后用绝对值大的数减去绝对值小的数，结果的符号以绝对值大的数为准，运算步骤既复杂又费时，且本来是加法运算却要用减法器实现。而机器数采用补码，找到一个与负数等价的正数来代替该负数，即可用加法代替减法操作，这样在计算机中就可以只设加法器。但是根据补码的定义，在形成补码的过程中又出现了减法，因此引入了反码，作为由原码求补码或者由补码求原码的中间过渡，这样由真值通过原码求补码就可避免减法运算。

因此，原码、反码、补码、移码的特点可归纳如下：

（1）当真值为正时，原码、补码和反码的表示形式均相同，即符号位用"0"表示，数值部分与真值相同。

（2）当真值为负时，原码、补码和反码的表示形式不同，但其符号位都用"1"表示，而数值部分的关系为：反码是原码"每位取反"，补码是反码"加1"，补码是原码"求反加1"。

（3）移码较为特殊，当符号位为"0"时，表示真值为负；当符号位为"1"时，表示真值为正数。移码与补码编码仅符号位相反。

表2.1列出了8位字长的二进制编码与无符号整数及定点整数的原码、补码、反码和移码所代表真值的对应关系。

表 2.1 8 位不同编码对应的真值范围

二进制代码	无符号数 对应的真值	原码 对应的真值	补码 对应的真值	反码 对应的真值	移码 对应的真值
00000000	0	+0	+0	+0	−128
00000001	1	+1	+1	+1	−127
00000010	2	+2	+2	+2	−126
⋮	⋮	⋮	⋮	⋮	⋮
01111110	126	+126	+126	+126	−2
01111111	127	+127	+127	+127	−1
10000000	128	−0	−128	−127	0
10000001	129	−1	−127	−126	+1
10000010	130	−2	−126	−125	+2
⋮	⋮	⋮	⋮	⋮	⋮
11111101	253	−125	−3	−2	+125
11111110	254	−126	−2	−1	+126
11111111	255	−127	−1	−0	+127

2.3　浮　点　数

2.3.1　浮点数的表示方法

由于计算机字长的限制，当需要表示的数据有很大的数值范围（如电子的质量为 9×10^{-28} 克，太阳的质量为 2×10^{33} 克）时，它们不能直接用定点小数或定点整数表示，而必须用浮点数表示。由于计算机采用二进制，所以浮点数的一般表示形式为式(2.2)。

例如，二进制数 $F = 11.0101$，用浮点数可表示为下列不同形态，即

$$F = 11.0101 = 0.110101 \times 2^{010} = 1.10101 \times 2^{001}$$
$$= 1101.01 \times 2^{-010} = 0.00110101 \times 2^{100} = \cdots$$

其中，尾数与阶码均用二进制数表示，基数（为2）用十进制数表示。这里可以看到，一个包含整数与小数的数据用浮点数表示时有多种形态，那么计算机中采用哪种形态来表示这个浮点数呢？

1. 浮点数的编码表示

根据浮点数的一般表示式(2.2)，只要确定了尾数 M 和阶码 E（基数是固定值），浮点数即被确定。但同一个浮点数又有多种表现形态，如上述例子，所以需要对 M 和 E 的形态做出合理选择，浮点数才能在计算机中有效编码。

浮点数编码的规则如下：

(1) 尾数 M 必须为小数，用 $n+1$ 位有符号定点小数表示，可以采用的编码有原码、补码。阶码 E 必须为整数，用 $k+1$ 位有符号定点整数表示，可以采用的编码有原码、补码、移码。浮点数编码位数为 $m = (n+1) + (k+1)$。

(2) 浮点数编码格式有多种，使用较多的格式如图2.2和图2.5所示，格式的选择可由计算机设计人员决定。

阶符 1	阶码数值部分 k	数符 1	尾数数值部分 n

图 2.5　浮点数的编码格式之二

需要强调的是：

(1) 阶码是整数，其位数 $k+1$ 决定了浮点数表示的数值范围，也就是决定了数据的大小，或小数点在数据中的真实位置。阶符决定阶码的正负。

(2) 尾数是小数，其位数 $n+1$ 决定了浮点数的精度。如果尾数采用小数且位数 n 足够长，则当浮点数运算需要对尾数运算结果舍入时，造成的数据精度损失会比较小。

(3) 尾数的符号表示浮点数的正负。

2. 非规格化浮点数

当对尾数 M 只要求是小数而无其他限制时，此时的浮点数被称为非规格化浮点数。

设浮点数为非规格化数，阶码数值位取 k 位，阶符为1位，且采用补码表示，尾数数值位取 n 位，尾符为1位，同样采用补码表示，则阶码和尾数可以表示的数值范围如表2.2所示。

表 2.2　阶码和尾数的数值范围

阶码和尾数	数 值	阶码和尾数	数 值
阶码最小值	-2^k	阶码最大值	2^k-1
尾数最小负值	-1	尾数最大负值	-2^{-n}
尾数最小正值	$+2^{-n}$	尾数最大正值	$+(1-2^{-n})$

此时，在数轴上表示的非规格化浮点数范围如图 2.6 所示。因为非规格化浮点数的尾数可以为 0，也就是非规格化浮点数可以为 0，因此非规格化浮点数范围为

$$-1\times2^{2^k-1}\sim(1-2^{-n})\times2^{2^k-1}$$

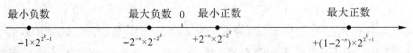

图 2.6　非规格化浮点数的数值范围

值得注意的是，当一个浮点数尾数为 0 且阶码任意，或阶码不大于它所能表示的最小数且尾数任意时，机器都把浮点数当作零看待，并称之为机器零。如果浮点数的阶码用移码表示，尾数用补码表示，则当阶码为它所能表示的最小数 -2^k（k 为阶码数值的位数）且尾数为 0 时，其阶码编码（移码）为全 0，尾数编码（补码）也为全 0，这样的机器零为 0000…0000（全零表示），有利于简化机器中的判 0 电路。

3. 规格化浮点数

由于非规格化浮点数对小数形式的尾数没有进一步的限制，因此造成同一数据有不同的编码，使数据表示的通用性变差。为了使有限字长的二进制尾数能表示更多的有效数位，同时使浮点数有统一的表示形式，浮点数通常采用规格化形式来表示。

所谓规格化浮点数，就是将尾数的绝对值限定在规定的数值范围内，即 $1/2\leqslant|M|<1$。要使尾数的绝对值在此范围内，通过改变小数点的位置（相应地改变阶码）便可以做到。

若尾数 M 用补码表示，则当 $M\geqslant0$ 时，规格化尾数的形式必须为

$$[M]_{补}=0.1\times\times\times\times\cdots\times$$

其中，×为任意二进制值。

当 $M<0$ 时，规格化尾数的形式必须为

$$[M]_{补}=1.0\times\times\times\times\cdots\times$$

其中，×为任意二进制值。

根据规格化浮点数的定义，可以得到规格化尾数的数值范围如表 2.3 所示。

表 2.3　规格化尾数（补码编码）的数值范围

尾 数	数 值	尾 数	数 值
尾数最小负值	-1	尾数最大负值	$-(1/2+2^{-n})$
尾数最小正值	$+1/2$	尾数最大正值	$+(1-2^{-n})$

对于规格化浮点数来说，其阶码所表示的数值范围与非规格化浮点数的是一样的。因

此，可以确定规格化浮点数所能表示的数值范围如图 2.7 所示。

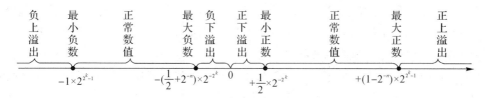

图 2.7　规格化浮点数的数值范围

比较图 2.6 和图 2.7 可以发现，非规格化浮点数和规格化浮点数所能表示的数值范围的主要不同是绝对值最小的有效数值。由图 2.7 可知，规格化浮点数的数值范围如下：

最大正数为：$+(1-2^{-n})\times 2^{2^{k}-1}$；

最小正数为：$+\dfrac{1}{2}\times 2^{-2^{k}}$；

最大负数为：$-\left(\dfrac{1}{2}+2^{-n}\right)\times 2^{-2^{k}}$；

最小负数为：$-1\times 2^{2^{k}-1}$。

当浮点数阶码大于最大阶码时，称为"上溢"，此时机器停止运算，进行溢出中断处理；当浮点数阶码小于最小阶码时，称为"下溢"，此时"溢出"的数的绝对值很小，通常将尾数各位强置为零，按机器零处理，机器可以继续运行。图 2.7 表示了浮点数所能表示的数值范围及溢出的情况。

一旦浮点数的位数确定后，不同的阶码和尾数位数划分将直接影响浮点数的表示范围和精度，所以需要合理分配阶码和尾数的位数。利用数值的浮点数表示，可实现用有限字长的二进制编码表示更大的数值范围。

4. 规格化处理

浮点数在运算前和运算后，若其尾数不是规格化数，就要通过修改阶码并同时左右移动尾数使其变成规格化数。将非规格化数转换成规格化数的过程叫作规格化。

当尾数 M 用二进制补码编码时，规格化数应符合 $[M]_{补}=0.1\times\times\cdots\times$ 和 $[M]_{补}=1.0\times\times\cdots\times$ 的规定。规格化时，尾数左移 1 位，阶码减 1，这种规格化叫作向左规格化，简称左规；尾数右移 1 位，阶码加 1，这种规格化叫作向右规格化，简称右规。

5. 定点数和浮点数的比较

（1）当浮点计算机和定点计算机中数据的位数相同时，浮点数的表示范围比定点数大得多。

例如，对于 16 位二进制编码，无符号数的范围为 $0\sim 65\,535$，补码定点整数的范围为 $-32\,768\sim+32\,767$。对于浮点数，可有多种表示方案。假定阶码 7 位（含阶符 1 位），用移码表示，尾数 9 位（含数符 1 位），用补码表示，则该非规格化浮点数所能表示的数值范围是 $-2^{63}\sim+(1-2^{-8})\times 2^{63}$。可见，同样字长的浮点数所能表示的数值范围要大得多。

（2）当浮点数为规格化数时，其精度高于位数等同于尾数位数的定点小数。

（3）浮点数运算分为阶码部分和尾数部分，而且运算结果要求规格化，故浮点运算步骤比定点运算步骤多，运算速度比定点低，运算电路比定点复杂。

（4）在溢出的判断方法上，浮点数对规格化数的阶码进行判断，而定点数对数值本身进行判断。如定点小数的绝对值必须小于1("−1"的补码除外),否则溢出,此时机器停止运算,处理溢出。为防止溢出,运算前必须选择好合适的比例因子,但这项工作做起来比较麻烦,会给编程带来不便。而浮点数的表示范围远比定点数大,仅当上溢时机器才停止运算,故一般不必考虑比例因子的选择。

总之,浮点数在数的表示范围、数的精度、溢出处理和程序编程方面(不取比例因子)均优于定点数。但在运算规则、运算速度及硬件成本方面又不如定点数。因此,究竟选用定点数还是浮点数,应根据具体应用综合考虑。一般来说,通用的大型计算机大多采用浮点数,或同时采用定点数和浮点数;小型、微型及某些专用机、控制机则大多采用定点数。当需要作浮点运算时,可通过软件实现,也可外加浮点扩展硬件(如协处理器)来实现。

例 2.8 将十进制数 $x=+13/128$ 写成二进制定点数和浮点数(尾数数值部分取 7 位,阶码数值部分取 7 位,阶符和数符各取 1 位,阶码采用移码,尾数用补码表示),并分别写出该数的定点数和浮点数的编码(采用图 2.2 所示的编码格式)。

解 已知 $x=+13/128$,其二进制数为

$$X=0.0001101$$

定点数真值表示为

$$X=0.0001101$$

规格化浮点数真值表示为

$$X=0.1101000\times 2^{-11}$$

定点数编码表示为

$$[X]_原=[X]_补=[X]_反=0.0001101$$

规格化浮点数编码表示如图 2.8 所示,即 $[X]_浮=$
3EE8H。

数符	阶符	阶码	尾数
0	0	1111101	1101000

图 2.8 例 2.8 中浮点数的编码

例 2.9 设浮点数字长为 16 位,其中阶码为 6 位(含 1 位阶符),尾数为 10 位(含 1 位数符),阶码用移码,尾数用补码,写出十进制数 $x=-(53/512)$ 对应的规格化浮点数编码(采用图 2.5 所示的编码格式)。

解 已知 $x=-(53/512)$,其二进制数为

$$X=-0.000110101$$

规格化浮点数真值表示为

$$X=-0.110101000\times 2^{-11}$$

尾数的规格化补码编码为 1.001011000,阶码的移码编码为 011101,则规格化浮点数编码如图 2.9 所示,即 $[X]_浮=7658H$。

阶符	阶码	数符	尾数
0	11101	1	001011000

图 2.9 例 2.9 中浮点数的编码

注意,图 2.8 与图 2.9 采用了不同的编码格式。

例 2.10 已知规格化浮点数字长 16 位,其中 7 位阶码(含一位阶符),用移码表示,9 位尾数(含一位数符),用补码表示,其格式及编码值如图 2.10 所示,请写出该数的真值。

数符	阶符	阶码	尾数
1	1	000111	01011001

图 2.10 例 2.10 中浮点数的编码

解 该浮点数尾数为 1.01011001，真值为 −0.10100111。阶码为 1000111，真值为 7，因此浮点数的真值为

$$-(0.10100111)_2 \times 2^7 = -(1010011.1)_2 = -83.5$$

2.3.2 IEEE 754 标准

1985 年，IEEE 发表了一份关于单精度和双精度浮点数的表示标准，这个标准官方称为 IEEE 754‑1985，之后又不断得到发展。SUN 公司于 2005 年推出《数值计算指南》（中译本名），对该标准进行了更加详细和深入的讨论，给出了多种格式及程序，因此，《数值计算指南》更加全面、实用。目前 IEEE 754 标准已获得了广泛的认可，并已用于当前所有处理器和浮点协处理器中。

IEEE 754 规定了单精度和双精度两种基本的浮点格式以及双精度扩展等多种浮点格式。常用的 IEEE 754 格式参数如表 2.4 所示。

表 2.4 常用的 IEEE 754 格式参数

参　数	单精度浮点数	双精度浮点数	双精度扩展浮点数
浮点数长度/bit	32	64	80
尾数长度 p/bit	23	52	64
符号位 s	1	1	1
指数 e 的长度/bit	8	11	15
最大指数 $E_{\max}$	+127	+1023	+16 383
最小指数 $E_{\min}$	−126	−1022	−16 382
指数偏移量	+127	+1023	+16 383
可表示的实数范围	$10^{-38} \sim 10^{+38}$	$10^{-308} \sim 10^{+308}$	$10^{-4\,932} \sim 10^{+4\,932}$

需要说明的是，在 IEEE 754 标准的具体规定中，还有多种形式，读者可查阅相关文献资料了解更多的细节。

1. 单精度浮点数

1）编码

IEEE 754 标准规定，单精度浮点数的真值一般表示为

$$N = (-1)^s \times 2^{e-127} \times 1.f \tag{2.13}$$

IEEE 754 单精度浮点数的编码格式如图 2.11 所示。其编码格式由三个字段构成：数符 s 为 1 位，尾数编码 f 为 23 位，阶码编码 e 为 8 位（含 1 位阶符），每字段的位模式如表 2.5 所示。

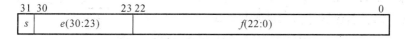

图 2.11 IEEE 754 单精度浮点数的编码格式

需要注意：① IEEE 754 中的阶码采用移码，但对单精度浮点数来说，移码的偏移量不

是 2^7，而是 2^7-1，即 127，这是因为 IEEE 754 将移码编码的全 0 和全 1 作为了特殊标识；② IEEE 754 浮点数是规格化数，为了能够更多地表示尾数的有效数位，规定尾数真值的整数部分必须为 1，尾数编码时整数 1 隐去，小数部分 f 用原码表示。

由表 2.5 可以看到，正规数尾数有效数字的前导位（小数点左侧的位）为 1，与 23 位尾数一起提供了 24 位的精度。次正规数有效数字的前导位为 0，在 IEEE 754 标准中，单精度格式次正规数也称为单精度格式非规格化数。表中符号 u 为任意值。

表 2.5　IEEE 754 单精度格式位模式表示的值

单精度格式位模式	IEEE 浮点数的值
$0<e<255$	$(-1)^s \times 2^{e-127} \times 1.f$　（正规数）
$e=0, f\neq 0$（f 中至少有一位不为零）	$(-1)^s \times 2^{-126} \times 0.f$　（次正规数）
$e=0, f=0$（f 的所有位均为零）	$(-1)^s \times 0.0$　（有符号的零）
$s=0, e=255, f=0$（f 的所有位均为零）	$+\mathrm{INF}$　（正无穷大）
$s=1, e=255, f=0$（f 的所有位均为零）	$-\mathrm{INF}$　（负无穷大）
$s=u, e=255, f\neq 0$（f 中至少有一位不为零）	NaN　（非数值）

2）说明

根据上述描述，可以得到关于 IEEE 754 标准单精度浮点数的如下结论：

（1）由于规定阶码真值 $E=e-127$，并且 $0<e<255$（即规定编码 e 在 $+1\sim+254$ 内为正规数），因此阶码真值 E 的取值范围为 $-126\sim+127$。

（2）所能表示的正规数范围：正数为 $+2^{+127}\times(1+1-2^{-23})\sim+2^{-126}\times(1+0)$，负数为 $-2^{+127}\times(1+1-2^{-23})\sim-2^{-126}\times(1+0)$。

（3）当 $e=0$ 或 $e=255$ 时，在 IEEE 754 标准中表示特殊的数。

例 2.11　利用 IEEE 754 标准将十进制数 176.0625 表示为单精度浮点数。

解　首先将该十进制数转换成二进制数，有

$$(176.0625)_{10}=(10110000.0001)_2$$

对二进制数规格化，有

$$10110000.0001_2=1.01100000001_2\times 2^7$$

（1）单精度浮点数的 23 位尾数 f 为 01100000001000000000000；

（2）单精度浮点数阶码真值 $E=e-127=7$，即 $e=(7+127)_{10}=(134)_{10}=(10000110)_2$，则 e 就是阶码编码；

（3）将 $(176.0625)_{10}$ 表示为 IEEE 754 标准的单精度浮点数，有

$$0\ \ 10000110\ \ 01100000001000000000000$$

例 2.12　若浮点数 x 的 IEEE 754 编码为 $(41360000)_{16}$，求其浮点数的十进制值。

解　将十六进制数展开为二进制数，有

$$01000001001101100000000000000000$$

指数（即阶码真值）

$$E=e-127=(10000010-01111111)_2=(00000011)_2=(3)_{10}$$

包括隐藏位 1 的尾数

$$1. f = (1.0110110000000000000000)_2 = (1.011011)_2$$

于是，有

$$x = (-1)^s \times 1. f \times 2^E = +(1.011011)_2 \times 2^3 = +(1011.011)_2 = (11.375)_{10}$$

2. 对双精度浮点数的说明

下面简要说明一下 IEEE 754 标准双精度浮点数。

(1) 阶码真值 E 的取值范围为 $-1022 \sim +1023$，将其偏移 $+1023$ 即得编码 e，e 编码值为 $+1 \sim +2046$。

(2) 双精度浮点规格化数表示为

$$N = (-1)^s \times 2^{e-1023} \times 1. f \qquad (2.14)$$

(3) 所能表示的规格化数范围：正数为 $+2^{+1023} \times (1+1-2^{-52}) \sim +2^{-1022} \times (1+0)$，负数为 $-2^{+1023} \times (1+1-2^{-52}) \sim -2^{-1022} \times (1+0)$。

(4) 当 $e=0$ 或 $e=2047$ 时，在 IEEE 754 标准中表示特殊的数。

2.4　BCD 码

前面已经提到，计算机只能识别与处理二进制数，定点数、浮点数均采用二进制编码。但在人们的日常生活中更习惯使用十进制数，因此将十进制数引入了计算机中。

在计算机中，采用 4 位二进制编码来表示 1 位十进制数，这种编码称为 BCD 码（Binary-Coded Decimal，二-十进制数）。4 位二进制有 16 种编码，从中取出 10 种表示十进制数的 0～9 十个数字，有多种方案。因此有多种 BCD 码，其中使用最多的是 8421 码。

在 8421 码中，表示 1 位十进制数的 4 位二进制编码，从最高位到最低位的权值依次为 8、4、2、1。因此可用 0000、0001、0010、…、1001 这十个编码分别表示十进制数 0、1、2、…、9，剩余的 6 个编码对 8421 码而言是非法的，是不允许出现的。

例如十进制数 49，用 8421 码表示为 01001001。

8421 码为有权码，即 4 个二进制位上有确定的权值。其他的有权码还有 5421 码、2421 码、5211 码、4311 码、84-2-1 码等。另外还有无权码，即二进制各位上没有确定的权值，如余 3 码、格雷码等。

2.5　非数值数据

2.5.1　ASCII 码

现代计算机不仅处理数值领域的问题，而且处理大量非数值领域的问题。这样，必然要引入文字、字母以及某些专用符号，以便表示文字语言、逻辑语言等信息。例如，人机交互信息时使用英文字母、标点符号、十进制数以及诸如 $ 、% 、+ 等符号。然而，计算机只能处理二进制数据，上述信息应用到计算机时，都必须表示成二进制数据，即字符信息也要用数据表示，称为符号数据。

目前国际上普遍采用的一种字符系统是 ASCII 码（American Standard Code for

Information Interchange，美国信息交换标准码），它包括 10 个十进制数码、26 个英文字母的大小写、一定数量的专用符号及控制命令等 128 个元素，用 7 位二进制编码表示。若加上一个奇（偶）校验位，则共 8 位，用一个字节表示。

尽管 ASCII 码是美国信息交换的一种标准，但该编码已被国际标准化组织 ISO 采纳，成为了国际通用的信息交换标准码。

ASCII 码编码格式如图 2.12 所示，低 4 位组 $d_3d_2d_1d_0$ 用作行编码，高 3 位组 $d_6d_5d_4$ 用作列编码，可表示 128 个符号。ASCII 编码表见表 2.6。

图 2.12　ASCII 码的编码格式

表 2.6　ASCII 编码表

$d_3d_2d_1d_0$	$d_6d_5d_4$							
	000	001	010	011	100	101	110	111
0000	NUL	DLE	SP	0	@	P	、	p
0001	SOH	DC1	!	1	A	Q	a	q
0010	STX	DC2	"	2	B	R	b	r
0011	ETX	DC3	#	3	C	S	c	s
0100	EOT	DC4	$	4	D	T	d	t
0101	ENQ	NAK	%	5	E	U	e	u
0110	ACK	SYN	&.	6	F	V	f	v
0111	BEL	ETB	'	7	G	W	g	w
1000	BS	CAN	(	8	H	X	h	x
1001	HT	EM	)	9	I	Y	i	y
1010	LF	SUB	*	:	J	Z	j	z
1011	VT	ESC	+	;	K	〔	k	{
1100	FF	FS	,	<	L	\	l	|
1101	CR	GS	—	=	M	〕	m	}
1110	SO	RS	.	>	N	^	n	~
1111	SI	US	/	?	O	_	o	DEL

注　表中控制字符的含义如下：LF—换行；NAK—否定应答；NUL—空行；VT—纵向制表；SYN—同步空转；SOH—标题开始；FF—换页；ETB—结束；STX—文件开始；CR—回车；CAN—取消；ETX—文件结束；SO—移出；EM—记录媒体结束；EOT—传送结束；SI—移入；SUB—替换；ENQ—查询；DEL—删除；ESC—退出；ACK—应答；DCi—设备控制 i；FS—文件分隔；BEL—提示音；GS—组分隔；BS—退格；HT—水平制表；US—单元分隔；RS—记录分隔；DLE—数据链路退出。

ASCII 码规定 8 个二进制位的最高一位为 0，余下 7 位编码中的 95 个编码对应着计算机终端能输入并且可以显示的 95 个字符，打印设备也能打印这 95 个字符，如 26 个英文字母的大、小写，0～9 这 10 个数字符，通用的运算符和标点符号＋、－、*、\、＞、? 等。另外 33 个字符的编码值为 0～31（0000000～0011111）和 127（1111111），不对应任何一个可以显示或打印的实际字符，它们被用作控制码，控制计算机某些外围设备的工作和某些计算机软件的运行。可以看出，十进制数的 8421 码可以去掉 $d_6d_5d_4$（＝011）而得到。对于 26 个英文字母，编码值也满足正常的字母排序关系，并且大、小写字母的编码之间有简单的对应关系，差别仅在 d_5 这一位上：若这一位为 0，则是大写字母；若为 1，则是小写字母。利用此规律可方便地进行大、小写字母之间的转换。

字符串是指连续的一串字符。通常方式下，它们占用主存中连续的多个字节单元，每个字节单元存储一个字符。当主存字由 2 个或 4 个字节组成时，在同一个主存字中，既可按从低位字节向高位字节的顺序存放字符串内容，也可按从高位字节向低位字节的顺序存放字符串内容。这两种存放方式都是常用方式。

最后要提及的是，有的厂家自己制订了 8 位的字符编码方案。例如，IBM 公司使用 EBCDIC 码（Extended Binary Coded Decimal Interchange Code，扩充二进制编码的十进制交换码），它采用 8 位码，有 256 个编码状态，是 ASCII 码的两倍，但只选用了其中一部分编码。0～9 十个数字符的高 4 位编码为 1111，低 4 位仍为 0000～1001。英文字母的大、小写编码同样满足正常的排序要求，而且有简单的对应关系。

2.5.2　汉字编码

英文是一种拼音文字，只需要配备 26 个字母键，并规定 26 个字母的编码（比如通用的 ASCII 码）就能方便地输入英文信息了。汉字字形结构复杂，仅部首就有数百种，汉字的字数也很多，因此汉字的计算机处理技术远比拼音文字复杂。

为了使汉字信息交换有一个通用的标准，1980 年我国制定了国家标准 GB 2312—80《信息交换用汉字编码字符集 基本集》。在该国家标准中，挑选了常用汉字 3755 个，次常用汉字 3008 个，共 6763 个汉字，以及俄文字母、日语假名、拉丁字母、希腊字母、汉语拼音、一般符号、数字等共 682 个非汉字符号，加在一起共 7445 个字符，以两字节编码。GB 2312 也收录了英文字母和数字等符号（ASCII 码中也有这些符号），并且仍然以两字节编码，于是 GB 2312 中的英文字母和数字等就成了我们平常所说的全角符号，而 ASCII 码的符号就叫作半角符号。

1995 年 12 月我国发布了中文编码扩展国家标准 GBK，完全兼容 GB 2312—80，并且支持国际标准 ISO 10646-1 中的全部中日韩汉字，全部字符可以一一映射到 Unicode 2.0。GBK 是双字节编码，共收录汉字 21 003 个，符号 883 个，并提供 1894 个造字码位，简、繁体字融于一库。

2000 年我国发布了 GB18030—2000《信息技术 信息交换用汉字编码字符集 基本集的扩充》，之后又于 2005 年发布了修订版 GB 18030—2005《信息技术 中文编码字符集》。GB 18030 与GBK、GB 2312 完全兼容，编码是变长的，采用单字节、双字节、四字节编码。GB 18030—2005 收录了 Unicode 中的全部汉字，共收录汉字 70 244 个，同时还收录了藏文、蒙古文、维吾尔文等主要的少数民族文字，为推动少数民族的信息化奠定了基础。

从 ASCII、GB 2312—80、GBK 到 GB 18030—2005，这些字符集是向下兼容的，即同一个字符在这些方案中总是有相同的编码，后面的标准支持更多的字符。中英文被统一处理，区分中文、英文的方法是看最高字节的最高位，为 0 即是 ASCII 码，为 1 则为中文（双字节或四字节）。

2.5.3 Unicode 与 UTF-8

为了统一表示世界各国的文字，1993 年国际标准化组织公布了国际标准 ISO/IEC 10646，简称 UCS。这一标准为包括汉字在内的各种正在使用的文字规定了统一的编码方案，因此又称为 Unicode。Unicode 已获得了一些程序设计语言（如 Java）和操作系统（如 Windows）的支持。

Unicode 的基本思路是给每一个字符和符号分配一个永久的、唯一的 16 位值，称为码点（Code Point）。例如，汉字"计"的码点为 0x8BA1，记为 U+8BA1。Unicode 系统最多有 65 536 个码点，而全世界的语言大概有 20 万个符号，因此码点就成为一种稀缺资源，不能随意分配。Unicode 的编码空间大概分为六部分，如表 2.7 所示。其中，ASCII 字符的码点定义为 0~127，因此 ASCII 码与 Unicode 之间的转换规则十分简单。

表 2.7　Unicode 编码空间

字符类型	字符集描述	字符数目	十六进制码点范围
字母	拉丁、西里尔、希腊等字符	8192	U+0000~U+1FFF
符号	标点符号、数学符号等	4096	U+2000~U+2FFF
CJK	中、日、韩文字符	4096	U+3000~U+3FFF
汉字	中、日、韩标准汉字	40960	U+4000~U+DFFF
	汉字扩展	4096	U+E000~U+EFFF
用户定义		4095	U+F000~U+FFFE

为了表示更多的字符，Unicode 又扩展为 17 个平面（Plane），每个平面仍为 65 536 个码点，这样能表示的字符增加到 1 114 112 个。这 17 个平面中，第 0 平面最重要，称为 BMP（Basic Multilingual Plane，基本多文种平面）。

Unicode 支持的字符足够多了，但在发明之后的初期难以推广使用。原因在于 Unicode 用两个或者三个字节表示一个字符，而 ASCII 码用一个字节表示一个字符，对于连续的两个字节或三个字节，计算机如何知道这是一个 Unicode 字符，还是两个或三个 ASCII 字符？此外，对于英文字母构成的文件来说，用 Unicode 表示时，每个字母要用两个或者三个字节表示（虽然前面的一个或两个字节都为 0），这样文件尺寸会增大为两倍或者三倍，是一种浪费。

为此又设计出了 Unicode 字符集的编码方案，如 UTF-8、UCS-2、UTF-16、UCS-4 和 UTF-32，其中最常用的是 UTF-8。UTF-8 以 8 位一个字节为单位，是一种可变长度的编码。它将 Unicode 的码点编码为 1~4 个字节，具体编码方案如表 2.8 所示。

表 2.8　UTF-8 编码方案

字符码点范围	位数	字节 1	字节 2	字节 3	字节 4
U+0000～U+007F	7	0××××××			
U+0080～U+07FF	11	110×××××	10××××××		
U+0800～U+FFFF	16	1110××××	10××××××	10××××××	
U+10000～U+10FFFF	21	11110×××	10××××××	10××××××	10××××××

例如，汉字"计"的码点为 U+8BA1，属于表 2.8 的第三行范围，编码为三个字节，"计"的 UTF-8 的编码为 E8AEA1，其编码方法如图 2.13 所示。

```
8          B      A        1
1000      1011   1010     0001     二进制的8BA1
1000      101110          100001   二进制的8BA1
1110××××  10××××××        10×××××× 模板(表2.8第三行)
11101000  10101110        10100001 代入模板
E    8    A    E          A    1   UTF-8编码
```

图 2.13　汉字"计"的 UTF-8 编码方法

UTF-8 的优点在于：编码 0～127 分配给了 ASCII 码，并且用一个字节表示，因此纯 ASCII 码的字符串也是 UTF-8 的合法字符串，两者一致，这样原先以 ASCII 码存储的文件或处理 ASCII 码的程序，不用改动即可兼容 UTF-8；UTF-8 编码中的第一个字节指明了这个字符一共有几个字节，若第一个字节最高位是"0"，则该字符只有一个字节，若第一个字节最高位是"1"，则有几个连续"1"就表明该字符有几个字节。后面的字节都以"10"开头，这样在传输或存储中出错时，很容易跳过出错字节，直接找到下一个字符的起始字节，即拥有自同步能力。当前 UTF-8 在互联网上被广泛使用。

2.6　检错与纠错码

元件故障、噪声干扰等各种因素常常导致计算机在传输、存储或处理信息的过程中出现错误。例如，将一位 1 从部件 A 传送到部件 B，可能由于传送信道中的噪声干扰而受到破坏，以至于接收部件 B 收到的是 0 而不是 1。为了防止这种错误，可采用专门的逻辑电路对信号进行编码以便于检测错误，甚至校正错误。本节将介绍常用的几种检错及纠错方法。

2.6.1　码距与校验位位数

假设数据有 n 位，为了具备检错或纠错能力，必须增添 k 位校验位，则数据加校验位一共有 $m=n+k$ 位，称为 m 位码字。

任意两个 m 位的码字，其对应位不同的数目称为这两个码字的海明码距。设码字 $x=x_{m-1}x_{m-2}\cdots x_0$ 和 $y=y_{m-1}y_{m-2}\cdots y_0$，则 x 与 y 的海明码距 d 定义为

$$d = |x-y| = \sum_{i=0}^{m-1} |x_i - y_i| \tag{2.15}$$

例如，两个 8 位码字为 01001000 与 11001011，其码距为 3。求海明码距只需将两个码字异或后看有多少位是 1 即可。

对于 n 位数据，所有的 2^n 个编码都是合法编码。而增加 k 位校验位变成 $m = n + k$ 位的码字后，在 2^m 个码字中，仍然只有 2^n 个码字是合法的。在这 2^n 个合法码字之间，两两码字之间海明码距的最小值 d_{min}，称为这种编码的海明码距。

编码的检错与纠错能力取决于其海明码距 d_{min}。如果要检测 r 位错，则编码的码距 d_{min} 至少应为 $r + 1$，使得一个合法码字的 r 位出错时不会成为另一个合法码字。而要纠正 r 位错，则编码的码距 d_{min} 至少应为 $2r + 1$，使得一个合法码字 r 位出错时，得到的码字与原合法码字的码距（为 r）一定比它与其他合法码字间的码距（大于等于 $r + 1$）要小，因此，只要选取与该错误码字码距最小的合法码字作为正确的码字，就实现了纠错。

例如，一种只有 4 个合法码字的编码为 000000、000111、111000、111111，其海明码距为 3，则可以纠 1 位错误。对于非法码字 010111 来说，码距最近的合法码字为 000111，所以 000111 就是 010111 的纠错结果。这是假定只出现 1 位错误的前提下做出的纠错结果。如果允许出现两位错误，比如码字 111111 变成了 010111，则无法纠错，因为没办法判断到底是一位出错还是两位出错，所以无法确定应该纠错为 000111 还是 111111。

对于 n 位数据，为使其具有纠一位错的能力，增添 k 位校验位组成 $m = n + k$ 位编码。在 2^n 个合法的码字中，其 m 个二进制位中任何一位出错都会得到一个非法码字，从而可以发现错误。为了能纠正这个一位错误，这些非法码字彼此必须是不同的（反之，如果一个非法码字可能从两个合法码字分别错一位得到，则无法纠错）。因此，每个合法码字对应了 m 个与之码距为 1 的非法码字，再加上其自身，每个合法码字对应了 $m + 1$ 个码字，则总的码字数目至少为 $2^n \times (m + 1)$ 个。而 m 位编码至多有 2^m 种码字组合，因此要满足 $2^m \geqslant 2^n \times (m + 1)$，将 $m = n + k$ 代入，可得

$$2^k \geqslant n + k + 1 \tag{2.16}$$

在确保具有一位纠错能力时，由式（2.16）可求得数据长度 n 所需的校验位位数 k，如表 2.9 所示。

表 2.9　数据长度与校验位位数的关系

n	k（最小）
1	2
2～4	3
5～11	4
12～26	5
27～57	6
58～120	7

2.6.2　奇偶校验码

具有一位校验位的奇偶校验码是最简单且应用广泛的检错码。

1. 奇校验

设数据 $X=x_0x_1\cdots x_{n-1}$ 是一个 n 位字，若在其高位前增加 1 位奇校验位 c，则包括奇校验位的数据就变成了 $X'=cx_0x_1\cdots x_{n-1}$。奇校验定义为

$$c\oplus x_0\oplus x_1\oplus\cdots\oplus x_{n-1}=1 \tag{2.17}$$

式中，$\oplus$ 代表异或运算。之所以称为奇校验，是因为必须保证数据（包括奇校验位在内）的 $n+1$ 位中 1 的个数为奇数。奇校验位 c 可按如下运算获得：

$$\overline{c}=x_0\oplus x_1\oplus\cdots\oplus x_{n-1} \tag{2.18}$$

也就是说，奇校验位应为数据 $X=x_0x_1\cdots x_{n-1}$ 各位模 2 加的结果取反。

当数据加上奇校验后，便可以存储或传输。在从存储器读出或通信对方收到该数据后，可利用式(2.17)进行计算。若式(2.17)成立，则认为在存储或传输过程中未发生 1 位出错。

例 2.13　试确定二进制数 $X=01010100$ 和 $Y=01010101$ 的奇校验编码。

解　当 $X=01010100$ 时，奇校验位 c 必须为 0，则加了奇校验的数据 $X'=001010100$。

当 $Y=01010101$ 时，奇校验位 c 必须为 1，则加了奇校验的数据 $Y'=101010101$。

2. 偶校验

偶校验的概念与奇校验是一样的，就是加上偶校验后，必须保证数据（包括偶校验位在内）的 $n+1$ 位中 1 的个数为偶数，即必须保证：

$$c\oplus x_0\oplus x_1\oplus\cdots\oplus x_{n-1}=0 \tag{2.19}$$

当数据 $X=x_0x_1\cdots x_{n-1}$ 加上偶校验时，可利用下式求出偶校验位 c：

$$c=x_0\oplus x_1\oplus\cdots\oplus x_{n-1} \tag{2.20}$$

也就是说，偶校验位等于数据各位的模 2 加。

同样，当数据加上偶校验后，便可以存储或传输。在从存储器读出或通信对方收到该数据后，可利用式(2.19)进行计算。若式(2.19)成立，则认为在存储或传输过程中未发生 1 位出错。

例 2.14　试确定二进制数 $X=01010100$ 和 $Y=01010101$ 的偶校验编码。

解　当 $X=01010100$ 时，偶校验位 c 必须为 1，则加了偶校验的数据 $X'=101010100$。

当 $Y=01010101$ 时，偶校验位 c 必须为 0，则加了偶校验的数据 $Y'=001010101$。

由上述分析可见，当数据位中有 1 位变化时，校验位也会跟着变化，因此奇偶校验码的码距为 2，可以检测出 1 位错误（或奇数位错误，但多于 1 位错误的概率很小），无法检测出 2 位或偶数位错，也无法定位错误位置，从而无法纠错。由于奇偶校验原理简单，实现容易，因此这种方法得到了广泛应用。

2.6.3　海明校验码

Richard Hamming 于 1950 年提出的海明码可以达到满足式(2.16)的最少的校验位数。

1. 海明码的编码

设有效信息为 16 位数据，用 $D_{15}\sim D_0$ 表示由高到低的各位。根据式(2.16)计算或查表 2.7 可知，若要纠正 1 位错误，需要在有效信息中添加 5 个校验位 $H_4\sim H_0$。此时海明码的码长为 $m=n+k=16+5=21$。表 2.10 所示为 21 位海明码的生成及校验方程的构建。

表 2.10 海明码的生成及校验方程的构建

位置	21 10101	20 10100	19 10011	18 10010	17 10001	16 10000	15 01111	14 01110	13 01101	12 01100	11 01011	10 01010	9 01001	8 01000	7 00111	6 00110	5 00101	4 00100	3 00011	2 00010	1 00001
校验						H_4								H_3				H_2		H_1	H_0
数据	D_{15}	D_{14}	D_{13}	D_{12}	D_{11}		D_{10}	D_9	D_8	D_7	D_6	D_5	D_4		D_3	D_2	D_1		D_0		
P_0/H_0	√		√		√		√		√		√		√		√		√		√		√
P_1/H_1			√	√			√	√			√	√			√	√			√	√	
P_2/H_2	√	√					√	√	√						√	√	√	√			
P_3/H_3							√	√	√	√	√	√	√	√							
P_4/H_4	√	√	√	√	√	√															

生成方程

$H_0 = D_{15} \oplus D_{13} \oplus D_{11} \oplus D_{10} \oplus D_8 \oplus D_6 \oplus D_4 \oplus D_3 \oplus D_1 \oplus D_0$

$H_1 = D_{13} \oplus D_{12} \oplus D_{10} \oplus D_9 \oplus D_6 \oplus D_5 \oplus D_3 \oplus D_2 \oplus D_0$

$H_2 = D_{15} \oplus D_{14} \oplus D_{10} \oplus D_9 \oplus D_8 \oplus D_3 \oplus D_2 \oplus D_1$

$H_3 = D_{10} \oplus D_9 \oplus D_8 \oplus D_7 \oplus D_6 \oplus D_5 \oplus D_4$

$H_4 = D_{15} \oplus D_{14} \oplus D_{13} \oplus D_{12} \oplus D_{11}$

校验方程

$P_0 = D_{15} \oplus D_{13} \oplus D_{11} \oplus D_{10} \oplus D_8 \oplus D_6 \oplus D_4 \oplus D_3 \oplus D_1 \oplus D_0 \oplus H_0$

$P_1 = D_{13} \oplus D_{12} \oplus D_{10} \oplus D_9 \oplus D_6 \oplus D_5 \oplus D_3 \oplus D_2 \oplus D_0 \oplus H_1$

$P_2 = D_{15} \oplus D_{14} \oplus D_{10} \oplus D_9 \oplus D_8 \oplus D_3 \oplus D_2 \oplus D_1 \oplus H_2$

$P_3 = D_{10} \oplus D_9 \oplus D_8 \oplus D_7 \oplus D_6 \oplus D_5 \oplus D_4 \oplus H_3$

$P_4 = D_{15} \oplus D_{14} \oplus D_{13} \oplus D_{12} \oplus D_{11} \oplus H_4$

（1）构建海明码编码格式。先将 21 位码的位置编号列于表 2.10 第 1 行中，编号从 1 开始，在表中按顺序排列。在十进制位置编号为 2^i 之处放置各校验位 H_i，i 从 0 开始，见表 2.10 中第 2 行。在除 H_i 之外的剩余位置编号之处，将数据 $D_{15} \sim D_0$ 的各位从低位到高位在表 2.10 中第 3 行从右到左按顺序填入，然后合并第 2、3 行得到海明码编码格式，如图 2.14 所示。

D_{15}	D_{14}	D_{13}	D_{12}	D_{11}	H_4	D_{10}	D_9	D_8	D_7	D_6	D_5	D_4	H_3	D_3	D_2	D_1	H_2	D_0	H_1	H_0

图 2.14 海明码编码格式

（2）对表 2.10 第 4～8 行进行打"√"操作。第 4 行从位置 1（即 2^0，对应 H_0）开始，从右到左每打 1 个"√"空 1 个位置，直到最高位置。第 5 行从位置 2（即 2^1，对应 H_1）开始，从右到左每打 2 个"√"空 2 个位置，直到最高位置。第 6 行从位置 4（即 2^2，对应 H_2）开始，从右到左每打 4 个"√"空 4 个位置，直到最高位置。第 7 行从位置 8（即 2^3，对应 H_3）开始，从右到左每打 8 个"√"空 8 个位置，直到最高位置。第 8 行从位置 16（即 2^4，对应 H_4）开始，从右到左每打 16 个"√"空 16 个位置，直到最高位置。

2. 海明码的校验

（1）构建生成方程。在该编码方案中，每个校验位对所有二进制位置编号对应位为 1 的那些数据位进行校验。例如，校验位 H_0（位置编号为 $1 = 2^0$）对二进制位置编号最低位为 1 的那些位置（也就是位置 3、5、7、9、11、13、15、17、19、21，即 D_0、D_1、D_3、D_4、D_6、D_8、D_{10}、D_{11}、D_{13}、D_{15}）对应的数据位进行校验，而校验位 H_1（位置编号为 $2 = 2^1$）对二进制位置编号次低位为 1 的那些位置（也就是位置 3、6、7、10、11、14、15、18、19，即 D_0、D_2、D_3、D_5、D_6、D_9、D_{10}、D_{12}、D_{13}）对应的数据位进行校验，H_2、H_3 和 H_4 类似。直观的做法就是，H_0 的生成由表 2.10 第 4 行中除 H_0 外其他打"√"的各项异或而得，即表中生成方程式中的第 1 个方程；H_1 的生成由第 5 行中除 H_1 外其他打"√"的各项异或而得，即表中生成方程式中的第 2 个方程；H_2、H_3 和 H_4 以此类推。

反之，某一个位置 x 由若干 H_i 进行校验，则 $\sum(H_i$ 位置编号 $)=x$。例如，位置编号 11(即 D_6)由位于 8、2、1(即 H_3、H_1、H_0，对应表 2.10 中位置 11 的纵向打"√"的各项)的校验位来校验，即 $11=8+2+1$。

按照上述规则即可获得各校验位的生成方程式，列于表 2.10 第 9 行。如果数据为 8 位，则对其进行海明编码时，采用表 2.10 虚线右边部分即可。如果数据多于 16 位，对其进行海明编码时，需要按照上述规则对表 2.10 进行扩展。

(2) 构成海明码。利用生成方程产生海明码校验位后，将数据与校验位按照图 2.14 编码格式组织就构成了该数据的海明码，之后可以对海明码进行存储或传输。

(3) 构建校验方程。当获得一个海明码时，使用校验方程来判断该编码的正确性。校验方程是利用生成方程等式两边异或而建立的，如表 2.10 第 10 行中所示。显然，若读取或接收的海明码正确，则各校验方程的计算结果应为全 0；若计算结果不为全 0，则 $P_{k-1}\cdots P_1 P_0$ 的编码值就是海明码出错位的位置编号。

例 2.15 假如 8 位数据如下：

$$D_7 \quad D_6 \quad D_5 \quad D_4 \quad D_3 \quad D_2 \quad D_1 \quad D_0$$
$$1 \quad 0 \quad 1 \quad 0 \quad 1 \quad 1 \quad 1 \quad 0$$

试对其进行海明编码。

解　根据生成方程计算校验位 H_i 如下：

$$H_0 = D_6 \oplus D_4 \oplus D_3 \oplus D_1 \oplus D_0 = 0 \oplus 0 \oplus 1 \oplus 1 \oplus 0 = 0$$
$$H_1 = D_6 \oplus D_5 \oplus D_3 \oplus D_2 \oplus D_0 = 0 \oplus 1 \oplus 1 \oplus 1 \oplus 0 = 1$$
$$H_2 = D_7 \oplus D_3 \oplus D_2 \oplus D_1 = 1 \oplus 1 \oplus 1 \oplus 1 = 0$$
$$H_3 = D_7 \oplus D_6 \oplus D_5 \oplus D_4 = 1 \oplus 0 \oplus 1 \oplus 0 = 0$$

将 8 位数据和 H_0、H_1、H_2、H_3 按照海明码编码格式组织，即可获得 12 位的海明码为

$$D_7 D_6 D_5 D_4 H_3 D_3 D_2 D_1 H_2 D_0 H_1 H_0 = 101001110010$$

然后该海明码可以被存储或传输。

例 2.16 假设海明码编码格式与例 2.15 相同，且获得的海明码为 101001010010，试判断该码是否正确。

解　根据校验方程计算 P_i 如下：

$$P_0 = D_6 \oplus D_4 \oplus D_3 \oplus D_1 \oplus D_0 \oplus H_0 = 0 \oplus 0 \oplus 1 \oplus 1 \oplus 0 \oplus 0 = 0$$
$$P_1 = D_6 \oplus D_5 \oplus D_3 \oplus D_2 \oplus D_0 \oplus H_1 = 0 \oplus 1 \oplus 1 \oplus 0 \oplus 0 \oplus 1 = 1$$
$$P_2 = D_7 \oplus D_3 \oplus D_2 \oplus D_1 \oplus H_2 = 1 \oplus 1 \oplus 0 \oplus 1 \oplus 0 = 1$$
$$P_3 = D_7 \oplus D_6 \oplus D_5 \oplus D_4 \oplus H_3 = 1 \oplus 0 \oplus 1 \oplus 0 \oplus 0 = 0$$

因为 $P_3 P_2 P_1 P_0 \neq 0000$，所以获得的海明码有错，其校验编码 $P_3 P_2 P_1 P_0 = 0110$ 就是出错的位置编号，即在位置 6 对应的数据位 D_2 出错。

3. 海明码的纠错

根据校验方程即可直接确定海明码是否有错或者出错位置编号。知道出错位置，对该位求反，就实现了纠错。所以海明码也被称作纠错码，具有纠正一位错误的能力。

利用硬件电路实现海明码纠错是比较简单的。因为出错时校验方程计算结果 $P_{k-1}\sim P_0$ 编码就是出错位的编号，所以利用译码器可以方便地实现错误定位，加上反相器完成纠错。

图 2.15 是针对 12 位海明码(8 位数据＋4 位校验)纠错的电路。将 4-16 译码器 74LS154 输入端接 $P_3 P_2 P_1 P_0$，选择 16 个译码输出(低有效)中对应 8 位数据的输出端加反相器，再与相应的数据位做异或运算，这样就可以实现海明码无错时 8 位数据直接输出，有错时对出错数据位求反纠正。

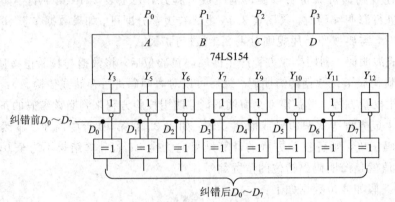

图 2.15　纠错电路原理图

4. 单纠错双检错码

观察表 2.10 中 $n=8$、$k=4$ 时海明码的生成方程可以发现，每一个数据位至少出现在两个生成方程中，即被两个校验位校验。因此当一个数据位变化时，至少有两个校验位也随之变化，这意味着两个合法码字之间的码距至少为 3。实际上，$n=8$、$k=4$ 时海明码的码距就是 3。根据 2.6.1 节中的分析，它可以纠正 1 位错误，或者发现 2 位错误而不纠正。那么，能否同时纠正 1 位错误及发现 2 位错误呢？这就需要进一步扩大码距。方案是：增加一个所有数据位异或得到的校验位(即偶校验)。若该校验位校验错误，表示可能有 1 位错误(实际上说明有奇数位出错)，进一步根据 $P_3 \sim P_0$ 具体确定错误位的位置，并纠错；反之，若该校验位校验正确，而 $P_3 \sim P_0$ 不是全零，则表示有 2 位错误(实际上为偶数位出错)，只给出校验错误信息，不纠错，这就是半导体存储器中常用的单纠错双检错(Single-Error-Correcting，Double-Error-Detecting，SEC-DED)码。

海明码不仅用于主存储器的校验，在通信传输、磁盘记录中同样可以使用。

2.6.4　循环冗余校验码

循环冗余校验(Cyclic Redundancy Check，CRC)码可以发现并纠正信息在存储或传送过程中出现的错误。因此，CRC 码在磁介质存储器、计算机之间的通信中得到了广泛应用。

1. 模 2 运算

CRC 码是基于模 2 运算而建立编码规律的校验码。模 2 运算的特点是不考虑进位和借位的运算。其运算规则如下：

模 2 加法：按位加，不考虑进位，即 $0+0=0$，$0+1=1$，$1+0=1$，$1+1=0$。

模 2 减法：按位减，不考虑借位，即 $0-0=0$，$0-1=1$，$1-0=1$，$1-1=0$。

可见，模 2 减法与模 2 加法运算结果相同，因此可用模 2 加法代替模 2 减法。

模 2 乘法：按模 2 加求部分积之和，不考虑进位。

模 2 除法：按模 2 减求部分余数，不借位，每求一位商应使部分余数减少一位。求商的规则是：余数首位为 1 商取 1，余数首位为 0 商取 0。当余数位数小于除数位数时即为最后的余数。

例 2.17　求 1101 ± 1011、1010×1101、$10000\div101$ 的模 2 运算结果。

解　(1) $1101+1011=0110$　　　(mod 2)；

　　(2) $1101-1011=0110$　　　(mod 2)；

　　(3) $1010\times1101=1110010$　(mod 2)；

　　(4) $10000\div101=101+01/101$(mod 2)，商为 101，余数为 01。

2. CRC 码的编码

设 n 位数据为 $D_{n-1}\sim D_0$，$k+1$ 位生成码为 $G_k\sim G_0$，则构成的 CRC 码码长为 $m=n+k$，其中包含 k 位校验位。

(1) 二进制数据用多项式表示。将 n 位数据用多项式 $M(x)$ 表示为

$$M(x)=D_{n-1}x^{n-1}+D_{n-2}x^{n-2}+\cdots+D_1x^1+D_0x^0 \tag{2.21}$$

式中，D_i 为 1 或 0。$k+1$ 位生成码用多项式 $G(x)$ 表示为

$$G(x)=G_kx^k+G_{k-1}x^{k-1}+\cdots+G_1x^1+G_0x^0 \tag{2.22}$$

(2) 数据做左移 k 位操作。数据左移 k 位相当于多项式 $M(x)$ 做乘以 x^k 的操作，即得 $M(x)\cdot x^k$，其 $n+k$ 位的二进制编码如图 2.16 所示。其中，低 k 位为 0，将该编码作为待编信息码。

$n+k-1$	$n+k-2$		k	$k-1$		1	0
D_{n-1}	D_{n-2}	$\cdots$	D_0	0	$\cdots$	0	0

图 2.16　$M(x)\cdot x^k$ 的 $n+k$ 位二进制编码

(3) 求余数。用 $M(x)\cdot x^k$ 对生成多项式 $G(x)$ 作模 2 除法，求余数多项式 $R(x)$，即

$$\frac{M(x)\cdot x^k}{G(x)}=Q(x)+\frac{R(x)}{G(x)}\quad(\text{mod }2) \tag{2.23}$$

其中，$Q(x)$ 为商的多项式，余数 $R(x)$ 的二进制编码为 k 位。在此强调，除法过程必须按照模 2 运算规则计算。

(4) 构成 CRC 码。将余数作为校验位，用(2)中获得的待编信息码多项式 $M(x)\cdot x^k$ 与余数 $R(x)$ 作模 2 加，构成 CRC 码多项式 $C(x)$，即

$$C(x)=M(x)\cdot x^k+R(x)=Q(x)\cdot G(x)\quad(\text{mod }2) \tag{2.24}$$

CRC 码的编码格式如图 2.17 所示。

$n+k-1$	$n+k-2$		k	$k-1$		1	0
D_{n-1}	D_{n-2}	$\cdots$	D_0	R_{k-1}	$\cdots$	R_1	R_0

图 2.17　CRC 码的编码格式

其中，$R_{k-1}\sim R_0$ 是余数多项式 $R(x)$ 的二进制编码。由此可得，将 n 位数据与 k 位余数做简单拼接，就构成了该数据的 CRC 码。

所以 CRC 码是用多项式 $M(x)\cdot x^k$ 除以生成多项式 $G(x)$（即生成校验位的多项式）所得余数作为校验位的。为了得到 k 位余数（校验位），生成码必须是 $k+1$ 位的。

例 2.18 已知二进制数据为 1100，选用的生成码为 1011，试为该数据构成 CRC 码。

解 将二进制数据用多项式表示为

$$M(x)=x^3+x^2 \quad (n=4)$$

生成码对应的多项式为

$$G(x)=x^3+x+1$$

因为生成码为 4 位，所以校验位的位数 $k=3$。

将数据左移 $k=3$ 位后得 $M(x) \cdot x^3=x^6+x^5$（即 1100000），然后被 $G(x)$（即 1011）模 2 除，过程如图 2.18 所示。

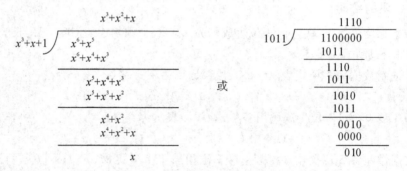

图 2.18 例 2.18 中模 2 除的过程

将数据与余数拼接，就构成了 CRC 码，即

$$\text{多项式：} C(x)=M(x) \cdot x^3+R(x)=x^6+x^5+x$$

$$\text{编码：} 1100000+010=1100010$$

此处，CRC 编码为 7 位，待编码数据为 4 位，故编码 1100010 也称（7,4）码。这里的（7,4）码为码制。此外，还有（7,3）码制和（7,6）码制等。

3. 生成多项式 $G(x)$ 的构成

在 CRC 码的编码中，生成多项式 $G(x)$ 是很重要的，不能随意确定。从检错和纠错的要求出发，生成多项式应满足以下要求：

(1) 任何一位发生错误，都应该使余数不为零；

(2) 不同位发生错误应使余数不同；

(3) 对余数继续做模 2 除，应使余数循环。

对于 (m,n) 码制（m 为 CRC 码码长，n 为待编码数据长度，$m-n$ 即为校验位长度），可将 x^m-1 分解为若干质因式（模 2 运算），根据编码要求的码距选取其中的某个因式或若干因式的乘积作为生成多项式。例如，将 x^7-1 分解为

$$x^7-1=(x+1)(x^3+x+1)(x^3+x^2+1) \quad (\bmod 2)$$

选多项式 $G(x)=x+1$（即 11），可构成（7,6）码，能判 1 位错误。

选多项式 $G(x)=x^3+x+1$（即 1011）或 $G(x)=x^3+x^2+1$（即 1101），可构成（7,4）码，能判 2 位错误或纠 1 位错误。

选多项式 $G(x)=(x+1)(x^3+x+1)$（即 11101），可构成（7,3）码，能判 2 位错误并纠 1 位错误。

前人已为我们提供了检错纠错性能良好、常用的 CRC 标准生成多项式有：

CRC-12：$X^{12}+X^{11}+X^{3}+X^{2}+X+1$

CRC-16：$X^{16}+X^{15}+X^{2}+1$

CRC-CCITT(国际电联推荐)：$X^{16}+X^{12}+X^{5}+1$

CRC-32：$X^{32}+X^{26}+X^{23}+X^{22}+X^{16}+X^{12}+X^{11}+X^{10}+X^{8}+X^{7}+X^{5}+X^{4}+X^{2}+X+1$

当需要使用生成多项式时，建议查找有关资料。

4. CRC 码的校验

根据式(2.24)可得

$$C(x) = Q(x) \cdot G(x) \quad (\bmod\ 2) \tag{2.25}$$

也即 CRC 码(或 $C(x)$)是一个可被生成码(或 $G(x)$)除尽的数码。

如果 CRC 码在存储或传输过程中不出错，则 $C(x)$ 除以 $G(x)$ 的余数必为 0。如果 CRC 码出错，则余数不为 0，利用余数编码与错误位的对应关系(需要在设计 CRC 码时确定)就可以指出哪一位出错。

对于(7,4)循环冗余校验码，选择多项式 $G(x)=x^{3}+x+1$(即 1011)时，余数与出错位对应关系如表 2.11 所示。

表 2.11　对应 $G(x)=x^{3}+x+1$ 的(7,4)循环码的出错定位表

CRC 码位序号	7	6	5	4	3	2	1	余数	出错位
正确 CRC 码	1	1	0	0	0	1	0	000	无
错误 CRC 码	1	1	0	0	0	1	1	001	1
	1	1	0	0	0	0	0	010	2
	1	1	0	0	1	1	0	100	3
	1	1	0	1	0	1	0	011	4
	1	1	1	0	0	1	0	110	5
	1	0	0	0	0	1	0	111	6
	0	1	0	0	0	1	0	101	7

可以证明，更换不同的待测 CRC 码字，余数和出错位的对应关系不变。该对应关系只与码制和生成多项式有关。表 2.11 给出的关系只对应 $G(x)=x^{3}+x+1$ 的(7,4)码，对于其他码制或选择用其他生成多项式，余数与出错位对应关系将发生变化。

5. CRC 码的纠错

方法一：如果已设计好余数和出错位的对应关系(类似于表 2.11)，则通过查表的方法即可确定 CRC 码的出错位，对出错位求反即可纠正。

方法二：如果 CRC 码有一位出错，则用 $G(x)$ 做模 2 除将得到一个不为 0 的余数。如果对余数补 0 继续除下去，将发现各次所得余数将出现循环。例如，对应 $G(x)=x^{3}+x+1$ 的(7,4)码，余数将按表 2.11 所示的顺序循环。比如位置 1 出错，其余数为 001，补 0 后再除，第二次余数为 010，以后依次为 100，011，…反复循环，这就是循环码的由来。这个特点正好用来纠错，即当出现不为零的余数后，一方面对余数补 0 继续做模 2 除，另一方面将被检测的 CRC 码字循环左移。由表 2.11 可知，当出现余数为 101(最高出错位对应的余数)时，出错位也移到了位置 7(最高位)。可通过异或门将它纠正后在下一次移位时送回位

置 1，这样当移满一个循环(对(7,4)码共移七次)后，就得到一个纠正后的码字。

例 2.19 已知二进制数据为 4 位，选用的生成码为 1011，获得该数据的 CRC 码为 1000010，试确定该码字是否正确，若有错，请予以纠正。

解 若接收的 CRC 码为 1000010，其多项式为 $Y(x)=x^6+x$，生成多项式为 $G(x)=x^3+x+1$，则

$$\frac{Y(x)}{G(x)}=\frac{x^6+x}{x^3+x+1}=(x^3+x+1)+\frac{x^2+x+1}{x^3+x+1}$$

根据余数多项式 $R(x)=x^2+x+1$ 或余数 111，查表 2.11 可知出错位在接收的 CRC 码位置 6，将该位取反即得正确的 CRC 码为 1100010。

CRC 码把若干个校验位加在原始数据的后面，而不改变原始数据的内容，这更有利于在一大块或者一长串信息字中确定是否出现错误，同时在无错或已纠错的情况下，只要将 CRC 码的低 k 位校验位去掉，就重新获得了原始数据。

习　题

2.1　实现下列各数的转换。

(1) $(97.8125)_{10}=($　　　　$)_2=($　　　　$)_8=($　　　　$)_{16}$；

(2) $(110101.011)_2=($　　　$)_{10}=($　　　$)_8=($　　　$)_{16}=($　　　$)_{8421BCD}$；

(3) $(0011\ 0110\ 1001.0101)_{8421BCD}=($　　　$)_{10}=($　　　$)_2=($　　　$)_{16}$；

(4) $(2A7C.5E)_{16}=($　　　　$)_{10}=($　　　　$)_2$。

2.2　已知 $[X]_原$，求 $[X]_补$ 和 $[X]_反$。

(1) $[X]_原=0.1010110$；　　　　　　　　(2) $[X]_原=1.0010110$；

(3) $[X]_原=01010110$；　　　　　　　　(4) $[X]_原=11010010$。

2.3　已知 $[X]_补$，求 X。

(1) $[X]_补=1.1101101$；　　　　　　　　(2) $[X]_补=0.1010110$；

(3) $[X]_补=10000000$；　　　　　　　　(4) $[X]_补=11010010$。

2.4　假设机器字长为 8 位，求下列补码所对应的 X 的十进制真值。

(1) $[2X]_补=90H$；　　　(2) $[\frac{1}{2}X]_补=C2H$；　　　(3) $[-X]_补=FEH$。

2.5　设 X 为定点小数，$[X]_补=1.x_6x_5x_4x_3x_2x_1x_0$，最高位为符号位。

(1) 若要 $X<-\frac{1}{2}$，$x_6x_5x_4x_3x_2x_1x_0$ 应满足什么条件？

(2) 若要 $-\frac{1}{2}\leqslant X<-\frac{1}{4}$，$x_6x_5x_4x_3x_2x_1x_0$ 应满足什么条件？

2.6　假设机器字长为 8 位，已知 $[X]_补=3AH$，$[Y]_补=C5H$，求：$[2X]_补$，$[2Y]_补$，$[\frac{1}{2}X]_补$，$[\frac{1}{4}Y]_补$，$[-X]_补$，$[-Y]_补$，$[X]_原$，$[Y]_原$，$[X]_反$，$[Y]_反$，$[X]_移$，$[Y]_移$。

2.7　若机器字长为 32 位，则整数补码和小数补码可表示数的个数为多少？可表示的真值范围分别是多少？

2.8　分别写出下列各十进制数的原码、反码和补码，用 8 位二进制数表示(最高位为

符号位）。如果是小数，小数点在最高位（符号位）之后；如果是整数，小数点在最低位之后，并写出其对应的移码。

(1) 用整数表示的 -1；　(2) 用小数表示的 -1；　(3) 用整数表示的 $+0$；

(4) 用小数表示的 -0；　(5) 45/64；　　　　　　(6) $-1/128$；

(7) $+128$；　　　　　　(8) -128；　　　　　　(9) $+127$；

(10) -127；　　　　　(11) 89；　　　　　　　(12) -32。

2.9　若约定小数点在 8 位二进制数的最右端（定点整数），试分别写出下列各种情况下 W、X、Y、Z 的真值。

(1) $[W]_{补}=[X]_{原}=[Y]_{反}=[Z]_{移}=00H$；

(2) $[W]_{补}=[X]_{原}=[Y]_{反}=[Z]_{移}=80H$；

(3) $[W]_{补}=[X]_{原}=[Y]_{反}=[Z]_{移}=FFH$。

2.10　多项选择题。

(1) 在数值数据的编码表示中，0 有唯一表示的编码有（　　　　）；

(2) 符号位用 0 表示正，用 1 表示负的编码有（　　　　）；

(3) 满足若真值大，则码值大的编码是（　　　　）；

(4) 存在负数的真值越大，则码值越小现象的编码是（　　　　）；

(5) 负数的码值大于正数的码值的编码有（　　　　）。

可供选择的答案：A. 原码　B. 反码　C. 补码　D. 移码

2.11　假设机器字长为 8 位。

(1) 码值为 80H，若表示真值 0，则为（　　）码；若表示真值 -128，则为（　　）码；若表示真值 -127，则为（　　）码；若表示真值 -0，则为（　　）码。

(2) 码值为 FFH，若表示真值 127，则为（　　）码；若表示真值 -127，则为（　　）码；若表示真值 -1，则为（　　）码；若表示真值 -0，则为（　　）码。

2.12　设 X 为小数，X 在什么范围内，有 $[X]_{补}>[X]_{原}$？在什么范围内，有 $[X]_{补}=[X]_{原}$？当 $X<0$ 时，试求出满足 $[X]_{补}=[X]_{原}$ 的真值 X。

2.13　对于一个用 8 位二进制表示的整数补码，如何判断其正负？如何判断其有无十进制的百位？如何判断其奇偶性？如何判断其能否被 8 整除？

2.14　若机器字长为 n 位二进制，可用来表示多少个不同的数？就下列三种情况，分别写出所能表示的最大值和最小值：

(1) 无符号数；

(2) 用原码表示的整数；

(3) 用补码表示的小数。

2.15　试写出下列各种情况下用 16 位二进制所能表示的数的范围（用十进制表示）以及对应的二进制代码。

(1) 无符号的整数；

(2) 补码表示的有符号整数；

(3) 补码表示的有符号小数；

(4) 移码表示的有符号整数；

(5) 原码表示的有符号小数。

2.16 下列代码若看作 ASCII 码、整数补码、BCD 码时分别代表什么?

(1) 78H; (2) 39H。

2.17 设二进制浮点数字长 16 位,其中阶码 6 位(含一位阶符),用移码表示,尾数 10 位(含一位数符),用补码表示。浮点数编码格式如图 2.19 所示。

数符	阶码	尾数

图 2.19 习题 2.17 附图

(1) 确定能表示的规格化浮点数的范围,填入表 2.12 中,并与 16 位定点补码整数和定点补码小数的表示范围进行比较。

表 2.12 习题 2.17 附表

数值	阶码(十六进制)	尾数(十六进制)	真值(十进制)
最大正数			
最小正数			
最大负数			
最小负数			

(2) 判断下列十进制数能否表示成此格式的规格化浮点数(允许有误差)。若可以,请写出对应的码值。

① 3.14; ② −1917; ③ 105/512; ④ -10^{-6}; ⑤ 10^{10}。

2.18 以 IEEE 754 单精度浮点数格式(32 位)表示下列十进制数。

(1) +5.3125; (2) −365.593 75; (3) +21;

(4) −35/8; (5) 324; (6) 56 789.25。

2.19 假设计算机使用的是 24 位字,试在如下情况下,利用 24 位来表示 365。

(1) 如果计算机使用原码表示定点整数,如何表示十进制数 365?

(2) 如果计算机使用 8 位 ASCII 编码和奇校验码,如何表示字符串"365"?

2.20 已知字母"A"的 ASCII 编码为 1000001,字母"a"的 ASCII 编码为 1100001,数字"0"的 ASCII 编码为 0110000。求字符"D""K""f""h""5""7"的 7 位 ASCII 编码,并在最高位加入偶校验位,形成带奇偶校验位的 8 位 ASCII 编码。

2.21 约定生成多项式为 $G(x) = x^3 + x + 1$,试计算下述信息字的 *CRC* 编码,并在接收端进行校验。

(1) 1010110; (2) 01011001。

2.22 假设主存中存储的数据为 16 位,欲利用海明码纠正一位错,海明码码长最少需几位? 为什么?

2.23 假设正在使用的一种纠错码可以纠正长度为 8 的存储字的全部 1 位错误。计算结果表明,需要 4 位校验位,编码字的全部长度为 12 位。编码字的产生方式采用本章介绍的海明编码算法。现在接收器收到如下代码字:010111010110。请问:收到的这个字是否为正确的编码字? 如果不是,请确定错误发生在哪一位。

第 3 章　运算方法与运算器

在计算机中，运算器用于数值运算及加工处理数据，它由 CPU 中的算术逻辑单元、通用寄存器等部件构成。运算器的结构取决于指令系统、数据表示方法、运算方法及所选用的硬件。本章主要讨论数值运算的方法及实现。

3.1　定点数运算

如第 2 章所述，计算机中常用定点数或浮点数表示数值数据，而不同的数据表示方法需要不同的运算处理。

3.1.1　加减运算

有符号定点数的编码可以用原码、反码、补码、移码等形式表示。原则上讲，有符号数的加减运算可以用任何一种编码来实现，但实际中用得最多、最普遍的是补码。

补码加减运算过程中，参加运算的操作数及运算结果均用补码表示。

1. 补码加减法

补码加法的运算规则为

$$[X+Y]_{补}=[X]_{补}+[Y]_{补} \tag{3.1}$$

由式(3.1)可以看到，两数和的补码就等于两数补码之和。利用补码求两数之和十分方便。

例 3.1　有两个定点整数 63 和 35，利用补码加法求 63+35。

解　根据题意，用 8 位二进制补码表示 63 和 35 为

$$[63]_{补}=00111111$$
$$[35]_{补}=00100011$$

则

$$[63+35]_{补}=01100010$$

例 3.2　有两个定点整数 −63 和 −35，利用补码加法求 −63+(−35)。

解　根据题意，用 8 位二进制补码表示 −63 和 −35 为

$$[-63]_{补}=11000001$$
$$[-35]_{补}=11011101$$

则

$$[-63+(-35)]_{补}=10011110$$

在数值的补码表示法中，我们注意到，对一个正数求补——对该数包括符号位在内的各位取反再加 1，即可得到该数的负数；若对该负数再求补，则又可得到原来的正数。也就是说，$[[X]_{补}]_{求补}=[-X]_{补}$，$[[-X]_{补}]_{求补}=[X]_{补}$。据此可得补码减法的运算规则为

$$[X-Y]_{补}=[X]_{补}+[-Y]_{补}=[X]_{补}+[[Y]_{补}]_{求补} \tag{3.2}$$

式(3.2)给了我们一个重要的启示：用补码做减法时，可用加法来实现，即被减数减去减数可化作被减数加上减数求补来完成。利用这一特性，使用一个加法器既能实现加法运算，又能完成减法运算，这也是计算机中普遍采用补码来实现加减法的缘由。

例 3.3 有两个定点整数 63 和 35，利用补码减法求 63−35。

解 根据题意，用 8 位二进制补码表示 63 和 35 为

$$[63]_{补}=00111111$$

$$[35]_{补}=00100011$$

而 $[63-35]_{补}=[63]_{补}+[-35]_{补}$，同时，$[-35]_{补}=[[35]_{补}]_{求补}=11011101$，从而求出：

$$
\begin{array}{r}
00111111 \\
+11011101 \\
\hline
100011100
\end{array}
$$

得到 $[63-35]_{补}=00011100$。请注意，计算机中要求运算器的原始数据和运算结果应具有相同的数据位数，所以本例中结果仅为 8 位，在相加过程中产生的进位 1 会作为状态信息（即进位标志 CF）保留在状态标志寄存器中。

综上所述，补码加减运算的规则是：

（1）参加运算的操作数用补码表示。

（2）符号位参加运算。

（3）若相加，则两个数的补码直接相加；若相减，则将减数连同符号位一起取反加 1 后与被减数相加。

（4）运算结果为补码表示。

2. 溢出及判断

1）溢出的概念

我们首先通过下面的例子来了解什么是溢出。

例 3.4 有两个定点整数 63 和 85，利用补码加法求 63+85。

解 根据题意，用 8 位二进制补码表示 63 和 85 为

$$[63]_{补}=00111111$$

$$[85]_{补}=01010101$$

$$
\begin{array}{r}
00111111 \\
+01010101 \\
\hline
10010100
\end{array}
$$

由本例可看到，两个正数（63 和 85）相加的结果变成一个负数（符号位为 1），这显然是错误的。出现这种错误结果的原因是运算结果已超出规定的数值范围。在本例中，规定用 8 位二进制补码来表示有符号整数，它所能表示的数值范围是 −128～+127，而本例结果为 +148，超出了规定的数值范围。

我们把运算结果超出规定的数值范围而造成错误的现象称为溢出。若运算结果大于规定的数值范围的上限，则称为上溢出；若运算结果小于规定的数值范围的下限，则称为下溢出。

一旦确定了运算字长和数据表示方法，数据表示的范围也就随之确定。只要运算结果超出所能表示的数据范围，就会发生溢出。发生溢出时，运算结果一定是错误的，所以必须

采取措施防止溢出发生。

最简单有效的防止溢出发生的方法是增加数据的编码长度。在例 3.4 中，只要将数据位数增加到 9 位以上，如采用 16 位编码，就一定能防止溢出发生。

值得注意的是，只有当两个符号相同的数相加(或者是符号相异的数相减)时，运算结果才有可能发生溢出。而在符号相异的数相加(或者是符号相同的数相减)时，永远不会产生溢出。

例 3.5　设二进制正整数 $X=+1000001$，$Y=+1000011$。若用 8 位二进制补码表示，则 $[X]_{补}=01000001$，$[Y]_{补}=01000011$，求 $[X+Y]_{补}$。

解　计算 $[X]_{补}+[Y]_{补}$ 为

$$
\begin{array}{r}
01000001 \\
+\ 01000011 \\
\hline
10000100
\end{array}
$$

两个正数相加的结果为一个负数，因为产生了溢出，所以结果是错误的。

例 3.6　设二进制负整数 $X=-1111000$，$Y=-10010$。若用 8 位二进制补码表示，则 $[X]_{补}=10001000$，$[Y]_{补}=11101110$，求 $[X+Y]_{补}$。

解　计算 $[X]_{补}+[Y]_{补}$ 为

$$
\begin{array}{r}
10001000 \\
+\ 11101110 \\
\hline
01110110
\end{array}
$$

两个负数相加结果为一个正数，原因是产生了溢出，所以结果也是错误的。

在上面各例中，所用的数据都是定点整数，但所涉及的概念和结论对于定点纯小数是完全适用的，只需注意所规定的定点纯小数的数值范围。

2) 溢出的判定

(1) 双符号位(变形码)判决法。第 2 章已提到变形补码，采用两位表示符号，即 00 表示正号，11 表示负号，一旦发生溢出，则两个符号位就一定不一致，通过判别两个符号位是否一致便可以判定是否发生了溢出。

若运算结果两符号分别用 S_2、S_1 表示，则溢出标志 OF 的逻辑表示式为

$$OF=S_2\oplus S_1 \tag{3.3}$$

当 OF＝0 时，判别溢出未发生；当 OF＝1 时，判别溢出发生。

例 3.7　设二进制正整数 $X=+1000001$，$Y=+1000011$。若用双符号 8 位二进制补码表示，则 $[X]_{补}=001000001$，$[Y]_{补}=001000011$，求 $[X+Y]_{补}$。

解　计算 $[X]_{补}+[Y]_{补}$ 为

$$
\begin{array}{r}
001000001 \\
+\ 001000011 \\
\hline
010000100
\end{array}
$$

由于结果的两个符号位 $S_2=0$ 和 $S_1=1$ 不一致，使 $OF=S_2\oplus S_1=1$，因此发生溢出，运算结果不正确。

(2) 进位判决法。若 C_{n-1} 表示最高数值位产生的进位，C_n 表示符号位产生的进位(即进

位标志 CF），则溢出标志 OF 的逻辑表示式为

$$OF = C_n \oplus C_{n-1} \tag{3.4}$$

在例 3.7 的运算中，$C_{n-1} = 1$，$C_n = 0$，故 $C_n \oplus C_{n-1} = 1$，同样判定运算结果有溢出。

（3）根据运算结果的符号位和进位标志判别。该方法适用于两个同号数求和或异号数求差时判别溢出。溢出标志 OF 的逻辑表达式为

$$OF = SF \oplus CF \tag{3.5}$$

其中，SF 和 CF 分别是运算结果的符号标志和进位标志。

在例 3.7 的运算中，两正数求和，其结果的 SF $= 1$，CF $= C_n = 0$，故 OF $=$ SF$\oplus$CF $= 1$，同样判定运算结果有溢出。

在使用式(3.5)判别溢出时，一定要注意该判别方法的适用条件，否则将会出错。

（4）根据运算前后的符号位进行判别。若用 X_s、Y_s、Z_s 分别表示两个原始数据及运算结果的符号位，则溢出标志 OF 的逻辑表达式为

$$OF = X_s \cdot Y_s \cdot \overline{Z_s} + \overline{X_s} \cdot \overline{Y_s} \cdot Z_s \tag{3.6}$$

该式表示，两个正数相加的结果为负数，溢出发生；或者两个负数相加的结果为正数，同样溢出发生。

在例 3.7 的运算中，$X_s = 0$，$Y_s = 0$，$Z_s = 1$，OF $= \overline{X_s} \cdot \overline{Y_s} \cdot Z_s = 1$，同样判定运算结果有溢出。

在 CPU 中，判别定点数算术运算是否发生溢出，通常是由 CPU 中的硬件电路进行检测(依据上述溢出判断逻辑之一实现)。一旦发生溢出，则会在 CPU 的状态标志寄存器中设置溢出标志 OF，并产生溢出中断。

3. 一位全加器的实现

设一位全加器的输入分别为 X_i 和 Y_i，低一位对该位的进位为 C_i，全加器的结果(和)为 Z_i，向高一位的进位为 C_{i+1}，则实现一位全加器的逻辑表达式为

$$Z_i = X_i \oplus Y_i \oplus C_i \tag{3.7}$$

$$C_{i+1} = (X_i \cdot Y_i) + (X_i + Y_i) \cdot C_i = (X_i \cdot Y_i) + (X_i \oplus Y_i) \cdot C_i \tag{3.8}$$

若令 $G_i = X_i \cdot Y_i$，$P_i = X_i + Y_i$，则式(3.8)可写为

$$C_{i+1} = G_i + P_i \cdot C_i \tag{3.9}$$

其中，G_i 为进位产生函数，P_i 为进位传递函数。

图 3.1(a)和(b)为实现上述逻辑的一位全加器逻辑电路及框图表示。

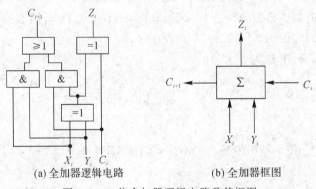

(a) 全加器逻辑电路　　　　(b) 全加器框图

图 3.1　一位全加器逻辑电路及其框图

4. n 位加减器的实现

1）加法器

（1）行波进位加法器。将 n 个一位全加器串接在一起，便可以构成 n 位二进制数加法器，如图 3.2 所示。根据补码加法规则，图 3.2 提供的二进制数加法器可以直接用于实现 n 位补码加法。

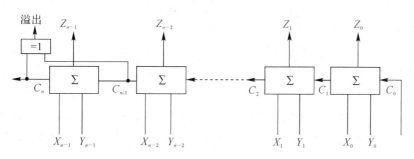

图 3.2　行波进位加法器

从图 3.2 中可以看出：

① 加法器的进位逐位产生。如图 3.1(a)所示，进位的产生是由三级门形成的，因为任何一级门均有延时，所以生成进位是需要花时间的。进位是由低到高逐位产生的，故这种加法器称为行波进位(或串行进位)加法器。n 位加法运算中，高位运算必须等待低位运算产生进位后方能进行。

② 加法器的和逐位生成。由式(3.7)可知，每位和 Z_i 的生成时间取决于低位的进位 C_i，所以和的各位也是逐位生成的。当最高位的和 Z_{n-1} 产生时，完整的和 Z 才生成。如果一位全加器的延时是 Δt，那么完成 n 位加法需要的时间为 $n\Delta t$。设计运算器所追求的最重要的指标是速度。显然，行波进位加法器的速度是难以令人满意的。

③ 图 3.2 中利用异或门实现了式(3.4)的溢出判别逻辑，该异或门的输入是 C_{n-1} 和 C_n。

（2）并(先)行进位加法器(CLA)。行波进位加法器结构简单，实现成本低。但其致命的缺点在于，随着加法器位数的增加，串行生成的进位会造成加法速度大为降低。一种有效的改进方法是同时生成所有低位向高位的进位。

根据式(3.9)可知，由输入 X_i 和 Y_i 就能求出 G_i 和 P_i，在已知输入 C_i 的情况下，便可以获得 C_{i+1}，那么，在输入 X_{i+1}、Y_{i+1} 和 X_i、Y_i、C_i 的情况下，便可以获得 C_{i+2}，依次类推，便可以求出 C_{i+3}、C_{i+4}，…。其中，四个进位生成逻辑表示式为

$$C_{i+1}=G_i+P_iC_i \tag{3.10}$$

$$C_{i+2}=G_{i+1}+P_{i+1}C_{i+1}=G_{i+1}+P_{i+1}G_i+P_{i+1}P_iC_i \tag{3.11}$$

$$C_{i+3}=G_{i+2}+P_{i+2}C_{i+2}=G_{i+2}+P_{i+2}G_{i+1}+P_{i+2}P_{i+1}G_i+P_{i+2}P_{i+1}P_iC_i \tag{3.12}$$

$$C_{i+4}=G_{i+3}+P_{i+3}C_{i+3}$$
$$=G_{i+3}+P_{i+3}G_{i+2}+P_{i+3}P_{i+2}G_{i+1}+P_{i+3}P_{i+2}P_{i+1}G_i+P_{i+3}P_{i+2}P_{i+1}P_iC_i$$
$$=G_{i+3}^*+P_{i+3}^*C_i \tag{3.13}$$

其中：

$$G_{i+3}^*=G_{i+3}+P_{i+3}G_{i+2}+P_{i+3}P_{i+2}G_{i+1}+P_{i+3}P_{i+2}P_{i+1}G_i$$

$$P_{i+3}^* = P_{i+3}P_{i+2}P_{i+1}P_i$$

由逻辑表达式(3.10)～(3.13)可以看到,利用输入信号 X_i、X_{i+1}、X_{i+2}、X_{i+3} 和 Y_i、Y_{i+1}、Y_{i+2}、Y_{i+3} 以及 C_i,通过与或逻辑电路的组合就可以同时将 C_{i+1}、C_{i+2}、C_{i+3}、C_{i+4} 四个进位信号产生出来。将这些进位信号并行地加到各个一位全加器上,则加法器求和就不必逐位等待进位的产生。也就是说,在进行加法运算之前,先将各位全加器所需要的进位并行生成,以此加快加法运算速度,这就是先行进位或并行进位加法器的名称由来。

用与或组合逻辑构成的四位先行进位产生电路如图 3.3 所示。图中下方是输入信号 X_i、X_{i+1}、X_{i+2}、X_{i+3} 和 Y_i、Y_{i+1}、Y_{i+2}、Y_{i+3} 以及 C_i,这些信号经过三级门便可以得到所有四位加法器所需要的进位信号 C_{i+1}、C_{i+2}、C_{i+3}、C_{i+4}。三级门的延时要比多级行波进位加法器的延时小得多。图 3.4 是利用先行进位产生电路构成的 n 位加法器,由于 $C_1 \sim C_n$ 同时生成,所以 $Z_1 \sim Z_{n-1}$ 也同时生成。如果一位全加器的延时是 Δt,先行进位产生电路的延时是 τ,那么 Z_0 生成需 Δt,$Z_i(i=1\sim n-1)$ 生成需 $\Delta t + \tau$,完成 n 位加法仅需 $\Delta t + \tau$。

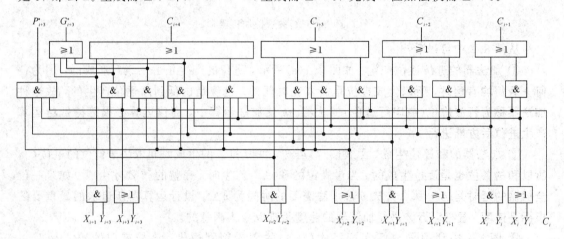

图 3.3　四位先行进位产生电路

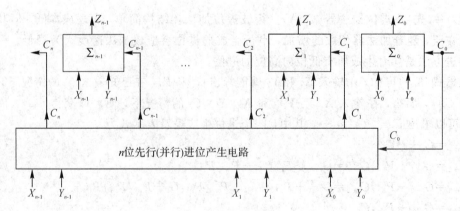

图 3.4　n 位先行进位加法器

随着位数的增加,先行进位产生电路会越来越复杂。因此,在设计加法器时会将多位加法器分组。例如,以四位进位为一组,将各组进位串联在一起,即组内采用先行进位方式,而组与组之间采用行波进位方式。或者将各组进位再次组成先行进位链,即组内采用先行进位方式，而组与组之间也采用先行进位方式，这时会用到图 3.3 中出现的 G^*_{i+3} 和 P^*_{i+3} 信号，从而再次并行产生各组间的进位。

（3）组内并行组间串行进位加法器。组内并行组间串行进位又称为单级先行进位。组间进位是串行的，即每个组的进位输入是相邻低位组的进位输出，而每个组的进位输出是相邻高位组的进位输入。串行进位链的总延迟时间与分组数目成正比。

以 16 位加法器为例，将其分为 4 组，每组 4 位。各组内采用 4 位并行进位加法器（CLA），组间采用串行进位方式，这样就构成了组内并行组间串行进位加法器，如图 3.5 所示。若 4 位 CLA 的延时为 $\Delta t'(=\Delta t+\tau)$，则该 16 位并行加法器的计算时间就是 $4\Delta t'$。若 n 位加法器分为 m 组，则加法器的计算时间就是 $m\Delta t'$。

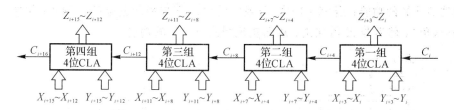

图 3.5　组内并行组间串行进位加法器

（4）组内并行组间并行进位加法器。组内并行组间并行进位加法器又称为多级先行进位加法器。这种加法器利用每组的 G^*_{i+3} 和 P^*_{i+3} 信号再次组成先行进位链，即构成组内先行进位，组间也为先行进位的进位逻辑。下面仍以字长为 16 位的加法器为例，分析两级先行进位加法器的设计方法。

第一组的进位输出 C_{i+4} 可根据式(3.13)计算得到。为了方便表示组间进位信号，将式(3.13)改为式(3.14)，即

$$C_{i+4}=G^*_{i+3}+P^*_{i+3}C_i=G^*_j+P^*_jC_i \tag{3.14}$$

其中，G^*_j 和 P^*_j 分别为组进位产生函数和组进位传递函数。

其他组的进位依次类推，可以得到：

$$C_{i+8}=G^*_{j+1}+P^*_{j+1}C_{i+4}=G^*_{j+1}+P^*_{j+1}G^*_j+P^*_{j+1}P^*_jC_i \tag{3.15}$$

$$C_{i+12}=G^*_{j+2}+P^*_{j+2}C_{i+8}=G^*_{j+2}+P^*_{j+2}G^*_{j+1}+P^*_{j+2}P^*_{j+1}G^*_j+P^*_{j+2}P^*_{j+1}P^*_jC_i \tag{3.16}$$

$$C_{i+16}=G^*_{j+3}+P^*_{j+3}C_{i+12}$$
$$=G^*_{j+3}+P^*_{j+3}G^*_{j+2}+P^*_{j+3}P^*_{j+2}G^*_{j+1}+P^*_{j+3}P^*_{j+2}P^*_{j+1}G^*_j+P^*_{j+3}P^*_{j+2}P^*_{j+1}P^*_jC_i \tag{3.17}$$

16 位的两级先行进位加法器可由 4 个基本的先行进位加法器和 1 个组间先行进位逻辑电路组成，如图 3.6 所示。若 4 位先行进位加法器的延迟时间为 $\Delta t'$，不考虑 G_i、P_i 的形成时间，则经过 $\Delta t'$ 产生 $Z_i\sim Z_{i+3}$、第一级先行进位逻辑电路（在各组 CLA 内部）输出的组进位产生函数 $G^*_j\sim G^*_{j+3}$ 和组进位传递函数 $P^*_j\sim P^*_{j+3}$；再经过 τ 时间，由组间先行进位逻辑电路产生 C_{i+4}、C_{i+8}、C_{i+12}、C_{i+16}；之后经过 Δt，即可产生其他各位和 $Z_{i+4}\sim Z_{i+15}$，此时加法器的最长运算时间为 $2\Delta t'$。若 n 位加法器分为 m 组，则两级先行进位加法器的计算时间仍为 $2\Delta t'$。

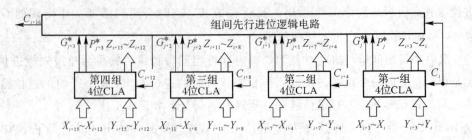

图 3.6　组内并行组间并行进位加法器

2) 加法/减法器

在图 3.7 中，利用异或门和控制信号 M 可实现减法运算。当 $M=0$ 时，异或门输出 Y，实现加法 $X+Y$ 的功能；当 $M=1$ 时，异或门输出 $\overline{Y}$，$\overline{Y}$ 与最低进位 $C_0=M=1$ 相加，实现减数求补(求负)，然后与 X 做加法，从而实现减法 $X-Y$ 的功能。

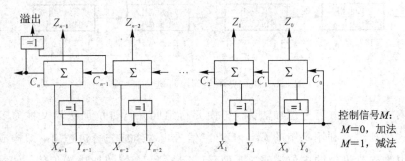

图 3.7　行波进位的 n 位加法/减法器

5. BCD 加法器

1) 8421 BCD 码的使用方式

在计算机中广泛使用的 BCD 码是 8421 码，它有以下两种典型的使用方式：

(1) 若用一个字节(8 位二进制数)表示 2 位 BCD 数，即高 4 位表示 1 位 BCD 数，低 4 位表示 1 位 BCD 数，则此字节所表示的数称为压缩 BCD 数。

(2) 若一个字节只表示 1 位 BCD 数，即高 4 位为 0，仅用低 4 位表示 1 位 BCD 数，则此字节所表示的数称为非压缩 BCD 数。

2) 加法运算

一个多位十进制数用 8421 BCD 码编码后，其形式就是一个二进制数，因此可以利用前述的 n 位加法器进行加法运算，但其运算结果有可能产生非法 BCD 码而出现错误。

例3.8　(1) 用压缩 BCD 数计算 $46+32$；

　　　　(2) 用压缩 BCD 数计算 $46+67$。

解　相加结果如下：

(1)		(2)	
	01000110		01000110
+	00110010	+	01100111
	01111000		10101101

可以看到，在(1)的情况下，两个 BCD 数相加的结果 78 是正确的；在(2)的情况下，两

个 BCD 数相加的结果 AD 是错误的，因为 A 和 D 是非法的 BCD 码。

3）校正

为了保证 BCD 数加法运算结果的正确性，必须进行校正。对于一个字节的压缩 BCD 数加法进行校正的规则是：

（1）运算中低四位相加的结果大于 9 或有 bit3 向 bit4 的进位（即半加进位标志 AF＝1），则结果加 06H。

（2）运算中高四位相加（包括由 bit3 向 bit4 的进位）的结果大于 9 或有 bit7 向更高位的进位，则结果加 60H，同时进位为 1 且将其看作相加结果的最高位。

（3）若高四位和低四位均不满足上述条件，如例 3.8（1）中的情况，则无须校正；若同时满足（1）和（2）两项条件，则结果加 66H。

该规则可以推广到多字节的压缩 BCD 数、非压缩 BCD 数的加法校正中，也可用于 8421 码其他运算（减法、乘法、除法）结果的校正。

在设计 CPU 时，可以用软件方式在指令系统中设置 BCD 数加、减、乘、除运算的校正指令，也可以用硬件方式在运算器中设置 BCD 码加法器。

4）BCD 码加法器

8421 BCD 码加法器采用硬件电路实现其加法及校正。图 3.8（a）为一位 8421 BCD 码加法器。图中下方的 4 位串行进位加法器完成一位 BCD 数加法，上方的串行进位加法器完成 BCD 数加法结果的校正。图 3.8（b）为一位 BCD 加法器的简化框图。

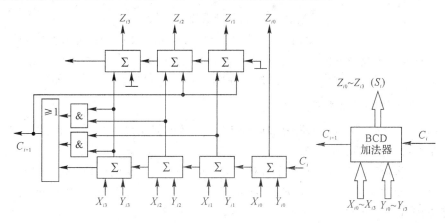

（a）BCD加法器电路　　　　　　　　　　（b）BCD加法器框图

图 3.8　一位 8421 BCD 加法器

将 n 个一位 BCD 码加法器进位链串接起来，即可构成 n 位行波进位 BCD 加法器，如图 3.9 所示。其他类型 BCD 码运算器的硬件实现可参考前述的二进制加法器。

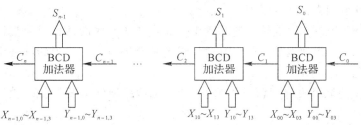

图 3.9　n 位行波进位 BCD 加法器框图

6. 移码加减法

1）运算规则

由于移码多用在浮点数的阶码中，因此这里仅就定点整数移码的加减运算加以说明。

定点整数移码的加减运算规则如下：

（1）两运算数据应为移码编码。

（2）对两移码求和/差。

（3）对结果进行修正——将结果的符号取反，即得到正确结果。

根据该规则，将前述的 n 位加/减法运算器输出结果的最高位（即符号位）加一个反相器，即可构成移码加/减法运算器。

例 3.9 用 8 位移码表示十进制数 57 和 -35，并且用移码运算求两数和与差的移码。

解 十进制数 57 和 -35 的移码编码为

$$[57]_{移} = 10111001$$

$$[-35]_{移} = 01011101$$

两者之和：

$$[57]_{移} + [-35]_{移} = 10111001 + 01011101 = 00010110$$

将结果符号位取反，得到

$$[57 + (-35)]_{移} = 10010110$$

两者之差：

$$[57]_{移} - [-35]_{移} = [57]_{移} + [[-35]_{移}]_{求补}$$

$$= 10111001 + 10100011 = 01011100$$

将结果符号位取反，得到

$$[57 - (-35)]_{移} = 11011100$$

2）移码运算应注意的问题

（1）对移码运算的结果需要加以修正，n 位数的修正量为 2^{n-1}，即对结果的符号位取反后才是移码形式的正确结果。

（2）移码表示中，0 有唯一的编码，为 $1000\cdots00$。当编码出现 $000\cdots00$ 时，表示十进制数 -2^{n-1}。该编码若出现在 IEEE 754 格式的浮点数阶码中，则表示浮点数出现下溢，此时浮点数按机器零处理。

3.1.2 乘法运算

在一些简单的计算机中，乘法运算可以用软件来实现。利用计算机中设置的加法、移位等指令，编写一段程序完成两数相乘。若 CPU 硬件结构简单，则这种做法实现乘法所用的时间较长，速度很慢。

另一种情况是在 ALU 等硬件的基础上，适当增加一些硬件构成乘法器。这种乘法器的硬件要复杂一些，但速度比较快。速度最快的是全部由硬件实现的阵列乘法器，其硬件更加复杂。可见，可以用硬件来换取速度。

前一种方法是软件设计问题，本节将讨论后面两种硬件实现乘法的方法。

1. 原码乘法运算

1）原码一位乘法规则

假定被乘数 X、乘数 Y 和乘积 Z 为用原码表示的纯小数（下面的讨论同样适用于纯整数），分别为

$$[X]_原 = x_0.\, x_{-1}\, x_{-2} \cdots x_{-(n-1)}$$
$$[Y]_原 = y_0.\, y_{-1}\, y_{-2} \cdots y_{-(n-1)}$$
$$[Z]_原 = z_0.\, z_{-1}\, z_{-2} \cdots z_{-(2n-1)}$$

其中，x_0、y_0、z_0 是它们的符号位。特别提醒：小数点在编码中是隐含的，且小数点的位置是默认的，此处显示小数点仅为提示作用。本章其他处若小数编码中出现小数点，其作用也是如此。

原码一位乘法规则如下：

（1）乘积的符号为被乘数的符号位与乘数的符号位相异或。

（2）乘积的数值为被乘数的数值与乘数的数值之积，即

$$|Z| = |X \times Y| = |X| \times |Y| \tag{3.18}$$

（3）乘积的原码为

$$[Z]_原 = [X \times Y]_原 = (x_0 \oplus y_0)(|X| \times |Y|) \tag{3.19}$$

可见，利用原码一位乘法规则可以分别求出积的符号和两乘数的数值之积，然后拼接在一起构成乘积。

2）原码一位乘法的实现思路

下面通过示例介绍手算乘法的计算过程。

例 3.10 若 $[X]_原 = 0.1101$，$[Y]_原 = 1.1011$，求两者之积。

解 乘积的符号为 $z_0 = 0 \oplus 1 = 1$。

数值之积的手算过程如下：

```
        1101
    ×   1011
    ─────────
        1101
       1101
      0000
     1101
    ─────────
    .10001111
```

将该计算结果小数点左边加上乘积的符号 1，即可获得乘积的原码为

$$[Z]_原 = [X \times Y]_原 = 1.10001111$$

由本例可得数值计算的方法，即被乘数 X 与乘数的某一位 $2^i y_i$ 相乘得到部分和 $2^i y_i X$，所有部分和加在一起得到乘积的数值。

在本例手算过程中，四个经过左移 i 位的部分和 $y_i X$ 只需一次性相加，即可获得乘积的数值部分。但在 CPU 中，一个 ALU 一次只能完成两个数的相加，上述求和要通过 3~4 次相加才能获得结果，其中每次相加的结果称为部分积。

在手算过程中,根据乘数各位权值不同,部分和 y_iX 需左移 i 位加到部分积上。在实际构成乘法器时,这样做会要求运算位长不断增加,造成乘法器设计复杂度和成本提高。如果将各部分和的累加过程加以改变,即将累加生成的部分积右移,新获得的部分和以不移动的方式加入已右移的部分积中,完成部分积累加,则会使硬件实现更容易。

3)原码一位乘法的算法流程

根据上述分析,可用图 3.10 所示的流程来描述求数值之积的算法。

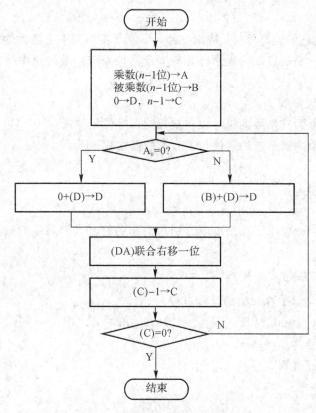

图 3.10 数值乘法算法流程

设置一个寄存器 D,开始置 0,运算中存放部分积的高位,最后存放数值乘积的高位。用一个寄存器 A,开始时存放乘数,运算中存放 D 右移后不参与运算的部分积的低位和乘数的未运算位,最后存放数值乘积的低位。寄存器 B 存放被乘数。

从乘数的最低位开始运算,若为 1,则被乘数加到部分积(D);若为 0,则部分积加 0。部分积和乘数(D 和 A)联合右移 1 位。再检测乘数的次低位,若为 1,则被乘数加到部分积(D);若为 0,则部分积加 0。部分积和乘数(D 和 A)联合右移 1 位。上述过程循环进行,直到乘数各位运算完毕。

下面仍以例 3.10 中的数据为例,说明原码一位乘法的计算过程。

例 3.11 $[X]_原 = 0.1101$,$[Y]_原 = 1.1011$,求两者之积。

解 (1)乘积的符号为 $z_0 = 0 \oplus 1 = 1$。

(2)利用原码一位乘法求两乘数的数值之积,其过程见图 3.11。

(3)将乘积的符号与数值之积拼接在一起,得到最终的乘积,见图 3.11 下部。

	D				A				A_0	操作
0	0	0	0	0	1	0	1	1		$A_0=1,+X$
+0	1	1	0	1						
0	1	1	0	1						
0	0	1	1	0	1	1	0	1		右移一位
+0	1	1	0	1						$A_0=1,+X$
1	0	0	1	1						
0	1	0	0	1	1	1	1	0		右移一位
0	0	0	0	0						$A_0=0,+0$
0	1	0	0	1						
0	0	1	0	0	1	1	1	1		右移一位
+0	1	1	0	1						$A_0=1,+X$
1	0	0	0	1						
0	1	0	0	0	1	1	1	1		→右移一位

拼接符号后积为: $[XY]_原=1.10001111$。

图 3.11 例 3.11 的乘法过程

4) 原码一位乘法器的框图

根据以上对原码一位乘法的描述,可以设计出采用原码一位乘法的乘法器,如图 3.12 所示。

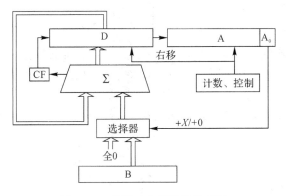

图 3.12 原码一位乘法器的框图

由图 3.12 可以看到,当开始原码数值乘法运算时,要将寄存器 D 清 0,将被乘数数值放在寄存器 B 中,将乘数数值放在寄存器 A 中。在运算过程中,由寄存器 A 最低位的状态控制是将 0 还是被乘数加到部分积上,每完成一次相加,在计数和控制电路控制下,将 D、A 两寄存器联合右移一位。重复上述计算过程,直到计数为 0 为止,此时在 D、A 两寄存器中联合存放的即是要计算的数值乘积。

2. 补码乘法运算

计算机中经常采用补码表示数据,这时用原码进行乘法运算很不方便,因此,较多计算机采取补码进行乘法运算。一种经典的补码乘法算法为布斯法,它是补码一位乘法中的一种,是由布斯(Booth)夫妇提出的。

1) 布斯算法

假定被乘数 X 和乘数 Y 均为用补码表示的纯小数,分别为

$$[X]_补 = x_0 . x_{-1}x_{-2}\cdots x_{-(n-1)}$$

$$[Y]_{补} = y_0 . y_{-1} y_{-2} \cdots y_{-(n-1)}$$

其中，x_0、y_0是它们的符号位，则布斯法补码一位乘法的公式为

$$[X \times Y]_{补} = [X]_{补} \times [(y_{-1} - y_0) \times 2^0 + (y_{-2} - y_{-1}) \times 2^{-1} + \cdots +$$
$$(y_{-(n-1)} - y_{-(n-2)}) \times 2^{-(n-2)} + (0 - y_{-(n-1)}) \times 2^{-(n-1)}] \tag{3.20}$$

由式(3.20)可以看到，两补码之积可用多项式求和来实现，而每一项中包含用补码表示的乘数相邻两位之差，即需要求出 $y_{i-1} - y_i$ 的值。同时，在最后一项中需要附加一个0。此补码一位乘法中，被乘数和乘数的补码编码所有位(符号＋数值部分)一起参与运算。

乘数相邻两位之差有四种情况，根据乘数位所对应的权值，就可以推导出布斯算法运算过程中的四种操作，如表3.1所示。

表 3.1　以乘数相邻两位为依据的布斯算法运算过程中的操作

y_i	y_{i-1}	$y_{i-1} - y_i$	操　作
0	0	0	＋0，右移一位
0	1	1	＋$[X]_{补}$，右移一位
1	0	-1	＋$[-X]_{补}$，右移一位
1	1	0	＋0，右移一位

根据以上分析，可将布斯算法描述如下：

(1) 乘数与被乘数均用补码表示，连同符号位一起参加运算。

(2) 乘数最低位后增加一个附加位(用 A_{-1} 表示)，设定初始值为0。

(3) 从附加位开始，依据表3.1所示的操作完成式(3.20)的运算。

实现布斯算法的流程如图3.13所示。

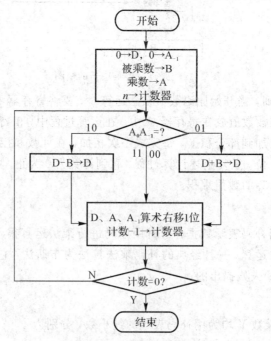

图 3.13　布斯算法流程图

下面举例说明布斯算法的运算过程。

例 3.12　已知二进制数 $X = 0.1010$，$Y = -0.1101$。利用布斯算法求 $[XY]_{补}$。

解　(1) 将两数用补码表示为

$$[X]_{补} = 00.1010,\quad [Y]_{补} = 11.0011,\quad [-X]_{补} = 11.0110$$

(2) 图 3.14 给出了布斯算法求解过程。由图 3.14 可知，$[X \cdot Y]_{补} = 1.011111100$。

符号		D				A				A_{-1}	操作
0　0	0	0	0	0	1	0	0	1	1　0		
1　1	0	1	1	0							$+[-X]_{补}$
1　1	0	1	1	0							
1　1	1	0	1	1	0	1	0	0	1　1		右移一位
0　0	0	0	0	0							$+0$
1　1	1	0	1	1							
1　1	1	1	0	1	1	0	1	0	0　1		右移一位
0　0	1	0	1	0							$+[X]_{补}$
0　0	0	1	1	1							
0　0	0	0	1	1	1	1	0	1	0　0		右移一位
0　0	0	0	0	0							$+0$
0　0	0	0	1	1							
0　0	0	0	0	1	1	1	1	0	1　0		右移一位
1　1	0	1	1	0							$+[-X]_{补}$
1　1	0	1	1	1							
1　1	1	0	1	1	1	1	1	1	0		右移一位

图 3.14　例 3.12 布斯算法求解过程

从图 3.14 中可以看到，两补码乘法运算是连同它们的符号位一起进行运算的。经过最后一次右移，所要计算的乘积补码(包括符号位在内)就存在 DA 联合的寄存器中。

注意，对于小数运算，在 n 次循环完成后，需增加 DA 联合逻辑左移一位的操作，或者在最后一次循环中不做 DA 右移而将 A 的最低位置 0，这样就能在 DA 中得到小数相乘运算的正确结果。

2) 布斯算法乘法器的硬件框图

根据布斯算法的描述，可以设计出乘法器的硬件框图，如图 3.15 所示。

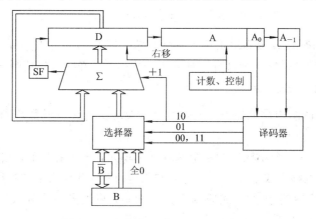

图 3.15　布斯算法乘法器的硬件框图

由图 3.15 可以看到,运算开始前,被乘数放在 B 中(B 可以对各位取反,输出为 $\bar{B}$),乘数放在 A 中,附加位 A_{-1} 和寄存器 D 中设为 0。

运算中,根据 A_0 和 A_{-1} 的状态决定部分积(D)是加 $[X]_{补}$、$[-X]_{补}$ 还是加 0(即不加)。对于加 $[-X]_{补}$ 的实现,是利用译码器的 10 译码输出控制将被乘数各位取反(即 $\bar{B}$)送入加法器,再在加法器最低进位端置 1 来完成的。

3. 阵列乘法器

1) 手算及单元电路

在上述乘法运算中,是利用简单的硬件进行多次加法和多次移位来实现乘法的。显然,这样难以获得高的运算速度。为了提高运算速度,可以采取类似人工手算的方法。

设二进制数 $X = X_3X_2X_1X_0$ 和 $Y = Y_3Y_2Y_1Y_0$,计算 $Z = XY$,列式如下:

		X_3	X_2	X_1	X_0
$\times$		Y_3	Y_2	Y_1	Y_0
		X_3Y_0	X_2Y_0	X_1Y_0	X_0Y_0
	X_3Y_1	X_2Y_1	X_1Y_1	X_0Y_1	
X_3Y_2	X_2Y_2	X_1Y_2	X_0Y_2		
X_3Y_3 X_2Y_3	X_1Y_3	X_0Y_3			
Z_6 Z_5	Z_4	Z_3	Z_2	Z_1	Z_0

从上式可以看到,X_iY_j 是与运算,而 Z_i 是对相应列中各个与结果的求和。每一对相与求和操作可以用图 3.16 所示的基本乘加单元电路来实现。

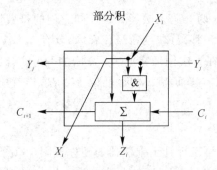

图 3.16   基本乘加单元电路

为了求得某一位乘积,基本乘加单元需对本单元的 X_iY_j 进行与运算,再加上一级单元给出的部分积,相加的结果作为新部分积加到下一级单元,并将进位传至高一位单元。

2) 无符号数阵列乘法器

利用手算算式的结构及乘加单元电路可以方便地实现无符号数阵列乘法器,其结构如图 3.17 所示。

在图 3.17 中,每一个小框即为一个基本乘加单元,这些基本单元按照类似于手算算式的结构进行连接,能够完成手算算式中的乘加功能,最终获得两数的乘积。

利用无符号数阵列乘法器完成原码的数值相乘,再加入一个完成符号运算的异或门,就构成了原码阵列乘法器。

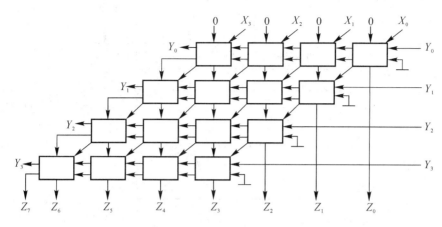

图 3.17　无符号数阵列乘法器

3）补码阵列乘法器

在无符号数阵列乘法器的基础上，很容易实现补码阵列乘法器。其基本思路是先求被乘数与乘数的绝对值（无符号数），然后进行无符号数阵列乘法，最后根据被乘数与乘数的符号决定最终乘积的符号。

为了实现补码阵列乘法器，先给出一个简单的求补电路，如图 3.18 所示。从图 3.18 中可见，当控制端 $E=0$ 时，输出与输入相同；当 $E=1$ 时，可实现求补。只要将有符号数的符号位加到控制端 E 上，即可求得该符号数的绝对值。

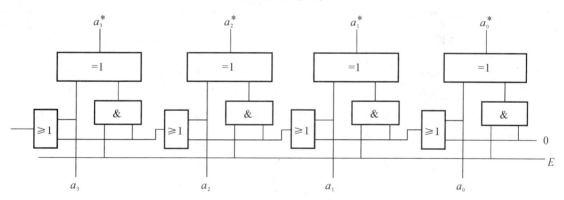

图 3.18　求补电路

补码阵列乘法器框图如图 3.19 所示。图中，在进行补码乘法运算之前，先将被乘数和乘数求绝对值（也就是对负数求补），再进行绝对值（无符号数）阵列乘，最后利用被乘数和乘数的符号位做异或运算，得到乘积符号，并用乘积符号控制对绝对值乘积的求补。最终输出结果为正确的乘积的补码。

4）适于流水线工作的阵列乘法器

图 3.17 所示阵列乘法器的最大缺点是：每一步部分积的计算都是用串行进位加法器来实现的，因此即使采用硬件电路，其运算速度仍然很慢，令乘法器的使用者无法接受。为了提高阵列乘法器的速度，设计者做了大量的研究，其中包括设计了适于流水线工作的阵列乘法器，具体内容详见 7.2.2 节。

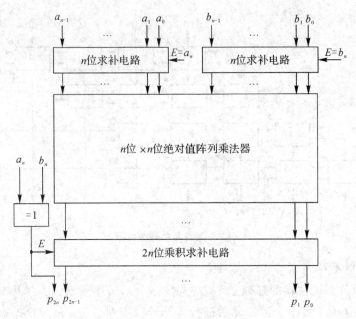

图 3.19　补码阵列乘法器框图

3.1.3　除法运算

定点除法运算同样可用原码或补码实现。在实现除法的过程中,应注意除数不能为 0,而且还要保证相除所得的商是可以表示的。

1. 原码除法运算

1) 原码除法规则

原码除法运算规则如下:

(1) 除数 $\neq 0$。对于定点纯小数,|被除数|<|除数|;对于定点纯整数,|被除数|$\geqslant$|除数|。

(2) 与原码乘法类似,原码除法的商符和商值也是分别处理的。商符等于被除数的符号与除数的符号相异或。商值等于被除数的数值除以除数的数值。

(3) 将商符与商值拼接在一起即可得到商的原码。

下面以手算除法为例,介绍除法的运算过程。

例 3.13　设二进制数 $X=+0.1011$,$Y=+0.1101$,求 $X \div Y$。

解　被除数 X 和除数 Y 均为正数,则商的符号也为正。两数数值部分的除法手算过程如图 3.20 所示。

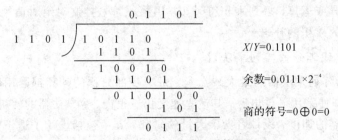

$X/Y = 0.1101$

余数 $= 0.0111 \times 2^{-4}$

商的符号 $= 0 \oplus 0 = 0$

图 3.20　例 3.13 的除法手算过程

从手算过程中可以发现：

（1）除法是通过逐次减除数来实现的，也就是被除数（或余数）每次减去右移一位的除数，以此来决定商值。这种运算单元位数不断扩展的方式不利于硬件实现，所以在实际构成除法器时，保持除数的位置不动，而每次余数左移一位，使运算单元的有效位数保持不变。

（2）在手算过程中，人通过眼睛和大脑来判断被除数或余数是否够减除数（不需要相减之后再进行判断），以决定商是 0 还是 1。而在 CPU 中，必须完成相减操作方能判断余数是否够减。当发现不够减时，余数已经减掉了除数，因此必须在下一步操作之前恢复余数。这就是恢复余数法。

2）恢复余数法

利用恢复余数法实现原码除法遵从上述除法规则，数值和符号单独处理。

图 3.21 为原码恢复余数算法流程。对于定点纯小数的数值部分，计算过程如下：

（1）被除数左移一位，减除数，若够减，上商为 1，若不够减，上商为 0，同时加除数——恢复余数。

（2）余数左移一位，减除数，若够减，上商为 1，若不够减，上商为 0，同时加除数——恢复余数。重复此过程，直到除尽或精度达到要求为止。

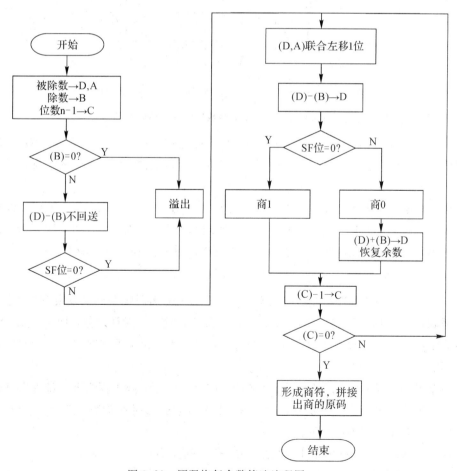

图 3.21　原码恢复余数算法流程图

例 3.14 若二进制被除数 $X = -0.10001011$，除数 $Y = 0.1110$，试利用原码恢复余数法求 $X \div Y$ 的商及余数。

解 本例满足 $|X| < |Y|$，且 $|Y| \neq 0$。

对 X 和 Y 编码，得

$$[X]_原 = 1.10001011$$
$$[Y]_原 = 0.1110$$

商符 $= 1 \oplus 0 = 1$。数值除法过程如图 3.22 所示。

符号	D	A	操作
0 0	1 0 0 0	1 0 1 1	
0 1	0 0 0 1	0 1 1 0	左移一位
1 1	0 0 1 0		−|Y|
0 0	0 0 1 1	0 1 1 1	够减，商为1
0 0	0 1 1 0	1 1 1 0	左移一位
1 1	0 0 1 0		−|Y|
1 1	1 0 0 0	1 1 0	不够减，商为0
0 0	1 1 1 0		+|Y|
0 0	0 1 1 0	1 1 0	恢复余数
0 0	1 1 0 1	1 1 0 0	左移一位
1 1	0 0 1 0		−|Y|
1 1	1 1 1 1	1 0 0	不够减，商为0
0 0	1 1 1 0		+|Y|
0 0	1 1 0 1	1 0 0	恢复余数
0 1	1 0 1 1	1 0 0 0	左移一位
1 1	0 0 1 0		−|Y|
0 0	1 1 0 1	1 0 0 1	够减，商为1

图 3.22 例 3.14 恢复余数法实现数值除法的过程

在除的过程中，减 $|Y|$ 是利用补码加法来实现的。所得的商为商符与数值除法所得结果的拼接，即 $[商]_原 = 1.1001$。所得余数为绝对值，余数的符号与被除数符号一致，即余数 $= -0.1101 \times 2^{-4}$。

恢复余数法的最大缺点是：在运算位数相同的情况下，不同的被除数和除数在运算中何时需恢复余数不相同，运算时间不一致，实现起来不便于控制。因此，恢复余数法在计算机中并不常用，而由此法演变出了另一种更有效的计算方法——加减交替法。

3）加减交替法

（1）加减交替法。为了说明加减交替法的原理，下面回顾一下恢复余数法。假定第 i 次余数减除数（用 B 表示）得到当前余数 R_i，当 $R_i < 0$ 时，应恢复余数，即 $R_i + B$。然后左移一位，即 $2(R_i + B)$。接下来进行下一次（第 $i+1$ 次）余数减除数，即 $R_{i+1} = 2(R_i + B) - B = 2R_i + B$。

也就是说，若第 i 次余数减除数得到当前余数 $R_i < 0$，则不再需要立即加除数来恢复余数，而是将其左移一位，变为 $2R_i$，到第 $i+1$ 次余数运算时加除数，即 $R_{i+1} = 2R_i + B$。因此，加减交替算法可描述如下：

① 若余数 $R \geq 0$，则商上 1，余数左移一位，减除数；

② 若余数 $R < 0$，则商上 0，余数左移一位，加除数。

例 3.15　若二进制数 $X=-0.10001011$，$Y=0.1110$，试利用原码加减交替法求 $X \div Y$ 的商及余数。

解　$[X]_原 = 1.10001011$，$[Y]_原 = 0.1110$，商符 $= 1 \oplus 0 = 1$。数值除法过程如图 3.23 所示。

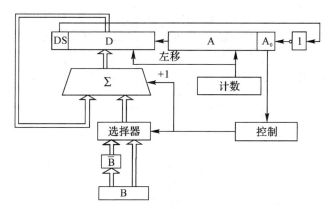

被除数(余数)									操作
符号	D				A				
0 0	1	0	0	0	1	0	1	1	
0 1	0	0	0	1	0	1	1	0	左移一位
1 1	0	0	1	0					$-\vert Y \vert$
0 0	0	1	1	0	1	1	1	1	$R \geqslant 0$，商为1
0 0	0	1	1	0	1	1	1	0	左移一位
1 1	0	0	1	0					$-\vert Y \vert$
1 1	1	0	0	0	1	1	1	0	$R < 0$，商为0
1 1	0	0	0	1	1	1	0	0	左移一位
0 0	1	1	1	0					$+\vert Y \vert$
1 1	1	1	1	1	1	1	0	0	$R < 0$，商为0
1 1	1	1	1	1	1	0	0	0	左移一位
0 0	1	1	1	0					$+\vert Y \vert$
0 0	1	1	0	1	1	0	0	1	$R \geqslant 1$，商为1

图 3.23　例 3.15 加减交替法实现除法的过程

通过运算可以得到，$[X \div Y]_原 = 1.1001$，余数 $= -0.1101 \times 2^{-4}$。显然，利用加减交替法所得的结果与恢复余数法是一致的。

（2）加减交替除法器硬件电路。

原码加减交替法作除法时符号与数值运算是分别进行的。图 3.24 给出了数值部分（无符号数）除法的硬件框图。

图 3.24　加减交替法除法器硬件电路框图

在图 3.24 中，被除数的数值放在 D、A 联合寄存器中，除数的数值放在 B 寄存器中。在交替进行加减运算时，要用补码来完成，就是将除数取反（$\bar{B}$）加 1 再加到余数上。余数（开始为被除数）减除数够减时，差值（即新余数）符号为 0；不够减时，符号为 1。将每次得到的余数符号（即图中 D 寄存器的符号位 DS）取反即为商。

2. 补码除法运算

与乘法运算的情况类似，有时也需要实现补码除法。

1）补码除法规则

假设进行定点纯小数的补码除法运算，其先决条件是除数≠0且|被除数|<|除数|。

补码除法运算相对要复杂一些，其运算规则如下：

（1）如果被除数与除数同号，则被除数减除数；如果被除数与除数异号，则被除数加除数。运算结果均称为余数。

（2）若余数与除数同号，则上商为1，余数左移一位，然后用余数减除数得新余数；若余数与除数异号，则上商为0，余数左移一位，然后用余数加除数得新余数。

（3）重复（2），直至除尽或达到精度要求为止。

（4）修正商。在除不尽时，通常将商的最低位恒置1进行修正来保证精度。

2）补码除法算法

补码除法算法流程如图3.25所示。该流程图充分体现了补码除法的运算规则。从比较被除数及除数开始，利用加减交替的方法求得余数，通过比较余数与除数的符号来决定上商为0还是为1，最后将末位置1进行商的修正。

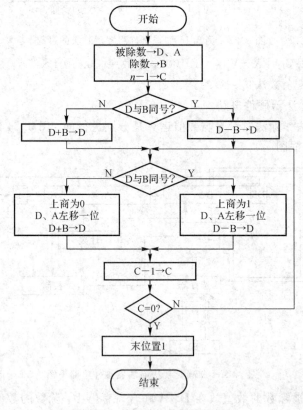

图3.25　补码除法算法流程框图

3. 阵列除法器

前面所提到的除法器都是在加法器的基础上通过多次加减来实现除法的，其运算速度必然受到限制。为了提高速度，可以利用专用硬件来完成除法运算。下面介绍最简单的无符号数（数值）阵列除法器。

1）补码进位及阵列基本单元

（1）补码运算的进位。

在无符号数进行减法运算时，是用被减数加上负减数的补码来实现的。而补码运算的进位会出现如下情况：当被减数小而减数大时，没有进位（或者说没有借位）；当被减数大而减数小时，反而有进位（或者说有借位）。

例 3.16 分析十进制无符号数 $65-32$ 和 $32-65$ 采用补码运算时的进位情况。

解 无符号数 65 和 32 用 8 位二进制数表示，分别为

$$65=(01000001)_2$$
$$32=(00100000)_2$$

在进行减法运算时，可用加负数补码的方法来实现，它们的负数补码为

$$[-65]_补=10111111$$
$$[-32]_补=11100000$$

$65-32$ 及 $32-65$ 的运算过程如下：

```
    0 1 0 0 0 0 0 1              0 0 1 0 0 0 0 0
  + 1 1 1 0 0 0 0 0            + 1 0 1 1 1 1 1 1
  ─────────────────          ─────────────────
  [1] 0 0 1 0 0 0 0 1          [0] 1 1 0 1 1 1 1 1
       ↗                              ↗
      进位                           进位
```

从上述运算可见，够减时进位为 1（其真值运算没有借位），不够减时进位为 0（其真值运算有借位）。

在不同的计算机系统中，进位标志的定义是不一样的。例如 8086 处理器、MCS-51 单片机等，没有借位时进位标志为 0，有借位时进位标志为 1。而有的则刚好相反，如 ARM 处理器、凌阳 16 位单片机等，前者在做减法时将进位取反后作为进位标志。在下述阵列除法器中将用到够减时进位为 1、不够减时进位为 0 这一结论。

（2）可控加减单元 CAS。

可控加减单元 CAS 如图 3.26 所示，它主要由两部分硬件组成。一是异或电路，在外部信号 P 的控制下，当 $P=0$ 时，其输出 $Y'=Y_i$；当 $P=1$ 时，其输出 $Y'=\overline{Y_i}$（将输入 Y_i 取反）。在下述阵列除法器中，Y 作为除数，若将其取反再加 1，即可对其求补。二是一位全加器，实现输入 Y'、X_i 及低级进位 C_i 的全加。

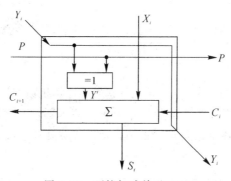

图 3.26 可控加减单元 CAS

在可控加减单元中，信号 Y_i 和控制信号 P 还直接从本单元输出加到其他 CAS 上。

2）无符号数阵列除法器

无符号数阵列除法器如图 3.27 所示。被除数加在除法器的 $X_6 \sim X_0$ 端，并使最高位 $X_6 = 0$ 以保证结果正确；除数加在 $Y_3 \sim Y_0$ 端，且使 $Y_3 = 0$。

阵列第一行加载 $P = 1$，保证将除数取反，$P = 1$ 又加在第一行最后一个 CAS 的进位输入端 C_0，从而实现了对除数的求补，因此，阵列的第一行实现了被除数减除数。若够减，则进位 C 为 1，商 q_3 应为 1，即 $q_3 = C = 1$；若不够减，则进位 C 为 0，商 q_3 应为 0，故 $q_3 = C = 0$。

除第一行外，阵列其他各行是除数右移一位（相当于余数左移一位），再根据上一行运算余数的正负性来做如下操作：若上行相减结果够减，进位 C 为 1（上商为 1），则使本行 $P = 1$，做减法，余数减除数；若不够减，进位 C 为 0（上商为 0），则使本行 $P = 0$，做加法，余数加除数。加或减产生的进位 C 即为商 q。如此各行依次运算，便完成了原码数值（无符号数）加减交替除法运算。

利用图 3.27 所示的阵列除法器，得到的商为 $q_3 q_2 q_1 q_0$，余数为 $r_3 r_2 r_1 r_0$。注意，若是纯小数运算，应满足 $|X| < |Y|$。

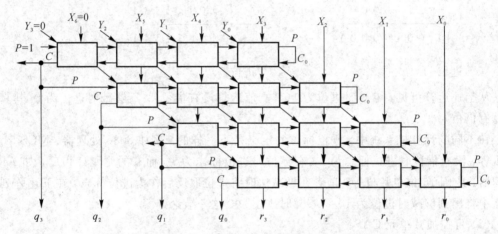

图 3.27　由可控加减单位 CAS 构成的阵列除法器

3.2　逻辑与移位运算

除了加减乘除四则运算外，目前的运算器还包括逻辑与移位运算。

3.2.1　逻辑运算

基本的逻辑运算包括与、或、非、异或等运算。计算机以"1"和"0"分别表示逻辑数据的真和假两个状态。此时 n 个 0 和 1 的数字组合不是算术数字，而是没有符号位的逻辑数据。逻辑运算按位进行操作，各位之间互不影响，运算结果没有进位、借位、溢出等问题。

1. 基本逻辑运算

计算机中采用的基本逻辑运算列于表 3.2 中。

表 3.2 基本逻辑运算

X_i	Y_i	$X_i \cdot Y_i$	$X_i + Y_i$	$X_i \oplus Y_i$	$\overline{X_i}$
0	0	0	0	0	1
0	1	0	1	1	1
1	0	0	1	1	0
1	1	1	1	0	0

(1) 逻辑与(AND)运算也称为逻辑乘运算,是指对两个操作数进行按位相与,用符号"∧"或"·"来表示。利用逻辑与操作可以对特定的数据位清"0",也可以提取特定的数据位。

(2) 逻辑或(OR)运算也称为逻辑加运算,是指对两个操作数进行按位相或,用符号"∨"或"+"来表示。利用逻辑或操作可以对特定的数据位置"1",也可以保留特定的数据位。

(3) 逻辑异或(XOR)运算也称为按位加,是指按位求两个数模 2 相加的和,用符号"⊕"表示。若两个操作数对应数据位相等,则异或结果为 0;若两个操作数对应数据位不相等,则异或结果为 1。

(4) 逻辑非(NOT)运算也称为求反,是指对数据位进行取反操作,1 和 0 分别转换为 0 和 1,在变量上方加上画线来表示。

例 3.17 若二进制数 $X = 10101011$,$Y = 00001111$,求 $X \cdot Y$ 的结果。

解
$$
\begin{array}{r}
1\,0\,1\,0\,1\,0\,1\,1 \\
\cdot\quad 0\,0\,0\,0\,1\,1\,1\,1 \\
\hline
0\,0\,0\,0\,1\,0\,1\,1
\end{array}
$$

上述运算结果表明,X 的高 4 位数据被清"0",而低 4 位数据被提取出来。

例 3.18 若二进制数 $X = 11011001$,$Y = 11100000$,求 $X + Y$ 的结果。

解
$$
\begin{array}{r}
1\,1\,0\,1\,1\,0\,0\,1 \\
+\quad 1\,1\,1\,0\,0\,0\,0\,0 \\
\hline
1\,1\,1\,1\,1\,0\,0\,1
\end{array}
$$

上述运算结果表明,X 的高 3 位数据被置"1",而低 5 位数据保持不变。

例 3.19 若二进制数 $X = 11011101$,$Y = 10100110$,求 $X \oplus Y$ 的结果。

解
$$
\begin{array}{r}
1\,1\,0\,1\,1\,1\,0\,1 \\
\oplus\quad 1\,0\,1\,0\,0\,1\,1\,0 \\
\hline
0\,1\,1\,1\,1\,0\,1\,1
\end{array}
$$

上述运算结果表明,X 与 Y 的相同数据位或不同数据位可以被检测出来。

例 3.20 若二进制数 $X = 10011101$,求 X 逻辑非运算的结果。

解 $\overline{X} = 01100010$

2. 逻辑运算部件

实现逻辑与、或、异或、非运算的部件非常简单，分别为与门、或门、异或门和反相器，如图 3.28 所示。将多个同类门集合在一起，就可以构成对 n 位逻辑数据的与门、或门、异或门和反相器。利用这些基本的门电路，可以实现复杂的组合逻辑，如图 3.1 中的一位全加器、图 3.18 中的求补电路等。

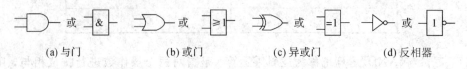

(a) 与门　　　　　　(b) 或门　　　　　　(c) 异或门　　　　　　(d) 反相器

图 3.28　逻辑运算器件

3.2.2　移位运算

对于无限长度二进制数，左移或者右移 n 位相当于该数乘以或者除以 2^n。由于计算机的机器数字长是固定的，因此当机器数左移或右移 n 位时，必然会使数据的低位或者高位出现 n 个空位。这些空位填写"0"还是"1"，取决于机器数采用的是无符号数还是有符号数。

在计算机中，常见的移位运算包括逻辑移位、算术移位、不带进位循环移位和带进位循环移位，具体运算过程如图 3.29 所示。

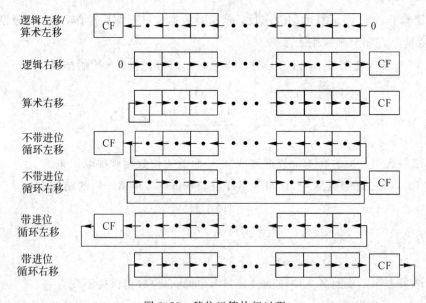

图 3.29　移位运算执行过程

1. 逻辑移位

逻辑移位包括逻辑左移和逻辑右移两种操作。与逻辑运算类似，逻辑移位的操作数被认为是无符号数或逻辑数据，不存在符号问题。所有数据位都参与移位运算。

（1）逻辑左移（SHL）：操作数的最高位向左移出，存入状态寄存器的进位标志位 CF，其他位依次向左移位，最低位补"0"。

（2）逻辑右移（SHR）：操作数的最低位向右移出，存入状态寄存器的进位标志位 CF，其他位依次向右移位，最高位补"0"。

例 3.21 若二进制数 $X=10011101$，求 X 逻辑左移 1 位和 3 位的结果。

解 X 逻辑左移 1 位：最高位 1 左移存入 CF 标志位，最低位补"0"，结果为 00111010。

X 逻辑左移 3 位：所有数据位向左移动 3 位，高位丢弃，bit5 位移入 CF 标志位，空出来的低 3 位补"0"，结果为 11101000。

例 3.22 若二进制数 $X=11011101$，求 X 逻辑右移 1 位和 3 位的结果。

解 X 逻辑右移 1 位：最低位 1 右移存入 CF 标志位，最高位补"0"，结果为 01101110。

X 逻辑右移 3 位：所有数据位向右移动 3 位，低位丢弃，bit2 位移入 CF 标志位，空出来的高 3 位补"0"，结果为 00011011。

2. 算术移位

算术移位是指将操作数据当作有符号数进行运算，在算术移位过程中必须保持移位前后的符号位不变。

(1) 算术左移(SAL)：与逻辑左移操作方法相同，操作数各位按位依次左移，最高位移入 CF 标志位，最低位补"0"。对于正数而言，其原码、补码和反码与真值相等，在不超出编码表示范围的前提下，算术左移 1 位等于对操作数做乘 2 运算。

(2) 算术右移(SAR)：操作数各位按位依次右移，最低位移入 CF 标志位，最高位用符号位填入。对于补码而言，算术右移 1 位等于对操作数做除 2 运算。

例 3.23 若二进制数 $X=11011101$，求 X 算术左移和算术右移 1 位的结果。

解 X 算术左移 1 位：最高位 1 左移存入 CF 标志位，最低位补"0"，结果为 10111010。

X 算术右移 1 位：最低位 1 右移存入到 CF 标志位，最高位补"1"，结果为 11101110。

3. 循环移位

循环移位是指将数据的首尾相连进行移位，在整个移位过程中，数据各位信息没有丢失，可用于多字节数据的高低字节交换等操作。根据进位是否参与循环，循环移位可分为不带进位循环移位和带进位循环移位。

(1) 不带进位循环左移(ROL)：数据各位依次向左移位，移出的最高位移入空出的最低位，同时存入 CF 标志位。

(2) 不带进位循环右移(ROR)：数据各位依次向右移位，移出的最低位移入空出的最高位，同时存入 CF 标志位。

(3) 带进位循环左移(RCL)：数据各位依次向左移位，移出的最高位移入 CF 标志位的同时，原 CF 标志位的内容移入空出的最低位。

(4) 带进位循环右移(RCR)：数据各位依次向右移位，移出的最低位移入 CF 标志位的同时，原 CF 标志位的内容移入空出的最高位。

例 3.24 若二进制数 $X=11010101$，$CF=0$，求 X 循环移位的结果。

解 X 不带进位循环左移 1 位的结果为 10101011，$CF=1$。

X 不带进位循环右移 1 位的结果为 11101010，$CF=1$。

X 带进位循环左移 1 位的结果为 10101010，$CF=1$。

X 带进位循环右移 1 位的结果为 01101010，$CF=1$。

4. 移位运算部件

图 3.30 为上述 8 种(实质为 7 种)移位运算的功能实现电路,其中核心器件为 16 个 D 触发器构成的 16 位移位寄存器(通过增加 D 触发器的数目可以扩充移位寄存器的位数)。通过与或逻辑电路控制 D 触发器的输入端 D,移位寄存器可实现所期望的移位操作。图 3.30 中,R_{in} 为移位寄存器的输入有效控制信号,R_{out} 为移位寄存器的输出允许控制信号,CF 为进位标志位,SHL(SAL)、SHR、SAR、ROL、ROR、RCL、RCR 为实现相应移位运算的控制信号,D_i 为数据的第 i 位。

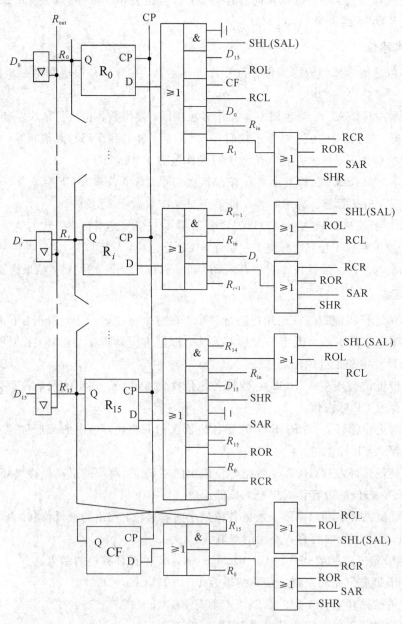

图 3.30　具有 7 种移位运算功能的移位寄存器

3.3　浮点数运算

3.3.1　浮点加减运算

设两个规格化浮点数 $X = M_x \times 2^{E_x}$ 和 $Y = M_y \times 2^{E_y}$，实现 $X \pm Y$ 运算的规则如下所述。

1. 对阶

一般情况下，两浮点数的阶码不会相同。也就是说，两数的小数点没有对齐。和我们所熟悉的十进制小数加减一样，在进行浮点数加减运算前需将小数点对齐，这称为对阶。只有当两数的阶码相同时才能进行尾数的加减运算。

对阶的原则是小阶对大阶，也就是将小阶码浮点数的阶码变成大阶码浮点数的阶码。具体做法是：小阶码每增加 1，该浮点数的尾数右移一位，直到小阶码增大到与大阶码相同。这样在对阶时丢失的是尾数的低位，造成的误差很小。若是大阶对小阶，将丢失尾数的高位，从而导致错误的结果。

2. 尾数加(减)运算

对阶之后，尾数即可进行加(减)运算。实际运算中只需做加法即可，因为减法可以用加法来实现。

3. 规格化

尾数加减运算后，其结果有可能是一个非规格化数。如果结果的真值 M 不满足 $1/2 \leqslant |M| < 1$，则该结果是非规格化数，需要进行规格化。规格化有两种情况：

(1) 左规。如果尾数运算采用双符号补码，其结果为 11.1 xx···x 或 00.0xx···x，则需要进行左规，即需将尾数左移。尾数每左移一位，阶码减 1，直到使尾数成为规格化数为止。

在左规时，由于阶码改变，因此必须同时判断阶码是否减到比所能表示的最小阶码还小。若阶码(包括 1 位符号位)用 m 位移码整数表示，则它能表示的最小阶码为 -2^{m-1}。如果左规使阶码小于 -2^{m-1}，则发生下溢出，下溢出时可认为结果为 0。

(2) 右规。如果尾数运算采用双符号补码，其结果为 10. xx···x 或 01. xx···x，则表示尾数出现溢出，此时需要进行右规，即需将尾数右移一位，阶码加 1。在浮点数加减运算中，右规最多为 1 次。

右规需做阶码加 1，有可能使阶码超出所能表示的最大值，如大于 $2^{m-1} - 1$，则发生上溢出。一旦发生上溢出，可认为浮点运算结果为 ∞。

可见，浮点数的溢出与否只由阶码决定。

4. 舍入处理

在对阶及规格化时需要将尾数右移，右移将丢掉尾数的最低位，这就出现了舍入的问题。在进行舍入时，通常可采用以下方法。

(1) 截断(尾)法：此法最简单，就是直接将右移出去的尾数低位丢弃。

(2) 末位恒置 1 法：无论尾数右移丢弃的是 0 还是 1，此法将保证要保留的尾数最低位永远为 1。

（3）0 舍 1 入法：当尾数右移丢弃的是 1 时，要保留的尾数最低位加 1；当尾数右移丢弃的是 0 时，要保留的尾数最低位不变。这种方法误差较小。但遇到补码 01.111…11 这种需右规的尾数时，采用此法会再次使尾数溢出，这种情况可采用截尾法。

假定两浮点数 X、Y 相加（或相减）的结果为浮点数 Z，浮点数加（减）法流程如图 3.31 所示。

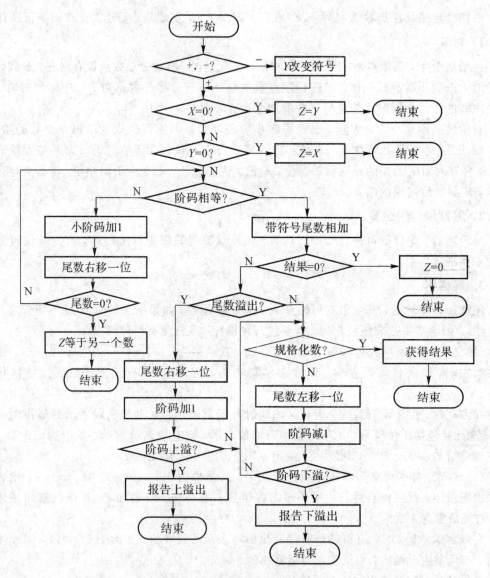

图 3.31　浮点数加（减）法流程图

例 3.25　若两浮点数为 $X = 0.110101 \times 2^{-010}$ 和 $Y = -0.101010 \times 2^{-001}$，求两数之和及差。

解　设两浮点数阶码为 4 位，用补码表示，尾数用 8 位，均用双符号位补码表示，则两数可表示为

$$[X]_{浮} = 1110\ 00.110101$$

$$[Y]_{浮} = 1111\ 11.010110$$

（1）对阶。阶差为

$$[\Delta E]_{补} = [E_X]_{补} + [-E_Y]_{补} = 1110 + 0001 = 1111$$

即 X 的阶码比 Y 的阶码小 1。因此，X 尾数右移 1 位，使两者阶码相同，此时采用 0 舍 1 入，结果为

$$[X]'_{浮} = 1111\ 00.011011$$

（2）求尾数和、差。

尾数求和：

$$
\begin{array}{r}
00.011011 \\
+\ 11.010110 \\
\hline
11.110001
\end{array}
$$

尾数求差：

$$
\begin{array}{r}
00.011011 \\
+\ 00.101010 \\
\hline
01.000101
\end{array}
$$

（3）规格化。从尾数相加/减的结果来看，两结果均为非规格化形式，加法结果需左规，减法结果需右规。

加法结果左规：将尾数左移 2 位变为 11.000100，同时阶码减 2 变为 1101。最终两数相加的结果为 $[X+Y]_{浮} = 1101\ 11.000100$。

减法结果右规：将尾数右移 1 位变为 00.100011（采用 0 舍 1 入法），同时阶码加 1 变为 0000。最终两数相减的结果为 $[X-Y]_{浮} = 0000\ 00.100011$。

3.3.2 浮点乘除运算

1. 浮点乘法运算

设两个规格化浮点数 $X = M_x \times 2^{E_x}$ 和 $Y = M_y \times 2^{E_y}$，其乘积为

$$Z = (M_x \times M_y) \times 2^{(E_x + E_y)} \tag{3.21}$$

该式表明，两浮点数乘积的阶码为两乘数阶码之和，乘积的尾数为两乘数尾数之积。由此可得，浮点数乘法运算规则如下：

（1）参加乘法运算的两浮点数必须是规格化数，且不为 0。只要有一个乘数为 0，则乘积必为 0。

（2）求乘积的阶码，即 $E_z = E_x + E_y$，并判断 E_z 是否溢出。当 $E_z > E_{\max}$（最大阶码）时，发生上溢出，即乘积已无法表示；当 $E_z < E_{\min}$（最小阶码）时，发生下溢出，乘积可用 0 表示。当发生溢出，尤其是上溢时，应重新定义浮点数或对两乘数作出限制。

（3）两乘数的尾数相乘，可采用 3.1.2 节所介绍的方法进行。

（4）规格化乘积的尾数。假定尾数为 n 位补码（其中含 1 位符号），其规格化正数范围为 $+1/2 \sim +(1 - 2^{-(n-1)})$，规格化负数的范围为 $-(1/2 + 2^{-(n-1)}) \sim -1$。

当两乘数的尾数均为规格化数时，根据上述规格化数的范围，两者之积的绝对值肯定不小于 1/4。因此乘积的尾数如果需要左规，也只需要 1 次左规，便可使乘积之尾数变为规格化数。

同样地，两乘数的尾数均为规格化数，两者之积有可能为 +1，即两个 -1 相乘，而 +1 不是规格化数，因此乘积的尾数如果需要右规，也只需要 1 次，便可使乘积之尾数变为规格化数。

（5）规格化中，右规时应注意采用某种舍入算法。

按照上述规则就可以获得两浮点数的乘积。图 3.32 为浮点数乘法的流程图。

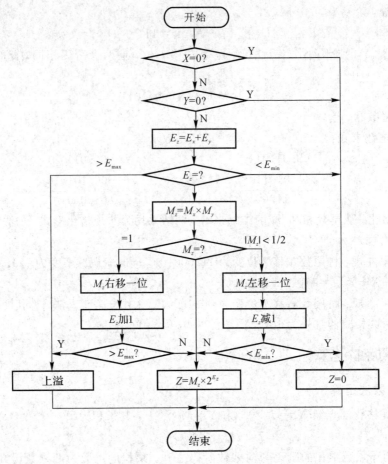

图 3.32 浮点乘法流程框图

2. 浮点除法运算

设两个规格化浮点数 $X = M_x \times 2^{E_x}$ 和 $Y = M_y \times 2^{E_y}$，其相除为

$$Z = (M_x \div M_y) \times 2^{(E_x - E_y)} \tag{3.22}$$

该式表明，两浮点数相除之商的阶码为被除数的阶码减去除数的阶码，商的尾数为被除数的尾数除以除数的尾数。由此可得，浮点数除法运算规则如下：

（1）参加除法运算的两浮点数必须是规格化数，除数不能为 0。若被除数为 0，则商必为 0。

（2）求商的阶码，即 $E_z = E_x - E_y$，并判断 E_z 是否溢出。当 $E_z > E_{max}$（最大阶码）时，发生上溢出，即商已无法表示；当 $E_z < E_{min}$（最小阶码）时，发生下溢出，商可用 0 表示。当发生溢出，尤其是上溢时，应重新定义浮点数或对被除数、除数作出限制。

（3）被除数的尾数除以除数的尾数，由于进行的是浮点数运算，因此只要求两尾数是规格化数，并不要求被除数的绝对值小于除数的绝对值。除法可采用 3.1.3 节所介绍的方法进行。

（4）规格化商的尾数。根据前述规格化数的范围，两数相除时，可能出现 1/2 除以 -1 的情况，此时的商为 -1/2，这不是规格化数（补码表示时），尾数需要左规，但只需要左规 1 次，便可使商之尾数变为规格化数。

当被除数尾数的绝对值大于除数尾数的绝对值时，会产生整数商。此时商的尾数需要右规，也只需要右规 1 次，便可使商的尾数变为规格化数。

（5）规格化中，右规时应注意采用某种舍入算法。

按照上述规则就可以获得两浮点数相除的商。图 3.33 为浮点数除法的流程图。

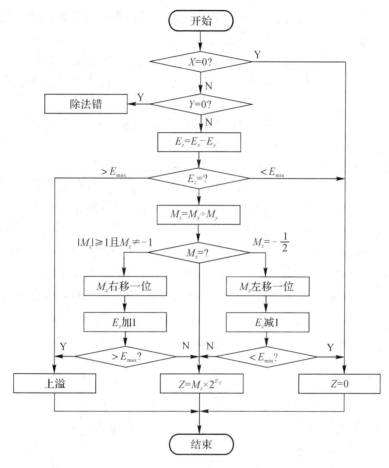

图 3.33　浮点数除法的流程框图

3.3.3　浮点数运算的实现方法

在计算机中实现浮点数运算可以采用不同的方法。

1. 软件方法

在一些比较简单的微型机、单片机中，内部有算术逻辑单元，并设置有加减法指令，可以依据浮点数运算流程编写程序来实现浮点数运算。这种方法速度慢，工作量大，应尽量避免使用。

2. 专用浮点处理器

专用浮点处理器是为没有浮点处理能力的处理器配置的。例如，在 8086 处理器构成的微机中可以配置浮点协处理器 8087，80286 微机可配置 80287，80386 微机可配置 80387 等，这样就可以提高计算机的浮点处理能力。今天的高档处理器早已把浮点协处理器集成在处理器芯片内部，如从 80486DX 微机之后即是如此。

在设计计算机系统时，若采用的处理器不支持浮点运算，而系统又需要进行浮点运算，则可以考虑在此系统中配置独立的浮点协处理器。

3. 在处理器中设置浮点运算部件

如果有浮点运算的需求，则在设计处理器时，可以将浮点运算器放进处理器中。这样的处理器在设计制造出来之后就能实现浮点运算的功能。

显然，后两种方法要付出硬件上的代价，但浮点运算的速度必然比软件实现要快。

浮点运算部件也可以采用流水线结构实现。有关流水线的实现方式详见 7.2 节。

3.4 运算器基本结构

将前述的各种运算部件(诸如加/减法器、乘法器、除法器等算术运算部件，与门、或门、异或门、反相器等逻辑部件以及移位寄存器)组合在一起就构成了算术逻辑运算单元 ALU。ALU 与通用寄存器、暂存器、状态寄存器等部件以某种连接方式进行有效互连就构成了处理器中的重要部件——运算器。

在工程或实验中，可以利用现有的集成电路芯片来实现 CPU 中运算器的基本功能。寄存器可采用 8D 锁存器芯片 74LS273、带三态输出的锁存器芯片 74LS374 等来实现，移位寄存器可采用四位双向移位寄存器芯片 74LS194 或八位多功能移位寄存器芯片 74LS198 来实现，算术逻辑运算部件可以采用四位算术逻辑运算芯片 74181 以及先行进位链芯片 74182 来实现。

3.4.1 三种基本结构

运算器内部大多数采用总线互连。根据运算器内部总线的连接方式，可将运算器的基本结构分为单总线结构、双总线结构及三总线结构，如图 3.34 所示。

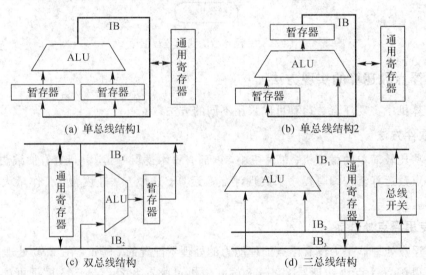

(a) 单总线结构1   (b) 单总线结构2

(c) 双总线结构   (d) 三总线结构

图 3.34　运算器的三种基本结构

1. 单总线结构

如图 3.34(a)(b)所示,单总线结构运算器的特点是所有部件都接到同一总线上,在同一时间内,只能有一个操作数放在总线上进行传输。数据可以在任何两个寄存器之间,或者在任一个寄存器和 ALU 之间传送。当执行双操作数运算指令时,需要分两次才能将两个操作数输入 ALU,并且需要两个暂存器。也就是说,需要三步操作控制(对应三个时钟节拍)方可得到运算结果。当运算结束后,通过单总线将运算结果存入目的寄存器。单总线结构的优点是控制电路比较简单,其缺点是操作速度比较慢。

2. 双总线结构

如图 3.34(c)所示,双总线结构运算器的特点是运算相关部件连接到两条总线上,可以同时传输两个数据。当执行双操作数运算指令时,两个操作数可以同时加载到 ALU 进行运算。但是由于两条总线被两个操作数占用,运算结果不能直接加到总线上,因此需要在 ALU 输出端设置暂存器来存储运算结果,在下一个时钟节拍才能将运算结果写入目的寄存器。也就是说,需要两步操作控制(两个时钟节拍)才可以得到运算结果。显然,双总线结构运算器比单总线结构运算器执行速度快。

3. 三总线结构

如图 3.34(d)所示,三总线结构运算器的特点是运算的相关部件连接到三条总线上,可以同时传输三个数据。当执行双操作数运算指令时,两个操作数可以同时加载到 ALU 进行运算,第三条总线输出运算结果,只需一步操作控制(一个时钟节拍)就可以完成运算。此外,三总线结构运算器还具有直接传送功能,一个不需要修改的操作数可通过总线开关从输入总线直接传送到输出总线。与单总线结构和双总线结构相比,三总线结构运算器的运算速度最快,但是结构比较复杂。

除了图 3.34 所示的结构外,还有其他类型的连接结构。对于总线结构,需要特别说明如下:

(1) 总线总是分时工作的,在任何时刻总线上只允许传输一个数据。也就是说,任何时候只允许一个器件将其信息输出到总线上,多个器件同时向总线输出信息必然会引起总线竞争。

(2) 同一个功能部件一次只能做一件事。例如,ALU 可以完成加、减、与、或等多种运算功能,但某一时刻只能完成一种运算功能,做加法时不可能同时做与运算。

(3) 在双总线及三总线结构的运算器中需要多端口器件。

图 3.34 所给出的运算器就是依据以上原则工作的。

3.4.2　运算器实例

图 3.35 为由 8086 CPU 构成的微机系统简化框图,虚线框内为 8086 CPU,CPU 内部及系统均采用单总线互连结构。

图 3.35 中的 ALU 与暂存器 S 和 T、状态寄存器 PSW、通用寄存器(AX、BX、CX、DX、SP、BP、SI、DI)构成了典型的单总线结构运算器。其中,ALU 完成算术逻辑运算以及算术/逻辑移位、循环移位等操作。

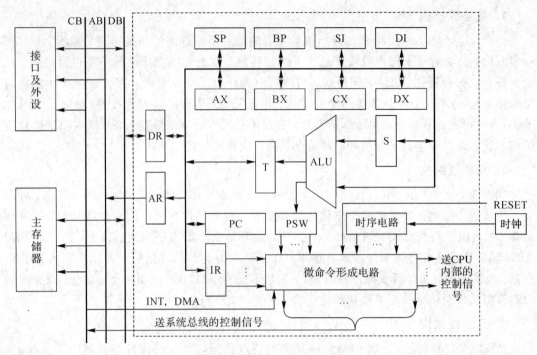

图 3.35　8086 微机系统简化框图

习　题

3.1　简要说明运算器的功能。

3.2　说明采用单符号位检测溢出的方法。

3.3　说明采用双符号位检测溢出的方法。

3.4　根据图 3.8 说明 BCD 加法器的工作原理。

3.5　说明浮点运算中溢出的处理办法。

3.6　某微型机字长 16 位，若采用定点补码整数表示数值，最高 1 位为符号位，其余 15 位为数值部分，则所能表示的最小正数和最大负数分别为多少？

3.7　在进行定点原码乘法运算时，乘积的符号位是由被乘数的符号位和乘数的符号位进行何种运算获得的？

3.8　用字长为 16 位的定点补码纯小数所能表示的最大正数及最小负数分别为多少？

3.9　当两个符号相同的数相加或两个符号相异的数相减时，如何利用所得结果的符号位 SF 和进位标志 CF 来确定所得结果是否产生了溢出？

3.10　若浮点数的阶码用移码表示，尾数用补码表示。两规格化浮点数相乘，最后对结果进行规格化，右规时尾数右移位数最多为几位？左规时尾数左移位数最多为几位？为什么？

3.11　分析图 3.36 并回答问题：该框图所完成的功能是什么？在运算开始时，D、A、B 寄存器中分别存放的是什么？

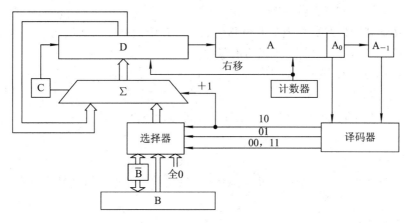

图 3.36　习题 3.11 附图

3.12　若机器字长为 8 位,定点小数表示。已知 $X=-0.10110$,$Y=0.10010$。

(1) 求 $[X]_补$、$[Y]_补$ 和 $[-Y]_补$。

(2) 用变形补码计算 $[X+Y]_补$ 和 $[X-Y]_补$,并判断结果是否溢出。

3.13　图 3.37 是一位算术逻辑单元(ALU)的结构框图。根据此图判断控制信号 S_2、S_1、S_0 为何种状态时 $F_i=0$,S_2、S_1、S_0 为何种状态时 $F_i=X_i+Y_i$(加法)。

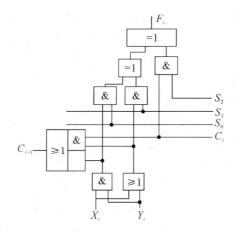

图 3.37　习题 3.13 附图

3.14　已知 $[X]_补=11001100$ 和 $[Y]_补=10101001$ 分别为纯小数,且最高位为符号位,求两者之和并说明是否有溢出。

3.15　已知 $[2X]_补=1.1001001$,$[Y/2]_原=1.0101100$,试利用变形补码计算 $[X]_补+[Y]_补$,并判断结果是否有溢出。

3.16　已知 $[X/2]_补=1.1001001$,$[2Y]_原=1.0101100$,试利用变形补码计算 $[X]_补+[Y]_补$,并判断结果是否有溢出。

3.17　依据下列二进制数用补码计算 $[X]_补+[Y]_补$,并判断结果是否有溢出。

(1) $X=0.01001$,$Y=-0.10111$。

(2) $X=0.10010$,$Y=0.11000$。

(3) $X=-0.01101$,$Y=0.00101$。

(4) $X=-0.11011$，$Y=-0.10010$。

3.18 将下列十进制数变换为 6 位移码表示，其中最高 1 位为符号位，其余 5 位为数值位。计算 $[X+Y]_{移}$，并判断结果是否有溢出。

(1) $X=16$，$Y=15$。

(2) $X=-22$，$Y=-15$。

3.19 将下列十进制数用 8421 码表示，并进行运算及校正。

(1) $88+99$。

(2) $27+15$。

3.20 分别用原码一位乘法及布斯算法求乘积 XY，要求写出计算过程。

(1) $X=-0.1101$，$Y=+0.0110$。

(2) $X=-0.1110$，$Y=-0.1101$。

3.21 分别用原码加减交替法和补码加减交替法完成二进制 $X \div Y$ 运算，要求写出计算过程。

(1) $X=-0.10101$，$Y=+0.11011$。

(2) $X=+0.1001110001$，$Y=-0.10101$。

3.22 已知 $X=1101010110$，$Y=1000110011$，求 $X \cdot Y$、$X+Y$、$X \oplus Y$ 的逻辑运算结果。

3.23 已知 $X=1010110011$，$Y=0111001010$，$CF=1$，求对 X 逻辑左移 2 位、算术右移 3 位的结果，以及 Y 不带进位循环左移 3 位和带进位循环右移 3 位的结果。

3.24 定点运算器内部总线互连有三种结构，下面的描述中，_____用于三总线结构。

A. 执行一次运算操作需要三步

B. 在此运算器中至少需要设置两个暂存器

C. 在运算器中的两个输入和一个输出上至少需要设置一个暂存器

D. 在运算器中的两个输入和一个输出上不需要设置暂存器

3.25 浮点数的尾数用补码表示，其 n 位（包括 1 位符号位）规格化负尾数的取值范围为多少？

3.26 浮点数字长为 16 位，其中，阶码为 7 位（包括 1 位阶符），数符为 1 位，尾数为 8 位。若阶码用移码表示，尾数用补码表示，则该浮点数所能表示的数值范围为多少？

3.27 设浮点数字长为 12 位，其中，阶码为 5 位（含 1 位符号），尾数为 7 位（含 1 位符号）。阶码用移码表示，尾数用补码表示，请按照浮点数加减法的步骤计算 $X \pm Y$。

(1) $X=11/16 \times 2^{-4}$，$Y=35/64 \times 2^{-3}$。

(2) $X=+0.101101 B \times 2^{-11B}$，$Y=-0.100101 B \times 2^{-01B}$。

3.28 进行浮点数算术运算（加、减、乘、除）时，在什么情况下会产生上溢出？

3.29 图 3.38 为某运算器的简化框图。其中，A、B 既有寄存器的功能，又有多路选择器的功能，M 具有图中所标功能及多路选择功能，ALU 为算术逻辑单元，R0 和 R1 为通用寄存器。图中粗线为数据通路，是一种单总线结构。试写出下列运算的步骤：

(1) $(R0)+2(R1) \rightarrow R0$。

(2) $2(R0)-(R1) \rightarrow R0$。

(3) $(R0)-1 \rightarrow R0$。

（4）（R0）⊕（R1）→R0。

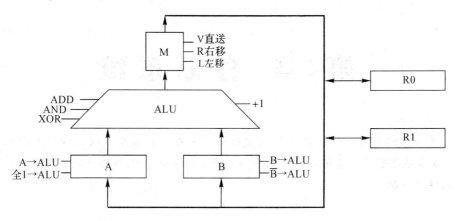

图 3.38 习题 3.29 附图

3.30 一个可完成加、减、乘、除四种定点运算的运算器结构如图 3.39 所示。图中 A、B、C 为三个寄存器，并且 A、B 具有联合左、右移位的功能，∑为可完成加、减运算的加法器。箭头及连接线标明了数据流通的方向。分析该图，说明在加法运算开始前的两个加数及加法完成后的和应分别放入哪个寄存器中。

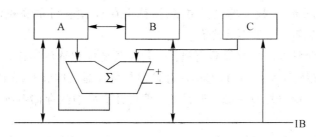

图 3.39 习题 3.30 附图

第4章 存储系统

存储系统是构成计算机不可缺少的组成部分，其性能直接影响计算机的性能。本章在描述存储系统层次结构的基础上，将对计算机存储系统的各层次结构进行详细说明。

4.1 存储系统概述

4.1.1 存储系统的层次结构

一台计算机中可能会包括各种存储器，如 CPU 内部的通用寄存器组、一级 Cache、二级 Cache 和三级 Cache，主板上的主存储器（简称主存），主板外的联机（在线）磁盘存储器以及脱机（离线）的磁带、光盘存储器等。

将上述两种或两种以上的存储器用硬件、软件或硬件和软件连接在一起，并对它们进行管理，就构成了存储系统。例如，Cache 存储器与主存储器构成 Cache 存储系统；主存储器与大容量的磁盘存储器构成虚拟存储系统。现代计算机中的存储系统包含 Cache 存储系统和虚拟存储系统。

在计算机中，各种存储器的容量、速度、访问方式、用途等各不相同，这些存储器相互配合形成了一种层次结构的存储系统。在这样的层次结构中，不同层次上的存储器发挥着不同的功能和作用，共同使计算机高效地工作。计算机存储系统的层次结构如图 4.1 所示。

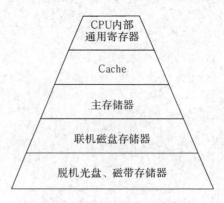

图 4.1 存储系统的层次结构

在图 4.1 的层次结构中，越是靠近上层，其速度越快、容量越小，而单位存储容量的价格也越高。这种层次结构使计算机的存取速度接近 CPU 的速度，使程序员所使用的主存容量接近联机外存的容量，使整个存储系统的单位存储容量价格接近联机外存的价格。

4.1.2 存储器的分类

由于存储器的材料、性能及使用方法不同，从不同的角度考虑，就有不同的分类方法。

1. 按存储信息的介质分类

目前，在计算机中用于存储信息的介质有半导体、磁性或光学器件及材料，因此就有半导体存储器、磁盘(磁带)存储器、光盘存储器等。

2. 按在计算机中的用途分类

在计算机中用于存放当前正要执行或刚执行的程序和数据的存储器是主存储器。用于存放正在执行的程序或正在使用的数据、用以克服主存储器速度太慢的存储器是高速缓冲存储器 Cache。主存储器和 Cache 统称为内部存储器，简称内存。

在 CPU 内部，用于存放微程序的存储器是控制存储器。

用来存放当前暂不使用的大量信息的存储器是外部存储器，简称外存，如磁盘存储器、光盘存储器、U 盘、MMC(SD)存储卡、磁带存储器等。

3. 按存放信息的易失(挥发)性分类

当存储器断电后，有些存储器所存信息会随之丢失，这类存储器所存信息是易失的、可挥发的。例如，半导体随机存取存储器(Random Access Memory，RAM)就是信息易于挥发的易失存储器。

另有一些存储器在断电后所存信息不会丢失，当再次加电后它所存储的信息依然存在。例如，磁盘存储器、各种类型的半导体只读存储器(Read-Only Memory，ROM)等都是非易失存储器。

4. 按存取方式分类

如果存储器的存取时间与存储单元的物理地址无关，随机读写其任一单元所用的时间一样，则称此类存储器为 RAM。

有些存储器的存取只能按顺序进行，则称此类存储器为顺序读写存储器，如磁带存储器。

5. 按存储器的读写功能分类

有些存储器既能读出又能写入，称之为读写存储器。而有些存储器的内容已固定，工作时只能读出，则称之为 ROM。

4.1.3 存储器的性能指标

存储器和存储系统是不同的两个概念，这里说明的是存储器的性能指标。存储器的性能指标是用来描述存储器基本性能的。

1. 存储容量

存储容量指的是存储器所能存储的二进制信息的总位数，其表示方式一般为

$$存储容量 = 存储器总存储单元数 \times 每个存储单元的位数 \tag{4.1}$$

例如，某计算机主存容量为 1024 M×8 bit(即 1024 MB)、1 GB(通常用 b 表示位(bit)，B 表示字节(byte))；某磁盘存储器的容量为 1024 GB。

同样，也用上述方式来描述一块存储器芯片的容量。例如，6264 静态 RAM 芯片的容量为 8 KB，动态 RAM 芯片 H5AN8G6NAFR 的容量为 8 Gb。

2. 存储器速度

（1）存取时间又称访问时间，是对存储器中某一个存储单元的数据进行一次存（取）所需要的时间。

目前，主存都是由半导体存储器构成的，用户可以从厂家的技术手册上得到它的存取时间。值得注意的是，CPU 在读写存储器时，所提供给存储器的读写时间必须比存储器需要的存取时间长。如果不能满足这一点，计算机将无法正常工作。

厂家生产的存储器芯片的存取时间从 50 000 ns 到 0.5 ns 均有，用户可根据需要选择。

（2）存取周期是指连续对存储器进行存（取）时，完成一次存（取）所需的时间。

存取周期与存取时间很可能不一样，一般是存取周期大于存取时间。因为在连续存取存储器时，对下一个存储单元操作前，每读出（或写入）一个存储单元需要一定的稳定时间。

（3）存储器带宽（Memory Bandwidth）是指单位时间里存储器可以读出（或写入）的字节数。若存储器的存取周期为 t_m，且每次可读出（或写入）n 个字节，则存储器的带宽 $B_m = n/t_m$。

例如，某计算机主存的存取周期 t_m 为 10 ns，每次可读写 8 个字节，则该计算机主存带宽为 800 MB/s。

3. 可靠性

计算机要正确地运行，必然要求存储器系统具有很高的可靠性。主存的任何错误都足以使计算机无法正常工作。

对计算机的存储器来说，有的是不可维修的，如构成主存的超大规模集成存储器芯片，一旦出现故障就只能更换；而有的存储器是可维修的，如磁盘存储器、磁带存储器等。

可维修部件的可靠性用平均故障间隔时间（Mean Time Between Maintenance，MTBF）来描述，而不可维修部件的可靠性用平均无故障时间或平均故障前时间（Mean Time To Failure，MTTF）来描述。例如，某 16 TB 企业级 NAS（Network Attached Storage，网络附属存储）的硬磁盘存储器的 MTBF 为 250 万小时，也就是 285 年，相当于 $1/285 \approx 0.35\%$ 的年故障率，10 年内可能有 3.5% 的产品出故障；某 SRAM（Static RAM，静态随机存取存储器）芯片的 MTTF 为 1196 年。

4. 功耗

功耗在电池供电的系统中是非常重要的指标。使用功耗低的存储器构成存储系统，不仅可以降低对电源容量的要求，而且还可以提高存储系统的可靠性。

5. 价格

构成存储系统时，在满足上述指标要求的情况下，应尽量降低存储器的价格。通常是以每千字节（KB）或每兆字节（MB）的价格来衡量存储器的成本。随着技术的发展，存储器的价格已大大降低。例如，对于磁盘存储器，20 世纪 80 年代初每兆字节（MB）需几千元，而今天每吉字节（GB）只需几角钱。

除上述指标外，还有体积、重量、封装方式、工作电压、环境条件等指标。

总之，大容量、高速度、高可靠性、低功耗、低成本是各类存储器追求的目标。

4.2 主存储器

计算机中的内部存储器,狭义是指主存储器(Main Memory,MM),广义是指包括主存、高速缓存、虚拟存储器在内的存储层次。主存是计算机存储体系中最早出现的存储层次,是从冯·诺依曼计算机开始到目前所有计算机中不可缺少的功能部件。主存是正在执行的程序和所用数据的存放地,其容量和速度对计算机性能(速度)有直接影响。现代计算机的主存毫无例外地采用半导体存储器集成芯片构成。

4.2.1 主存的结构

1. 主存的逻辑结构

主存用来存储二进制的程序和数据,由许多存储单元组成,每个存储单元可以存储 1个字节或 1 个字(与计算机字长和 CPU 的数据线数有关),存储单元的每 1 位为二进制存储元,即 1 个字节存储单元由 8 个二进制存储元构成。图 4.2 为主存的逻辑结构,每个存储单元用二进制编码的地址标识,并依据地址寻址访问,对每个存储单元可进行随机读、写操作。计算机的最小存储单元为字节单元(8 位)。主存的地址空间大小由 CPU 提供的地址线数决定。主存的规模即主存的容量可表示为

$$主存存储容量=存储单元数\times存储单元的位数=2^n\times m\ 位 \tag{4.2}$$

其中,n 为存储单元地址位数(即 CPU 的地址线数),m 为每个存储单元可存储的位数。

主存容量中特定数据的常用表示有:

$$2^{10}=1\ K,\ 2^{20}=1\ M,\ 2^{30}=1\ G,\ 2^{40}=1\ T$$

$$2^{20}\times8\ bit=1\ M\times8\ b=1\ MB$$

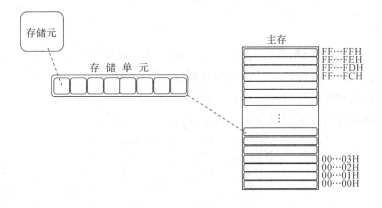

图 4.2　主存的逻辑结构

2. 主存的物理结构

主存的物理结构如图 4.3 所示,每个存储元由存储 1 个二进制位的电路(部件)构成,若干个存储元电路组成存储单元,许多存储元电路以行列矩阵组成存储器芯片,通过芯片内一维或二维地址译码选择某个存储元(存储单元),多个存储器芯片也按行列矩阵(即字、位扩展)组成主存,通过芯片外的部分地址或全地址译码选择某个存储器芯片。

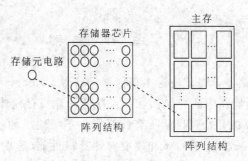

图 4.3　主存的物理结构

为了能对芯片内部的存储单元进行寻址访问，需要在芯片内部对地址信号进行译码，以便选中地址所对应的存储单元。芯片内部的地址译码有两种方式：一维译码和二维译码。

1）一维译码

对于容量很小的芯片，如容量在几百个存储单元以内的芯片，多用一维译码。芯片内部只用一个地址译码器，其译码输出可选中相对应的存储单元。其示意图如图 4.4 所示。

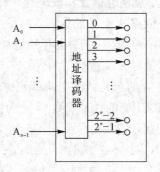

图 4.4　芯片内部的一维译码

2）二维译码

当芯片容量在几百个存储单元以上时，用一维译码会使译码器过于复杂，因此多采用二维译码。此时芯片内部用行地址译码器和列地址译码器分别对地址译码，行译码输出可选中相对应的一行存储单元，列译码输出可选中相对应的一列存储单元，而行列交叉点上的存储单元就是最终所选中的存储单元。其示意图如图 4.5 所示。

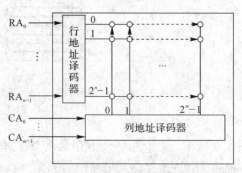

图 4.5　芯片内部的二维译码

当芯片容量很大时，地址线会很多，译码器会很复杂。例如，某芯片容量为 64 KB，芯片上的地址线就有 16 条($A_0 \sim A_{15}$)。若采用图 4.4 所示的一维译码,则译码器必须有 65 536 条译码输出,分别选择 64 K 个存储单元。若采用图 4.5 所示的二维译码方式,可将 16 位地址分成 8 条行地址和 8 条列地址,即图中的 n 和 m 均为 8,则行、列地址译码器均为 8 位译码器,行、列地址译码器分别译出 256 行和 256 列。当行、列译码同时有效时便可选中一个存储单元。显然,制作两个 8-256 译码器比制作一个 16-65 536 译码器要容易得多。

主存的硬件设计使用物理结构,程序访问主存使用逻辑结构。不同的存储元电路组成了不同特性的存储器芯片,从大类上可将半导体存储器分为随机读写存储器 RAM 和只读存储器 ROM。

4.2.2　随机读写存储器 RAM

在计算机中,常用的随机读写存储器(RAM)分为两大类:一类是静态随机读写存储器(Static RAM,SRAM),另一类是动态随机读写存储器(Dynamic RAM,DRAM)。

RAM 生产厂家已为使用者开发研制出了具有各种容量、速度,采用不同材料工艺、封装形式的 IC 存储器芯片,其型号品种达数十万种,为选用提供了很大的方便。

1. 静态读写存储器 SRAM

静态读写存储器 SRAM 是构成小容量高速存储器最常用的部件,如高速缓冲存储器 Cache 采用的就是 SRAM。

常规 RAM 芯片的外部有地址线、数据线和控制信号线。地址线在芯片内部译码,可选中芯片内部的相应存储单元。例如,某 SRAM 芯片上有 n 条地址线,这些地址线所能表示的地址编码有 2^n 种,这意味着该芯片内部有 2^n 个存储单元。

1) SRAM 存储元电路

SRAM 可有多种结构,图 4.6 是典型的 1 位 SRAM 的存储元电路。

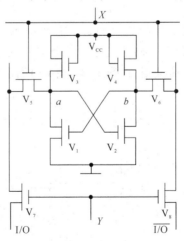

图 4.6　SRAM 存储元电路

图 4.6 中,由场效应晶体管 V_1、V_2、V_3、V_4 构成了一种双稳态电路,其 a 点或 b 点均有两种稳定状态 0 或 1,并且 a 和 b 的状态刚好相反,故可以呈现存储 0 或 1。V_3、V_4 为 V_1、V_2 的负载,分别相当于一个电阻。

V_5、V_6、V_7、V_8 是四个用于控制的晶体管,它们的栅极分别加上行译码信号 X 和列

译码信号 Y。当行、列译码信号 X 和 Y 同时有效时，便选中了该单元。

写数据时，X、Y 有效，V_5、V_6、V_7、V_8 晶体管导通。写 1 时，I/O 上加高电平，而 $\overline{\text{I/O}}$ 上加低电平，双稳电路使 a 点为高电平，b 点为低电平。这种状态在写完之后会一直保持下去。写 0 也一样，只是使 a 点为低电平，b 点为高电平。同样，这种状态在写完之后会一直保持下去。

在读出数据时，行列地址译码使 X、Y 有效，V_5、V_6、V_7、V_8 晶体管导通。此时，本单元电路存储的信息——a 点或 b 点的状态便可以从 I/O 或 $\overline{\text{I/O}}$ 上读出。

从 1 位 SRAM 存储元电路可以看到：

（1）用 n 个 1 位存储元电路同时工作可构成 n 位存储单元。

（2）数据一旦写入，其信息就稳定地保存在电路中并等待读出。无论读出多少次，只要不断电，此信息会一直保持下去，这也许就是"静态"一词的由来。

（3）SRAM 初始加电时，其状态是随机的。写入新的状态，原来的旧状态就消失了。新状态一直维持到写入更新的状态为止。

（4）在电路工作时，即使不进行读写操作，只是保持在加电状态下，电路中就一定有晶体管导通，也就一定有电流流过，从而一定会有功率消耗；每存储一个二进制位，平均需要用到 6 个晶体管（V_7、V_8 为每列共享）。因此，与 DRAM 比较，SRAM 的功耗大，集成度不能做得很高。

2）典型 SRAM 芯片

现以典型的 8 K×8 bit 的 CMOS SRAM 6264 芯片为例，说明典型 SRAM 芯片的外部特性及工作过程。

6264 芯片的引脚如图 4.7 所示，它有 28 条引出线，包括：

$A_0 \sim A_{12}$ 为地址信号线。这 13 条地址线经过芯片内部译码，决定了该芯片有 8 K（8192）个存储单元。

$D_0 \sim D_7$ 为双向数据线。数据线的数目决定了芯片中每个存储单元存储二进制位的个数，8 条数据线说明该芯片的每个存储单元存放一个字节。当 CPU 写某存储单元时，数据由 $D_0 \sim D_7$ 传送到该芯片内部译码指定的单元中。当 CPU 读某存储单元时，被选中的指定

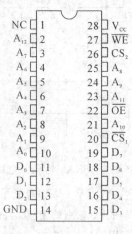

图 4.7　6264 引脚图

单元内的数据由 $D_0 \sim D_7$ 传送给 CPU。

$\overline{CS_1}$、CS_2 为芯片选择信号线。当两个片选信号同时有效(即 $\overline{CS_1}=0$、$CS_2=1$ 时),该芯片被选中,可以进行读/写操作。不同类型的芯片,其片选信号的个数不一,但要使芯片工作,必须使芯片上所有片选信号同时有效。

$\overline{OE}$ 为输出允许信号。只有当 $\overline{OE}$ 有效(即 $\overline{OE}=0$ 时),才允许该芯片将某单元内的数据输出到芯片的 $D_0 \sim D_7$ 上。

$\overline{WE}$ 为写允许信号。当 $\overline{WE}$ 有效(即 $\overline{WE}=0$ 时),允许将 $D_0 \sim D_7$ 上的数据写入芯片内指定单元。

NC 为空引脚,V_{CC} 为 +5 V 电源,GND 为地线。

控制信号 $\overline{CS_1}$、CS_2、$\overline{OE}$ 和 $\overline{WE}$ 的功能如表 4.1 所示。

表 4.1 6264 真值表

$\overline{WE}$	$\overline{CS_1}$	CS_2	$\overline{OE}$	$D_0 \sim D_7$
0	0	1	×	写入
1	0	1	0	读出
×	0	0	×	
×	1	0	×	三态(高阻)
×	1	1	×	

注:×表示无关。

3) SRAM 的工作过程

从表 4.1 可知,6264 写入数据的过程是:在芯片的 $A_0 \sim A_{12}$ 上加上要写入存储单元的地址,在 $D_0 \sim D_7$ 上加上要写入的数据,使 $\overline{CS_1}$ 和 CS_2 同时有效,在 $\overline{WE}$ 上加上有效的低电平(此时 $\overline{OE}$ 可为高,也可为低),这样就将数据写到了芯片内所选中地址的存储单元中。

6264 读出数据的过程是:在 $A_0 \sim A_{12}$ 上加上要读出存储单元的地址,使 $\overline{CS_1}$ 和 CS_2 同时有效,使 $\overline{OE}$ 有效(为低电平)且使 $\overline{WE}$ 为高电平,即可从芯片所选中存储单元中读出数据。

以上读出或写入过程,实际上是 CPU 发出信号加到存储器芯片上的一个过程,其信号加载时间应满足芯片的要求。

2. 动态读写存储器 DRAM

动态读写存储器(DRAM)速度快(仅次于 SRAM)、集成度高、功耗小、单位容量的价格低,在计算机中得到了极其广泛的应用,计算机中的内存条无一例外地采用了动态存储器。现在的嵌入式计算机系统中如果需要大容量主存,也会采用 DRAM。

目前,大容量的 DRAM 芯片已研制出来,为构成大容量的存储器系统提供了便利条件。DRAM 芯片经过了几代的发展,从最早的传统异步 DRAM 芯片,到同步 DRAM(Synchronous DRAM,SDRAM)芯片,再到双倍数据率同步 DRAM(Double Data Rate SDRAM,DDR SDRAM)。

1) DRAM 存储元电路

动态存储器(DRAM)有多种结构形式,如果减少每个存储元电路需要的元件个数,就可以进一步提高存储器芯片的集成度。

图 4.8(a)为单管 DRAM 存储元电路。每个存储元仅由一个电容 C_S 和一个作为开关的场效应晶体管 V 构成。将很多这样的存储元构成阵列，如图 4.8(b)所示，即可构成大容量、高集成度的 DRAM 芯片。实际上，DRAM 芯片至少拥有数千根字线和位线。

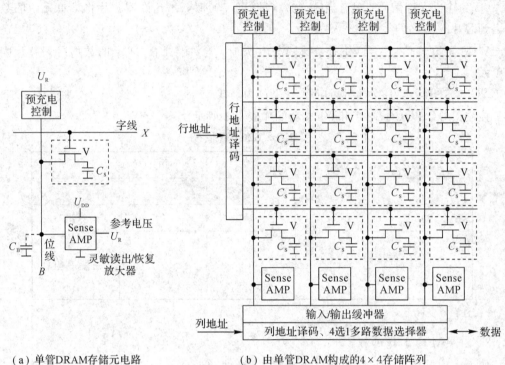

（a）单管DRAM存储元电路　　　　　（b）由单管DRAM构成的4×4存储阵列

图 4.8　单管 DRAM 存储结构

单管 DRAM 存储的信息由电容 C_S 上的电荷量体现。例如，当电容充满电荷时，定义为逻辑"1"；当电容没有电荷时，定义为逻辑"0"。

在写入数据时，将字线 X 置为高电平，晶体管 V 导通，位线 B 上的数据经过晶体管 V 存入电容 C_S 中（位线为低电平，给电容放电，写入"0"；位线为高电平，给电容充电，写入"1"）。写入（对电容 C_S 充电或放电）完成后，将字线 X 置为低电平，晶体管 V 截止，电容 C_S 所存储的电荷状态得以保持。

读数据时，将字线 X 置为高电平，晶体管 V 导通，相当于把电容 C_S 接入位线 B。电容 C_S 很小，其可存储的电荷量很少，而位线很长，其分布电容 C_B 可存储的电量比 C_S 要大得多。所以，电容 C_S 与位线分布电容 C_B 连接后，位线上的电压仅有非常微小的变化，而且位线上原来的电压是不可知的，不能仅仅通过位线当前的电压来确定读出的内容。还有一个更严重的问题，就是随着电容 C_S 的充、放电，原来存储的内容已被破坏。因此，单管 DRAM 存储元电路的读操作为破坏性读出，读操作的同时必须要恢复原来的数据。解决以上问题的方法是：在位线末端增加灵敏读出/恢复放大器（Sense Amplifier），以检测读数据时位线电压微小的变化，实现读出信号的放大和原数据的恢复。

数据读出的过程也是刷新的过程。单管 DRAM 存储元读操作的步骤如下：

（1）位线预充电，使位线分布电容 C_B 上的电压达到参考电压 U_R；预充电完成后，预充电控制电路断开。由于位线较长，位线分布电容 C_B 较大，其预充电的电压会保持一个短暂的时间。

（2）置字线为高电平，晶体管 V 导通，电容 C_S 经过晶体管 V 连接到位线上。如果电容 C_S 原来有电荷，则位线电压略有升高；如果电容 C_S 原来没有电荷，则位线电压略有降低。

（3）开启灵敏读出/恢复放大器。该电路主要由灵敏比较器构成，位线电压与参考电压 U_R 之间的电位差被比较器中的正反馈电路放大。如果位线电压高于参考电压 U_R，则放大电路置位线为高电平 U_{DD}；如果位线电压低于参考电压 U_R，则放大电路置位线为低电平 0 V。

（4）采样位线电压，读出数据。如果位线为高电平 U_{DD}，则读出数据为"1"，同时位线上的高电平为电容 C_S 充电；如果位线为低电平 0 V，则读出数据为"0"，同时电容 C_S 通过位线放电。

（5）置字线为低电平，关闭灵敏读出/恢复放大器。此时，电容 C_S 已恢复为数据读出之前的状态，所存储的内容得到刷新，而数据已被读出。

可见，使用了灵敏读出/恢复放大器后，在每次读出数据的同时也完成了对存储元原来所存数据的刷新。因此这类 DRAM 的刷新操作可以通过按行依次执行一次读操作来实现。在刷新时，数据输出应被置为高阻（数据是通过三态门输出的）。通常，DRAM 芯片需要每隔最多 64 ms 刷新一遍。

单管 DRAM 存储元是所有存储元电路中结构最简单的，其代价是外围控制电路比较复杂，但非常有助于提高集成度。每个存储元只需一个开关管和一个微型电容，每一列只需一个灵敏读出/恢复放大器，相比 6 管的 SRAM，存储密度大大增加。因此，单管 DRAM 存储元电路是目前所有大容量 DRAM 的首选。

利用图 4.8(a) 中的存储元电路，采用图 4.8(b) 的结构，通过微细加工技术，可以生产出各种容量的 DRAM 集成电路芯片，用以构成计算机的主存储器。目前，一块 DDR4 SDRAM（第四代 DDR SDRAM）存储器芯片的集成度可达 4～32 Gb。

2）典型 DRAM 芯片

DDR SDRAM 也经历了几代的发展。下面以典型的 DDR4 SDRAM 芯片为例，介绍 DDR SDRAM 的引脚、功能及工作过程。

DDR4 SDRAM 芯片核心频率通常为 200～400 MHz，内部采用 8 通道并行预取结构，可以在时钟信号的上升沿和下降沿各传输一个数据，所以接口总线时钟频率可以达到核心频率的 4 倍，而理想情况下的数据传输率（每秒钟可以传输数据的次数）可达到核心频率的 8 倍。与 DDR3 SDRAM 相比，DDR4 SDRAM 的性能更好，容量更大，数据完整性更强，能耗更低。

H5AN8G6NAFR 是一块 512 M×16 b 的 DDR4 SDRAM 芯片，其内部共 2 个模组（Bank Group），每个模组由 4 个存储体（Bank）组成，各个模组、存储体之间可以采用类似流水线的方式交叉、轮流工作，从而减少延迟，提高读写速度。

H5AN8G6NAFR 行地址为 16 位（$A_0 \sim A_{15}$），列地址为 10 位（$A_0 \sim A_9$）。可见，H5AN8G6NAFR 每个存储体内部是 2^{16}（行）×2^{10}（列）结构，容量为 $2^{26} \times 16$ b，则芯片总容量为 $2^{26} \times 16$ b×4 个存储体×2 个模组＝$2^{29} \times 16$ b＝1 GB。

H5AN8G6NAFR 芯片的封装形式为有 96 个引脚（焊球）的 FBGA 封装，如图 4.9 所示，其各引脚定义如图 4.10 所示。可见，DRAM 芯片的引脚与 SRAM 差别非常大，因而读写方式也与 SRAM 大不相同。

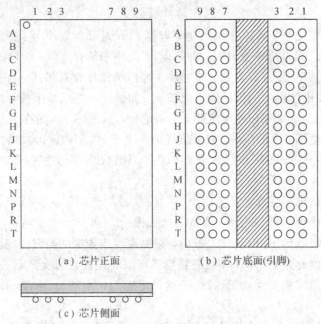

（a）芯片正面　　（b）芯片底面(引脚)

（c）芯片侧面

图 4.9　H5AN8G6NAFR 芯片 96 引脚 FBGA 封装图

	1	2	3	4	5	6	7	8	9	
A	V_{DDQ}	V_{SSQ}	DQU_0				DQSU_c	V_{SSQ}	V_{DDQ}	A
B	V_{PP}	V_{SS}	V_{DD}				DQSU_t	DQU_1	V_{DD}	B
C	V_{DDQ}	DQU_4	DQU_2				DQU_3	DQU_5	V_{SSQ}	C
D	V_{DD}	V_{SSQ}	DQU_6				DQU_7	V_{SSQ}	V_{DDQ}	D
E	V_{SS}	DMU_n/ DBIU_n	V_{SSQ}				DML_n/ DBIL_n	V_{SSQ}	V_{SS}	E
F	V_{SSQ}	V_{DDQ}	DQSL_c				DQL_1	V_{DDQ}	ZQ	F
G	V_{DDQ}	DQL_0	DQSL_t				V_{DD}	V_{SS}	V_{DDQ}	G
H	V_{SSQ}	DQL_4	DQL_2				DQL_3	DQL_5	V_{SSQ}	H
J	V_{DD}	V_{DDQ}	DQL_6				DQL_7	V_{DDQ}	V_{DD}	J
K	V_{SS}	CKE	ODT				CK_t	CK_c	V_{SS}	K
L	V_{DD}	WE_n/ A_{14}	ACT_n				CS_n	RAS_n/ A_{16}	V_{DD}	L
M	V_{REFCA}	BG_0	A_{10}/AP				A_{12}/ BC_n	CAS_n/ A_{15}	V_{SS}	M
N	V_{SS}	BA_0	A_4				A_3	BA_1	TEN	N
P	RESET_n	A_6	A_0				A_1	A_5	ALERT_n	P
R	V_{DD}	A_8	A_2				A_9	A_7	V_{PP}	R
T	V_{SS}	A_{11}	PAR				NC	A_{13}	V_{DD}	T
	1	2	3	4	5	6	7	8	9	

图 4.10　H5AN8G6NAFR 引脚定义

在图 4.10 中，引脚信号名称后缀为"_t"和"_c"的是差分信号（差分对）；引脚信号名称后缀为"_n"的是低电平有效的信号。下面介绍 H5AN8G6NAFR 各引脚的功能：

CK_t、CK_c(输入)为差分时钟输入信号引脚。所有地址、控制输入信号都是在 CK_t 上升沿与 CK_c 下降沿的交叉点采样的。差分时钟是 DDR 接口的必要设计，相互反相的时钟信号起到校准的作用，保证了触发时机的准确性。

CKE(输入)是时钟使能信号引脚。当 CKE 为高电平时，启动内部时钟信号、输入缓冲器及输出驱动单元。当 CKE 为低电平时，关闭上述单元。

CS_n(输入)是片选信号引脚。当 CS_n 为高电平时，H5AN8G6NAFR 芯片未选中，不接受任何命令。

ODT(输入)是 DDR4 SDRAM 内部终结电阻的使能信号引脚。

ACT_n(输入)是激活命令输入信号引脚。当 ACT_n、CS_n 同时有效(低电平)时，表示正在向 DDR4 SDRAM 发送激活命令。

RAS_n/A_{16}、CAS_n/A_{15}、WE_n/A_{14}(输入)是双功能复用的输入引脚。当向 DDR4 SDRAM 发送激活命令(ACT_n、CS_n 同时为低电平)时，这三个引脚为地址信号引脚 A_{16}、A_{15} 和 A_{14}；当向 DDR4 SDRAM 发送除激活命令之外的其他命令(ACT_n 为高电平、CS_n 为低电平)时，这三个引脚的功能分别为行地址锁存、列地址锁存、写信号，其高低电平的不同组合，可以表示读、写、预充电、刷新、设置模式寄存器等不同的命令。

DMU_n/DBIU_n、DML_n/DBIL_n 是双功能复用的引脚，其功能可通过模式寄存器 MR_5 进行设置。其中，DMU_n/DBIU_n 针对高 8 位数据，DML_n/DBIL_n 针对低 8 位数据。为了叙述方便，后文把这两个引脚简称为 DM_n/DBI_n。当功能为 DM_n 时，引脚为写数据的掩码输入信号，在写数据时，如果 DM_n 信号为低电平，则当前数据不会被写入。当功能设置为 DBI_n 时，引脚为双向的指示信号，如果 DBI_n 为低电平，表示数据线上呈现的数据与实际存储的数据之间是反相的。

BG_0(输入)为模组选择信号引脚。在发送激活、读、写、预充电等命令时，通过 BG_0 来选择当前命令针对模组 0 还是模组 1。JEDEC 标准规定，一个 DDR4 SDRAM 存储器芯片最多包含四个模组，选择信号为 BG_0 和 BG_1，而 H5AN8G6NAFR 只包含两个模组，所以没有 BG_1 引脚。

BA_0、BA_1(输入)为存储体选择信号引脚。在发送激活、读、写、预充电等命令时，通过 BA_0 和 BA_1 信号来选择此命令是针对当前模组内的哪个存储体的。

$A_0 \sim A_{15}$(输入)为地址信号引脚。在发送激活命令时，通过 $A_0 \sim A_{15}$ 提供行地址；在发送读、写命令时，通过 $A_0 \sim A_9$ 提供列地址，由此指明要访问的数据在当前模组、存储体内部的具体位置。其中，地址信号引脚 A_{10}、A_{12}、A_{14}、A_{15} 还分别与 AP、BC_n、WE_n、CAS_n 信号复用。JEDEC 标准规定，DDR4 SDRAM 行地址最多 18 位($A_0 \sim A_{17}$)，列地址 10 位($A_0 \sim A_9$)，由于 H5AN8G6NAFR 单个存储体所包含的行数远未达到规定的上限，因此 A_{16} 不用，且没有 A_{17} 引脚。

A_{10}/AP(输入)是双功能复用的输入引脚。DDR4 SDRAM 在接收到读、写命令时，会采样 A_{10}/AP 引脚，如为高电平，则读/写命令完成后，当前行执行自动预充电操作；若为低电平，则不执行自动预充电操作。DDR4 SDRAM 在接收到预充电命令时，会采样 A_{10}/AP 引脚，如为高电平，则对当前模组内的所有存储体进行预充电；若为低电平，则仅对指定的存储体进行预充电。

A_{12}/BC_n(输入)是双功能复用的输入引脚。DDR4 SDRAM 默认突发长度为 8,通过此引脚也可实现突发长度为 4。

RESET_n(输入)是异步复位信号引脚。在 DDR4 SDRAM 正常工作的情况下,RESET_n 必须为高电平。

$DQU_0 \sim DQU_7$、$DQL_0 \sim DQL_7$(双向)分别为高 8 位和低 8 位数据信号线。

$DQSU\_t$、$DQSU\_c$、$DQSL\_t$、$DQSL\_c$(双向)为数据选通信号引脚。其中,$DQSU\_t$ 与 $DQSU\_c$ 为差分信号对,针对高 8 位数据;$DQSL\_t$ 与 $DQSL\_c$ 为差分信号对,针对低 8 位数据。在读数据时,DQS 信号由 DDR4 SDRAM 芯片提供,为输出信号,边沿与数据对齐;在写数据时,DQS 信号由外部的 DRAM 控制器(集成在处理器内部或芯片组的北桥中)提供,为输入信号,边沿与写入数据的中间位置(即数据最稳定的时刻)对齐。

PAR(输入)是命令与地址奇偶校验输入。DDR4 SDRAM 支持命令与地址信号的奇偶校验(偶校验),可通过设置模式寄存器 MR_5 开启该功能。一旦开启奇偶校验功能,DDR4 SDRAM 芯片 H5AN8G6NAFR 在接收相应命令时,将计算 ACT_n、RAS_n/A_{16}、CAS_n/A_{15}、WE_n/A_{14}、BG_0、BA_0、BA_1、$A_0 \sim A_{15}$ 信号的奇偶性。

ALERT_n(输出)是错误警示信号引脚。若此信号输出为低电平,表示 DDR4 SDRAM 中产生了某种错误,比如 CRC 校验错误、命令与地址的奇偶校验错误等。

TEN(输入)是连通性测试允许信号引脚。

NC 是空脚。

V_{DDQ} 是数据信号 DQ 电源(1.2 V±0.06 V)引脚,V_{SSQ} 是数据信号 DQ 地引脚。

V_{DD} 是核心电源(1.2 V±0.06 V)引脚,V_{SS} 是核心地引脚。

V_{PP} 是 SDRAM 激活供电(2.5 V)引脚,最低 2.375 V,最高 2.75 V。

V_{REFCA} 是命令/地址(CA)信号的参考电压;ZQ 是校准参考引脚。

3) DRAM 的工作过程

在芯片被选中(CS_n 输入引脚为低电平)的情况下,输入引脚 ACT_n、RAS_n/A_{16}、CAS_n/A_{15}、WE_n/A_{14} 的不同组合,配合相应的地址信号,可以表示多种不同的 SDRAM 命令。表 4.2 列出了几种常用的 DDR4 SDRAM 命令,命令缩写与命令全称之间的对应关系如下:

- MRS:Mode Register Set,设置模式寄存器($MR_0 \sim MR_6$)。
- REF:Refresh,刷新。
- PRE:Single Bank Precharge,单个存储体预充电。
- PREA:Precharge all Banks,所有存储体预充电。
- ACT:Bank Activate,激活指定存储体的指定行。
- WR:Write(Fixed BL8 or BC4),写(突发长度为默认的 8 或可选的 4)。
- WRA:Write with Auto Precharge(Fixed BL8 or BC4),带自动预充电的写。
- RD:Read(Fixed BL8 or BC4),读(突发长度为默认的 8 或可选的 4)。
- RDA:Read with Auto Precharge(Fixed BL8 or BC4),带自动预充电的读。
- NOP:No Operation,无操作。
- DES:Device Deselected,设备未选中。

表 4.2 DDR4 SDRAM 常用命令真值表

命令	CS_n	BG₀	BA₁	BA₀	ACT_n	RAS_n /A₁₆	CAS_n /A₁₅	WE_n /A₁₄	A₁₃	A₁₂ /BC_n	A₁₁	A₁₀ /AP	A₉～A₀
MRS	L	寄存器编号			H	L	L	L	L	写入寄存器的数据			
REF	L	V			H	L	L	H	V				
PRE	L	模组、存储体编号			H	L	H	L	V			L	V
PREA	L	V			H	L	H	L	V			H	V
ACT	L	模组、存储体编号			L	行地址							
WR	L	模组、存储体编号			H	H	L	L	V	BC³	V	L	列地址
WRA	L	模组、存储体编号			H	H	L	L	V	BC³	V	H	列地址
RD	L	模组、存储体编号			H	H	L	H	V	BC³	V	L	列地址
RDA	L	模组、存储体编号			H	H	L	H	V	BC³	V	H	列地址
NOP	L	V			H	H	H	H	V				
DES	H	X											

注:① "H"表示高电平;"L"表示低电平;"V"表示高电平或低电平;"X"表示无关,即可以是高电平、低电平或浮动。

② 灰色背景表示 DDR4 SDRAM 忽略该信号。

③ 在发送写命令(WR、WRA)或读命令(RD、RDA)时,A₁₂/BC_n 为低电平,则突发长度为 4(BC4,即 4 - bit Burst Chop 模式);A₁₂/BC_n 为高电平,则突发长度为 8(默认的 BL8 模式)。

④ 对于表中所有行,CKE 信号为高电平。

图 4.11 为 DDR4 SDRAM 读时序,其中各参数的含义如下:

· BL(Burst Length)为突发长度,即发送一次读(或写)命令后,可连续读出(或写入)的数据个数。

· AL(Additive Latency)为附加延迟,以时钟周期数为单位。

· CL(CAS Latency)为 CAS 延迟,即发送读命令到读出第一个数据之间的时间间隔,以时钟周期数为单位,该参数在模式寄存器 MR₀ 中设置。

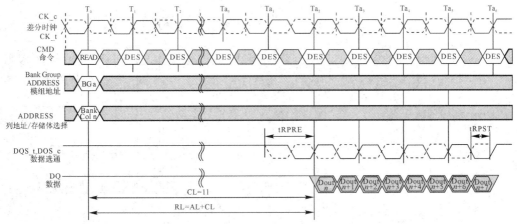

图 4.11 DDR4 SDRAM 读时序(BL=8,AL=0,CL=11)

• tRCD(Time RAS-to-CAS delay)为激活命令到读(或写)命令之间的时间间隔(图中未专门标出)。

在进行读或写操作之前,必须通过激活(ACT)命令打开要访问数据所在的行。如表 4.2 所示,将 ACT_n 引脚置为低电平,同时通过 BG_0、BA_1、BA_0 引脚选中要访问的模组、存储体,并通过 $A_{15} \sim A_0$ 指定要访问的行地址,即可打开指定的行。在激活(ACT)命令之后,经过至少 tRCD 的时间(与 SDRAM 芯片具体的参数以及时钟频率有关),才可发送读(RD、RDA)或写(WR、WRA)命令,对打开的行中指定位置的数据进行读或写。在访问同一存储体的其他行之前,必须通过预充电(PRE 或 PREA)命令关闭当前行。打开行,相当于将当前行的数据读出(破坏性读出)到当前存储体的行输入/输出缓冲器中,随后的读或写操作都是针对行输入/输出缓冲器的;关闭行,可将行输入/输出缓冲器中的数据写回对应的行。

如图 4.11 所示,假设要访问的行已经打开,在时刻 T_0 发送读(RD 或 RDA)命令。图中的信号名称"CMD"代表 CS_n、ACT_n、RAS_n/A_{16}、CAS_n/A_{15}、WE_n/A_{14} 信号,这 5 个信号当前状态为 L、H、H、L、H(见表 4.2 中的读命令),同时通过 BG_0、BA_1、BA_0 引脚选中要访问的模组、存储体,并通过 $A_9 \sim A_0$ 指定要访问的列地址。假设当前 SDRAM 参数 AL=0、CL=11、BL=8,则从发送读命令的 T_0 时刻开始,经过 11(即 AL+CL)个时钟周期后,在时刻 Ta_2 读出第一个数据,此后在每个时钟的上升沿和下降沿可分别读出一个数据。本例中,突发长度 BL 设置为 8,可以连续读出 8 个数据。

图 4.12 为 DDR4 SDRAM 写时序,参数 CWL(CAS Write Latency,CAS 写延迟)是发送写命令到写入第一个数据之间的时间间隔,以时钟周期数为单位。该参数在模式寄存器 MR_2 中设置。假设要访问的行已经打开,在时刻 T_0 发送写(WR 或 WRA)命令。图中的信号名称"CMD"代表 CS_n、ACT_n、RAS_n/A_{16}、CAS_n/A_{15}、WE_n/A_{14} 信号,这 5 个信号当前状态为 L、H、H、L、L(见表 4.2 中的写命令),同时通过 BG_0、BA_1、BA_0 引脚选中要访问的模组、存储体,并通过 $A_9 \sim A_0$ 指定要访问的列地址。假设当前 SDRAM 参数 AL=0、CWL=9、BL=8,则从发送写命令的 T_0 时刻开始,经过 9(即 AL+CWL)个时钟周期后,在时刻 T_9 写入第一个数据,此后每个时钟的上升沿和下降沿可分别写入一个数据。本例中,突发长度 BL 设置为 8,可以连续写入 8 个数据。

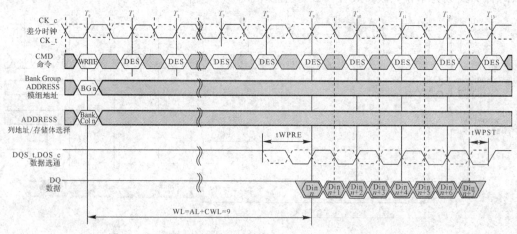

图 4.12　DDR4 SDRAM 写时序(BL=8,AL=0,CWL=9)

DDR4 SDRAM 芯片 H5AN8G6NAFR 规定，在温度为 $0\sim85℃$ 的情况下，需要平均每隔 $7.8\ \mu s$ 向其发送一次刷新（REF）命令。如表 4.2 所示，在时钟信号的上升沿，将 DDR4 SDRAM 芯片的 CS_n、RAS_n/A_{16}、CAS_n/A_{15} 引脚置为低电平，将 ACT_n、WE_n/A_{14} 引脚置为高电平，即可发送一次刷新命令。在发送刷新命令之前，必须通过预充电命令将 DDR4 SDRAM 内部所有存储体的行输入/输出缓冲器关闭，并经过至少 tRP 的空闲时间。向 DDR4 SDRAM 发送刷新命令后，DDR4 SDRAM 进入刷新周期，刷新地址由芯片内部刷新控制器中的刷新地址计数器自动产生，无须在刷新命令中指定。在刷新命令之后，至少需经过 tRFC 时间，DDR4 SDRAM 芯片才可以接收其他命令。tRFC 时间的长短与芯片容量有关。

可见，DDR4 SDRAM 的读、写、刷新等操作十分复杂，操作时序参数非常多，这些参数在操作的过程中都必须满足才能保证 SDRAM 的稳定工作，由此诞生了 SDRAM 控制器（SDRAM Controller）。SDRAM 控制器可根据接收到的命令自动产生 SDRAM 需要的各种时序信号，隐藏了复杂的 SDRAM 操作时序，使设计的模块仅需要通过一组简单的控制接口就能实现对 SDRAM 的访问。以前，SDRAM 控制器作为主存控制器的一部分，通常集成在芯片组的北桥芯片中。随着芯片集成度的不断提升，目前 SDRAM 控制器已经随着主存控制器一同集成在了处理器芯片内部。在用 SDRAM 构成主存时，将 SDRAM 芯片的各相关引脚信号直接连接至处理器芯片对应的引脚即可。

4.2.3 只读存储器 ROM

1. 概述

只读存储器 ROM 的重要特性是其存储信息的非易失性，即存放在 ROM 中的信息不会因去掉供电电源而丢失，当再次加电时，其存储的信息依然存在。

（1）掩膜工艺 ROM。掩膜 ROM（Mask-Programmed ROM，掩膜编程只读存储器）是芯片制造厂根据 ROM 要存储的信息，设计固定的半导体掩膜版进行生产的。一旦制出成品，其存储的信息即可读出使用，但不能改变。Mask ROM 常用于批量生产，生产成本比较低。计算机中一些固定不变的程序或数据常采用 Mask ROM 存储。

（2）可一次编程 ROM（PROM）。将数据或程序写入 ROM 的操作称作编程。为了使用户能够根据自己的需要来写 ROM，厂家生产了 PROM（Programmable ROM，可编程只读存储器）或 OTP（One Time Programmable，一次性可编程）ROM，允许用户对其进行一次编程。一旦编程之后，信息就永久性地固定下来，用户只可以读出和使用，而再也无法改变其内容。

（3）可擦去重写的 PROM。这种可擦去重写的 PROM 是使用最广泛的 ROM。这种芯片允许将其存储的内容利用物理的方法（通常是紫外线）或电的方法（通常是加上一定的电压）擦除，擦除后可以重新对其进行编程，写入新的内容。擦除和重新编程可以多次进行。一旦写入新的内容，就又可以长期保存下来（一般均在 10 年以上），不会因断电而消失。

利用物理方法（紫外线）可擦除的 PROM 通常称为 EPROM（Erasable PROM，可擦除可编程只读存储器），用电的方法可擦除的 PROM 称为 EEPROM、E^2PROM（Electrically EPROM，电可擦可编程只读存储器）或 EAROM（Electrically Alterable ROM，电改写只读存储器）。这些芯片集成度高、价格低、使用方便，尤其适合科研工作的需要。

2. 紫外线擦除可编程只读存储器(EPROM)

EPROM 是一种用紫外线擦除可多次重写的只读存储器。

1) 单元电路

EPROM 内部结构及单元电路如图 4.13 所示,它由存储一个二进制位的存储元电路(主要元件为浮置栅场效应管)组成的存储阵列构成。阵列中的行线为地址(一维或二维)译码信号选择的字线(即芯片的存储单元);列线为位线(即数据线),用来读出 EPROM 中存储的信息。

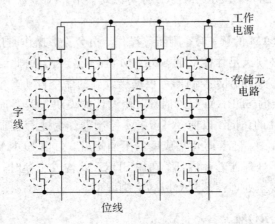

图 4.13　EPROM 内部结构及存储元电路

(1) 写入数据(编程)。

对 EPROM 存储元电路写入数据是通过在浮置栅场效应管的浮置栅极上注入或不注入电荷来实现的。当要在某存储元电路存储逻辑 0 时,则在该存储元电路中场效应管的浮置栅上注入足够的电荷;当要在某存储元电路存储逻辑 1 时,则在该存储元电路中场效应管的浮置栅上不注入电荷(即处于原始状态)。

由于对效应管的浮置栅极注入电荷需要加载较高的编程电源,持续较长的注入时间才能完成,所以 EPROM 编程需要使用专用的编程器(即写入器)。

(2) 读出数据。

一个未使用过的 EPROM,其内部所有场效应管的浮置栅极上都没有电荷,此时无论行线是高电平还是低电平,场效应管的栅源电压都达不到开启电压,场效应管处于截止状态,位线呈现高电平(逻辑 1),即芯片每个存储单元读出的数据都是全 1。

当 EPROM 中某行线为低电平(字线有效,选中了芯片内某存储单元)时,若该字线上的某场效应管的浮置栅上已有足够的电荷,则该场效应管的栅源电压达到开启电压,场效应管处于导通状态,对应位线呈现低电平(逻辑 0)输出;若该字线上的某场效应管的浮置栅上无电荷,则该场效应管的栅源电压达不到开启电压,场效应管处于截止状态,对应位线呈现高电平(逻辑 1)输出。这样,从各条位线上就可以获得芯片中指定存储单元内的数据。

(3) 擦除。

EPROM 擦除是利用紫外光源通过 EPROM 芯片上的石英窗口照射场效应管的浮置栅极来实现的。若某场效应管的浮置栅极上有电荷,则电荷在紫外光线照射下会形成光电流,经过一段时间(一般为十几分钟)照射后,光电流会将电荷泄漏干净,达到擦除的目的。擦

除干净的 EPROM 又可以重新编程。

2）典型 EPROM 芯片

2764 是一块 8 K×8 bit 的 EPROM 芯片，其引线如图 4.14 所示。

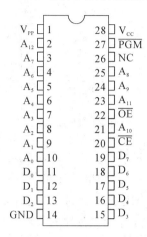

图 4.14　EPROM 2764 引线图

$A_0 \sim A_{12}$ 为地址信号输入线。13 条地址表示芯片内部有 8 K 个存储单元。

$D_0 \sim D_7$ 为数据线。8 条数据线表明芯片的每个存储单元存放一个字节。在芯片工作时，$D_0 \sim D_7$ 为数据输出线，当对芯片编程时，由此 8 条线输入要编程的数据。

$\overline{CE}$ 为芯片允许信号。当它有效（低电平）时，该芯片被选中，允许其工作，故 $\overline{CE}$ 又称为片选信号。

$\overline{OE}$ 是输出允许信号。当 $\overline{OE}$ 为低时，芯片中的数据可由 $D_0 \sim D_7$ 输出。

$\overline{PGM}$ 为编程脉冲输入端。当对 EPROM 编程时，由此加入低电平的编程脉冲来控制将数据写入 EPROM，读数据时应使 $\overline{PGM}$ 为高电平。

EPROM 的优点就是可擦除重写，而且对某一个存储芯片来说，允许擦除重写的次数超过万次。

3. 电擦除可编程只读存储器（EEPROM）

EEPROM 即电擦除可多次编程只读存储器。EEPROM 在擦除及编程方面比 EPROM 更加方便。随着 EEPROM 的集成度提高，价格下降，EPROM 逐渐退出了历史舞台。

1）单元电路

EEPROM 或 Flash 存储器（闪存）内部每个存储元电路也是由浮置栅场效应管构成的，且组织成阵列结构。EEPROM 与 EPROM 的主要不同是浮置栅场效应管有所不同。EEPROM 中的场效应管浮置栅极较薄，且外加了控制栅极。这种改造使得电荷注入浮置栅的速度更快，且不需额外的高编程电压，擦除时用电信号控制就可以实现，所以对 EEPROM 可以进行在线擦除和在线编程。

2）典型 EEPROM 芯片

EEPROM 因其制造工艺及芯片容量的不同而有多种型号。下面仅以 8 K×8 bit 的 EEPROM 98C64A 为例来加以说明。其引线如图 4.15 所示。

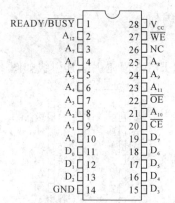

图 4.15　EEPROM 98C64A 引线图

$A_0 \sim A_{12}$ 为地址线，用于选择片内的 8 K 个存储单元。

$D_0 \sim D_7$ 为 8 条数据线，表明每个存储单元存储一个字节的信息。

$\overline{CE}$ 为芯片允许信号引脚。当 $\overline{CE}$ 为低电平时，该芯片被选中，允许其工作；当 $\overline{CE}$ 为高电平时，该芯片不被选中。芯片未被选中时，芯片的功耗很小，仅为 $\overline{CE}$ 有效时的 1/1000。

$\overline{OE}$ 为输出允许信号引脚。当 $\overline{CE}=0$、$\overline{OE}=0$、$\overline{WE}=1$ 时，可将选中的地址单元中的数据读出。

$\overline{WE}$ 为写允许信号引脚。当 $\overline{CE}=0$、$\overline{OE}=1$、$\overline{WE}=0$ 时，可以将数据写入指定的存储单元。

READY/$\overline{BUSY}$ 为漏极开路的状态输出端。当写入数据时该信号变低，数据写完后，该信号变高。

EEPROM 98C64A 的工作过程如下：

（1）读出数据。由 EEPROM 读出数据的过程与从 EPROM 及 RAM 中读出数据的过程是一样的。当 $\overline{CE}=0$、$\overline{OE}=0$、$\overline{WE}=1$ 时，只要满足芯片所要求的读出时序关系，就可从选中的存储单元中将数据读出。

（2）写入数据。将数据写入 EEPROM 98C64A 有两种方式。

第一种是按字节编程方式，即一次写入一个字节的数据，过程是：使 $\overline{CE}=0$、$\overline{OE}=1$，地址线上加要写的地址，数据线上加要写入的数据；在 $\overline{WE}$ 端加上 100 ns 的负脉冲，便可以启动数据的写入。这里要特别注意的是，$\overline{WE}$ 脉冲过后 READY/$\overline{BUSY}$ 端为低电平，表示写入过程正在进行，直到 READY/$\overline{BUSY}$ 端由低电平变为高电平，才完成一个字节的写入。写入时间包括对本单元数据擦除和新数据写入的时间。对于不同芯片，编程所用时间略有不同，一般是几百微秒到几十毫秒，98C64A 需要 5 ms，最大为 10 ms。

在对 EEPROM 编程过程中，可以通过程序查询 READY/$\overline{BUSY}$ 信号或利用它产生中断来判断一个字节的写入是否已经完成。另外，EEPROM 编程可以在线操作，即可在计算机系统中直接进行，从而减少了不少麻烦。

第二种编程方法称为自动按页写入。在 98C64A 中一页数据定义为最多 32 个字节，且要求这 32 个字节在主存中是顺序存放的。页编程的过程是：连续写入一页，用查询或中断查看 READY/$\overline{BUSY}$ 是否已变高，若变高，则写周期完成，接着可以写下一页，直到将数据全部写完。

新型 EEPROM 一页可达数千字节，连续写满一页仅等待几毫秒，其编程速度更快。

除了像 98C64A 这样的并行 EEPROM 之外，尚有多种型号的串行 EEPROM，它们是在外接时钟驱动下一位接一位地写入或读出数据的,因此它们的容量一般都比较小,从几百比特到几千比特,读写速度都很慢,多用于银行卡、各种预付费卡等。

3）闪速存储器

闪速(Flash)存储器也是一种电可擦除可多次编程的存储器。与 EEPROM 不同之处在于其擦除写入的速度比较快,为强调其写入速度快而称之为闪速存储器。闪速存储器在制造工艺上主要有两类:或非(NOR)型阵列和与非(NAND)型阵列。

NOR 结构的传输效率很高,在 1~4 MB 的小容量时具有很高的成本效益。NAND 结构能提供极高的单元密度,可以达到高存储容量,并且写入和擦除的速度也很快。

当选择存储解决方案时,必须权衡以下各项因素:

(1) NOR 的读速度比 NAND 稍快一些。

(2) NAND 的写入速度比 NOR 快很多。

(3) NAND 的擦除速度远比 NOR 的快。

(4) 大多数写入操作需要先进行擦除。

使用时应注意接口上的差别,NOR Flash 带有 SRAM 接口,有足够的地址引脚来寻址,可以随机读写其内部的每一个存储单元。因此,它们可以直接连接系统总线,构成主存储器。NAND Flash 器件使用专用的 8 位接口来顺序地存取数据,不能随机访问,通常用来构成外存储器。很显然,基于 NAND Flash 的存储器可以取代硬盘或其他外存储设备。

4.2.4　相联存储器

RAM 和 ROM 存储器都是按地址进行访问的,也就是说这些存储器都是依照地址去寻找存储单元中的内容。而相联存储器是依据内容确定内容对应的地址或者是依据内容去寻找与其相关的内容。

相联存储器的构成如图 4.16 所示。其组成主要包括如下部件:

(1) 检索寄存器,用于存放要检索的内容,其长度为 n 位二进制编码。

(2) 屏蔽寄存器,用于将不进行检索的某些位屏蔽掉,只留下需要检索的各位参与比较。通常,若屏蔽寄存器中某位置 1,则将相应的检索位屏蔽掉;若置 0,则保留检索位。

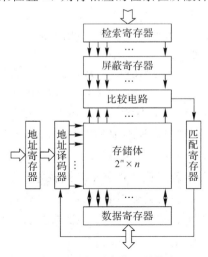

图 4.16　相联存储器的构成

（3）存储体，用于存放信息。假定存储体的容量为 $2^m \times n$，即它具有 2^m 个存储单元，每个存储单元存储 n 位二进制信息。

（4）比较电路，是由 2^m 个 n 位数字比较器构成的，用来将存储体中所有存储单元的内容与经屏蔽后的检索字进行同时比较。采用如此众多的硬件比较器进行同时比较，为的就是提高比较的速度。

（5）匹配寄存器，用于记录比较器的比较结果。该寄存器有 2^m 位，刚好对应存储体的 2^m 个存储单元。当某一存储单元存储的信息与屏蔽后的检索字相同（匹配）时，与该单元对应的寄存器相应位置 1；未匹配存储单元的相应位置 0。

（6）数据寄存器，用来存放比较过程中发现的匹配存储单元的内容。加电后，其内容为随机数。

在图 4.16 的左侧画出了地址寄存器和地址译码器，为的是使相联存储器同时具有按地址访问的功能。

相联存储器中使用了数字比较器，用来比较经屏蔽后的检索字与存储单元的内容是否相等。如果数字比较器还可以进行大于、小于等功能的比较，那么相联存储器就可以具有大于、小于等功能的检索能力。

上述相联存储器是一种比较完备的实现方式，实现起来非常复杂。在实际应用中，可以根据具体的需求实现需要的功能即可。图 4.17 为一种读相联存储器的实现。

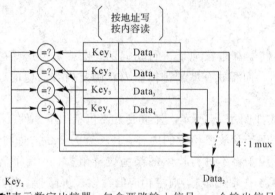

注：① 符号"$\rightarrow$=?$\leftarrow$"表示数字比较器，包含两路输入信号、一个输出信号。

② "4：1 mux"是四选一多路数据选择器，上方四路数据输入，下方一路数据输出，左侧是选择哪路输入到达输出的控制信号。

③ 中间的方框为四个存储单元的 SRAM，每行表示一个存储单元。

图 4.17　四个存储单元的读相联存储器

如图 4.17 所示，SRAM 有四个存储单元，其内容事先已经按地址写入（图中省略了按地址写入的相关电路），每个存储单元所存储的内容包括关键字（Key）和数据（Data）两个字段。现要按内容读出，则需要给出要检索的关键字（比如"Key_2"），此关键字连接到四个数字比较器的第一路输入；而四个数字比较器的第二路输入分别是 SRAM 四个存储单元中相应的关键字（Key）字段。四个数字比较器的比较结果（输出）控制四选一多路数据选择器，与关键字"Key_2"对应的数据"$Data_2$"通过四选一多路数据选择器到达输出，从而关键字"Key_2"对应的数据"$Data_2$"被读出。

可见，为了实现按内容快速读出，若图 4.16 中的 SRAM 有 n 个存储单元，就需要 n 个数字比较器并行比较，同时需要一个 n 选 1 的多路数据选择器以实现数据的快速读出。注意，如果数据 Data 是 16 位的，那么多路数据选择器的每一路输入和输出也都是 16 位的。所以为了降低复杂度，通常相联存储器的容量都不大。

相联存储器可用于许多领域，本书中主要用于高速缓冲存储器(Cache)的地址映射表、页式虚拟存储器的快表(TLB)。

4.2.5 主存储器设计方法

某些嵌入式计算机，比如家用电器、仪器仪表中的计算机系统，处理器一般为低成本、低性能的单片机，所需主存容量很小(几千字节到几百千字节)。这种情况下，主存可用 SRAM 实现。SRAM 有独立的地址线、数据线、片选、读信号、写信号，可以随机访问，控制方式简单，很容易用来构成主存。

对于高性能计算机系统，比如个人计算机、服务器、工作站，为了能够流畅运行常用的操作系统和各种服务、应用软件，所需主存容量往往很大(几吉字节到几百吉字节)，必须用集成度更高的 SDRAM(同步的 DRAM)来实现。使用 SDRAM 构成主存所带来的问题是控制方式非常复杂，必须使用专用的 SDRAM 控制器。目前，高性能的嵌入式处理器、移动处理器和桌面处理器内部都集成了一个或多个 SDRAM 控制器，从而简化了主存的设计。

主存设计要解决的主要问题是 CPU 如何通过地址寻址到某个存储器芯片中的某个存储单元，即地址译码器的设计问题。无论采用 RAM 还是 ROM 来构成主存模块，其基本的连接方式、设计思路都是一样的。

1. 存储器芯片的连接方式

单个存储器芯片的容量有限，存储单元的个数(即字数)和每个存储单元的字长(即位数)两方面都有可能不满足实际需要。这种情况下，必须将多块存储器芯片连接起来，在字数和位数两方面进行扩展，构成一个满足实际需求的大容量存储器。下面以 8 K×8 b 的 SRAM 芯片 6264 为例，说明存储器芯片的常用连接方式。

1) 字数的扩展(字扩展)

用两片 8 K×8 b 的 SRAM 芯片 6264 构成一个 16 K×8 b 的存储器，这是典型的字扩展方式，其连接电路如图 4.18 所示。

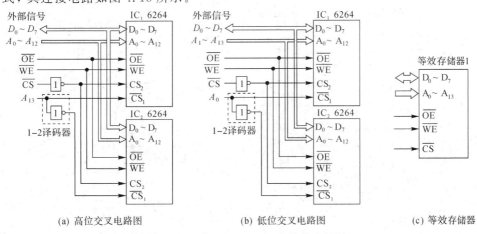

(a) 高位交叉电路图　　(b) 低位交叉电路图　　(c) 等效存储器

图 4.18　两片 6264 SRAM 存储器字扩展

字扩展方式的目的是增加存储器的字数,而每个存储单元的字长或位数保持不变。这种连接方式的特点是:

(1)两个芯片的数据线、地址线、读信号$\overline{OE}$、写信号$\overline{WE}$并联,即两个芯片编号相同的数据线连接到一起,编号相同的地址线连接到一起,读信号连接到一起,写信号连接到一起。

(2)通过适当控制片选信号,保证在任何时刻最多只能有一个芯片被选中(都不选中,或只有一个被选中)。

16 K×8 b 的存储器需要 14 位地址($A_0 \sim A_{13}$),而 8 K×8 b 的 SRAM 芯片 6264 只有 13 位地址($A_0 \sim A_{12}$),从 14 位地址中选择 13 位用作 6264 芯片的内部地址,余下的 1 位地址用来形成两片 6264 的片选信号,以区分要访问的存储单元属于哪片 6264。如果用高位地址(A_{13})形成片选信号,称为高位交叉,如图 4.18(a)所示;如果用低位地址(A_0)形成片选信号,称为低位交叉,如图 4.18(b)所示。不管采用高位交叉还是低位交叉,其电路与图 4.18(c)所示的 SRAM 存储器在容量、功能和使用方法上是一样(等效)的。

如图 4.18(a)所示,高位地址 A_{13} 用来选择 IC_1 或 IC_2,用非门实现了一个 1-2 译码器,两个输出(低电平有效)分别连接 IC_1 和 IC_2 的片选信号 $\overline{CS_1}$(低电平有效)。在总片选信号 $\overline{CS}$ 为低电平时,IC_1 与 IC_2 的 CS_2(高电平有效)为高,此时,A_{13} 为低电平,选中 IC_1;A_{13} 为高电平,选中 IC_2。以此类推,如果用四片 6264 字扩展构成 32 K×8 b 的存储器,则需要一个 2-4 译码器,高两位地址 A_{13}、A_{14} 作为 2-4 译码器的输入,2-4 译码器的四个输出分别接四片 6264 的片选信号 $\overline{CS_1}$;如果 6264 的片数大于四片、小于等于八片,就需要选用 3-8 译码器来形成片选信号了。

如果采用图 4.18(a)的高位交叉方式构成 16 K×8 b 的存储器,则前 8 K 字节位于 IC_1,后 8 K 字节位于 IC_2。

如果采用图 4.18(b)的低位交叉方式构成 16 K×8 b 的存储器,则 16 K 字节内部地址为偶数的存储单元位于 IC_1,内部地址为奇数的存储单元位于 IC_2。如果 CPU 访问主存的连续地址单元,则 IC_1 与 IC_2 轮流交替工作,是典型的多体交叉存储器。

2)位数的扩展(位扩展)

用两片 8 K×8 b 的 SRAM 芯片 6264 构成一个 8 K×16 b 的存储器,这是典型的位扩展方式,其连接电路如图 4.19 所示。

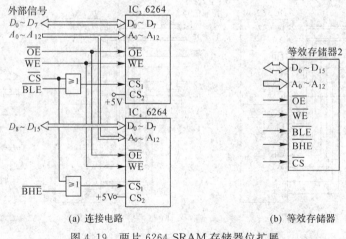

(a) 连接电路　　　　(b) 等效存储器

图 4.19　两片 6264 SRAM 存储器位扩展

位扩展方式的目的是增加每个存储单元的位数(字长),而存储器总的字数(存储单元个数)保持不变。这种连接方式的特点是:

(1)两个芯片的地址线、读信号$\overline{OE}$、写信号$\overline{WE}$并联,即两个芯片编号相同的地址线连接到一起,读信号连接到一起,写信号连接到一起,进行统一控制。

(2)各芯片的数据线单独引出,分别提供16位数据的低8位和高8位。

(3)在进行16位数据的读写时,两个芯片的片选同时有效(即两个芯片同时被选中)。

图4.19(a)中,两片6264经过位扩展之后,构成的存储器与图4.19(b)所示的SRAM存储器在容量、功能和使用方法上是一样(等效)的。此存储器是16位的,即每次可以读或写一个16位的数据,因此,地址线$A_0 \sim A_{12}$应提供16位字的地址,而非8位字节地址。为了使用更加灵活,希望此存储器也支持一次读或写一个8位的数据,因此增加了两个控制信号:

$\overline{BLE}$:数据的低8位允许,低电平有效。

$\overline{BHE}$:数据的高8位允许,低电平有效。

当片选信号$\overline{CS}$有效(低电平)时,

(1)若$\overline{BLE}$和$\overline{BHE}$同时有效(低电平),则IC_3和IC_4同时被选中,可实现16位数据的读或写;

(2)若$\overline{BLE}$有效(低电平)、$\overline{BHE}$无效(高电平),则只有IC_3被选中,可读或写地址线选中的16位字的低8位(通过低8位数据线$D_0 \sim D_7$传送);

(3)若$\overline{BHE}$有效(低电平)、$\overline{BLE}$无效(高电平),则只有IC_4被选中,可读或写地址线选中的16位字的高8位(通过高8位数据线$D_8 \sim D_{15}$传送)。

若某CPU字长16位,按字编址(即一个16位的字占用一个主存地址),且只支持16位主存的读写,则图4.19中的$\overline{BLE}$和$\overline{BHE}$信号可同时接地,存储器的地址线直接连接系统总线的低13位$A_0 \sim A_{12}$(因为按字编址,系统总线的地址线给出的即为字的地址)。

3)位数和字数同时扩展(位扩展和字扩展)

若使用$8 K \times 8 b$的6264 SRAM芯片构成$16 K \times 16 b$的存储器,则需要在位数和字数两个方面同时扩展,如图4.20所示。

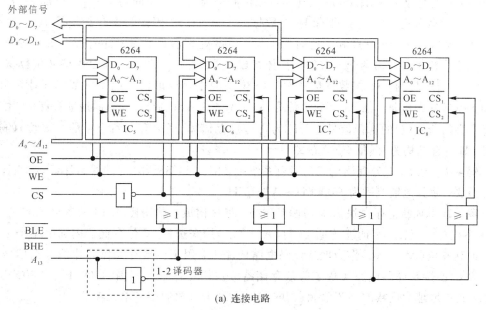

(a) 连接电路

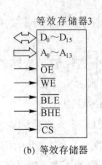

等效存储器3

注:
① IC_5 与 IC_6 位扩展，构成8 K×16 b存储器。
② IC_7 与 IC_8 位扩展，构成8 K×16 b存储器。
③ 两个8 K×16 b存储器字扩展，构成16 K×16 b存储器。
④ $A_0 \sim A_{13}$ 是字地址，用来选择存储器内部要访问的字(16位)。
⑤ $\overline{BLE}$ 是数据的低8位允许信号，低电平有效。
⑥ $\overline{BHE}$ 是数据的高8位允许信号，低电平有效。

(b) 等效存储器

图 4.20　四片 6264SRAM 存储器同时位扩展和字扩展

图 4.20 使用了四片 6264 SRAM 芯片，分为两组(第一组包括 IC_5 和 IC_6，第二组包括 IC_7 和 IC_8)，组的内部采用位扩展连接方式，组和组之间采用字扩展连接方式。因为字扩展在两组之间进行，所以使用了 1-2 译码器，两个输出用来选择访问的数据在第一组还是在第二组。当然，如果 CPU 访问的数据不在图 4.20 所示的存储器中，可置 $\overline{CS}$ 为高电平，使该存储器处于未选中状态。

2. 用存储器芯片构成主存模块

从高性价比出发，计算机系统的实际主存容量往往小于其允许的最大主存空间。根据需要的容量，主存设计可能只需要设计几个主存模块；根据读写要求，不同的主存模块可以选用不同类型的存储器芯片，比如，存放程序的主存模块可以用 RAM 或 ROM 芯片构成，存放数据的主存模块应该用 RAM 芯片构成。所以，主存设计既要用 RAM 芯片，也要用 ROM 芯片。

1) 用 SRAM 芯片构成主存模块

在早期 Intel 处理器构成的计算机系统中，主存空间不大，所以通常用 SRAM 构成主存模块。

在 Intel 8086 处理器构成的微机系统中，8086 处理器、主存模块、I/O 接口通过系统总线相互连接，8086 处理器提供了 20 根地址线($A_0 \sim A_{19}$)，按字节编址(即一个 8 位的字节占用一个主存地址)，因此 8086 处理器可以访问的最大主存空间为 1 M 字节(即 2^{20} 字节)。

8086 处理器是 16 位的(即有 16 根数据线 $D_0 \sim D_{15}$)，因此其主存必须是 16 位的存储器。为了提高软件的灵活度和支持向下兼容，8086 处理器也允许对主存读写 8 位数据。为此，8086 系统的主存由两个 8 位的存储体组成，两个存储体独立工作以支持 8 位数据的读写，联合工作以支持 16 位数据的读写。16 位字的主存地址占用两个字节单元地址(因为 Intel x86 按字节编址)，因此字的地址为 $A_1 \sim A_{19}$(从 A_1 开始)。A_0 为偶地址存储体(用来存储每个字的低 8 位)的选择信号，$\overline{BHE}$ 为奇地址存储体(用来存储每个字的高 8 位)的选择信号，即主存结构为"低位交叉"方式。

例 4.1 在 8086 处理器构成的微机系统中，用 6264 SRAM 存储器芯片设计 16 KB 的主存模块，使其地址范围为 A0000H～A3FFFH。

解 16 KB 的主存模块需要用两片 6264 芯片构成，利用图 4.19 的等效存储器 2 与 8086 系统总线连接，字地址的低 13 位($A_1 \sim A_{13}$)用来选择 16 位存储器内部的某个字，字地址的高 6 位($A_{14} \sim A_{19}$)作为地址译码电路的输入，用来生成存储器芯片的片选信号。图 4.21 中的连接及译码电路实现了等效存储器 2 占用主存地址范围 A0000H～A3FFFH 的要求，其中地址为偶数的字节单元在 IC_3 中，地址为奇数的字节单元在 IC_4 中。

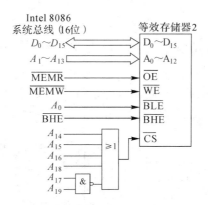

图 4.21 SRAM 存储器(等效存储器 2)与 6 位 8086 系统总线连接电路

从该例可以看出,通过对主存高位地址信号进行译码生成片选信号,可以实现把芯片的存储容量放在设计者所希望的主存空间上,即利用片选信号将芯片放在所需要的主存地址范围上。

2)用 EPROM 芯片构成主存模块

Intel 8088 处理器与 8086 处理器的主要差别在于对外的数据线仅为 8 根,对应系统的主存结构也仅为单一存储体,所以设计主存时除了不需要存储体选择信号之外,其他方面的设计与 8086 系统的主存一致。

例 4.2 在 Intel 8088 处理器构成的系统中,使用 EPROM 2764 芯片与 8 位 ISA 总线连接,构成 8088 系统的引导程序存储区,使其地址范围为 FE000H~FFFFFH(8086/88 处理器的启动地址为 FFFF0H)。

解 2764 是 ROM 芯片,在使用 2764 芯片时,仅用于将其存储的内容读出。其读出过程与 RAM 类似,即加载要读出单元的地址,然后使 $\overline{CE}$ 和 $\overline{OE}$ 均有效(低电平),则在芯片的 $D_0 \sim D_7$ 上就可以输出要读出的数据。2764 芯片与 8 位 ISA 总线的连接如图 4.22 所示,图中译码使该芯片构成的主存模块地址范围为 FE000H~FFFFFH。

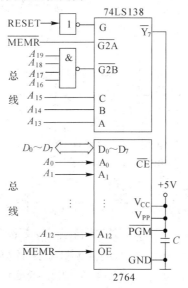

图 4.22 用 EPROM 构成主存模块的电路

3）用 EEPROM 芯片构成主存模块

在 RISC-V 的 64 位体系结构中，主存的总地址空间为 2^{64} 个字节单元。RISC-V 系统的主存分配如图 4.23 所示。

图 4.23 RISC-V 系统的主存分配

我们可以约定：用户地址空间设置为 2^{38} 个字节单元；堆栈指针被初始化为 0000003FFFFFFFF0H，并从用户地址空间的高端开始向下生长；主存低端的第一部分被保留；RISC-V 程序代码从 0000000000400000H 开始；静态数据在代码结束后立即开始，假设地址为 0000000010000000H；动态数据向堆栈生长。

RISC-V 的指令为 32 位固定长度，占用 4 个字节单元，每次从指令存储器中读出的是一条完整的指令。

例 4.3 用 EEPROM 98C64A 构成 RISC-V 系统中从 0000 0000 0040 0000H 开始的 32 KB 指令存储器。

解 假设系统工作前程序已存入指令存储器，计算机系统运行时程序是不被修改的，所以指令存储器可以用 ROM 芯片构成。指令在指令存储器中的单元地址由程序计数器 PC 提供，欲设计的主存模块起始地址 0000 0000 0040 0000H 为 4 字节对齐地址，所以寻址 32 位指令字使用字地址（不用主存地址的低 2 位）即可。98C64A 为 8 KB 容量，构成 32 KB 指令存储器需要 4 个芯片，4 个芯片同时工作，一次读出 32 位指令 I。图 4.24 是在 RISC-V 系统中用 98C64A 构成的 32 KB 指令存储器的连接图。

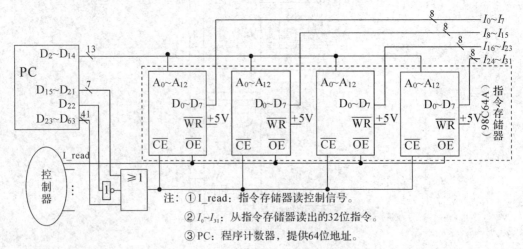

注：①I_read：指令存储器读控制信号。

②$I_0 \sim I_{31}$：从指令存储器读出的32位指令。

③PC：程序计数器，提供64位地址。

图 4.24 用 EEPROM 构成主存模块的电路

4）内存条（用 DRAM 芯片构成主存）

内存条是个人计算机和高性能工作站、服务器的重要组成部分。由于个人计算机和高性能工作站、服务器的主存要求容量大、速度快（相对于外存）、功耗低且造价低廉，而动态随机访问存储器（DRAM）恰恰具备这些特点，因此这些计算机的主存无一例外地采用了 DRAM 存储器。将多片双倍数据率同步 DRAM（DDR SDRAM）存储器芯片采用位扩展（单个 Rank）或位扩展＋字扩展（多个 Rank）的方式连接在一起，并焊在一小条印刷电路板上，称之为内存条。使用时，将内存条插在计算机主板的内存条插槽上。

常见的内存条通常分为以下几种类型：

（1）RDIMM（Registered Dual-Inline-Memory-Modules，带寄存器缓冲的双列直插式存储模块）主要用于服务器。RDIMM 增加了专用寄存器，用来增强时钟、地址和命令信号，改善了信号完整性；支持 8 位的检错和纠错编码；服务器每个主存通道最多可连接 3 个内存条，单个内存条最多包含 2 个 Rank。由于引入了缓冲寄存器，RDIMM 的功耗和延迟略有增加。

（2）LRDIMM（Load-Reduced Dual-Inline-Memory-Modules，低负载双列直插式存储模块）主要用于服务器。在 RDIMM 内存条的基础上，LRDIMM 将缓冲寄存器改为简单的缓冲器；除了地址、命令信号之外，还增加了对数据信号的缓冲，降低了主存总线的负载；在保持服务器每个主存通道最多可连接 3 个内存条的基础上，允许单个内存条最多包含 4 个 Rank，提高了单个内存条可支持的最大容量。在计算机主板内存条插槽个数一定的情况下，使用 LRDIMM 可以带来最大的主存容量。LRDIMM 通常比 RDIMM 具有更高的功耗和更大的延迟。

（3）UDIMM（Unregistered Dual-Inline-Memory-Modules，无缓冲双列直插式存储模块）主要用于台式机（个人计算机）。UDIMM 没有数据缓冲器、缓冲寄存器和检错纠错机制，延迟更小，成本更低；每个主存通道最多可连接 2 个内存条，单个内存条最多包含 2 个 Rank。

（4）SODIMM（Small Outline Dual-Inline-Memory-Modules，小型双列直插式存储模块）外形尺寸更小，其他特点与 UDIMM 相同，用于笔记本电脑。

（5）ECC UDIMM（Error Correcting Code UDIMM，带检错和纠错编码的无缓冲双列直插式存储模块）和 ECC SODIMM（Error Correcting Code SODIMM，带检错和纠错编码的小型双列直插式存储模块）分别在 UDIMM 和 SODIMM 的基础上，增加了对 8 位检错和纠错编码的支持，主要用于高端台式机、高端笔记本电脑和服务器。

图 4.25 为某 4 GB（512 M×64 b）DDR4 SDRAM UDIMM 内存条电路，该内存条电路板的外形及尺寸如图 4.26 所示。

UDIMM 内存条要求数据线宽度为 64 位，且读写的每个数据必须是 64 位的，因此该内存条使用了 4 片 512 M×16 b 的 DDR4 SDRAM 芯片 H5AN8G6NAFR 进行"位扩展"连接，得到了一个 512 M×64 b 的存储器，如图 4.25 所示。

图 4.25 所示的电路连接方式符合存储器"位扩展"的特点：

（1）各芯片的数据线（$DQL_0 \sim DQL_7$、$DQU_0 \sim DQU_7$）单独引出，作为 64 位数据线的一部分。

（2）64 位数据中的每 8 位都有自己的数据选通信号（差分对 $DQS_0 \sim DQS_7$，信号名后缀分别为"_t"和"_c"），以及写数据掩码信号（$DM_0\_n/DBI_0\_n \sim DM_7\_n/DBI_7\_n$），这些信号也是单独引出的。

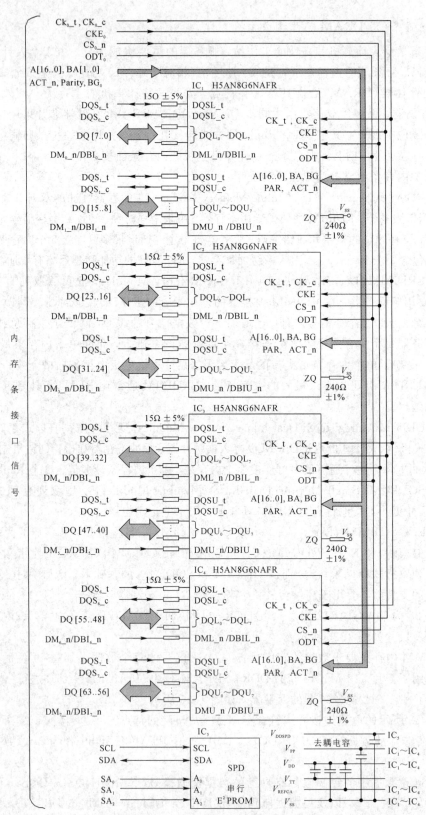

图 4.25 某 4 GB(512 M×64 b)DDR4 SDRAM UDIMM 内存条电路

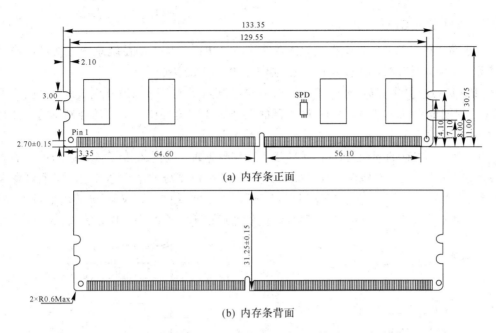

图 4.26　DDR4 SDRAM UDIMM 内存条电路板的外形及尺寸(单位：mm)

（3）时钟、片选、地址以及其他命令信号，都采用并联连接方式，即每个芯片功能相同的引脚连接到一起，统一引出，用来同时控制 4 个存储器芯片($IC_1 \sim IC_4$)。

（4）在访问该内存条时，4 个 DDR4 SDRAM 存储器芯片($IC_1 \sim IC_4$)同时被选中。

图 4.25 中的 IC_5 是一个具有 I^2C 接口的串行 E^2PROM 芯片，简称 SPD(Serial Presence Detect，串行存在检查)，里面存储了该内存条的重要参数，比如存储器芯片及模组厂商、工作频率、工作电压、速度、容量、行/列地址宽度等，这些参数由内存条的生产厂商在出厂前根据主存芯片的实际性能写入，通常不允许修改。在计算机启动的过程中，由 BIOS(Basic Input Output System，基本输入/输出系统)或 UEFI(Unified Extensible Firmware Interface，统一可扩展固件接口)程序读取各内存条 SPD 中记录的参数，并将这些参数写入 SDRAM 控制器(通常集成在处理器中)内部的相关寄存器，为主存设置最优的工作方式，从而充分发挥内存条的性能。

通常计算机主板上会插多个内存条，所有内存条 SPD 芯片的时钟信号(SCL)连接在一起，串行地址/数据信号(SDA)也连接在一起，统一控制。为了区分现在访问的是哪一个内存条的 SPD 芯片，需要通过每个内存条 SPD 芯片的 SA_0、SA_1、SA_2 引脚为其指定芯片地址。例如，主板将内存条插槽 0 的 SA_0、SA_1、SA_2 引脚接地，则插在插槽 0 的内存条 SPD 芯片地址即为"000"；主板将内存条插槽 1 的 SA_0 引脚接高电平，SA_1、SA_2 引脚接地，则插在插槽 1 的内存条 SPD 芯片地址即为"001"，以此类推。当计算机主板读取 SPD 信息时，首先发送目标 SPD 芯片的地址和写命令，然后将要访问存储单元的首地址写入被选中 SPD 芯片内部的地址指针寄存器中；接下来，发送目标 SPD 芯片的地址和读命令，随后即可从被选中 SPD 芯片的指定地址开始读取一个(或连续多个)数据。上述芯片地址、读/写命令、存储单元地址和数据都是通过双向 SDA 引脚串行传输的，在传输时要与时钟信号 SCL 同步。

3. 存储器与 CPU 的速度协调

对于简单的计算机，只要将半导体存储器芯片接在计算机的系统总线上便可以构成主存储器，在构成主存时必须注意存储器与 CPU 速度上的协调。

CPU 读（或写）主存时，由 CPU 内部的时序电路形成 CPU 读（或写）主存的机器周期（即总线周期或 CPU 周期），由 CPU 内部的控制器产生读（或写）主存的控制信号，其写主存时序如图 4.27(a) 所示。

在 CPU 写主存的周期里，由 CPU 送出存储器地址、要写入主存指定地址单元的数据以及写控制信号 $\overline{WR}$。这些信号加到系统总线并传送到要写的主存芯片上，实现对主存的写操作。CPU 不同，写主存的机器周期不同；CPU 时钟频率不一样，机器周期也不一样。例如，5 MHz 时钟下的 8086 CPU 写主存的机器周期为 4 个时钟周期，即 800 ns。

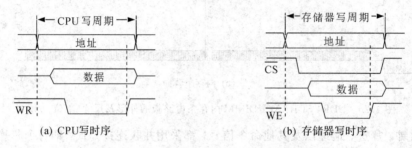

(a) CPU 写时序 (b) 存储器写时序

图 4.27 CPU 写主存与存储器写操作的时序

图 4.27(b) 为存储器芯片的写周期。需要注意，不同类型的存储器芯片，写周期的长度是不一样的，这是存储器芯片所固有的，如写周期分别为 450 ns、180 ns、120 ns、75 ns、25 ns 的 SRAM 芯片。

在利用存储器芯片构成主存时，必须保证 CPU 提供的信号持续时间大于或等于存储器芯片所要求的信号持续时间，只有当 CPU 读写主存的时间大于存储器芯片读写所需要的时间时，才能保证可靠的读写。

在实际构成主存时，要考虑 CPU 发出的信号须经过总线传到存储器芯片上，即信号在总线上传送是需要时间的，同时信号有可能经过驱动器或缓冲器，任何器件对信号都有延时。基于上述因素，在选芯片时应留有 30% 的余量。例如，若 CPU 对主存的读写周期为 100 ns，则所选主存芯片的存取周期不要大于 70 ns。

如果工程上不能满足上述要求，也就是快速的 CPU 使用了慢速的存储器时，早期计算机系统采取的措施有：① 降低 CPU 时钟频率，即延长 CPU 所提供的读写时间；② 选用读写速度更快的存储器芯片；③ 设计等待电路，利用 CPU 的就绪信号 READY，在 CPU 读写周期中插入若干个等待周期。除了某些小系统外，现代计算机系统更多的是采用加入高速缓冲存储器(Cache)来解决快速 CPU 与慢速存储器速度匹配的问题。

4. 多体交叉存储器

若要提高计算机主存系统的读写速度，除了改进主存储器芯片的实现方式和制造工艺、引入 Cache 等方法之外，还可以考虑引入并行主存系统，即将主存分为多个存储体（模块），使多个存储体轮流交叉或并行工作，从而提高主存系统整体的读写速度。这样的存储器称为多体交叉存储器。

1）多体并行访问

多体并行访问通过增加数据总线的宽度来达到提高主存访问速度的目的。

下面以 Intel 的 x86 处理器为例进行介绍。8088 处理器的数据总线只有 8 位，主存由一个 8 位的存储体构成，因此读写主存一次只能传送 1 个字节的数据。8086 处理器有 16 条数据线，主存采用两个存储体（奇地址存储体、偶地址存储体）交叉编址方式，可一次读写 16 位数据，相同主频的情况下，访问主存的速度可达到 8088 处理器的 2 倍。80386、80486 处理器的数据线宽度增加到 32 位，主存采用四个存储体交叉编址方式，读写主存时可一次传输 4 个字节的数据。而 Pentium 处理器的数据线宽度增加到 64 位，主存采用八个存储体交叉编址方式，读写主存时可一次传输 8 个字节的数据。

图 4.28 为 80386、80486 系统中主存的分体组织结构。在 x86 系统中，主存是按字节编址的，因此，32 位的数据要占四个主存地址单元。由图 4.28 可以看到，一个 32 位的数据分别放在四个不同的存储体中。为了增加访问主存的灵活性，四个存储体可以同时被选中，传输 32 位数据；也可以只选中两个存储体（同时选中存储体 0 和存储体 1，或者同时选中存储体 2 和存储体 3），传输 16 位数据；也可以只选中任意一个存储体，传输 8 位数据。

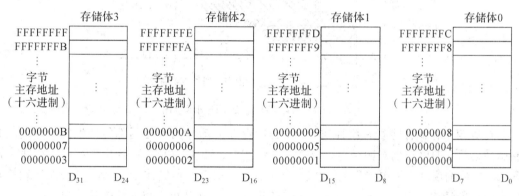

图 4.28　80386、80486 系统主存的分体组织结构

可见，在 x86 系列中，处理器对主存的访问是多个 8 位存储体同时进行的，或者说是多体并行访问的，这是多体交叉存储器的一种访问方式。这种方式实现比较容易，而且速度很快，但需要更宽的数据总线宽度。

2）多体交叉访问

为提高主存的访问速度，多体交叉存储器还有另一种访问方式，即多个模块顺序轮流进行访问，也称为交叉访问。

多体存储器中的体数一般是 2 的幂指数，如 2 个、4 个、8 个或更多。图 4.29 是 4 个体的多体存储器简化框图，其存储器地址与 80x86 存储系统一样采用交叉编址。四个存储体是完全独立的，各自有自己的地址寄存器、地址译码器和数据寄存器 DR。数据总线的宽度仅为每个存储单元的数据宽度。

假定每个存储体的访问时间为 T，如果串行访问四个连续地址（分布在 4 个存储体上）则需要 $4T$。现将该存储器的访问过程改为交叉进行，如图 4.30 所示，控制部件每隔 Δt 启动一个存储体，且 $4 \times \Delta t = T$。应保证 $T/\Delta t$ 小于等于存储体的数量 N（即 $\Delta t \cdot N \geqslant T$），这样才能保证连续访问时存取数据的正确性。

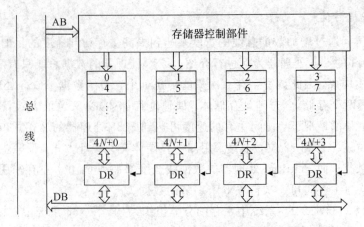

图 4.29 四体交叉访问存储器简化框图

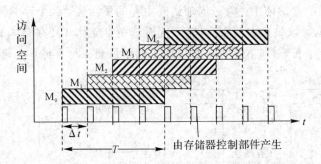

图 4.30 四体存储器交叉访问示意图

在对四个存储体进行一次性访问时,访问命令启动存储器控制部件产生四个等间隔控制脉冲信号,顺序启动对四个存储体 M_0、M_1、M_2、M_3 的访问。在读出数据时,经过 T 时间 M_0 中数据读到 DR 中。T 时刻之后,每经过 Δt 时间,存储体 M_1、M_2、M_3 顺序地完成一个数据的读出并存入 DR 中,这样,只需再用三个 Δt 就可以将四个数据读出。

可以看到,顺序访问任何一个存储体的四个连续地址需要 $4T=16\Delta t$,而采用交叉访问只需要 $7\Delta t$。

由图 4.30 可知,在读前面数据的同时,可以启动后续数据的读出,这样多体交叉访问就形成一种类似流水线的工作方式。当 M_0 读出数据后(用 T 时间),则之后的每个 Δt 可从不同存储体读出一个数据。因此,要连续读出 m 个数据,只需 $T+(m-1)\Delta t$。当 m 很大时,可近似为读出一个数据的时间就是 Δt。显然,增加存储体的数量 N,使 $\Delta t=T/N$ 变得更小,存储器的速度就可以大幅度提高。

上述是以交叉读出为例来说明的,交叉写入数据的思路是一样的。在连续写大量的数据时,尽管存储体每个单元的写入时间依旧是 T,但可以认为 CPU 是以 Δt 的速度交叉写每个存储体单元的。

从以上分析可见,采用多体交叉存储器可以有效地提高存储器的存取速度。目前,构成计算机主存的 DDR4 SDRAM 芯片内部都是由多个存储体(Bank)构成的。如 4.2.2 节中提到的 H5AN8G6NAFR 芯片内部由两个模组(Bank Group)共 8 个存储体(Bank)构成。如果 SDRAM 控制器能够充分利用这 8 个存储体轮流交叉工作,可大幅度提高主存的整体访问速度。由此可见,SDRAM 控制器内部控制算法的优劣也会影响主存速度。现在主流的高性能处理器内部通常集成了内存控制器，而内存控制器中的多个 SDRAM 控制器可以包含多个控制单元(比如两个、三个或四个)，由此形成两通道、三通道或四通道的主存结构，每个 SDRAM 控制单元(通道)可连接一个或多个内存条，多个通道交叉或并行工作，可进一步提升主存的速度。所以，无论是多通道主存系统，还是构成主存的 DDR4 SDRAM 芯片内部，都采用了多体交叉存储器的形式。

4.3　高速缓冲存储器

在过去的 40 多年里，CPU 的速度提高得非常快，而存储器速度的提高相对比较慢，与 CPU 速度相匹配的高速存储器价格很贵。这样一来就产生了矛盾：若计算机采用低价的慢速存储器作为主存，则 CPU 的高速度无法发挥出来；若采用高价的快速存储器作为主存，CPU 的高速度能够发挥出来，但价格又使人无法接受。就 PC 而言，在 80386 CPU 之后，人们采用高速缓冲存储器来解决上述矛盾，既使计算机主存价格低，又能发挥出 CPU 的高速度。

4.3.1　工作原理

高速缓冲存储器的工作建立在程序及数据访问的局部性原理之上。对大量程序执行情况的分析表明：在一段较短的时间间隔内，程序集中在某一较小的主存地址空间上执行，这就是程序执行的局部性原理。同样，对数据的访问也存在局部性现象。

基于程序及数据访问的局部性原理，在 CPU 和主存之间(尽量靠近 CPU 的地方)设置一种容量比较小而速度高的存储器，将当前正在执行的程序和正在访问的数据放在其中。在程序运行时，不需要从慢速的主存中取指令和数据，而是直接访问这种高速小容量的存储器，从而可以提高 CPU 的程序执行速度，这种存储器就称为高速缓冲存储器，简称为 Cache。

引入 Cache 后，Cache 和主存构成了具有两级存储层次的 Cache-主存系统，Cache 所处位置如图 4.31 所示。Cache 的构成主要包括替换/更新管理模块、地址映射与变换模块以及小容量高速缓存 Cache，如图 4.32 所示。

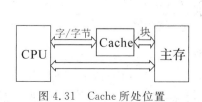

图 4.31　Cache 所处位置

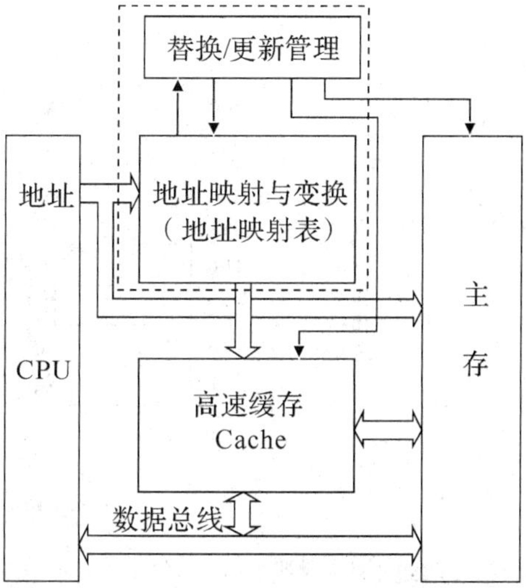

图 4.32　Cache 的构成

当CPU执行程序时需从主存读指令或读/写数据，此时主存地址从地址线上被加载至主存的同时也加载到地址映射与变换模块上。若在地址映射表中检索到要读/写的信息在高速 Cache 中，则通过地址映射表将地址转换为 Cache 地址，CPU 依据 Cache 地址在 Cache 中读/写信息，这种情况称为"命中"。若在地址映射表中检索到要读/写的信息不在 Cache 中，则称"未命中"，此时，CPU 在主存中读出指令或读/写数据，同时将包括读/写信息在内的一个主存块读出加载或替换 Cache 中的某一存储块。由于主存到 Cache 的加载或替换是以块为单位的，一旦某主存块被放置在 Cache 中，对其块内相邻地址的访问必定可以在 Cache 中进行。

利用程序执行的局部性原理合理设计 Cache，使得程序执行过程中大量访存操作实际在 Cache 而非主存中，这样就可以提高 CPU 的访存速度，加快程序的执行。值得注意的是，Cache 中存储的内容与主存的相应存储块的内容是完全一样的，仅是主存内容的拷贝，只是为了提高运行速度而将其放在 Cache 中的。同时，为了提高速度，整个 Cache 系统都是由硬件实现的。

4.3.2 地址映射与变换

在 Cache 工作过程中，需要将主存的信息拷贝到 Cache 中，这就需要建立主存地址与 Cache 地址之间的映射关系，并将该关系存于地址映射表中，这就是主存地址到 Cache 地址的地址映射。在程序执行中，如果命中，CPU 就从 Cache 中存取信息，此时需要将主存地址转换为 Cache 地址，才能对 Cache 进行访问。将主存地址转换为 Cache 地址称为地址变换。地址映射与变换有如下三种基本方式。

1. 全相联地址映射方式

为了充分利用程序执行的局部性原理，提高效率，通常将 Cache 和主存分成若干容量相等的存储块。例如，主存为 64 MB，Cache 为 32 KB，若以 4 KB 大小分块，Cache 被分为块号为 0～7 的 8 个块，块号可用 3 位二进制编码表示；而主存分为 16 K 个块，块号为 0～16 383，块号需要用 14 位二进制编码表示。分块情况如图 4.33 所示。

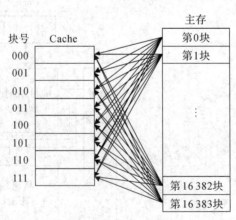

图 4.33　全相联地址映射示意图

全相联地址映射规则为：主存的任何一块可以装入(拷贝)到 Cache 的任何一块中。

全相联地址映射关系如图 4.33 所示。这时，采用相联存储器构成地址映射表，且使相联存储器单元数与 Cache 块数相同(本例为 8),这样,Cache 块号就可以作为地址映射表的表项地址(即相联存储器单元地址),然后在相联存储器的存储单元中记录装入 Cache 的主存块的块号(即标记)。本例中,相联存储器每个单元的位数应为

$$标记位数+属性位数=14+m 位 \tag{4.3}$$

m 为可根据需要添加的属性位数。本例中属性设置了有效位(1 表示有效,0 表示无效),用于确定地址映射表中记录的标记是否有效,即 $m=1$,所以本例的相联存储器容量为 $8×(14+1)$ b。

在全相联方式下,主存地址转换为 Cache 地址的变换过程如图 4.34 所示。假定某时刻主存第 28B5H 块(即主存地址 28B5000H～28B5FFFH 的 4 KB 存储块)被装入 Cache 的第 100B(4)块中,该 Cache 块的地址是 32 KB 中 4000H～4FFFH 的 4 K 个地址。同时,将主存块号 28B5H 记录在相联存储器地址为 100B(4)的单元中,并设置该单元有效位为 1。若此后某时刻,CPU 欲访问的主存地址为 28B57A4H(其低 12 位 7A4H 为块内地址,高 14 位 28B5H 为主存块号),则该主存地址中的块号 28B5H 作为检索数据,在地址映射表(相联存储器)中同时进行各单元比较。若相联存储器中有被检索数据,且其有效位为 1,则其所在单元地址就是 CPU 欲访问 Cache 的块号。将 Cache 块号作为 Cache 地址的高位,主存块内地址(即 Cache 块内地址)作为 Cache 地址的低位,即构成了 CPU 访问的 Cache 地址。本例中,由检索数据 28B5H 寻找到 Cache 块号为 100B(4),将此高位地址与块内地址连接在一起,便形成了 Cache 地址,即 47A4H。CPU 从 Cache 的 47A4H 单元即可访问到主存 28B57A4H 单元的内容。

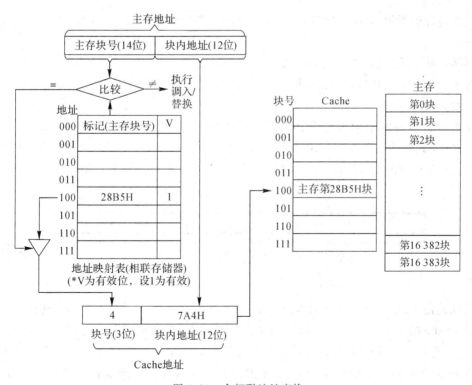

图 4.34　全相联地址变换

全相联映射的优点是主存块装入 Cache 特别灵活,主存的任一块可装入 Cache 的任一

块中。只有当 Cache 全部装满后才需要替换。在替换时,只需根据算法淘汰掉 Cache 的某一块,即可装入新的主存块。

但是,全相联映射的代价也是最高的。它要求的相联存储器容量最大,需要检索相联存储器的所有单元才有可能获得 Cache 的块号,故地址变换机构最复杂。

2. 直接地址映射方式

下面仍以前面给出的数据为例说明直接地址映射。在直接映射方式下,要将主存先以 Cache 的容量(32 KB)分区,则 64 MB 的主存就被分成 0～2047 个区,即 2 K 个区,而后 Cache 和主存的每个区再以 4 KB 分块,如图 4.35 所示。

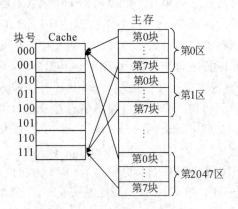

图 4.35　直接地址映射示意图

直接地址映射规则为:主存各区中块号相同的存储块只能装入 Cache 中相同块号的存储块中。

例如,主存所有区中的 0 号块只能装入 Cache 的 0 号块中,主存所有区中的 1 号块只能装入 Cache 的 1 号块中,以此类推,如图 4.35 所示。这种映射使主存块号与 Cache 块号保持一致。

下面分析直接映射的地址变换过程。同样假定某一时刻 CPU 欲访问的主存地址为 28B57A4H。此时该主存地址由区号、区内块号、块内地址三部分组成,如图 4.36 所示。在本例中,主存地址的低 12 位是块内地址,中间 3 位表示区内块号,最高 11 位用来表示区号。

图 4.36　直接映射方式下主存地址结构

假如此前 CPU 已访问过区号为 516H、区内块号为 101B(5)的主存块,则该块一定已经装入 Cache 的 101B(5)块中,同时,在地址为 101B 的地址映射表中已存储了主存的区号 516H,见图 4.37。当 CPU 送出主存地址 28B57A4H 时,直接映射的地址变换机构得到此时的主存区号为 516H、块号为 5(101B),并依据主存块号访问地址映射表(可由静态存储器构成),检查静态存储器 5(101B)号单元的内容是否是主存区号 516H。若是,且该单元有效位为 1,则为命中,主存地址的区内块号和块内地址就是 Cache 的地址,本例主存地址的低 15 位即 Cache 地址 57A4H；若不是，则为未命中。

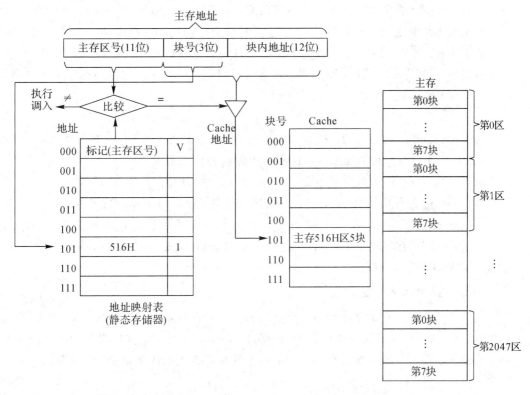

图 4.37 直接地址变换

可见，直接映射方式下的地址变换很简单，只需将主存块号作为地址映射表的地址去检索该单元存放的是否是有效的本块主存地址的区号，即只检测地址映射表中的一个存储单元。若命中，则由主存地址直接获得 Cache 地址。

直接地址映射的缺点是效率低。当 Cache 某一块号正在使用而主存其他区同一块号又需装入时，即使其他 Cache 块空闲或很久都未使用也不能被装入，只能将正在使用的 Cache 块替换。也就是说，主存不同区的相同块号是不允许同时存在于 Cache 中的，若出现主存不同区的相同块号存储块频繁交替被访问，就会出现这些块被频繁装入 Cache 的情况，这将大大影响命中率。因此，直接地址映射更适合于大容量 Cache。

3. 组相联地址映射方式与实现

全相联地址映射和直接地址映射方式各有优缺点，组相联地址映射方式就是将两者的优点结合而尽可能减小两者的缺点。组相联地址映射的存储结构是将 Cache 先分组，组内再分块。而主存结构是先以 Cache 的总容量分区，区内按 Cache 的方法分组，组内再分块。所以 Cache 和主存的地址结构如图 4.38 所示。

组号	组内块号	块内地址

区号	区内组号	组内块号	块内地址

(a) Cache地址结构　　　　　　　　(b) 主存地址结构

图 4.38 Cache 和主存地址结构

组相联地址映射规则为：主存与 Cache 间的地址映射是组间直接映射而组内全相联映

射，也就是说主存某组中的块只能装入 Cache 的同号组中，但可以装入 Cache 同号组中的任意一块内。这就要求在地址映射表中记录的标记为主存区号和（组内）块号。

组相联地址映射方式将相联比较的范围缩小到一组之内，在提供一定灵活度的同时，有效缩小了相联存储器的规模。但是，需要参与相联比较的标记（区号和组内块号）是主存地址中的不连续字段，这就增加了实现的难度。因此，在实际处理器内部 Cache 的具体实现中，采用了组相联地址映射方式的一种变型，有些资料称之为"位选择组相联"。为了名称统一，下文仍称作"组相联"。

为了简化问题，描述方便，在下文的实例中，缩小了主存和 Cache 的容量。除了主存和 Cache 的容量小之外，其他规则均遵循实际计算机的具体实现。

现代计算机的主存都采用 DDR SDRAM 实现，内存条共 64 条数据线，而 DDR SDRAM 常用的突发长度为 8。因此，对主存一次突发读写可传输的数据量为：8×64 bit = 64 字节，也就是处理器与主存之间一次传输 64 个字节的数据时，效率最高。基于上述原因，大多数处理器在实现 Cache 时，规定主存和 Cache 都按 64 个字节分块，主存与 Cache 之间以块为单位传输数据。

1）2 路组相联地址映射

假设某计算机主存的最大寻址空间为 2 K，按字节编址，Cache 共有 512 个字节，块大小为 64 个字节。因此，主存共 32 块（2 KB/64 B），Cache 共 8 块（512 B/64 B）。若 Cache 采用 2 路组相联结构，则主存与 Cache 之间的地址映射方式如图 4.39 所示。

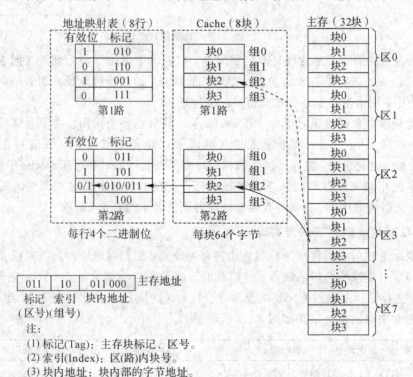

图 4.39　2 路组相联地址映射

为了实现 2 路组相联结构，Cache（共 8 块）平均分为 2 路，每路 4 块（每路内部的块号从"0"开始）；相应的，Cache 地址映射表也应该分为 2 路，每路 4 行。注意，Cache 的"块"与地址映射表的"行"之间是一一对应的关系。主存共 32 块，按照 Cache 每一路的容量分区，则每区 4 块，共 8 个区（区号为 0～7）。

2 路组相联的地址映射规则为：主存某区的一块，如果要装入 Cache，可以装入 Cache 任何一路相同块号的位置。比如，CPU 读主存的 11 位主存地址为"011 10 011000B"，说明 CPU 要访问的是主存第 3 区、第 2 块的第 24 个字节（主存地址划分见图4.39 左下角）。假设 Cache 未命中，则 Cache 管理硬件会试图把主存第 3 区的第"2"块装入 Cache，按照 2 路组相联的地址映射规则，其可装入 Cache 的位置有 2 个选择：第 1 路的第"2"块，或者第 2 路的第"2"块，如图 4.39 所示。

Cache 管理硬件通过查地址映射表，发现第 1 路的第 2 行（行号从 0 开始）有效位为"1"，说明 Cache 第 1 路的第 2 块已被占用；再查对应的标志字段，内容为"001B"，说明 Cache 第 1 路的第 2 块已装入主存第"1"区的第 2 块。Cache 管理硬件继续查地址映射表第 2 路的第 2 行，发现有效位为"0"，说明 Cache 第 2 路的第 2 块是空闲的，则读主存，将主存第 3 区的第 2 块（共 64 个字节）装入 Cache 第 2 路的第 2 块，同时修改地址映射表第 2 路的第 2 行，将有效位置"1"，标记字段填写对应的主存区号 3（011B），装入过程结束。CPU 可以在装入过程中直接从主存取得数据，也可以在装入结束后从 Cache 得到所需数据。

上述 2 路组相联的地址映射规则，如果按照"组"的概念来解释，可以理解为 Cache 按照组的数量分路，主存按照组的数量分区。例如，如果 Cache 共 4 组，则 Cache 每 4 块为一路，主存每 4 块为一个区。所以 Cache 的路内块号、主存的区内块号，都可以理解为组号。具体到本例，解释如下（参考图 4.39）：

（1）2 路组相联，即每组 2 块。

（2）Cache 每路 4 块，则 Cache 共 4 组。

（3）Cache"组"和"路"的对应关系是：

① 第 0 组的两块由 Cache 上下两路的第 0 块构成；

② 第 1 组的两块由 Cache 上下两路的第 1 块构成；

③ 第 2 组的两块由 Cache 上下两路的第 2 块构成；

④ 第 3 组的两块由 Cache 上下两路的第 3 块构成。

（4）主存地址划分中的索引（Index）字段，其含义是主存的区内块号，或者 Cache 的路内块号（因为主存是按照 Cache 每一路的容量分区的，即主存每一区和 Cache 每一路在容量和内部分块规则上是一样的）。因为 Cache 的路内块号、主存的区内块号都可以理解为组号，所以主存地址的索引字段即为组号。

（5）在进行主存-Cache 地址映射时，如果要把主存第 3 区的第 2 块（即第 2 组）装入 Cache，可以装入 Cache 第 2 组（由上下两路的第 2 块构成）的任何一块中，即组间直接映射、组内全相联映射，符合组相联地址映射的一般规则。

上述解释只是为了说明本例中的 Cache 结构和组相联地址映射之间的关系。为了便于理解，下文仍以"路"的概念来说明 Cache 地址映射和地址变换的过程。

2）2 路组相联地址变换

图 4.40 是 2 路组相联地址变换的过程，描述的是 CPU 读主存时 Cache 命中的情况。

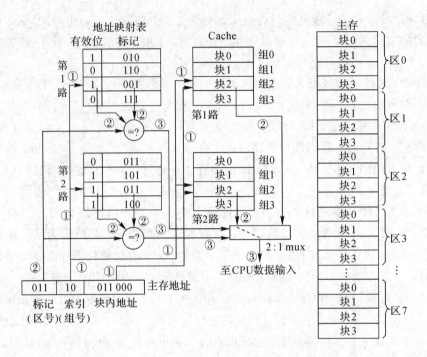

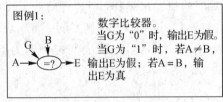

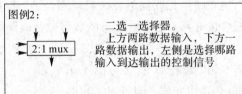

图 4.40 2 路组相联地址变换

假设 CPU 读地址为"011 10 011000B"的主存单元数据(该数据是主存第 3 区、第 2 块的第 24 个字节,主存地址划分见图 4.40 左下部),Cache 管理硬件负责查找地址映射表,看 CPU 访问的主存地址是否命中 Cache,如果命中 Cache,则从 Cache 中读取该数据;如果未命中 Cache,则读主存,将包含该数据的主存块装入 Cache(如果按照当前地址映射规则,Cache 没有空闲块,还需进行块替换操作)。如图 4.40 所示,如果 CPU 读主存数据时命中 Cache,只需以下三步,即可从 Cache 中得到所需数据:

(1) 根据主存地址中的索引字段(即主存区内块号,或 Cache 的路内块号),按地址访问,读取地址映射表上、下两路的第 2 行;同时,根据主存地址的索引、块内地址字段按地址访问,读取 Cache 上、下两路第 2 块内部地址为 24 的字节数据。

(2) 地址映射表上、下两路第 2 行的内容被读出,分别作为两个数字比较器的输入(有效位和标记字段分别连接数字比较器的 G、B 两个输入端),数字比较器 A 输入端的数据由主存地址的标记(Tag)字段(即主存区号)提供;同时,Cache 上、下两路第 2 块内部地址为 24 的字节数据被读出,作为二选一选择器的左右两路输入。

(3) 经过比较,第 1 路数字比较器的输出为假(Cache 第 1 路的第 2 块"不是"主存第 3 区第 2 块的内容),第 2 路数字比较器的输出为真(Cache 第 2 路的第 2 块"是"主存第 3 区第 2 块的内容）。两个数字比较器的输出信号控制二选一选择器，使左侧的输入（即 Cache 第 2 路第 2 块内部地址为 24 的字节数据）到达输出，送至 CPU。

通过以上三个步骤，CPU 从 Cache 中得到了地址为"011 10 011000B"的主存数据。

由图 4.40 可知，Cache 和地址映射表都由按地址访问的 SRAM 构成。要实现"2"路组相联，则需要"2"个数字比较器，以及一个"二"选一的选择器。可以认为，构成地址映射表的两路 SRAM，再加上两个数字比较器，即组成了具有两个单元的相联存储器，可实现按内容快速查找。查两路地址映射表和读取两路 Cache 数据是并行执行的，引入多路选择器的目的就是为了配合 Cache 命中时数据的快速读出。

3）4 路组相联地址映射与变换

在其他参数不变的情况下，将 Cache 的组织结构改为 4 路组相联，主存与 Cache 之间的地址映射方式如图 4.41 所示。

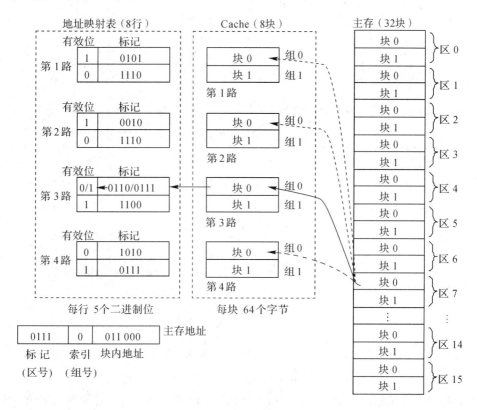

图 4.41　4 路组相联地址映射

为了实现 4 路组相联结构，Cache（共 8 块）平均分为 4 路，每路 2 块；地址映射表也分为 4 路，每路 2 行。主存共 32 块，按照 Cache 每一路的容量分区，则每区 2 块，共 16 个区。

若 CPU 读地址为"0111 0 011000B"的主存数据，根据主存地址划分（如图 4.41 左下角所示），此数据属于主存第 7 区、第 0 块的第 24 个字节。假设 Cache 未命中，则 Cache 管理硬件会试图把主存第 7 区的第"0"块装入 Cache，按照 4 路组相联的地址映射规则，可以装入 Cache 任何一路的第"0"块，有 4 个位置可供选择。

　　Cache 管理硬件通过查地址映射表，发现第 1 路、第 2 路的第 0 块已被占用，第 3 路的第 0 块空闲，则读主存，将主存第 7 区的第 0 块装入 Cache 第 3 路的第 0 块，同时修改地址映射表第 3 路的第 0 行，将有效位置"1"，标记字段填写对应的主存区号 7(0111B)，装入过程结束。

　　图 4.42 是 4 路组相联地址变换的过程。

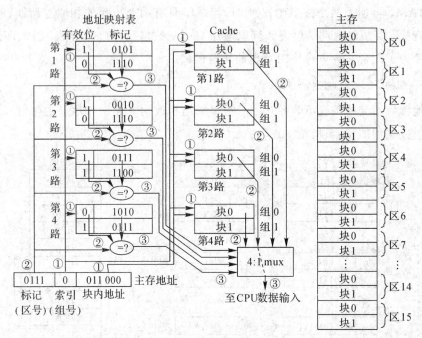

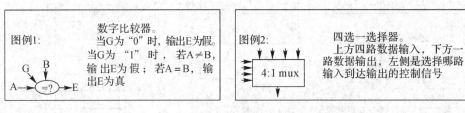

图 4.42　4 路组相联地址变换

　　假设 CPU 读地址为"0111 0 011000B"的主存数据（主存第 7 区、第 0 块的第 24 个字节），命中 Cache，CPU 从 Cache 取得数据也只需要以下三个步骤：

　　(1) 根据主存地址中的索引字段，按地址访问，读取全部 4 路地址映射表的第 0 行；同时，根据主存地址的索引、块内地址字段按地址访问，读取全部 4 路 Cache 第 0 块内部地址为 24 的字节数据。

　　(2) 4 路地址映射表的第 0 行被读出，分别作为四个数字比较器的输入（有效位和标志字段分别连接数字比较器的 G、B 两个输入端），数字比较器 A 输入端的数据由主存地址的标记(Tag)字段提供；同时，4 路 Cache 第 0 块内部地址为 24 的字节数据被读出，作为四选一选择器的输入。

　　(3) 经过比较，只有第 3 路数字比较器的输出为真。4 个数字比较器的输出信号控制四选一选择器，使第 3 路的输入到达输出，送至 CPU。至此，CPU 从 Cache 得到要读取的主存数据。

由图 4.42 可知，要实现"4"路组相联，则需要"4"个数字比较器，以及一个"四"选一的选择器。

4）8 路组相联地址映射与变换

同理，在其他参数不变的情况下，将 Cache 的组织结构改为 8 路组相联，主存与 Cache 之间的地址映射方式如图 4.43 所示。因为 Cache 共 8 块，路数与 Cache 的总块数已相同，则每路只有一块，Cache 每一路的内部、主存每一区的内部也就无须块寻址，主存地址划分（如图 4.43 左下角所示）无须索引字段。显然，如果主存的某块要装入 Cache，可以装入 Cache 的任何一块，这就是全相联映射方式。本例中，为了实现地址变换，需要 8 个数字比较器，以及一个八选一的选择器。

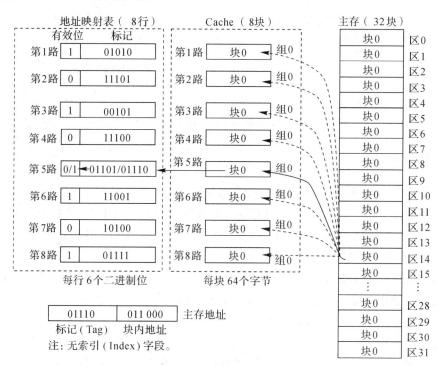

图 4.43　8 路组相联地址映射（全相联）

5）1 路组相联地址映射（直接映射）

如果将 Cache 的组织结构改为 1 路组相联（其他参数不变），主存与 Cache 之间的地址映射方式如图 4.44 所示。很显然，主存的某块要装入 Cache，只有一个位置可供选择（区内块号必须与 Cache 块号对应），这就是直接映射方式。如果 Cache 采用 1 路组相联（直接映射）的组织方式，为了实现地址变换，只需一个数字比较器，无须多路选择器，用比较器的输出控制 Cache 输出数据的三态门即可。

由于组相联地址映射的优势明显，所以在现有采用 Cache 的计算机系统中，Cache 与主存的地址映射方案均采用组相联地址映射方式。

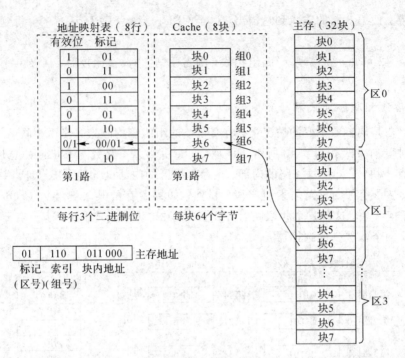

图 4.44　1 路组相联地址映射(直接映射)

4.3.3　替换算法

当要访问的主存块不在 Cache 中，即未命中时，就需要将主存块调入 Cache。在采用全相联地址映射和组相联地址映射时，如果当前 Cache 中没有空闲块，则需要在 Cache 中选择一个替换块，用于放置新调入的主存块。主要的替换算法有如下几种：

(1) 随机替换(RAND)算法。

该算法是用随机函数发生器产生需替换的 Cache 块号，将其替换。这种方法没有考虑信息的历史及使用情况，可能会降低命中率，但实现简单。

(2) 先进先出(First In First Out，FIFO)算法。

该算法是将最先装入 Cache 的那个主存块替换出去。这种方法只考虑了信息的历史情况而没有考虑其使用情况，也许最先装入的那一块正在频繁使用。因此，该算法有一定局限性，造成命中率不是很高。

(3) 近期最少使用(Least Recently Used，LRU)算法。

该算法是将近期最少使用的 Cache 块替换出去。这种算法需要对每个 Cache 块设置一个计数器，某块每命中一次，就将其计数器清 0 而其他块的计数器加 1，记录 Cache 中各块的使用情况。当需要替换时，便将计数值最大的块替换出去。由于 Cache 的工作是建立在程序执行及数据访问的局部性原理基础上的，因此该算法较前两种算法的命中率要高一些。

(4) 最不经常使用(Least Frequently Used，LFU)算法。

该算法是将一段时间里被访问次数最少的 Cache 块替换出去。这种算法也需要对每个 Cache 块设置一个计数器，且开始调入时计数为 0。Cache 块每被访问一次，其计数器就加 1。当需要替换时，便将计数值最小的块替换出去，同时将所有各块的计数器清 0。这种方法将计数周期限定在两次替换的时间间隔内，不能完全反映近期的访问情况。

（5）最优替换（Optional Replacement，OPT）算法。

要实现这种算法，程序需执行两次。执行第一遍时，记录各 Cache 块地址的使用情况。根据第一遍的记录就能找出需要替换出去的该是哪块。有了先验的替换信息，在第二次及以后的执行中一定能使命中率达到最高。前面的算法是依据过去的信息决定未来，而这种算法是以未来的信息决定未来，必然最佳。显然，这种方法是不实用的，但它可以用作衡量其他算法的标准。

例 4.4 假定程序在主存中占用了 5 个存储块，Cache 容量为 3 个存储块，采用全相联映射。CPU 执行程序的顺序为 P2、P3、P2、P1、P5、P2、P4、P5、P3、P2、P5、P2。试分析采用 FIFO 算法、LRU 算法和 OPT 三种算法的 Cache 命中情况。

解 采用 FIFO 算法、LRU 算法和 OPT 三种算法的 Cache 命中情况如表 4.3 所示。

表 4.3 例 4.4 三种替换算法的比较

时间序列		1	2	3	4	5	6	7	8	9	10	11	12
程序访问的块号		P2	P3	P2	P1	P5	P2	P4	P5	P3	P2	P5	P2
(a) FIFO 算法	缓存装入的块号	P2	P2	P2	P2	P5	P5	P5	P5	P3	P3	P3	P3
			P3	P3	P3	P3	P2	P2	P2	P2	P2	P5	P5
				P1	P1	P1	P4	P4	P4	P4	P4	P2	
	是否命中			★					★		★		
(b) LRU 算法	缓存装入的块号	P2	P2	P2	P2	P2	P2	P2	P2	P3	P3	P3	P3
			P3	P3	P3	P5	P5	P5	P5	P5	P5	P5	P5
				P1	P1	P1	P4	P4	P4	P2	P2	P2	
	是否命中			★			★		★			★	★
(c) OPT 算法	缓存装入的块号	P2	P2	P2	P2	P2	P2	P4	P4	P4	P2	P2	P2
			P3	P3	P3	P3	P3	P3	P3	P3	P3	P3	P3
				P1	P5	P5	P5	P5	P5	P5	P5	P5	
	是否命中			★			★		★	★		★	★

注：① 背景为灰色的块是下次将要被替换的块。

② ★标注 Cache 命中的时刻。

表 4.3(a)所示的是利用 FIFO 算法的执行结果。在采用 FIFO 算法的情况下，命中率为 3/12＝25％。

表 4.3(b)所示的是利用 LRU 算法的执行结果。在采用 LRU 算法的情况下，命中率为 5/12＝42％。

最优替换算法 OPT 的替换情况如表 4.3(c)所示，此时的命中率为 6/12＝50％。

上面的例子仅说明 OPT 算法的命中率高一些。当然，人们也期望命中率尽可能地高。

4.3.4 更新策略

从前述内容可知，Cache 的内容是主存部分内容的拷贝，其内容应当与主存的内容保持一致。很显然，只是从 Cache 中读出指令或数据是不会改变 Cache 中的内容的，而 CPU 对 Cache 单元的写就会改变其内容。为了保证主存与 Cache 内容的一致性，主存的内容必须随着 Cache 内容的改变而更新。由于程序 Cache 是只读的，不存在一致性问题，所以该问题只发生在数据 Cache 中。在数据 Cache 被改写后，如何更新主存的内容，也即如何保持主存与 Cache 内容的一致性，可采取下述的更新策略（也称为写策略）。

1. 写回法

写回法是当 CPU 写 Cache 命中时，只将数据写入 Cache 而不立即写入主存。只有当由 CPU 改写过的 Cache 块被替换出去时该块才写回到主存中。

如果 CPU 写 Cache 未命中，则先将相应主存块调入 Cache 中，再在 Cache 中进行写入操作。对主存的修改仍留待该块替换出去时进行。

要实现这种方法，需要对 Cache 的每一块增设一位修改标志，以便在该块被替换时，根据此标志决定是将该块写回主存还是直接丢弃不要。

这种方法的写修改是在 Cache 中进行的，很可能会发生多次，而对主存的修改只有最后替换时的这一次。这比下面的写直达法速度要快得多，但在替换前的这段时间里存在主存与 Cache 内容不一致的问题。

2. 写直达法

写直达法也称作全写法，是当 CPU 写 Cache 命中时，在将数据写入 Cache 的同时也写入主存，从而较好地保证了主存与 Cache 内容的一致性。

当 CPU 写 Cache 未命中时，就直接对主存进行写入修改，而后可以将修改过的主存块调入 Cache 或不调入 Cache。

写直达法同时修改 Cache 和主存，一致性好，而且也不需要设置修改标志，但是每次的数据修改都要对速度较慢的主存进行操作，必然降低 CPU 的运行速度。

4.3.5 Cache 性能测量

Cache 的性能直接影响 Cache-主存系统的性能，进一步影响计算机系统的性能。Cache 设计的好坏可以用性能指标衡量，常用的性能指标有命中率、平均访问时间、加速比、成本等。

1. 命中率(Hit Rate)

命中率 h 定义为

$$h = \frac{N_c}{N} \times 100\% \tag{4.4}$$

其中，N_c 为 CPU 在 Cache 中访问到所需信息的次数，N 为 CPU 访问 Cache-主存系统的总次数。相应地，$1-h$ 被定义为未命中率，也称为缺失率 m(Miss Rate)或脱靶率。

显然，命中率越高，CPU 在 Cache 中访问到所需信息的机会就越多，访问的速度就越快，Cache-主存系统的性能就越好。

2. 平均访问时间(Average Access Time)

假设 Cache 的访问时间为 T_C,主存的访问时间为 T_M,Cache 的命中率为 h,则两层结构的 Cache-主存系统的平均访问时间 T 可表示为

$$T = h \times T_C + (1-h) \times (T_C + T_M) = T_C + (1-h) \times T_M \tag{4.5}$$

其中,$h \times T_C$ 为命中时直接访问 Cache 所用的时间(包括命中检测),$(1-h) \times (T_C + T_M)$ 为未命中时从主存加载数据到 Cache 并访问 Cache 所用的时间。通常,$T_M \gg T_C$。

平均访问时间是 Cache-主存系统最直接的速度指标,时间越短,速度越快。当命中率很高时,Cache-主存系统的平均访问时间 T 接近于 Cache 的访问时间 T_C,表明 Cache 性能良好。

例 4.5 若某计算机中的 Cache 以 1 个字为一块,CPU 从主存 0 地址开始顺序读 10 个字,重复 100 次,Cache 命中率为 99%,T_M 为 100 ns,T_C 为 10 ns。Cache-主存系统的平均访问时间为多少?若主存采用多体交叉结构,10 个字的块可以用 T_M 时间调入/替换 Cache,则 Cache-主存系统的平均访问时间又为多少?

解 (1)在 1 个字为一块的情况下,利用公式(4.5)可得 Cache-主存系统的平均访问时间 T 为

$$T = T_C + (1-h) \times T_M = 10 + (1-0.99) \times 100 = 11 \text{ ns}$$

(2)在 10 个字为一块的情况下,利用公式(4.5)可得 Cache-主存系统的平均访问时间 T 为

$$T = T_C + (1-h) \times T_M = 10 + (1-0.99) \times \frac{100}{10} = 10.1 \text{ ns}$$

可见,增大块的尺寸,并采用高速的块传输技术(如本例的主存多体交叉结构),可以减少调入/替换开销。

3. 加速比(Speedup Ratio)

在计算机中设置 Cache 的主要目的在于提高存储系统的速度,降低存储系统的价格。尤其是速度,它是计算机设计与发展中永恒的主题。因此,Cache 设计中人们最关心的性能指标就是加速比。

根据 Amdahl 定律,Cache-主存系统的加速比 S_P 定义为

$$S_P = \frac{T_M}{T} = \frac{T_M}{T_C + (1-h) \times T_M} = \frac{1}{1-h+\dfrac{1}{r}} \tag{4.6}$$

其中,$r = T_M/T_C$ 为从主存到 Cache 速度提升的倍数。当块大小确定后,命中率愈高,加速比愈大。但加速比不会无限增大,其极限值为 $r = T_M/T_C$。

例 4.6 在例 4.5(1)的情况下,Cache-主存系统的加速比为多少?

解 根据公式(4.6)可得

$$S_P = \frac{T_M}{T} = \frac{100}{11} = 9.09$$

对于本例,只有命中率为 100% 时才能达到加速比的极限 10,而实际上这是做不到的,只是希望加速比尽可能大。

4. 成本

Cache 的出现是为了提高 CPU 访问主存储器的速度,同时又可以降低成本。

假设计算机中的主存与 Cache 的容量分别为 S_1 和 S_2,显然 $S_1 \gg S_2$;主存与 Cache 的单

位价格分别为 C_1 和 C_2，且 C_1 是价格较低的。那么 Cache-主存系统的平均价格 C 为

$$C = \frac{C_1 \times S_1 + C_2 \times S_2}{S_1 + S_2} \tag{4.7}$$

尽管 Cache 的价格比主存高，但是当 $S_1 \gg S_2$ 时，Cache-主存系统的平均价格接近于主存的价格。

从上述各项指标可以看出，好的 Cache 设计可以使 CPU 访问内存（Cache-主存结构）的速度接近 Cache 的速度，使内存的成本接近于主存的成本。

4.3.6 Cache 性能提高

改进 Cache 的性能可以从 Cache 结构、降低缺失率、减少开销等方面考虑。

1. 多级 Cache 结构

为了克服 CPU 与主存间的速度差距，使两者在速度上更好地匹配，Cache 应运而生。但随着技术的发展，一级 Cache 的加入已不足以弥补 CPU 与主存间较大的速度差，所以两级、三级甚至四级 Cache 已出现。这种多级 Cache 系统通过增加存储层数，使得 CPU 与主存间较大的速度鸿沟可以得到有效的弥合。一个四级 Cache 结构从上到下的每一层级分别用 L1 Cache（最靠近 CPU）、L2 Cache、L3 Cache 和 L4 Cache（最靠近主存）表示。

以两级 Cache 为例，将 L1 Cache 做得容量比较小（如几千字节、几十千字节到几百千字节），但速度很高，与 CPU 速度匹配；将 L2 Cache 做得容量比较大（一般在几百千字节到几兆字节甚至更大），速度低于 L1 但比主存高。当 L1 Cache 未命中时，到 L2 Cache 中去搜索。由于 L2 Cache 容量较大，其总命中率会很高，使得两级 Cache 总体在速度上完全可以与 CPU 相匹配。

两级 Cache 的总未命中率（或称总缺失率）是由两级 Cache 各级缺失率来决定的，即

$$\text{总缺失率} = \text{L1 缺失率} \times \text{L2 缺失率} \tag{4.8}$$

例 4.7 在 10 000 次的内存访问中，L1 Cache 缺失 400 次，L2 Cache 缺失 40 次，则两级 Cache 的总缺失率为多少？

解 L1 Cache 的缺失率 m_1 为

$$m_1 = \frac{400}{10\ 000} = 4\%$$

L2 Cache 的缺失率 m_2 为

$$m_2 = \frac{40}{400} = 10\%$$

利用公式（4.8）得到两级 Cache 的总缺失率 m 为

$$m = m_1 \times m_2 = 0.04 \times 0.1 = 0.4\%$$

显然，两级 Cache 有更低的缺失率。本例的缺失率从一级的 4% 或 10% 降为两级的 $4\%_0$。

例 4.8 为主存创建的两级 Cache 性能参数如表 4.4 所示。

表 4.4 例 4.8 两级 Cache 性能参数

级	局部命中率	缺失惩罚
L1	0.98	5 ns
L2	0.85	20 ns

假设 L1 Cache 命中时的访问时间为 1 ns，问：

（1）Cache 系统的平均访问时间是多少？总缺失率是多少？

（2）Cache–主存系统的平均访问时间是多少？

解　（1）Cache 系统的平均访问时间为

$$T_{cs}=1+(1-0.98)\times5=1.1 \text{ ns}$$

总缺失率为

$$m=m_1\times m_2=(1-0.98)\times(1-0.85)=0.02\times0.15=0.003$$

（2）Cache–主存系统的平均访问时间为

$$T_{ms}=1.1+(1-0.98)\times(1-0.85)\times20=1.16 \text{ ns}$$

或

$$T_{ms}=1+(1-0.98)\times(5+(1-0.85)\times20)=1.16 \text{ ns}$$

对于多核处理器，L1、L2 和 L3 Cache 都集成在处理器内部，每个内核有自己的 L1 和 L2 Cache；L1 Cache 由独立的指令 Cache 和数据 Cache 组成，并且这两部分可以独立工作、并行访问；最末一级 Cache 由所有内核共享。

2. 降低 Cache 的缺失率

1）Cache 缺失类型

Cache 缺失有三类：强制缺失（Compulsory Misses）、容量缺失（Capacity Misses）和冲突缺失（Conflict Misses）。

（1）强制缺失。程序执行时第一次访问的主存块，因其一定不在 Cache 中而造成缺失，此为强制缺失。强制缺失大多是不可避免的。

（2）容量缺失。Cache 容量有限，不能包含程序执行时欲访问的所有主存块。当 Cache 已满且又遇到程序欲访问的主存块未在 Cache 中时，容量缺失出现。容量缺失是常见的 Cache 缺失。

（3）冲突缺失。Cache 中有空闲块，但地址映射方案将有用的 Cache 块替换掉，使得未来可能因再次使用被替换掉的有用块而产生缺失，此为冲突缺失。冲突缺失主要发生在采用直接地址映射方案的 Cache 系统中。

对于容量一定的 Cache（由处理器芯片的成本或空间可利用性决定），强制缺失和容量缺失是非常固定的，而冲突缺失受地址映射方案的影响。一般而言，改变地址映射策略可以解决冲突缺失，增加 Cache 容量可以减少容量缺失，通过软件或硬件预取主存块可以降低强制缺失。

例 4.9　某系统中 Cache 由 4 块组成，程序执行涉及的主存块地址（十进制表示）依次如表 4.5 所示。

表 4.5　例 4.9 主存块地址

程序访问顺序	1	2	3	4	5	6	7	8
主存块地址	100	1000	101	102	100	1001	101	102
程序访问顺序	9	10	11	12	13	14	15	16
主存块地址	100	1002	101	102	100	1003	101	102

试分析：

（1）采用直接地址映射时，Cache 的命中情况。

（2）采用全相联地址映射和近期最少使用(LRU)替换算法时，Cache 的命中情况。

解 直接地址映射函数可表示为

$$i = j \bmod k \tag{4.9}$$

其中，i 是 Cache 块号，j 是主存块号，k 是 Cache 块数。

主存块号 101 映射到 Cache 块号＝101 mod 4＝1，其他地址计算相同。

（1）采用直接地址映射时，Cache 的命中情况如表 4.6 所示。

（2）采用全相联地址映射和 LRU 替换算法时，Cache 的命中情况如表 4.7 所示。

表 4.6　例 4.9 直接地址映射

主存块号	Cache 块号	缺失否	缺失类型
100	0	√	强制缺失
1000	0	√	冲突缺失
101	1	√	强制缺失
102	2	√	强制缺失
100	0	√	冲突缺失
1001	1	√	冲突缺失
101	1	√	冲突缺失
102	2		
100	0		
1002	2	√	冲突缺失
101	1		
102	2	√	冲突缺失
100	0		
1003	3	√	强制缺失
101	1		
102	2		

表 4.7　例 4.9 全相联地址映射/LRU 替换算法

主存块号	Cache 块号	缺失否	缺失类型
100	0	√	强制缺失
1000	1	√	强制缺失
101	2	√	强制缺失
102	3	√	强制缺失
100	0		
1001	1	√	容量缺失
101	2		
102	3		
100	0		
1002	1	√	容量缺失
101	2		
102	3		
100	0		
1003	1	√	容量缺失
101	2		
102	3		

从主存到 Cache 的加载情况来看，直接地址映射会造成比较多的冲突缺失，而全相联地址映射主要会造成容量缺失。增大 Cache 容量，可以明显减少容量缺失，但不会明显减少冲突缺失。

2）合理设计 Cache 块尺寸

根据程序执行的局部性，Cache 块越大，缺失率会越小。但在 Cache 容量一定的情况下，Cache 块的尺寸增加较多，会使块的数量减少，使块的替换更加频繁，反而会提高缺失率。因此，在 Cache 容量一定的情况下，需要寻找使缺失率达到最低点的块尺寸 $B_{最佳}$，如图 4.45 所示。可见，要合理设计 Cache 块尺寸，而不是越大越好；另外，增加块尺寸也会增加未命中的开销。

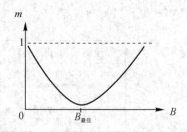

图 4.45　缺失率 m 与块大小 B 的关系

3）合理增加 Cache 容量

增加 Cache 容量是降低容量缺失最直接的方法。如图 4.46 所示，在 Cache 容量比较小的时候，随着容量的增加，缺失率快速下降。随着 Cache 容量进一步变大，缺失率下降变得比较缓慢。当 Cache 的容量能装下 CPU 要执行的所有程序和数据时，命中率就达到了 100％。另外，Cache 容量越大，图 4.45 中的 $B_{最佳}$ 也会越大，缺失率的最低点也会更低。

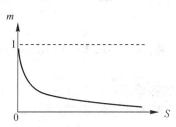

图 4.46　缺失率 m 与容量 S 大小的关系

从图 4.46 也可以注意到，当 Cache 达到一定容量时，再增加容量对减少缺失率的贡献就很有限了。同时，随着 Cache 容量的增加，带来了两方面的问题：一是成本增加，要在容量（成本）和低缺失率之间找一个平衡点；二是硬件复杂度提高，延时增加，并会增加命中所需的时间。

4）合理设置相联度

在 Cache 容量一定的前提下，采用直接地址映射方式的 Cache 具有较低的命中率，采用全相联地址映射方式的 Cache 具有较高的命中率，而采用组相联地址映射方式的 Cache 具有高命中率和低复杂度较理想的平衡，所以在实际计算机系统中均采用组相联地址映射方式。

在采用组相联映射的 Cache 中，提高相联度（即相联路数）有助于降低缺失率。实测结果表明，8 路组相联的命中效果已经和全相联非常接近了，因此，从实际应用的角度看，相联度超过 8 意义不大。

5）硬件预取

在 Cache 之外增加专门的硬件，通过一定的算法判断哪些指令和数据在近期极有可能会被访问到，在主存空闲时，提前将这些指令和数据装入 Cache，这是解决强制缺失的有效方法。注意，如果预取影响了对正常未命中的处理，会降低性能。

6）编译优化

通过编译器优化输出代码，无须修改硬件。编译器可以在不影响程序运行结果的情况下，改变程序中模块或指令的位置，改善指令和数据访问的时间和空间局部性，从而降低缺失率。

3. 减少 Cache 开销

减少 Cache 命中与未命中时的开销，有助于 Cache 性能的提高。可以从 Cache 设计的多处细节入手，例如：

（1）Cache 访问流水化。把对 L1 Cache 的访问过程改造成流水线方式，可以提高时钟频率及访问 Cache 的带宽。

（2）非阻塞 Cache 技术。在 Cache 未命中、启动主存装入新块时，Cache 仍允许 CPU 访问其他命中的数据。对于采用流水线方式、允许指令乱序执行的计算机，使用非阻塞 Cache 可以使性能得到明显提升。但非阻塞 Cache 大大增加了 Cache 控制器的复杂度。

（3）使读未命中优先于写。如果 Cache 读未命中，且 Cache 被替换的块需要写回主存，可以先将被替换的块存入写缓冲器，然后从主存把需要的块装入 Cache，最后再把替换的块从写缓冲器写入主存。

4.4 虚拟存储器

虚拟存储器也是非常重要的存储层次，没有虚拟存储器就不可能有性能良好的计算机。目前，虚拟存储器用于 PC、服务器等各类计算机中。

4.4.1 虚拟存储器概述

在虚拟存储器（Virtual Memory，VM）出现之前，计算机系统的所有程序共享一个主存物理地址空间，为了防止冲突，每个机器语言程序必须十分清楚计算机的系统结构，这造成了没有办法阻止用户程序访问任何计算机资源，从而可能给系统运行带来灾难性的后果。

随着多用户、多任务程序的开发，对主存容量的要求也越来越大。早期的计算机系统中 CPU 地址、数据线较少，使得主存规模十分有限。现代 CPU 虽然可以支持 64 位地址空间的主存，但实现 2^{64} B 的主存规模其价格一般用户无法承受。

解决上述问题的有效方案就是在存储体系中增加一个存储层，即虚拟存储器。虚拟存储器引入的初衷是用来解决主存容量与价格的矛盾，希望其速度保持与主存一致的同时容量和价格接近外存。

与 Cache 类似，虚存的有效工作也是建立在程序局部性原理之上的，且也构成了主存-虚存两级存储结构。主存-虚存层次的工作原理与 Cache-主存层次的工作原理类似，主存-虚存间所使用的地址映射及变换、替换策略与 Cache-主存间的基本相同。两个存储层次的主要区别在于虚拟存储器中未命中的性能损失要远大于 Cache 系统中未命中的损失。

虚拟存储器的结构及在存储体系中的位置如图 4.47 所示，它是在操作系统及辅助硬件的管理下，由主存和大容量外存（目前主要用硬盘）所构成的一个单一的、可直接访问的超大容量的主存储器。

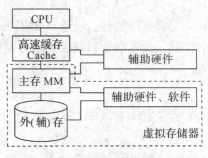

图 4.47　虚拟存储器的构成

虚拟存储器工作时，操作系统(OS)管理的地址转换硬件检测程序欲访问的虚存地址所在的程序页或数据页(或段)是否在主存中，若已在主存中(即命中)，则将虚存地址转换为主存地址，CPU 根据主存地址从主存(或 Cache -主存)读取程序或读/写数据；若未在主存中(即失效)，则将虚存地址转换为外存(硬盘)地址，由操作系统控制把当前要执行的程序或使用的数据从外存调入到快速主存中，大量暂时不用的部分仍放在慢速廉价外存中。如果主存中没有空闲区域，则选择最近不常用的程序或数据作为替换对象，且将修改的数据送回外存。因为程序和数据在主存与外存间的调入、调出由硬件与操作系统共同完成，所以，对于设计存储管理软件的系统程序员来说是不透明的，对于应用程序员来说是透明的(而 Cache 的控制完全由硬件实现，对各类程序员都是透明的)。每个程序员的编程空间均为完整的虚存空间(远远大于主存的实际空间)，用户程序运行在标准化的虚拟地址空间中，且该存储空间无存储实体，故称"虚拟"存储器。

实际上，虚拟存储器就是主存与硬盘间的虚拟桥梁，用户与系统实体资源的真实屏障。这个中间存储层的引入，使主存容量延伸到硬盘，解决了主存容量与成本的矛盾，同时其屏障效应还带来了其硬件支持现代操作系统三大特征(转换、保护、共享)的好处。

(1) 转换(Translation)。无论实际主存被谁占用，所有程序的主存空间是一致的；多线程已成为可能，且已大量使用；仅程序中最重要(正在执行)的部分在主存中。

(2) 保护(Protection)。不同的线程(或进程)互相保护；不同的页(或段)可以给予特定的行为(只读、对用户程序不可见等)；保护内核数据免受用户程序干扰，最重要的是免受恶意程序干扰。

(3) 共享(Sharing)。可以将同一主存页映射到多个用户，即共享主存。

4.4.2　虚拟存储器管理

虚拟存储器管理可依据不同管理方式构成不同的虚拟存储器。

1. 页式虚拟存储器

在页式虚拟存储系统中，虚拟地址空间被分成许多固定大小的页，称为虚页或逻辑页。主存地址空间也被分成若干同样大小的页，称为实页或物理页。页的大小为 2 的幂指数字节或字，从几千字节到十几兆字节不等。所以，虚存地址(也称虚拟地址或逻辑地址)和主存地址(也称实地址或物理地址)都包含两个字段，如图 4.48 所示。

图 4.48　页式虚拟存储器的虚存地址和主存地址

1) 地址变换

在管理页式虚拟存储器时，需要完成虚拟地址到物理地址的变换，该变换是基于全相联地址映射并通过页表来实现的。在页表中每一条记录都包含虚页号所对应的实页号。如图 4.49 所示，页表通常设置在主存中，表的起始地址可通过页表基址寄存器来设定。在页式虚拟存储器的地址变换中，当程序给出虚拟地址后，CPU 以虚页号为偏移地址查页表，从而获得相应的实页号。将实页号与虚拟页内地址连接到一起，便构成了主存的物理地址。

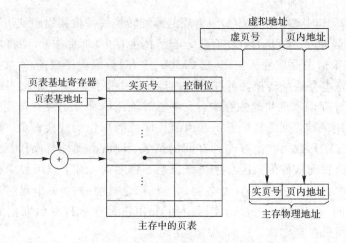

图 4.49　页式虚拟存储器的地址变换

页表中，记录项数由虚页数决定，每一行记录里必须有几个控制位，包括装入位（或称有效位，用以表示该页是否已装入主存）、修改位（用以表示该页是否被修改过）、替换控制位（用以表示该页的使用情况）等。当查页表未发现所要访问的页（未命中）时，则需按某种替换或更新算法将要访问的页由外存装入主存。

页表一般是比较大的。例如，虚存空间若为 1 TB，页的大小为 64 KB，则页表应为16 M 字，且每字应为一个记录（包含实页号和控制位）。

2）快表与慢表

由于页表设置在主存中，页式虚拟存储器工作时，首先要访问主存中的页表，进行地址变换，获得主存地址。然后，再利用主存地址访问主存，获得指令/数据。显然，即使主存命中，也需要两次访问主存才能获得主存信息。前面已提到主存速度比较慢，这必然会降低 CPU 的速度。若是被访问的页不在主存中，那速度就更慢。

为了提高速度，可借鉴 Cache 的思路，将页表中最活跃的部分放在 Cache 存储器中，构成快表，对快表的查找及管理全用硬件来实现。快表一般很小，它仅是主存中页表（相对快表可称其为慢表）的一小部分。只有在快表中找不到要访问的页时，才去访问慢表，以达到快的目的。利用快表的工作思路如图 4.50 所示。

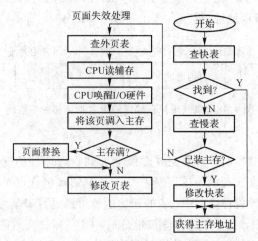

图 4.50　页式虚拟存储器快表工作思路

页式虚拟存储器的主要优点：

（1）主存的利用率高。由于页的容量较小，每一用户程序只有不到一页的浪费，故形成的主存碎片小。

（2）页表的内容比较简单。

（3）地址映射与地址变换速度比较快。

页式虚拟存储器的主要缺点：

（1）程序的模块性差。因为页的大小是固定的，无法与程序模块保持一致。

（2）页表很长。如前述例子中页表长达 16 M。

2. 段式虚拟存储器

在段式虚拟存储器中，将完成某种独立功能的程序模块定义为一段，例如，主程序、子程序、数据块、表格等均可定义成一段。程序员在编程时，每一段都可从虚拟地址的 0 地址开始，并且每一段的长度是不一样的。

在进行段式虚拟存储器管理中，应为每一段程序规定一个段号（也可以定义为某一段名），最方便的办法是各段段号顺序排列（这样在段表中可省略此项），确定每段的长度，然后在主存中建立一个段表。

在段表中，每一行由段号、段起始地址、装入位、段长、属性等构成，每一行对应一个段。段号对每段是唯一的；段起始地址是该段装入主存的起始地址；装入位的状态用来表示此段是否已装入主存；段长表明该段在主存中所占的地址空间；属性用来表征该段的其他属性特征，如可读写、只读、只写等。例如，段表中有如下信息：8 号段，装入主存的起始地址为 4000000H，该段长度为 64 KB，装入位为 1，这意味着该段程序已装在了主存4000000H～400FFFFH 的地址范围内。

段式虚拟存储器管理地址映射的方法也是基于全相联映射，即程序段可装入主存中的任何位置，装入顺序随意。当主存基本被占满，所剩空间不足以存放需装入的段时，就需依据某种替换算法进行替换。段式虚拟存储器的地址变换如图 4.51 所示。

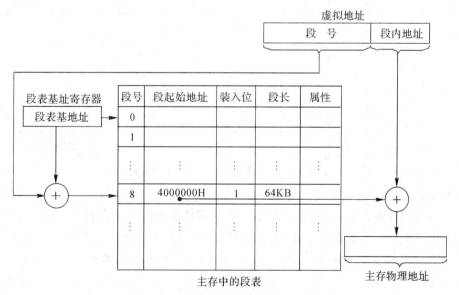

图 4.51　段式虚拟存储器的地址变换

在地址变换中，以虚拟地址所确定的段号为偏移地址查段表，若发现该段已装入主存，则直接将段表中的段起始地址与虚拟地址中的段内地址相加，便可得到主存的物理地址。

段式虚拟存储器的优点是：

（1）很适合模块化程序设计。将每一功能独立的程序模块定义为一段，既便于程序的开发，又便于虚拟存储器的管理。

（2）便于程序、数据的共享。此方式能将整段独立的程序和数据装入主存，起始地址、段长度均已知，很容易实现共享。

（3）便于信息保护。对装入段的属性进行设置，很容易实现对段的保护。

段式虚拟存储器的主要缺点是：由于各段的长度不一样，在装入主存时分配地址空间比较麻烦；段与段之间可能会产生比较大的空隙（段间的主存碎片），降低了主存储器的利用率。

3. 段页式虚拟存储器

页式虚拟存储器和段式虚拟存储器各有优缺点，段页式虚拟存储器则结合了两者的优点。

段页式虚拟存储器是将程序首先分段（段的概念同前），然后将每段分成大小相同的若干页。对段来说，要用段表来管理所有各段，段表中存放对应该段的页表基地址等有关信息，如图 4.52 所示。每一段有自己的页表，用于存放对应本段每一页的实页号。显然，在装入某一段的各页时，这些页在主存中并不一定连续。

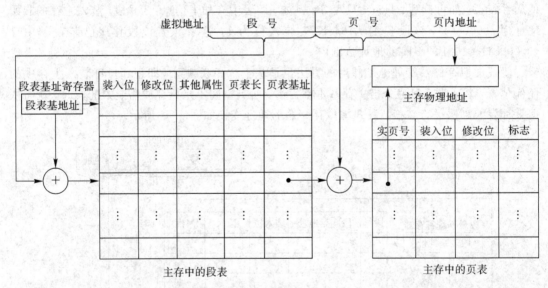

图 4.52　段页式虚拟存储器的地址变换

如图 4.52 所示，在进行地址变换时，首先根据虚拟地址的段号查段表，查出要访问的本段页表的起始地址，由此地址及虚拟地址中的页号再查本段的页表，从中查出该页的实页号，最后将实页号与虚拟地址的页内地址拼接在一起，就获得了主存的物理地址。

在段页管理的虚拟存储器中，段表只有一个，而对应每一段都有自己的页表，故页表就会有多个。

4. 替换算法

在虚拟存储器的管理中,同样存在段或页在主存中未命中,需要将新的段或页从外存装入主存,将主存中的段或页替换出去的情况。

在虚拟存储器的管理中可采用的替换方法与 Cache 中的一样,参见 4.3.3 节。

4.4.3 RISC-V 中页式虚拟存储器的实现

在实现页式虚拟存储器管理时,如果页表容量超过了一个页面的大小,它们就可能被存放在主存的不连续页面。这样,按照地址查页表的方法(把页表起始地址与多用户虚地址中的虚页号相加)就不成立。解决的办法是引入多级页表,通过多级页表形成一个基数树(Radix-Tree)结构,实现虚页号到实页号之间的映射。

假设某计算机采用以下的页式虚拟存储器管理方式:

(1) 虚拟地址中的虚页号共 V 位,页内地址共 P 位,按字节编址。

(2) 页表的每行称为一个页表项(Page Table Entry,PTE),每个 PTE 共 m 个字节。

(3) 采用多级页表实现虚页号到实页号之间的映射,要求每个页表的容量刚好为页面大小。

根据以上条件可知,每个页表共 2^P 字节,包含 $2^P/m$ 个 PTE。L0 页表(根页表,只有一个)中的每个 PTE 都分别指向一个 L1 页表,那么 L1 页表最多有 $2^P/m$ 个;同理,每个 L1 页表又可以指向 $2^P/m$ 个 L2 页表,则 L2 页表最多有 $(2^P/m)^2$ 个;以此类推。如果页表级数为 i,那么最末一级页表(叶子节点)总的 PTE 数为 $(2^P/m)^i$ 个。虚拟地址空间最多包含 2^V 个虚页,那么最末一级页表就应该包含 2^V 个 PTE,用来记录每个虚页号与实页号之间的对应关系。所以,要求 $(2^P/m)^i \geqslant 2^V$,两边取以 2 为底的对数,得

$$页表级数\ i = \left\lceil \frac{V}{P - \mathrm{lb}\,m} \right\rceil \tag{4.10}$$

其中,V 是虚页号的位数,P 是页内地址的位数,页表中的每个 PTE 占 m 个字节。运算结果 i 向上取整。

下面以 RISC-V 处理器为例,介绍采用多级页表的页式虚拟存储器实现方案。

RISC-V 架构定义了以下三种工作模式,又称特权模式(Privileged Mode)。

(1) Machine Mode:机器模式,简称 M 模式。

(2) Supervisor Mode:管理模式,简称 S 模式。

(3) User Mode:用户模式,简称 U 模式。

RISC-V 架构定义 M 模式为必选模式,另外两种为可选模式。通过不同的模式组合可以实现不同的系统。

RISC-V 架构也支持几种不同的存储器地址管理机制,包括对于物理地址和虚拟地址的管理机制,使得 RISC-V 架构能够支持从简单嵌入式系统(直接操作物理地址)到复杂操作系统(直接操作虚拟地址)的各种系统。

RISC-V 的存储器按字节编址,其 S 模式提供了基于多级页表的页式虚拟存储器系统,该系统有以下多种模式。

(1) RV32(32 位的 RISC-V)的页式虚拟存储器只有一种 Sv32 模式,支持 4 KB 页面,虚拟地址共 32 位,包含 20 位的虚页号和 12 位的页内地址;物理地址共 34 位,包含 22 位的实页号和 12 位的页内地址;每个页表项(PTE)由 4 个字节组成。

该模式下，每个程序的最大虚拟地址空间为 4 GB，最大主存物理地址空间为 16 GB，页表级数 $i=20/(12-\text{lb } 4)=2$。

（2）RV64(64 位的 RISC-V)的页式虚拟存储器有以下多种模式。

① Sv39 模式：支持 4 KB 页面，虚拟地址共 39 位，包含 27 位的虚页号和 12 位的页内地址；物理地址共 56 位，包含 44 位的实页号和 12 位的页内地址；每个页表项(PTE)由 8 个字节组成。

该模式下，每个程序的最大虚拟地址空间为 512 GB，最大主存物理地址空间为 64 PB，页表级数 $i=27/(12-\text{lb } 8)=3$。

② Sv48 模式：支持 4 KB 页面，虚拟地址共 48 位，包含 36 位的虚页号和 12 位的页内地址；物理地址共 56 位，包含 44 位的实页号和 12 位的页内地址；每个页表项(PTE)由 8 个字节组成。

该模式下，每个程序的最大虚拟地址空间为 256 TB，最大主存物理地址空间为 64 PB，页表级数 $i=36/(12-\text{lb}_2 8)=4$。

③ Sv57 模式、Sv64 模式：保留给未来扩展之用。

RV64 引入多种虚存模式，其目的是使用户可以根据自己的实际需求设计 RISC-V 处理器，在大的寻址空间和减少地址变换成本之间找到一个平衡点。多数系统每个程序 512 GB 的虚存空间已经完全够用，那么仅实现 Sv39 模式即可；Sv48 模式将每个程序的虚存空间增加到 256 TB，带来的负面影响是页表更加庞大、页表级数增多，地址变换的延迟增大，也增加了硬件成本。RISC-V 规定，如果已经实现了 Sv48 模式，那么也必须支持 Sv39 模式，这样可以在几乎不增加额外成本的情况下，兼容使用 Sv39 模式的软件。

64 位的 RISC-V 处理器(RV64)通过扩展最高位的方式，将 39 位(Sv39 模式)或 48 位(Sv48 模式)的虚拟地址转换为 64 位。之所以没有采用高位扩展 0 的方式，是考虑到多数操作系统会通过 64 位虚拟地址的一个或多个最高有效位来区分用户地址空间和系统地址空间，扩展最高位的方式可以兼容这些操作系统。

可以通过写 SATP(Supervisor Address Translation and Protection)寄存器来设置虚存工作模式和根页表(L0 页表)的首地址。RV32 中的 SATP 寄存器格式如图 4.53 所示。其中，MODE 字段的定义如表 4.8 所示，ASID(Address Space Identifier)为进程的地址空间标识符，PPN(Physical Page Number)为根页表(L0 页表)所在页面的实页号。

31	30	22	21	0
MODE(WARL)	ASID(WARL)		PPN(WARL)	
1位	9位		22位	

图 4.53　RV32 中的 SATP 寄存器格式

表 4.8　RV32 中 SATP 寄存器 MODE 字段的定义

值	名称	说　　明
0	Bare	无地址转换与存储保护(虚拟地址＝物理地址)
1	Sv32	基于 32 位虚拟地址的页式虚拟存储管理

在图 4.53 中，WARL(Write Any Values, Reads Legal Values)的含义是：该字段只可

读出合法的(该 RISC-V 处理器已经实现的)数据。如果写入合法的数据,则写入与读出的数据一致;如果写入非法(该处理器未实现)的数据,则写入后再读出的仍为原来的数据(非法的数据不能写入)。软件可以写入再读出比较,如果写入与读出的数据一致,说明该处理器支持刚写入的工作模式;如果不一致,说明处理器不支持刚写入的工作模式。

RV64 中的 SATP 寄存器格式如图 4.54 所示,MODE 字段的定义如表 4.9 所示,其他字段的定义与 RV32 类似。

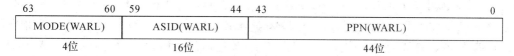

图 4.54 RV64 中的 SATP 寄存器格式

表 4.9 RV64 中 SATP 寄存器 MODE 字段的定义

值	名称	说　　明
0	Bare	无地址转换与存储保护(虚拟地址=物理地址)
1~7	—	保留
8	Sv39	基于 39 位虚拟地址的页式虚拟存储管理
9	Sv48	基于 48 位虚拟地址的页式虚拟存储管理
10	Sv57	保留(基于 57 位虚拟地址的页式虚拟存储管理)
11	Sv64	保留(基于 64 位虚拟地址的页式虚拟存储管理)
12~15	—	保留

图 4.55 为 Sv32 地址变换过程,图的最上方为 Sv32 虚拟地址格式,图的最下方为物理地址格式。

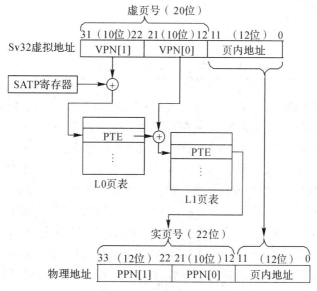

图 4.55 Sv32 地址变换过程

Sv32 虚拟地址共 32 位，其中虚页号（Virtual Page Number，VPN）分为 VPN[1]和 VPN[0]两个 10 位的字段，分别是 L0 页表和 L1 页表中 PTE（页表项）的编号（索引）。通过两级页表，可以将 20 位的虚页号（VPN）转换为 22 位的实页号（PPN），12 位的页内地址不变。为了更方便地描述地址变换算法，实页号分成了 12 位的 PPN[1]和 10 位的 PPN[0]两个字段。

PTE（页表项）格式如图 4.56 所示。其中，PPN[1]、PPN[0]为实页号，指向要访问的页面（本页表为叶子节点时）或下一级页表；V 为有效位，为 0 表示本 PTE 无效；R、W、X 规定该 PTE 所指向页面的类型或访问权限，其含义如表 4.10 所示；U 规定该 PTE 指向的页面是否允许 U 模式的程序访问；G 规定该 PTE 指向的页面是否为全局页面；A 为访问位，用来记录自上次 A 位清零后，该 PTE 指向的页面是否被访问（读、写或执行）过；D 为修改位，用来记录自上次 D 位清零后，该 PTE 指向的页面是否被修改（写）过；RSW 字段保留给 S 模式的软件使用，硬件忽略该字段。

31	20	19	10	9	8	7	6	5	4	3	2	1	0
PPN[1]		PPN[0]		RSW		D	A	G	U	X	W	R	V
12 位		10 位		2 位		1	1	1	1	1	1	1	1

图 4.56　Sv32 页表项格式

表 4.10　页表项 X、W、R 字段的编码

X	W	R	含　义
0	0	0	指向下一级页表
0	0	1	只读的页
0	1	0	保留
0	1	1	可读、可写的页
1	0	0	可执行的页
1	0	1	可读、可执行的页
1	1	0	保留
1	1	1	可读、可写、可执行的页

每个 Sv32 页表包含 2^{10} 个 PTE，因此每个 PTE 的编号（索引）为 10 位；每个 PTE 共 4 个字节，则每个页表刚好是 4 KB，即一个页面的大小。主存中的所有页面（包括页表）都必须按照 4 KB 边界对齐存放，也就是起始地址的低 12 位必须为 0。

通常，M 模式的程序在第一次进入 S 模式之前会在 SATP 寄存器中写入 0 以禁用分页，然后 S 模式的程序（通常是操作系统）在主存中创建页表，再将 L0 页表（根页表）所在页的实页号、虚存工作模式写入 SATP 寄存器。之后，页式虚拟存储器即可正常工作。

如图 4.55 所示，RISC-V 处理器的存储管理单元（MMU）通过 SATP 寄存器找到 L0 页表（根页表），根据 Sv32 虚拟地址的 VPN[1]字段定位到 L0 页表对应的 PTE，如果该 PTE 有效，且 X、W、R 字段为全 0，则其指向的是下一级页表，根据该 PTE 中存储的实页号，找到 L1 页表；再根据 Sv32 虚拟地址的 VPN[0]字段定位到 L1 页表对应的 PTE，从中可以得到要访问页面的 22 位实页号，将实页号与页内地址拼接，即可得到物理地址。在访问该物理页面之前，硬件会根据 L1 页表对应的 PTE 的 X、W、R 等字段进行访问权限检查。

任何级别页表的 PTE 都可以是叶子节点。如果 L0 页表的某 PTE 中，R 位或 X 位为 1，则说明它是叶子节点，Sv32 虚拟地址中的 VPN[0] 字段也是页内地址，该 PTE 指向的是 4 MB 的巨页（Megapages）；如果叶子节点 PTE 位于 L1 页表，则该 PTE 指向的是 4 KB 的基页（Basepages）。

图 4.57 描述了从虚拟地址（Virtual Address，VA）到物理地址（Physical Address，PA）转换的完整算法，该算法对基于 RV64（64 位 RISC-V）的 Sv39 和 Sv48 模式同样适用。

---

(1) 令 $a =$ satp.ppn×PAGESIZE，$i =$ LEVELS − 1。

(2) 令 pte = 地址 "$a +$ va.vpn[i]×PTESIZE" 处的 PTE（页表项）。
　　如果访问该 PTE 违反了物理主存访问权限、存储保护的有关规则，则产生相应类型的异常。

(3) 如果 pte.v = 0，或者 pte.r = 0 且 pte.w = 1，则停止，并按照访问类型产生相应的页故障异常。

(4) 到这一步，PTE 应该是有效的。
　　如果 pte.r = 1 或 pte.x = 1，则该 PTE 是叶子节点，跳转到步骤(5)；
　　否则，该 PTE 指向下一级页表，令 $i = i - 1$，
　　如果 $i < 0$，则停止，按照访问类型产生相应的页故障异常；
　　否则，令 $a =$ pte.ppn×PAGESIZE，跳转到步骤(2)。

(5) 找到了叶子节点 PTE。读取 PTE 中的 pte.r、pte.w、pte.x、pte.u 位，判断该 PTE 指向页面的访问权限是否符合 mstatus 寄存器（机器状态寄存器）中 SUM 和 MXR 域的规定，如果不符合，则停止，并按照访问类型产生相应的页故障异常。

(6) 如果 $i > 0$ 且 pte.ppn[i-1:0] ≠ 0，说明该 PTE 指向的页面大于 4 KB，且在主存中的存放位置没有按照边界对齐，则停止，按照访问类型产生相应的页故障异常。

(7) 如果 pte.a = 0，或者此为写主存操作且 pte.d = 0，可执行下列操作之一（二选一）：
　　① 按照访问类型产生相应的页故障异常。
　　② 置 pte.a = 1，如果为写主存操作，还要置 pte.d = 1。
　　如果访问该页违反了物理主存访问权限、存储保护的有关规则，则产生相应类型的异常。

(8) 按照以下规则，将虚拟地址（VA）转换为物理地址（PA）：
　　① pa.页内地址 = va.页内地址。
　　② 如果 $i > 0$，则访问的是大于 4 KB 的页面，pa.ppn[i-1:0] = va.vpn[i-1:0]。
　　例如，在 Sv32 情况下，要访问的是 4 MB 的巨页（megapage），vpn[0] 也是页内偏移的一部分。
　　③ 从 PTE 中读取实页号：pa.ppn[LEVELS-1:i] = pte.ppn[LEVELS-1:i]。

说明：

(1) PAGESIZE 是常数 2^{12}，即 4 K（页面大小为 4 KB）。

(2) 在 Sv32 中，LEVELS = 2（两级页表）且 PTESIZE = 4（每个页表项共四个字节）。

(3) 在 Sv39 中，LEVELS = 3（三级页表）且 PTESIZE = 8（每个页表项共八个字节）。

(4) 在 Sv48 中，LEVELS = 4（四级页表）且 PTESIZE = 8（每个页表项共八个字节）。

图 4.57　从虚拟地址（VA）到物理地址（PA）转换的完整页表遍历算法

Sv39 模式地址变换过程如图 4.58 所示，此模式基于 RV64 系统，其基本工作原理与 Sv32 类似。图 4.58 的上方为 Sv39 虚拟地址格式，下方为物理地址格式。

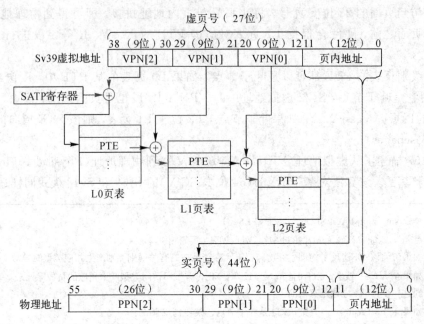

图 4.58　Sv39 地址变换过程

Sv39 虚拟地址共 39 位,其中虚页号(VPN)分为 VPN[2]、VPN[1]和 VPN[0]共三个 9 位的字段,分别是 L0 页表、L1 页表和 L2 页表中 PTE(页表项)的编号(索引)。Sv39 模式基本页面大小为 4 KB,通过三级页表将 27 位的虚页号(VPN)转换为 44 位的实页号(PPN),12 位的页内地址不变。为了更方便地描述地址变换算法,实页号分成了 26 位的 PPN[2]和两个 9 位的 PPN[1]、PPN[0]共三个字段。

每个 Sv39 页表包含 2^9 个 PTE,因此每个 PTE 的编号(索引)为 9 位;每个 PTE 共 8 个字节,则每个页表刚好是 4 KB,即一个页面的大小。

Sv39 PTE(页表项)格式如图 4.59 所示。其中,第 0～9 位的定义与 Sv32 一样。第 10～53 位为 44 位的实页号,指向要访问的页面(本页表为叶子节点时)或下一级页表;第 54～63 位保留给未来扩展之用,必须为 0。

63 54	53 28	27 19	18 10	9 8	7	6	5	4	3	2	1	0
保留	PPN[2]	PPN[1]	PPN[0]	RSW	D	A	G	U	X	W	R	V
10位	26位	9位	9位	2位	1	1	1	1	1	1	1	1

图 4.59　Sv39 页表项格式

任何级别页表的 PTE 都可以是叶子节点。如果 L0 页表的某 PTE 是叶子节点,则 Sv39 虚拟地址中的 VPN[1]、VPN[0]字段也是页内地址,页内地址共 30 位(9+9+12),该 PTE 指向的是 1 GB 的吉页(Gigapages);如果 L1 页表的某 PTE 是叶子节点,则 Sv39 虚拟地址中的 VPN[0]字段也是页内地址,页内地址共 21 位(9+12),该 PTE 指向的是 2 MB 的巨页(Megapages);如果 L2 页表的某 PTE 是叶子节点,则该 PTE 指向的是 4 KB 的基页(Basepages)。可以通过检查 PTE 中的 X、W、R 字段来判断该 PTE 是否是叶子节点。

在 RV64 系统中,如果每个程序 512 GB 的虚拟地址空间不够用,可以考虑 Sv48 模式。Sv48 模式在 Sv39 模式的基础上增加了一级页表,每个程序的最大虚拟地址空间可达 256 TB,

其地址变换过程如图 4.60 所示，与 Sv39 非常相似。

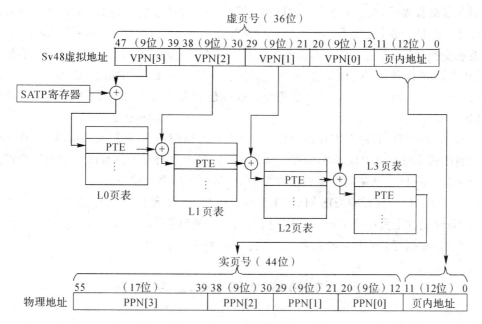

图 4.60　Sv48 地址变换过程

　　Sv48 虚拟地址共 48 位，其中虚页号（VPN）分为 VPN[3]、VPN[2]、VPN[1]和 VPN[0]
共四个 9 位的字段，分别是 L0 页表、L1 页表、L2 页表和 L3 页表中 PTE（页表项）的编号
（索引）。Sv48 模式基本页面大小为 4 KB，通过四级页表将 36 位的虚页号（VPN）转换为 44
位的实页号（PPN），12 位的页内地址不变。为了更方便地描述地址变换算法，实页号分成
了 17 位的 PPN[3]和三个 9 位的 PPN[2]、PPN[1]、PPN[0]共四个字段。

　　Sv48 页表的结构与 Sv39 完全一样：每个页表包含 2^9 个 PTE，因此每个 PTE 的编号
（索引）为 9 位；每个 PTE 共 8 个字节，则每个页表刚好是 4 KB，即一个页面的大小。

　　Sv48 PTE（页表项）格式如图 4.61 所示。其中，第 0～9 位的定义与 Sv32、Sv39 一样；
第 10～53 位为 44 位的实页号，指向要访问的页面（本页表为叶子节点时）或下一级页表；
第 54～63 位保留给未来扩展之用，必须为 0。

63　　54	53　　　37	36　　　28	27　　　19	18　　　10	9　8	7	6	5	4	3	2	1	0
保留	PPN[3]	PPN[2]	PPN[1]	PPN[0]	RSW	D	A	G	U	X	W	R	V
10位	17位	9位	9位	9位	2位	1	1	1	1	1	1	1	1

图 4.61　Sv48 页表项格式

　　任何级别页表的 PTE 都可以是叶子节点。如果 L0 页表的某 PTE 是叶子节点，则
Sv48 虚拟地址中的 VPN[2]、VPN[1]和 VPN[0]字段也是页内地址，页内地址共 39 位
（9＋9＋9＋12），该 PTE 指向的是 512 GB 的特页（Terapages）；如果 L1 页表的某 PTE 是
叶子节点，则 Sv48 虚拟地址中的 VPN[1]、VPN[0]字段也是页内地址，页内地址共 30 位
（9＋9＋12），该 PTE 指向的是 1 GB 的吉页（Gigapages）；如果 L2 页表的某 PTE 是叶子节
点，则 Sv48 虚拟地址中的 VPN[0]字段也是页内地址，页内地址共 21 位（9＋12），该 PTE
指向的是 2 MB 的巨页（megapages）；如果 L3 页表的某 PTE 是叶子节点，则该 PTE 指向的是

4 KB 的基页(Basepages)。

引入多级页表后，Load、Store 和取指令操作都会导致多次页表访问，会严重降低存储系统性能。因此，现代处理器都采用地址转换缓存(Translation Lookaside Buffer，TLB)来加速地址变换过程。但是，如果操作系统修改了某 PTE(页表项)，而该 PTE 的内容原来已在 TLB 中，则会导致 TLB 与主存中页表的内容不一致。RISC-V 的 S 模式增加了 sfence.vma指令，通过该指令通知处理器，软件已经修改了页表，则处理器会刷新相应的 TLB。

sfence.vma 指令有两个寄存器参数，通过它们可以缩小 TLB 刷新的范围。一个参数指示了页表中哪个虚页号对应的实页号被修改了；另一参数给出了被修改页表的进程的地址空间标识符(ASID)。如果两个参数内容都为 0，则刷新整个 TLB。

sfence.vma指令只影响当前 Hart(Hardware Thread，硬件线程)的地址转换硬件。如果当前 Hart 更改了另一个 Hart 正在使用的页表，则当前 Hart 必须用处理器间中断来通知另一个 Hart 执行sfence.vma指令。这个过程称为 TLB 击落。

4.5 外部存储器(辅助存储器)

在图 4.1 所示存储系统的层次结构中，无论是联机磁盘存储器还是脱机光盘存储器、磁带机等都是外部存储器，简称外存。外存是计算机系统的重要组成部分。

除了容量、速度等指标的差别之外，外存与主存最大的差别在于 CPU 对它们的操作方式不同。CPU 对主存采取直接操作方式，即 CPU 提供的主存地址直接加载至构成主存的存储芯片上寻址存储单元，然后 CPU 提供读写信号并直接加载至存储芯片上，存储芯片在地址和读写信号的作用下完成数据的读写操作，如 4.2 节所述。CPU 对外存采取间接操作方式，即 CPU 通过操作外存接口(外存控制器)间接地操作外存的读写，如图 4.62 所示。在计算机系统中，外存和输入/输出设备统称为外部设备(外设)，所有的外设必须通过接口接入计算机系统，CPU 必须通过接口才能操作外设，详情请参见第 8 章。

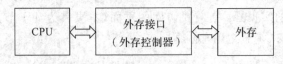

图 4.62 CPU 对外存的操作方式

本节仅对常用的外部存储器做简要介绍。

4.5.1 磁表面存储原理及记录方式

目前，用作外存的磁表面存储器主要是磁盘和磁带机，它们采用相同的磁记录原理及记录方式，信息被记录在涂有磁性材料的平面介质上。它们的不同在于介质的材料、形状不一样。

1. 磁记录原理

磁记录的基本原理是利用绕有线圈的磁头对磁性材料进行磁化而产生的两种磁化状态来分别表示二进制的 0 或 1。图 4.63 示意了磁头经过磁层记录信息的方法。

在写入数据时，根据欲写入的 0 或 1，磁头线圈中加入不同方向的电流，使磁头两端磁化为 S、N 两极，将磁头下的磁层磁化成图 4.63 所示的不同磁化状态（即磁畴）。在读出数据时，随着磁层相对磁头的移动，磁畴的不同磁场方向会在磁头的线圈中感应出正相或反相电压，从而将磁畴表现的信息读出。

随着技术的发展，如今一部分磁盘存储器采用了读、写双磁头机制，读磁头利用了磁阻（Magnetoresistive，MR）传感器，磁阻材料的电阻大小取决于磁头下磁层的磁化方向，电阻的变化转化为电压信号被传感器检出。这种设计允许更高的记录密度和更快的读出速度。

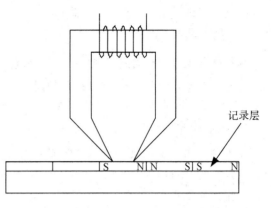

图 4.63　磁记录示意图

2. 磁记录方式

磁记录方式就是按照某种规则将二进制信息变换为磁记录层上磁场变化的方法。图 4.64 给出了二进制数据与不同磁记录方式对应的写入电流波形（写入电流方向决定了磁层的磁化状态）。

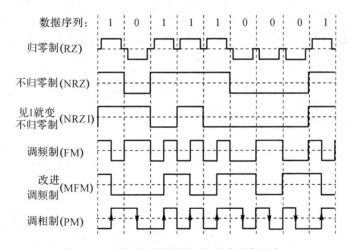

图 4.64　磁记录波形（写入电流或磁化方向）

1）归零制（RZ）

归零制在写入时，0 用负电流脉冲，1 用正电流脉冲。两位信息之间，电流回到零（归零）。显然，电流方向不同，磁畴的方向也不同，从而记录不同信息。

2）不归零制（NRZ）

在记录信息的过程中，磁头线圈里不是正电流就是负电流。不归零制在记录连续 0 或连续 1 时，写入电流方向（或磁化方向）不变，只在 0 变 1 或 1 变 0 时电流方向才改变。

3）见 1 就变不归零制（NRZ1）

见 1 就变不归零制与不归零制类似，磁头线圈里不是正电流就是负电流，不同之处是只有记录 1 时电流方向（或磁化方向）才发生改变，因此称为见 1 就变不归零制。

4）调频制（FM）

调频制是记录每位数据时电流方向（或磁化方向）都要改变一次，并且在记录 1 期间（中心）电流方向再改变一次。由图 4.64 可以看到，记录 1 时电流方向改变次数为记录 0 的两倍，即记录 0 和 1 的频率不一样，故称调频制。

5）改进调频制（MFM）

改进调频制规定记录 1 时写入电流方向只在记录期间（中心）改变一次，记录连续两个或两个以上的 0 时，写入电流方向只在每位数据记录时间起始处改变一次。遇到单个 0 时，写入电流方向不变。

6）调相制（PM）

调相制规定用写入电流（或磁化）的改变方向（即电流的相位）表示二进制的 0 或 1。在图 4.64 中是以正相位（负电流转换为正电流）表示 1，以负相位（正电流转换为负电流）表示 0。

3. 性能评价

对磁记录方式的性能评价主要包括自同步能力和编码效率。

1）自同步能力

若某记录方式能够直接由磁层磁化状态的读出信息获得其二进制码元同步信号，则称该记录方式具有自同步能力。有自同步能力的记录方式很容易由其读出信号获得同步信号，硬件实现比较容易。若没有自同步能力，则需利用比较复杂的硬件技术获得同步信号。

记录方式的自同步能力可以用 R 衡量：

$$R = \frac{最小磁化翻转时间间隔}{最大磁化翻转时间间隔} \tag{4.11}$$

当 $R \geqslant 0.5$ 时，表示记录连续 2 个数位时至少有一次写入电流反转，可以根据读出信号分辨出不同数位，所以具有自同步能力。为了增加自同步能力，可用 (5, 4) 群码记录数据，即在 5 位二进制数的 32 种编码中选出 16 种具有连续 0 的个数不超过 2 的编码来表示原 4 位编码。

2）编码效率 η

编码效率 η 定义为

$$\eta = \frac{位密度}{最大磁化翻转次数} \tag{4.12}$$

编码效率 η 越大，记录 1 个数位所需的磁畴数越少，记录密度越高。

例 4.10 计算图 4.64 所示记录方式的 R 和 η，并分析其自同步能力和记录密度。

解 计算结果如表 4.11 所示。

表 4.11 例 4.10 中 R 和 η 的计算结果

R 和 η	NRZ	NRZ1	PM	FM	MFM
R	0	0	0.5	0.5	0.5
η	100%	100%	50%	50%	100%

从表 4.11 中的结果可以看出，NRZ、NRZ1 无自同步能力，因为当记录连续多个 0 或连续多个 1 时，无法直接从读出信号中提取出同步信号。其他记录方式有自同步能力。在

FM 和 PM 方式下，记录一位二进制数位最多需磁化方向改变 2 次，故其编码效率 $\eta=0.5$；而 MFM、NRZ、NRZ1 记录一位二进制数位最多只需磁化方向改变 1 次，故其编码效率 $\eta=1$，也就是说，这三种记录方式有高的记录密度。综合两个指标的结果，MFM 记录方式具有最佳记录效果，因为它既有自同步能力，又有高的记录密度。

4.5.2　磁盘存储器

磁盘分为软盘和硬盘，目前主要使用的是硬盘，软盘已成为历史。由于虚拟存储器的需要，硬盘已成为计算机系统不可缺少的设备。

1. 硬盘结构及工作方式

硬盘由磁头、盘片、驱动器、控制器等组成。盘片一般是在铝或铝合金基片上或者玻璃表面涂上磁性材料形成的。一个硬盘驱动器内可装有多个盘片，组成盘片组，每个盘片可以提供两个记录面，每个记录面配有一个独立的磁头，如图 4.65(a) 所示。每个盘片的每个盘面(记录面)分布着多个狭窄的同心圆，称为磁道(Track)，数据就记录在磁道上。磁道最外圈为 0 道，向内磁道号依次增加。每个磁道又等分成若干段，每一段称为一个扇区(Sector)。所有记录面上相同序号的磁道构成一个柱面(Cylinder)，其编号与磁道号相同。当将各磁道以相同扇区数规划时，其记录格式如图 4.65(b) 所示，这种记录格式控制简单，存储容量受内圈最大记录密度限制。图 4.65(c) 所示的多重区域记录格式将多个相邻磁道作为一个区，规定区内各磁道上有相同的扇区数，远离中心的区内比靠近中心的区内有更多的扇区。这种记录格式记录密度更高，但控制复杂。

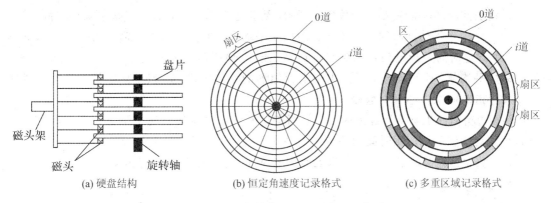

图 4.65　硬磁盘结构及记录面扇区示意图

硬盘工作时，读写磁头沿盘片的径向移动，移到要读写的磁道上方，这段时间称为寻道时间(Seek Time)。因读写磁头的起始位置与目标位置之间的距离不同，寻道时间也不同。磁头到达指定磁道后，磁头停止移动，通过盘片的旋转，使得要读写的扇区转到读写磁头的下方，这段时间称为旋转延迟时间(Rotational Latency Time)。随着盘片的继续旋转，控制器控制磁头在寻到的扇区内按规定的数据格式顺序读写整个扇区，这段时间称为数据传输时间(Data Transfer Time)。

硬盘的第一个扇区(0 磁道 0 磁头 1 扇区)被保留为主引导扇区，存储主引导记录和硬盘分区表。该扇区常常是病毒攻击的对象。

信息记录在磁盘上，按柱面逐道记录。一个柱面记录满，再移动磁头记录下一个柱面。

在一个磁道上记录信息的组织形式称为磁道的记录格式。不同操作系统所采用的记录格式会有所不同，用户甚至可以制订自己的格式来记录信息。

2. 主要技术指标

硬盘的主要性能指标有道密度、位密度、存储容量、平均访问时间、转速和数据传输率等。

1）道密度

为了减少干扰，磁道之间要保持一定的间隔。沿磁盘半径方向，单位长度内磁道的数目称为道密度。常用的道密度单位是道/毫米或道/英寸。

2）位密度

位密度是指在磁道上单位长度内存储的二进制位的个数。常用的位密度单位是位/毫米或位/英寸。对于恒定角速度记录格式，由于磁盘中各个磁道的长度不同，而记录的位数相同，因此不同磁道上的位密度是不一样的，越靠近盘心，磁道位密度越高。对于多重区域记录格式，可以认为各磁道上的位密度基本相同。

3）存储容量

存储容量是指整个磁盘所能存储的二进制信息的总量。磁盘的容量有非格式化容量和格式化容量之分。对于采用恒定角速度记录格式的磁盘，格式化容量为

$$格式化容量＝每扇区字节数×每道扇区数×每盘面磁道数×盘面数 \tag{4.13}$$

一般情况下，磁盘容量是指格式化容量，它比非格式化容量要小。

4）平均访问时间

平均访问时间是指从发出读写命令开始，到指定扇区数据被读写完成所需的时间，即

$$平均访问时间＝平均寻道时间＋平均等待时间＋数据传输时间 \tag{4.14}$$

（1）寻道时间是指磁头移动到目标磁道（或柱面）所需要的时间。因为寻道时间不等，所以采用平均值，而平均寻道时间由磁盘存储器的性能决定，一般由厂家提供。当代硬盘的平均寻道时间大多小于十毫秒。

（2）等待时间也称旋转延迟时间，是指待读写的扇区旋转到磁头下方所用的时间，一般选用磁盘旋转一周所用时间的一半作为平均等待时间，通常为 $1\sim6$ ms。

（3）数据传输时间是读写一个扇区所用的时间。它与磁盘的转速相关。

5）转速

转速指硬盘内驱动电机主轴的旋转速度，单位为 r/min(转/分钟)。目前 IDE、SATA 硬盘的主轴转速一般为 5400 r/min 或 7200 r/min。SCSI、SAS 硬盘的主轴转速可达 7200 r/min 或 10 000 r/min，最高可达 20 000 r/min。

6）数据传输率与传输时间

数据传输率是指磁头找到数据存储的地址后，单位时间内写入或读出的字节数，即

$$数据传输率＝每个扇区的字节数×每道扇区数×磁盘的转速 \tag{4.15}$$

根据数据传输率可以确定出数据传输时间 T，即

$$T = \frac{b}{rN} \tag{4.16}$$

其中，b 为传送的字节数，N 为每磁道的字节数，r 为转速。

另外，硬盘内部的高速缓存大小、平均故障间隔时间和采用的接口也能反映硬盘的性能。文件在硬盘上存储时应尽可能放在同一柱面上或相邻柱面上，这样可以缩短寻道时间。

例 4.11 某单面磁盘的转速为 3600 r/min，平均寻道时间为 20 ms，每磁道有 32 扇区，每扇区字节数为 512 B。从磁盘读一个占 256 扇区的文件，考虑两种情况：(1) 文件连续存储；(2) 文件随机存储。那么读取该文件需要多长时间？

解 (1) 文件被连续存储，占 256/32＝8 磁道，r 为转速，有

读一个磁道的时间＝寻道时间＋旋转时间＋数据传输时间

$$= 20 \text{ ms} + \frac{1}{2r} + \frac{1}{r} = 20 \text{ ms} + 8.33 \text{ ms} + 16.67 \text{ ms}$$
$$= 45 \text{ ms}$$

读取该文件所需时间就是连续读 8 个磁道的时间，只有第 1 个磁道有寻道时间，其余 7 道没有寻道时间，所以

读 8 磁道时间＝第 1 道＋其余 7 道

$$= 45 \text{ ms} + 7 \times \frac{1}{r} = 45 \text{ ms} + 7 \times 16.67 \text{ms} = 161.69 \text{ ms}$$

(2) 文件被随机存储在 256 扇区，有

读一个扇区的时间＝寻道时间＋旋转时间＋数据传输时间

$$= 20 \text{ ms} + \frac{1}{2r} + \frac{\frac{1}{r}}{32} = 20 \text{ ms} + 8.33 \text{ ms} + 0.52 \text{ ms}$$
$$= 28.85 \text{ ms}$$

读 256 扇区的时间＝ $256 \times 28.85 = 7385.6$ ms

可以看出，在磁盘中连续存储文件能够有效地减少磁盘访问时间。

3. 硬盘与计算机主机的连接

计算机主机与硬盘的连接如图 4.66 所示。目前，磁盘驱动器、磁盘控制器以及与主机的接口都已经封装在一起，称之为硬盘。

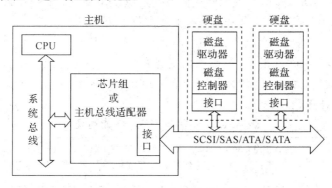

图 4.66 主机与磁盘的连接

连接硬盘与主机的标准总线有并行外总线 ATA 和 SCSI，前者多用于个人计算机，而后者多用于服务器(磁盘可构成阵列)。为了进一步提高传输速率，现在更多的是使用串行总线 SATA 和 SAS 连接硬盘。

可见，将硬盘接到计算机主机并不困难，但要让硬盘工作，还需要软件的支持。操作系统都包含磁盘驱动程序，用户也可以自己开发这种软件。

4. 磁盘阵列 RAID

独立冗余磁盘阵列(Redundant Array of Independent Disk，RAID)是由美国加州大学伯克利分校的 David A. Patterson 教授在 1988 年提出的，简称为磁盘阵列。RAID 一般是在 SCSI(也有 IDE)磁盘驱动器上实现的。SCSI 适配器保证每个 SCSI 通道随时都是畅通的，在同一时刻每个 SCSI 磁盘驱动器都能自由地向主机传送数据。

RAID 以磁盘阵列方式组成一个超大容量、响应速度快、可靠性高的存储子系统，它具有如下优点：

(1) 传输速率高。使用 RAID 可大大加快磁盘的访问速度，缩短磁盘读写的平均排队与等待时间，并以并行方式在多个硬盘驱动器上工作。在 RAID 中，可以让很多磁盘驱动器同时传输数据，而这些磁盘驱动器在逻辑上被系统视作一个单一的硬盘，所以使用 RAID 可以达到单个磁盘驱动器几倍、几十倍甚至上百倍的速率。

(2) 提供容错功能。对于普通磁盘驱动器来说，如果不采用 CRC 码，将不具备容错功能。RAID 的容错是建立在每个磁盘驱动器的硬件容错功能之上的，它以冗余技术增加其可靠性，以多个低成本磁盘构成磁盘子系统，提供比单一硬盘更完备的可靠性和高性能。

(3) 在同样的容量下，RAID 比起传统的大直径磁盘驱动器价格要低许多。

目前，工业界公认的 RAID 系统标准是 RAID0～RAID6，各模式依据的磁盘阵列数据校验方式不同。过去，RAID 被广泛地应用在服务器、工作站体系中，目前也用在高端 PC 中。

5. 磁带机

利用磁表面记录信息的设备，除磁盘之外还有磁带机。磁带机分为开盘式启停磁带机和数据流磁带机两大类，可用于记录数据。在计算机系统中磁带机常用作数据的备份设备。

4.5.3 固态硬盘

固态硬盘(Solid State Drive，SSD)是一种用固态电子存储芯片通过阵列的形式构成的硬盘，目前多采用半导体闪存(NAND Flash)作为存储介质。因为半导体技术的发展，半导体闪存的容量越来越大，这就为人们制造固态硬盘提供了基础。由于固态盘没有机械部分，其可靠性高，速度快，功耗低，体积小，抗振性能好，无噪声。

表 4.12 为典型的固态硬盘(SSD)与机械硬盘(Hard Disk Drive, HDD)性能参数对比。可见，固态硬盘与机械硬盘相比，最突出的优势在于随机读写性能，由于不需要寻道、等待磁盘旋转等机械动作，固态硬盘的 IOPS(Input/Output Operations Per Second,每秒钟可以处理的输入/输出任务数)是机械硬盘的 200 倍左右。

表 4.12　SSD 与 HDD 性能对比

对比项	SATA SSD(500 GB)	SATA HDD(500 GB, 7200 r/min)	区别
介质	闪存	磁盘	—
连续读/写(MB/s)	540/330	160/60	×3/×6
随机读/写(IOPS)	98 000/70 000	450/400	×217/×175
数据访问延迟(ms)	0.1	10～12	×100～120
性能得分(PCMark)	78 700	5600	×14

固态硬盘的硬件包括 SSD 控制器(主控)、NAND Flash 存储器(闪存)、DDR SDRAM (是微控制器 CPU 的主存、固态硬盘的缓存)及主机接口等几大部分,其内部结构如图 4. 67 所示。

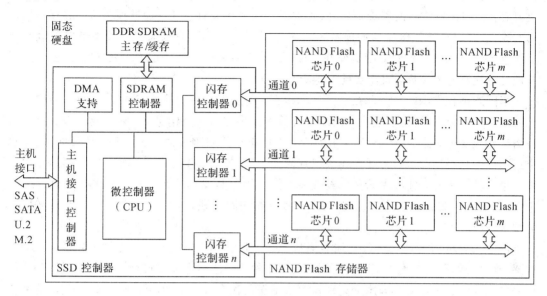

图 4.67 固态硬盘(SSD)内部结构框图

在固态硬盘内部,由多组闪存芯片组成多个通道,在 SSD 控制器的控制下,多个闪存通道并发工作,可以达到很高的性能。连接在同一个通道上的多块闪存芯片共享总线,必须分时控制,可以组成多体交叉存储器,交叉、轮流工作。

常用的闪存芯片有 SLC、MLC、TLC 等几种类型,其主要特点如下:

(1) SLC(Single - Level Cell):每个晶体管存储 1 b 的数据(MOS 管浮动栅极的电荷量分为有电荷、无电荷两种状态),速度快(典型的读取时间为 30 μs,编程时间为 300 μs,擦除时间为 1.5 ms),寿命长(擦写次数为 5 万到 10 万次),但价格昂贵(价格约是 MLC 的 3 倍以上)。

(2) MLC(Multi - Level Cell):每个晶体管存储 2 b 的数据(MOS 管浮动栅极的电荷量分为四个等级,共四种状态),速度一般(典型的读取时间为 50 μs,编程时间为 600 μs,擦除时间为 3 ms),寿命一般(擦写次数为 3000 到 1 万次),价格一般。

(3) TLC(Trinary - Level Cell):每个晶体管存储 3 b 的数据(MOS 管浮动栅极的电荷量分为八个等级,共八种状态),速度慢(典型的读取时间为 75 μs,编程时间为 1000 μs,擦除时间为 4.5 ms),寿命短(擦写次数为 500 到 1500 次),价格便宜。

SSD 控制器包含三大功能模块:

(1) 前端接口和相关的协议模块。

(2) 中间的 FTL 层(Flash Translation Layer,闪存转换层)模块,固态硬盘的大部分功能和关键算法都通过这一层实现。

(3) 后端和闪存的通信模块。

由于内部结构的关系,对 NAND Flash 存储器芯片的读、写有很多独特的规则(限制): 对 NAND Flash 存储器芯片的读、写操作必须以"页"为单位(与磁盘的扇区类似);写之前必须擦除，而擦除必须以"块"为单位(每一个"块"由若干"页"组成)。这就带来一个问题，如果只改写某一页，就必须先把包含这一页的整个块擦除，而这一块内部的其他页可能还包含有用的数据，而且写之前擦除，也会影响写入速度。所以，FTL 层需要维护一个地址映射表，把用户要访问的逻辑页地址(类似磁盘的逻辑块地址 LBA)转换为 Flash 存储器内部的物理页地址(类似磁盘的物理扇区)。若要覆写某一页，可以通过修改地址映射表将此页面重新映射到已擦除的空闲页面并直接写入，将原来的页面标记为无效(Garbage)。这样处理可以提高写入速度，且不影响其他有效页面。

当固态硬盘空闲时，SSD 控制器自动检查，若发现某些块中大部分的页面已经被标记为无效(Garbage)，则将这些块中的少量有效页读出并写入空闲页面，修改地址映射表，然后将这些块擦除。擦除后，这些块中的所有页面都成为空闲页面，可以直接写入新数据，这个过程称为垃圾回收。因为硬盘无法识别操作系统的文件系统格式，所以如果用户删除了某一个文件，这个文件占用的页已经无用，但因为这是操作系统层面的操作，故硬盘无法感知到。此时，操作系统可以通过 TRIM 命令通知固态硬盘，这些页面已经无效，可以作为垃圾回收。

由于大容量 NAND Flash 存储器擦写次数有限，SSD 控制器必须通过一定的算法，将擦除-改写操作平均分配到 Flash 存储器的每个块中，这称为磨损均衡。SSD 控制器需要维护一份擦除计数表(ECT)，用来记录每个块的擦写次数。高端的 SSD 控制器将逻辑地址中经常写入的数据(Dynamic Data，动态数据/热数据)与不经常写入的数据(Static Data，静态数据/冷数据)进行分别处理。目前的企业级 SSD 采用磨损均衡策略后，无故障运行时间可达 200 万小时，足以保证硬盘使用 20 年以上。

NAND Flash 存储器芯片的容量很大，很难保证所有存储单元都可靠，SSD 控制器包含 ECC 纠错模块，可实现数据的检错与纠错。NAND Flash 存储器出厂时允许坏块容量小于总量的 2%，将这些坏块通过坏块表屏蔽即可。SSD 控制器也要维护坏块表，在操作过程中如果通过 ECC 检错发现坏块，可将坏块做标记，加入到坏块表中进行屏蔽。

综上所述，SSD 控制器的 FTL 层需要实现的功能包括：逻辑页到物理页的重映射及地址转换、垃圾回收、磨损均衡、检错纠错、坏块管理等。

为了提高多任务并发处理的性能，固态硬盘还需支持 TCQ/NCQ，并一次可以响应多个 I/O 请求。NCQ(Native Command Queuing)与 TCQ(Tagged Command Queuing)是优化硬盘性能的 I/O 命令排序技术，通过把计算机发给硬盘的 I/O 命令进行重新排序，使得硬盘在相同时间间隔能完成更多的 I/O 命令。要使用 NCQ 和 TCQ 功能，芯片组硬盘接口和硬盘本身都必须支持。

固态硬盘有多种外观和尺寸，包括 3.5 寸、2.5 寸、1.8 寸、M.2、PCIe 卡、mSATA、U.2 等。同样，固态硬盘也有多种接口类型，比如与传统机械硬盘兼容的 SATA 接口(顶层协议为 ATA、传输层协议为 SATA)、SAS 接口(顶层协议为 SCSI、传输层协议为 SAS)，以及专门为固态硬盘设计的 M.2、U.2 接口。M.2 和 U.2 接口是物理层的名称，其顶层协议是专门面向固态硬盘的 NVMe 协议，传输层协议是 PCIe。

总之，目前的固态硬盘与机械硬盘相比，除了容量小、单位容量的价格高之外，其他技术指标均超过机械硬盘。但是，由于 NAND Flash 存储器的固有特点，固态硬盘不适合长期离线保存数据，也不适合过于频繁地大量写入数据。

4.5.4 光存储器

1. 只读光盘

批量生产的只读光盘是用模具冲压出来的。首先根据要写入光盘的数据制作金属镍模具(压模),然后利用模具(压模)冲压熔融的聚碳酸酯材料,冷却后,形成光盘主体,其表面已被模具根据要写入的数据压出由一个个凹坑构成的光道。上述过程大约需要 3~5 秒。接下来在布满凹坑的盘片表面均匀地溅镀一层铝反射膜,最后在盘片表面喷涂保护层,并印刷图案、文字等发行信息,即完成了一张光盘的压制。

光盘中存储的数据经过重新编码,保证不会出现连续两个"1"的情况。用光道上凸起和凹陷的交界处记录"1",用凸起和凹陷的平面记录"0"。当激光头发出激光束照射光道时,光道上的凸起和凹陷的平面及交界处产生的反射光会发生变化,利用光敏器件将光照强度转换为连续变化的电流或电压信号,即可读出光盘记录的信息。

在光盘驱动器的光路中,有一块半透半反射的玻璃,光源发出的激光可直接通过该玻璃,经过透镜聚焦后照射到光盘表面。从光盘表面反射回来的光经过该玻璃被反射到光敏器件表面,最终转换为数字信号。

只读光盘上的数据只能读出,既不能擦除也不能改写,大批量压制生产成本很低,主要用来存放软件、电影、书刊等信息。

2. 刻录盘

1)一次写多次读光盘

可刻录的光盘表面已被预先压出对应的光道沟槽,在沟槽底部溅镀反射层,然后喷涂一层有机染料,并覆盖一层保护层。刻录时,刻录机中的光头沿着沟槽运动,用激光照射沟槽对应的区域,使得有机染料的性质发生改变,形成烧灼斑点,斑点位置的反光度较低,从而可记录二进制数据"0"或"1"。

刻录盘上的沟槽通常按照波浪形状压制,是被调制了地址、速度等信息的正弦波。当光盘以一倍速旋转时,波浪形沟槽反射光的强度会按照一定频率的正弦波变化,被光敏器件接收后,最终可还原出调制的信息,由此刻录机可以判断当前光盘的转速和沟槽地址。

此类光盘中刻录的信息可以无限次读出,信息可保持几十年不会丢失,但只能写一次,常用于数据的备份和归档。

2)可擦写光盘

可擦写光盘利用相变材料作为记录信息的介质,因此也称作相变光盘。相变材料有两个稳定状态:透光率高的结晶状态和不透光的非结晶状态。

出厂后的新可擦写光盘沟槽中的介质处于结晶状态。写入数据时,刻录机光头发出高功率激光,使相变材料熔化变为非结晶态。结晶状态的透光率高,可使激光透过相变材料直接到达反射层,而非结晶态几乎不透光,反射回来的光线很弱,从而可记录二进制数据"0"或"1"。在读取数据时,用低功率激光照射,不会改变相变材料的状态。

擦除时,光头发出中等功率的激光,且保证照射时间超过相变材料的结晶时间,可以使相变材料由非结晶态重新变回结晶态。

3. 多层记录

DVD 的 D9 格式首次引入双层记录方式。在读取数据时，通过调节激光的焦距，使其聚焦在第一层或者第二层位置，从而可以读取不同层的数据；在写入数据（刻录）时，当激光聚焦在第二层位置时，第一层对应区域的温度达不到破坏已刻录数据的阈值，不影响第一层的数据。目前商用蓝光光盘最高容量达到了双面，每面四层，总容量可达 200 GB。

现在市场上常见的光盘种类有压缩光盘（Compact Disc，CD）、数字多用途光盘（Digital Versatile Disc，DVD）和蓝光光盘（Blu-ray Disc，BD），其主要参数如表 4.13 所示。

表 4.13　CD、DVD 与 BD 参数比较

参数	CD	DVD	BD
激光波长	780 nm 红色激光	630～650 nm 红色激光	405 nm 蓝色激光
光道间距	1.6 μm	0.74 μm	0.32 μm
容量	650～700 MB	单面单层（D5）4.7 GB 单面双层（D9）8.5 GB 双面单层（D10）9.4 GB 双面双层（D18）17 GB	单面单层：25 GB、27 GB 单面双层、双面单层：50 GB 双面双层：100 GB 双面四层：200 GB
数据传输速度 （一倍速 1×）	1.2 Mb/s （150 KB/s）	11.08 Mb/s （1385 KB/s）	36.0 Mb/s （4.5 MB/s）
视频分辨率	352×240（NTSC） 352×288（PAL）	720×480（480i） 720×576（576i）	1920×1080（1080p）
盘片直径	120 mm	120 mm	120 mm

4. 光盘的应用

目前，光盘主要用在以下两个方面：

(1) 音乐、视频、软件、电子书等的发行，通常会选择使用光盘作为信息的载体。与存储卡、网络下载等方式相比，光盘数据可以长期离线保存，且制造成本极其低廉。大批量压制蓝光光盘，平均每张光盘的制造成本不超过 2 元。

(2) 光盘存储介质与驱动器分离，更适合重要数据的长期离线保存、备份、归档。用移动硬盘长期保存数据，其风险极高，震动、跌落、电路失效、机械故障等都会造成数据丢失。闪存卡、U 盘中的存储介质为 NAND Flash 存储器，其存储单元（MOS 管的浮动栅极）存在漏电问题，长期（超过一年）不加电可能会导致数据丢失。光盘更适合长期保存数据，与磁带相比，驱动器尺寸小，而且数据可以随机读取。档案级蓝光光盘与消费级光盘相比，制造时需要采用更高质量的材料及更抗腐蚀的保护层。刻录在超长寿命档案级蓝光光盘（Ultra Longevity Archival Blu-ray Disc，ULABD）中的数据，可以保存 50 年以上。

4.5.5　移动存储设备

常见的移动存储设备有 USB 移动硬盘和 USB 闪存盘。

1. 移动硬盘

移动硬盘的主要特点是抗振性能好，可随身携带；功耗低，可直接由 USB 总线供电，使用非常方便；价格低廉。

常见的移动硬盘接口有 USB 2.0、USB 3.1 Gen1、Thunderbolt（雷电）等，直接用电缆连接。用 USB 3.1 Gen1 接口时，理论上最高数据传输速率可达 500 MB/s。

目前，常用的移动硬盘容量为 1～5 TB。

2. 闪存盘（U 盘）

U 盘是用半导体闪速存储器构成的可移动存储器，一般多采用 USB 接口。由于采用半导体存储器构成，其体积小，重量轻，耗电少，抗振性能好，便于携带，使用十分方便。

目前，常用的 U 盘容量在几吉字节到几百吉字节之间。

由于 U 盘通过 USB 接口连接到计算机，接口性能明显低于专门针对硬盘的 SAS、SATA、U.2、M.2 等接口，而且 USB 接口本身也不支持专门针对硬盘的各种 SCSI、ATA、NVMe 高级命令。同时，大多数 U 盘内部不支持多通道，主控算法也相对简单。基于上述原因，虽然有些 U 盘在容量上已经达到或超过固态硬盘，但在性能、可靠性等方面与固态硬盘相比还有非常大的差距。

习　　题

4.1　试以单元电路说明为什么 DRAM 的功耗比 SRAM 小。

4.2　某存储器容量为 64 KB，按字节编址，地址 C000H～FFFFH 为 ROM 区，其余为 RAM 区。若采用 16 K×4 位的 SRAM 芯片进行设计，计算需要该 SRAM 芯片的数量。

4.3　利用 6264 芯片在 8 位 ISA 系统总线上实现 00000H～03FFFH 的主存区域，试画其连接电路图。若在 8086 系统总线（即 16 位 ISA 总线）上实现上述主存模块，试画其连接电路图。

4.4　说明 EPROM 和 EEPROM 的编程过程。

4.5　主存按字节编址，地址从 40000H～BBFFFH 共有多少字节（以 KB 为单位）？

4.6　试判断图 4.68 所示的存储器译码电路 74LS138 的输出 $\overline{Y_0}$、$\overline{Y_4}$、$\overline{Y_6}$ 和 $\overline{Y_7}$ 所决定的主存地址范围。

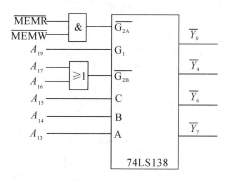

图 4.68　习题 4.6 附图

4.7 将 4 片 6264 芯片连接到 8086 系统总线上，要求其主存地址范围为 70000H～77FFFH，画出连接图。

4.8 EEPROM 98C64A 芯片的各引脚功能是什么？如果要将一片 98C64A 与 8 位 ISA 总线相连接，并能随时改写 98C64A 中各单元的内容，试画出连接电路图（地址空间为 40000H～41FFFH）。

4.9 与 EPROM 相比，EEPROM 有什么不同？

4.10 已知 80486 主存最大寻址空间为 4 GB，按字节编址，系统总线有 32 条数据线，主存采用四个 8 位的存储体交叉编址，各存储体的选择信号分别为 $\overline{BE0}$、$\overline{BE1}$、$\overline{BE2}$、$\overline{BE3}$。在 80486 系统中，某 SRAM 芯片容量为 256 K×8 bit，试用这样的芯片构成 40000000H～400FFFFFH 的主存模块，画出连接电路图。

4.11 以 DDR4 SDRAM 为例说明动态存储器的读、写过程。

4.12 异步动态存储器 DRAM 与同步动态存储器 SDRAM 的不同主要表现在哪些方面？

4.13 DDR SDRAM 的 DDR 是什么意思？与一般的 SDRAM 相比有什么不同？

4.14 动态读写存储器 DRAM 在使用时需要定时刷新，其主要原因是_____。

4.15 掉电后，下面说法中正确的是_____。

A. RAM 的数据不会丢失   B. ROM 的数据不会丢失

C. EPROM 的数据会丢失   D. DRAM 的数据不会丢失

4.16 某 CPU 地址总线为 A_0～A_{19}，数据总线为 D_0～D_7，主存读信号为 $\overline{MEMR}$。主存写信号为 $\overline{MEMW}$。某 SRAM 连接电路图如图 4.69 所示。

(1) 分析该图，请指出该 SRAM 芯片占用的主存地址范围。

(2) 采用该 SRAM 芯片实现 30000H～33FFFH 的主存区域，试画连接图。

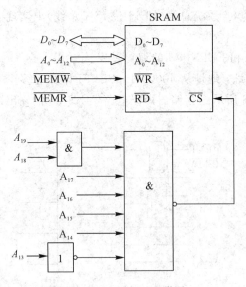

图 4.69 习题 4.16 附图

4.17 存储器的存取时间 t_A 和存储周期 t_m 的关系是_____。

A. $t_A > t_m$ B. $t_A \geqslant t_m$ C. $t_A = t_m$ D. $t_A < t_m$

4.18　利用硬件测试工具软件，读取你计算机主存的参数以及 SPD 信息，比如主存类型、通道数、数据位宽、内存条数量、主存总容量、频率、SDRAM 时序参数，以及内存条的制造商、制造日期、模块名称等信息，说明这些参数的含义。

4.19　某 DDR4 SDRAM 芯片总容量为 8 Gb(即 8 G 个二进制位)，有 A、B、C 三种型号，对应其存储单元的三种不同组织形式：

型号 A：2 G×4 b

型号 B：1 G×8 b

型号 C：512 M×16 b

请问，要构成单个 Rank 的内存条，用哪个型号的芯片可以获得最大的主存容量？

4.20　设计一个具有八个存储单元的读相联存储器，画出电路框图，并说明其工作过程。

4.21　主存与 CPU 之间增加高速缓存 Cache 的目的是＿＿＿＿＿。

A. 解决主存与 CPU 之间的速度匹配问题

B. 扩大主存的存储容量

C. 扩大外存储器的寻址空间

D. 提高外部存储器的速度

4.22　在计算机中，采用虚拟存储器的目的是＿＿＿＿＿。

A. 提高内部存储器的速度

B. 扩大内部存储器的寻址空间

C. 扩大外部存储器的寻址空间

D. 提高外部存储器的速度

4.23　在计算机中，CPU 对其访问速度最快的是＿＿＿＿＿。

A. 主存　　　　　　　　　　　　B. Cache

C. CPU 中的通用寄存器　　　　　D. 硬盘

4.24　若 Cache 以字为块，其存取时间为 10 ns，主存的存取时间为 100 ns，存储系统的平均存取时间为 16 ns，则 Cache 的命中率为＿＿＿＿＿。

A. 96％　　　　　B. 95％　　　　　C. 94％　　　　　D. 92％

4.25　高速缓存 Cache 采用 4 路组相联地址映射方式，每路 2 块，每块 1 KB。主存最大寻址空间为 1 MB，按字节编址。

(1) 说明主存地址中的标记、索引、块内地址字段各用多少位表示。

(2) 已知地址映射表如图 4.70 所示，若主存地址为 ABCDEH 和 12345H，请问是否命中 Cache？如果未命中，说明理由；如果命中，试确定命中第几路 Cache，路内地址是什么。

第1路		第2路		第3路		第4路	
有效位	标记	有效位	标记	有效位	标记	有效位	标记
0	058H	1	112H	1	067H	1	157H
1	188H	0	157H	1	157H	1	167H

图 4.70　习题 4.25 附图

4.26 高速缓存 Cache 与主存间采用全相联地址映射方式,高速缓存的容量为 4 KB,分为 4 块,主存容量为 1 MB。

(1) 地址映射表为_____个存储单元,每个存储单元至少包括_____位。

(2) 若主存读写时间为 300 ns,高速缓存读写时间为 30 ns,而存储系统平均读写时间为 32.7 ns,则该高速缓存的命中率为_____%。

(3) 若地址映射表如图 4.71 所示,试根据主存地址确定变换后的高速缓存的地址。

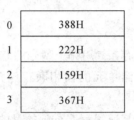

图 4.71 习题 4.26 附图

① 主存地址为 88888H 时,高速缓存地址为_____H。

② 主存地址为 56789H 时,高速缓存地址为_____H。

(4) 简要说明采用全相联映射的优缺点(主要从 Cache 的利用率、命中率、地址变换硬件的繁简等方面进行说明)。

4.27 某计算机高速缓存 Cache 采用 2 路组相联地址映射方式,每路 4 块,块的大小为 512 B。主存最大寻址空间为 1 MB,按字节编址。构成高速缓存地址映射表的相联存储器总容量为____(1)____bit,每次参与比较的存储单元为____(2)____个。

(1) A. 4×10　　　B. 8×10　　　C. 4×9　　　D. 8×9

(2) A. 1　　　　B. 2　　　　C. 4　　　　D. 8

4.28 使 Cache 命中率最高的替换算法是_____。

A. 先进先出算法 FIFO　　　　B. 随机替换算法 RAND

C. 最优替换算法 OPT　　　　D. 近期最少使用算法 LRU

4.29 主存的段式管理有许多优点,下面的描述中,_____不是段式管理的优点。

A. 支持程序的模块化设计和并行编程的要求

B. 各段程序的修改互不影响

C. 地址变换速度快、主存碎片(零头)小

D. 便于多道程序共享主存的某些段

4.30 若 Cache 容量为 100 字,并以 50 字分块,起始为空。CPU 从主存单元 0、1、2、…、99 中每次读出一个字,顺序读出 100 个字,并重复读 10 次进行主存访问,则命中率为多少?若主存访问时间 T_M 是 Cache 访问时间 T_C 的 5 倍,则在此情况下的访存速度是无 Cache 时的访存速度的几倍?

4.31 主存容量为 4 MB,虚存空间为 1 GB,按字节编址,实地址与虚地址各为多少位?若页面大小为 4 KB,则在主存中的页表应有多少个表项?页表应多大?

4.32 段式虚拟存储器的段表如表 4.14 所示。若访问段 3 的 1059H 单元和段 2 的 1678H 单元,其对应的实地址各是多少?

表 4.14　习题 4.32 附表

段号	段首地址	装入位	其他属性
0	50000H	1	
1	30000H	0	
2	15000H	1	
3	44000H	1	

4.33　某页式虚拟存储器共有 256 K 页，每页为 4 KB。主存容量为 1 MB。试问：主存分多少页？主存页表有多大？描述虚实地址的变换过程并举例说明。

4.34　若某程序运行要求虚存页面的顺序为 P3、P4、P2、P6、P4、P3、P7、P4、P3、P6、P3、P4、P8、P4、P6，主存容量为 3 页，程序运行前主存为空。求使用 FIFO 算法和 LRU 算法的命中率。若主存增至 4 页，再求使用各算法的命中率。

4.35　有如下 C 语言程序段：

```
for (k=0；k<1000；k++)
    a[k] = a[k] + 10；
```

若数组 a 及变量 k 均为 int 型，int 型数据占 4 B，变量 k 在寄存器中；数据 Cache 采用直接映射方式，容量为 1 KB，块大小为 32 B，该程序段执行前 Cache 为空。求该程序段执行过程中访问数组 a 的 Cache 缺失率。

4.36　某计算机采用页式虚拟存储管理方式，按字节编址，虚拟地址为 32 位，物理地址为 26 位，页大小为 4 KB；TLB 采用全相联映射；Cache 数据区大小为 64 KB，按 2 路组相联方式组织，主存块大小为 64 B。图 4.72 为存储访问过程的示意图。请回答下列问题。

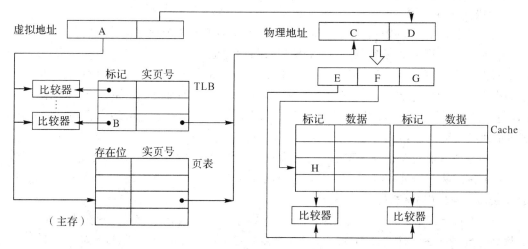

图 4.72　习题 4.36 附图

（1）图 4.72 中 A～G 的位数各是多少？TLB 标记字段 B 中存放的是什么信息？

（2）将块号 4102 的主存块装入到 Cache 中时，所映射的 Cache 组号是多少？对应的 H 字段内容是什么？

（3）Cache 缺失处理的时间开销大还是缺页处理的时间开销大？为什么？

（4）为什么 Cache 可以采用写直达（Write Through）策略，而修改页面内容时总是采用写回（Write Back）策略？

4.37 某计算机的主存地址空间大小为 1 GB，按字节编址。指令 Cache 和数据 Cache 分离，均有 16 个 Cache 块，每个 Cache 块大小为 64 B，数据 Cache 采用直接映射方式。现有两个功能相同的程序 A 和 B，其伪代码如图 4.73 所示。

```
int a[256][256]              int a[256][256]
...                          ...
int sum_array1()             int sum_array2()
{                            {
 int i,j,sum=0;               int i,j,sum=0;
 for(i=0;i<256;i++)           for(j=0;j<256;j++)
   for(j=0;j<256;j++)           for(i=0;i<256;i++)
     sum += a[i][j];             sum += a[i][j];
 return sum;                  return sum;
}                            }

        程序 A                       程序 B
```

图 4.73 习题 4.37 附图

假定 int 类型数据用 32 位补码表示，程序编译时，i、j、sum 均分配在寄存器中，数组 a 按行优先方式存放，其首地址为 768（十进制数），且程序执行之前数组 a 的任何元素均不在 Cache 中。请回答下列问题，要求说明理由或给出计算过程。

（1）若不考虑用于 Cache 一致性维护和替换算法的控制位，则包括地址映射表在内，数据 Cache 的总容量为多少？

（2）数组元素 a[0][62] 和 a[1][150] 各自所在的主存块对应的 Cache 块号分别是多少（Cache 块号从 0 开始）？

（3）程序 A 和 B 的数据访问 Cache 命中率各是多少？哪个程序的执行时间更短？

4.38 某计算机主存按字节编址，虚拟（逻辑）地址空间大小为 256 MB，主存（物理）地址空间大小为 16 MB，页面大小为 4 KB；Cache 采用直接映射方式，共 8 块；主存与 Cache 之间交换的块大小为 32 B。系统运行到某一时刻时，页表的部分内容和 Cache 地址映射表的内容分别如图 4.74(a)、图 4.74(b)所示，图中实页号及标记字段的内容为十六进制形式。请回答下列问题：

（1）虚拟地址共有几位？哪几位表示虚页号？物理地址共有几位？哪几位表示实页号？

（2）使用物理地址访问 Cache 时，物理地址应划分成哪几个字段？说明每个字段的位数及在物理地址中的位置。

（3）虚拟地址 00056A8H 所在的页面是否在主存中？若在主存中，则该虚拟地址对应的物理地址是什么？访问该物理地址时是否命中 Cache？如果命中 Cache，对应的 Cache 内部地址是什么？请写出计算过程并说明理由。

（4）假定为该计算机配置一个 4 路组相联的 TLB，共可存放 8 个页表项，若其当前内容（十六进制）如图 4.74(c)所示，则此时虚拟地址 00356A8H 所对应的页表项是否命中 TLB？若未命中 TLB，说明理由；若命中 TLB，求该虚拟地址对应的物理地址，并写出计算过程。

虚页号	有效位	实页号	…
0	1	23B	…
1	1	226	…
2	0	—	…
3	1	287	…
4	0	—	…
5	1	20D	…
6	1	235	…
7	1	2A4	…

(a) 页表的部分内容

行号	有效位	标记	…
0	1	2A46	…
1	1	23B9	…
2	1	20D6	…
3	0	—	…
4	1	20D8	…
5	1	20D6	…
6	0	—	…
7	1	23BA	…

(b) Cache 地址映射表

组号	有效位	标记	实页号	有效位	标记	实页号	有效位	标记	实页号	有效位	标记	实页号
0	0	—	—	1	001A	86D	0	—	—	1	0003	235
1	1	0001	287	0	—	—	1	001A	87E	0	—	—

(c) TLB 的内容

图 4.74　习题 4.38 附图

4.39　当 RISC-V 处理器分别工作在 Sv32、Sv39 和 Sv48 三种不同的虚拟地址管理机制下时，计算其多级页表可能占用的最大存储空间，并说明如何解决页表庞大的问题。

4.40　磁盘位密度是盘片上＿＿＿＿＿＿＿＿＿＿。

A. 最外圈磁道圆周上单位长度内存储的二进制位的个数

B. 最靠近盘心的磁道圆周上单位长度内存储的二进制位的个数

C. 从内向外的中间磁道圆周上单位长度内存储的二进制位的个数

D. 所有磁道圆周上单位长度内存储的二进制位个数的平均值

4.41　磁盘的平均等待时间通常是指＿＿＿＿＿＿＿。

A. 磁盘旋转半周所用的时间

B. 磁盘旋转 1/3 周所用的时间

C. 磁盘旋转 2/3 周所用的时间

D. 磁盘旋转一周所用的时间

4.42　图 4.75 所示为同一数据的磁头写入电流的三种波形，试说明每种波形对应的记录方式名称及它们的自同步能力。

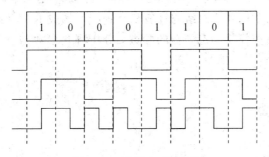

图 4.75　习题 4.42 附图

4.43　某硬盘有 5 个记录面，记录面上有效记录区域的内径为 20 cm，外径为 30 cm，磁道上记录的位密度为 250 b/mm，道密度为 10 道/毫米，每一磁道上分为 16 个扇区，每个扇区记录 1 KB，磁盘旋转速度为 10 000 r/min，则该硬盘的格式化容量为 ___(1)___ MB；该硬盘的数据传输速率约为 ___(2)___ MB/s。（计算中，$1M = 2^{20}$。）

(1) A. 25   B. 29   C. 33   D. 39

(2) A. 1.8   B. 2.2   C. 2.6   D. 3.1

4.44 若某磁盘有两个记录面，存储区的内径为 5 cm，外径为 10 cm，道密度为 500 道/厘米，内径上的位密度为 24 000 b/cm，则该磁盘的每个记录面上有 ___(1)___ 条磁道，最里圈磁道上能存储的字节数约为 ___(2)___。

(1) A. 750   B. 1 250   C. 1 750   D. 2 500

(2) A. 40 750   B. 41 250   C. 43 750   D. 47 120

4.45 光盘驱动器与主机的接口总线通常采用 ___(1)___ 总线。只读光盘上的数据是记录在光盘表面的 ___(2)___ 上。

(1) A. ISA   B. RS-232   C. ATA   D. PCI

(2) A. 集成电容   B. 磁性材料   C. 集成电阻   D. 凹坑和平面

4.46 某硬盘有 3 个盘片，共有 4 个记录面，转速为 7200 r/min，盘面有效记录区域的外径为 30 cm，内径为 10 cm，记录位密度为 250 b/mm，磁道密度为 8 道/毫米，每磁道分 16 个扇区，每扇区 512 字节，则该硬盘的格式化容量约为 ___(1)___，数据传输率约为 ___(2)___。若一个文件超出一个磁道容量，则剩下的部分 ___(3)___。（计算中，$1 K = 2^{10}$，$1 M = 2^{20}$。）

(1) A. 100 MB   B. 25 MB

      C. 50 MB   D. 22.5 MB

(2) A. 3840 KB/s   B. 2880 KB/s

      C. 1920 KB/s   D. 960 KB/s

(3) A. 存于同一盘面的其他编号的磁道上

      B. 存于其他盘面的同一编号的磁道上

      C. 存于其他盘面的其他编号的磁道上

      D. 随机存放

4.47 题 4.46 给出的磁盘具有 10 ms 的平均寻道时间，如果读写一个扇区，平均访问时间是多少？如果读写一个柱面，平均访问时间又是多少？

4.48 RAID 分为几级？哪些是用来提高性能的？哪些是用来提高可靠性的？

4.49 硬盘驱动器常用什么总线与计算机相连接？构成 RAID 通常用哪种总线连接？

4.50 在购物网站查找某固态硬盘的参数，分析哪些参数与性能有关，哪些参数与使用寿命有关。

第5章 指令系统

一台计算机的指令系统设计得好坏与否，不但直接关系着对程序设计的支持程度、编译器实现的复杂程度，也关系着该计算机硬件系统的体系结构、实现及性能的优劣，是计算机设计中需要特别关注的问题。

本章将较为全面地讨论计算机指令系统，包括指令格式、指令类型、寻址方式等，讨论与指令系统密切相关的一些问题，包括数据类型、存储模式、寄存器等，讨论指令系统的整体发展及CISC(复杂指令集计算机)和RISC(精简指令集计算机)的概念，并以x86指令系统和RISC-V指令系统为例进一步展示实际的指令系统。

5.1 指令系统概述

计算机完成各种各样的工作都是通过执行计算机程序来实现的。程序是由一系列有时间顺序、有逻辑关系的指令构成的。指令是控制计算机硬件完成指定的基本操作(如加、减、传送等)的命令，是用户使用计算机和计算机本身运行的最小功能单位。能被一台计算机执行的全部指令的集合称为该机的指令系统，也称指令集(Instruction Set)。

根据设计者、使用者不同的需求和要求，计算机系统通常采用分层方法构建。图1.7就是一种通俗的计算机系统抽象分层结构。从更深层、更专业的角度，可以将图1.7的下面三层描述为微体系结构层、指令集体系结构(Instruction-Set Architecture, ISA)层、操作系统层，如图5.1所示。

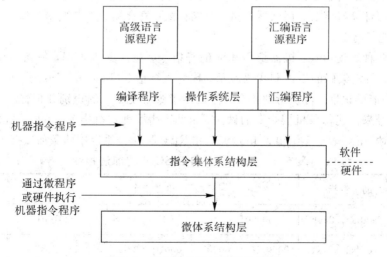

图 5.1 指令集体系结构层的作用

所谓指令集体系结构层,就是机器语言程序员所看到的计算机,所以该层次也被称为机器语言层。为了简化程序,并使用户程序能够跨计算机平台运行,诸如 FORTRAN、C、C++、Java 等高级语言不断推出,如何使各种高级语言源程序能够在同一台计算机上运行?目前几乎所有的系统设计者都采用了相同的策略,就是通过各种编译器(即编译程序,个别高级语言用解释程序)将不同的高级语言源程序转换(即翻译)成该计算机的指令系统结构层程序(即机器指令程序),然后由微体系结构层的硬件(即 CPU 中的控制器)来直接执行机器指令程序,如图 5.1 所示。

从图 5.1 中可以看出,指令系统是计算机硬件和编译器都能理解的语言系统,指令集体系结构层定义了底层软件和硬件之间的接口。指令系统是程序员所能看到的计算机的主要属性,另一方面也表明计算机具有哪些最基本的硬件功能。也就是说,指令系统既为软件设计者提供最底层的程序设计语言,也为硬件设计者提供最基本的设计依据。因此说指令系统与计算机系统的性能、硬件结构的复杂度、制造成本、使用方便性等密切相关,是硬件设计者和程序员看待同一台计算机的边界,也是计算机体系结构中最重要的抽象层次。

一台计算机的设计往往是从指令系统的设计开始的。如果指令系统设计得很复杂,则会影响计算机系统的诸多方面。指令系统定义了处理器应完成的多数功能,对处理器实现有显著影响。指令系统也是程序员控制处理器的方式,设计时必须考虑程序员的要求。所以指令系统设计需要进行多方权衡,如艺术、工程、评估以及增量式的优化等,是一个影响面大且需要认真关注的问题。

对于硬件设计者来说,一个好的指令系统更容易被高效率实现;对于软件设计者来说,一个好的指令系统更便于编写程序代码。设计、评价指令系统一般从以下方面考虑:

(1) 完备性:常用指令齐全,编程方便。

(2) 高效性:程序占主存空间少,运行速度快。

(3) 规整性:指令和数据使用规则统一简单,易学易记。

(4) 兼容性:同一系列的低档计算机的程序能在高档计算机上直接运行,即向后兼容(Backward Compatible)。

设计指令系统的核心问题是设计指令的功能和格式。指令功能由计算机的功能确定,指令格式则与计算机字长、存储器容量、存储模式、寄存器组织、数据类型、硬件结构复杂度、运算性能等有关。

指令有两种表现形式:机器指令和助记符指令。在计算机内部,每条指令用一定位数(指令字长)、特定编码的二进制代码表示,称为机器指令(Machine Instruction)。机器指令是 CPU 唯一能够识别、可执行的指令。但机器指令不便于人的识别和记忆,于是出现了用特定英文符号来描述每条机器指令的做法,由此产生了助记符指令。所以,机器指令和助记符指令是一对一的。表 5.1 给出了 Intel x86 和 RISC-V 指令系统中两条加法指令的示例。

表 5.1　Intel x86 和 RISC-V 的加法指令

处理器	助记符指令	机器指令						指令长度
Intel x86	add ax,1234h	00000101		00110100		00010010		3 字节
RISC-V	add x3,x2,x1	0000000	00001	00010	000	00011	0110011	4 字节

5.2　指令集体系结构层定义

现代 CPU 设计都对指令集体系结构层进行了定义，但只有少数 CPU 的指令集体系结构层是以正式文档定义的，如 1994 年由 SPARC International Inc. 的 David L. Weaver 和 Tom Germond 编写的 *The SPARC Architecture Manual-Version* 9。大多数 CPU 芯片设计者和制造商倾向于不公开或不免费其指令集体系结构，如 Intel、ARM 公司，目的是不让其他芯片制造商轻易仿制他们的 CPU 芯片或有偿使用他们的指令集体系结构。RISC-V 是第一款免费的、近十年内诞生的指令集体系结构，由此构建的 RISC-V 处理器使开源、共享成为了可能。

指令集体系结构层主要定义了计算机的存储模式、寄存器组织、数据类型、I/O 模式、指令类型等信息。

5.2.1　存储模式

存储模式的定义包括存储器结构、特殊存储区（如堆栈等）、数据存储顺序、边界对齐等的确定。

所有计算机都将主存设计成由连续地址寻址的众多存储单元构成，大多数系统的主存将一个存储单元定义为 8 位（1 个字节），以便于对不同长度的数据类型进行存储，这称为按字节编址的存储器。对于机器字长为 32 位的系统，一个 32 位数据称为 1 个字，由 4 字节组成，在主存中存储时占用 4 个地址连续的字节单元；对于 64 位系统，一个 64 位数据称为 1 个字（也有系统称其为双字），由 8 字节组成，占用 8 个地址连续的字节单元。

1. 数据存储顺序

不同的计算机系统采用不同的方式来存储数据。

1）大端存储（Big-Endian Ordering）

大端存储是指将数据的最低有效字节存储在字的高地址单元中，将最高字节或大端字节存放的地址作为字地址。该方式便于十进制数、ASCII 字符串的显示、打印处理。IBM S370/390、Motorola 680x0 和大部分 RISC 系统等采用这种存储模式。

2）小端存储（Little-Endian Ordering）

小端存储是指将数据的最低有效字节存储在字的低地址单元中，将最低字节或小端字节存放的地址作为字地址。该方式有利于算术运算，满足用同一个主存单元地址表示存储不同长度数据的需求。Intel x86、VAX、Alpha 等系统以及 Apple iOS、谷歌 Android 操作系统、微软 Windows for ARM 都采用这种存储模式。因为小端存储在商业上占主导地位，所以 RISC-V 也采用该模式。

例 5.1　一个 32 位的十六进制数据 12345678H，存储在 1000H 地址开始的以字节编址的主存空间中，其存储结果见表 5.2。

表 5.2　例 5.1 数据存储顺序

地址	大端存储	小端存储
1000H	12H	78H
1001H	34H	56H
1002H	56H	34H
1003H	78H	12H

2. 边界对齐

所谓边界对齐，是指数据存储在地址为 2 的整数倍（16 位字长）、4 的整数倍（32 位字长）或 8 的整数倍（64 位字长）起始的连续存储单元中，如图 5.2(a)所示。当所存数据不能满足此对齐限制要求时，可填充一个或多个空白字节。Intel x86 和 RISC-V 没有边界对齐限制，但 MIPS 系统有对齐限制。

在数据边界未对齐的计算机中，数据（例如一个字）的存储将跨两个边界对齐的存储单元，此时读/写一个完整的数据需要访问两次存储器，并需对高低字节的顺序进行调整，如图 5.2(b)所示。

所以，为了简化硬件实现，缩短存储器的访问时间，通常选择多字节的数据在主存中存放时满足边界对齐的要求。例如，在 Pentium 4 CPU 中，不同位数的数据可按图 5.2(c)所示方式储存。

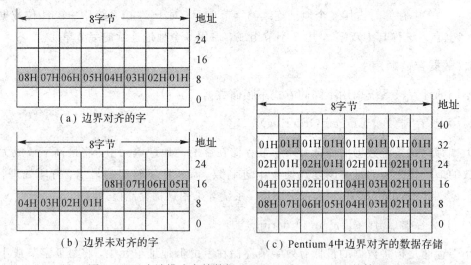

（a）边界对齐的字
（b）边界未对齐的字
（c）Pentium 4 中边界对齐的数据存储

图 5.2　以小端模式存储数据(0807060504030201H)的情况

3. 堆栈(Stack)

在所有计算机系统中，对于主存的大部分空间，允许在任何时间对其中的任何存储单元进行读/写操作，且读/写时间相同，这种特性称为主存的随机读/写特性。但有时我们希望对主存的操作有一定的顺序性，堆栈就是主存中被特殊定义的一块存储区域，它具有先进后出(First In Last Out，FILO)的操作规则。

在使用堆栈之前，先要对堆栈的大小以及堆栈在主存中的位置做出定义。使用堆栈时用如下三个专用地址寄存器来管理。

（1）堆栈指针（Stack Pointer，SP）：指示当前可操作的堆栈单元。

（2）堆栈基址（Stack Base，SB）：指示堆栈的底部。

（3）堆栈界限（Stack Limit，SL）：指示堆栈的最顶端。堆栈界限的公式为

$$堆栈界限＝堆栈基址 \pm 堆栈大小 \tag{5.1}$$

对堆栈有两种基本操作：压栈（PUSH）和弹出（POP），也称为入栈和出栈。某些系统采用堆栈界限 SL 大于堆栈基址 SB 的设计方案，这样每次压栈操作都会使堆栈指针 SP 增大，当 SP 达到 SL 时，若再试图压栈，将会报告堆栈溢出错误。另一些系统则采用堆栈界限 SL 小于堆栈基址 SB 的设计方案，这样每次压栈操作都会使堆栈指针 SP 减小，当 SP 达到 SL 时，若再试图压栈，也将会报告堆栈溢出错误。弹出为压栈的逆操作，当 SP 达到 SB 时，若继续弹出操作，同样会报告堆栈溢出错误。

图 5.3 所示为 Intel x86 和 RISC-V 系统中堆栈的两种基本操作，在此设定栈底地址大于栈顶地址，堆栈每次操作的数据由 i 个字节构成。压栈时，先做 $(SP)-i \rightarrow SP$，然后在 SP 指示的新存储单元中存入要保存的数据；弹出时，先将 SP 指示的存储单元中的数据读出，然后做 $(SP)+i \rightarrow SP$。在堆栈中存储数据总是从底部向顶部发展，无论对堆栈做压栈还是弹出操作，操作完成后，SP 总是指向所有已存数据单元最上面的那个单元，称为栈顶单元。在正常堆栈操作的情况下，必然使最先存入堆栈中的数据总是最后从堆栈中读出。

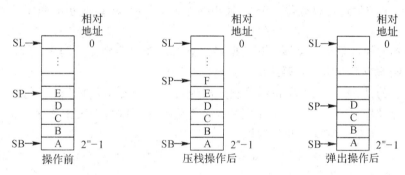

图 5.3　堆栈基本操作

堆栈在过程或子程序调用和返回、中断处理程序的进入和返回等场合被系统广泛应用，用户也可以利用堆栈进行数据保护操作。

为了防止堆栈操作错误，应注意以下几点：

（1）堆栈大小要按需求设置得足够大。

（2）用户对堆栈的压栈和弹出操作要成对进行，以防止堆栈溢出。

（3）最好将系统堆栈和用户堆栈分开，以免用户不慎破坏系统对堆栈的正常使用。

4. 冯·诺依曼结构和哈佛结构

在冯·诺依曼计算机中规定，指令与数据均用二进制表示，并可在整个主存中混合存放，如图 5.4（a）所示。从指令系统结构层的角度看，整个主存就是单一的线性地址空间。这种指令与数据混合存储的主存架构被称为冯·诺依曼结构。目前仍有许多计算机系统主存采用这种结构，如 Intel 系统、AMD 系统等。冯·诺依曼结构的优点是指令和数据可以

共享并充分利用主存资源；缺点是不正确的数据操作可能会破坏到指令，造成程序无法正常运行。

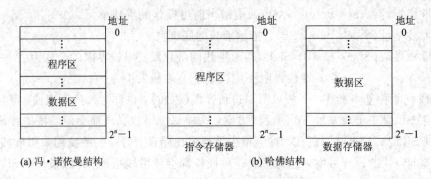

图 5.4　两种主存结构

哈佛结构将主存分为指令存储器和数据存储器两个实体，所有的程序必须放在指令存储器的地址空间中，所有的数据必须放在数据存储器的地址空间中，如图 5.4(b)所示。采用哈佛结构有以下优点：

（1）指令存储器只需做读出操作，这使得指令存储器的设计、控制变得较为简单，并可以加快读出指令的速度。

（2）所有的写操作都自动在数据存储器中执行，避免了数据对程序可能造成的破坏，减少了程序出错的机会。

（3）利用 n 位地址可以获得 2 个 2^n 大小的地址空间（1 个 2^n 大小的程序空间和 1 个 2^n 大小的数据空间）。

哈佛结构的缺点是指令存储器和数据存储器有可能得不到充分利用。所以，指令存储器和数据存储器应根据实际需要做出不同容量的设计。

需要注意的是，在一级 Cache 中设立分离的指令 Cache 和数据 Cache 与在主存中设立分离的指令存储器和数据存储器是不同的。前者的主存可以是冯·诺依曼结构，也可以是哈佛结构；而后者的主存就是哈佛结构。

Intel x86 系统的主存采用冯·诺依曼结构，大多数 RISC 系统的主存采用哈佛结构。RISC-V 系统允许设计者在两种结构上做出选择。

5. 加载/存储体系结构

在许多 RISC 系统中，指令系统只提供了两条对主存操作的指令，即加载（Load）和存储（Store）指令，这使得访存指令的译码与执行逻辑大为简化。Load 指令实现将主存的数据传送到寄存器，Store 指令实现将寄存器的数据传送到主存。在这种加载/存储体系结构中，所有运算的源操作数由寄存器或指令提供，而不是直接来自主存；运算结果也必须放在寄存器中，而不是直接写入主存。

RISC-V 系统的访存操作采用加载/存储体系结构，即有专门的加载指令和存储指令，完成从主存中读取数据或将数据存入主存的操作。Intel x86 系统的访存操作采用非加载/存储体系结构，在 x86 指令系统中有多种指令可以将主存单元作为源或目的操作数。

5.2.2　寄存器组织

寄存器是存储体系中最上层（速度最快，容量最小）的存储部件，是 CPU 内部配合控制器、运算器工作的重要部件，也是指令系统结构层定义的重要对象。从指令系统结构层来看，寄存器是软件设计者唯一能操作的 CPU 内部资源。

寄存器的定义包括寄存器功能、寄存器所属层次、寄存器规模（数量）、寄存器字长等信息的确定。

寄存器的基本功能是为 CPU 运行提供所需信息，保存 CPU 运行产生的结果。寄存器的主要用途是对频繁使用的数据进行快速访问。因此，为了获得高性能和低功耗，指令系统必须设计足够多的寄存器，并且编译器要充分利用这些寄存器。

根据寄存器各自的作用，寄存器大致被分为两类：通用寄存器和专用寄存器。通用寄存器是在多种场合都可以使用、各种信息都可以存储其中的寄存器，大多数系统的通用寄存器的数量可以为几个到几十个，某些嵌入系统会达到上百个。许多系统中的通用寄存器 $R_0 \sim R_{n-1}$ 具有完全对称、可互换使用的特点。专用寄存器一般只在特定场合下使用，每个专用寄存器只存特定的信息，如标志寄存器。专用寄存器的数量根据系统需要可以为几个到几十个不等。

在所有的寄存器中，有些寄存器是指令系统结构层可见的寄存器，有些寄存器是微体系结构层可见的寄存器。一般而言，微体系结构层可见的寄存器在指令系统结构层是不可见的，而指令系统结构层可见的寄存器在微体系结构层一定可见，因为指令系统结构层就是由微体系结构层实现的。如程序计数器和堆栈指针寄存器即属于微体系结构层和指令系统结构层均可见的寄存器。

指令系统结构层可见的寄存器是可以程序访问的。其中，一部分寄存器允许用户程序使用，称为用户程序可见的寄存器，如通用寄存器；另一部分寄存器只允许在内核模式下由操作系统使用，它们通常是控制高速缓存、主存、I/O 设备及其他硬件的专用寄存器。通常将用户程序可见的一组寄存器称为寄存器组（Register Set）或寄存器文件（Register File）。

微体系结构层可见的寄存器都是专用的，是不可以程序访问的，如指令寄存器。在采用寄存器窗口技术和寄存器重命名技术的计算机系统中，常常会在微体系结构层设置多组隐匿寄存器（即程序不可见寄存器），操作系统或硬件电路根据实际需要将一组程序可见的寄存器与其中一组隐匿寄存器建立映射关系，从而解决寄存器使用冲突或数据相关（见第 7 章）等问题。

一般计算机系统中的典型寄存器有地址寄存器（Address Register，AR）、数据寄存器（Data Register，DR）、指令寄存器（Instruction Register，IR）、程序计数器（Program Counter，PC）、堆栈指针寄存器（Stack Pointer，SP）、标志寄存器（Flags Register，FR）等。

地址寄存器的作用是在 CPU 访问主存或外设资源时提供主存地址或 I/O 接口地址（外设地址），或提供生成地址的相关信息。地址寄存器可以有一到多个。变址寄存器是一种特殊的地址寄存器，它具有每次使用完其内部地址之后能自动对其修改的功能。

数据寄存器主要用来存放原始数据和处理结果，作为数据传输的来源和目的地。在某些计算机系统中，数据寄存器除了存储数据之外还赋予了特殊功能，如作为累加器、计数器、地址寄存器、隐含寄存器等使用。数据寄存器可以有几到几十个，一般为通用寄存器。

指令寄存器暂存从主存中获得的 CPU 要执行的当前指令，并将该指令输出给控制器，由控制器译码、执行它。

程序计数器提供 CPU 欲执行的当前指令在主存中的存放地址，它具有自动计数功能。

对于长度可变的指令，当依据程序计数器的内容从主存中取得一个指令字节后，程序计数器自动加一，指向下一个指令字节；对于长度固定的指令，当依据程序计数器的内容从主存中取得一条完整指令后，程序计数器自动加指令长度，指向下一条指令，这样就可以不断地依据程序计数器的内容取得程序中所有要执行的指令并加以执行。

堆栈指针寄存器指示堆栈的当前操作单元，具体功能见 5.2.1 节。

标志寄存器也称为程序状态字（Program Status Word，PSW），是在内核模式和用户模式下均可使用的寄存器，它既用于保存 CPU 的当前工作状态，又用于为 CPU 运行提供必要的控制信息。记录在标志寄存器中、表明 CPU 工作状态的信息为条件码（Condition Code），也称为状态标志。典型的条件码包括：

Z——零标志。当 CPU 运行结果为 0 时，该标志置位，否则清零。

S——符号标志。当 CPU 运行结果为负数时，该标志置位，否则清零。

C——进位标志。当 CPU 做加法运算产生进位或做减法运算产生借位时，该标志置位，否则清零。

O——溢出标志。当 CPU 运行结果过大或过小而超出数据可表示范围时，该标志置位，否则清零。

P——奇偶标志。当 CPU 运行结果符合偶校验状况（即结果中 1 的个数为偶数个）时，该标志置位，否则清零。

A——半加进位标志。当 CPU 做加/减运算时，若低 4 位向高 4 位产生进位或借位，则该标志置位，否则清零。

Z、S、C、O 和 P 标志常常作为条件跳转指令的跳转条件，可以被程序检测，所以它们被称为程序可见的状态标志；而 A 标志主要在 BCD 码（二—十进制数）运算中 CPU 内部校正数据时使用，是程序不可见的状态标志。

在标志寄存器中为 CPU 运行提供控制信息的标志称为控制标志，典型的控制标志有：

I——中断允许标志。当 I 设置为 1 时，允许 CPU 接受来自 CPU 之外的可屏蔽中断请求，否则中断被禁止。

T——单步跟踪标志，也称陷阱标志。当 T 设置为 1 时，允许 CPU 单步执行程序，否则连续执行程序。该标志主要在调试程序时使用。

有些计算机系统还设置了运行模式标志（控制 CPU 运行在用户模式或内核模式下）、方向标志（控制变址寄存器按地址增大或减小的方向自动修改其内的地址）等。标志寄存器在用户模式下是可读的，但某些标志只能在内核模式下写入。

寄存器的长度一般依据计算机字长、运算器处理数据的长度、所存信息的长度等来确定，大多数寄存器的长度仍选为字节的整数倍。

在 RISC-V 指令格式中，为寄存器地址（编号）分配了 5 位二进制编码，这意味着有 32 个程序可访问的寄存器 x0～x31。而 x86 的 16/32 位系统中，程序可访问的寄存器只有 8 个（用 3 位地址表示），到 64 位系统时才增加到 16 个寄存器。

5.2.3 数据类型

数据作为指令的处理对象，需要有不同的类型、不同的格式。数据类型不同，则处理方法不同，需要的硬件支持也不同。

目前，计算机系统可以处理的数据分为两大类：数值型数据和非数值型数据。数值型数据主要是面向数字计算的，是计算机系统中最早出现的数据类型，它包括带符号数与无符号数、定点整数与定点小数、浮点数、二-十进制数等。非数值型数据在现代计算机中被广泛使用，如文字、图像处理，它包括逻辑数据(布尔值)、字符及字符串、汉字编码、指针(地址)等。

在高级语言中，数据通常需要事先设定好类型。而在机器语言中，数据类型取决于对其所做的操作，即指令功能。也就是说，同一个数据，对其进行逻辑运算，该数据类型即为逻辑数据；对其进行字符处理，该数据类型即为字符数据。

典型的数据类型及表示方法(编码)见第 2 章。

一个计算机系统要定义哪些数据类型，与指令系统有关(指令功能与数据类型、指令格式和数据长度等密切相关)，与硬件体系结构也有关(如对定点数的处理需要定点运算器，对浮点数的处理需要浮点运算器，对逻辑数据的处理需要逻辑运算部件，对二－十进制数的处理可以用 BCD 码运算器)。所以，需要对计算机系统软硬件功能、性能、成本等做出综合考虑，再为计算机系统选择最利于其实现的数据类型。

5.2.4　I/O 模式

在指令系统结构层对 I/O 模式的定义主要涉及 I/O 结构。I/O 结构的设计类似于主存结构，给 I/O 系统中的每个 I/O 设备分配不同的 I/O 地址，对 I/O 设备的操作也像对存储单元一样通过 I/O 地址进行读/写操作。I/O 地址有两种编码方式：存储器映射方式和 I/O 映射方式。

存储器映射方式也称统一编址方式，就是将主存的一部分地址空间分配给 I/O 设备。这种映射方式将主存与 I/O 设备放置在同一个地址空间中，I/O 设备与主存被同样看待，它们使用相同的指令和控制信号，可以做完全相同的操作。这样做的好处是不需要专门的 I/O 指令，可以简化控制。但缺点也是明显的，在地址空间确定的情况下，两者的地址扩充会相互制约。ARM 和 RISC-V 采用此方式。

I/O 映射方式也称独立编址方式，就是主存与 I/O 设备使用各自独立的地址空间，使两者的操作独立、互不干扰。这种映射方式要求系统提供专门的 I/O 指令(如 IN、OUT 指令)用于对 I/O 设备的输入/输出操作，对主存与 I/O 设备采用不同的读/写控制信号(如 MEMR、MEMW、IOR、IOW)。这样做的好处是对主存与 I/O 设备的操作十分明确，便于系统调试与维护，同时对主存与 I/O 地址空间的扩展不会相互干扰。为了简化指令系统，采用 I/O 映射方式的系统一般只为 I/O 设备设计了最基本的两种操作指令：输入与输出指令。这使得 I/O 设备的操作不够灵活。Intel 早期微处理器仅采用此方式，而 Intel 现代微处理器对于两种编址方式均采用。

在 I/O 映射方式下，I/O 地址空间可以采用按字或字节编址，也可以选择小端或大端模式输入/输出数据，也有数据在 I/O 地址空间边界对齐的问题。

5.2.5　指令类型

指令系统是指令系统结构层的主要特征，它的每一条指令规定了计算机的基本功能，并可以被 CPU 执行。由指令构成的程序控制了计算机系统的运行，并决定了计算机系统要完成的任务。

　　某些计算机的指令系统可能简单到只有二三十条指令，而有些可能多达上千条指令。无论指令系统规模大小，通常都设计有数据传送类、算术运算类、逻辑运算类、移位类、程序控制类、系统控制类等若干种基本指令类型，有些系统还包括字符串操作类、数据转换类、输入/输出类、位操作类、特定信息获取类等指令类型。

　　数据传送类指令实现将数据(一般为字节、字或数据块)从一个地方(源)传送到另一个地方(目的)，源可以是立即数、寄存器、存储器、堆栈，目的可以是寄存器、存储器、堆栈。

　　算术运算类指令提供处理数字、数据的计算能力，算术运算由 ALU 完成。几乎所有计算机的指令系统都设有加、减、求补、加1、减1、比较等最基本的算术运算指令。对于性能较强(有硬件支持)的计算机，还会设置定点乘除运算指令、浮点运算指令和十进制数运算指令等，以满足科学计算和商业数据处理的需要。算术运算方法与实现见 3.1 节和 3.3 节。在某些具有超强数据处理功能的计算机中，还设有向量运算指令，可以同时对组成向量或矩阵的若干个标量进行求和、求积等运算。

　　逻辑运算类指令提供处理用户希望使用的其他类型数据的能力。一般计算机中都设有与、或、非、异或逻辑运算指令。有些计算机还设有位操作指令，如位测试、位清除、位设置等。

　　移位类运算指令一般包括算术左移和右移、逻辑左移和右移、带进位循环(大循环)左移和右移、不带进位循环(小循环)左移和右移，可以实现对操作数移一位或若干位，具体操作见 3.2.2 节。

　　程序控制类指令用来控制程序的走向，具有改变指令执行顺序的功能。它包括无条件和条件分支(跳转)指令、无条件和条件循环指令、过程(子程序)调用和返回指令、软中断和中断返回指令。条件分支和条件循环指令依据的条件主要是标志寄存器中的状态标志，如进位标志、零标志、符号标志、溢出标志、奇偶标志。计算机之所以具有智能，在于它具有决策能力，而条件分支类指令正是决策能力的具体实现。

　　系统控制类指令包括空操作、等待及某些特权指令。特权指令是指具有特殊权限的指令，它们只供操作系统或其他系统软件使用，一般不直接提供给用户使用。通常在单用户、单任务的计算机中不需要设置特权指令，而在多用户、多任务的计算机系统中，必须设置特权指令。特权指令主要用于系统资源的分配和管理，如检测用户的访问权限，修改虚拟存储管理的段表、页表，改变系统的工作模式，创建和切换任务等。在某些多用户计算机系统中，为了统一管理外围设备，I/O 指令也被当作特权指令，用户不能直接使用它们，需要输入/输出时通过系统调用来实现。

　　字符串操作类指令主要实现字符串传送、两字符串比较、字符串中搜索字符等操作。

　　数据转换类指令完成对数据格式的转换操作。

　　输入/输出(I/O)类指令完成主机与外围设备之间的信息传送，包括输入/输出数据，主机向外设发送控制命令或读取外设的工作状态等。该类指令本质上实现的也是传送操作，所以有时也将该类指令归属于数据传送类。由于硬件支持不同，因此用指令操作 I/O 有如下不同的方式：

　　(1) 设置专用的 I/O 指令：I/O 编址采用独立编址方式，即主存与 I/O 处于各自独立编址的地址空间。早期 x86 系统仅采用此方式。

　　(2) 用存储器传送类指令实现 I/O 操作：I/O 编址采用存储器映射方式，即主存与 I/O

在同一地址空间统一编址。RISC-V 系统采用此方式。

现代 x86 系统同时采用以上两种方式。

5.3　指　令　设　计

在确定了指令功能、数据类型、寄存器组织等与指令系统架构相关的信息之后，具体的指令设计就成为指令系统设计的核心。

5.3.1　指令格式

为了使指令能够有效地指挥计算机完成各种操作，一条指令应包含两个基本要素：操作码和地址码，如图 5.5 所示。

指令	操作码字段(Opcode)	地址码字段(Addr)

图 5.5　指令的格式

操作码(Operation code)指定指令要完成的功能(即计算机要完成的某个基本操作)。

地址码又称操作数地址或操作数(Operand)，用来提供该指令的操作对象。它可以直接提供操作数，也可以提供操作数的存放地址。

指令格式就是对操作码、地址码字段的布局及用二进制编码的表示。

5.3.2　地址码设计

指令功能不同，需要的操作数数量也有所不同。对地址码字段布局可以为指令指定源操作数、目的操作数和下条指令地址等信息，格式如图 5.6 所示。

图 5.6　地址码字段的格式

图 5.6 中，源操作数字段指示指令执行开始时所需原始数据的来源；目的操作数字段指示指令执行结束时结果数据的存放地；下条指令地址字段指示 CPU 欲执行的下一条指令从主存中何地址获取。根据指令需要，源操作数可以有 0 到多个，来源于指令本身、主存、寄存器或 I/O 端口；目的操作数可以有 0 到 1 个，目的地可以是主存、寄存器或 I/O 端口；下条指令地址字段仅在程序控制类指令或部分系统控制类指令中使用，在指令执行顺序发生改变时，由该字段提供转移地址(顺序指令地址由程序计数器 PC 提供)。

按照地址码字段的数量，指令也可以分为四地址指令、三地址指令、两地址指令、一地址指令和零地址指令，其指令格式如图 5.7 所示。

四地址指令	Op	Addr1	Addr2	Addr3	Addr4
三地址指令	Op	Addr1	Addr2	Addr3	
二地址指令	Op	Addr1	Addr2		
一地址指令	Op	Addr1			
零地址指令	Op				

图 5.7　多地址码字段的指令格式

图 5.7 中，Op 为操作码，Addr$i$ 为地址码。Addr$i$ 可以根据需要提供源操作数、目的操作数或下条指令地址。指令功能可描述如下：

四地址指令：

  op rd，rs1，rs2，ni ；rs1 op rs2→rd，ni 提供顺序或转移地址

三地址指令：

  op rd，rs1，rs2 ；rs1 op rs2→rd，PC 提供顺序地址

二地址指令：

  op rd，rs1 ；rd op rs1→rd 或 rs1 op ACC→rd，PC 提供顺序地址

一地址指令：

  op rd ；rd op ACC→ACC 或 rd 自身操作→rd，PC 提供顺序地址
     ；或者由 rd 提供转移地址

零地址指令：

  op ；由操作码指定操作数(隐含寻址)或无须操作数

其中，ACC 为累加器或操作码隐含指定的操作数。

指令中的地址码字段数和机器的字长有着比较密切的关系：一地址指令格式是 8 位机通常采用的地址码结构，16 位机更多采用二地址指令格式，而 32 位以上的计算机有条件选择三地址结构。

指令中地址码字段数愈多，完成同样功能所需的指令条数愈少。对于相同的操作，不同地址码结构的计算机有不同的实现方案。出于指令功能、兼容性等考虑，往往在一个指令系统中会出现几种地址结构指令混杂的情况。

为了用相对较短的地址码灵活方便地提供操作数来源和存放地的信息，也为了给程序设计提供更好的支持，所有计算机的指令系统无一例外地在对地址码字段编码时使用了寻址方式。寻址方式的相关内容见 5.4 节。

影响指令地址码长度的因素包括寻址方式的种类、操作数数目、寄存器数目、主存地址范围、主存可寻址最小单元等。

5.3.3 操作码设计

操作码是用来指示计算机执行某种操作或完成某种功能的，每条指令有唯一确定的操作码，不同指令的操作码用不同的二进制编码表示。操作码的编码位数决定了指令系统的规模或计算机操作的种类。

操作码字段的设计主要采用两类编码方式：定长操作码编码方式与变长操作码编码方式。

1. 定长操作码编码方式

对所有指令的操作码用相同位数的二进制数进行编码即为定长操作码编码方式。例如，某计算机的指令系统需要设置 N 条指令，若所有指令的操作码均用 n 位二进制数表示，则应满足关系式 $N \leqslant 2^n$。从 2^n 个编码中选出 N 个编码分配给 N 条指令，即可完成操作码设计。

操作码长度固定的好处是操作码构造简单，有利于简化硬件设计，提高指令译码和后续执行速度；缺点是操作码占用指令空间较大，且指令规模(条数)扩充受到限制。RISC 系统一般采用这种编码方式，如 SUN 公司的 SPARC 指令系统、Intel 公司的 8086 指令系统。

2. 变长操作码编码方式

对不同类型的指令,操作码用不固定长度的二进制数进行编码,即为变长操作码编码方式,也称作扩展操作码编码方式。

扩展操作码技术是一种重要的指令优化技术,其技术核心如下:

(1) 使程序中指令的平均操作码长度尽可能短,以减少操作码在程序中占用的总位数。

(2) 尽可能充分地利用指令的二进制数位,以增加指令字表示的操作信息。

扩展操作码的设计原则如下:

(1) 如果指令字长固定,则长地址码对应短操作码,操作码长度随地址码长度缩短而增加。

(2) 如果指令字长可变,则以指令使用频度(指令在程序中出现的概率)作为设计依据,使用频度高的指令用短操作码,使用频度低的指令用长操作码,这便是霍夫曼(Huffman)编码原理。

(3) 设计总是从短操作码开始,并要保证当前使用的操作码编码与未来要扩展的操作码编码能够有效地区分。

1) 基于霍夫曼编码原理设计变长操作码

统计发现,在程序设计过程中,由于指令功能的不同和设计者对指令使用偏好的不同,会导致一个指令系统中的各种指令的使用频度大不相同。表 5.3 是针对 SPECint92 测试程序对 x86 指令使用情况的统计结果。

表 5.3 x86 指令使用频度统计结果

序号	x86 指令类	SPECint92 测试各类指令使用频度
1	加载	22%
2	条件分支	20%
3	比较	16%
4	存储	12%
5	加法	8%
6	逻辑与	6%
7	减法	5%
8	寄存器-寄存器传送	4%
9	调用	1%
10	返回	1%
	合计	95%

例 5.2 某计算机有 10 条指令,它们的使用频度分别为 0.30、0.20、0.16、0.09、0.08、0.07、0.04、0.03、0.02、0.01。用 Huffman 树(最优二叉树)对它们的操作码进行编码,并计算平均操作码长度。

解 图 5.8 为基于霍夫曼编码原理构造的 Huffman 树。根据 Huffman 树得出的 Huffman 编码结果及各编码的长度如表 5.4 所示。

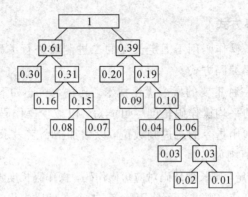

图 5.8　例 5.2Huffman 树

表 5.4　例 5.2Huffman 编码结果

指令使用频度	0.30	0.20	0.16	0.09	0.08	0.07	0.04	0.03	0.02	0.01
操作码编码	11	01	101	001	1001	1000	0001	00001	000001	000000
编码长度	2	2	3	3	4	4	4	5	6	6

则平均操作码长度为

$$(0.30+0.20)\times2+(0.16+0.09)\times3+(0.08+0.07+0.04)\times4+0.03\times5+(0.02+0.01)\times6$$
$$=1+0.75+0.76+0.15+0.18$$
$$=2.84(位)$$

例 5.3　某计算机系统中有 20 条指令的使用频度是 80%，80 条指令的使用频度是 15%，40 条指令的使用频度是 5%，试设计固定长度和可变长度的操作码。

解　(1) 定长操作码：140 条指令可用 8 位操作码长度($140\leqslant2^8$)，从 256 种编码中选出 140 种编码分配给 140 条指令作为它们的操作码。

(2) 扩展操作码：一种设计结果如表 5.5 所示，其中↓代表编码连续变化。

表 5.5　例 5.3 扩展操作码的结果

频度	条数	操作码编码			扩展位数应满足的关系
80%	20	00000 ↓ 10011			$20<2^5$
15%	80	10100 ↓ 11101	000 ↓ 111		$80<(2^5-20)\times2^3$
5%	40	11110 ↓ 11111	000 ↓ 001	00 ↓ 11	$40<(2\times8)\times2^2$

平均操作码长度 $=5\times80\%+8\times15\%+10\times5\%=5.7(位)$

2）基于特定规则扩展操作码

设计扩展操作码不仅要考虑操作码的可分辨性，还应考虑其是否便于快速译码和简化硬件。图 5.9 所示为两种以某种特定规则设计的扩展操作码。

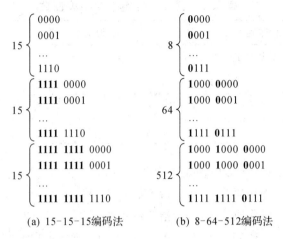

(a) 15-15-15编码法　　　(b) 8-64-512编码法

图 5.9　特定规则的扩展操作码编码方法

图 5.9(a)中按每类指令数量相同的方式进行操作码扩展，例如 15 - 15 - 15 编码。依据使用频度对指令进行分类，并从高到低对各类指令进行排序，假设每类指令数量不超过 15 条，那么就可以按照图 5.9(a)将使用频度最高的第一类指令操作码用 4 位二进制编码表示，其中 1111B 编码作为非第一类指令操作码的标识。使用频度次高的第二类指令操作码在 1111B 编码的基础上扩展 4 位来获得，即 11110000B～11111110B 编码分配给第二类指令操作码，而 11111111B 编码则作为非第一、二类指令操作码的标识。以此类推，就可以为每类指令的操作码设计出各自的编码。译码时，根据操作码的高 4 位、高 8 位、高 12 位等是否为全 1 作为第二类、第三类、第四等指令的标识信息。如果每类指令数量多于 15 且少于 32 条，则第一类指令操作码用 5 位二进制编码表示，之后对每类指令以 5 位二进制编码为单位进行扩展。

图 5.9(b)中按每类指令数量不相同的方式进行操作码扩展，例如 8 - 64 - 512 编码。将操作码以 n 位二进制数作为 1 个字段(图中示例 $n=4$)先对使用频度最高的第一类指令操作码进行编码，将 2^n 个编码中最高位是 0 的 2^{n-1} 个编码分配给第一类指令操作码，剩余编码给其他类指令使用。使用频度次高的第二类指令操作码扩展为 $2n$ 位，其中前 n 位编码的最高位必须为 1 以区别第一类指令，扩展的 n 位编码的最高位必须为 0 以表示本类指令，这样第二类指令编码数量为 $2^{2(n-1)}$ 个。第三类指令操作码扩展 $3n$ 位，其中前 2 个 n 位编码的最高位都必须为 1 以区别第一、二类指令，扩展的 n 位编码的最高位必须为 0 以表示本类指令，这样第三类指令最多可使用的编码数量为 $2^{3(n-1)}$ 个。以此类推，就可以完成所有指令的操作码编码工作。这种编码的特点是每类指令只用很少的二进制数位作为标识，所以更便于快速译码。

3）依据地址码数量扩展操作码

对于指令字长度固定的指令系统，为了充分利用指令的二进制位，操作码长度一般随地址码数量多少而变化。

例 5.4 某指令系统的指令长度确定为 32 位，由三地址、二地址、一地址、零地址指令组成，其中各类指令中地址字段位数如表 5.6 所示，问：各类指令的操作码可以设计为几位？各类指令数最多可以是多少？

表 5.6　例 5.4 各类指令字段位数

指令格式	操作码	地址 1(5 位)	地址 2(5 位)	地址 3(16 位)
三地址指令	操作码(?)			
二地址指令	操作码(?)			
一地址指令	操作码(?)			
零地址指令	操作码(?)			

解　三地址指令：操作码为 6 位，指令数 $n_3 \leqslant 2^6 - 1$。

二地址指令：操作码为 11 位，指令数 $n_2 \leqslant (2^6 - n_3) \times 2^5 - 1$。

一地址指令：操作码为 16 位，指令数 $n_1 \leqslant ((2^6 - n_3) \times 2^5 - n_2) \times 2^5 - 1$。

零地址指令：操作码为 32 位，指令数 $n_0 \leqslant (((2^6 - n_3) \times 2^5 - n_2) \times 2^5 - n_1) \times 2^{16}$。

5.3.4　指令长度设计

指令长度的确定与 CPU 的复杂度、主存结构、数据传输宽度等有关。程序员希望有更多的操作码、更多的操作数、更多的寻址方式、更大的主存和寄存器地址范围，这使得指令长度趋向于更长，进而使 CPU 更复杂，取指令和执行指令的速度有可能会降低。所以，需要权衡考虑指令长度的确定。

指令长度设计的一般原则如下：

(1) 短的操作码与多地址码字段配合，长的操作码与简单地址码组合。

(2) 指令长度一般设计为数据传输宽度的整数倍。

(3) 指令长度为主存储器最小可寻址单位(字节)的整数倍。

一条指令的长度可以是固定的，也可以是变化的。定长指令的好处是规则，便于指令的获取。由于定长指令的长度是按最长的指令来设计的，所以指令中会出现许多二进制数位闲置而造成浪费的状况。变长指令的好处是可按指令操作码和地址码的实际需求有效、紧凑地设计指令的长度，使指令中的每一位都尽可能成为有用信息；缺点是增加了指令获取、处理的复杂度，即增加了 CPU 硬件复杂度。

理论上，指令长度为

$$指令长度 = 操作码长度 + \sum_{i=1}^{M} 第\ i\ 段地址码长度 \tag{5.2}$$

式中假设指令中有 M 个地址码字段，每个地址码字段的长度可以不相同。

实际采取的指令长度设计准则是：指令长度应为式(5.2)计算结果向上取字节的整数倍。这样的设计正是为了配合按字节编址的存储模式。指令长度设计的另一准则是：在满足操作种类、寻址范围和寻址方式的前提下，指令应尽可能短。这是指令功能完备性与有效性的统一。需要说明的是，指令的长度与机器的字长没有固定的关系。

在实际的计算机系统中，有如下三种常用的设计方案：

（1）定长操作码，变长指令码。也就是说，操作码长度固定，地址码长度随指令功能需要而变化，致使指令长度变化。在 8086 指令系统中，所有指令操作码长度为 8 位，最短的指令为 1 字节，最长的指令为 5 字节。

（2）变长操作码，定长指令码。在指令长度固定的情况下，让操作码位数随地址码长度的减少而扩展，如例 5.4 所示。在 RISC-V 指令中，除了一个固定长度的 7 位基本操作码字段外，还有 7＋3 位的两个附加操作码字段，可以扩展操作码长度，以便增加指令数目，见 5.6.1 节。

（3）定长操作码，定长指令码。在早期的 MIPS 指令系统中，所有指令采用 6 位定长操作码、32 位定长指令码的格式。

5.4　寻　址　方　式

寻址方式就是指令获取操作数的方式。换句话说，寻址方式是规定如何对地址码字段作出解释以找到所需操作数的方式，或者程序转移时找到跳转地址的方式。

寻址方式的设定决定了每个地址码字段的长度（二进制位数），设计时要考虑两个方面：一是要能够有效压缩地址码字段长度，二是要能够支持灵活的程序设计。

寻址方式在指令中以以下两种方式呈现：

（1）隐式寻址：由操作码决定其寻址方式。

（2）显式寻址：指令中设置寻址方式字段，由寻址方式字段的不同编码来指定操作数的寻址方式。

5.4.1　基本寻址方式

一台计算机可以采用多种寻址方式。多数计算机都会首先采用公认的基本寻址方式，之后再增加某些独特的寻址方式，以此构成本系统的寻址方式。下述寻址方式就是在大多数计算机系统中会出现的基本寻址方式。

1. 隐含寻址

该寻址方式的特征是：操作数的存放地由操作码指定。

以 x86 乘法指令 mul bl 为例，该指令实现（al）×（bl）→ax，其中乘数之一的 8 位寄存器 al 和乘积存放地 16 位寄存器 ax 被隐含指定。

2. 立即寻址

该寻址方式的特征是：操作数在指令中，见图 5.10。

指令　| 操作码 | 立即数

图 5.10　立即寻址

该寻址方式让操作数占据指令的一个地址码字段，在取出指令的同时操作数也被取出，立即有操作数可用，故称为立即寻址，这个操作数也称为立即数。这种方式有利于加快指令的执行速度，但是由于操作数是指令的一部分，所以会增加指令长度，同时不便于修改。

立即寻址只适用于提供常数、设定初始值的场合。

3. 寄存器寻址

该寻址方式的特征是：操作数在指令指定的寄存器中，见图 5.11。

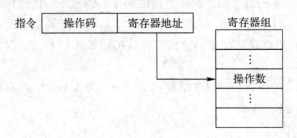

图 5.11 寄存器寻址

该寻址方式在指令的地址码字段给出了某个寄存器的地址（即寄存器编号），操作数事先已放在指令指定的寄存器中。

寄存器寻址在寻址方式中占有十分重要的地位，它具有如下优点：

（1）与立即寻址相比，寄存器寻址的操作数在不改变程序的情况下可以方便地修改。

（2）利用寄存器存取数据的速度比访问主存更快，功耗更小，所以有利于加快指令的执行，降低 CPU 功耗。

（3）由于寄存器数量有限，寄存器地址比主存单元地址要短得多，因而这种方式可以有效缩短指令长度。

（4）用寄存器存放基址值、变址值可派生出其他寻址方式，使编程更具有灵活性。

4. 直接寻址

该寻址方式的特征是：操作数地址在指令中，操作数在主存单元中，见图 5.12。

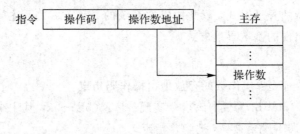

图 5.12 直接寻址

指令的地址字段给出操作数所在主存单元的实际地址，根据该地址直接访问主存便可获得操作数，故称直接寻址。

直接寻址方式的缺点是：直接提供的主存地址需要较多的二进制位，造成指令字较长；不便于操作数在主存中存放地址的灵活修改；若地址码位数受限，会限制操作数存放的主存空间。

5. 寄存器间接寻址

该寻址方式的特征是：操作数地址在指令指定的寄存器中，操作数在主存单元中，见图 5.13。

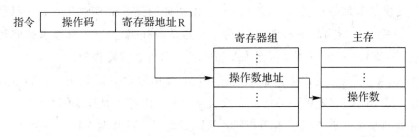

图 5.13　寄存器间接寻址

该寻址方式在指令中给出寄存器地址（编号）R，在寄存器中事先存放了操作数地址，那么根据操作数地址 EA＝(R)访问主存即可获得操作数。操作数在主存中的实际（物理）地址称为有效地址(Effective Address，EA)。

由于寄存器数量有限，寄存器位数又足够长，因此采用该寻址方式既可以有效地压缩指令长度，解决较大范围主存寻址的问题，又可以将寄存器看作地址指针，仅修改寄存器内容即可修改主存地址指针，达到用同一条指令访问不同主存单元的效果，为循环程序编写提供了极大的方便。

6. 相对寻址

该寻址方式的特征是：操作数地址由程序计数器和指令提供的地址偏移量决定，操作数在主存单元中，见图 5.14。

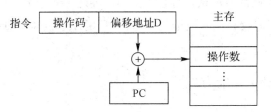

图 5.14　相对寻址

该寻址方式以程序计数器 PC 的内容作为基准地址，将指令给出的形式地址 D 作为偏移量（为带符号整数补码），两者相加后作为操作数的有效地址 EA，即 EA＝(PC)＋D，根据 EA 访问主存即可获得操作数。

这种寻址方式可以实现"与地址无关的程序设计"，主要用于跳转地址的生成。

7. 基址寻址

该寻址方式的特征是：操作数地址由指令指定的基址寄存器和指令提供的地址偏移量决定，操作数在主存单元中，见图 5.15。

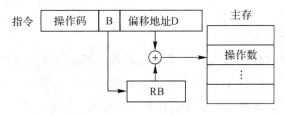

图 5.15　基址寻址

用指令提供的基址寄存器寻址位 B 或寄存器地址选择 RB(其中存放欲访问存储区域的基准地址),将指令中给出的偏移地址 D(为带符号整数补码)与基准地址求和即获得操作数的有效地址,即 EA=(RB)+D,根据 EA 访问主存即可获得操作数。

基址寄存器的字长应足以指向整个主存空间,而位移量只需覆盖本存储区域即可。利用基址寻址方式,既能缩短指令的地址字段长度,又可以扩大寻址空间。

相对寻址与基址寻址方式的本质相同,差别仅在于提供基准地址的寄存器不同。

8. 堆栈寻址

该寻址方式通常由指令操作码指定,用在涉及堆栈操作的指令中,所寻址的操作数在堆栈中,故该寻址方式实质上也是一种隐含寻址方式。

在 x86 系统中,压栈、调用指令中的目的操作数地址或弹出、返回指令中的源操作数地址均由堆栈指针 SP 隐含指定,即 EA=(SP)。依据 SP 对堆栈进行操作数压栈或弹出后,SP 的值会自动修改指向新的栈顶单元,见图 5.3。

与 x86 不同,RISC-V 没有特殊的堆栈指令,它利用 x2 寄存器作为堆栈指针,采用基址寻址方式访问堆栈,且 x2 寄存器作为指针不会自动修改。

除了上述基本寻址方式外,某些计算机系统还设计有位寻址、块寻址、变址寻址和页面寻址等方式。

根据需求对指令各地址字段选定寻址方式后,寻址方式所需信息(寻址方式数目、寄存器和主存地址长度、立即数和偏移地址长度等)占用的二进制位数即可确定,各地址码字段的长度随之确定。

5.4.2 RISC-V 和 x86 寻址方式

1. RISC-V 寻址方式

RISC-V 充分体现了 RISC 指令系统的特点,它在基本指令模块 RV32/64I 中仅采用了极简的寻址方式:立即寻址、寄存器寻址、基址寻址、相对寻址。每种寻址方式与相应类型的指令格式配合使用(见 5.6.1 节),使操作数获取速度尽可能地快,且能够支持较灵活的操作数获取。

2. x86 寻址方式

x86 指令系统采用了一套复杂的寻址方式。16 位系统的指令使用 1 字节(ModR/M)指示操作数的寻址方式,32/64 位系统的指令使用 2 字节(ModR/M 和 SIB)以提供更多、更复杂的寻址方式。

x86 的寻址方式可分为三类:

(1) 立即寻址:操作数以 64/32/16/8 位立即数的形式出现在指令中。

(2) 寄存器寻址:操作数放在 64/32/16/8 位的通用寄存器中。

(3) 主存储器寻址:按照 x86 系统主存的组织方式,主存的线性地址(LA)由段基址和有效地址(EA)构成,如图 5.16 所示。

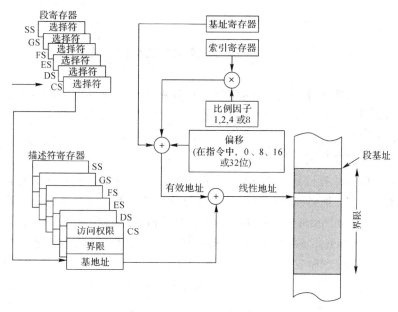

图 5.16　x86 存储单元寻址方式示意图

图 5.16 中，EA 计算如下：

$$\underset{\text{基址(Base)}}{\begin{bmatrix} EAX \\ EBX \\ ECX \\ EDX \\ ESP \\ EBP \\ ESI \\ EDI \end{bmatrix}} + \underset{\text{索引(Index)}}{\begin{bmatrix} EAX \\ EBX \\ ECX \\ EDX \\ EBP \\ ESI \\ EDI \end{bmatrix}} \times \underset{\text{比例因子(Scale)}}{\begin{bmatrix} 1 \\ 2 \\ 4 \\ 8 \end{bmatrix}} + \underset{\text{偏移(Displacement)}}{\begin{bmatrix} None \\ 8bit \\ 16bit \\ 32bit \end{bmatrix}}$$

$$EA = 基础(Base) + 索引(Index) \times 比例因子(Scale) + 偏移(Displacement) \qquad (5.3)$$

式 (5.3) 中，按照 4 个分量组合有效地址的方法不同，可以将主存寻址分为 7 种模式，见表 5.7。多样的寻址方式可以灵活获取操作数，同时也增加了实现的复杂度，降低了数据的获取速度。

表 5.7　x86 主存寻址方式

寻址模式	地址计算	符号说明
直接寻址	LA＝(SR)＋D	SR 为段寄存器，D 为指令中的偏移地址
基址寻址	LA＝(SR)＋(B)	B 为基址寄存器
带偏移的基址寻址	LA＝(SR)＋(B)＋D	
带偏移的比例索引寻址	LA＝(SR)＋(I)×S＋D	I 为索引寄存器，S 为比例因子
带索引和偏移的基址寻址	LA＝(SR)＋(B)＋(I)＋D	
带比例索引和偏移的基址寻址	LA＝(SR)＋(I)×S＋(B)＋D	
相对寻址	LA＝(RIP/EIP/IP)＋D	RIP/EIP/IP 为 64/32/16 位指令指针寄存器

5.5 指令系统结构的发展

在已进入计算机软硬件协同设计的今天，计算机的每一项设计决定都应该综合考虑以下因素：① 技术支持；② 计算机体系结构；③ 编程语言；④ 编译技术；⑤ 操作系统。同时所做出的设计决定也会对这些因素产生影响。所以，指令系统结构发展中的标志性事件都与计算机体系结构的进步密不可分。

由于指令系统是计算机软、硬件的交界面，因此无论是计算机硬件技术的发展还是计算机软件技术的发展，都必然会引起指令系统的演变和发展。指令系统结构的发展历程见图 5.17，其中 CISC（Complex Instruction Set Commputer，复杂指令集计算机）结构和RISC（Reduced Instruction Set Computer，精简指令集计算机）结构是目前在商业上占主导地位的指令系统结构。CISC 设计更关注功能，RISC 设计更关注速度。CISC 指令系统崇尚大而全的设计理念，RISC 指令系统崇尚少而精、精而快的设计理念。

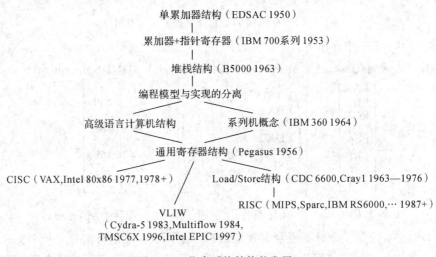

图 5.17 指令系统结构的发展

5.5.1 CISC

由于硬件实现的限制，早期的计算机是简单的。随着大规模集成电路的发展和对计算机功能日趋强大的需求，指令系统受到硬件可以实现相当复杂的结构和成本一路下降的支持，变得越来越丰富和完备，形成了复杂指令集计算机，即 CISC。

20 世纪 70 年代是 CISC 计算机快速发展的时期，VAX（Virtual Address eXtension，虚拟地址扩展）被公认为是当时所有 CISC 指令系统中最杰出的，它提供了一种更高级的机器语言，希望能够与编程语言有更好的匹配性。后续许多小型机和微机的指令系统既是 VAX 的竞争者，也是 VAX 的追随者。而 x86 指令系统结构则是到目前为止寿命最长的 CISC 结构且仍在 PC 市场上占有统治地位。

CISC 结构计算机的设计目标是通过设计强大的指令系统来支持系统实现强大的功能。该结构支持的指令系统的指令数量通常在几百至上千条，寻址方式需要用 1～2 个字节来表示，指令字长度可以达到十几个字节。这个庞大复杂的指令系统需要许多硬件功能部件的支持才能得以实现，所以 CISC 系统的硬件结构通常也相当复杂。

早期 CISC 设计有如下特点：

（1）指令系统复杂，即指令数多，寻址方式多，指令格式多。

（2）绝大多数指令执行需要多个时钟周期。

（3）有多种指令可以访问存储器。

（4）CPU 控制器采用微程序控制方式实现。

（5）寄存器数量有限。

CISC 设计初衷之一是通过强化指令功能来简化编译器，然而实际结果是，CISC 并非实质简化了编译器，也并不一定总是可以生成更小、更快的程序。

规模庞大的指令系统在提供丰富指令、有助于灵活程序设计的同时，也存在诸多弊端：

（1）为适应丰富的指令系统，CPU 控制器必须很复杂，相应的主存储器必须有更大空间，这会增加指令执行的时间，抵消复杂指令预期带来的速度优势。

（2）繁多的指令会使计算机研制周期变长，调试和维护难度变大。

（3）复杂指令系统必然增加硬件设计和制造的复杂性，增加了研制成本。

统计结果表明，典型程序中 80% 的语句仅使用指令系统中 20% 的指令，且大多数是运算、取数、跳转等简单指令。这就是经典的 80-20 规律。例如，x86 中最常用的 10 种指令（如加、减、与、调用、条件分支、存储器访问、寄存器间传送、比较等）占到程序的 95%，见表 5.3。

80-20 规律的一个重要启示是：能否仅使用最常用的 20% 的简单指令来重新组合不常用的 80% 的指令功能？这实际上成为引发 RISC 技术的原因之一。

5.5.2 RISC

在 20 世纪 70 年代，很少有设计者会考虑到简化计算机体系结构与计算机实现及速度之间的相互作用。1980 年 Ditzel 和 Patterson 分析了高级语言结构面临的困难，主张将计算机设计的关注点放在较简单的体系结构上。之后的 CISC 系统发展遇到的复杂体系结构成为系统速度提升障碍的问题，使设计者更认识到简化指令系统对构建快速计算机的重要性。

1982 年以后，一种新的称作精简指令集计算机（RISC）的结构出现了。基于 RISC 结构的指令系统都遵从 RISC 思想：① 指令字定长；② 使用 Load/Store 指令；③ 寻址方式有限；④ 指令数量有限。当时对指令系统的衡量标准也从汇编语言程序员的使用性能转向对编译器的支持能力。面向语言的机器设计策略彻底被 RISC 终结。

因为计算机硬、软件在逻辑上具有等效性，使指令系统的精简成为可能，所以 RISC 希望指令系统留下最常用的 20% 的简单指令，指令系统被精简掉的部分可用其他硬件或软件（编译程序）的功能来代替，通过优化硬件设计，提高时钟频率，以速度取胜。测试结果表明，RISC 的速度大约是 CISC 的 2～5 倍。

商用 RISC 的初始构建是以三个研究项目的工作为基础的：Berkeley RISC 处理器（1981 年）、IBM 801（1975 年）和 Stanford MIPS 处理器（1982 年）。Stanford MIPS 计算机所采用的有效的流水线技术和编译器辅助的流水线调度是 MIPS 系统最初设计的两个重要方面，MIPS 指令系统至今仍是 RISC 指令系统的范本。在继承前辈 Berkeley RISC 结构优良特质的基础上，伯克利团队吸收了 MIPS 及其他结构的众多精华，2010 年再次推出具有里程碑意义的、免费开源的 RISC-V 指令系统。

RISC 结构计算机具有如下特点：

(1) 只设置使用频度高的简单指令，所以指令的操作种类少，寻址方式少。

(2) 指令格式规范，长度固定，便于简单统一译码，可使控制器简化，硬件结构精简。

(3) 仅通过 Load 和 Store 指令访问主存。

(4) 通用寄存器数量多，一般有几十甚至几百个，大多数操作在寄存器之间进行。

(5) 在非流水线 RISC 中，单条指令可在单机器周期内完成；在流水线 RISC 中，对于大多数指令有 CPI＝1。

(6) 采用硬布线控制器，不使用微代码（即微程序），有利于提高时钟频率和 CPU 速度，能够更好地响应中断。

(7) 可简化硬件设计，降低成本，便于超大规模集成电路实现。

(8) 有利于多流水线、多核 CPU 实现。

(9) 适宜高度优化编译器（即编译程序）。

(10) 精简的指令使程序阅读、分析难度加大。

(11) 不能同 CISC 兼容。解决办法：一是将源程序在 CISC 机器上重新编译，二是用目标代码翻译器将 CISC 代码翻译成 RISC 代码。

随着芯片密度和硬件速度的提高，RISC 系统越来越复杂（采用多流水线、多核结构），同时 CISC 设计也在关注与 RISC 相同的技术焦点，如增加通用寄存器数量和更加强调指令流水线设计等。实践表明，RISC 设计中包括某些 CISC 特色会有好处，CISC 设计吸纳 RISC 优点更有利于增强自身性能。目前展现的发展趋势是 RISC 和 CISC 正逐渐融合。例如 RISC 代表之一的 PowerPC 处理器设计融入了 CISC 技术，而 CISC 代表之一的 x86 处理器设计则采纳了 RISC 技术。未来，RISC 系统是否会完全取代 CISC 系统，RISC-V 是否能够统领天下，我们拭目以待。

5.6 指令系统实例

5.6.1 RISC-V 指令系统

1. RISC-V 的与众不同

正如第 1 章中所介绍的，自 2011 年推出以来，免费和开放的 RISC-V 受到越来越多的通用及专业处理器芯片制造商、科研机构与大学、个人的关注，不仅 RISC-V 架构的创建者建立了第一款 RISC-V 微处理器（Rocket 处理器，64 位单发射按序 RISC-V 核），而且国内外多家企业基于 RISC-V 指令集开发出了多款不同用途的开源 RISC-V 处理器。专家预测，在芯片设计领域，RISC-V 有望像 Linux 那样成为计算机芯片与系统创新的基石，很可能像 Linux 那样开启开源芯片设计的黄金时代。

RISC-V 的不同寻常之处在于：

1）免费、开放

RISC-V 是第一款开源的指令集架构，开源让 RISC-V 的免费、共享成为可能，从而可以降低成本。RISC-V 的免费、开源更容易获得来自操作系统、软件供应商和工具开发人员的广泛支持，每个人都可以为低功耗、性能、安全等进行优化设计，同时保持与他人设计完全兼容。

2）简约、模块化

与以往的 ISA 不同，RISC-V 是简约、模块化的。它的核心模块是固定不变的基础整数 ISA，即 RV32/64I，简洁到仅有 47 条指令。RISC-V 架构师的目标是让 RV32/64I 在从最小的到最快的所有计算设备上都能有效工作，并强调简约性来保证它的低成本。

为了使指令集体系结构适合多种计算机，RISC-V 架构允许设计可选的扩展模块，其指令系统被设计为由基本模块 RV32/64I 和零到若干个扩展模块组成。已由 RISC-V 基金会认定的可选的标准扩展模块包括乘除法 RVM、原子操作 RVA、浮点操作 RVF 和 RVD、压缩扩展 RVC、向量扩展 RVV 和特权指令。未来至少还有 8 种 RISC-V 可选的扩展模块，如位操作 RVB、嵌入式 RVE、特权态架构 RVH、动态翻译 RVJ、十进制浮点 RVL、用户态中断 RVN、封装的单指令多数据 RVP、四精度浮点 RVQ。这种模块化特性使得 RISC-V 具有了袖珍化、低能耗的特点，而这对于嵌入式应用至关重要。

3）稳定、可扩展

RISC-V 不仅是一个开放的 ISA，其基金会还保证基本指令集和经核准的可选扩展部分是一个不变的 ISA，这种稳定性使得软件开发者确信为 RISC-V 编写的软件可以永远运行在所有 RISC-V 核上，而软件管理者可以依赖它来保护他们的软件投资。

RISC-V 开放、可扩展的方式在体系结构上更便于软件和硬件的自由组合，也支持为需要特定加速或特殊功能的设计提供定制指令。

正是由于 RISC-V 属于一个开放的、非营利性质的基金会，所以 RISC-V 完全有可能挑战主流专有 ISA 的主导地位。

2. RISC-V 的指令格式

RISC-V ISA 有 6 种基本指令格式，如图 5.18 所示，其中：

opcode：操作码，该字段表示指令的基本操作。

rd：目的操作数寄存器，存放操作结果。

funct3、funct7：附加操作码。

rs1：第一源操作数寄存器。

rs2：第二源操作数寄存器。

imm：立即数(补码)或地址偏移。

	31　　　　25	24　　　20	19　　　15	14　　　12	11　　　　7	6　　　0
R型	funct7	rs2	rs1	funct3	rd	opcode
I型	imm[11:0]		rs1	funct3	rd	opcode
S型	imm[11:5]	rs2	rs1	funct3	imm[4:0]	opcode
B型	imm[12,10:5]	rs2	rs1	funct3	imm[4:1,11]	opcode
U型	imm[31:12]				rd	opcode
J型	imm[20,10:1,11,19:12]				rd	opcode

图 5.18　RISC-V 指令格式

在图 5.18 中，R 型是用于寄存器-寄存器运算的指令，I 型是用于立即数运算和访存

Load 操作的指令，S 型是用于访存 Store 操作的指令，B 型是用于条件分支操作的指令，U 型是用于立即数加载和加 PC 的指令，J 型是用于无条件跳转的指令。不同格式是通过操作码字段的值（编码）来区分的：在第一个字段（opcode）中为每种格式分配了一组不同的操作码值，以便硬件知道如何处理指令的其他部分，见图 5.19。

31　　　　　　25	24　　　　20	19　　　　15	14　　12	11　　　　7	6　　　　0	
imm[31:12]				rd	0110111	U lui
imm[31:12]				rd	0010111	U auipc
imm[20|10:1|11|19:12]				rd	1101111	J jal
imm[11:0]		rs1	000	rd	1100111	I jalr
imm[12|10:5]	rs2	rs1	000	imm[4:1|11]	1100011	B beq
imm[12|10:5]	rs2	rs1	001	imm[4:1|11]	1100011	B bne
imm[12|10:5]	rs2	rs1	100	imm[4:1|11]	1100011	B blt
imm[12|10:5]	rs2	rs1	101	imm[4:1|11]	1100011	B bge
imm[12|10:5]	rs2	rs1	110	imm[4:1|11]	1100011	B bltu
imm[12|10:5]	rs2	rs1	111	imm[4:1|11]	1100011	B bgeu
imm[11:0]		rs1	000	rd	0000011	I lb
imm[11:0]		rs1	001	rd	0000011	I lh
imm[11:0]		rs1	010	rd	0000011	I lw
imm[11:0]		rs1	100	rd	0000011	I lbu
imm[11:0]		rs1	101	rd	0000011	I lhu
imm[11:5]	rs2	rs1	000	imm[4:0]	0100011	S sb
imm[11:5]	rs2	rs1	001	imm[4:0]	0100011	S sh
imm[11:5]	rs2	rs1	010	imm[4:0]	0100011	S sw
imm[11:0]		rs1	000	rd	0010011	I addi
imm[11:0]		rs1	010	rd	0010011	I slti
imm[11:0]		rs1	011	rd	0010011	I sltiu
imm[11:0]		rs1	100	rd	0010011	I xori
imm[11:0]		rs1	110	rd	0010011	I ori
imm[11:0]		rs1	111	rd	0010011	I andi
0000000	shamt	rs1	001	rd	0010011	I slli
0000000	shamt	rs1	101	rd	0010011	I srli
0100000	shamt	rs1	101	rd	0010011	I srai
0000000	rs2	rs1	000	rd	0110011	R add
0100000	rs2	rs1	000	rd	0110011	R sub
0000000	rs2	rs1	001	rd	0110011	R sll
0000000	rs2	rs1	010	rd	0110011	R slt
0000000	rs2	rs1	011	rd	0110011	R sltu
0000000	rs2	rs1	100	rd	0110011	R xor
0000000	rs2	rs1	101	rd	0110011	R srl
0100000	rs2	rs1	101	rd	0110011	R sra
0000000	rs2	rs1	110	rd	0110011	R or
0000000	rs2	rs1	111	rd	0110011	R and
0000	pred	succ	00000	000	00000	0001111	I fence
0000	0000	0000	00000	001	00000	0001111	I fence.i
000000000000		00000	000	00000	1110011	I ecall
000000000001		00000	000	00000	1110011	I ebreak
csr		rs1	001	rd	1110011	I csrrw
csr		rs1	010	rd	1110011	I csrrs
csr		rs1	011	rd	1110011	I csrrc
csr		zimm	101	rd	1110011	I csrrwi
csr		zimm	110	rd	1110011	I cssrrsi
csr		zimm	111	rd	1110011	I csrrci

图 5.19　带有指令布局、格式类型和指令名称的 RV32I 操作码编码图

ARM、x86 等指令系统有许多不同的指令格式，使得指令译码部件在低端处理器实现中较为昂贵，在中高端处理器设计中容易带来性能挑战。与此不同，RISC-V 所有指令采用固定32 位长，指令的简单规整极大简化了其获取；使用三个操作数字段，避免了一个源操作数和目的操作数的冲突；所有指令的寄存器地址字段总是在指令同一位置，这可以实现在译码指令之前先访问寄存器，而无须添加额外的译码逻辑，有助于简化设计，降低成本；立即数是带符号数，且立即数字段总是在指令的高位，这使得立即数符号扩展可以在指令译码之前进行。

为了给 ISA 扩展留出足够的空间，最基础的 RV32I 指令集只使用了 32 位指令字中编码空间的不到 1/8。架构师也仔细挑选了 RV32I 操作码（见图 5.19），使拥有共同数据通路的指令操作码有尽可能多的位编码是一样的，以此简化控制逻辑。有限且尽可能相似的指令格式可以降低硬件复杂度，加快指令译码速度。

3. RV32/64I 指令

RV32/64I 全部指令见表 5.8，该基础指令系统可以支持构建一个功能比较完整的32/64 位 RISC 处理器。

表 5.8 RV32I/64I——基础整数指令集

类别	指令功能	格式	RV32I	+RV64I	RV32I 操作
移位	逻辑左移	R	sll rd, rs1, rs2	sllw rd, rs1, rs2	$x[rd]=(x[rs1] \ll x[rs2])$ $\ll$ 表示左移，$x[rs2]$ 低 5 位（RV64I 为低 6 位）代表移动位数
	立即数逻辑左移	I	slli rd, rs1, shamt	slliw rd, rs1, shamt	$x[rd]=(x[rs1] \ll shamt)$
	逻辑右移	R	srl rd, rs1, rs2	srlw rd, rs1, rs2	$x[rd]=(x[rs1] \gg_u x[rs2])$
	立即数逻辑右移	I	srli rd, rs1, shamt	srliw rd, rs1, shamt	$x[rd]=(x[rs1] \gg_u shamt)$ $\gg_u$ 表示逻辑右移
	算术右移	R	sra rd, rs1, rs2	sraw rd, rs1, rs2	$x[rd]=(x[rs1] \gg_s x[rs2])$
	立即数算术右移	I	srai rd, rs1, shamt	sraiw rd, rs1, shamt	$x[rd]=(x[rs1] \gg_s shamt)$ $\gg_s$ 表示算术右移
算术运算	加	R	add rd, rs1, rs2	addw rd, rs1, rs2	$x[rd] = x[rs1] + x[rs2]$
	加立即数	I	addi rd, rs1, imm	addiw rd, rs1, imm	$x[rd] = x[rs1] + sext(imm)$ sext 表示符号扩展
	减	R	sub rd, rs1, rs2	subw rd, rs1, rs2	$x[rd]=x[rs1]-x[rs2]$
	高位立即数加载	U	lui rd, imm		$x[rd] = sext(imm[31:12] \ll 12)$ 将符号位扩展的 20 位立即数 imm 左移 12 位，写入 $x[rd]$ 中
	PC 加立即数	U	auipc rd, imm		$x[rd] = pc + sext(imm[31:12] \ll 12)$
逻辑运算	异或	R	xor rd, rs1, rs2		$x[rd]=x[rs1] \oplus x[rs2]$
	异或立即数	I	xori rd, rs1, imm		$x[rd]=x[rs1] \oplus sext(imm)$
	或	R	or rd, rs1, rs2		$x[rd]=x[rs1] \mid x[rs2]$
	或立即数	I	ori rd, rs1, imm		$x[rd]=x[rs1] \mid sext(imm)$
	与	R	and rd, rs1, rs2		$x[rd] = x[rs1] \& x[rs2]$
	与立即数	I	andi rd, rs1, imm		$x[rd] = x[rs1] \& sext(imm)$

续表一

类别	指令功能	格式	RV32I	＋RV64I	RV32I 操作
比较	小于则置位	R	slt rd, rs1, rs2		$x[rd]=(x[rs1]<_s x[rs2])$ $<_s$ 表示有符号数小于比较，如果 $x[rs1]$ 更小，则向 $x[rd]$ 写入 1，否则写入 0
	小于立即数则置位	I	slti rd, rs1, imm		$x[rd]=(x[rs1]<_s sext(imm))$
	无符号小于则置位	R	sltu rd, rs1, rs2		$x[rd]=(x[rs1]<_u x[rs2])$ $<_u$ 表示无符号数小于比较
	无符号小于立即数则置位	I	sltiu rd, rs1, imm		$x[rd]=(x[rs1]<_u sext(imm))$
分支	相等时分支	B	beq rs1, rs2, offset		if (rs1==rs2) pc+=sext(offset)
	不相等时分支	B	bne rs1, rs2, offset		if (rs1≠rs2) pc+=sext(offset)
	小于时分支	B	blt rs1, rs2, offset		if (rs1 $<_s$ rs2) pc+=sext(offset)
	大于等于时分支	B	bge rs1, rs2, offset		if (rs1 $\geqslant_s$ rs2) pc+=sext(offset)
	无符号小于时分支	B	bltu rs1, rs2, offset		if (rs1 $<_u$ rs2) pc+=sext(offset)
	无符号大于等于时分支	B	bgeu rs1, rs2, offset		if (rs1 $\geqslant_u$ rs2) pc+=sext(offset)
跳转并链接	跳转并链接	J	jal rd, offset		x[rd] = pc+4; pc+=sext(offset)

	跳转并链接寄存器	I	jalr rd, offset(rs1)		t = pc+4;
					pc=(x[rs1]+sext(offset))&~1;
					x[rd]=t
					(r)&~1 表示将 r 的最低位设为 0

同步	同步内存和 I/O	I	fence pred, succ		Fence(pred, succ)
	同步指令流	I	fence. i		Fence(Store, Fetch)
环境	环境调用	I	ecall		RaiseException(EnvironmentCall)
	环境断点	I	Ebreak		RaiseException(Breakpoint)
控制状态寄存器（CSR）	读后写控制状态寄存器	I	csrrw rd, csr, rs1		t=CSRs[csr]; CSRs[csr]=x[rs1]; x[rd] = t
	读后设置控制状态寄存器	I	csrrs rd, csr, rs1		t=CSRs[csr]; CSRs[csr]=t｜x[rs1]; x[rd] = t
	读后清除控制状态寄存器	I	csrrc rd, csr, rs1		t = CSRs[csr]; CSRs[csr]=t＆x[rs1]; x[rd]=t
	立即数读后写控制状态寄存器	I	csrrwi rd, csr, zimm[4:0]		x[rd] = CSRs[csr]; CSRs[csr] = zimm zimm 为五位的零扩展的立即数
	立即数读后设置控制状态寄存器	I	csrrsi rd, csr, zimm[4:0]		t=CSRs[csr]; CSRs[csr]=t｜zimm; x[rd] = t
	立即数读后清除控制状态寄存器	I	csrrci rd, csr, zimm[4:0]		t = CSRs[csr]; CSRs[csr] = t＆zimm; x[rd] = t

续表二

类别	指令功能	格式	RV32I	＋RV64I	RV32I 操作
加载	字节加载	I	lb rd, offset(rs1)		x[rd] = sext(M[x[rs1] + sext (offset)][7:0]) 　M[Y] 表示地址为 Y 的存储单元
	半字加载	I	lh rd, offset(rs1)		x[rd] = sext(M[x[rs1] + sext (offset)][15:0])
	无符号字节加载	I	lbu rd, offset(rs1)		x[rd] = M[x[rs1] + sext(offset)][7:0]
	无符号半字/字加载	I	lhu rd, offset(rs1)	lwu rd, offset(rs1)	x[rd] = M[x[rs1] + sext(offset)][15:0]
	字/双字加载	I	lw rd, offset(rs1)	ld rd, offset(rs1)	x[rd] = sext(M[x[rs1] + sext (offset)][31:0])
存储	存字节	S	sb rs2, offset(rs1)		M[x[rs1] + sext (offset)] = x[rs2][7:0]
	存半字	S	sh rs2, offset(rs1)		M[x[rs1] + sext (offset)] = x[rs2][15:0]
	存字/双字	S	sw rs2, offset(rs1)	sd rs2, offset(rs1)	M[x[rs1] + sext (offset)] = x[rs2][31:0]

5.6.2　x86 指令系统

Intel x86 起源于 20 世纪 70 年代,至今在 PC 领域和后 PC 时代的云计算领域占据统治地位。x86 处理器构成的系统是 CISC 架构的典型代表,其指令系统丰富而强大,具有完全向后兼容能力,指令格式多样,长度可变,一直以最能体现 CISC 特性而著称。

1. Intel x86 指令系统发展

随着 x86 CPU 功能不断提升,其指令格式也在不断扩展,指令数量也在不断扩大。表 5.9 是 x86 指令系统的发展历程,从中可以看出这个系列指令系统的规模和始终坚守的向后兼容特性。据不同的统计结果显示,到 2015 年,x86 指令已达到 1338 或 3600 条。

表 5.9　x86 指令系统的发展历程

最先使用新指令的 CPU	新指令发布时间	新增指令	指令总数/条
8086	1978	89 条	89
8087	1980	77 条	166
80286	1982	新增 24 条	190
80386	1985	新增 14 条	204
80387	1985	新增 7 条	211
80486	1989	新增 5 条	216

续表

最先使用新指令的 CPU	新指令发布时间	新 增 指 令	指令总数/条
Pentium	1992	新增 6 条	222
Pentium Pro	1995	新增 8 条	230
Pentium MMX	1996	新增 MMX 指令 57 条	287
Pentium Ⅱ	1997	新增 4 条	291
Pentium Ⅲ（Katmail）	1999	新增 SSE 指令 70 条	361
Pentium 4（Willamette）	2000	新增 SSE2 指令 144 条	505
Pentium 4（Prescott）	2004	新增 SSE3 指令 13 条	518
Core 微架构	2006	SSE3 补充版本 SSSE3 指令 16 条	534
Core 2（Penryn）	2006	新增 SSE 4.1 指令 47 条	581
Core ix（Nehalem）	2008	新增 SSE 4.2 指令 7 条	588
Core ix（Sandy Bridge）	2008	新增 AVX 指令集 128 条	716
Core ix（Haswell）	2011	新增 AVX2 指令集	

2. Intel 64 和 IA-32 体系结构的指令格式

Intel 64 和 IA-32 体系结构指令格式如图 5.20 所示，它是对 8086 指令格式（图中有阴影字段，占 1～5 字节）的扩展，它由可选的指令前缀（按任意次序）、基本操作码字段（最多 3 字节）、寻址方式指定字段（如果需要，由 ModR/M 和 SIB 字节组成）和地址偏移量字段（如果需要）、立即数字段（如果需要）组成。指令长度最短为 1 字节，允许最长为 17 字节。

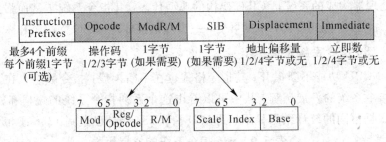

图 5.20　Intel 64 和 IA-32 体系结构指令编码格式

1）指令前缀（Instruction Prefixes）

每条指令可以加或不加前缀，指令前缀分为 4 组：

（1）组 1：封锁和重复前缀（Lock and Repeat Prefixes）。Lock 前缀强制在多处理器环境中共享存储器的独占使用。Repeat 前缀引发一条指令对串的每个元素重复执行。

（2）组 2：段超越前缀（Segment Override Prefixes）。该前缀允许地址跨越不同属性的段（CS、SS、DS、ES、FS、GS）。

（3）组 3：操作数长度超越前缀（Operand-Size Override Prefix）。该前缀允许程序在 16 位与 32 位操作数之间转换。

（4）组 4：地址范围超越前缀（Address-Size Override Prefix）。该前缀允许程序在 16 位与 32 位地址空间之间转换。

每组（Group）包含一个到多个前缀码（每个前缀码 1 字节），每条指令允许使用多个前缀（可从每组中选 0～1 个前缀码）。后两组指令前缀是从 80386 开始扩展而来的。

2）操作码（Opcode）

基本操作码为 1～3 字节，某些指令附加的 3 位操作码在 ModR/M 字节中。该字段用来指明指令的类型和功能。8086 系统对操作码采用 1 字节的固定长度编码，而从 80386 开始扩展了操作码。

Intel 64 和 IA-32 指令包括以下类型：

（1）通用目的指令，如数据传送、二进制/十进制整数算术运算、逻辑运算、移位和循环运算、位操作、串操作、程序控制、标志控制、段寄存器操作等指令，与 8086 指令兼容。

（2）x87 FPU（Float Point Unit，浮点运算单元）协处理器指令。

（3）SIMD（Single Instruction Multiple Data，单指令流多数据流）指令。

（4）MMX（MultiMedia eXtension，多媒体扩展）指令。

（5）SSE（Streaming SIMD Extension，流式单指令流多数据流扩展）/SSE2/SSE3/SSSE3（Supplemental Streaming SIMD Extension 3，增补的 SSE3）/SSE4 指令。

（6）系统指令。

3）寻址方式（Addressing-Form Specifier）

当操作数在主存中时，指令需要寻址字节。Reg/Opcode 指定一个寄存器操作数或为操作码字段提供附加信息，Mod 和 R/M 指定 16 位系统的寻址方式为立即寻址、寄存器寻址、直接寻址、基址寻址、带偏移的基址寻址、变址寻址、带偏移的变址寻址、基址变址寻址、带偏移的基址变址寻址。ModR/M 字节是保留的 8086 寻址字段。

32 位系统规定的寻址方式，在 ModR/M 字节的基础上，增加了 SIB 字节，以提供更多变的寻址方式，见 5.4.2 节的 x86 寻址方式。

4）偏移量（Displacement）

地址偏移量字段提供某些寻址方式需要的偏移地址（也称相对地址）。8086 系统中的偏移地址是 8 位或 16 位的带符号数，80386 之后系统中的偏移地址是 8 位、16 位或 32 位的带符号数。

5）立即数（Immediate）

立即数字段在立即寻址时提供指令所需的立即数，其长度由数据长度确定，为 0～4 字节。

3. IA-32e 模式的指令格式

IA-32e 模式有两个子模式：

（1）兼容模式（Compatibility Mode）：允许 64 位操作系统运行大多数继承的未修改的保护模式软件。

（2）64 位模式（64 bit Mode）：允许 64 位操作系统运行访问 64 位地址空间的应用程序。

64 位模式的指令格式见图 5.21，与图 5.20 比较，它在 IA-32 指令格式的基础上又增加了 1 字节的 REX 前缀。REX 前缀起如下作用：

① 指定 GPR(General-Purpose Register，通用寄存器)和 SSE 寄存器。

② 指定 64 位操作数。

③ 指定扩展的控制寄存器(Extended Control Register)。

Legacy Prefixes	REX Prefix	Opcode	ModR/M	SIB	Displacement	Immediate
组1/2/3/4 (可选)	(可选)	操作码 1/2/3字节	1字节 (如果需要)	1字节 (如果需要)	地址偏移量 1/2/4字节	立即数 1/2/4字节或无

图 5.21　64 位模式的指令格式

4. Intel AVX 指令格式

Intel AVX(Advanced Vector eXtensions，高级矢量扩展)指令的编码机制是将前缀字节、操作码扩展域、操作数编码域、向量长度编码能力组合到新的前缀 VEX 中，VEX 前缀可以是 2~3 字节长度。虽然只有 2~3 字节，但 VEX 前缀提供了在 Intel 64 体系结构中编码指令要素更紧凑的表示/封装(Representation/Packing)。VEX 编码机制对 Intel 64 体系结构的进一步发展也提供了更大的上升空间。图 5.22 为具有 VEX 前缀支持的 Intel 64 指令格式。

图 5.22　具有 VEX 前缀的指令格式

5. Intel 64 and IA-32 指令示例

由于 Intel 64 and IA-32 指令系统过于庞大，所以在表 5.10 中仅列出少量指令作为示例。表中，REX.W 指示 REX 前缀的使用；/n 指示指令的 ModR/M 字节仅使用 r/m(寄存器或存储器)操作数，reg 域包含的数字 n(在 0~7 之间)提供指令操作码的扩展；/r 指示指令的 ModR/M 字节包含一个寄存器操作数和一个 r/m 操作数；cd、cp 表示跟随操作码之后的 4 字节(cd)、6 字节(cp)数值；ib、id 表示跟随操作码、ModR/M 字节或 SIB 字节之后的 1 字节(ib)、4 字节(id)立即数。

表 5.10　Intel 64 and IA-32 指令示例

机器指令(十六进制编码) (指令长度 *)	助记符(汇编)指令	指令功能
8B /r (2 字节)	MOV r32,r/m32	r/m32 指定的 32 位寄存器或存储单元内容传送至 r32 指定的 32 位寄存器中
REX.W + 89 /r (3 字节)	MOV r/m64,r64	r64 指定的 64 位寄存器内容传送至 r/m64 指定的 64 位寄存器或存储单元中
REX.W + 81 /0 id (7 字节)	ADD r/m64,imm32	将 32 位立即数 imm32 符号扩展，与 64 位 r/m64 相加，结果存入 r/m64 中
VEX.NDS.256.66.0F.WIG 58 /r (5 字节)	VADDPD ymm1，ymm2，ymm3/m256	将来自 ymm3/mem 的打包的双精度浮点数与 ymm2 相加，结果存于 ymm1 中 (AVX 指令)

机器指令(十六进制编码) (指令长度 *)	助记符(汇编)指令	指令功能
0F 84 cd (6 字节)	JZ rel32	如果结果为 0(ZF＝1),则实现近程跳转,目标地址为 EIP←EIP ＋ SignExtend(DEST) 汇编指令中 rel32 是目标地址标号,机器指令中 rel32 表示相对偏移地址 DEST
EA cp (7 字节)	JMP ptr16:32	远程无条件跳转,绝对地址寻址,目标地址由指令操作数 ptr16:32 直接确定
F2 0F 5F /r (4 字节)	MAXSD xmm1, xmm2/m64	返回在 xmm2/mem64 和 xmm1 之间的最大标量双精度浮点数值(SSE2 指令)
E5 ib (2 字节)	IN EAX, imm8	从 imm8 确定的 I/O 端口地址输入双字数据到寄存器 EAX 中
0F 01 /2 (3 字节)	LGDT m16&64	将 m 装入到 GDTR(Global Descriptor Table Register, 全局描述符表寄存器)中。m 指定存储单元,它内含 8 字节基地址和 2 字节 GDT 界限(Limit)。该指令仅供操作系统使用
F4 (1 字节)	HLT	停止指令执行
F0 (1 字节)	LOCK	在 LOCK 前缀伴随的指令执行期间,使 $\overline{\text{LOCK}}$ 信号生效

注: * 表示不含非强制性前缀。

习　　题

5.1　解释术语:指令、指令系统、指令字长、操作码、操作数、寻址方式、CISC、RISC。

5.2　指令由哪几部分构成? 各部分的功能是什么?

5.3　操作码编码方法有哪几种? 各种方法的编码依据是什么?

5.4　采用扩展操作码设计方法的目的是什么? 设计原则是什么?

5.5　指令系统中对操作数采用不同寻址方式的目的是什么?

5.6　指令长度如何确定? 其设计的基本原则是什么?

5.7　依据地址码数量可以将指令格式分为哪几种? 各指令格式的操作特点是什么?

5.8　假设某计算机系统有 14 条指令,各条指令的使用频度分别是 0.01、0.15、0.12、0.03、0.02、0.04、0.02、0.04、0.01、0.13、0.15、0.14、0.11、0.03。试给出定长操作码、

霍夫曼编码、只有两种码长的扩展操作码三种编码方案，并计算各种编码方案的平均操作码长度。

5.9 某指令系统共有 200 条指令。统计结果表明，传送类指令占 5%，使用频度为 50%；运算类指令占 10%，使用频度为 25%；分支跳转类指令占 20%，使用频度为 15%；其余指令使用频度为 10%。试用扩展操作码编码方法为各类指令设计操作码编码，给出每类指令操作码的最短长度及相应的编码，并计算平均操作码长度。

5.10 若某机器指令系统要求有如下形式的指令：三地址指令 4 条，单地址指令 255 条，零地址指令 16 条。设指令字长固定为 12 位，每个地址码长 3 位，那么能否以扩展操作码进行编码？如果单地址指令为 254 条，其他不变，是否可以进行扩展操作码编码？说明理由。

5.11 某计算机指令字长 16 位，设有单地址指令和双地址指令两类，若每个地址字段均为 6 位，且双地址指令有 m 条，那么单地址指令最多可以有多少条？

5.12 某指令系统指令字长 16 位，有零地址、一地址、二地址、三地址指令格式，每个地址字段均为 4 位，且三地址指令有 L 条，二地址指令有 M 条，零地址有 N 条。若采用定长操作码设计方法，一地址指令最多可以有多少条？若采用扩展操作码设计方法，一地址指令最多可以有多少条？

5.13 在一个 36 位字长的指令系统中，用扩展操作码表示下列指令：7 条具有两个 15 位地址和一个 3 位地址的指令，500 条具有一个 15 位地址和一个 3 位地址的指令，50 条无地址指令。试为每类指令设计操作码长度及编码。

5.14 对下列数据结构，给出数据在以字节编址的主存中以大端和小端方式存储的位置情况。

(1) struct{

  double i;//0x1112131415161718

  }s1;

(2) struct{

  int i;//0x11121314

  int j;//0x15161718

  }s2;

(3) struct{

  short i;//0x1112

  short j;//0x1314

  short k;//0x1516

  short l;//0x1718

  }s3;

5.15 根据操作数所在位置，指出寻址方式：

(1) 操作数在寄存器中，为(   )寻址方式。

(2) 操作数地址在寄存器中，为(   )寻址方式。

(3) 操作数在指令中，为(   )寻址方式。

(4) 操作数地址在指令中，为(   )寻址方式。

(5) 操作数的地址为某一寄存器内容与位移量之和，可以是(   )寻址方式。

5.16 某单地址指令格式如图 5.23 所示：

OP	I	X	D

图 5.23 习题 5.16 附图

图 5.23 中，I 为间接特征，X 为寻址模式，D 为形式地址。I、X、D 组成该指令的操作数有效地址 EA。设 R 为变址寄存器，R1 为基址寄存器，PC 为程序计数器，具体寻址方式特征如表 5.11 所示，请在表中填入寻址方式名称。

表 5.11 习题 5.16 附表

I	X	EA	寻址方式
0	00	EA=D	
0	01	EA=(PC)+D	
0	10	EA=(R)+D	
0	11	EA=(R1)+D	
1	00	EA=(D)	
1	11	EA=((R1)+D)	

5.17 某计算机字长为 32 位，采用单字长单地址指令格式，共有 40 条指令。若采用直接、立即、变址、相对四种寻址方式获取操作数，试设计指令格式。该指令格式可直接寻址的地址范围是多大？可间接寻址的地址范围又是多大？

5.18 某计算机系统在取得当前指令后，程序计数器立即完成计数操作，使 PC 指向下条顺序指令在主存中存放的地址。若采用 PC 相对寻址的转移指令存放于地址 0810H 处，且占用 2 字节，转移目标地址位于 07A0H 处，则当该指令的地址字段是 10 位长度时，计算指令中提供的二进制偏移量（补码形式）。

5.19 计算机指令系统中基本的指令类型有哪些？它们的基本功能是什么？移位指令有哪几种操作？各自的操作特点是什么？

5.20 MOV operand1,operand2 为传送指令，operand1 为目的操作数，operand2 为源操作数，指令功能为将源操作数传送到目的操作数。现有基址寄存器(RB)=0100H，变址寄存器(RI)=0002H，R1 为 16 位寄存器，( ) 表示寄存器或存储单元中的内容，主存中存储的信息如图 5.24 所示（采用小数端存储）。

试说明下列指令执行后 R1 中的值。

(1) MOV R1，♯1200H

(2) MOV R1，RB

(3) MOV R1，(1200H)

(4) MOV R1，(RB)

(5) MOV R1，1100H(RB)

(6) MOV R1，(RB)(RI)

(7) MOV R1，1100H(RB)(RI)；源操作数 EA=(RB)+(RI)+1100H

主存地址	内容
⋮	
0100H	12H
0101H	34H
0102H	56H
0103H	78H
⋮	
1200H	2AH
1201H	4CH
1202H	B7H
1203H	65H
⋮	

图 5.24 习题 5.20 附图

5.21 写出实现如下要求的指令(指令操作码可用英文单词或缩写表示,R1 为 16 位寄存器)。

(1)将寄存器 R1 低 4 位清零。

(2)将寄存器 R1 低 4 位置 1。

(3)将寄存器 R1 低 4 位求反。

(4)将寄存器 R1 低 4 位移动到高 4 位。

5.22 简述 CISC 和 RISC 的特点。

第6章 中央处理器

在计算机系统中，中央处理器 CPU(Central Processing Unit)主要负责取指令、译码指令、完成指令指定顺序的操作。它通过执行各种指令来完成不同的操作，而每一个独立的操作是如何产生的，便是控制器要解决的问题。本章主要介绍 CPU 的结构及控制器的设计方法，其内容对深入理解计算机的工作原理有很大帮助。

6.1 CPU 的功能与结构

利用大规模集成电路技术，计算机系统中的控制器、运算器、寄存器组(又称寄存器文件)被集成在一块芯片上，形成了现在称之为 CPU 的中央处理单元，也称为(微)处理器。由于控制器是计算机系统工作的控制核心，因此 CPU 成为现代计算机中的核心器件。

6.1.1 CPU 的功能

1. 功能

到目前为止，所有商用计算机系统都是按照冯·诺依曼计算机的存储程序控制原理在运行，所以 CPU 是不可缺少的。CPU 的主要功能是执行存储在主存中的指令序列，也即执行程序，具体操作如下：

(1) 取得指令：CPU 从主存中取得指令，将其暂存在 CPU 内部的指令寄存器中。

(2) 执行指令：CPU 对取得的指令进行译码、执行。

(3) 确定下条指令地址：CPU 依据当前指令信息确定下条指令在主存中的地址(顺序地址或由分支跳转类指令决定的跳转地址)。

(4) 重复过程(1)～(3)，直到将程序中所有指令执行完毕为止。

为了实现 CPU 的功能，支持程序(或指令)的执行，CPU 必须由两大部分组成。第一部分是数据通路 DP(Data Path)，它是一个通过内部专用连线或总线(具有将数据从一个地方移动到另一个地方的能力)连接的存储单元(以及寄存器组)和算术逻辑单元 ALU(用于对数据完成各种操作)组成的网络，是处理器中用于操作或保存数据的功能单元。第二部分是控制单元 CU(Control Unit，控制器)，该模块负责按顺序实现指令规定的操作，并确保适当的数据在适当的时刻出现在需要它的地方。两者联合工作，完成 CPU 的任务，如取指令、译码指令、完成指定顺序的操作。数据通路和控制单元的设计直接影响着计算机的性能。

如果我们知道计算机的指令系统，理解每个操作码的作用和寻址方式，并且知道用户可见的寄存器组、外部接口、总线以及中断的处理方式，我们就知道了 CPU 应该完成的功能。也即，CPU 的功能需求与操作(操作码)、寻址方式、寄存器、I/O 模块接口、存储器模块接口和中断处理机构等设计方案密切相关。

计算机的功能要通过 CPU 执行指令来体现，执行指令的核心部件就是控制器。控制器的作用是为 CPU 内外的所有部件提供指令执行时所需的控制信号。

2. 指令周期

在执行一条指令的过程中，由 CPU 完成的一组操作构成一个指令周期(Instruction Cycle)。指令周期也被定义为执行一条指令所用的时间。所以指令周期既是运行时间的描述，也是操作动作的描述。

尽管指令周期随着指令类型的不同有所变化，但所有的指令周期至少包含两个子周期：取指令子周期(Fetch Cycle)和执行指令子周期(Execute Cycle)。在取指令期间，当前 CPU 要执行的指令从 PC 指定的主存单元中读出；在执行指令期间，指令指定的操作被执行。另外，检查悬挂的中断请求操作也常作为一个子周期包含在指令周期中，即中断子周期(Interrupt Cycle)。当指令的寻址方式及功能较复杂时，也可以将执行指令子周期拆分为取数子周期(Operand Cycle)和执行子周期，或分解为取数子周期、执行子周期、存数子周期。指令周期中的各子周期也称为 CPU 周期或机器周期。因此，一个指令周期通常包含若干个 CPU 周期。图 6.1 给出了一个指令周期中四个子周期间的关系，它也是对 CPU 行为(不断逐条取得并执行指令)的一种简要描述。

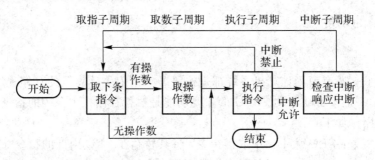

图 6.1　指令周期及 CPU 操作

今天的计算机已具有了非凡的速度，即便有大规模的指令集、超长的指令、巨大的存储器，它也能够在瞬间执行数百万个指令周期。

6.1.2　基础的 RISC-V 系统结构

支持 RISC-V 指令集的处理器及系统可以有多种结构，图 6.2 是 RISC-V 指令集研发者 Patterson 团队提供的支持 RV64I 子集的基础 RISC-V 结构。该结构是典型的 RISC 结构，数据通路包括指令和数据存储器、寄存器组、ALU 和加法器，可实现对访存指令 ld 和 sd，算术逻辑指令 add、sub、and 和 or，条件分支指令 beq 的支持。与大多数 RISC 结构一样，该系统的主存采用了哈佛结构，保证了每条指令使用数据通路资源不超过一次(即取指操作和数据读/写分别在指令存储器和数据存储器中进行，不会发生存储器资源冲突)；数据通路上各部件之间传递的信息是唯一的，且可以利用多路选择器 MUX 和控制信号实现多部件被不同的指令流共享。

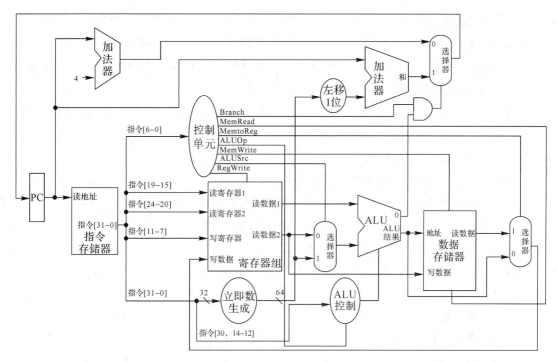

图 6.2 基础的 RISC-V 结构

RISC-V 指令集的规则性和简洁性使许多指令类的执行类似，从而简化了控制单元的实现。表 6.1 列出图 6.2 中控制单元产生的控制信号及作用，这些控制信号仅仅是为支持 ld、sd、add、sub、and、or 和 beq 指令而设计的。如果增加控制单元输出的控制信号，增加必要的操作部件，利用图 6.2 结构可以支持完整的 RV64I 指令集，例如增加移位控制信号和移位寄存器，就可以实现移位指令的执行。

表 6.1　控制信号及作用

控制信号	作　　用
ALUSrc	有效时，第二个 ALU 操作数是符号扩展的 12 位数据（在指令中）； 无效时，第二个 ALU 操作数来自寄存器 2 的输出（Read data 2）
MemtoReg	有效时，写入寄存器的数据来自数据存储器； 无效时，写入寄存器的数据来自 ALU
RegWrite	有效时，写数据端输入的数据写入写寄存器端提供的寄存器中
MemRead	有效时，由地址端指定的数据存储单元内容从读数据端输出
MemWrite	有效时，写数据端输入的数据写入到地址端指定的数据存储单元中
Branch	有效时，当前指令是分支指令
ALUOp	2 位，由指令 opcode 字段译码生成，用于确定欲执行指令的类型，再与 funct7 和 funct3 字段译码一起产生 ALU 控制单元的 4 位输出，该 4 位编码直接控制 ALU 完成具体运算

为了简化控制单元逻辑，假设采用早期 RISC 通常使用的单周期实现方案，即每条指令执行用一个时钟周期(时钟周期长度需选择最长指令执行时间)。在图 6.2 中，程序计数器 PC 只需用时钟信号控制，每一个时钟修改一次 PC，PC 内容作为地址访问指令存储器即获得当前指令(指令存储器是只读的，可以省略读控制信号)。

例 6.1 根据图 6.2，依据信息流次序，说明 R 型加法指令 add x1,x2,x3 的执行步骤。

解 该指令执行需要四个步骤：

(1) 依据 PC 从指令存储器获取指令，并使 PC 加 4。

(2) 从寄存器组读取 x2 和 x3 寄存器，控制单元根据指令操作码生成控制信号。

(3) 控制信号控制 ALU 对从寄存器组读取的两个数据进行加运算。

(4) 将 ALU 的结果写入位于寄存器组的目标寄存器 x1 中。

例 6.2 根据图 6.2，依据信息流次序，说明 I 型加载寄存器指令 ld x1,offset(x2) 的执行步骤。

解 该指令执行需要五个步骤：

(1) 依据 PC 从指令存储器获取指令，并使 PC 加 4。

(2) 从寄存器组读取 x2 寄存器的值。

(3) ALU 对从寄存器组读取的值与符号扩展的 12 位偏移(offset)进行求和运算。

(4) 用 ALU 的和作为数据存储器的地址。

(5) 将从存储器单元读出的数据写入寄存器组的 x1 寄存器中。

例 6.3 根据图 6.2，依据信息流次序，说明 B 型相等分支指令 beq x1,x2,offset 的执行步骤。

解 该指令操作非常像 R 型指令，但 ALU 输出用于确定 PC 是用 PC＋4 还是分支目标地址改写。该指令执行需要以下四个步骤：

(1) 依据 PC 从指令存储器获取指令，并使 PC 加 4。

(2) 从寄存器组读取 x1 和 x2 寄存器。

(3) ALU 对从寄存器组读取的两个数据做减法。PC 值与符号扩展且左移 1 位的 12 位偏移(offset)相加，其和为分支目标地址(即跳转地址)。偏移左移 1 位而非 2 位是考虑到压缩扩展 RVC 模块中的指令是 16 位长度。

(4) 利用 ALU 的零状态标志(即 x1 与 x2 寄存器的内容是否相等)决定哪个加法器(PC＋4 还是 PC＋offset)的结果存储在 PC 中。

6.1.3 简化的 x86 系统结构

在 CPU 及系统各部件之间，可采用专用通道、总线或互连网络等不同的连接方式，这使得 CPU 及系统的内部结构及操作方式也有所不同。图 6.3 是将 Intel 8086 简化后的单总线结构 CPU 模型，在总线上定时是由时钟控制的。图 6.4 是早期 x86 系统结构——单总线结构，系统中的 CPU、主存储器、I/O 设备等功能部件通过系统总线(AB、DB、CB)相互连接。

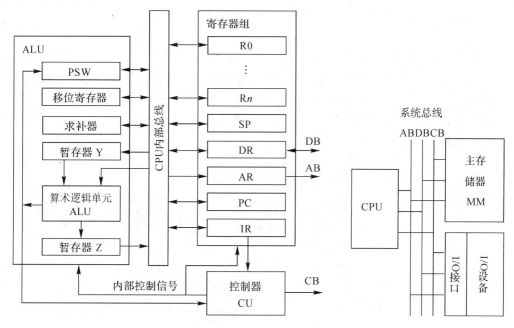

图 6.3　单总线数据通路 CPU 内部结构　　　　图 6.4　早期 x86 系统模型

（1）算术逻辑单元 ALU，完成程序执行期间所需的数据计算，如算术运算、逻辑运算、移位运算等，运算的结果会影响到状态寄存器。根据控制单元发出的控制信号，ALU 就可以完成相应的运算。

（2）控制单元 CU，控制所有指令的执行和所有信息的传递。它从主存储器中取出指令、译码指令；将数据从主存或 I/O 设备移入 CPU，或者将数据从 CPU 移出到主存或 I/O 设备，并确保数据在正确的时间出现在正确的地方；控制 ALU 使用哪个寄存器，做哪种运算操作。控制单元 CU 使用程序计数器 PC 寻找下一条欲执行指令。

（3）状态寄存器 PSW，存放 ALU 运行结果的状态信息，如零标志 ZF、进位标志 CF、符号标志 SF、溢出标志 OF、奇偶标志 PF、半加进位标志 AF 等。

（4）通用寄存器组 R0～Rn，用来暂存数据，如存放 ALU 所需的原始数据及运行结果。

（5）堆栈指针寄存器 SP，又称堆栈指示器，具有自动加减功能，其操作如图 5.3 所示。

（6）数据寄存器 DR，暂存 CPU 通过系统数据总线 DB 接收的来自主存、I/O 设备的数据或发送到主存、I/O 设备的数据。

（7）地址寄存器 AR，存放 CPU 欲加载到系统地址总线 AB 上的、用于访问主存或 I/O 设备的地址。

（8）程序计数器 PC，具有自动增量的功能，存放下条执行指令在主存中存储的地址。

（9）指令寄存器 IR，存放当前 CPU 执行的指令。

（10）暂存器 Y，为单总线结构的运算器提供一个原始数据。

（11）暂存器 Z，存放运算结果。

在图 6.3 中，ALU 仅依赖 CPU 内部寄存器中的数据进行工作，所以 CPU 内部总线用来在各寄存器与 ALU 之间传递数据，且某一时刻只传递一个数据。利用 AR、DR 和系统总线，CPU 实现对主存储器、I/O 设备进行访问，如图 6.4 所示。

6.1.4 微操作

1. 微操作与微命令

在 CISC 系统中,指令功能通常比较强大,操作比较复杂,所以指令周期内的 CPU 行为常常被分解为一系列微操作(μop),这些微操作一般定义为 CPU 最基本操作,分属于不同的指令子周期(CPU 周期)。图 6.5 给出了一个程序执行的分解过程,它描述了指令周期、CPU 周期、微操作之间的关系。

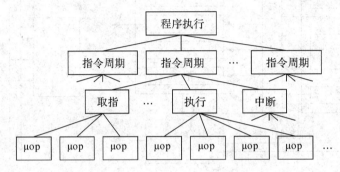

图 6.5　程序执行示意图

所谓微操作,即 CPU 的基本或原子操作。每一个微操作是 CPU 可以实现的、不可分解的操作动作,它以含有一个寄存器传递(移进、移出)操作为标志。每一个微操作是通过控制器将控制信号发送到相关部件上引起部件动作而完成的,这些控制微操作完成的控制信号被称为微命令,微命令是由控制器产生的。

以图 6.3 所示 CPU 为例,当将程序计数器 PC 的内容传送到地址寄存器 AR 时,便产生了访存中的一个微操作,可以将其用符号标记为

$$AR \leftarrow PC; \quad PC_{out}, AR_{in}$$

其中,符号"$\leftarrow$"表示通过 CPU 内部总线传递信息,$AR \leftarrow PC$ 代表微操作,PC_{out}、AR_{in} 为微命令。假设图 6.3 中的每一个寄存器都具有输入锁存控制信号和输出允许控制信号,那么,PC_{out} 就是控制将程序计数器 PC 的内容输出到 CPU 内部总线上的微命令,AR_{in} 就是控制将 CPU 内部总线上的数据输入到地址寄存器 AR 中的微命令。当微命令 PC_{out}、AR_{in} 同时有效时,PC 的内容输出并经过内部总线写入到 AR 的微操作被完成,记为 $AR \leftarrow PC$。

计算机系统由 CPU 内外的大量部件构成,每个部件的工作都需要控制信号的控制,所以控制器要产生大量的微命令。一个至多个微命令同时有效可以实现一个特定的微操作,而完成一组规定的微操作就可以实现一个 CPU 周期,顺序完成取指、执行、中断等 CPU 周期,也就实现了一个指令周期,完成若干个指令周期就实现了一段程序的执行,如图 6.5 所示。

2. 微操作流程

1) 时序信号

从指令周期的时间概念来看,CPU 执行指令需要三种时序信号:节拍周期、CPU 周期、指令周期。

(1) 节拍周期:完成一个微操作所用的时间。在计算机系统中,节拍周期是 CPU 完成

各种微操作所需的最长时间,它是测量 CPU 行为的一个基本时间单位。而每个计算机系统都有内部时钟,用来管理指令执行的速度,同步系统中的所有部件。CPU 需要以一定的时钟数来执行每条指令,其性能也常用时钟周期(Clock Cycle)测量。所以,节拍周期 T 常以 CPU 时钟周期 T_{CLK} 或时钟频率 f_{CLK} 作为设置依据,即

$$T = (1 \sim n) \times T_{CLK} = \frac{1 \sim n}{f_{CLK}}, \quad n \text{ 为正整数} \tag{6.1}$$

CPU 执行程序有严格的时间顺序,所以需要时序信号来控制,通常利用时序电路为控制器提供所需的时序信号。最基本的时序信号为节拍,它可由顺序脉冲发生器(也称脉冲分配器或节拍脉冲发生器)产生,用 $T_1 \sim T_i$ 表示。节拍脉冲发生器分计数型和移位型两类。

(2) CPU 周期(机器周期):完成一个子周期所用的时间。若干个节拍组成一个 CPU 周期,CPU 周期可以设计为定长 CPU 周期与不定长 CPU 周期两种,用 $M_1 \sim M_j$ 表示。

将所有 CPU 周期中的节拍数设为固定值,即为定长 CPU 周期。此时,需将 CPU 周期中的节拍数规定为所有指令子周期所需时间节拍数的最大者,以保证所有指令子周期的微操作序列在 CPU 周期内能够完成。显然,这种设计对于操作比较简单的指令会出现空闲节拍,造成指令执行时间增长,CPU 速度降低。

可以根据指令的不同子周期动态地确定 CPU 周期的节拍数,这就是不定长 CPU 周期。这种设计不会造成节拍浪费,但增加了实现的复杂度。

(3) 指令周期:执行一条指令所用的时间。同样,若干个 CPU 周期组成一个指令周期,指令周期也可以设计为定长指令周期与不定长指令周期两种。

2) 取指与中断子周期微操作流程

假设 CPU 采用图 6.3 所示的组织结构,计算机系统为图 6.4 所示的组织结构,主存单元按字节编址。当一条指令在该系统上执行时,可以被看作是一组微操作的执行。每条指令对应的一组微操作称为该指令的微操作流程或微操作序列。

例 6.4 写出取指子周期的微操作序列。

解 取指子周期出现在每一个指令周期的开始,并完成从主存中取出一条指令的任务。一个简单的取指子周期可由 3 个节拍和 4 个微操作组成,即

T_1:AR←PC   ;PC 的内容传送到 AR

T_2:DR←Memory[AR]   ;由 AR 规定的存储单元的内容(当前指令)传送到 DR

      PC←PC+I   ;PC 内容加 I 形成下条指令地址,I 为指令长度(以字节为单位)

T_3:IR←DR   ;DR 的内容传送到 IR

这里假设 T_1、T_2、T_3 为具有相等的时钟周期数且有确定时间顺序性的节拍周期,每个微操作可以在一个节拍周期内完成,PC 具有自动增量 I 的功能。需要注意的是,如果存储器读/写操作不能在一个节拍周期内完成,通常需要插入等待周期(一个至多个节拍)以确保存储器可靠地读或写,从而使取指子周期的节拍数增加。

当取指子周期结束时,当前 CPU 要执行的指令已从 PC 指示的存储单元中取出,并存放在了指令寄存器 IR 中。

当连续的某些微操作动作不会相互干扰(可并行执行)时,为了节省时间,可将其放在同一节拍中完成,如第 2、3 个微操作被放在了 T_2 节拍中。也可将第 3、4 个微操作组合在一起,即

T_1: AR←PC

T_2: DR←Memory[AR]

T_3: PC←PC+I

      IR←DR

组合一个微操作序列应遵守以下两个基本规则：

（1）遵守操作发生的顺序。如微操作 AR←PC 必须在 DR←Memory[AR]之前，因为读存储器要利用 AR 中的地址。

（2）必须避免冲突。不要试图在一个节拍内对同一个部件做两种及以上的不同操作，因为可能导致结果不可预知。如微操作 DR←Memory[AR]和 IR←DR 不应出现在同一个节拍内。

每条指令的执行都是从取指子周期开始的，取指操作对所有的指令都一样，所以取指子周期也被称作公操作。

例 6.5 写出中断子周期的微操作序列。

解 在执行周期结束时有一个检测，用来确定被允许的中断是否已出现。若中断出现，则中断子周期产生。中断子周期的操作随计算机的不同而有较大的变化。这里给出一个非常简单的微操作序列：

T_1: DR←PC   ；将 PC 的内容（被中断程序的断点地址）传送到 DR

T_2: AR←Save_Address ；中断断点信息保护区的存储单元地址传送到 AR

     PC←Routine_Address ；中断服务程序首地址送入 PC

T_3: Memory[AR]←DR   ；将断点地址保存于主存（如堆栈）中，以便实现从中断返回

当中断子周期结束时，程序计数器 PC 已指向中断服务程序首地址，使下一指令周期开始时 CPU 已转向执行中断服务程序。

需要注意的是，大多数处理器提供多种中断类型和优先级，使得获取 Save_Address 和 Routine_Address 可能要花费一或多个附加的微操作，从而增加中断子周期的微操作和节拍数。

3）执行子周期微操作流程

取指子周期和中断子周期是简单、可预知的，它们都包含一个小的、固定的微操作序列。执行子周期则不然。对于具有 N 个不同操作码和寻址方式的计算机而言，会有 N 种不同的微操作序列出现。下面各例以图 6.3 和图 6.4 为硬件基础，以类 8086 指令作为分析案例。

例 6.6 写出指令 MOV R1,R0 执行子周期的微操作序列。

解 这条指令实现将寄存器 R0 的内容传送至寄存器 R1 中。与该指令相应的执行子周期的微操作序列为：

T_1: R1←R0   ；将 R0 中的数据传送到 R1

例 6.7 写出指令 MOV R0,X 执行子周期的微操作序列。

解 这条指令实现将存储单元 X 中的内容传送至寄存器 R0 中。与该指令相应的执行子周期的微操作序列为：

T_1: AR←IR(地址字段) ；将指令中的存储器地址 X 传送到 AR，IR(地址字段)＝X

T_2: DR←Memory[AR]   ；从存储单元 X 中读出的数据传送到 DR

T_3: R0←DR   ；将 DR 的内容传送到 R0

例 6.8 写出指令 MOV (R1),R0 执行子周期的微操作序列。

解　这条指令实现将寄存器 R0 的内容传送至由寄存器 R1 间接寻址的存储单元中。与该指令相应的执行子周期的微操作序列为：

T_1：AR←R1　　　　　　　　；将 R1 中的存储单元地址传送到 AR

T_2：DR←R0　　　　　　　　；将 R0 中的数据传送到 DR

T_3：Memory[AR]←DR　　　；将 DR 的内容写入指定的存储单元中

例 6.9　写出指令 ADD R1,R0 执行子周期的微操作序列。

解　这条指令实现将寄存器 R0 的内容与寄存器 R1 的内容相加并将结果存入 R1 的功能。与该指令相应的执行子周期的微操作序列为：

T_1：Y←R0　　　；将 R0 中的数据传送到暂存器 Y 中

T_2：Z←R1＋Y　；将 R1 中的数据与 Y 中的数据加载至 ALU 做加法，结果暂存于 Z 中

T_3：R1←Z　　　；将暂存器 Z 的内容传送到 R1 中

这里假设 ALU 有足够快的速度，使得从数据加载到运算结果产生可以在一个节拍周期内完成，否则需插入等待周期(1 至多个节拍)。

例 6.10　写出指令 SUB R0,(X) 执行子周期的微操作序列。

解　这条指令实现寄存器 R0 中的被减数减去存储器地址 X 间接寻址的存储单元中的减数、将差值传送至寄存器 R0 中的功能。与该指令相应的执行子周期的微操作序列为：

T_1：AR←IR(地址字段)　；将指令中的存储器地址 X 传送到 AR，IR(地址字段)＝X

T_2：DR←Memory[AR]　；将减数所在存储单元的地址传送到 DR

T_3：AR←DR　　　　　　；将 DR 的内容传送到 AR

T_4：DR←Memory[AR]　；再次访问存储单元，读出的减数传送到 DR

T_5：Y←DR　　　　　　　；将 DR 中的减数传送到暂存器 Y，假设 ALU 规定减数在 Y 中

T_6：Z←R0－Y　　　　　；将 R0 中被减数和 Y 中减数加载至 ALU 做减法，结果暂存于 Z

T_7：R0←Z　　　　　　　；将暂存器 Z 的内容传送到 R0 中

例 6.11　写出指令 IN R0,P 执行子周期的微操作序列。

解　这条指令实现从 I/O 地址为 P 的 I/O 设备(接口)中输入数据并存入寄存器 R0 中。与该指令相应的执行子周期的微操作序列为：

T_1：AR←IR(地址字段)　；将指令中的 I/O 地址 P 传送到 AR，IR(地址字段)＝P

T_2：DR←IO[AR]　　　　；从 I/O 设备(接口)中输入的数据传送到 DR

T_3：R0←DR　　　　　　　；将 DR 的内容传送到 R0

例 6.12　写出指令 OUT P,R0 执行子周期的微操作序列。

解　这条指令实现将寄存器 R0 中的数据输出到 I/O 地址为 P 的 I/O 设备(接口)中。与该指令相应的执行子周期的微操作序列为：

T_1：AR←IR(地址字段)　；将指令中的 I/O 地址 P 传送到 AR，IR(地址字段)＝P

T_2：DR←R0　　　　　　　；将 R0 的内容传送到 DR

T_3：IO[AR]←DR　　　　；将 DR 的内容输出至指定的 I/O 设备(接口)中

例 6.13　写出指令 JUMP X 执行子周期的微操作序列。

解　这是无条件跳转指令，实现将程序执行地址从当前跳转指令所在位置转移到存储器地址 X 处。与该指令相应的执行子周期的微操作序列为：

T_1：PC←IR(地址字段)　；将指令中的存储器地址 X 传送到 PC，IR(地址字段)＝X

例 6.14　写出指令 JZ offs 执行子周期的微操作序列。

解　这是采用相对寻址的条件分支指令。当条件为真(即零标志 ZF＝1 时)，程序发生

跳转；条件为假(即 ZF＝0)时，程序顺序执行下条指令。跳转地址＝PC＋offs，offs 为带符号的地址偏移量。与该指令相应的执行子周期的微操作序列为：

$$If (ZF=1) then$$

    {

      T_1：Y←IR(地址字段)   ；将指令中偏移地址 offs 送入暂存器 Y，IR(地址字段)＝ offs

      T_2：Z←PC＋Y   ；PC 中当前地址与 Y 中偏移地址加载至 ALU 相加，结果

                           ；暂存于 Z

      T_3：PC←Z   ；将暂存器 Z 中的跳转地址传送到 PC 中

    }

例 6.15 写出指令 PUSH R0 执行子周期的微操作序列。

解 这条指令实现将寄存器 R0 中的数据压入到堆栈中。与该指令相应的执行子周期的微操作序列为：

    T_1：SP←SP－n ；将 SP 指向新栈顶，n 为一次压栈的字节数

          DR←R0   ；将 R0 内容传送到 DR

    T_2：AR←SP   ；将 SP 内容传送到 AR

    T_3：Memory［AR］←DR   ；将 R0 的内容写入堆栈新栈顶处

例 6.16 写出指令 POP R0 执行子周期的微操作序列。

解 这条指令实现将堆栈栈顶的数据弹出至寄存器 R0 中。与该指令相应的执行子周期的微操作序列为：

    T_1：AR←SP   ；将 SP 内容传送到 AR

    T_2：DR←Memory［AR］ ；读出堆栈栈顶内容到 DR 中

    T_3：R0←DR   ；堆栈栈顶处的内容传送到 R0

          SP←SP＋n ；将 SP 指向新栈顶，n 为一次弹出的字节数

例 6.17 写出指令 CALL (X)执行子周期的微操作序列。

解 这是过程(子程序)调用指令，实现将程序执行地址从当前调用指令所在位置转移到以存储器地址 X 间接寻址的存储单元处，并保存返回地址。与该指令相应的执行子周期的微操作序列为：

    T_1：SP←SP－n ；将 SP 指向新栈顶，n 为 PC 的字节数

          DR←PC   ；将 PC 内容传送到 DR

    T_2：AR←SP   ；将 SP 内容传送到 AR

    T_3：Memory［AR］←DR   ；将 PC 中的返回地址保存在堆栈新栈顶处

    T_4：AR←IR(地址字段)   ；将指令中的存储器地址 X 传送到 AR，IR(地址字段)＝X

    T_5：DR←Memory［AR］ ；读出存储单元 X 中的内容到 DR 中

    T_6：PC←DR   ；从存储单元 X 中读出的过程(子程序)首地址传送到 PC

例 6.18 写出指令 RET 执行子周期的微操作序列。

解 这是过程(子程序)返回指令，实现从堆栈栈顶处获得过程(子程序)调用时保存的返回主程序的地址。与该指令相应的执行子周期的微操作序列为：

    T_1：AR←SP   ；将 SP 内容传送到 AR

    T_2：DR←Memory［AR］ ；读出堆栈栈顶内容到 DR 中

    T_3：PC←DR   ；堆栈栈顶处的返回地址送入 PC，CPU 依据 PC 回到主程

                           ；序运行

          SP←SP＋n ；将 SP 指向新栈顶，n 为 PC 的字节数

6.1.5　控制器的组成

从微操作序列可以看出，CPU 执行一条指令是通过执行一个指令周期来完成的，也就是通过从取指令微操作序列到执行指令微操作序列的连续实现来完成的。每一个微操作又与一组微命令(即控制信号)相关联，实现一组微操作实际上就是要产生与这组微操作相应的微命令，这就是控制器(也即控制单元)的任务。所以我们可以将控制器应完成的任务归纳为：

(1) 产生微命令。控制器要产生 CPU 实现每个微操作所需的控制信号。因为微操作涉及计算机中所有部件的基本操作，所以控制器要产生的控制信号是使计算机中各部件有效工作所需要的全部控制信号。

(2) 按节拍产生微命令。在此强调的是时间顺序性。分析微操作序列可以看出，时间顺序性对于每一组微操作的正确实现是十分重要的，规定的微操作必须在规定的节拍中完成，因而导致相应的微命令必须在规定的节拍中产生。

因此，控制单元是 CPU 中实际引起事件发生的部件。控制单元发送控制信号到 CPU之外，引起 CPU 与主存储器或 I/O 模块的数据交换。控制单元也发送控制信号到 CPU 内部，使数据在寄存器之间移动，或引起 ALU 完成某种规定的运算及其他内部操作。

图 6.6 是一个典型的控制器模型，由控制单元、指令译码器和时序产生器组成。加载到控制单元的输入有指令寄存器 IR、状态标志以及时间(节拍)信息，其中 $I_i(1 \leqslant i \leqslant k)$ 为指令信息，是控制单元必需的输入；$T_i(1 \leqslant i \leqslant n)$ 为节拍信息，在某些 RISC 系统中，当指令执行仅用单周期实现时，它只用于指令读取时刻的控制；Flags 为 CPU 状态标志(如零标志ZF、进位标志 CF、符号标志 SF、溢出标志 OF 等)和系统状态信息(如中断请求、DMA 请求等信号)，根据指令功能需求决定是否需要这组输入。$C_i(1 \leqslant i \leqslant m)$ 是控制单元的输出，包含了加载到 CPU 内、外部的全部控制信号。

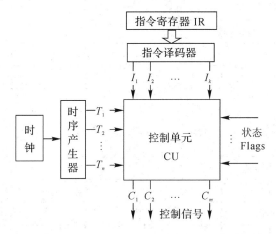

图 6.6　控制器模型

控制单元针对不同指令利用指令操作码控制计算机系统完成不同的操作(发出不同的控制信号组合)，而指令操作码的不同编码方法会使指令译码器有不同的设计。若采用操作码长度固定的编码方法，指令译码器设计较为简单；若采用操作码长度可变的编码方法，指令译码器设计将变得较为复杂。

设计者在设计控制器之前需要做以下工作：

（1）定义计算机基本硬件组成和基本指令系统。

（2）基于定义的硬件结构，针对每条指令，设计 CPU 应完成的微操作。

（3）确定控制单元应该完成的功能，即何时产生何种微命令。

接下来，设计者需要选择一种适当的设计方法来实际地构造出控制器。到目前为止，已研究出两种设计控制器的通用方法，一种称为硬布线控制（Hardwired Control）设计法，另一种称为微程序控制（Microprogrammed Control）或微码控制（Microcoded Control）设计法。

6.2　硬布线控制器设计

硬布线控制器设计法将控制单元看作一个顺序逻辑电路（Sequential Logic Circuit）或有限状态机（Finite-State Machine），它可以产生规定顺序的控制信号，这些信号与提供给控制单元的指令相对应。它的设计目标是：使用最少的元器件，达到最快的操作速度。

6.2.1　RISC-V 系统控制单元设计

在图 6.2 的 RISC-V 系统中，存储器、寄存器、运算器 ALU 等功能部件如何工作是由控制单元生成的控制信号进行控制的。图中控制单元的输入是指令操作码 I[6:0]，输出是表 6.1 列出的支持 7 条指令执行的控制信号（见 6.1.2 节）。表 6.2 是该控制单元采用单周期实现的逻辑真值表，表的上半部分给出了与四个指令类（覆盖 7 条指令）对应的输入信号 I[6:0]的编码，每列一个指令类，它们决定了输出控制信号是否有效。表的下半部分给出了与四种操作码对应的输出控制信号。

表 6.2　图 6.2 中控制单元的单周期实现逻辑真值表

输入或输出	信号名称	R 型	ld	sd	beq
输入	I[6]	0	0	0	1
	I[5]	1	0	1	1
	I[4]	1	0	0	0
	I[3]	0	0	0	0
	I[2]	0	0	0	0
	I[1]	1	1	1	1
	I[0]	1	1	1	1
输出	ALUSrc	0	1	1	0
	MemtoReg	0	1	×	×
	RegWrite	1	1	0	0
	MemRead	0	1	0	0
	MemWrite	0	0	1	0
	Branch	0	0	0	1
	ALUOp1	1	0	0	0
	ALUOp0	0	0	0	1

分析表 6.2 真值表可以看出，每个控制信号是由一个与或逻辑确定的。图 6.7 是控制单元的硬布线实现，采用的是可编程逻辑阵列 PLA(Programmable Logic Array)，它由一个与门阵列之后紧跟一个或门阵列构成。如果使用了 128 个可能的操作码中的大多数，并且需要产生更多的控制信号，那么图中门的数目就会大得多，每个门也会有更多的输入。

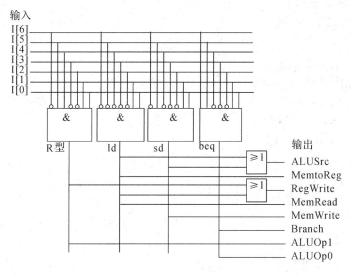

图 6.7 控制单元的结构化实现

6.2.2 类 x86 系统控制单元设计

针对图 6.3 和图 6.4 结构确定的系统，其硬布线控制器可采用图 6.6 结构，其中时序产生器有两种设计方法。

一是采用一级时序，即只利用节拍信号。此时，一条指令执行的全过程是用一个从取指令到执行指令的完整微操作序列来描述的，而且对这个微操作序列也是从头至尾分配节拍的。例如，指令 SUB R0,(X) 的完整微操作序列可描述为：

T_1：AR←PC　　　　　　　　　　　　；取指令阶段

T_2：DR←Memory[AR]

　　　PC←PC＋I

T_3：IR←DR

T_4：AR←IR(地址字段)　　　　　　　；执行指令阶段

T_5：DR←Memory[AR]

T_6：AR←DR

T_7：DR←Memory[AR]

T_8：Y←DR

T_9：Z←R0−Y

T_{10}：R0←Z

从中可以看出，这条减法指令从取指到执行只要用 10 个节拍来规定相关微操作的发生时间及顺序，就足以保证这条指令能够正确执行，这样时序产生器只要提供节拍信息给控制单元即可。

二是采用两级时序，即产生节拍和 CPU 周期两种时间信号。此时，要按照 CPU 周期来描述一条指令的微操作序列。例如，指令 SUB R0,(X) 的微操作序列需作如下描述：

    M_1：   ;取指 CPU 周期

        T_1：AR←PC

        T_2：DR←Memory[AR]

             PC←PC+I

        T_3：IR←DR

    M_2：   ;执行 CPU 周期

        T_1：AR←IR(地址字段)

        T_2：DR←Memory[AR]

        T_3：AR←DR

        T_4：DR←Memory[AR]

        T_5：Y←DR

        T_6：Z←R0−Y

        T_7：R0←Z

或者描述为：

    M_1：   ;取指 CPU 周期

        T_1：AR←PC

        T_2：DR←Memory[AR]

             PC←PC+I

        T_3：IR←DR

    M_2：   ;取数 CPU 周期

        T_1：AR←IR(地址字段)

        T_2：DR←Memory[AR]

        T_3：AR←DR

        T_4：DR←Memory[AR]

    M_3：   ;执行 CPU 周期

        T_1：Y←DR

        T_2：Z←R0−Y

        T_3：R0←Z

也就是说，每一个微操作动作发生的时刻要由两个时间信号（CPU 周期与节拍）来确定，所以时序产生器要为控制单元提供 CPU 周期信号与节拍信号。

在大多数情况下，不同 CPU 周期内节拍数是不一样的。就这条减法指令而言，采用 2 个 CPU 周期描述时，第 1 个 CPU 周期需要 3 个节拍，第 2 个 CPU 周期需要 7 个节拍，若要求 CPU 周期长度固定，则此时 1 个 CPU 周期至少要定义为 7 个节拍（可能在其他指令中还有更长的 CPU 周期），那么第 1 个 CPU 周期就需要增加 4 个空闲节拍，造成指令执行时间加长。如果采用 3 个 CPU 周期，也许只要在第 1 个和第 3 个 CPU 周期内各加入 1 个空闲节拍，就可以实现 CPU 周期长度的固定。由于指令寻址方式的复杂性和所完成功能的多样性，相比之下，采用 3 个 CPU 周期或更多个 CPU 周期在提高指令执行速度方面会更有利。

硬布线控制器的核心是控制单元，控制单元的作用就是按时序（节拍）产生控制信号（即微命令）。为了定义控制单元的硬件实现，需要对每个控制信号设计一个表示该控制信号有效时刻的逻辑方程式，设计结果是获得一组可以完整描述控制器行为的与或逻辑方程式。

假设计算机系统硬件结构已设计完成(见图 6.3 和图 6.4),指令系统已设计完成(包含 6.1.4 节示例的各条指令),已设计好每条指令相应的微操作序列。在完成控制器设计之前的这一系列准备后,设计控制器的第一项工作就是将微操作序列转化为微命令序列,并对每一个控制信号发生(有效)的条件作一个全面的统计。

　　在图 6.3 和图 6.4 中,为所有的部件设计它们所需要的控制信号(微命令)来保证它们的正常工作,其中一部分控制信号描述如下:

　　PC_{in} 为程序计数器的锁存输入控制信号;

　　PC_{out} 为程序计数器的输出允许控制信号;

　　$PC+1$ 为程序计数器的自动增量(如自动加 1)控制信号;

　　IR_{in} 为指令寄存器的锁存输入控制信号;

　　IR_{out} 为指令寄存器的输出允许控制信号;

　　SP_{in} 为堆栈指示器的锁存输入控制信号;

　　SP_{out} 为堆栈指示器的输出允许控制信号;

　　$SP+1$ 为堆栈指示器的自动增量(如自动加 n)控制信号;

　　$SP-1$ 为堆栈指示器的自动减量(如自动减 n)控制信号;

　　Ri_{in} 为通用寄存器 $Ri(0 \leqslant i \leqslant n-1)$ 的锁存输入控制信号;

　　Ri_{out} 为通用寄存器 $Ri(0 \leqslant i \leqslant n-1)$ 的输出允许控制信号;

　　Y_{in} 为暂存器 Y 的锁存输入控制信号;

　　Z_{out} 为暂存器 Z 的输出允许控制信号;

　　AR_{in} 为地址寄存器面向 CPU 内部总线的锁存输入控制信号;

　　AR_{out} 为地址寄存器面向系统总线的输出允许控制信号;

　　DRI_{in} 为双端口数据寄存器面向 CPU 内部总线的锁存输入控制信号;

　　DRI_{out} 为双端口数据寄存器面向 CPU 内部总线的输出允许控制信号;

　　DRS_{in} 为双端口数据寄存器面向系统总线的锁存输入控制信号;

　　DRS_{out} 为双端口数据寄存器面向系统总线的输出允许控制信号;

　　Mread 为从主存储器读出信息的读控制信号;

　　Mwrite 为将信息写入到主存储器的写控制信号;

　　IOread 为从 I/O 设备输入信息的读控制信号;

　　IOwrite 为将信息写入到 I/O 设备的写控制信号;

　　ADD 为加载至 ALU 的加法运算控制信号;

　　SUB 为加载至 ALU 的减法运算控制信号;

　　AND 为加载至 ALU 的逻辑与运算控制信号;

　　OR 为加载至 ALU 的逻辑或运算控制信号;

　　SHL 为加载至 ALU 的逻辑左移控制信号;

　　SHR 为加载至 ALU 的逻辑右移控制信号;

　　ROL 为加载至 ALU 的循环左移控制信号;

　　ROR 为加载至 ALU 的循环右移控制信号;

　　……

　　由于每一个微操作的实现都是在某些微命令的控制下完成的,利用所设计的这些微命令，我们就可以写出指令系统中每条指令对应的微命令序列。例如，公操作取指子周期的微命令序列为：

节拍	微操作序列	微命令序列
T_1	AR←PC	PC_{out}，AR_{in}
T_2	DR←Memory[AR]	AR_{out}，Mread，DRS_{in}
T_3	PC←PC+I，IR←DR	PC+1，DRI_{out}，IR_{in}

当控制单元在取指子周期的 T_1 节拍发出微命令 PC_{out} 和 AR_{in} 时，微操作 AR←PC 被完成；在 T_2 节拍发出 AR_{out}、Mread 和 DRS_{in} 时，微操作 DR←Memory[AR]被完成；在 T_3 节拍发出 PC+1、DRI_{out} 和 IR_{in} 时，微操作 PC←PC+I 和 IR←DR 被完成(假设指令长度为定长 I)。经过 3 个节拍，由程序计数器 PC 指定的一条指令被从主存中取出装入指令寄存器 IR 中，取指操作完成。

我们也可以写出某些指令执行子周期的微命令序列。

(1) MOV R0，X

节拍	微操作序列	微命令序列
T_1	AR←IR(地址字段)	IR_{out}，AR_{in}
T_2	DR←Memory[AR]	AR_{out}，Mread，DRS_{in}
T_3	R0←DR	DRI_{out}，$R0_{in}$

(2) MOV (R1)，R0

节拍	微操作序列	微命令序列
T_1	AR←R1	$R1_{out}$，AR_{in}
T_2	DR←R0	$R0_{out}$，DRI_{in}
T_3	Memory[AR]←DR	AR_{out}，DRS_{out}，Mwrite

(3) ADD R1，R0

节拍	微操作序列	微命令序列
T_1	Y←R0	$R0_{out}$，Y_{in}
T_2	Z←R1+Y	$R1_{out}$，ADD
T_3	R1←Z	Z_{out}，$R1_{in}$

(4) SUB R0，(X)

节拍	微操作序列	微命令序列
T_1	AR←IR(地址字段)	IR_{out}，AR_{in}
T_2	DR←Memory[AR]	AR_{out}，Mread，DRS_{in}
T_3	AR←DR	DRI_{out}，AR_{in}
T_4	DR←Memory[AR]	AR_{out}，Mread，DRS_{in}
T_5	Y←DR	DRI_{out}，Y_{in}
T_6	Z←R0−Y	$R0_{out}$，SUB
T_7	R0←Z	Z_{out}，$R0_{in}$

(5) IN R0，P

节拍	微操作序列	微命令序列
T_1	AR←IR（地址字段）	IR_{out}，AR_{in}
T_2	DR←IO[AR]	AR_{out}，IOread，DRS_{in}
T_3	R0←DR	DRI_{out}，$R0_{in}$

(6) JZ offs

节拍	微操作序列	微命令序列
	当 ZF＝1 时	
T_1	Y←IR（地址字段）	IR_{out}，Y_{in}
T_2	Z←PC＋Y	PC_{out}，ADD
T_3	PC←Z	Z_{out}，PC_{in}

(7) POP R0

节拍	微操作序列	微命令序列
T_1	AR←SP	SP_{out}，AR_{in}
T_2	DR←Memory[AR]	AR_{out}，Mread，DRS_{in}
T_3	R0←DR，SP←SP＋n	DRI_{out}，$R0_{in}$，SP＋1

(8) CALL (X)

节拍	微操作序列	微命令序列
T_1	SP←SP－n，DR←PC	SP－1，PC_{out}，DRI_{in}
T_2	AR←SP	SP_{out}，AR_{in}
T_3	Memory [AR]←DR	AR_{out}，DRS_{out}，Mwrite
T_4	AR←IR（地址字段）	IR_{out}，AR_{in}
T_5	DR←Memory[AR]	AR_{out}，Mread，DRS_{in}
T_6	PC←DR	DRI_{out}，PC_{in}

可见，微命令序列实际就是一个时序，它描述了每个控制信号有效的时刻。我们将某个控制信号在各条指令、各种状况下有效的时刻归纳出来，就可以得到该控制信号的逻辑表达式。

例 6.19 根据上述微命令序列，写出使控制信号 PC_{out} 有效的逻辑表达式。

解 PC_{out} 出现在取指子周期（定义为第 1 个 CPU 周期 M_1）的 T_1 节拍，出现在指令 JZ offs 执行子周期（假设为第 2 个 CPU 周期 M_2）的 T_2 节拍（当 ZF＝1 时），出现在指令 CALL (X) 执行子周期的 T_1 节拍，以此类推，那么，生成 PC_{out} 的逻辑表达式为

$$PC_{out}=M_1 \cdot T_1+M_2 \cdot T_2 \cdot JZ(相对寻址) \cdot (ZF=1)+M_2 \cdot T_1 \cdot CALL(间接$$
$$寻址)+\cdots \qquad (二级时序)$$

或

$$PC_{out}=T_1+T_5 \cdot JZ(相对寻址) \cdot (ZF=1)+T_4 \cdot CALL(间接寻址)+\cdots$$
$$(一级时序)$$

例 6.20 根据上述微命令序列，写出使控制信号 AR_{in} 有效的逻辑表达式。

解 AR_{in} 出现在取指子周期的 T_1 节拍，出现在指令"MOV R0，X"和指令"MOV (R1)，R0"执行子周期的 T_1 节拍，出现在指令"SUB R0，(X)"执行子周期的 T_1 和 T_3 节拍，出现在指令"IN R0，P"和指令"OUT P，R0"执行子周期的 T_1 节拍，出现在指令"PUSH R0"执行子周期的 T_2 节拍，出现在指令"POP R0"执行子周期的 T_1 节拍，出现在指令"CALL (X)"执行子周期的 T_2 和 T_4 节拍，出现在指令"RET"执行子周期的 T_1 节拍……那么，生成 AR_{in} 的逻辑表达式为

$$AR_{in}=M_1 \cdot T_1+M_2 \cdot T_1 \cdot MOV(源操作数直接寻址+目的操作数寄存器间接寻址)+$$
$$M_2 \cdot (T_1+T_3) \cdot SUB(源操作数间接寻址)+$$
$$M_2 \cdot T_1 \cdot (IN(直接寻址)+OUT(直接寻址))+$$
$$M_2 \cdot T_2 \cdot PUSH+M_2 \cdot T_1 \cdot POP+M_2 \cdot (T_2+T_4) \cdot CALL(间接寻址)+$$
$$M_2 \cdot T_1 \cdot RET+\cdots$$
$$(二级时序)$$

或

$$AR_{in}=T_1+T_4 \cdot MOV(源操作数直接寻址+目的操作数寄存器间接寻址)+$$
$$(T_4+T_6) \cdot SUB(源操作数间接寻址)+T_4 \cdot (IN(直接寻址)+OUT(直接寻址))+$$
$$T_5 \cdot PUSH+T_4 \cdot POP+(T_5+T_7) \cdot CALL(间接寻址)+T_4 \cdot RET+\cdots$$
$$(一级时序)$$

例 6.21 根据上述微命令序列，写出使控制信号 Mread 有效的逻辑表达式。

解 Mread 出现在取指子周期的 T_2 节拍，出现在指令"MOV R0，X"执行子周期的 T_2 节拍，出现在指令"SUB R0，(X)"执行子周期的 T_2 和 T_4 节拍，出现在指令"POP R0"执行子周期的 T_2 节拍，出现在指令"CALL (X)"执行子周期的 T_5 节拍，出现在指令"RET"执行子周期的 T_2 节拍……那么，生成 Mread 的逻辑表达式为

$$Mread=M_1 \cdot T_2+M_2 \cdot T_2 \cdot MOV(源操作数直接寻址)+$$
$$M_2 \cdot (T_2+T_4) \cdot SUB(源操作数间接寻址)+$$
$$M_2 \cdot T_2 \cdot POP+M_2 \cdot T_5 \cdot CALL(间接寻址)+M_2 \cdot T_2 \cdot RET+\cdots$$
$$(二级时序)$$

或

$$Mread=T_2+T_5 \cdot MOV(源操作数直接寻址)+(T_5+T_7) \cdot SUB(源操作数间接寻址)+$$
$$T_5 \cdot POP+T_8 \cdot CALL(间接寻址)+T_5 \cdot RET+\cdots \qquad (一级时序)$$

依上述示例类推，由控制单元产生并加载到 CPU 内外的全部控制信号均可用下述形式表述，即

$$C_i = \sum (M_m \cdot T_n \cdot I_j \cdot F_k) \quad \text{（二级时序）}$$

或
$$C_i = \sum (T_n \cdot I_j \cdot F_k) \quad \text{（一级时序）} \tag{6.2}$$

其中，M_m 为第 m 个 CPU 周期，T_n 为第 n 个节拍，I_j 为指令译码器（包括对操作码、寻址方式的译码）的第 j 个输出，F_k 为第 k 个 CPU 内部状态标志或 CPU 外部请求信号。$(M_m \cdot T_n \cdot I_j \cdot F_k)$ 表示在执行指令 I_j 时，若状态 F_k 满足要求，则在第 m 个 CPU 周期 M_m 的第 n 个节拍 T_n 控制单元发出 C_i 有效的控制命令，即在 M_m、T_n、I_j 和 F_k 同时有效时，C_i 有效。在采用一级时序时，可以将 M_m 去掉；在不需要状态、请求作为条件判断依据的指令中，可以将 F_k 去掉。$\sum$ 表示将所有使 C_i 有效的状况加以组合（逻辑或）。

可以看到，每个控制信号的逻辑表达式就是一个与或逻辑方程式，用一个与或逻辑电路就可以实现该控制信号的生成，将所有控制信号的与或逻辑电路组合在一起就构成了硬布线控制单元。参考图 6.7，PLA 是实现与或逻辑（硬布线控制单元）的最佳器件选择。

将时序产生器、指令译码器和硬布线控制单元按图 6.6 结构组织在一起，就构成了硬布线控制器。时间信息、指令信息、状态信息是硬布线控制单元的输入，控制信号是硬布线控制单元的输出。

采用硬布线法设计控制器时，一旦完成了控制器的设计，改变控制器行为的唯一方法就是重新设计控制单元。这就是该方法之所以被称为硬布线的缘由。

控制器看似简单，但在现代复杂的 CISC 体系结构中，需要定义数量庞大的控制信号，需要设计微操作的时序逻辑、执行微操作的逻辑、解释操作码的逻辑、基于 ALU 标志做出判断的逻辑等，这使得设计与测试这种硬件非常困难，且修改不灵活。因此，在 CISC 处理器中普遍采用的控制器设计方式是微程序设计法。

6.3　微程序控制器设计

术语"微程序（Microprogram）"是英国剑桥大学的 M. V. Wilkes 在 1951 年首先创造的。Wilkes 提出一种可以避免硬布线实现复杂性的设计控制单元的建议，但由于需要一个快速而廉价的控制存储器，该建议一度被认为不切实际。甚至到 1964 年 2 月还有人在刊物发表文章说，微程序设计的未来一片阴霾，没有一个主要制造商对该技术有兴趣。然而，仅过了两个月，情况就发生了戏剧性的变化，1964 年 4 月，IBM 发布的 System/360 中一个较大规模的功能模块就采用了微程序设计技术，它成为微程序设计发展的标志。由于 IBM 对微程序设计的推动，使微程序设计的优点特别引人注目。从那时起，微程序设计已成为一种越来越大众的工具而用于许多应用场合，应用之一就是利用微程序设计技术实现处理器的控制单元。

6.3.1　微程序控制原理

微程序设计的指导思想是用软件方法组织和控制数据处理系统的信息传送，并最终用硬件实现。利用这个指导思想，冯·诺依曼的"存储程序控制原理"被引入到控制器的设计中。微程序设计法相当于把控制信号存储起来，所以又称存储控制逻辑法。

1. 微指令

如 6.1.4 节所述，一条指令的操作是由一个微操作序列决定的，指令的微操作可以用一种符号进行标记，如 AR ← PC，将这种标记作为一种编程语言，即为微编程语言（Microprogramming Language）。对在一个时间单位（节拍）内出现的一组微操作进行描述的微编程语句称作微指令（Microinstruction）。一个微指令序列称作微程序（Microprogram）或固件（Firmware）。微程序或固件是介于硬件和软件之间的一种功能实现的中间路线，固件设计比硬件设计容易，但写一个固件程序比写一个软件程序困难。

为了实现微指令所描述的微操作，需要由微指令提供相应的微命令，所以微指令的核心作用就是产生控制信号。指令、微程序、微指令的关系如图 6.8 所示。

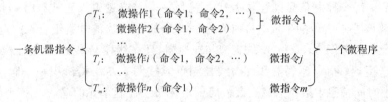

图 6.8　指令、微程序、微指令的关系

一条（机器）指令对应一个微程序，该微程序包含从取指令到执行指令一个完整微操作序列对应的全部微指令，每条微指令由对应节拍下的全部微命令定义，通过微指令按序产生微命令（控制信号），一条指令中的所有微操作得以实现，从而实现了一条指令的功能。

微操作序列是有时序的，微操作的执行时间和顺序受到节拍的严格控制，这使得微指令的执行时间和顺序同样要受到节拍的严格控制。我们把一条微指令执行的时间（包括从控制存储器中取得微指令和执行微指令所用时间）定义为一个微指令周期，微指令周期即节拍周期。每一个微指令周期执行一条微指令，每一条微指令的执行产生在该节拍下系统所需的控制信号。

微指令的执行顺序正如常规程序中所实现的一样有顺序执行和跳转执行两种基本顺序。只要能够在当前微指令执行结束时，获得下一条要执行的微指令在控制存储器中的存放地址，就可以实现微指令的顺序执行或跳转执行。采用与机器指令同样的设计方法，在微指令中加入下一条微指令的地址，就可以有效地控制微指令的执行顺序。

微指令的一般格式如图 6.9 所示，它由两部分组成：控制域和地址域。控制域用来产生控制信号（微命令），地址域用来产生下一条要执行的微指令在控制存储器中的存放地址。

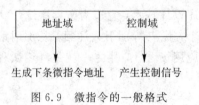

图 6.9　微指令的一般格式

2. 微程序控制器的一般结构和工作原理

微程序控制器就像 CPU，它的全部工作就是不断地取得微指令、执行微指令。为此，微程序控制器中必须要有微程序的存放地，这便是控制存储器（Control Memory，CM）。控制存储器是微程序控制器的核心，存放着指令系统中定义的所有指令的微程序，控制器中其他部分的设计都是围绕着保证控制存储器能够有效工作这一目标而展开的,而最终控制器的运行结果就是依据控制存储器中的微程序顺序产生每条指令执行时所需的全部控制信号。微程序控制器的一般结构如图 6.10 所示,它由控制存储器、微指令寄存器、微地址寄存器、时序逻辑等部件组成。

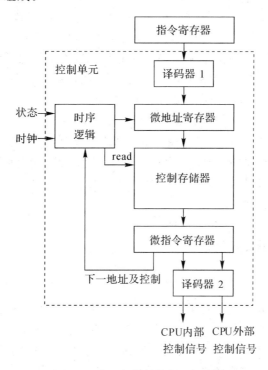

图 6.10 微程序控制器的一般结构

1) 控 制 存 储 器

控制存储器简称控存,是微程序控制器的硬件核心,位于 CPU 内部,用 ROM 构成,专用于存放组成各条指令的微指令序列(即微程序)。控制存储器的大小由微指令长度和微程序占用的存储单元数决定。由于控制存储器占用 CPU 芯片的集成空间,因此不宜过大。

对控制存储器的操作比较简单,只要按节拍(微指令周期)给它加载地址和读出控制信号 Read,就可以从指定的控存单元读出微指令,存入到微指令寄存器中。

2) 微指令寄存器和微地址寄存器

微指令寄存器 μIR,又称控制缓冲寄存器(Control Buffer Register,CBR),它用来暂存由控存中读出的微指令。它将微指令的控制域字段直接输出或加载到译码器 2(控制信息译码)上,生成 CPU 内外的全部系统控制信号。它将微指令的地址域字段加载到时序逻辑上,为生成下一条微指令地址提供依据。

控制存储器的地址即微地址,微地址寄存器 μAR 用来存放访问控制存储器的当前地址。当 CPU 执行某条指令时,该指令被装入指令寄存器 IR 中,指令的操作码和寻址信息经译码器 1(指令译码)生成该指令所对应的微程序的首地址,微程序被启动。

3) 时 序 逻 辑

时序逻辑有两个作用:

一是依据时钟按节拍为控制存储器提供读出控制信号。在每个节拍发一次读出控制信号 Read,从控存中读出并执行一条微指令,就可以实现一个节拍下的微操作。可见,在微程序控制器中,时序的设计与控制都很简单。

二是在微程序运行时依据 CPU 内外状态(ALU 标志、中断请求、DMA 请求等)和当前微指令地址域的信息生成下一条微指令地址,并将其装入到微地址寄存器中。微指令地址域的设计不同,生成下一条微指令地址的硬件电路也会有所不同。

从图 6.10 可以看出,微程序控制器是一个相对比较简单的逻辑结构,它可以实现控制器应具备的功能:一是微指令(代表微操作)执行顺序的控制,二是控制信号的产生(引起微操作发生)。它在一个节拍周期内完成如下工作:

(1) 时序逻辑给控制存储器发出 Read 命令。

(2) 从微地址寄存器 μAR 指定的控存单元读出微指令,送入微指令寄存器 μIR。

(3) 根据微指令寄存器的内容,产生控制信号,给时序逻辑提供下一条微地址信息。

(4) 时序逻辑根据来自微指令寄存器的下一条微地址信息和 CPU 内外状态,给微地址寄存器加载一个新的微地址。

微程序控制器依据节拍(微指令周期)不断地重复这一工作过程,使存放在控制存储器中的若干微程序在机器指令的选择下一一被执行。

6.3.2 微指令设计

因为微程序控制器是通过执行微指令来产生计算机系统所需控制信号的,所以微指令设计是微程序控制器设计的关键。微指令设计包括格式及编码设计。微指令的一般格式如图 6.9 所示,地址域决定如何取得微指令,控制域涉及微指令的执行。

设计微指令需要从两方面考虑:一是微指令的长度,二是微指令的执行时间。较短的微指令有利于最小化控制存储器的大小,进而降低控制器成本,减少控制器占 CPU 集成芯片的面积。快速产生控制存储器的地址及快速产生控制信号可以缩短微指令周期,微指令的快速执行有利于提高 CPU 的工作速度。

1. 微指令地址的生成

时序逻辑部件由系统时钟驱动,以微指令周期作为控制器的定时,它利用指令寄存器、ALU 标志、微地址寄存器、微指令寄存器(地址域)的内容,产生访问控制存储器所需的下一条微指令地址。下一条微指令的地址有以下三种可能:

(1) 由指令寄存器确定的微程序首地址。

(2) 顺序地址。

(3) 分支跳转地址。

微程序首地址在每一个指令周期仅出现一次,且仅出现在刚刚获取一条指令之时。

顺序地址是最常出现的,是微程序中主要使用的下一条微指令地址的形式,它的产生规则十分简单,即

$$下一条微指令地址 = 当前微指令地址 + 1 \tag{6.3}$$

分支跳转地址是为实现微程序段间的衔接和在不同条件下执行不同的微程序段而设置的,它分为无条件跳转和条件跳转、两分支跳转和多分支跳转等情况。这类地址为灵活的微程序设计提供了支持。

以下三种微指令的地址域格式提供顺序地址和跳转地址。

1）两地址格式（断定方式）

提供顺序地址和跳转地址的最简单方法是在每条微指令地址域中提供两个地址字段，两地址格式如图 6.11 所示的微指令寄存器 μIR 的地址域格式，地址 1 和地址 2 分别提供下条顺序地址和跳转地址。为了灵活生成跳转地址，以及确定下条微指令地址是选择地址 1（顺序地址）还是地址 2（跳转地址），在地址域中还特别设置了地址选择控制位（字段）AC。

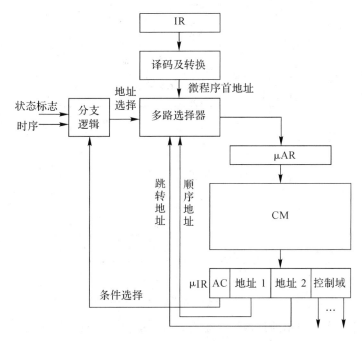

图 6.11　两地址格式的分支控制逻辑

在图 6.11 中，利用地址选择控制位 AC、CPU 的状态标志及时序可使分支逻辑产生地址选择信号，依据此信号，多路选择器选择顺序地址、跳转地址或微程序首地址（仅由 $M_2 \cdot T_1$ 时刻选择）之一作为下一条微指令地址送入微地址寄存器 μAR 中。微程序首地址可由译码及转换逻辑生成，译码及转换逻辑可由 ROM 或 PLA 等构成，实现将输入的指令操作码及寻址信息映射为微程序首地址输出，即每条机器指令有唯一对应的微程序及首地址。

时序电路控制在每一个微指令周期（节拍）加载一次 μAR，并向控制存储器发出读控制信号 Read（可省略，因控存采用 ROM），控制存储器依据 μAR 指向的地址读出微指令，加载至微指令寄存器 μIR 中，微指令被获取并执行。根据 μIR 中微指令地址域及时序、状态信息，即可产生下一条微指令地址。周而复始，一条又一条的微指令被获取、执行，继而一段又一段的微程序（即一条又一条的机器指令）被执行，最终具有特定任务的一段程序被执行完成。

若控制存储器有 1 K 个存储单元，则控存地址（微地址）为 10 位，那么两地址格式提供的微指令地址域长度应为 $(2 \times 10 + m)$ 位，m 为地址选择控制位 AC 的位数。

2）单地址格式（计数方式，增量方式）

与在主存中存放程序一样，在控制存储器中，也是将顺序执行的微指令存放在连续的控存单元中，因此当前微地址加 1 即可获得下条顺序微地址，计数器正适合完成此功能。

参照 CPU 利用程序计数器(PC)提供顺序的主存地址,在控制器中引入了微程序计数器
(μPC),利用微程序计数器具备的加 1 计数的功能,产生下条顺序微地址。

这样,在微指令中只需要一个地址字段提供跳转的微地址即可,单地址格式如图 6.12
所示的微指令寄存器 μIR 的地址域格式,地址字段仅提供下条跳转地址,且仍设置了地址
选择控制位(字段)AC 来确定何时使用及如何生成实际的跳转地址。

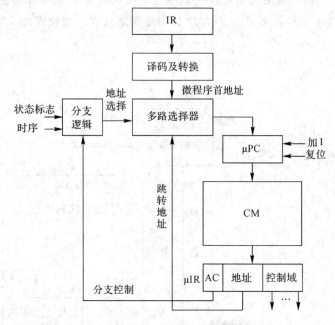

图 6.12 单地址格式的分支控制逻辑

在图 6.12 中,为了与单地址微指令配合,μPC 取代了 μAR。同样,利用地址选择控制
位 AC、CPU 的状态标志及时序使分支逻辑产生地址选择信号。若选择信号有效,多路选
择器选择跳转地址或微程序首地址之一加载至 μPC 中,并作为下条微指令的地址提供给控
制存储器;若选择信号无效,则多路选择器不输出,μPC 加 1,其结果作为下条顺序微指令
的地址提供给控制存储器。

引入硬件逻辑并不复杂的 μPC 代价极低,不但 μPC 利用率高,而且微指令长度也被有
效地缩短。

3) 可变格式

在微程序中,顺序程序占主导地位。当执行顺序微程序段时,微指令的地址域信息实
际是无用的。也就是说,在微程序执行的绝大多数时间里,微指令中存在冗余信息(无效
位)。如果可以让微指令在顺序执行时只产生控制信号,需要分支时再提供跳转地址,这样
就可以保证微指令执行时不存在冗余信息。这就是可变格式微指令的基本思路。

以下两种微指令格式就是基于以上思路设计的,并通过 1 位的标识加以区分。

(1) 控制微指令。其格式如图 6.13 所示。

标识S	控制域

图 6.13 控制微指令的格式

其中，标识 S 占 1 位，用来识别两种微指令(控制微指令和跳转微指令)，用 S＝0 表示控制微指令；控制域用来产生计算机系统所要求的各种控制信号，利用下面将要介绍的各种方法可以实现对控制域的编码。

当执行控制微指令时，微指令中除标识之外的所有信息都用于生成控制信号，所以微指令中没有冗余信息。

(2) 跳转微指令。其格式如图 6.14 所示。

标识S	分支控制	跳转地址

图 6.14 跳转微指令的格式

其中，用 S＝1 表示跳转微指令。在跳转微指令中除标识外只有地址域，它由分支控制 AC 和跳转地址字段组成，所以地址域是典型的单地址格式。

当执行跳转微指令时，微指令中除标识之外的所有信息都用于生成下条跳转微地址，所以微指令中也没有冗余信息。

与单地址格式微指令的不同之处在于，一旦执行跳转微指令必然要发生微程序的分支跳转，所以分支控制 AC 并不是用来选择顺序或跳转地址的，而是用来提供分支控制模式，辅助跳转地址字段生成多种可能的实际跳转地址。

图 6.15 示意了采用可变格式微指令时分支控制逻辑如何生成下条微指令的地址。与图 6.12 比较，图 6.15 在 μIR 的输出端增加了一个门控电路，它受到微指令标识位 S 的控制，同时标识位 S 也对分支逻辑实施控制。

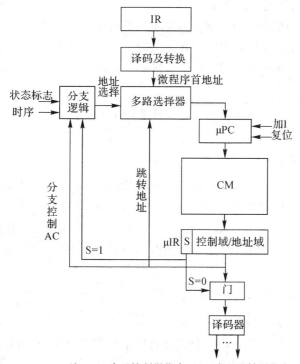

注：S=0表示控制微指令；S=1表示跳转微指令。

图 6.15 可变格式的分支控制逻辑

当从控制存储器中取出的是控制微指令时，S＝0，门控电路有效，分支跳转无效，微指令中除标识之外的所有信息（控制域）通过门控电路输出，通过译码或不译码的方式生成系统所需的控制信号。由于此时分支跳转无效，所以控制存储器接受的要么是由 μPC 加 1 生成的下条顺序地址，要么是由译码及转换逻辑提供的微程序首地址。

当从控制存储器中取出的是跳转微指令时，S＝1，分支跳转有效，微指令中除标识之外的所有信息作为形成下条跳转微地址的信息分别加载至分支逻辑和多路选择器上，生成的实际跳转地址被加载至 μPC 中，使控制存储器依据 μPC 指向的跳转地址读取微指令。由于此时门控电路无效，所以没有控制信号生成，也就是说，跳转微指令的执行会浪费一个完整的微指令周期。

在采用可变格式微指令时，两种格式的微指令长度有可能不一致，那么控制存储器存储单元的位数 L 应设计为

$$L = \max\{L_c, L_j\}; \qquad L_c = 控制微指令长度，L_j = 跳转微指令长度 \qquad (6.4)$$

4）三种地址域格式的比较

两地址格式可以从微指令直接获得顺序地址和跳转地址，所以分支逻辑可以设计的较简单，下条微指令地址可以快速生成。两个地址字段使得地址域较长，造成微指令较长，控存单元需要较多的位数。

单地址格式在不增加微程序长度（微指令数量）的基础上减少了指令的长度，使控制存储器的容量大为减小。由于顺序地址需要微程序计数器加 1 生成，所以微程序计数器加 1 的速度决定了顺序地址产生的时间。

采用可变格式的微指令仅有控制域或地址域之一，所以长度最短，要求控存单元的位数最少。专用的跳转微指令增加了微程序的长度，使控存单元数量随之增加，机器指令执行时间增长。专用的跳转微指令提供了单地址格式，所以下条微指令地址的生成时间与单地址格式基本一致。

在一个实际的微程序控制器中，下条微地址的生成往往是上述某种设计方法的变化或某些设计方法的组合。

2. 微指令控制域编码

对微指令控制域采用不同的设计方法，微指令就有不同的分类方法。一种较通用的分类方法是根据产生控制信号的方式将微指令分为水平型微指令（Horizontal Microinstruction）和垂直型微指令（Vertical Microinstruction）。水平型微指令可以使多个控制信号同时有效，达到使多个微操作同时发生的效果。垂直型微指令类似于机器指令，通常一条微指令实现一个微操作。

1）水平型微指令控制域的编码

（1）直接表示法。

在微指令的控制域字段中，每一个二进制位用来定义一个控制信号（微命令）。若计算机系统需要 n 个控制信号，则控制域字段长度应为 n 位，见图 6.16。若某位设定为"1"，表示该位定义的控制信号有效；为"0"时，表示该位定义的控制信号无效。这样就可以利用一条微指令的执行，同时使多个控制信号有效。这也被称为水平编码。

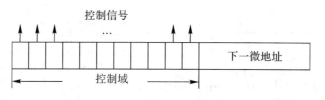

图 6.16 直接表示法

采用水平编码方式时,由于控制信号直接从微指令控制域的某位获得,所以在图 6.10 所示的微程序控制器中,不需要译码器 2,将微指令寄存器控制域各位直接引出到控制器之外,就获得了计算机系统的全部控制信号,所以这种设计法也称作不译码法或直接控制法。显然,这种设计可以快速地产生控制信号。

在计算机系统运行时,可以同时有效的控制信号称为相容信号,具有相容性;不能同时有效的控制信号称为互斥信号,具有互斥性。相容的控制信号可以在同一条微指令中设置为"1",互斥的控制信号必须在不同的微指令中分别设置为"1"。

(2) 译码法。

当计算机系统功能较强,结构较复杂时,系统所需的控制信号会很多,如果采用直接表示法,则导致微指令控制域很长,进而造成微指令长度过长,控制存储器空间增大。

从前述可知,计算机是依据节拍实现它的每一个微操作的。在一个节拍下,微指令中只有少量的控制信号是有效的,而绝大多数的控制信号是无效的,这对于采用水平编码的微指令控制域而言,有效信号的占用率极低,造成控制域的极大浪费。

译码法采用编码的方法表示控制信号,是一种有效减少控制域长度的设计。

对于 n 位长度的控制域,若用 n 位二进制编码中的一个编码表示一个控制信号(微命令),那么,n 位二进制编码可以表示 2^n 个控制信号,这种对控制信号的编码方法被称为垂直编码。如果从微指令寄存器 μIR 的控制域中得到的是控制信号的编码,那么在图 6.10 所示的微程序控制器中,需要译码器 2 将控制域的编码加以译码才能分别获得计算机系统的全部控制信号。

对于需要 200 个控制信号的计算机系统,采用直接表示法,微指令控制域需要 200 位;采用译码法,微指令控制域仅需要 8 位即可。译码法可以极大地缩短微指令控制域的长度。

由于在一条微指令中控制域只能提供一种编码,各控制信号需要通过不同的微指令在不同时间产生,所以各控制信号是相斥的。显然,这种编码不能完成一个节拍提供多个控制信号的任务,因而使指令周期的节拍数增多,微程序中包含的微指令数量增多,(机器)指令执行时间增长。

(3) 字段译码法(字段编码)。

字段译码法是一种性能良好而普遍使用的控制域编码方法,它将控制域分为若干字段,字段内垂直编码,字段间水平编码。若各字段的编码相互独立,通过各字段独立译码可以获得计算机系统的全部控制信号,这被称作直接译码方式。若某些字段的编码相互关联,则关联字段要通过两级译码才能获得相关的控制信号,这被称作间接译码方式。字段编码及译码结构如图 6.17 所示。

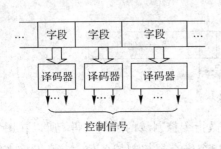

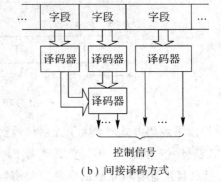

（a）直接译码方式　　　　　　　　　　（b）间接译码方式

图 6.17　字段译码法

在进行字段编码时，要遵循互斥的信号放在同一字段、相容的信号放在不同字段这一基本原则，以确保在字段内垂直编码、字段间水平编码后控制信号间有正确的相容、相斥关系。例如，控制信号 PC_{in} 和 PC_{out} 是程序计数器的输入与输出控制信号，如果两者同时有效，程序计数器的输入与输出动作将可能发生冲突，造成程序计数器不能正常工作，所以 PC_{in} 和 PC_{out} 被视为互斥信号，编码时应放在同一字段，保证两者不会同时出现。而控制信号 AR_{in} 和 PC_{out} 是地址寄存器的输入锁存控制信号和程序计数器的输出允许控制信号，只有两者同时有效，程序计数器的内容才能加载至地址寄存器中，即实现微操作 $AR \leftarrow PC$，所以 AR_{in} 和 PC_{out} 是相容信号，编码时应放在不同字段，以保证两者同时在不同字段中出现。

在字段译码法中，若控制域有 L 个字段，则允许有 L 个控制信号同时有效。考虑到各字段间同时有效的控制信号可以有不同的组合，在每个字段中要设计一个无效控制信号的编码，这样，若控制域的某字段有 m 位，则可以提供 $2^m - 1$ 个控制信号的编码。

例 6.22　某微指令控制域被分为 4 个字段，每段中需放置 12、8、3、17 个控制信号，那么每段的编码长度应为几位？

解　每段需设计一个无效控制信号，所以每段的编码字长至少应选为 4、4、2、5 位才能保证分别提供 12+1、8+1、3+1、17+1 个二进制编码。

在字段译码法中，字段组织的方法对微指令的长度和控制信号生成的时间有直接的影响。字段组织的有效方法有两种：按功能组织和按资源组织。

（1）按功能组织就是把功能类同的各控制信号放在同一字段中。例如，根据图 6.3 所示的 CPU 和图 6.4 所示的计算机系统，PC_{out}、IR_{out}、SP_{out}、$Ri_{out}(0 \leqslant i \leqslant n)$、$Z_{out}$、$DRI_{out}$ 等均为 CPU 内部各寄存器的输出允许控制信号，这些控制信号的功能相同，但它们不能同时有效，因为多个寄存器同时往内部总线上输出会产生数据冲突，因此这些控制信号是互斥的，需要放在同一字段中。Mread 和 IOread 都是 CPU 的读控制信号，功能相同，因为 CPU 对主存和 I/O 设备的读操作不会同时进行，所以这两个控制信号也被看作互斥信号，可以组织在同一字段中。

（2）按资源组织就是把加载到同一部件上的各控制信号放在同一字段中。通常，为了保证部件正常工作，所有部件都被设计成在一个时刻只做一种操作，这样在某个时刻只能有一种控制信号加载在该部件上。若该部件可以接受多个控制信号，这些控制信号一定要分时加载，所以这些控制信号必然是互斥的，可以组织在同一字段中。例如，SP_{in}、SP_{out}、

SP+1、SP−1 等为控制堆栈指示器资源进行操作的控制信号，它们是互斥的，应放在同一字段中。ADD、SUB、AND、OR、SHL、SHR、ROL、ROR 等为控制运算单元 ALU 资源操作的控制信号，它们也是互斥的，应放在同一字段中。当然，ADD、SUB、AND、OR、SHL、SHR、ROL、ROR 等控制信号也可以看作是一种按功能组织的结果，因为这些控制信号都是实现运算类操作控制的。

根据图 6.3 所示的 CPU 和图 6.4 所示的计算机系统，一种控制域字段的组织和编码结果见表 6.3。

表 6.3　一种控制域字段的组织和编码

按功能		按功能		按资源		按资源		按功能/资源		按资源		按资源		
字段 1(4 位)		字段 2(4 位)		字段 3(2 位)		字段 4(3 位)		字段 5(4 位)		字段 6(2 位)		字段 7(2 位)		字段 8
NOP	0000	NOP	0000	NOP	00	NOP	000	NOP	0000	NOP	00	NOP	00	其他信号
$R0_{in}$	0001	$R0_{out}$	0001	PC_{in}	01	SP_{in}	001	ADD	0001	Mread	01	IOread	01	
$R1_{in}$	0010	$R1_{out}$	0010	PC_{out}	10	SP_{out}	010	SUB	0010	Mwrite	10	IOwrite	10	
…		…		PC+1	11	SP+1	011	AND	0011					
$R7_{in}$	1000	$R7_{out}$	1000			SP−1	100	OR	0100					
IR_{in}	1001	IR_{out}	1001					SHL	0101					
Y_{in}	1010	Z_{out}	1010					SHR	0110					
AR_{in}	1011	AR_{out}	1011					ROL	0111					
DRI_{in}	1100	DRI_{out}	1100					ROR	1000					
DRS_{in}	1101	DRS_{out}	1101											

注：NOP 为无效控制信号。

在控制域中，字段数的选择可以依据控制信号按资源或功能分类后的分类数确定，如表 6.3 中的 8 个字段。当我们对每个字段的控制信号进行编码时会发现，有些字段的编码利用率并不高，如表 6.3 中的字段 4 和字段 5，造成了微指令长度的浪费。所以，在按功能或资源组织控制域字段后，通常还要进行优化处理，将可以合并的字段重新组合，以减少控制域的长度。例如，根据控制信号相容、互斥的特点，微操作的时序性及 NOP 信号的灵活使用，我们可以将字段 3、字段 4 和字段 7 的控制信号组织到其他字段中，结果见表 6.4。

表 6.4　优化后的字段组织和编码

按功能		按功能		按功能/资源		按资源		
字段 1(4 位)		字段 2(4 位)		字段 3(4 位)		字段 4(3 位)		字段 5
NOP	0000	NOP	0000	NOP	0000	NOP	000	其他信号
$R0_{in}$	0001	$R0_{out}$	0001	ADD	0001	Mread	001	
$R1_{in}$	0010	$R1_{out}$	0010	SUB	0010	Mwrite	010	
…		…		AND	0011	IOread	011	
$R7_{in}$	1000	$R7_{out}$	1000	OR	0100	IOwrite	100	
IR_{in}	1001	IR_{out}	1001	SHL	0101			
Y_{in}	1010	Z_{out}	1010	SHR	0110			

续表

按功能	按功能	按功能/资源	按资源	
字段 1(4 位)	字段 2(4 位)	字段 3(4 位)	字段 4(3 位)	字段 5
AR_{in}　　1011	AR_{out}　　1011	ROL　　0111		
DRI_{in}　　1100	DRI_{out}　　1100	ROR　　1000		
DRS_{in}　　1101	PC_{out}　　1110	PC+1　　1001		
PC_{in}　　1110	SP_{out}　　1111	SP+1　　1010		
SP_{in}　　1111		SP-1　　1011		
		DRS_{out}　　1100		

对比表 6.3 和表 6.4,优化后的控制域的长度减少了 6 位,同时各控制信号仍能满足各机器指令微操作序列所要求的信号相容或互斥。

我们也可以对字段进行关联设计,使一个域用于解释另一个域。例如,对运算类控制信号可以按两字段设计,字段 i 用来确定做哪类运算(算术、逻辑或移位),字段 $i+1$ 用来进一步确定某类运算中的具体操作,设计结果见表 6.5。只要对字段 i 和字段 $i+1$ 采用间接译码方式,即用两级译码器进行译码(参见图 6.17(b)),就可以生成所需的运算控制信号。

表 6.5　采用间接译码方式的字段编码

…	字段 i(2 位)	字段 $i+1$(2 位)	…
	NOP　00	ADD　00	
	算术　01	SUB　01	
	逻辑　10	AND　00	
	移位　11	OR　01	
		SHL　00	
		SHR　01	
		ROL　10	
		ROR　11	

2) 垂直型微指令控制域的编码

垂直型微指令与水平型微指令的不同之处在于它们控制域的编码方法不同。

垂直型微指令的控制域采用与机器指令相似的格式,由微操作码和微操作对象两部分构成,其格式如图 6.18 所示。

微操作码	微操作对象

图 6.18　垂直型微指令控制域的格式

微操作码用来指示做何种微操作,微操作对象用来为该微操作提供所需的操作数(常量或地址)。采用与机器指令相似的设计(参看 5.3 节),微操作码也可以采用固定长度或可变长度进行编码,而微操作数可以有一个或多个。这种编码方法使垂直型微指令的控制域变得非常紧凑、短小,是减小微指令长度的有效设计方法。注意,垂直型微指令和垂直编码这两者的概念是不同的，垂直编码的编码对象是微命令（控制信号），而垂直型微指令的编码对象是微操作。

每条垂直型微指令只能完成少量微操作，并行能力较差，致使微程序变长，执行速度减慢。改变这一状况的方法是在计算机系统中大量引入并行机制，使得少量的控制信号引起较多的微操作同时完成。例如，采用单总线构造的 ALU 实现一次加法运算需要三个节拍、三条微指令来完成，采用双总线构造的 ALU 实现一次加法运算需要两个节拍、两条微指令来完成，而采用三总线构造的 ALU 实现一次加法运算仅需要一个节拍、一条微指令就可以完成了。

3）水平型微指令与垂直型微指令的比较

水平型微指令具有以下特性：

（1）需要较长的微指令控制域。

（2）可以表示高度并行的控制信号。

（3）对控制域提供的控制信息只需较少的译码电路，甚至不需要译码。

垂直型微指令具有以下不同于水平型微指令的特性：

（1）需要较短的微指令控制域。

（2）并行微操作的能力有限。

（3）对控制信息必须译码，且译码电路一般较复杂。

4）微指令控制域编码设计实例

一种水平型微指令的实例为 IBM system/360 Model 50 的微指令，格式见图 6.19。它由 90 位构成，其中有 21 个字段的控制域、5 个字段的地址域和 3 个校验位。例如，由 65～67 位组成的控制字段控制 CPU 主加法器的右输入，该字段指示应该将哪一个寄存器连接到加法器的右输入；68～71 位指定加法器完成哪一种功能。这是一种允许较多控制信号同时有效的格式，不过仍然需要译码。

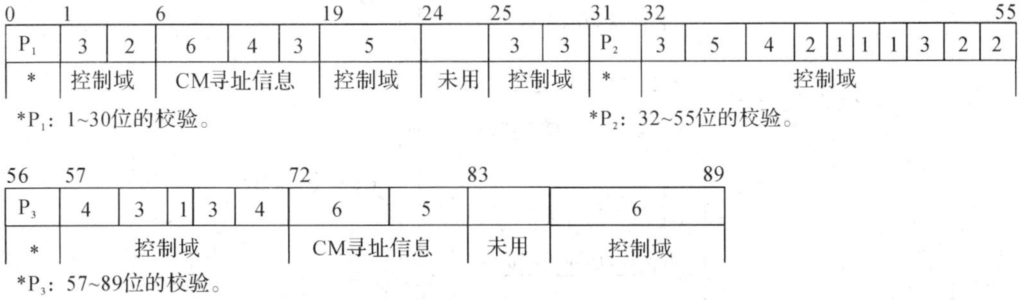

图 6.19 IBM system/360 Model 50 的微指令格式

另一种水平型微指令的实例为 IBM 3033 的微指令。IBM 3033 的控制存储器由 4 K 个存储单元组成，前一半(0000～07FF)存储 108 位的微指令，后一半(0800～0FFF)存储 126 位的微指令。

一种垂直型微指令的实例为 IBM system/370 Model 145 的微指令，格式见图 6.20。它由 32 位构成，最左边的字节是微操作码，它指定应完成的微操作；接下来的 2 个字节指定微操作数，如给出 CPU 寄存器的地址；最右边的字节包含用于构成下一条微指令地址的信息。

0	8	16	24	31
控制域 (微操作码)	微操作数1	微操作数2	CM寻址信息

图 6.20　IBM system/370 Model 145 的微指令格式

6.3.3　微程序设计及示例

1. 微程序结构

在设计微程序时，通常采用如下两种典型结构。

1) 一条指令对应一段完整的微程序

由指令分析可知，指令系统中的任何一条指令都有唯一对应的、从取指令到执行指令的一个微操作(或微命令)序列，将该序列中每个节拍下的微操作(或微命令)用一条微指令表示，并按节拍顺序将各条微指令组织在一起，就构成了与该条指令对应的微程序。按照这种方法可以编写出所有指令的微程序，将每个微程序一一放置在其首地址规定的一块控存区域中，就完成了微程序的设计及存储。以这种微程序结构设计的控制存储器的组织结构如图 6.21 所示，暂未考虑中断处理。

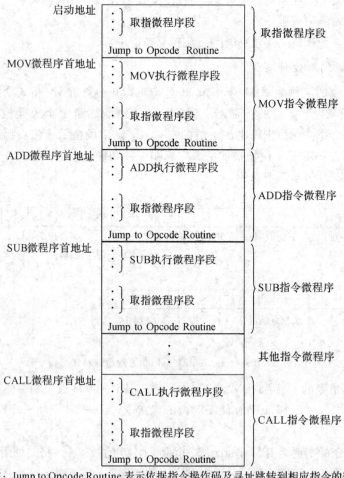

注：Jump to Opcode Routine 表示依据指令操作码及寻址跳转到相应指令的微程序首地址。

图 6.21　控制存储器微程序组织结构 1

注意,图中每条指令的微程序虽然包括取指令和执行指令两部分操作,但顺序作了调整,是从执行指令开始到取得下条指令为止。因为只有取得指令获得操作码、寻址信息后才能生成微程序首地址,进入微程序即意味着开始执行已获得的指令,而每条指令执行完要再取下一条指令,这样才能连续不断地执行指令。配合这种调整,需要在控制存储器的启动地址处放置一段取指令微程序段。

2) 将微程序中的公共部分设计成微子程序进行公共调用

在每条指令的微程序中有大量相同的微程序段,如取指微程序段对于所有指令都一样,寻址方式相同的指令中操作数获取的微程序段一样,每条指令执行结束时要进行的中断检测处理微程序段也一样,这些相同的微程序段在控制存储器中重复出现,造成控存空间的大量浪费。一种节约控存空间的做法是仿照程序设计中的子程序,将各个微程序中重复度较高的微程序段定义为微子程序,通过在每条指令相应的微程序中调用微子程序来完成一条指令所需的完整微程序的运行。微子程序的引入意味着微程序中将更多地出现分支跳转,甚至是多条件或多分支的跳转。按照这种微程序结构设计的控制存储器组织结构如图 6.22 所示。

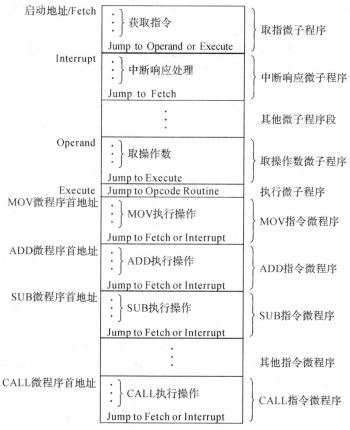

注: Jump to Operand or Execute 表示有操作数时跳转到取操作数微子程序,无操作数时跳转到执行微子程序。
Jump to Fetch 表示跳转到取指微子程序。
Jump to Execute 表示跳转到执行微子程序。
Jump to Opcode Routine 表示依据指令操作码跳转到相应指令微程序首地址。
Jump to Fetch or Interrupt 表示无中断请求时跳转到取指微子程序,有中断请求时跳转到中断响应微子程序。

图 6.22　控制存储器微程序组织结构 2

2. 编写微程序

编写微程序要做两件事：一是按照设计好的微指令格式，将指令微操作（微命令）序列按每节拍一条微指令写出每条微指令的具体编码；二是按照选定的微程序结构，将微指令组织成微程序或微子程序。

例如，根据图 6.3 所示的 CPU 和图 6.4 所示的计算机系统，假设我们采用如图 6.23 所示的微指令格式。其中，控制域采用 4 字段编码，相关控制信号的编码结果参见表 6.4；地址域仅设置了 1 位地址控制位，用来确定下条微指令是否要发生跳转。若 AC＝0，下条顺序微指令地址由 μPC 提供；AC＝1，则根据指令操作码和寻址信息跳转到微程序首地址。

控制域				地址域
字段1(4位)	字段2(4位)	字段3(4位)	字段4(3位)	AC(1位)

图 6.23　微指令格式示例

假设微程序采用如图 6.21 所示的结构，且微程序首地址按表 6.6 所示方法生成。当指令操作码、寻址方式不同时，将形成不同的微程序首地址。每个微程序的最大长度由 JA 限制。表 6.7 给出了几个微程序段的编码结果。

表 6.6　微程序首地址的生成

微程序首地址	指令操作码(4 位)	指令寻址方式(4 位)	JA(4 位)
控存启动地址	0	0	0
MOV R0,X	1	6	0
ADD R1,R0	2	1	0
SUB R0,(X)	3	7	0
…	…	…	…

表 6.7　微程序段示例

微程序名	微地址	微指令					节拍	微操作	微命令
取指	000H	1011	1110	0000	000	0	T_1	AR←PC	PC_{out}, AR_{in}
	001H	1101	1011	0000	001	0	T_2	DR←Memory[AR]	AR_{out}, Mread, DRS_{in}
	002H	1001	1100	1001	000	1	T_3	PC←PC＋I, IR←DR	PC+1, DRI_{out}, IR_{in}
MOV	160H	1011	1001	0000	000	0	T_1	AR←IR(地址字段)	IR_{out}, AR_{in}
	161H	1101	1011	0000	001	0	T_2	DR←Memory[AR]	AR_{out}, Mread, DRS_{in}
	162H	0001	1100	0000	000	0	T_3	R0←DR	DRI_{out}, $R0_{in}$
	163H	1011	1110	0000	000	0	T_4	AR←PC	PC_{out}, AR_{in}
	164H	1101	1011	0000	001	0	T_5	DR←Memory[AR]	AR_{out}, Mread, DRS_{in}
	165H	1001	1100	1001	000	1	T_6	PC←PC＋I, IR←DR	PC+1, DRI_{out}, IR_{in}

续表

微程序名	微地址	微指令					节拍	微操作	微命令
ADD	210H	1010	0001	0000	000	0	T_1	Y←R0	R0$_{out}$，Y$_{in}$
	211H	0000	0010	0001	000	0	T_2	Z←R1＋Y	R1$_{out}$，ADD
	212H	0010	1010	0000	000	0	T_3	R1←Z	Z$_{out}$，R1$_{in}$
	213H	1011	1110	0000	000	0	T_4	AR←PC	PC$_{out}$，AR$_{in}$
	214H	1101	1011	0000	001	0	T_5	DR←Memory［AR］	AR$_{out}$，Mread，DRS$_{in}$
	215H	1001	1100	1001	000	1	T_6	PC←PC＋I，IR←DR	PC＋1，DRI$_{out}$，IR$_{in}$
SUB	370H	1011	1001	0000	000	0	T_1	AR←IR(地址字段)	IR$_{out}$，AR$_{in}$
	371H	1101	1011	0000	001	0	T_2	DR←Memory［AR］	AR$_{out}$，Mread，DRS$_{in}$
	372H	1011	1100	0000	000	0	T_3	AR←DR	DRI$_{out}$，AR$_{in}$
	373H	1101	1011	0000	001	0	T_4	DR←Memory［AR］	AR$_{out}$，Mread，DRS$_{in}$
	374H	1010	1100	0000	000	0	T_5	Y←DR	DRI$_{out}$，Y$_{in}$
	375H	0000	0001	0010	000	0	T_6	Z←R0－Y	R0$_{out}$，SUB
	376H	0001	1010	0000	000	0	T_7	R0←Z	Z$_{out}$，R0$_{in}$
	377H	1011	1110	0000	000	0	T_8	AR←PC	PC$_{out}$，AR$_{in}$
	378H	1101	1011	0000	001	0	T_9	DR←Memory［AR］	AR$_{out}$，Mread，DRS$_{in}$
	379H	1001	1100	1001	000	1	T_{10}	PC←PC＋I，IR←DR	PC＋1，DRI$_{out}$，IR$_{in}$
⋮	⋮	⋮					⋮	⋮	⋮

6.3.4　微程序控制器设计

1. 微程序控制器设计的基本原则

1）速度快

尽管微程序控制器不能像硬布线控制器那样快速工作，但尽可能提高微程序控制器的工作速度仍是设计微程序控制器应遵循的一个基本原则。可以从以下几方面加快微程序控制器的工作速度：

（1）快速产生下条微指令地址。使微指令地址域(尤其是地址控制位 AC)设计尽可能合理，从而使时序逻辑产生下条微指令地址的电路不会过于复杂，使下条微指令地址能够快速生成。

（2）快速获得微指令。微指令放在控制存储器中，若要从控制存储器中快速读出微指令，应选择高速 ROM 作为控制存储器。

（3）快速产生控制信号。微指令寄存器中的控制域是控制信号产生的依据，对该域采用不译码或用延迟较小的译码器可以快速生成控制信号。

2）体积小

控制器是 CPU 中的部件之一，占用 CPU 集成芯片的面积。由于集成度的限制，留给控制器的芯片面积是有限的，所以应尽量减小微程序控制器占用的面积。微程序控制器所占的面积由控制器中使用的器件数量和控制存储器的规模确定，而控制存储器的规模起决定性的作用。减小控制存储器的容量，可以明显地减小微程序控制器占用的芯片面积。

2. 微程序控制器设计的基本步骤

1）指令分析

依据指令的功能，分析指令系统中每条指令的基本微操作，形成每条指令的执行流程，即指令微操作（微命令）序列。

2）微命令分析

首先，对计算机系统中用到的所有微命令进行归类。先将微命令按资源（部件）分类，即同一资源上的所有控制信号作为一类。当计算机系统复杂时，资源（部件）较多，可能会造成过多的分类，此时可以对多个资源（部件）上的控制信号再按功能重新分类，使具有相同功能的控制信号作为一类，例如，将所有寄存器的锁存输入信号作为一类。

其次，对每一类中的微命令进行相容性与互斥性检查。微命令分类结果要满足：同一类的微命令是互斥的，不同类的微命令是相容的。

3）微指令及控制器结构设计

由前述可知，微指令的格式与微程序控制器的结构直接相关，所以先确定微指令格式，然后依此确定出微程序控制器的结构。

（1）确定微指令地址域格式。微指令地址域的格式有双地址格式、单地址格式和可变地址格式三种形式。当选择双地址格式时，图 6.10 和图 6.11 就确定了微程序控制器的结构；选择单地址格式时，图 6.10 和图 6.12 就确定了微程序控制器的结构；选择可变地址格式时，图 6.10 和图 6.15 就确定了微程序控制器的结构。减少微指令地址域中的地址数量有利于微指令长度的减少，但同时意味着微程序控制器的硬件成本要有所增加。

（2）确定微指令控制域格式。微指令控制域有水平编码、垂直编码、字段编码三种格式。选择水平编码时，图 6.10 所示的微程序控制器不需要译码器 2；选择垂直编码（1 字段编码）时，译码器 2 仅用一个一级译码器来设计；选择字段编码时，字段数量及每字段位数由微命令分类结果确定，译码器 2 应按图 6.17（a）所示的每个字段都要用一个一级译码器设计，或按图 6.17（b）中所示的某些关联字段要用一个两级译码器来设计。使用译码器会增加微指令的执行时间，但同时意味着减少了微指令的长度。

4）微程序与控制存储器设计

微指令格式、微程序结构决定了控制存储器的规模。通常，一条微指令占用一个控存单元，微指令长度决定了控存单元的位数；所有微程序的总长度决定了控存单元的单元数量。因此，控制存储器的容量可由下式确定：

控制存储器容量＝微指令长度×（平均微程序长度（微指令数）/一条指令）×指令数　　（6.5）

（1）选择微指令和微程序结构。

微指令长度与微程序长度是相互关联的，微指令包含的信息多，微指令长度便随之增加，一段微程序中所需的微指令数量就会减少。所以微指令格式不仅关系到微程序控制器结构，也关系到微程序结构及控制存储器的容量。

微程序结构决定了每条（机器）指令的平均微程序长度（微指令数量）。微程序的典型结构如图 6.21 和图 6.22 所示。结构 1(图 6.21)中微程序以顺序结构为主,只有少量的微程序跳转发生,有利于时序逻辑的简化和指令执行速度的提高,但每条指令的平均微程序长度较长,需要较多的控存单元。结构 2(图 6.22)中微程序含有较多的条件/无条件跳转,对时序逻辑的设计要复杂一些,同时,指令的执行速度也会慢一些,但每条指令的平均微程序长度较短,需要的控存单元数量较少。

如果微程序采用结构 1,且微指令采用可变格式,其微指令长度大大缩短,更有利于减少控制存储器的容量。如果微程序采用结构 2,且微指令采用单地址格式,微程序长度也会缩短,也有利于减小控制存储器的容量。

总之,微指令格式、微程序结构、控存大小、时序逻辑复杂性等相互关联,设计时要多方面考虑,最好设计几种方案从中选优。

(2) 确定微程序入口地址(首地址)的生成方法。

微程序入口地址(首地址)是通过指令操作码、寻址方式信息映射得到的,采用不同的映射方法就有不同的首地址生成电路。

例如,对于微程序结构 1(图 6.21),可以将指令操作码、寻址方式的编码一同作为控存微地址的一部分加入到控存微地址中,使构成的控存微地址随指令操作码、寻址方式的不同而不同,这样的控存微地址就可以作为微程序首地址了,如表 6.6 所示。而对于微程序结构 2(图 6.22),已在操作数获取微子程序中将寻址方式编码作为分支跳转依据实现了不同寻址方式下的操作数获取,所以只要将指令操作码编码加入到控存微地址中,即可构成随指令操作码不同的微程序首地址。也可以利用指令操作码、寻址方式编码的译码信息作为控存微地址的一部分形成微程序首地址,或选择一种映射关系将指令操作码、寻址方式编码转换为微程序首地址。

为了使首地址生成电路具有一定的通用性和可修改性,该电路可以用 ROM 或 PLA 构成,即图 6.11、图 6.12 和图 6.15 中的译码及转换逻辑。

5) 微程序控制器实现

根据微指令格式、微程序结构、控制存储器规模、时序逻辑、微程序控制器结构进行设计并不断优化,最终确定微程序控制器软硬件的实现方案,画出微程序控制器硬件逻辑电路并加以实现,编写微程序并存储到控制存储器中。

至此完成了微程序控制器的设计与实现。

6.4 微程序控制器与硬布线控制器的比较

硬布线控制器完全由逻辑器件实现,所以速度非常快。当计算机系统越来越复杂时,硬布线控制器设计也越来越困难。硬布线控制器一旦被实现,便不可修改和扩充。

微程序设计使控制器设计规范化,并使其功能具有可修改性和可扩充性。微程序控制器内部的译码和时序电路相对简单,实现成本低,出错概率小。微程序控制器的主要缺点是比硬布线控制器速度慢。

对于功能复杂的计算机系统,微程序控制器相对易于实现,所以 CISC 处理器几乎都采用微程序技术。而 RISC 处理器具有简单的指令格式,又强调高速度,所以主要采用硬布线方式。

早期的 CPU 基本上是非流水线技术的，指令执行是顺序的，无论是采用微程序控制器还是硬布线控制器，CPU 的速度都是较慢的。而现在的 CPU 都采用流水线技术，即采用微程序或硬布线技术设计的控制器以流水线方式工作，这是一种提高 CPU 速度的有效方法（见第 7 章）。

6.5 CPU 性能的测量与提高

如何评价 CPU？如何比较不同的 CPU？这是计算机用户和计算机设计者都需要了解的问题。我们通常利用性能指标来解答这些问题。

6.5.1 CPU 性能测量

1. CPU 时间

时间是测量 CPU 性能的重要指标。通常 CPU 时间（CPU Time，T_{CPU}）用于指导 CPU 设计，响应时间（Response Time）用于指导系统设计。

CPU 时间被定义为运行一个程序所花费的时间。

响应时间被定义为 CPU 时间与等待时间（包括用于磁盘访问、存储器访问、I/O 操作、操作系统开销等时间）的总和。

CPU 执行程序的时间越短，速度越快，计算机的性能就越好。CPU 时间是衡量计算机性能的可靠标准。

在控制器设计中我们已看到，CPU 的工作依赖于系统时钟。假设计算机的时钟周期为 T_{CLK}，执行某程序时，CPU 需要使用 N 个时钟周期，那么，CPU 执行该程序所用时间为

$$T_{CPU} = \text{CPU 时钟周期数 } N \times \text{时钟周期 } T_{CLK}$$

$$= \frac{\text{CPU 时钟周期数 } N}{\text{时钟频率 } f_{CLK}} \tag{6.6}$$

公式(6.6)表明，硬件设计者能通过缩短时钟周期 T_{CLK} 或减少执行一段程序所需的时钟周期数 N 来缩短执行时间，达到改善性能的目的。然而，实际中许多减少时钟周期数的技术同时会使时钟周期增加。

例 6.23 计算机 A 执行某程序用时 20 s，时钟为 1.5 GHz，设计者现要构建计算机 B，使它以 10 s 的执行时间运行该程序。设计者已确定增加时钟频率是可行的，但会影响 CPU 设计的其余部分。若要使计算机 B 以 1.2 倍于计算机 A 的时钟周期数运行该程序，那么设计者应为 B 选择多大的时钟频率？

解 因为 $T_{CPUA} = \dfrac{N_A}{f_{CLKA}}$，所以

$$N_A = T_{CPUA} \times f_{CLKA} = 20 \text{ s} \times 1.5 \text{ GHz} = 30 \times 10^9 \text{（周期）}$$

因为 $T_{CPUB} = \dfrac{N_B}{f_{CLKB}} = \dfrac{1.2 \times N_A}{f_{CLKB}} = 10 \text{ (s)}$，所以

$$f_{CLKB} = \frac{1.2 \times N_A}{T_{CPUB}} = \frac{1.2 \times 30 \times 10^9}{10} = 3.6 \text{ (GHz)}$$

即设计者应为 B 选择 3.6 GHz 的时钟频率。

程序是由指令构成的，执行一段程序就是在执行该程序所包含的所有指令。所以 CPU 执行一段程序所用的时间与该程序所包含的指令数成正比，即

$$\frac{\text{CPU 时间}}{\text{1 段程序}} \propto \frac{\text{机器指令数}}{\text{1 段程序}} \tag{6.7}$$

当系统结构确定后，编译器设计和应用程序开发会影响指令数，而指令集的体系结构也会影响给定程序所需的指令数。

2. CPI 与 IPC

如果用时钟周期数来测量每条指令的执行时间，那么 CPU 执行一段程序（可能含有 n 类指令）所需的时钟周期数 N 可表示为

$$N = \text{该程序中的指令数 } I \times \text{平均每条指令所用的时钟周期数 CPI}$$

$$= \sum_{i=1}^{n} (\text{CPI}_i \times I_i) \tag{6.8}$$

由此得

$$\text{CPI} = \frac{1}{I} \sum_{i=1}^{n} (\text{CPI}_i \times I_i) = \sum_{i=1}^{n} \left(\frac{I_i}{I} \times \text{CPI}_i \right) \tag{6.9}$$

CPI(Clock Cycles Per Instruction，每条指令的时钟周期数)就是每条指令执行所用的时钟周期数。由于不同指令的功能不同，造成指令执行时间也不同，也即指令执行所用的时钟周期数不同，所以 CPI 是一个平均值。在现代高性能计算机中，由于采用各种并行技术，使指令执行高度并行化，常常是一个系统时钟周期处理若干条指令，所以 CPI 参数经常用 IPC (Instruction Per Clock，每个时钟周期执行的指令数)替代。

程序的 CPI 也反映了程序的指令混合(即不同类指令所占比例)状况。当对同一个指令集体系结构采用不同的实现方案时，CPI 提供了对不同实现方案的比较方法。有三方面的因素使得程序的 CPI(静态 CPI)可能不同于 CPU 执行的 CPI(动态 CPI)：① Cache 行为发生变化；② 指令混合发生变化；③ 分支预测发生变化。

对于某基准程序，用 CPI 表示的 CPU 性能为

$$T_{\text{CPU}} = I \times \text{CPI} \times T_{\text{CLK}} = \frac{I \times \text{CPI}}{f_{\text{CLK}}} \tag{6.10}$$

公式(6.10)的意义在于，它明确指出了影响 CPU 性能的三个关键因素：CPI、时钟频率和指令数。时钟频率由计算机系统硬件确定，受 CPU 硬件工艺及结构影响，可与 CPI 参数一同优化。指令数依赖于指令集体系结构和编译技术。CPI 更多地依赖于计算机设计的细节，包括存储系统和处理器结构、指令类型等，例如，现代计算机中的流水线性能和 Cache 性能是影响 CPI 的两个主要硬件因素。因此 CPI 会随程序不同而变化，也会随体系结构实现不同而变化，设计者可通过对某种实现的模拟或使用硬件计数器来获得 CPI。但设计的最终目标是优化执行时间，而不是公式中各独立项。表 6.8 列出了部分软硬件对公式(6.10)中三个因子的影响情况。

表 6.8　部分软硬件对 I、CPI、f_{CLK} 的影响

软件或硬件	算法	编程语言	编译器	指令集体系结构
影响	I、CPI(可能)	I、CPI	I、CPI	I、CPI、f_{CLK}

例 6.24 假设同一指令集结构有两种实现。计算机 A 的时钟周期为 200 ps，执行某程序时 CPI $=2.0$；而计算机 B 的时钟周期为 360 ps，执行同一程序时 CPI $=1.2$。执行该程序时，哪个计算机更快？

解 假设该程序包含 I 条指令，则

$$T_{\text{CPUA}} = I \times \text{CPI}_A \times T_{\text{CLKA}} = I \times 2.0 \times 200 = 400 \times I (\text{ps})$$

$$T_{\text{CPUB}} = I \times \text{CPI}_B \times T_{\text{CLKB}} = I \times 1.2 \times 360 = 432 \times I (\text{ps})$$

那么，两者的性能比为

$$\frac{P_A}{P_B} = \frac{T_{\text{CPUB}}}{T_{\text{CPUA}}} = \frac{432 \times I}{400 \times I} = 1.08$$

所以执行该程序时，计算机 A 比计算机 B 快 1.08 倍。

例 6.25 某个 Java 程序在桌面处理机上运行 15 s，一个新的 Java 编译器生成的指令数仅是老编译器的 0.6 倍，而 CPI 增加 1.1 倍。利用新的 Java 编译器，我们能够期望这个 Java 程序运行的有多快？

解 利用老编译器运行该 Java 程序的时间为 $T_{\text{CPU老}} = 15$ s，而利用新编译器运行该 Java 程序的时间为

$$T_{\text{CPU新}} = I_{\text{新}} \times \text{CPI}_{\text{新}} \times T_{\text{CLK}} = 0.6 \times I_{\text{老}} \times 1.1 \times \text{CPI}_{\text{老}} \times T_{\text{CLK}} = 0.6 \times 1.1 \times 15 = 9.9 \text{ (s)}$$

3. MIPS

我们可以用另外一种标准来衡量 CPU 的性能，这就是 CPU 每秒钟执行的百万指令数（Million Instructions Per Second，MIPS）。对于一个给定的程序，MIPS 被定义为

$$\text{MIPS} = \frac{\text{指令数 } I}{\text{执行时间 } T \times 10^6} = \frac{f_{\text{CLK}}}{\text{CPI} \times 10^6} \tag{6.11}$$

MIPS 表示 CPU 执行指令的速度，与执行时间成反比，所以较快的计算机有较高的 MIPS。MIPS 也是测量 CPU 执行速度的单位，例如 4 MIPS $=$ 4 000 000 条指令/秒。

使用 MIPS 有三个问题：其一，MIPS 只说明了指令执行速度，而没有考虑指令的能力，我们不能对指令集不同的计算机进行 MIPS 比较，因为指令数一定是不同的；其二，对于同一个计算机上的不同程序，MIPS 是变化的，因此计算机对所有程序没有单一的 MIPS 值；最后，也是最重要的，MIPS 可能会与性能反向变化！下面的例子就说明了这种异常状况。

例 6.26 某计算机具有三类指令，测试每类指令得到的 CPI 结果如表 6.9 所示。用两种不同的编译器对某个程序进行编译得到的各类指令的数量如表 6.10 所示。

表 6.9 例 6.26 三类指令的 CPI 结果

指令类	A	B	C
CPI	1	2	3

表 6.10 例 6.26 编译后三类指令的数量

编译器	每类指令的指令数（$\times 10^9$）		
	A	B	C
编译器 1	5	1	1
编译器 2	10	1	1

假设计算机的时钟频率为 4 GHz，问：

(1) 根据 MIPS，由哪个编译器生成的代码序列执行得更快？

(2) 根据执行时间，由哪个编译器生成的代码序列执行得更快？

解 由定义可得

$$CPU\ 时钟周期数 = \sum_{i=1}^{n}(CPI_i \times I_i)$$

$$执行时间 = \frac{CPU\ 时钟周期数}{时钟频率}$$

$$MIPS = \frac{指令数}{执行时间 \times 10^6}$$

编译器 1 生成的代码序列：

$$CPU\ 时钟周期数 = (5 \times 1 + 1 \times 2 + 1 \times 3) \times 10^9 = 10 \times 10^9$$

$$执行时间 = \frac{10 \times 10^9}{4 \times 10^9} = 2.5\ (s)$$

$$MIPS = \frac{(5 + 1 + 1) \times 10^9}{2.5 \times 10^6} = 2800$$

编译器 2 生成的代码序列：

$$CPU\ 时钟周期数 = (10 \times 1 + 1 \times 2 + 1 \times 3) \times 10^9 = 15 \times 10^9$$

$$执行时间 = \frac{15 \times 10^9}{4 \times 10^9} = 3.75\ (s)$$

$$MIPS = \frac{(10 + 1 + 1) \times 10^9}{3.75 \times 10^6} = 3200$$

由计算结果可得出：根据执行时间，编译器 1 生成较快的程序；根据 MIPS，编译器 2 生成的程序具有较高的 MIPS 值。在此例中，执行时间和 MIPS 值出现矛盾。

例 6.27 对某程序进行性能测试，结果如表 6.11 所示。

表 6.11　例 6.27 某程序性能测试结果

参数	计算机 A	计算机 B
指令数	10×10^9	8×10^9
时钟频率/GHz	4	4
CPI	1.0	1.1

(1) 哪个计算机具有较高的 MIPS 值？

(2) 哪个计算机更快？

解　由公式(6.10)和(6.11)得

$$T_{CPUA} = \frac{I_A \times CPI_A}{f_{CLK}} = \frac{10 \times 10^9 \times 1.0}{4 \times 10^9} = 2.5\ (s)$$

$$MIPS_A = \frac{I_A}{T_A \times 10^6} = \frac{10 \times 10^9}{2.5 \times 10^6} = 4000$$

$$T_{CPUB} = \frac{I_B \times CPI_B}{f_{CLK}} = \frac{8 \times 10^9 \times 1.1}{4 \times 10^9} = 2.2\ (s)$$

$$MIPS_B = \frac{I_B}{T_B \times 10^6} = \frac{8 \times 10^9}{2.2 \times 10^6} = 3636$$

对于给定的程序，计算机 A 具有较高的 MIPS 值，计算机 B 执行速度更快。

结论：唯一有效且能可靠测量计算机或 CPU 性能的指标是执行时间，而 MIPS 变化不能始终准确反映性能变化。

4. Flops

为避免使用参数 MIPS 带来的困惑，更多的高性能计算机系统采用参数 Flops (Floating Point Operations Per Second，每秒完成的浮点运算次数)作为性能衡量指标，即

$$\text{Flops} = \frac{\text{浮点运算次数 } M}{\text{执行时间 } T} \tag{6.12}$$

Flops 基于运算操作而非指令，它是计算机在 1 秒钟内能完成的浮点运算次数的度量，在不同计算机上的浮点运算可以完全相同，所以 Flops 可以用于不同计算机之间的速度比较。

随着高性能计算机的速度越来越快，Flops 参数有如下度量单位：

- megaFlops（MFlops，MF，10^6 Flops）：million floating point operations per second
- gigaFlops（GFlops，GF，10^9 Flops）：giga floating point operations per second
- teraFlops（TFlops，TF，10^{12} Flops）：trillion floating point operations per second
- petaFlops（PFlops，PF，10^{15} Flops）：thousand trillion floating point operations per second
- exaFlop（EFlops，EF，10^{18} Flops）：quintillion floating point operations per second

全球超级计算机 500 强评选始于 1993 年，由德国曼海姆大学汉斯、埃里克等人发起，目前由德国曼海姆大学、美国田纳西大学、美国能源研究科学计算中心以及劳伦斯伯克利国家实验室联合举办，以超级计算机的持续速度（LINPACK 实测值）为基准，每半年评选一次。这个排行榜已发展成为全世界最具权威的超级计算机排行榜，是计算机行业密切关注的一个进步标准，是衡量各国超级计算水平最重要的参考依据。TOP500 评判的依据就是浮点运算速度，即每秒浮点运算次数。

表 6.12 给出最新（2019 年 11 月）高性能计算机的参数指标——浮点运算速度，它反映了当代计算机发展的最高水平。

表 6.12 全球超级计算机 2019 年 6 月和 11 月榜单 TOP10

排名	系　　统	Cores	Rmax /(TFlop/s)	Rpeak /(TFlop/s)	Power /kW
1	**Summit**-IBM Power System AC922，IBM POWER9 22C 3.07GHz，NVIDIA Volta GV100，Dual-rail Mellanox EDR Infiniband，IBM DOE/SC/Oak Ridge National Laboratory United States	2 414 592	148 600.0	200 794.9	10 096
2	**Sierra**-IBM Power System AC922，IBM POWER9 22C 3.1GHz，NVIDIA Volta GV100，Dual-rail Mellanox EDR Infiniband，IBM / NVIDIA / Mellanox DOE/NNSA/LLNL United States	1 572 480	94 640.0	125 712.0	7438
3	**Sunway TaihuLight**-Sunway MPP，Sunway SW26010 260C 1.45GHz，Sunway，NRCPC National Supercomputing Center in Wuxi China	10 649 600	93 014.6	125 435.9	15 371

续表

排名	系　　统	Cores	Rmax /(TFlop/s)	Rpeak /(TFlop/s)	Power /kW
4	**Tianhe**-2A-TH-IVB-FEP Cluster，Intel Xeon E5-2692v2 12C 2. 2GHz，TH Express-2，Matrix-2000，NUDT National Super Computer Center in Guangzhou China	4 981 760	61 444. 5	100 678. 7	18 482
5	**Frontera**-Dell C6420，Xeon Platinum 8280 28C 2. 7GHz，Mellanox InfiniBand HDR，Dell EMC Texas Advanced Computing Center/Univ. of Texas United States	448 448	23 516. 4	38 745. 9	
6	**Piz Daint**-Cray XC50，Xeon E5-2690v3 12C 2. 6GHz，Aries interconnect，NVIDIA Tesla P100，Cray/HPE Swiss National Supercomputing Centre (CSCS) Switzerland	387 872	21 230. 0	27 154. 3	2384
7	**Trinity**-Cray XC40，Xeon E5-2698v3 16C 2. 3GHz，Intel Xeon Phi 7250 68C 1. 4GHz，Aries interconnect，Cray/HPE DOE/NNSA/LANL/SNL United States	979 072	20 158. 7	41 461. 2	7578
8	**AI Bridging Cloud Infrastructure（ABCI）**-PRIMER-GY CX2570 M4，Xeon Gold 6148 20C 2. 4GHz，NVIDIA Tesla V100 SXM2，Infiniband EDR，Fujitsu National Institute of Advanced Industrial Science and Technology（AIST） Japan	391 680	19 880. 0	32 576. 6	1649
9	**SuperMUC-NG**-ThinkSystem SD650，Xeon Platinum 8174 24C 3. 1GHz，Intel Omni-Path，Lenovo Leibniz Rechenzentrum Germany	305 856	19 476. 6	26 873. 9	
10	**Lassen**-IBM Power System AC922，IBM POWER9 22C 3. 1GHz，Dual-rail Mellanox EDR Infiniband，NVIDIA Tesla V100，IBM / NVIDIA / Mellanox DOE/NNSA/LLNL United States	288 288	18 200. 0	23 047. 2	

到 2007 年，世界上运算速度最快的超级计算机达到了 teraFlop 级；2008 年 11 月，TOP500 排名第一的 Roadrunner - BladeCenter QS22/LS21 Cluster 系统的最大运算速度达到 1.105 PFlop/s。目前，TOP500 已变成超级计算机的 petaFlop 俱乐部，并且计算性能将很快整体飞跃到 exaFlop 级。

6.5.2　提高 CPU 速度的策略

CPU 的处理能力和处理速度是衡量 CPU 性能的两个重要方面。处理能力可以通过指令系统反映，它是 CPU 能够做什么的具体体现。处理速度是 CPU 执行程序快慢的指标，是计算机用户最关心的指标之一。

提高 CPU 速度的技术可分为两大类：具体实现的改进和体系结构的改进。可以采取的策略有：① 采用更先进的硅加工制造技术；② 缩短指令执行路径长度；③ 简化组织结构来缩短时钟周期；④ 采用并行处理技术。

通过新的制造技术可以使 CPU 芯片的集成度更高，数据通路更短，核数更多，这样有利于使用更快的时钟、更多的线程来提高 CPU 的速度。商用 CPU 的制程工艺已从微米级走到了纳米级，制程工艺的不断进步，使 CPU 的集成度不断向上攀升，速度也变得越来越快。

减少执行指令的时钟周期数（又称路径长度，Path Length），可以加快 CPU 的工作速度。采取的措施有：① 对实现每条指令的微操作依据相容性进行必要的组合，对微程序进行优化处理，以减少微程序中微指令的数量，使执行指令的时钟周期数减少；② CPU 内部数据通路采用双总线甚至三总线，使同一时钟周期内可以同时完成多个微操作；③ 硬件中增加特定功能部件，使某些操作可以并行地完成，如使 PC 具有计数功能减少对 ALU 的使用、设置取指单元完成指令的预取等。

采用 RISC 结构来缩短时钟周期。RISC 结构的设计思想是为 CPU 设计一组简单指令，使这些简单指令不需由微指令解释就可以直接在硬件上执行，且使每条指令的执行时间限定在一个时钟周期内。由于每条指令的功能相当于一个微操作的功能，所以 CPU 的结构可以得到简化，大部分处理功能只需在 CPU 内部寄存器中进行。这种设计结果使每条指令的执行速度更快，因此时钟周期可以进一步缩短。

前两种策略利用具体实现的改进来提高 CPU 的时钟频率（主频），第三种策略利用体系结构的改进来提高 CPU 的时钟频率。然而，由于设计、制造等技术条件的限制，主频是不可能无限提高的。在给定主频的前提下，提高 CPU 运行速度的最有效方法就是并行处理。

并行处理分为指令级并行和处理器级并行等多个层次。指令级并行指一个 CPU 同时处理多条指令，典型代表是指令流水线；处理器级并行指多个 CPU 一起完成同一个任务，典型代表是多处理器系统。并行处理已成为现代计算机中提高速度的主要技术，并且还在不断地发展。本书的第 7 章将重点介绍指令级并行技术，第 9 章将重点介绍处理器级并行技术。

6.5.3　多核与多线程技术

一直以来，围绕着速度提升，处理器的变革可谓是大浪淘沙、天翻地覆，最具有里程碑意义的发展是在一个处理器芯片上放置两个以上的处理器核（Processor Core）以及多线程

(Multi-Threading)的引入。

在处理器设计中，面临以下两大挑战：

(1) 利用提高系统时钟频率来提升处理器性能越来越受到限制。提高主频带来了散热、电流泄漏、制造工艺等问题，使高性能处理器设计变得越来越困难。对计算能力不断提高的需求及单芯片容量日益增长的支持，从 20 世纪 90 年代开始，双核/多核技术成为 CPU 制造商显著提升处理器性能的共同解决方案。

(2) 设计高单线程性能的处理器正变得越来越复杂。高单线程性能要求高复杂度的设计与验证，需要更多的电路支持，进而增加功耗，使性能下降。解决这个问题的良方正是超线程/多线程技术。

1. 多核技术

所谓多核(Multicore)技术，就是将多个 CPU(计算引擎，内核)集成在一块单独的处理器芯片上。利用多核技术设计的处理器称为多核处理器或多核 CPU。在多核处理器中，多个内核并不是简单地拼凑在一起，它们共享二级或三级 Cache、主存储器和 I/O 设备等资源，并更多地依赖复制而不是构造超标量系统结构来提升 CPU 性能、降低设计成本和功耗。

引入多核技术，便可以在较低频率、较小缓存的条件下达到大幅提高性能的目的。相比大缓存的单核处理器，使用同样数量晶体管的多核处理器拥有更出色的效能，在每瓦性能方面多核设计有明显的优势。

单片多核处理器最早出现在 1996 年，由斯坦福大学的 Kunle Olukotun 团队研发，他们的 Stanford Hydra CMP(Chip Multi-Processor，单片多处理器)是将 4 个基于 MIPS 的处理器集成在一个芯片上。DEC/Compaq 研究团队建议将 8 个简单的 Alpha 核和一个两级 cache 组合到一个单芯片上。当 IBM 于 2001 年率先推出双核产品之后，其他高端 RISC 处理器制造商迅速跟进，双核设计由此成为高端 RISC 处理器的标准。

多核处理器具有以下显著特点：

(1) 控制逻辑简单。与超标量微处理器结构和超长指令字结构相比，多核结构的控制逻辑复杂性较低，相应的处理器硬件实现必然要简单得多。

(2) 高主频。由于多核处理器控制逻辑相对简单，包含极少的全局信号，因此信号线延迟对其影响比较小。在同等工艺条件下，多核处理器的硬件实现可获得比超标量处理器和超长指令字处理器更高的工作频率。

(3) 低通信延迟。由于多个处理器集成在一块芯片上，且采用共享 Cache 的通信方式，多线程间的通信延迟会明显降低，这样也对存储系统提出了更高的要求。

(4) 低功耗。通过动态调节电压/频率、负载优化分布等，可有效地降低功耗。

(5) 设计和验证周期短。处理器制造商一般采用现有的成熟单核处理器作为多核处理器的核心，从而可缩短设计和验证周期，节省研发成本。

处理器的多核心化已经成为处理器制造商的共识，但是随着处理器应用范围的不断扩大，人们需要计算机完成越来越多种类的工作。尽管现在的处理器已经发展到了双核、四核、八核等，但是由于内部集成的是同类型(单一类型)的处理器核心，因此即使完善了处理器间的协同运作，可能仍不能将处理器在处理不同应用时的优势充分地发挥出来。因此处理器制造商也在研究将不同"性格"的核心集成到一片处理器中，通过对应用的预判断，系统给出平衡资源调配后，使各核处理各自所擅长的事情，发挥多核处理器的优势。例如，国产芯片申威 SW26010 众核处理器为 64 位 RISC 架构，集成了 4 个管理核（主核）和 256 个运算核（从核），由其构成的超级计算机神威·太湖之光在 2016—2017 年连续 4 次跻身全球超级计算机 500 强榜首。

2. 多线程技术

程序（Program）由进程（Process）组成，进程由线程（Thread）组成，线程是进程的执行单元。进程是可以独立运行的一段代码，每个进程与在其他处理器上执行的进程不相关。线程是由一个处理器来执行的指令序列，多个不同的线程可能来自多个程序（例如不同用户提交的任务），也可能从同一个程序中拆分出来。

在早期计算机中，大多数程序仅含有单个线程。当时的操作系统在某一时间仅能运行一个单线程程序，即系统不能同时处理两项任务。操作系统创新引入了多任务处理后，能够挂起一个程序而运行另一个程序，通过这种方式来迅速地切换程序，系统“看上去”能够同时运行多个程序了，然而事实上处理器运行的仍是单个线程。

直到处理器中获得了额外的执行资源（例如专用于浮点和整数运算的逻辑），使单一处理器利用这些资源同时执行多个单独的线程（即多重线程）成为可能。这种充分利用资源，同步处理多个线程，让 CPU 发挥更大效率的技术被称为多线程（Multi-Threading，MT）技术。近年来，系统设计的焦点已转向线程级并行（Thread Level Parallelism，TLP）。

多线程技术有多种实现方案，例如，Intel 采用的是超线程（Hyper-Threading，HT）技术，SUN 采用的是硬件多线程（Hardware Multi-Threading，HMT）技术，IBM 采用的是 HMT 和同时多线程（Simultaneous Multi-Threading，SMT）技术。

1）HT 技术

Intel 于 2002 年研发的超线程（HT）技术首先用于 Pentium 4。超线程技术就是利用特殊的硬件指令，把两个逻辑内核模拟成两个物理芯片，让单个处理器也能使用线程级并行计算，进而兼容多线程操作系统和软件，减少 CPU 的闲置时间。根据 Intel 性能指标评测，通过在含超线程技术的处理器上运行多线程应用程序，其性能提升高达 30%。更重要的是，两个程序能够同时在一个 CPU 上运行，无须来回切换。

采用超线程技术能同时执行两个线程，但它并不像两个物理 CPU 那样具有独立的资源，实际上只有一组计算资源可以利用。当两个线程都同时需要某个资源时，其中一个线程要暂停，并让出资源，直到这些资源被另一线程使用完后才能继续。因此超线程的性能并不等于两个 CPU 的性能。为了从 HT 技术中获得最大优势，分配给每个线程的任务要尽可能不同，以尽可能减少处理器资源的冲突。

2）HMT 技术

统计分析表明，在计算机系统核心部件中，处理器频率每两年增长 1 倍，而 DRAM 速度每 6 年增长 1 倍，到目前为止，两者的速度相差上百倍。在单线程系统中，85% 以上的系统运行时间耗费在等待存储器操作上，典型的处理器利用率仅在 15%～25% 之间，也就是说，存储器已成为提高系统速度的瓶颈，如图 6.24(a)所示。硬件多线程技术就是要解决提高处理器利用率的问题。

当进行存储器访问时，单线程设计是使 CPU 暂停工作来等待存储器操作完成。而 IBM 在其 Star 系列处理器中提出的 HMT 技术则是将 CPU 的这段暂停时间加以利用来达到容忍存储器等待时间这一目的的,如图 6.24(b)所示,HMT 提供了一种利用存储器访问与其他指令重叠执行来改善整个系统吞吐量的机制。

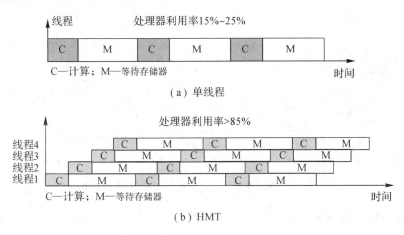

图 6.24　单线程与 HMT 示意图

尽管 HMT 处理器可以管理多个线程,但在任意给定时刻,只有一个线程在执行指令。使这种方法有效、达到性能改善的一个必要条件是线程间的转换时间必须小于触发转换事件的等待时间。2005 年,SUN 在 UltraSPARC T1 处理器中采用了 HMT 技术,率先在一个处理器核上实现了对 4 个线程的处理。

在支持硬件多线程的处理器中,会设置多组用于保存现场数据的寄存器,且为每个线程设立独立的程序计数器,线程的切换只需激活选中的现场数据寄存器组,从而省略了与存储器数据交换的环节,减少了线程切换的开销,大大提高了系统效率,这就是零延迟切换技术。尽管如此,线程的切换仍需要清除与重载执行流水线,这需要占用一定的系统时间,尤其在线程频繁切换的情况下或者超长流水计算机系统中,将严重影响处理器性能。

3) SMT 技术

由于深度流水的处理器状态复杂,不能有效地实现线程间的转换,所以,针对深度流水线处理器的首选解决方案是同时多线程(SMT)机制。SMT 可以使多个执行的线程同时在同一个处理器上执行,即单处理器执行多线程。SMT 的思想就是用一个线程不使用的多个流水线段来并发地执行另一个线程的指令流,它是通过允许多任务同时执行来改善吞吐量的,如图 6.25 所示。它将 HMT 与超标量处理器技术相结合,允许多线程每时钟周期发射多条指令。2004 年 IBM 在 Power 5 处理器上引入了 SMT 技术,实现了对 2 个线程的同时处理。

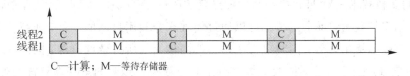

图 6.25　SMT 示意图

图 6.26 说明了 HMT 与 SMT 对线程处理采用的不同实现途径,HMT 利用一套执行单元分时处理多个线程,而 SMT 利用多套执行单元分别处理每个线程。与不使用 SMT 的

同一处理器相比，采用 SMT 大约使处理器的性能增加了 35%～40%，而这种改善大于 HMT。

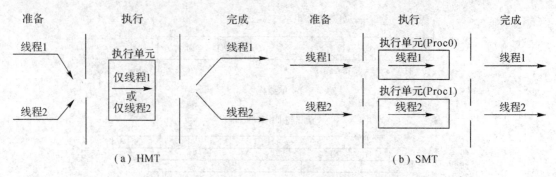

图 6.26　HMT 与 SMT 对线程处理的不同实现途径

3. 多核＋多线程技术

单纯的多核与多线程技术在达到预期的大计算吞吐量目标时可能会受到一定的限制，目前 CPU 制造商普遍采用的是多核＋多线程技术，就是在一块芯片中集成多个处理器内核(计算引擎)、每个处理器内核又能够执行多个线程指令流，SUN 将其称为芯片多线程(Chip Multi-Threading，CMT)技术。

由于 CPU 制造商的技术背景不同，所以 CMT 的实现途径也有所不同，图 6.27 表明了两种实现途径。

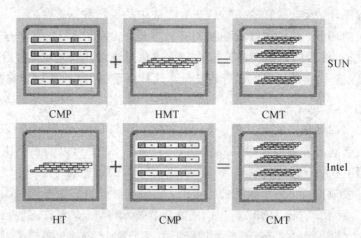

图 6.27　两种 CMT 的实现途径

Intel 的多核技术是对 HT 技术的一种出色的改进。多核技术带来更大的灵活性和更快的速度。利用多核技术，每个内核都可以通过线程充分利用自己的硬件，如高速缓存、浮点运算单元、整数运算单元等，同时也可使用其他内核上的所有硬件资源。因此，同步线程的数量仅由内核数量而定，而不依赖于每个内核上的资源。Intel 的第一款双核处理器是 2005年推出的 Pentium 至尊版 840 双核超线程处理器。2008 年之后推出的多款 Core i7 处理器采用了 SMT 技术，并逐渐取代了采用 HT 技术的 Core 2 处理器。

SUN 先研发的是多核技术，然后在多核基础上进一步研发了多线程技术。SUN 的多线程技术与方法始于 Solaris 10 操作系统(OS),它将每个线程视为一个虚拟的 CPU,以此来提升效率,降低能耗。2005 年,SUN 推出了一款 32 路 CMT SPARC 处理器,即 Ultra-SPARC T1,它代表了 SUN 的第三代 CMT 处理器,其整体设计(包括内核设计)都是最优化的 CMT 设计。

IBM 的 Power 5 采用双核(CMP),每个处理器核能够同时执行两个指令流(SMT),而不需要在两核间切换。操作系统任务分配器将这个芯片当作 4 个有效的可并行处理的处理器,即两个物理处理器,每个物理处理器有两个逻辑处理器(同时处理两个线程)。

目前,在处理器中的强大并行机制就是多核+多线程。表 6.13 对比了同期(2019 年)3 家公司生产的芯片内核、线程数。

表 6.13 3 家公司生产的芯片内核、线程数

公司	处理器型号	内核数/芯片	线程数/内核	线程数/芯片
IBM	Power 9	24,12	4,8	96
Intel	Core i9-7980XE 至尊版	18	2	36
AMD	锐龙 Threadripper	32	2	64

6.6 CPU 实例

由于功能和性能的不断提升,现代 CPU 内部控制器乃至 CPU 内部结构已相当复杂。如今,决定 CPU 整体性能的关键已经不仅仅是主频、缓存技术,而是核心架构(即微体系结构)。优秀的核心架构能够弥补主频的不足,并能简化缓存设计而降低成本,是优秀处理器的根基。

当今主流 CPU 分为两大类:CISC 结构和 RISC 结构。CISC 结构的 CPU 具有指令功能强的特性,RISC 结构的 CPU 具有结构简单、速度快的特点。无论是 CISC 结构,还是 RISC 结构,CPU 无一例外地采用了流水线技术,指令流水线成为 CPU 的核心部件,而硬布线控制与微程序(也称微码)控制技术则被引入到取指令、译码指令等流水线段的设计实现中。

例如,从 Intel 486 处理器开始的 IA-32 体系结构的每一种实现都采用了硬布线控制与微码控制的结合,硬布线控制处理简单的指令,微码控制处理较复杂的指令。硬布线控制产生控制信息,并用较少的时钟周期执行简单指令;那些需要多数据通路和复杂时序的复杂指令由微码控制器花较多时钟周期处理并执行。这种结合的好处是,可以允许 CPU 高速执行简单的、使用频度高的指令,并产生低的、具有竞争力的 CPI。

本节给出的 CPU 实例均是当时处理器设计的典范,采用流水线技术实现,分别代表了 CISC 和 RISC 两种结构。

6.6.1 Intel Core 2 CPU

早期的 Intel CPU 是典型的 CISC 结构,而现代的 Intel CPU 则是 CISC 与 RISC 结合

的典范，为了兼容原有的 CISC 指令系统，现代的 Intel CPU 采用了 CISC 外壳、RISC 内核的结构。

2006 年 7 月 Intel 正式宣布 Pentium 成为历史，基于具有里程碑意义的 Core(酷睿)架构的 Core 2 双核处理器隆重推出，11 月 Intel 开始提供 Core 2 四核处理器。到 2019 年 Core(酷睿)微架构已是第十代，Core 系列处理器已从双核增加到 18 核。

Core 微架构是 Intel 的以色列设计团队在 Yonah 微架构基础上改进的新一代微架构。作为 Intel 的新旗舰，Core 微架构拥有双核心、64 bit 指令集、4 发射的超标量体系结构和乱序执行机制等技术，使用 65 nm 制造工艺，支持 36 位的物理寻址和 48 位的虚拟内存寻址，支持 Intel 所有的扩展指令集。

图 6.28 是基于 Core 微架构的 Core 2 双核处理器总体结构图，其中 Core 0 和 Core 1 两核结构完全相同，每个内核拥有 32 KB 一级指令缓存和 32 KB 双端口一级数据缓存，两个内核的一级数据缓存之间可以直接传输数据，为了提高两个核心的内部数据交换效率，采取共享的 4 MB 二级缓存设计。

Core 微架构内核采用较短的 14 级有效流水线设计，核心内建 4 组指令译码单元，支持微指令融合(Micro-ops Fusion)与宏指令融合(Macro-ops Fusion)技术，每个时钟周期可以译码 4 条 x86 指令；拥有改进的分支预测单元(Branch Prediction Unit)，以保证编码快速送入到正确的执行单元；重排序缓冲器(ROB)按序接收译码输出的微操作，依据相关性及操作种类等信息对微操作进行重新排序(即调度)，然后由保留站(RS)将微操作分发到相应端口；与 RS 端口对应的 6 个并行执行单元完成多条指令的乱序执行，并将结果送回 ROB 完成按序输出。

Core 微架构对 SSE4 指令集的支持使改进的 SSE 指令极大地提高了效率，对 EM64T 的支持使 Core 微架构拥有更大的主存寻址空间。Core 微架构还使用了 Intel 五大提升效能和降低功耗的新技术，具有更好的电源管理功能，支持硬件虚拟化技术和硬件防病毒功能，内建数字温度传感器，提供功率报告和温度报告等。尤其是这些节能技术的采用对移动平台的意义尤为重大。在多核处理器的支持下，真正的多任务也得以实现。

6.6.2　MIPS R10000 CPU

MIPS CPU 是典型的 RISC 结构。

MIPS RX000 系列是由 MIPS 技术公司生产的 RISC 微处理器。R10000 是 MIPS RX000 微处理器家族中的一员，于 1996 年发布。它采用 64 位 MIPS-IV 架构，向后兼容 32 位的 R2/3000。R10000 的最初版本集成了 680 万个晶体管。

R10000 的组织结构如图 6.29 所示。R10000 包含 L1 Cache(由 32 KB 的指令 Cache 和 32 KB 的数据 Cache 组成)，可以对片外的、更大的 L2 Cache 进行备份。取指、译码和分支单元从指令 Cache(I-Cache)获取指令，并进行译码和分支处理，产生的信息被分别送入指令缓冲器中不同的队列，然后提供给流水线结构的 5 个功能部件。两个 64 位整数 ALU 和 64 个字寄存器文件用来执行定点运算。两个浮点运算器和另一组 64 个字寄存器文件用来分别完成浮点加法和乘法，采用 IEEE 754 格式的 64 位浮点数。一个加载/存储单元完成数据的加载和存储操作(包括地址计算)。

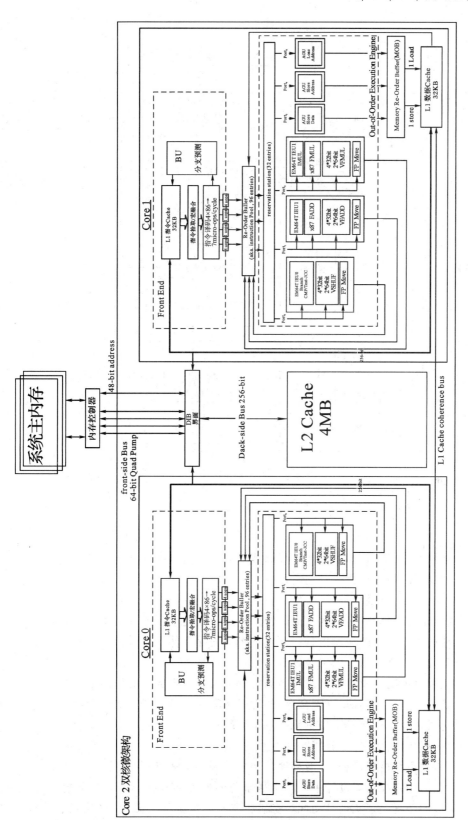

图6.28　Core2双核处理器总体结构图

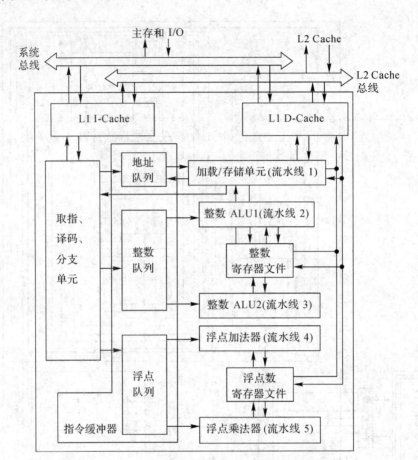

图 6.29　MIPS R10000 微处理器组织结构

习　　题

6.1　中央处理器(CPU)由哪些部分组成？它们应具有哪些基本功能？

6.2　控制器的功能是什么？它由哪些部件组成？

6.3　什么是硬布线控制器？有什么特点？

6.4　硬布线控制器如何产生微命令？产生微命令的主要条件有哪些？

6.5　什么是指令周期和微指令周期？二者之间存在什么关系？

6.6　微程序控制的基本思想是什么？微程序控制器的特点是什么？

6.7　微程序控制器设计中微指令由哪两部分组成？各部分的作用是什么？

6.8　微指令产生控制信号(微命令)的方式有哪些？各方式是如何产生控制信号的？

6.9　对微指令进行字段直接编码的基本原则是什么？

6.10　主存与控存有什么异同？

6.11　与硬布线控制器相比,微程序控制器有哪些优缺点？

6.12　在微程序控制器设计中,若控制器需要处理 100 条指令,每条指令需要最多 8 条微指令构成的微程序来实现其功能；控制器需要产生 100 个微命令(控制信号),且被分为 6 个相容类,如表 6.14 所示。

表 6.14　习题 6.12 附表

类型	0	1	2	3	4	5
微命令数	14	29	8	23	11	15

（1）请合理设计微指令的控制域（微命令生成字段），使其具有尽可能短的长度。

（2）若微指令的次地址（即下一条微指令地址）仅有顺序地址和无条件跳转地址，请合理设计微指令的地址域（下一条微指令地址生成字段）。

（3）请根据以上设计确定，微指令分别采用单地址格式和可变地址格式时，控制存储器容量多大为宜。

6.13　某微程序控制器采用的微指令字长为 24 位。微命令生成部分由 4 个字段构成，各字段所包括的互斥微命令分别为 5、8、14 和 3 个。控制产生次地址的条件有 3 种。试说明该微控制器最多可用几位来表示次地址，控制存储器的容量为多少？

6.14　某计算机系统简化的 CPU 结构如图 6.3 所示，实现指令"ADD R0,R1（功能为 (R0)+(R1)→R0)"时采用以下微操作流程：

取指令：AR←PC

　　　　AB←AR

　　　　DB←Memory[AB]，PC←PC+2

　　　　DR←DB

　　　　IR←DR

执行指令：Y←R1

　　　　　Z←R0+Y

　　　　　R0←Z

（1）依据此流程，写出实现加法指令"ADD R0,(R1)"的微流程。说明：该指令中(R1)为寄存器间接寻址，指令功能为(R0)+((R1))→R0，微操作 DB←Memory[AB]表示存储器做读操作，运算符"+"表示运算器做加法运算。

（2）试拟出加法指令"ADD R1,B(R2)"的微流程。其中 B(R2)表示基址寻址，B 是偏移量，R2 是基址寄存器。

（3）拟出减法指令"SUB R1,100(PC)"的微流程。

6.15　图 6.30 为某一运算器的简化框图，其中 A、B 具有寄存器和多路选择器的功

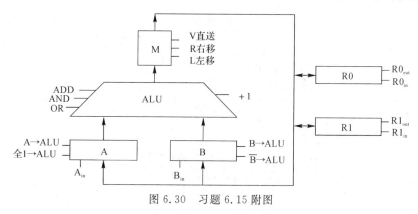

图 6.30　习题 6.15 附图

能，M具有移位和多路选择器的功能，ALU为算术逻辑单元，R0和R1为通用寄存器。图中带箭头的线段为数据通路，是一种单总线结构。带下标in者为数据存入该寄存器的微命令，带下标out者为将该寄存器的内容输出的微命令，XX→ALU、ADD、+1、V、L等均为微命令。

(1) 根据图中所示，选择括号中的正确答案。

① $R0_{out}$，A_{in}　　　　　　　　（相容/互斥）

② V，R，L　　　　　　　　　　（相容/互斥）

③ $R0_{out}$，$R1_{out}$，　　　　　　（相容/互斥）

④ ALU←A，ADD，V　　　　（相容/互斥）

⑤ ADD，AND　　　　　　　　（相容/互斥）

(2) 若 $2(R0-1)→R0$ 操作的微命令序列如下所示：

① $R0_{out}$，B_{in}，　　　　　　　　　　　　　；R0→B

② ALU←B，ALU←全1，ADD，L，$R0_{in}$　；(B−1)×2→R0

试写出执行 $R0 \lor R1→R0$ 操作所需的微命令序列（$\lor$ 为或运算）。

6.16 某假想主机的主要部件如图 6.31 所示。其中 R0~R3 为通用寄存器，A、B 为暂存器，其他部件如图中所标识。

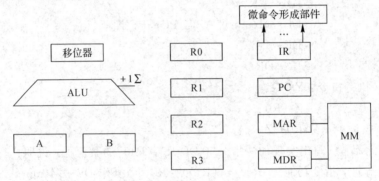

图 6.31　习题 6.16 附图

(1) 在图 6.31 的基础上，画出其内部的数据通路并标明数据流向。

(2) 写出传送指令"MOV R0,R1（即将 R1 的内容传送到 R0）"的微操作流程。

6.17　某 CPU 结构如图 6.32 中虚框内所示，其中包括一个累加寄存器 AC、一个状态寄存器和其他四个寄存器，各部分之间的连线表示数据通路，箭头表示信息传送方向。

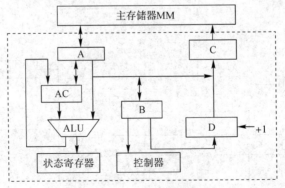

图 6.32　习题 6.17 附图

（1）图中的四个寄存器 A、B、C、D 分别是什么功能的寄存器？

（2）写出 LDA X 指令执行阶段的微操作流程（X 为主存地址，LDA X 功能为（X）→AC）。

（3）写出 STA Y 指令执行阶段的微操作流程（Y 为主存地址，STA Y 功能为（AC）→Y）。

提示：取指令阶段的微操作流程可描述为

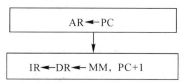

6.18　已知某假想机的运算器逻辑如图 6.33 所示，它的核心部分是一个并行加法器，S 为加法器的输出，加法器的输入为寄存器 A 和 B，最低进位信号为"+1"（"+1"为高电平时，进位为 1）。图中带有下标 in 的控制信号分别为寄存器（A，B，C，D）的输入锁存脉冲信号，其他为节拍控制电平信号，节拍控制电平与输入锁存脉冲的相位关系如图中右下方所示。写出实现运算（D）－1→D 的微命令序列。

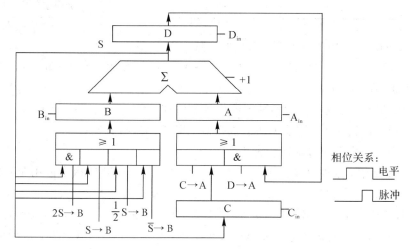

图 6.33　习题 6.18 附图

6.19　在计算机 *A* 和 *B* 上运行两个程序，得到测试数据，如表 6.15 所示。

表 6.15　习题 6.19 附表

程序	计算机 *A*			计算机 *B*		
	执行时间/s	指令数/条	成本	执行时间/s	指令数/条	成本
1	2.0	5×10^9	\$500	1.5	6×10^9	\$800
2	5.0			10.0		

（1）对于程序 1 和 2，哪个计算机更快？

（2）当运行程序 1 时，计算机 *A* 和 *B* 的指令执行速度（即每秒指令数）分别为多少？

（3）如果需要很多次地运行程序 1，你愿意大量购买哪种计算机？为什么？

6.20　某 500 MHz 计算机，执行基准测试程序，程序中的指令类型、数量及指令执行的平均周期数如表 6.16 所示。

求该计算机的有效 CPI、MIPS 及程序的执行时间。

表 6.16　习题 6.20 附表

指令类型	指令数量/条	指令执行周期数
整数	50 000	1
数据传送	80 000	2
浮点	10 000	4
控制传送	5000	2

6.21　某计算机系统具有 L1 Cache 和 L2 Cache，在 Cache 完全命中的情况下，系统的 CPI 为 1.2。假设每条指令有平均 1.1 次的主存访问，两级 Cache 的命中情况如表 6.17 所示。

表 6.17　习题 6.21 附表

Cache 级别	命中率	未命中的时间损失
L1	95%	8 个时钟周期
L2	80%	60 个时钟周期

(1) 在 Cache 未命中的情况下，系统的有效 CPI 是多少？

(2) 如果将 L1 Cache 和 L2 Cache 看作单一的 Cache，那么整体 Cache 的有效命中率和未命中时间损失是多少？

6.22　假设条件分支指令的两种不同设计方法如下：

CPU_1：通过比较指令设置条件码，然后测试条件码进行分支；

CPU_2：在分支指令中包括比较过程。

在两种 CPU 中，条件分支指令都占用 2 个时钟周期，而其他指令占用 1 个时钟周期。现有一段程序分别在 CPU_1 和 CPU_2 上运行，程序中分支指令占 20%。

(1) 假设 CPU_1 的时钟频率比 CPU_2 快 1.25 倍，程序在哪一个 CPU 上运行得更快？

(2) 假设 CPU_1 的时钟频率比 CPU_2 快 1.1 倍，程序在哪一个 CPU 上运行得更快？

6.23　已知 4 个程序在三台计算机上的执行时间如表 6.18 所示。

表 6.18　习题 6.23 附表

程序	执行时间/s		
	计算机 A	计算机 B	计算机 C
程序 1	1	10	20
程序 2	1000	100	20
程序 3	500	1000	50
程序 4	100	800	100

假设 4 个程序中每一个都有 100 000 000 条指令要执行。

(1) 计算这三台计算机中每台机器上每个程序的 MIPS。根据计算值，你能否得出有关三台计算机相对性能的明确结论？

(2) 给出一种统计的方法(比如求均值)来估计三台计算机的相对性能，说明理由。

第 7 章 流水线技术

在不需要额外增加太多硬件的情况下，流水线技术是增加处理器吞吐量、提高处理器工作速度的一种有效的技术，它不仅用于复杂的数据运算器提速，如乘法器、浮点加法器等，也用于加速指令的处理。本章将介绍流水线技术的基本概念、流水线在数据运算和指令处理中的应用、流水线的基本设计方法及流水线性能分析等内容，并在流水线的基础上，介绍指令级并行的基本概念。

7.1 流水线处理的概念

7.1.1 流水线的处理方式

流水线在我们日常生活和工厂生产线中经常采用。例如，工厂的自动化生产线均采用流水作业的方式进行工件的加工处理，原材料每经过一道工序完成一步加工处理，变成半成品，当半成品经过所有工序加工处理后就成为可用的成品。在这个生产线上，所有的工序在同时运转，只要原材料不断地加载，它们便顺着传送带(或其他运输工具)从一个工序转到另一个工序，成品就会像流水一样源源不断地产生。这种多个工件在流水线上不同工序中同时加工处理可以加快生产速度的原理被引入到了计算机的设计中。

若将一重复的处理过程分解为若干子过程，每个子过程都可在专用设备构成的流水线功能段上实现，并可与其他子过程同时运行，则这种技术称为流水线技术。在现代计算机设计中，为了提高速度，从 CPU 到系统已广泛采用了流水线结构。

7.1.2 CPU 中流水线的一般结构及运作

在 CPU 中，流水线的一般结构如图 7.1 所示，这是一个典型的 m 级流水线，它由 m 个段(Stage 或 Segment，也称为级)S_1，S_2，$\cdots$，S_m 组成。段 S_i 包含一个多字输入的寄存器或缓冲器 R_i 和一个实现特定操作的功能部件 C_i。R_i 缓存流水线中前一段 C_{i-1} 产生的结果，并

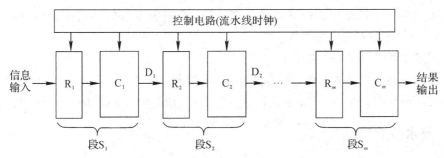

图 7.1 CPU 中流水线的一般结构

作为 C_i 的输入，同时也起到各段隔离的作用，防止相邻段间相互干扰，以确保各段功能部件可以并行独立地工作。每一段对通过它的信息同时完成各自独立的操作处理，最终的处理结果仅在一组信息通过了整个流水线各段之后才能获得。

流水线最简单的控制方式是同步控制，即流水线各段受到一个公共时钟的控制，每一个流水线时钟周期信号引起所有的 R_i 同步地改变状态，即 R_i 从上一段 S_{i-1} 接收一组新的输入信息 D_{i-1}（R_1 的信息来源于流水线入口），D_{i-1} 表示在前一个时钟周期内由 C_{i-1} 处理的结果。一旦 D_{i-1} 在时钟周期信号到来时被加载至 R_i，C_i 便对 D_{i-1} 进行加工处理并生成新的处理结果 D_i。这样，在每个流水线时钟周期，所有的段传送它当前段处理结果到下一段，同时处理来自上一段的信息并产生新的处理结果。

对于实现一组信息的加工处理来说，流水线既不省时也不省设备。然而，当流水线充满时，m 组不同信息同时在 m 个不同段中进行不同的处理，且加载在流水线输入端的信息一级一级"流过"流水线的各段，使得在每一个流水线时钟周期都有一个新的、最终的结果由流水线输出。

假设对一组信息的处理需要经过 m 个段，每段的锁存与处理时间为 τ，那么 τ 就是流水线的时钟周期 T_{LCLK}。在非流水线处理中，每经过 $m\tau$ 时间才可以获得对一组信息的处理结果；而在流水线处理中，尽管一组信息的处理时间仍为 $m\tau$ 时间，但在不增加处理设备的情况下，使流水线各段操作时间重叠，这样每经过 τ 时间就可以获得对一组信息的处理结果，所以流水线可以提高单位时间内信息的处理量。这就是并行处理中的时间重叠技术。采用该技术的目的是希望单条流水线的吞吐量达到每个时钟周期产生一个结果的目标。

从上述分析可以得出以下结论：

（1）流水过程由多个相互关联的子过程组成，每个子过程由专用的功能部件实现，每个子过程称为流水线的级或段，级数称为流水线的深度，各段间需要缓冲器隔离。

（2）流水线需要有通过时间（第一个结果开始流出流水线所需的时间，也称装入时间或填充时间），在此之后流水过程才进入稳定工作状态，每一个流水线时钟周期（节拍）流出一个结果。流水线上的时钟可以由系统时钟生成，也可以使用独立时钟，频率一般取为系统主频的 $1/n(n \geqslant 1)$。

（3）流水线不能缩短单个任务的执行时间，但可以提高吞吐率。

（4）流水线速度受限于最慢流水线段的运行速度，所以各个功能段所需时间应尽量相等（典型为一个流水线时钟周期），否则运行时间长的功能段将成为流水线的瓶颈，造成流水线的停顿（也称断流或阻塞）。

（5）流水线技术适合于大量重复的处理过程，只有流水线的输入能连续地提供任务，流水线的效率才能得到充分的发挥。

（6）流水线中多个任务是并行处理的。

在图 7.1 中的流水线入口处，若加载的信息是数据，则可以构成数据处理或运算流水线（Arithmetic Pipeline）；若加载的信息是指令，则可以构成指令流水线（Instruction Pipeline）。

7.1.3　流水线的类型

在现代计算机系统中有多种类型的流水线。

1. 按位于计算机系统的层次划分

按流水线位于计算机系统的层次,流水线可以分为系统级流水线、处理器级流水线、部件级流水线。

系统级流水线也称为宏流水线,是指在多(计算)机系统中由多个处理机串行构成的流水线,如图 7.2 所示。在流水线上,一台处理机与一个共享缓冲器组成流水线的一段,每台处理机只完成特定的一项任务,但各段上的处理机同时对不同数据完成处理工作。例如,处理机 1 负责完成现场的多路数据采集并将采集的数据放入共享缓冲器 1 中,处理机 2 负责对共享缓冲器 1 中的数据进行多路数据分离、消除干扰、去除无用数据等预处理并将预处理的结果存入共享缓冲器 2 中,处理机 3 负责对共享缓冲器 2 中的数据按任务要求进行实质性的加工处理(如数据的计算、变换等)并将处理的结果存入共享缓冲器 3 中,处理机 4 根据共享缓冲器 3 中的处理结果按照设定的规则形成控制信号、决策信息或各种形式的显示结果等并输出给外部设备。这样,4 台处理机联合构成现场数据采集、预处理、处理、结果输出的 4 级流水线,共同完成对一批数据的处理任务。当处理机 2 处理第 1 批数据时,处理机 1 开始接收第 2 批数据进入该流水线,如此流水下去,当有大批量的数据加入到流水线中时,该流水线就可以最大限度地发挥其高效性。

图 7.2　系统级流水线

处理器级流水线是指在处理器内部由多个部件构成的流水线,其典型就是指令流水线。图 7.3(a)是 Intel 8086 中的指令流水线,这是一个初级的指令流水线,它仅由两段构成。取指部件从内存中获取指令并将其存入指令缓冲队列中,执行部件从指令缓冲队列中取出指令并加以译码、执行。由于在取指部件与执行部件之间有一个 6 字节的指令缓冲队列,使得取指部件可以在执行部件工作期间从内存中预取一至多条指令存入指令缓冲队列中,这样执行部件只需要从速度较快的指令缓冲队列获取指令执行即可。也就是说,当执行部件在执行第 i 条指令时,取指部件正在取得第 $i+1$ 条指令甚至第 $i+2$ 条指令,两者并行工作的效果如图 7.3(b)所示。n 条指令的运行时间仅由执行部件对 n 条指令的执行时间确定,而 $n-1$ 条指令的获取时间被隐含在执行时间内。

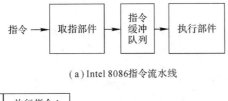

(a) Intel 8086 指令流水线

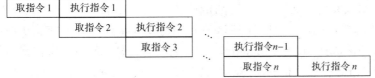

(b) 流水效果示意图

图 7.3　处理器级流水线

部件级流水线是指在处理器中某部件内部由多个子部件构成的流水线。例如，运算器中的浮点运算流水线，控制器中的微程序控制单元流水线，它们也被称为操作流水线。图7.4 是一个两段流水线的微程序控制单元。取微指令段 S_1 由微程序计数器 μPC 和控制存储器 CM 组成，μPC 提供微指令地址，CM 存储微指令。μPC 有双重作用，它既是 CM 地址的提供源，又是 S_1 段的缓冲寄存器。当 μPC 为 CM 提供下一条顺序或跳转的微指令地址并由CM 读取下一条微指令时，当前微指令正在 S_2 段中执行。执行微指令段 S_2 由微指令寄存器 μIR、译码器、下一地址逻辑组成，μIR 在 S_2 段中起着缓冲寄存器的作用。微指令的执行包括译码 μIR 中微指令控制域生成控制信号，译码 μIR 中微指令地址域控制位生成分支条件选择信号。如果分支条件成立，则来自 μIR 中微指令地址域的下一分支跳转地址便反馈到S_1 段，加载至 μPC 中，取代 μPC 之前的内容，并使 S_1 段中任何正在进行中的取微指令操作中止；否则，使 μPC 加 1。

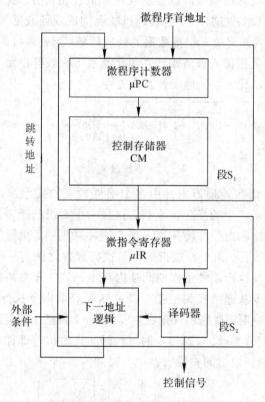

图 7.4　部件级流水线——流水的微程序控制单元

2. 按功能强弱划分

按流水线功能的强弱，流水线可以分为单功能流水线和多功能流水线。

单功能流水线是指只能实现一种功能的流水线。美国 Cray 公司是世界超级计算机(Supercomputer)的代表之一，1976 年第一个 Cray-1 向量计算机被安装在洛斯阿拉莫斯国家实验室(Los Alamos National Laboratory)，它具有每秒 160 百万次浮点运算速度和 8 兆字节主存储器。Cray-1 计算机有 12 条单功能运算流水线，分别完成地址加、地址乘、标量加、标量移位、标量逻辑运算、标量计数、向量加、向量移位、向量逻辑运算、浮点加、浮点乘、浮点迭代求倒数。将多个单功能流水线加以组合就可以实现多功能的流水操作。

多功能流水线是指在同一流水线上通过各段之间不同的连接方式以实现多种运算或处理的功能。TIASC(Texas Instruments Advanced Scientific Computer)在 20 世纪 60 年代末 70 年代初被设计与构建，并为后来的向量处理机设定了标准。ASC 计算机的运算器流水线就是一种多功能静态流水线，它有 8 个可并行工作的独立功能段，如图 7.5(a)所示。当要进行浮点加、减运算时，各功能段可连接成图 7.5(b)所示的形式；当要进行定点乘法运算时，各功能段可连接成图 7.5(c)所示的形式。

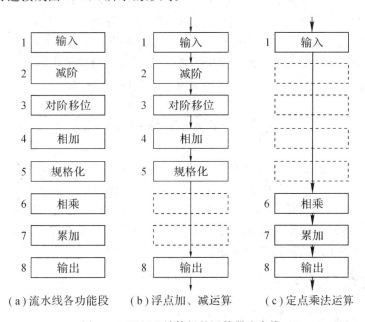

图 7.5　TIASC 计算机的运算器流水线

按同一时间内流水段的连接方式不同，流水线可以分为静态流水线和动态流水线。静态流水线是指在同一时间内流水线的各段只能按同一种功能的连接方式工作。这种流水线适合处理一组相同的运算操作，例如 TIASC 的流水线。动态流水线是指在同一时间内流水线的某些段正在实现某种运算时，而另一些段在实现另一种运算。这种流水线能提高流水线的效率，但会使流水线的控制变得很复杂。

3. 按是否有回路划分

按照流水线是否有反馈回路，流水线可以分为线性流水线和非线性流水线。线性流水线是指流水线的各段串行连接，没有反馈回路。非线性流水线是指流水线中除有串行连接的通路外，还有反馈回路。由于有反馈，因此数据会在流水线的某些段重复流过，使流水线中有可能出现冲突。解决冲突的方法就是进行流水线调度。确定什么时候向流水线引进新的输入，使新输入的数据和先前操作的反馈数据在流水线中不产生冲突，即是流水线调度问题。

4. 按任务顺序划分

按照输出端任务流出顺序与输入端任务流入顺序是否相同，流水线可以分为顺序流动流水线(入出顺序相同)和异步流动流水线(入出顺序不同)。异步流动流水线也称为无序流水线、错序流水线或乱序流水线。

5. 按处理数量划分

按一次处理对象的数量可将流水线分为标量流水线、超标量流水线、向量流水线和超长指令字流水线。标量流水线由一条流水线构成，一次流水过程仅处理单一的指令或标量数据，如 IBM360/91、Amdahl 470V/6 等。超标量流水线由多条流水线构成，一次流水过程可同时并行处理多个指令或数据，如 R10000 等。向量流水线是专门用于完成向量计算的流水线，如 TIASC、STAR-100、CYBER-205、Cray-x、YH-1 等。超长指令字流水线由一条具有多分支的流水线构成，一次流水过程可同时并行处理多条指令，如 Intel 公司的 EPIC IA - 64 结构、Philips 公司的 TriMedia CPU 内核和 Chromatic 公司的 Mpact 媒体引擎等。

在没有特别说明的情况下，我们讨论的流水线一般为标量流水线。超标量流水线、向量流水线和超长指令字流水线将在后续相关章节中分别加以介绍。

7.2 浮点运算流水线

对数据的运算处理是计算机的重要功能，浮点运算是其中涉及最广的一类运算。由第 3 章可知，浮点运算是一种较为复杂、耗时的运算，用非流水线结构运算器完成一次浮点运算需要花费较长的时间，所以，每秒钟完成浮点运算的次数已成为衡量计算机系统运行速度的重要指标。如何提高浮点运算的速度成为计算机系统设计中要解决的关键问题之一，而流水线技术提供了解决问题的有效途径。

7.2.1 浮点加减运算流水线

1. 浮点加减运算方法及运算单元实现

由第 3 章可知，浮点加减运算需要如下 4 个操作步骤：

1）对阶

加载：

$E_1 := X_E$，$M_1 := X_M$；$E_2 := Y_E$，$M_2 := Y_M$；//假设 $X = X_M \times 2^{X_E}$，$Y = Y_M \times 2^{Y_E}$

比较：

$E := E_1 - E_2$；

尾数对齐：

while $(E < 0)$ { $M_1 := $ **right_shift** (M_1)，$E := E + 1$ }；

while $(E > 0)$ { $M_2 := $ **right_shift** (M_2)，$E := E - 1$ }；

2）尾数加减

加减：

$R := M_1 \pm M_2$，$E := $ **max** (E_1, E_2)；

3）结果处理

溢出：

if $(R\_OVERFLOW = 1)$ **then** { **if** $(E = E_{max})$ **then go to** ERROR；

$R := $ **right_shift** (R)，$E := E + 1$，**go to** END；}

为 0：

    if（R = 0）**then** E：=0，**go to** END；

规格化：

while（R=非规格化数）{ **if**（E>E_{min}）**then** R：=**left_shift**(R)，E：=E−1}；**go to** END；

4）舍入处理

舍入处理可以采用截断法、末位恒置"1"法、0 舍 1 入法等。当选择截断法时，舍弃部分自然丢弃，所以不需要任何舍入处理操作或电路。

图 7.6 是在 IBM System 360/91 计算机系统中按照上述算法设计的浮点加减法单元，它可以完成 32 位和 64 位的浮点加减运算。两规格化浮点数 X、Y 的阶码分别放入 E_1、E_2 中，尾数分别放入 M_1、M_2 中。加法器 1 完成 E_1-E_2，其结果用来选择移位器 1 进行右移的尾数是 M_1 还是 M_2，以及移位的次数。加法器 2 是一个具有多级先行进位的 56 位并行加法器，被移位的尾数和另一个尾数在加法器 2 中完成尾数的加减运算，和/差存入暂存器 R 中。一个专用的组合电路 0 数字检测器对 R 进行检测，检测结果 z 指示 R 中尾数的高位为 0 的个数（在 IEEE 754 浮点数格式规定中，尾数为原码表示，尾数最高位为 1 时浮点数才是规格化数）。移位器 2 依据该结果左移 z 位，并将结果存入寄存器 M_3 中。加法器 3 完成（$\max(E_1，E_2)-z$）的运算，并将结果存入寄存器 E_3 中；在 R = 0 时，加法器 3 用来设置 0→E_3。

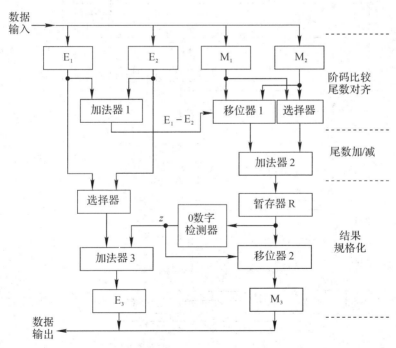

图 7.6 IBM System 360/91 的浮点加/减法单元

2. 设计运算流水线的一般方法

当为某运算功能设计流水线实现逻辑时，要为该功能实现寻找一个适当的、可分解为多步骤的、连续运行的算法，该算法的每一步骤应是时间均衡的、可以由硬件电路实现的。将实现算法每一步骤的硬件电路作为流水线的一段，并按照步骤顺序将各段连接起来，就可以构成实现指定功能的流水线基础电路。为了防止流水线各段的相互干扰，通常在流水线各段之间放置快速缓冲寄存器来分离各段，并利用缓冲寄存器逐段传送处理数据（部分或全部结果）。所有缓冲寄存器受同一时钟控制，以保证流水线中数据在各段同步向下级传送。

3. 浮点加减运算单元的流水线实现

浮点加减运算完全符合流水线的设计要求。图 7.7 所示的浮点加减法电路正是图 7.6 的流水线版本，该流水线由 4 段组成。对比图 7.7 与图 7.6 可见，通过在流水线运算单元中增加 $E_4 \sim E_7$ 和 $M_4 \sim M_7$ 寄存器，使得流水线运算单元的每一段输入端都有阶码和尾数的暂存寄存器，用来将上一段产生的结果加以缓存，并提供给本段使用。流水线结构对非流水线结构的主要改变就是加入了隔离 4 个段的缓冲寄存器，使得各段可以同时独立地进行计算。图 7.7 所示电路的运算速度理论上是图 7.6 所示电路的 4 倍。

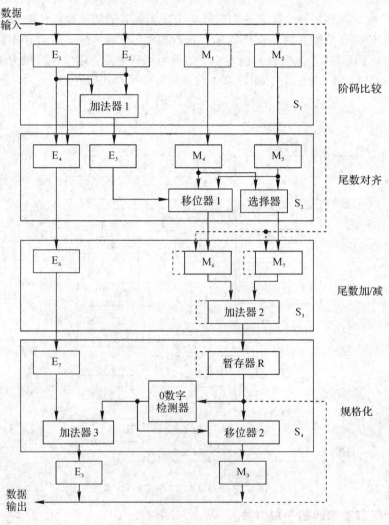

图 7.7　浮点加减运算的流水线实现

对图 7.7 所示电路稍作修改（虚线所示），既可以实现定点加减运算，也可以实现浮点加减运算。将 S_3 段中的缓冲寄存器 M_6、M_7 和加法器 2 的位数扩充到定点操作数的最长位数，当进行定点加减运算时，数据通路如图 7.7 中虚线所示，S_1、S_2、S_4 三段被旁路，两定点数由数据输入线直接加载至 M_6 和 M_7 中，经加法器 2 完成加减运算后暂存于 R 中，再由 R 直接输出到数据输出线上，完成一次定点加减运算。所以图 7.7 也是一个多功能流水线（Multifunction Pipeline）的例子，它既可以配置为 4 段浮点加减运算器，也可以配置为 1 段定点加减运算器。

同样的运算功能有时可以分解为不同的子操作来实现，这依赖于数据的表示，逻辑设计风格，在多功能流水线中与其他功能共享流水线段的需求等。浮点加减运算流水线少则可以有两段，多则可以有六段。例如，图 7.7 中流水线的 S_4 段可以进一步分解为两段：第一段对非规格化尾数中高位的 0（尾数为原码）进行计数，第二段依据计数值对非规格化尾数进行移位和阶码调整计算，完成尾数的规格化，这样就可以构成一个五段流水线的浮点加/减运算器。

7.2.2　浮点乘除运算流水线

1. 浮点乘除运算方法

浮点乘除运算无须对阶操作，相对于浮点数加减运算而言，它的操作步骤更加简洁。

1）阶码加减

加载：

　　　　$E_1 := X_E$，$M_1 := X_M$；$E_2 := Y_E$，$M_2 := Y_M$；

加减：

　　　　if（MUL = 1）**then**｛$E := E_1 + E_2$｝；

　　　　if（DIV = 1）**then**｛$E := E_1 - E_2$｝；

　　　　if（$E > E_{max}$）**then go to** ERROR；

　　　　if（$E < E_{min}$）**then**｛$R := 0$，$E := 0$，**go to** END｝；

2）尾数乘除

乘除：

　　　　if（MUL = 1）**then** $R := M_1 \times M_2$；

　　　　if（DIV = 1）**then** $R := M_1 \div M_2$；

3）结果处理

溢出：

　　　　if（R_OVERFLOW = 1）**then**｛**if**（$E = E_{max}$）**then go to** ERROR；

　　　　　　　　　　　　　　　　　$R := $**right_shift**$(R)$，$E := E + 1$，**go to** END；｝

为 0：

　　　　if（R = 0）**then** $E := 0$，**go to** END；

规格化：

　　　　while（R = 非规格化数）｛**if**（$E > E_{min}$）**then** $R := $**left_shift**$(R)$，$E := E - 1$｝；

　　　　go to END；

4）舍入处理

舍入处理可以采用截断法、末位恒置"1"法、0 舍 1 入法等。当选择截断法时，舍弃部分自然丢弃，所以不需要任何舍入处理操作或电路。

2. 浮点乘除运算的流水线实现

按照流水线的设计要求，浮点数乘除运算同样可以用流水线实现。图 7.8 就是一个两段结构的浮点乘除运算的流水线实现。由于阶码运算与尾数运算互不干扰，可以同时进行，因此它们被放在流水线的同一段 S_1 中处理，而 S_2 段完成对尾数乘除结果的规格化处理。

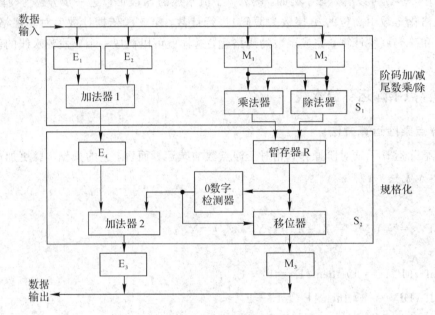

图 7.8　浮点乘除运算的流水线实现

对于两个规格化浮点数而言，当尾数相乘时，乘积总有 $|M| \leqslant 1$ 成立，对于 $|M| = 1$，只需右规一次，而对于 $|M| < 1/2$，也只需要左规一次即可；当尾数相除时，商总是满足 $|M| \geqslant 1/2$，对于 $|M| \geqslant 1$，只需右规一次即可。也就是说，浮点数乘除运算中对于乘除结果的规格化也非常简单，即尾数最多只进行一次左移或右移，阶码最多只进行一次加 1 或减 1，所以，流水线 S_2 段中的加法器 2 可以改用速度更快、电路更简单的加减计数器来实现。

为了加快尾数乘除的运算速度，流水线 S_1 段中的定点乘法器和定点除法器也可以进一步采用流水线结构实现。下面仅介绍一种流水线结构的定点乘法器的实现，而流水线结构的定点除法器的实现留给读者思考。

若两个 n 位定点二进制数为 $X = x_{n-1} x_{n-2} \cdots x_0$ 和 $Y = y_{n-1} y_{n-2} \cdots y_0$，则 $2n$ 位乘积 P 为

$$P = X \cdot Y = \sum_{i=0}^{n-1} M_i = \sum_{i=0}^{n-1} y_i 2^i X \qquad (7.1)$$

式(7.1)表明，乘法的实现是通过一组 M_i 的求和来实现的。

一种乘法器中经常采用的、特别适宜流水计算的技术称为进位保留加法（Carry-Save Addition）计算。一个 n 位的进位保留加法器由 n 个独立的全加器组成，它的输入是 3 个相

加的 n 位数，输出是 n 位和 S 与 n 位进位 C。与其他加法器的不同在于，进位保留加法器内没有进位传递。进位保留加法器的输出 S 和 C 可以提供给另一个 n 位进位保留加法器，与另一个 n 位数 W 相加，如图 7.9 所示。注意图中进位的连接。通常，利用进位保留加法器的树状网络，可以将 m 个数相加，其结果为 (S, C) 形式，再将 S 和 C 用具有进位传递的常规加法器相加，即获得最终求和结果。

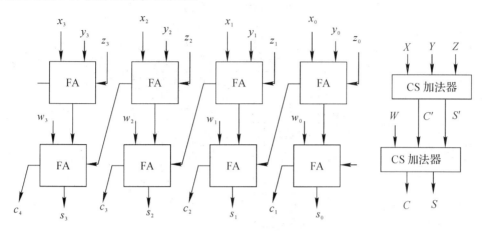

图 7.9　两级的进位保留加法器

采用多级进位保留加法器实现乘法运算的电路如图 7.10 所示，该电路被称为 Wallace 树。加法器树的输入为部分积 M_i，它由式 (7.1) 确定。由于需要产生 $2n$ 位长度的乘积，因此 M_i 均为 $2n$ 位长度。最终的乘积由一个快速的先行进位加法器将 $2n$ 位的和 S 与 $2n$ 位的进位 C 相加获得，该先行进位加法器（Carry-lookahead Adder）具有正常的内部进位传递功能。

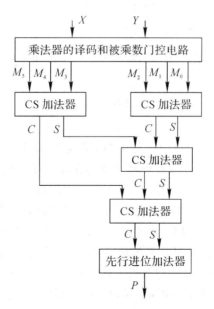

图 7.10　进位保留（Wallace 树）乘法器

进位保留乘法可以非常方便地用流水线实现，在图 7.10 所示电路的适当位置加入缓冲寄存器就可以得到流水线结构的进位保留乘法器（Carry-save Multiplier）。图 7.11 是一个四段流水线的进位保留乘法器，第 1 段是乘法器的译码与门控电路，该电路的作用是生成所有的部分积 M_i；第 2、3 段为进位保留加法逻辑；第 4 段是先行进位加法器。

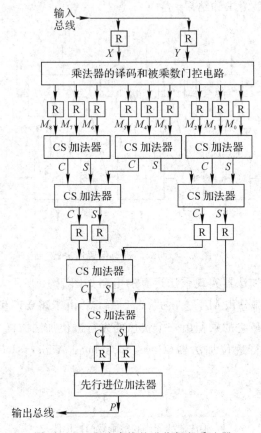

图 7.11 4 段流水线的进位保留乘法器

7.3 指令流水线

随着计算机系统的发展，采取诸如更快的电路这种强势技术使计算机系统速度得到了极大的提高，同时，CPU 组织结构不断地增强也提升了计算机系统的速度。例如，减少用于执行指令的时钟周期数，简化组织结构来缩短时钟周期，用多寄存器取代单一的累加器，在存储系统中引入高速缓冲存储器 Cache。而令计算机设计者最感兴趣、能够最有效提高计算机系统速度、十分通行的 CPU 组织方式就是指令流水（Instruction Pipelining）。

在程序执行期间，指令要经过一系列处理步骤，这些步骤使指令的执行具有流水特质，因此，CPU 才可以被组织成一条或多条具有不同级或段的流水线。指令流水线（Instruction Pipeline）是一种在顺序指令流中利用指令间并行性的技术，是实现多条指令重叠执行的技术。指令流水线由程序编译器和 CPU 内部程序控制单元自动管理，与多处理器编程相比，其优势在于它对程序员是不可见的。除存储系统外，指令流水线的有效运作是决定处理器

CPI 乃至性能最重要的因素。

指令流水线首先在 20 世纪 60 年代被用于 IBM 7030，在 80 年代重新显露，并成为使 RISC 达到高性能的关键贡献者。指令流水线也被成功地结合到 CISC 中。例如，对于 x86 系列，从 8086 微处理器开始就实现了取指令和执行指令的重叠执行，之后的所有 x86 处理器都采用了流水线设计。今天，指令流水线已成为加快处理器速度的关键，并成为现代计算机设计的核心技术。

7.3.1 基本的指令流水线

指令流水线是实现多条指令重叠执行的技术。正如图 7.3(b)所示，如果将指令的处理简单地分解为两个步骤——取指令和执行指令，那么就可以设计一个两级的指令流水线，流水线的第 1 段为取指部件，第 2 段为执行部件，两段通过缓冲器连接且并行工作，如图 7.3(a)所示。取指部件取得第 i 条指令后，将其缓存并传送到执行部件；当执行部件执行第 i 条指令时，取指部件又获取第 $i+1$ 条指令，即在流水线中，第 i 条指令的执行与第 $i+1$ 条指令的获取是重叠进行的，有两条指令正在流水线中重叠处理。假设每条指令的指令周期 T 相同，流水线每段的运行时间 τ 相同，则对于两级指令流水线而言，当第一条指令经过 T 时间产生结果后，每经过 $\tau = T/2$ 时间，由流水线产生一条指令的执行结果，这样执行一段程序，可以节省近一半的运行时间。

在大多数情况下，取指令和执行指令的操作时间并不相同，如执行指令期间若有访存操作，则会使指令的执行时间比指令的获取时间要长。如果流水线采用同步方式控制各段间信息的同步推进，如图 7.1 所示，则流水线同步控制时钟的周期应选定为

$$T_{LCLK} = \max\{\tau_i, \tau_i \text{ 为 } S_i \text{ 段的运行时间}\} \tag{7.2}$$

这使得流水线中运行快的段将出现等待时间，造成流水线效能降低，速度减慢。如果流水线各段采用非同步方式控制各段间信息的传递，以适应各段不同的运行时间，则流水线控制的复杂性将大大增加，并且流水线的性能也不会因此改善，仍然受到运行时间最长的段的制约。唯一的解决方案就是将指令的执行步骤再分解，使每一步骤所用时间尽可能均衡，并依此设计一个多级的指令流水线。

例如，可以将指令处理分解为以下 4 步：

(1) 指令获取(IF)：从主存或 Cache 中获取指令并对指令进行译码。

(2) 操作数加载(OL)：从主存或 Cache 中获取操作数并将其放入寄存器中。

(3) 执行指令(EX)：利用 ALU 等执行部件，对寄存器中的操作数进行处理，结果存于寄存器中。

(4) 写操作数(WO)：将寄存器中的结果存入主存或 Cache 中。

按照这种分解，可以将 CPU 组织成一个 4 级指令流水线，如图 7.12 所示。S_2 段和 S_4 段实现存储器的加载和存储操作；S_2 段、S_3 段和 S_4 段共享 CPU 的内部寄存器，并将这些寄存器作为流水线各段间的缓冲寄存器；S_3 段中的 ALU 完成寄存器-寄存器类型的数据传送和数据运算操作。

对于流水线上的指令，在任一时刻，它仅在流水线上某段内被处理。因此，只要知道每一流水段在各种指令下进行何种操作，就知道了整个指令流水线的操作。

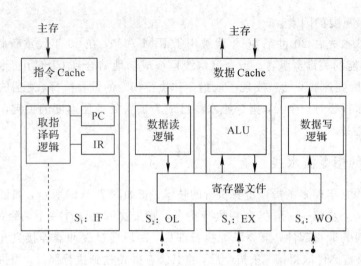

图 7.12　由 4 级指令流水线组织的 CPU 结构

如果指令流水线的每段可以在一个 CPU 时钟周期 T_{CLK} 内完成其操作，那么指令流水线与 CPU 就可以以相同的频率 $f = 1/T_{CLK}$ 来定时。在没有指令分支、Cache 失效或其他原因引起延时的条件下，CPU 的最大执行速率可达到理想水平，即每条指令处理只需 1 个时钟周期，记为 CPI＝1。

在指令流水线设计中，硬件成本与性能始终是一对矛盾。例如，为了实现对操作数更灵活的寻址，可以采用间接寻址方式，而该寻址方式在获取操作数之前，通常需要 ALU 计算操作数在主存中的地址。考虑到与指令流水线其他段在运行时间上保持一定的均衡，可以在图 7.12 所示流水线的 S_1、S_2 段之间加入一个流水线段，即用一个时钟周期来计算操作数的地址。再如，为了支持灵活的数据处理，要求运算器要能够完成复杂的运算（如浮点计算），而 ALU 完成复杂的运算往往需要多个时钟周期，这意味着流水 CPU 的执行段（如图 7.12 中的 S_3 段）将需要多个时钟周期来运行，使得 CPU 的性能指标 CPI＞1。

Amdahl 470V/7 是 1978 年设计的与 IBM System/370 系列主机架构相适应的经典计算机，它的内存由主存和 Cache（指令和数据均存于其中）组成，CPU 由 12 级流水线构成，见表 7.1。为了支持 470V/7 的 CISC 架构，470V/7 有许多寻址方式和指令类型，这使得它的指令流水线段需要进一步细分。S_1、S_2 段与存储器控制器通信，存储器控制器负责所有对主存和 Cache 的访问操作，所以 S_1、S_2 段用于在流水线与 Cache 之间传送指令或操作数。所有的结果是 S_{11} 段利用奇偶检验（大多数情况）进行错误检查，如果结果有错，则自动地重新执行出错的指令，这种错误恢复技术被称为指令重试（Instruction Retry）。

表 7.1　Amdahl 470V/7 的指令流水线段

功　能	段（级）	名　称	操　作
指令获取 IF	S_1	指令地址	从存储器控制器请求下一条指令
	S_2	启动缓冲器	启动 Cache 读指令
	S_3	读缓冲器	从 Cache 将指令读入到指令单元（I-unit）
	S_4	译码指令	对指令操作码进行译码

功　能	段（级）	名　称	操　　作
操作数加载 OL	S_5 S_6 S_7 S_8	读寄存器 计算地址 启动缓冲器 读缓冲器	读地址（基址和变址）寄存器 计算当前存储器操作数的地址 启动 Cache 读存储器操作数 从 Cache 和寄存器文件（组）读操作数
执行指令 EX	S_9 S_{10}	执行 1 执行 2	传递数据到执行单元（E-unit）并开始指令的执行 完成指令的执行
操作数存储 OS	S_{11} S_{12}	检查结果 写结果	执行对结果的错误检查 存储结果

7.3.2　指令流水线策略

指令流水线利用了指令之间潜在的并行性。为了追求更快的指令处理速度，指令流水线设计的策略是不断向深度和广度发展，使得深度流水线结构和多条流水线结构在指令流水线中越来越普遍。

1. 深度流水线结构

深度流水线结构是指将指令的执行过程进一步细化，使流水线的级（段）数变多，而每一级的工作更少、更合理。这样做有两个好处：一是指令流水线级数变多，各段处理更趋合理，可使流水线重叠执行更多的指令，并行执行能力更强；二是每一级的处理时间更短，可以进一步提高处理器的工作频率。也就是说，增加指令流水线深度可以使处理器执行指令的速度更快，效率更高。

增加流水线的深度可以提高流水线的性能，但流水线深度受限于流水线的延迟和额外开销，需要用高速锁存器作为流水线的缓冲寄存器。

以 Intel 公司的 x86 系列微处理器为例，首创指令流水线的 8086 只有 2 级；80386 为 4 级；80486 为 5 级；Pentium 在整数处理时为 5 级，在浮点运算时为 6 级；从 Pentium Pro 开始的第六代微处理器 P6（还包括 Pentium Ⅱ、Pentium Ⅲ）至少为 10 级；对于采用 NetBurst 微架构的 Pentium 4 处理器来说，Willamette 和 Prescott 核心的有效流水线级数分别是 20 和 31；采用 Core 微架构的双核微处理器拥有 14 级有效流水线。

图 7.13 为 Intel Pentium Ⅱ 的指令流水线结构示意图。Pentium Ⅱ 架构具有 RISC 内核、CISC 外壳的特点，内部 RISC 微操作利用至少 11 段流水线实现（某些微操作需要多个执行段）。

IFU1、IFU2 和 IFU3 为取指令操作的三个流水线段。IFU1 完成从指令 Cache 中取得指令，每次取 Cache 一行（32 字节）。下一指令指针单元提供下一条被获取指令的地址（顺序、分支地址，或采用动态预测等技术重新排序的地址），包含该指令的 Cache 行被取得并送入 IFU1 缓冲器。IFU1 缓冲器一次传 16 字节给 IFU2，IFU2 扫描字节以确定指令边界

（这是必需的操作，因为 Pentium 指令是长度可变的）。如果是分支跳转指令，IFU2 将对应的存储器地址传送到动态分支预测器中。之后，IFU2 将 16 字节块传给 IFU3，IFU3 负责将指令提供给相应的译码器。

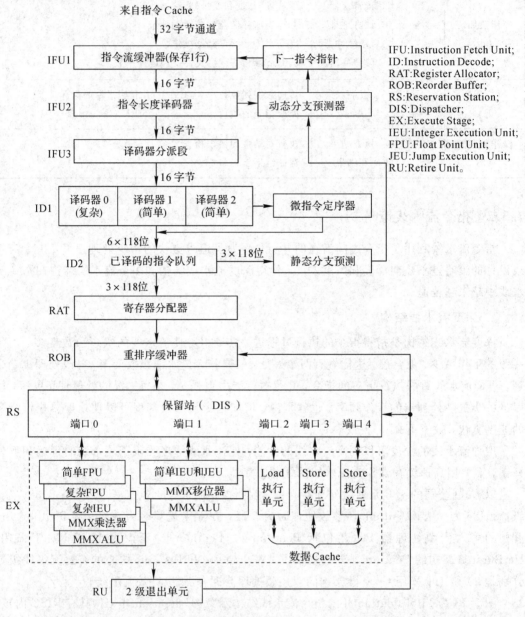

IFU:Instruction Fetch Unit;
ID:Instruction Decode;
RAT:Register Allocator;
ROB:Reorder Buffer;
RS:Reservation Station;
DIS:Dispatcher;
EX:Execute Stage;
IEU:Integer Execution Unit;
FPU:Float Point Unit;
JEU:Jump Execution Unit;
RU:Retire Unit.

图 7.13　Intel Pentium Ⅱ 的指令流水线结构

ID1、ID2 为指令译码的两个流水线段。ID1 具有并行处理 3 条 Pentium Ⅱ 机器指令的能力，它将每条机器指令翻译成 1～4 个微操作，每个微操作是一个 118 位的 RISC 指令；ID1 包含 3 个译码器，一个译码器处理复杂的 Pentium 指令（可翻译为多达 4 个微操作），2 个译码器仅处理简单的 Pentium 指令（只与单一的微操作对应），IFU3 就是要把符合要求的指令分别送到 ID1 的 3 个译码器。少数指令需要更多的微操作，这些指令被传送到微指令定序器(MIS)中,这是一个微指令 ROM,用来存放与复杂机器指令相关联的一系列微操作(多于 4 个),所以 MIS 也是一个微程序设计单元。ID1 或 MIS 的输出按块(一块最多 6 个微操作)送入 ID2,ID2 依据原始的程序次序对微操作进行排队,此处有第二次分支预测的机会,如果是分支的微操作,则被送到静态分支预测单元,再由静态分支预测单元反馈给动态分支预测单元。

经 ID2 排队的微操作进入称为寄存器分配器(RAT)的寄存器重命名段,RAT 将 16 个程序员可见寄存器(8 个浮点寄存器和 EAX、EBX、ECX、EDX、ESI、EDI、EBP、ESP)与 40 个物理寄存器进行重新映射。该阶段去除了由于有限数量的程序员可见寄存器而引起的虚假的寄存器相关(即名称相关),保存了真实的数据相关(写后读,RAW),然后 RAT 将修正的微操作送到重排序缓冲器 ROB(即指令池)中。

ROB 是一个循环缓冲器,能够保存多达 40 个微操作,并且也包含 40 个硬件寄存器。每一个缓冲器条目由以下几个域组成:

(1) 状态——指示该微操作是否被安排执行,是否已为了执行而发送出,是否已完成执行,是否准备退出。

(2) 存储器地址——产生微操作的 Pentium 指令的地址。

(3) 微操作——实际的操作。

(4) 重命名寄存器——如果微操作与 16 个程序员可见寄存器关联,则该条目更改寄存器名以便与 40 个硬件寄存器之一进行映射。

微操作按顺序进入 ROB,然后从 ROB 乱序发送到发送/执行单元。发送准则是这个微操作所需的相应执行单元和全部必需的数据项是有效的。最后,微操作从 ROB 按顺序退出。

保留站(RS)负责从 ROB 取出微操作,将它们发送到相应的执行单元,一个时钟周期最多发送 5 个微操作,并将结果记录到 ROB 中。

RS 通过 5 个端口与 5 个执行单元连接,5 个执行单元分别完成整数运算、浮点运算、MMX(MultiMedia eXtension,多媒体扩展)操作和存储器加载、存储操作。一旦一个执行单元执行结束,ROB 中的相应条目就被更改。当分支预测出错时,跳转执行单元(JEU)负责将微操作从流水线中去除,并从新的目标地址重新启动整个流水线。

退出单元(RU)由两个流水线段组成,它将执行结果回写到程序员可见寄存器以及存储器中,并将已执行完毕且不再与 ROB 中其他指令有联系的微操作移出 ROB。

2. 多条流水线结构

虽然增加指令流水线的深度能够提高指令的并行处理能力,但是采用这种方法,指令的并行处理能力是有限度的。首先,指令执行过程的细化是有限度的,它最多可以分解为有限的微操作,并且这些微操作必须能够在可以独立工作的硬件部件上完成;其次,随着流水线深度的增加,流水线段之间的缓冲器增多,延迟加大,使流水线的性能提高受到阻碍。如果在微处理器中增加指令流水线的条数,那么指令执行的并行度在原有基础上又可以进一步提高。正是基于这一思想,在现代处理器中大量采用了多指令流水线结构,构成了多发射处理器,参见 7.6 节。

PowerPC 是第一个 RISC 系统 IBM 801 的直系后裔,是市场上最强、设计最好的基于 RISC 的系统之一。PowerPC 601 微处理器的第一个芯片在 1993 年发布,之后得到不断的改进。它内部有三个功能单元，每一个功能单元都是一个独立的流水线，如图 7.14 所示。指令缓冲器或队列可以存储多达 8 条指令，在每个时钟周期内，该缓冲器给每个流水线发一条独立的指令。两级的分支处理单元获取和处理分支指令；5 级的定点单元处理定点 ALU 操作，同时为自己和浮点单元完成 Cache 数据访问的处理；浮点单元支持各种浮点指令，包括复合乘加的指令，乘、除运算需要重复利用执行段来完成计算。

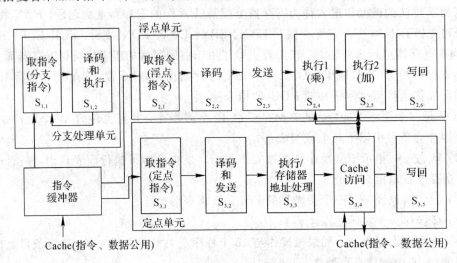

图 7.14　PowerPC 601 的指令流水线

现代 CPU 已进入多核时代，CPU 内部的每个处理器内核包含一至多条指令流水线，多个处理器内核联合组成更多条指令流水线，所以多核处理器就是多指令流水线结构的代表。

7.3.3　指令流水线设计方法——RISC-V 基本指令流水线设计示例

流水线设计是建立在非流水的功能实现硬件电路的基础上的，指令流水线设计一般采用以下步骤：

(1) 设计能够使指令系统中所有指令有效获取、执行的硬件逻辑电路。

(2) 对指令获取、执行过程在该硬件逻辑电路上进行分段。

(3) 在每段之间加入缓冲器(称为流水线寄存器)。

(4) 设计流水线控制器。

下面以 RISC-V 基本指令流水线设计为例，说明指令流水线的一般设计方法。

1. 设计指令获取、执行的硬件逻辑电路

首先要设计好指令系统，然后设计能够使指令系统中所有指令有效获取、执行的硬件逻辑电路。为了简化硬件逻辑，假设实现的是 RISC-V 指令系统中的 RV64I 子集(仅包括访存指令 ld 和 sd，算术逻辑指令 add、sub、and 和 or，条件分支指令 beq)，能够使该子集中所有指令有效获取、执行的硬件逻辑已设计完成，见 6.1.2 节中图 6.2。

在图 6.2 中，依据程序计数器 PC 读指令存储器获得当前指令，指令中的操作码字段加载至主控制单元和 ALU 控制逻辑产生指令执行所需的全部控制信号；指令中的寄存器字段加载至寄存器组，可以选择欲读/写的寄存器；指令中的立即数或偏移地址字段经扩展(立即数生成部件)加载至 ALU。所有功能部件在控制信号的控制下完成相应动作,指令功能得以实现。由此可以看出,PC 是指令获取与执行的驱动源,控制好 PC 的加载,就可以让指令自动地、连续不断地执行。具体指令在该硬件逻辑上的实现过程可参考 6.1.2 节中的例题。

在图 6.2 中,每条指令的执行路径不完全相同,故其执行时间也不完全相同,如果用一个时钟控制 PC 的加载时刻,则时钟周期应取为所有可执行指令中最长的执行时间,这种实现方案称为指令的单周期实现。虽然此时的 CPI＝1,但为了满足最慢的指令执行需求,时钟周期较长,进而降低了整体指令执行的速度。一种有效的提高指令执行速度的方案是将指令执行分为多个时钟周期(称为指令的多周期实现)并采用流水线实现,正如本节设计示例所示。

RISC-V 指令流水线的设计就是基于图 6.2 的硬件逻辑电路。

2. 对硬件逻辑分段

对硬件逻辑分段是指将指令获取、执行过程拆分成若干子过程,然后对实现该过程的硬件逻辑电路进行对应分段。分段时尽量使每段处理功能相对独立,处理时间基本均衡。

结合图 6.2 的硬件逻辑,可将指令获取、执行所经历的数据通路从左至右分为指令获取(IF)、指令译码/读寄存器(ID)、执行/地址计算(EX)、存储器访问(MEM)、写回(WB)五个硬件逻辑段,如图 7.15 所示。

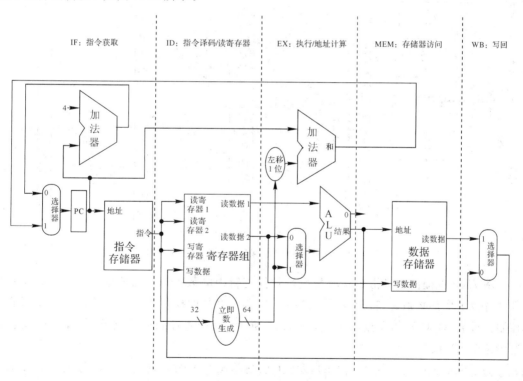

图 7.15　指令获取与执行的数据通路分段结果

要想实现指令流水处理,保证当前指令在执行期间指令流和数据流始终一个流向是基本要求(如图 7.15 中从左至右的流向),所以有时需要增加硬件来满足此要求,比如图中采用指令和数据两个存储器,来保证指令获取与指令执行期间的数据读/写可以在数据通路中串行(流水)实现。而图中写回和 PC 更新的逆向路径不影响当前指令的执行。另外,在

PC 更新路径上增加的两个专用加法器，使得 PC 更新和指令执行运算操作不会在 ALU 上发生竞争，不会造成指令流和数据流的中断。

从图 7.15 中可以看到，每段中仅有一个用于指令处理的功能部件，如 IF 段的指令存储器，ID 段的寄存器组，EX 段的 ALU，MEM 段的数据存储器，WB 段的寄存器组。这意味着，该分段结果可以看作已是最细的划分。

3. 段间加入流水线寄存器

流水线设计的关键是在划分的每段之间加入流水线寄存器，使得各段被隔离，段间的各种信息只通过流水线寄存器传递。这样，流水线寄存器与某段功能部件组合就构成了流水线的一段，若干流水线段串联，就得到了指令流水线，其每段可并行运行。

在图 7.15 中加入流水线寄存器，得到支持 RV64I 子集(7 条指令)的 RISC-V 指令流水线，如图 7.16 所示。其中，IF/ID、ID/EX、EX/MEM、MEM/WB 为相应段间的流水线寄存器。每个流水线寄存器必须足够宽，以存储段间联系所必需的全部信息。例如，IF/ID 寄存器必须为 96 位宽，因为它必须保存从指令存储器中取出的 32 位指令和递增的 64 位 PC 地址，而其他三个流水线寄存器分别包含 256、193 和 128 位。

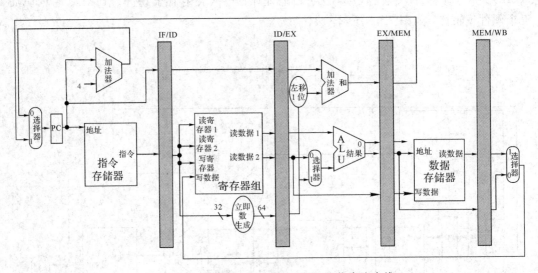

图 7.16　支持 RV64I 子集的 RISC-V 指令流水线

图 7.16 仅提供的是指令获取与执行硬件逻辑中的数据通路流水线，其中所有功能部件的有效工作都必须受到控制信号的控制。将图 6.2 中的控制逻辑加入图 7.16 中，得到带控制信号的 RISC-V 指令流水线，如图 7.17 所示，其中主控制单元位于 ID 段，ALU 控制逻辑位于 EX 段。

为了保证各段完全独立，由 ID 段中主控制单元产生的控制信号不能像图 6.2 非流水结构那样直接加载到各段相应功能部件上，而是必须通过各段流水线寄存器加载至本段功能部件上(见表 7.2)，所以图 7.17 中的 ID/EX、EX/MEM、MEM/WB 流水线寄存器做了保存控制信号的相应扩展。ID/EX 寄存器增加了保存 EX、MEM、WB 段所需控制信号的位域(其中 EX=3 位，M=3 位，WB=2 位)，EX/MEM 寄存器增加了保存 MEM、WB 段所需控制信号的位域(M 和 WB)，MEM/WB 寄存器增加了保存 WB 段所需控制信号的位域(WB)。

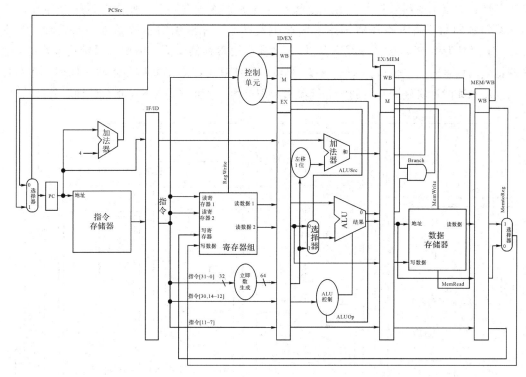

图 7.17　带控制信号的 RISC-V 指令流水线

表 7.2　各流水段中所需的控制信号

流水段	控制信号						
	ALUSrc	ALUOp	MemRead	MemWrite	Branch (PCSrc)	RegWrite	MemtoReg
EX 段	√	√					
MEM 段			√	√	√		
WB 段						√	√

另外,写寄存器操作发生在 WB 段,所以需要修改图 7.16 中写寄存器地址的加载方式为图 7.17 所示,即写寄存器地址(5 位)需要经过 ID/EX、EX/MEM 流水线寄存器传递到 MEM/WB 流水线寄存器中,提供给 WB 段使用;在 EX 段的 ALU 控制逻辑需要对指令中附加的操作码 Funct 字段进行译码,所以 Funct 字段相关位(4 位)需要传递到 ID/EX 流水线寄存器中。这样,ID/EX、EX/MEM、MEM/WB 流水线寄存器位宽需要进一步扩展。

最终,流水线寄存器成为流水线上相邻两段传递信息的唯一通道。

4. 设计流水线控制器

流水线控制器最简单的实现方案是同步时钟控制。

首先,设计流水线时钟,并按式(7.2)设置流水线时钟周期 T_{LCLK}。可以单独设计流水线时钟,也可以对系统时钟分频获得。如果流水线各段运行速度足够快,可以在一个系统时钟周期 T_{CLK} 内完成相应处理,则可以用系统时钟直接作为流水线时钟。

其次，用流水线时钟控制所有流水线寄存器的输入锁存信号，使流水线寄存器在每个流水线时钟周期开始时锁存前一流水段产生的结果，并提供给本段做进一步处理。将图7.17 中的 PC 看作 IF 段的流水线寄存器，5 个流水线寄存器受同一流水线时钟控制，同步地实现将上段信息向下段传递，这样，每段的功能部件就可以对不同信息做同时处理。图 7.18 是加入流水线时钟实施同步控制的 5 级流水线逻辑图，它可以实现 5 条指令的同时处理。

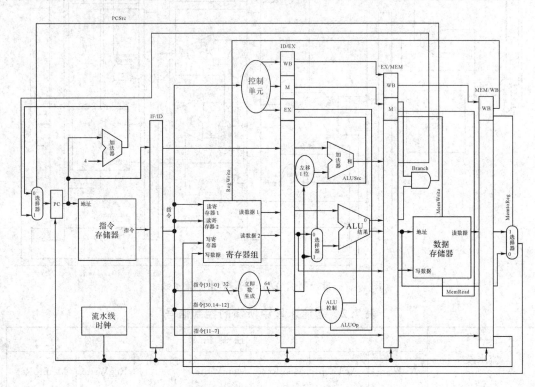

图 7.18　带流水线时钟控制的 RISC-V 指令流水线

7.3.4　指令系统对流水线设计的支持

在对指令流水线有基本了解的基础上，再来重温第 5 章的指令系统，可以发现，与 x86 指令系统相比，RISC-V 指令系统就是为流水执行而设计的。

（1）所有 RISC-V 指令长度相同，这一限制使得在 IF 段和 ID 段取指令与译码指令变得更加容易。而 x86 指令系统中的指令为 1～17 字节不等，实现流水线的难度要大得多。实际上，现代 x86 体系结构是将 x86 指令转换为类似于 RISC-V 指令的简单操作，然后将简单操作（而不是原生 x86 指令）流水化。

（2）RISC-V 只有几种指令格式，源和目标寄存器字段位于每条指令的相同位置。

（3）主存操作数仅出现在 RISC-V 的加载或存储指令中，这个限制意味着可以使用 EX 段来计算主存地址，然后在 MEM 段访问主存。如果像 x86 那样访问主存操作数，那么 EX 段和 MEM 段将需要扩展到地址计算段、主存访问段，然后是执行段，甚至需要更多的流水段（见 7.3.2 节示例）。过长的流水线往往会带来负面效应，除了流水线寄存器的延迟可能会变得不可忽略外，会明显增加流水线上指令间的相关性（见 7.5 节）。

7.4　流水线性能测量

7.4.1　时-空图

为了直观地描述流水线的工作过程，通常采用时-空图。时-空图从时间和空间两个方面对流水线进行描述，如图 7.19 所示。其中，横坐标表示时间，纵坐标表示流水线资源（段，见图 7.19(a)）或流水线处理对象（指令/数据，见图 7.19(b)）。

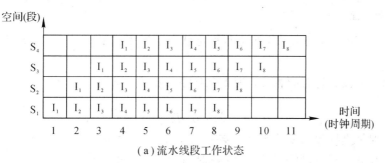

（a）流水线段工作状态

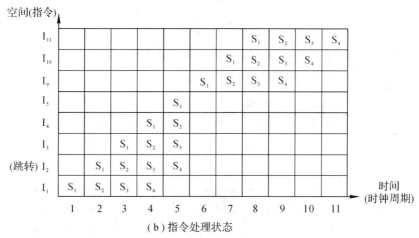

（b）指令处理状态

图 7.19　流水线时-空图

流水线的各段可以有不同的运行时间 τ_i（包含段内流水线寄存器的延迟时间 d），但为了使流水线的控制易于实现，流水线各段的运行时间一般被设计为系统时钟周期 T_{CLK} 的整数倍，所以时-空图的横坐标一般以 T_{CLK} 为单位。

在同步控制方案（见图 7.18）中，设定流水线各段的运行时间相同，且为流水线时钟周期 T_{LCLK}，则 T_{LCLK} 由式（7.2）确定。通过各段不断细分，可以做到 $T_{LCLK} = T_{CLK}$，也即每段运行时只需 T_{CLK}。

流水线的级或段的数目称为流水线的深度。图 7.19(a)直观地描述出了流水线的深度，并清楚地提供了流水线的某段在指定时刻正在处理程序中哪条指令或哪组数据，便于观察流水线受阻状况。图 7.19(b)直观地描述出了程序中每条指令在执行时会在何时使用流水线的哪一段，便于观察流水线的填充状况，该图描述了由指令 I_2 跳转到指令 I_9 时流水线各段处理指令的状况。

从时-空图中可以看到，当流水线被启动后，需要经过一个启动阶段流水管道才能被充满，这个启动阶段所用时间即为装入时间(也称通过时间或填充时间)。在理想的情况下，有

$$\text{装入时间} = (\text{流水线级数} - 1) \times \text{时钟周期} \tag{7.3}$$

在装入时间之后，流水线达到稳定而被充分利用，并且每个时钟周期输出一个新的结果。

7.4.2 吞吐率

吞吐率是指单位时间内流水线所完成的任务数或输出结果的数量，它是衡量流水线速度的重要指标。

1. 最大吞吐率

最大吞吐率 TP_{max} 是指流水线在达到稳定状态后所得到的吞吐率，是流水线设计追求的重要指标。

假设流水线各段运行时间相等，为 1 个时钟周期 T_{CLK}，则

$$TP_{max} = \frac{1}{T_{CLK}} \tag{7.4}$$

也就是每一个时钟周期流水线输出一个结果，图 7.19(a)就说明了这种情形。

假设流水线各段运行时间不等，第 i 段时间为 τ_i，如图 7.20(a)所示，则

$$TP_{max} = \frac{1}{\max\{\tau_i\}} = \frac{1}{\tau} \tag{7.5}$$

在图 7.20(a)中，流水线的 S_3 段运行最慢，为 3 个时钟周期，进而影响到流水线每 3 个时钟周期才能输出一个处理结果，如图 7.20(b)所示。

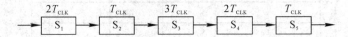

(a)流水线结构示意图

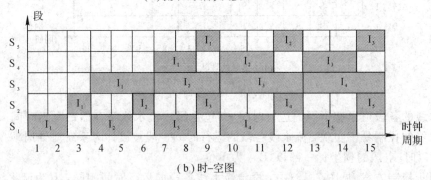

(b)时-空图

图 7.20　各段时间不等的流水线结构及时-空图

最大吞吐率取决于流水线中最慢一段所需的时间，所以该段成为流水线的瓶颈。消除瓶颈的方法有：

(1)细分瓶颈段。这是一种普遍采用的方法，通过细分，使流水线的每一段运行时间尽可能地短，尽可能地一致，从而消除瓶颈段。

(2)重复设置瓶颈段。当瓶颈段不便于细分时，可以采用重复设置瓶颈段(即资源复用)的方法，如图 7.21 所示。

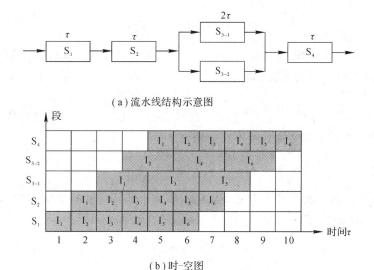

（a）流水线结构示意图

（b）时-空图

图 7.21　重复设置瓶颈段的流水线结构及时-空图

假设流水线的 S_3 段运行时间是其他各段的两倍，则将 S_3 段设置为两路，如图 7.21（a）所示。其中，S_{3-1} 和 S_{3-2} 是两个功能完全相同的流水线段，但在控制上两者有时间差。对图 7.21（a）进行流水线控制的流水线时-空图见图 7.21（b），当经过 4τ 的装入时间后，流水线被充满，从第 5 个 τ 开始，之后每一个 τ 输出一个结果，从而达到单条流水线的最佳运行效果。

2. 实际吞吐率

若流水线由 m 段组成，则完成 n 个任务所达到的吞吐率称为实际吞吐率，记作 TP。使 TP 最大化，或使 TP 接近于 $\mathrm{TP_{max}}$，是流水线实现中重点要解决的问题。

假设流水线各段运行时间相等，为 1 个时钟周期 T_{CLK}，则在不出现流水线断流的情况下（如图 7.19（a）所示），完成 n 个任务所用时间为

$$T_n(m) = (m+(n-1)) \times \tau = (m+(n-1)) \times T_{\mathrm{CLK}} \tag{7.6}$$

实际吞吐率为

$$\mathrm{TP} = \frac{n}{T_n(m)} = \frac{n}{(m+(n-1)) \times T_{\mathrm{CLK}}} = \frac{\mathrm{TP_{max}}}{1+\dfrac{m-1}{n}} \tag{7.7}$$

假设流水线各段运行时间不等，第 i 段时间为 τ_i，如图 7.20 所示，则完成 n 个任务所用时间为

$$T_n(m) = \sum_{i=1}^{m} \tau_i + (n-1) \times \max\{\tau_i\} \tag{7.8}$$

实际吞吐率为

$$\mathrm{TP} = \frac{n}{\displaystyle\sum_{i=1}^{m} \tau_i + (n-1) \times \max\{\tau_i\}} \tag{7.9}$$

由式（7.7）和式（7.9）可看出，当 n 很大时，TP 趋近于 $\mathrm{TP_{max}}$，这说明流水技术适合于实现大量重复的处理过程。

对于指令流水线而言，吞吐率 TP 就是每秒执行的指令数，所以也可以用 MIPS 指标表示吞吐率，即

$$TP = MIPS = \frac{f_{CLK}}{CPI} \tag{7.10}$$

其中：f_{CLK} 是系统时钟频率，以 MHz 为单位；CPI 和 MIPS 可以通过运行基准程序来测试确定。对于单流水线计算机系统，因为 $CPI_{最佳}=1$，所以 $TP_{max}=f_{CLK}$。由于超标量计算机系统使用多条流水线同时执行几个指令流，其 CPI<1，因此 $TP_{max}>f_{CLK}$。

从图 7.19(b)中可看出，如果流水线出现断流(如程序中出现分支跳转造成指令流水线出现重新装入时间等)，则实际吞吐率将会明显下降。

7.4.3 加速比

若流水线为 m 段，加速比 S 定义为程序在非流水结构上执行的时间 $T(1)$ 与在等功能的流水线上执行的时间 $T(m)$ 之比，即

$$S = S_n(m) = \frac{T_n(1)}{T_n(m)} \tag{7.11}$$

若每段运行时间均为 τ，则在不流水情况下，完成 n 个任务所用时间为

$$T_n(1) = nm\tau$$

在流水但不出现断流的情况下，完成 n 个任务所用时间为

$$T_n(m) = m\tau + (n-1)\tau$$

所以

$$S_n(m) = \frac{mn}{m+n-1} = \frac{m}{1+\frac{m-1}{n}} \tag{7.12}$$

对于指令流水线而言，当加速比 S 作为指令数 n 的函数时，理论上有

$$S_{max} = \lim_{n \to \infty} S_n(m) = \lim_{n \to \infty} \frac{m}{1+\frac{m-1}{n}} = m \tag{7.13}$$

当加速比 S 作为指令流水线级数 m 的函数时，理论上有

$$S_{max} = \lim_{m \to \infty} S_n(m) = \lim_{m \to \infty} \frac{n}{1+\frac{n-1}{m}} = n \tag{7.14}$$

式(7.13)和式(7.14)说明，增大指令流水线的级数和送入流水线的指令数均可以加快流水线的运行速度，所以现代计算机中的指令流水线级数从几级增加到十几级，最高有 31 级，且处理的程序规模越来越大，任务越来越多。但指令流水线级数的增加会受到多方面因素的限制，如指令操作的可分解程度、实现成本(包括流水线控制电路的复杂度)、流水线段间延迟等，甚至当级数增加到一定程度时可能会对指令流水线的加速起反作用，故实际计算机系统中常采用的指令流水线级数为几级到十几级。

显然，如果流水线出现断流，则加速比也会明显下降。

7.4.4 效率

效率指流水线的设备利用率。由于流水线有装入(填充)时间和排空时间，以及冒险(相关)造成的流水线停顿，因此流水线的各段并非一直满负荷工作，效率 E<1。假设流水线各段运行时间 τ 相等，各段效率 e_i 也相等，即

$$e_1 = e_2 = \cdots = e_m = \frac{n\tau}{T_n(m)}$$

则整个流水线的效率 E 为

$$E = \frac{\sum_{i=1}^{m} e_i}{m} = \frac{n\tau}{T_n(m)} = \frac{n}{m+n-1} = \frac{1}{1+\dfrac{m-1}{n}} \tag{7.15}$$

当 $n \gg m$ 时，$E \approx 1$。

从时-空图上看，效率就是 n 个任务所占的时空区与 m 个段总的时空区之比，即

$$E = \frac{n \text{ 个任务占用的时空区}}{m \text{ 个段总的时空区}} \tag{7.16}$$

根据这个定义，可以计算流水线各段运行时间不等时流水线的效率。

7.4.5 流水线性能分析

例 7.1 某处理器中，浮点加法器采用 4 级流水线实现，流水线示意图如图 7.7 和图 7.22(a)所示，每级处理时间为 250 ps。请确定：

（1）该浮点加法器计算 100 组数据采用非流水和流水处理所用时间各是多少？

（2）采用流水处理的加速比是多少？

（3）采用流水处理的最大吞吐率是多少？

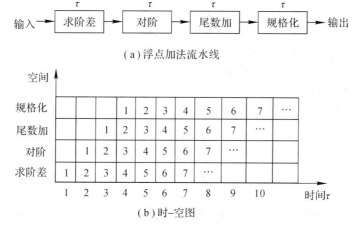

图 7.22 浮点加法流水线及时-空图

解 采用非流水处理所用时间为

$$T_n(1) = nm\tau = 100 \times 4 \times 250 \text{ ps} = 100 \text{ ns}$$

采用流水处理的时-空图如图 7.22(b)所示，所用时间为

$$T_n(m) = m\tau + (n-1)\tau = (4+100-1) \times 250 \text{ ps} = 25.75 \text{ ns}$$

加速比为

$$S = S_n(m) = \frac{mn}{m+n-1} = \frac{4 \times 100}{4+100-1} = 3.8835$$

最大吞吐率为

$$TP_{max} = \frac{1}{\tau} = \frac{1}{250 \text{ ps}} = 4 \text{ GFlops}$$

例 7.2 在图 7.18 提供的 5 级 RISC-V 指令流水线上，7 条指令分别在各段花费的处理时间如表 7.3(流水线寄存器延迟忽略)所示。

表 7.3 在 RISC-V 指令流水线上各指令花费的时间   ps

指令类	取指令	寄存器读	ALU 运算	数据访问	寄存器写	总时间
加载双字(ld)	200	100	200	200	100	800
存储双字(sd)	200	100	200	200	—	700
R 型(add, sub, and, or)	200	100	200	—	100	600
分支(beq)	200	100	200	—	—	500

(1) 试为该流水线确定时钟频率。

(2) 某段程序有 1000 条指令，ld 和 sd 指令各占 15%，beq 指令占 10%，其余为 R 型指令。该段程序在图 6.2 的非流水结构中的运行时间是多少？

(3) 该段程序在图 7.18 的流水线上执行，若不考虑指令相关的影响，与非流水执行相比，加速比为多少？

解 (1) 假设流水线采用同步时钟控制，根据式(7.2)，有

$$T_{\text{LCLK}} = \max\{\tau_i\} = \max\{200 \text{ ps}, 100 \text{ ps}, 200 \text{ ps}, 200 \text{ ps}, 100 \text{ ps}\} = 200 \text{ ps}$$

所以该流水线的时钟频率为

$$f_{\text{LCLK}} = \frac{1}{T_{\text{LCLK}}} = \frac{1}{200 \text{ ps}} = 5 \text{ GHz}$$

(2) 在非流水结构上的运行时间为

$$\begin{aligned} T_n(1) &= (800 \text{ ps} \times 15\% + 700 \text{ ps} \times 15\% + 600 \text{ ps} \times 60\% + 500 \text{ ps} \times 10\%) \times 1000 \\ &= 635\,000 \text{ ps} \end{aligned}$$

(3) 在流水结构上的运行时间为

$$T_n(m) = (m + n - 1) \times T_{\text{LCLK}} = (5 + 1000 - 1) \times 200 \text{ ps} = 200\,800 \text{ ps}$$

所以，加速比为

$$S = \frac{T_n(1)}{T_n(m)} = \frac{635\,000}{200\,800} = 3.16$$

由本例可看出，当流水线上各段功能部件的运行时间不同时，为了保证各段信息同步向下段推进，流水线控制时钟周期通常取 $T_{\text{LCLK}} = \max\{\tau_i\}$，这样，对于那些运行速度快的流水段必然出现等待状态，使流水线的速度受到影响。在本例中，理想的加速比应为 $S = m = 5$，而实际加速比仅为 3.16。

较快的流水线运作会产生较大的吞吐量，但需要更多的流水线级数和每级更短的运行时间(仅完成较简单的任务)。为了使加速比、效率最大化，流水线各级应采用相同的运行时间，否则，运行快的流水线段将空闲。所以，在实际系统中，为了加大流水线的吞吐量，使流水线各段有较均衡的运行时间，减少不必要的等待时间，一种可行的方法就是增加流水线的级数。

例 7.3 将例 7.2 中的指令流水线由 5 级增加至 8 级，使每个流水段的运行时间均为 100 ps。流水线各段采用同步时钟推进，且流水线总额外开销为 40 ps(额外开销包括流水线寄存器的延迟以及时钟偏移(Clock Skew)等)。该指令流水线的加速比是多少？

解 非流水状况下一条指令的执行时间为

$$T(1) = 100\ ps \times 8 = 800\ ps$$

流水状况下一条指令的执行时间为

$$T(m) = 100\ ps + 40\ ps = 140\ ps$$

加速比

$$S = \frac{800}{140} = 5.71$$

由此可见，级数的增多使加速比得到了有效提高，单位时间内处理的指令数会更多。

例 7.4　某指令流水线各流水段的执行时间分别为

$$IF：10\ ns；\quad ID：8\ ns；\quad EX：10\ ns；\quad WB：7\ ns$$

已知流水线级间缓冲延迟为 1 ns，求该指令流水线的加速比。

解　在非流水线上，有

$$平均指令执行时间 = 10 + 8 + 10 + 7 = 35\ ns$$

在流水线上，有

$$平均指令执行时间 = 最长的流水段执行时间 + 级间缓冲延迟 = 10 + 1 = 11\ ns$$

因此

$$加速比 = \frac{35}{11} = 3.18$$

例 7.5　某指令流水线由 10 级构成，每级处理时间为 100 ps。现要执行一段程序，该程序由 50 个结构相同、顺序执行的小程序段组成，每个小程序段由 15 条指令构成，其中第 4 条指令 I_4 为条件跳转指令，当条件为真时程序跳转到指令 I_{10}，当条件为假时程序顺序执行。

(1) 当所有条件跳转指令均未发生跳转时，执行这段程序时流水线的实际吞吐率、加速比、效率各是多少？

(2) 当所有条件跳转指令均发生跳转时，执行这段程序时流水线的实际吞吐率、加速比、效率又是多少？

解　(1) 此时流水线的工作状况可参考图 7.19(a)，因条件跳转未发生，所以 50 个小程序段中的所有指令顺序地在流水线上不断流地执行，所用时间为

$$T_1 = (m + n_1 - 1) \times \tau = (10 + 50 \times 15 - 1) \times 100\ ps = 75\ 900\ ps$$

实际吞吐率为

$$TP = \frac{n_1}{T_1} = \frac{50 \times 15}{(10 + 50 \times 15 - 1) \times 100\ ps} = 9881\ MIPS$$

加速比为

$$S = \frac{n_1 m \tau}{T_1} = \frac{50 \times 15 \times 10}{10 + 50 \times 15 - 1} = 9.881$$

效率为

$$E = \frac{n_1}{m + n_1 - 1} = \frac{50 \times 15}{10 + 50 \times 15 - 1} = 0.988$$

(2) 因为发生了条件跳转，所以在执行 50 个小程序段时，每个小程序段只执行 10 条指令，且流水线会出现 50 次断流，每次断流时，流水线要进行重新填充操作，填充时间为 $(m-1) \times \tau$，此时流水线的工作状况可参考图 7.19(b)，故完成规定程序所用时间为

$$T_2 = (m+n_2-1)\times\tau + 50\times(m-1)\times\tau$$
$$= (10+50\times10-1)\times100\text{ ps} + 50\times(10-1)\times100\text{ ps} = 95\ 900\text{ ps}$$

实际吞吐率为

$$\text{TP} = \frac{n_2}{T_2} = \frac{50\times10}{(10+50\times10-1+50\times9)\times100\text{ ps}} = 5213.8\text{ MIPS}$$

加速比为

$$S = \frac{n_2 m\tau}{T_2} = \frac{50\times10\times10}{10+50\times10-1+50\times(10-1)} = 5.214$$

效率为

$$E = \frac{n_2}{m+n_2-1+50\times(m-1)} = \frac{50\times10}{10+50\times10-1+50\times(10-1)} = 0.5214$$

（3）比较（1）、（2）两种情形下的计算结果，可以清楚地看到，流水线一旦出现断流，其性能将明显下降。填充、停顿对流水线来说均是坏消息。

例 7.6　某指令流水线结构如图 7.20(a)所示，在流水线不断流的情况下，试分析该流水线的吞吐率和加速比。

解　由于流水线各段运行时间不同，假设可以采用异步方式控制，即流水线各段的推进可以按照各段运行时间进行控制，则流水线工作的时-空状态如图 7.23 所示。最慢运行段 S_3 的限制使得 S_1、S_2 段不能及时向前推进，到执行第 4 条指令开始，对流水线各段推进的控制已出现规律性，该规律正是图 7.20(b)时-空图所描述的流水线各段的时钟控制规律。

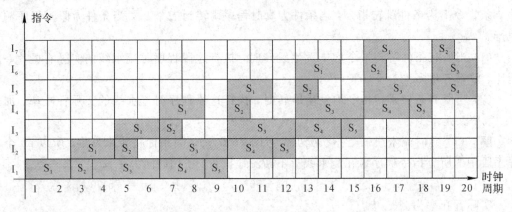

图 7.23　图 7.20(a)流水线时-空图的另一种表示

若流水线各段按照这种规律进行异步推进，则流水线达到稳定时，一条指令执行需要 12 个时钟周期，每 3 个时钟周期产生一条指令的处理结果，所以该流水线的性能为

$$\text{TP}_{\text{max}} = \frac{1}{3T_{\text{CLK}}}$$

$$S = \frac{9T_{\text{CLK}}}{3T_{\text{CLK}}} = 3$$

即该流水线的 CPI＝3，S＝3，没有达到 CPI＝CPI$_{理想}$＝1（即每个时钟周期输出一个指令结果）、S＝S$_{\text{max}}$＝5 的理想状态。

如果对图 7.20(a)流水线采用同步方式控制，即流水线各段的推进同时进行，则取流水线控制时钟 T_{LCLK} 为

$$T_{\text{LCLK}} = 3T_{\text{CLK}}$$

这样，当流水线达到稳定时，一条指令执行需要 $m \times (3T_{\text{CLK}}) = 15$ 个时钟周期，但仍然是每 3 个时钟周期(即一个控制时钟)产生一条指令的处理结果，所以此时流水线的性能不变，即

$$\text{TP}_{\max} = \frac{1}{3T_{\text{CLK}}}$$

$$S = \frac{9T_{\text{CLK}}}{3T_{\text{CLK}}} = 3$$

也就是说，流水线采用异步控制并没有给流水线性能带来改善，反而会增加控制电路的复杂性，所以，流水线采用的基本控制方式一般为同步方式。同步控制与异步控制的差别还在于装入时间的不同和一条指令执行时间的不同，如表 7.4 所示。

表 7.4 同步控制与异步控制的比较

控制方式	装入时间	一条指令执行时间	CPI	$\text{TP}_{\max}$	S	控制电路
同步控制	$12T_{\text{CLK}}$	$15T_{\text{CLK}}$	3	$1/(3T_{\text{CLK}})$	3	简单
异步控制	$8T_{\text{CLK}}$	$12T_{\text{CLK}}$	3	$1/(3T_{\text{CLK}})$	3	复杂

7.5 指令流水线的性能提高

理想的 CPU 体系结构是它的每个部分都一直在"工作"，且每个时钟周期至少启动/完成一条新的指令，这种结构的最佳实现之一就是流水线。合理地划分、设计流水线，使流水线每段内的操作必须在一个系统时钟周期内完成，就有可能实现每条流水线 CPI＝1 的理想目标。

7.5.1 流水线的基本性能问题

从前述可知，流水线并不能减少单条指令的执行时间，而且由于流水线段间存在流水线寄存器传输延迟、附加控制和时钟偏移等带来的额外开销时间，一般还会增加单条指令的执行时间。在流水线设计中，当流水线时钟周期小于最慢流水线段的运行时间时，流水线不能正常工作；当时钟周期小到与流水线额外开销相当时，流水已没有意义(因为这时在每一个时钟周期中已没有时间来做有用的工作)。但流水线能够显著提高处理指令的吞吐量，所以合理地设计指令流水线，解决影响流水线性能的各种问题，才能获得 CPU 对指令的高速执行。

增加流水线的深度(级数)可以提高流水线的性能，但流水线的深度受限于指令执行过程的可分解程度、流水线段的时间不均衡性和流水线的额外开销。除了流水线级数不能无限增大之外，限制指令流水线性能提高，使我们不能达到每条流水线在每个时钟周期处理一条指令这一目标的另一个主要问题是指令执行时可能存在的相关(Dependence)或"冒险(Hazard)"问题。如果流水线中指令间相互关联，就可能产生冒险。在没有特殊硬件和特定避免算法的情况下，冒险会导致流水线性能降低。

流水线中的冒险是指相邻或相近的两条指令因存在某种关联，使后一条指令不能在原

设定的时钟周期开始执行,而必须暂停运行。冒险有以下 3 类:

(1) 结构冒险(Structural Hazard)。当硬件资源不支持在同一个时钟周期内同时重叠执行多条指令时,出现结构冒险。

(2) 数据冒险(Data Hazard)。当一条指令需要用到前面某条指令尚未产生的结果,从而使该指令无法在预定的时钟周期执行时,发生数据冒险。

(3) 控制冒险(Control Hazard)。当遇到分支等转移类指令或其他能够改变 PC 值的指令时,其后进入流水线的部分指令可能变成不期望执行的指令,由此造成流水线输出空操作,产生控制冒险。

消除冒险的基本方法就是暂停冒险出现之后发射到流水线中的指令,而让冒险出现之前发射的指令继续执行。所以冒险会引起流水线停顿(Pipeline Stall),停顿也称为气泡(Bubble)。

有停顿的流水线的 CPI 为

$$CPI = 理想流水线 CPI + \frac{结构冒险停顿 + 数据冒险停顿 + 控制冒险停顿}{指令数} \tag{7.17}$$

理想流水线 CPI 是指流水线能达到的最大性能,即 $CPI_{理想} = 1$。通过减小式(7.17)右边各项停顿值,可以将总的流水线 CPI 减小,或 IPC(每时钟周期指令数量) 提高。

有停顿的流水线的加速比为

$$加速比 = \frac{流水线深度}{1 + 每条指令的流水线停顿周期数} \tag{7.18}$$

显然,如果流水线中没有停顿,加速比就会随流水线深度增加而加大。所以,消除冒险、减少停顿是提高已有流水线性能最重要的手段。

例 7.7 假设某流水线在分支跳转成功后会导致 3 个时钟周期的停顿,若分支指令的频度为 30%,理想 CPI=1,则实际的 CPI 为多少?

解 实际 CPI=1+30%×3≈2,因此实际的加速比将只能达到理想加速比的 50%。

7.5.2 结构冒险

有以下两种情形会导致结构冒险:

(1) 部分功能单元没有充分流水(即存在流水线瓶颈段),造成使用该单元的指令不能按照预定的时钟周期向前流水,进而后续指令出现停顿。解决的方法就是将流水线设计得更合理,使每一流水段运行时间尽可能均衡。

(2) 资源冲突(Resource Conflicts)。当两个以上流水线段需要同时使用同一个硬件资源时,冲突发生。例如,在指令流水线上,当取指段正从存储器中读出一条指令时,存结果段恰好要将之前某指令的执行结果写入到存储器中,因两者要同时访问同一存储器,故出现冲突。解决资源冲突的方法有:

① 增加资源副本。例如,在 RISC-V 中设计了一个数据存储器和一个指令存储器,这样流水线的取指段与数据访存段就可以通过两个独立的通路同时访问两个独立的存储器。再例如,可以设计两个 ALU,一个在获取操作数段做有效地址计算,另一个在执行段完成指令所需功能运算,这样可以避免两个流水线段争用 ALU 的冲突发生。

② 改变资源以便它们能并发的使用。例如,在相邻的 m 条指令中,不相关的数据尽量使用不同的寄存器。如果发生寄存器使用冲突,则可以通过程序再设计或寄存器重命名技

术来改变寄存器资源，达到同时访问寄存器的目的。

③ 通过延迟（或暂停）流水线的冲突段或在冲突段插入流水线气泡（气泡在流水线中只占资源不做实际操作，即空操作），使各段"轮流"使用资源。例如，当流水线的存结果段与取指段需要访问同一个存储器时，可以采用允许存结果指令继续执行并强制取指操作暂停的方法避免访存冲突。

7.5.3　数据冒险

在程序设计时，功能实现的逻辑需求使相邻或相近的指令常常因数据关联而具有相关性。当这些相关指令在流水线中重叠执行时，有可能出现预设的操作数读/写顺序被改变。当一条指令的结果还未有效生成，该结果就被作为后续指令的操作数时，数据冒险出现。

例 7.8　某程序中包括如下两条指令：

I_1：sub x2, x3, x4　　// $(x2)=(x3)-(x4)$

I_2：add x10, x2, x5　　// $(x10)=(x2)+(x5)$

这两条相邻指令被送入图 7.18 所示的 RISC-V 流水线上。执行前，各寄存器中的值分别为 $(x2)=20$，$(x3)=15$，$(x4)=10$，$(x5)=5$，$(x10)=0$。两条指令执行后，寄存器 x10 的值为多少？

解　I_1 指令执行完时，应有

$$(x2)=(x3)-(x4)=15-10=5$$

但 I_2 指令在 ID 段读取 x2 时，I_1 指令还未进入 WB 段，所以 I_2 指令读取的 x2 不是 I_1 指令的结果，而是 I_1 指令执行前的值，所以 I_2 指令执行后，实际为

$$(x10)=(x2)+(x5)=20+5=25$$

而原程序预期是

$$(x10)=(x2)+(x5)=5+5=10$$

由本例可见，因为 I_1 指令的目的操作数和 I_2 指令的第一操作数发生相关，并在流水线上产生了冒险，所以指令执行结果出现错误。

1. 数据冒险类型

典型的数据冒险有写后读（RAW）、读后写（WAR）和写后写（WAW）。假设两条指令 i 和 j，i 先进入流水线。

（1）写后读或真相关。指令 i 修改寄存器或存储单元，指令 j 读取该寄存器或存储单元中的数据。如果读取发生在写入操作完成之前，则发生数据冒险。

（2）读后写或反相关。指令 i 读取寄存器或存储单元，指令 j 写入该寄存器或存储单元。如果写入操作在读取操作发生之前完成，则发生数据冒险。这种数据冒险仅出现在此类流水线中：有些指令是在流水线的后部读源操作数，而有些指令则是在流水线的前部写结果。一般流水线都是先读操作数，后写结果，因此这种冒险很少发生。复杂指令可能会导致这种冒险。

（3）写后写或输出相关。两个指令都写同一个寄存器或存储单元。如果 i 写入结果之前，j 先写入结果，导致最后写入的结果不是预期的，则发生数据冒险。这种数据冒险仅出现在此类流水线中：流水线中有多个段可以进行写操作；或者当某条指令在流水线中暂停时，允许其后的指令继续向前流动。

例 7.9 某 4 级指令流水线如图 7.24 所示，各流水线段分别为取指 IF、读数 RD、执行 EX 和写结果 WB。简单指令(表 7.5 中第 1、2、4、6 条指令)在 EX1 段执行，需 1 个时钟周期；复杂指令(表 7.5 中第 3、5 条指令)在 EX2 段执行，需 3 个时钟周期。当表 7.5 中第 1～6 条指令在流水线上执行时，分析指令的数据相关及冒险。

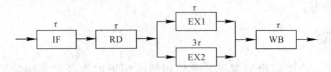

图 7.24　4 级流水线结构示意图

表 7.5　数据相关类型

指令(功能)	时钟周期										相关类型
	1	2	3	4	5	6	7	8	9	10	
1. R1+R2→R0	IF	RD	EX1	WB							RAW
2. R0−R3→R4		IF	RD	EX1	WB						
3. R8→10H(R5)			IF	RD	EX2-1	EX2-2	EX2-3	WB			WAR
4. R6→R8				IF	RD	EX1	WB				
5. R6×R9→R10					IF	RD	EX2-1	EX2-2	EX2-3	WB	WAW
6. R7+R9→R10						IF	RD	EX1	WB		

解　表 7.5 描述了 6 条指令在流水线中的时-空状况和指令间的数据相关。

指令 1 写 R0，指令 2 读 R0，所以指令 1 和指令 2 针对 R0 呈现写后读相关，即 RAW。因为指令 2 读 R0(时钟周期 3)发生在指令 1 写 R0(时钟周期 4)之前，所以该相关引起数据冒险，指令 2 执行结果错误。

指令 3 读 R8，指令 4 写 R8，所以指令 3 和指令 4 针对 R8 呈现读后写相关，即 WAR。因为指令 4 写 R8(时钟周期 7)发生在指令 3 读 R8(时钟周期 4)之后，所以该相关不会引起数据冒险，指令 3 和指令 4 均可正确执行。但如果流水线寄存器采用通用寄存器组，那么指令 4 在时钟周期 7 写 R8 的操作将改变指令 3 在时钟周期 8 预期写入存储单元中的值(实际写入 R6 中的值)，从而造成指令 3 执行结果错误，引起数据冒险。

指令 5 写 R10，指令 6 也写 R10，所以指令 5 和指令 6 针对 R10 呈现写后写相关，即 WAW。因为指令 5 写 R10(时钟周期 10)发生在指令 6 写 R10(时钟周期 9)之后，R10 中的结果不是预期指令 6 的结果，而是指令 5 的结果，所以该相关引起数据冒险。

实际程序设计中，不会将指令 5 和指令 6 相邻编排，因为即便在串行执行时指令 5 的结果也会丢失，所以要么两条指令结果写不同的寄存器，要么在指令 5 之后加入保存或使用 R10 数据的指令，这样就消除了两条指令关于 R10 的数据相关，也就不会产生此处的数据冒险。而当各流水段均采用专用流水线寄存器时，指令 3 和指令 4 也不会出现数据冒险。

所以，真正会引起数据冒险的是写后读相关(RAW)。

2. 解决方法

有几种方法处理流水线中数据冒险带来的问题：

（1）采用转发（Forwarding）技术。转发即在某些流水线段之间设置直接连接通路，也称为旁路（Bypassing）或短路（Short-Circuiting）。当转发硬件检测到前面某条指令的结果就是当前指令的源操作数时，控制逻辑会将前面那条指令的结果从其产生的地方直接连通到当前指令所需的位置，而将流水线上某些段旁路或短路掉，使当前指令提前获取操作数，避免流水线停顿。一个功能单元的输出不仅可以直接连通到其自身的输入，而且还可以直接连通到其他单元的输入，如图 7.25 中虚线所示。

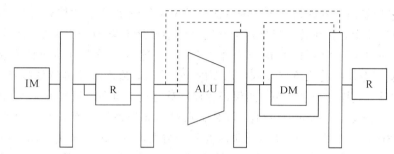

---- (虚线)—转发专用通路；IM—指令储存器；R—寄存器组；ALU—运算器；DM—数据储存器

图 7.25　采用转发技术的流水线

（2）增加专用硬件。如果某种数据冒险不能用转发技术解决，则可以考虑增加流水线互锁（Pipeline Interlock）硬件。互锁硬件先检测流水线上指令间是否存在数据冒险，当发现数据冒险时，使流水线在冒险出现段停顿下来（即插入气泡，或称空操作），直到冒险消失为止。

（3）利用编译器。某些系统的编译器可以对指令重新排序或插入空操作指令，使得会引起数据冒险的指令加载被延迟，但对程序逻辑或输出不受影响，这种技术称为流水线调度或指令调度。

（4）对寄存器读写做特别设计。在 RISC-V 中设定，在流水线时钟周期的前半部分写寄存器，后半部分读寄存器，在同一时钟周期中可以实现对同一寄存器先写后读操作。这样，当不同的流水线段在同一时钟周期内发生 RAW 时，不会产生数据冒险。

7.5.4　控制冒险

一条正在处理的转移指令执行之前，流水线已获取甚至译码了几条在它之后的指令，转移指令的执行必然导致流水线上已有的一些指令变为不可用，需要将转移目标处的指令流重新发送到流水线中，流水线出现断流或停顿，从而引起控制冒险。

使程序执行顺序发生改变的转移指令有两类：无条件转移指令（如无条件跳转、调用、返回指令等）和条件分支指令（为零跳转、循环控制指令等）。由于流水线本身的结构特点，当流水线得知当前处理的是一条转移指令时，紧随转移指令之后的若干指令已被发送到流水线中。

对于无条件转移指令的处理，某些 CPU（如 UltraSPARC Ⅲ）采取对紧跟在无条件转移指令之后的指令必须执行的方法来消除冒险，这样做虽然不符合逻辑，但它可以简化控制。而另一些 CPU 则采取相对复杂的方法，如借助编译器的支持，在程序编译过程中提前计算出转移目标地址。执行无条件转移指令一定发生程序跳转，只要提前确定出转移目标地址，就可以保证跳转发生时流水线不停顿，使控制冒险被消除。

条件分支指令是最难处理的转移指令。为了支持流水线，必须在每个流水线时钟周期内获取指令，但是是否有分支要到流水线深处才能知道，如在 RISC-V 的 MEM 段分支指令才会确定到哪里去取下一条指令，必然造成转移目标地址处的指令加载延迟。所以条件分支指令对流水线性能的影响远比无条件转移指令要大。

以下介绍针对条件分支指令处理控制冒险的方法。

1. 冻结(Freeze)流水线

CPU 采用最简单的冻结流水线的方法处理早期的流水线分支指令，即一旦在指令译码段检测到分支指令，就在转移目标地址确定之前清除所有紧随分支指令之后发送到流水线上的指令，并插入流水线气泡(即空操作指令 nop，这是一条没有动作且不改变状态的指令)。当分支指令从执行段流出并确定出新的 PC 值时，流水线才继续依据新 PC 值获取指令填充流水线。这样做控制简单，能保证程序正确运行，但会严重影响流水线的性能。

为了降低分支指令引起断流(停顿)对流水线性能带来的负面影响，许多 CPU 提供了分支预测(Branch Prediction)机构，即预测分支结果，并立即沿预测方向获取、执行指令，而不是等真正的分支结果确定之后才开始执行正确路径的指令。预测既可以在编译阶段静态完成，也可以由硬件在执行阶段动态完成。要做到百分之百的正确预测几乎是不可能的，但有效的预测方案可以大大减少控制冒险。

2. 静态分支预测(Static Branch Prediction)

程序中遇到条件分支指令时，若条件成立，则程序跳转到转移目标地址所确定的指令继续执行，分支跳转成功；若条件不成立，则程序顺序执行紧跟分支指令之后的指令。统计分析表明，在所有的条件分支中，跳转成功的概率是 67%，其中向前跳转的成功率是 60%，向后跳转的成功率是 85%。

执行条件分支需要完成两个操作，即计算分支目标地址和决定分支跳转是否发生。

分支目标地址的计算可以利用软件或硬件提前完成。例如，可以利用编译器在程序编译时对所有的分支指令计算出跳转目标地址，或者在流水线上将分支目标地址的计算从执行段 EX 前移到译码段 ID。

分支决策可以采用以下预测方法。

1) 预测分支跳转不会发生(Predict Never Taken)

在这样的预测机制下，知道分支结果之前，分支指令和紧随其后的指令均在流水线上正常流动。若分支未发生，则正如预期，流水线正常执行，没有停顿，控制冒险被消除；若分支成功，出现控制冒险，最简单的处理方式是用空操作取代已取得的指令(例如清除流水线输入端到执行段之前的各流水线段)，并到目标地址重新取指令发送到流水线上。

如果一个程序中大多数条件分支指令是用于出错检测处理，那么采用这种预测机制是有利的，因为在正确合理的设计下，出现错误的概率总是很小的。

2) 预测分支跳转总是发生(Predict Always Taken)

在这样的预测机制下，紧随分支指令进入流水线的指令，不是其后的顺序指令，而是从预先计算出的分支目标地址开始连续取得的指令。当分支指令成功跳转时，则正如预期，流水线正常执行，没有停顿，控制冒险被消除。

如果一个程序中包含较多的循环，那么采用这种预测机制是有利的，因为 n 次循环仅有一次会出现分支跳转失败。

3）由编译器预测

当编译器检测到语句 For(i=0；i<1000000；i++){…}时，它就预测到循环尾部的跳转几乎肯定会发生。如果能有办法让编译器把这一信息告诉硬件流水线，将会消除大量的控制冒险。使用这种技术会带来体系结构的变化，而不仅仅是实现问题。例如，微处理器 UltraSPARC Ⅲ 中设计了一组新的条件跳转指令，这些指令中有一位可以由编译器设置，当编译器认为会发生跳转时（或者不会发生时），就设置该位。当遇到这样的指令时，取指单元就直接按照指令中的指示采取行动。

4）预测错误的处理

当预测错误时，流水线控制逻辑必须确保被错误预测的分支之后的指令执行不会生效，并且必须在正确的分支目标地址处重新开始启动流水线。

预测错误时通常有两种处理方法：第一种是允许条件分支指令之后的预测指令继续执行，直到它们将要修改计算机的状态（例如向寄存器中保存数据）。这时并不把计算结果存入寄存器，而是存入一个临时寄存器，当得知预测结果正确时，再把该值复制到实际的寄存器中。第二种是记录将要被覆盖的寄存器的原值（可以保存在临时寄存器中），这样发生预测错误时，可以恢复到正确的状态。这两种方案都很复杂，需要付出很大的努力才能使它们正确工作，尤其是在第一个预测未确定时又遇到第二个条件分支指令，情况将变得更糟糕。所以，提高分支预测的准确性是关键。

对于级数较小的指令流水线，简单的静态预测方案与编译器结合通常会有准确度较高的预测，但深度流水线会遇到许多复杂问题，分支惩罚会明显增加，流水线性能会受到影响。一种改进的机制是使用更多的硬件，并尝试在程序执行期间预测分支行为，即动态分支预测。

3. 动态分支预测（Dynamic Branch Prediction）

动态分支预测通过记录分支指令的近期运行历史，并以此作为预测的依据，来提高分支预测的准确度。

1）1 位分支历史表

动态分支预测的一种实现方案是分支历史表（Branch History Table）或分支预测缓冲器（Branch Prediction Buffer）。分支历史表或分支预测缓冲器是由 CPU 维护的，由分支指令低位地址索引的，位于取指流水段 IF 的一个小存储器，用来记录分支指令在最近一次执行中是否发生了跳转。

图 7.26(a)是动态分支预测的最简单情况。分支历史表为每个条件分支指令分配一个表项，该表项包括分支指令的地址（只保存高地址位作为标识），还有一位用于表示该指令最近一次执行时是否发生了跳转。分支历史表可以作为在 IF 段通过指令地址访问的专用 Cache 来实现，也可以附属于指令 Cache 中的每一块，随指令一起读取。

使用 1 位分支历史表的预测很简单。当译码后发现指令为分支指令时，CPU 查找这张表，按照该指令上次的跳转情况进行预测。如果预测分支跳转将发生，则跳转地址写入 PC，取指流水段立刻从预测方向上开始取指。如果预测错误，改变分支历史表中的相应位，并继续按原顺序取指和执行。

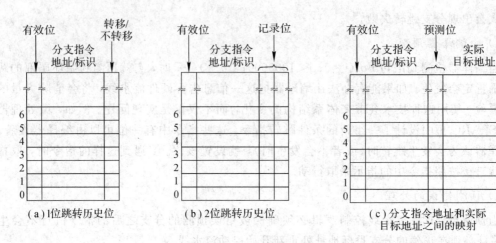

图 7.26　分支历史表

1 位分支历史表最大的问题是，即使一个条件分支几乎总是被接受，我们也可以错误地预测两次，而不是一次。例如，当循环最终退出时，位于循环尾部的分支指令将预测错误，并且这一错误预测将改变历史表中的预测位来指明下次的预测是"不跳转"。当下一次进入循环时，循环第一轮的最后一条分支指令按预测执行时将再次发生错误。如果该循环位于另一个循环的内部，或者在一个频繁调用的程序中，则这种错误将经常发生。

2）2 位分支历史表

为了减少类似循环这样的预测失误，可以在历史表中设置两个记录位，一位是对分支跳转的预测，另一位是上次实际跳转的情况，如图 7.26（b）所示。使用该方案时，只有两次连续的预测都发生错误时才改变预测位。预测算法可以采用 4 个状态的有限状态机（FSM）实现，如图 7.27 所示，其中 2 位编码的左边一位表示预测，右边一位表示上次的实际跳转情况。在一系列连续正确的"不跳转"预测之后，FSM 进入状态 00，并对下一次跳转预测是"不跳转"。如果预测不正确，则 FSM 进入状态 01，但是继续预测是"不跳转"。如果预测仍然不正确，则 FSM 进入状态 11，即把预测位改为"跳转"。该设计只使用了 2 位历史记录，我们也可以使用 4 位或者 8 位历史记录进行预测。

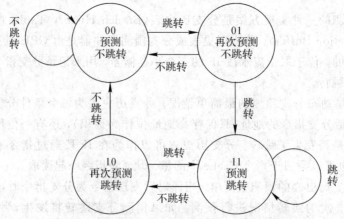

图 7.27　用于分支预测的 2 位编码有限状态机

2 位分支历史表是目前大多数 CPU（如 MIPS R10000 等）采用的动态分支预测技术。

3）分支目标缓存

至此，我们都是假定每条分支指令的目标地址是已知的，或者是一个明确的地址（包括在指令中），或者是相对于当前指令的相对偏移量（即程序计数器加上一个带符号的数），通常情况下这种假设是成立的。但是，某些条件分支指令的目标地址是通过对寄存器内容进行运算得到的，这时，即使图 7.27 中的 FSM 能够准确地预测将要发生的跳转，但是这种预测对于目标地址未知的跳转指令也是毫无意义的，因为仍需要计算分支目标地址，依然存在控制冒险带来的若干时钟周期惩罚。解决这个问题的一种方案是在历史表中保存上一次分支指令的实际跳转地址，如图 7.26(c) 所示，这种方法称为分支目标缓存（Branch Target Buffer，BTB）。

使用分支目标缓存时，如果历史表中记录地址 X 处的分支指令上次发生了跳转并转移到了地址 Y 处，而且现在的预测仍然是"跳转"，那么就假定这次将再次跳转到地址 Y 处。BTB 比简单的分支预测实现代价更大。

4）加入全局分支信息的预测器

2 位动态预测方案只使用了特定分支指令的局部信息。研究表明，将局部分支信息和最近执行的分支指令的全局行为结合在一起，对于采用同样数量的预测位而言，具有更高的预测精度。当分支历史记录的数量和类型足够多时，动态分支预测能达到 90% 的正确率。

这类利用全局分支信息的预测器包括相关预测器（Correlating Predictor）、锦标赛分支预测器（Tournament Branch Predictor）等。因为加入了对其他分支行为的记录而获得了全局历史信息，使这类方法具有更好的预测效果，所以近期研发的一些微处理器使用了这类预测器。

如同其他解决控制冒险的方法一样，较长的流水线会恶化动态预测的性能，并会提高错误预测的代价。

例 7.10 考虑三个分支预测方案：预测分支跳转绝对不会发生、预测分支跳转总是会发生和动态分支预测。假设正确预测时三种方案都有零惩罚，错误预测时都有两个时钟的惩罚，且动态预测器的平均预测准确度为 90%。对于下列分支情形，哪个预测器是最佳选择？

（1）条件分支发生跳转的频率为 5%。

（2）条件分支发生跳转的频率为 95%。

（3）条件分支发生跳转的频率为 70%。

解 （1）因为发生跳转的概率很低，所以最佳预测器选择为预测分支跳转绝对不会发生。

（2）因为发生跳转的概率很高，所以最佳预测器选择为预测分支跳转总是会发生。

（3）因为发生跳转的概率较高，且动态预测器的平均预测准确度为 90%，所以最佳预测器选择为动态分支预测。

例 7.11 一个有 10 轮循环的循环程序段，假设采用 1 位分支历史表进行是否继续循环的预测，则该循环分支的预测准确度为多少？

解 如果该循环程序段仅执行一次，且之前已将预测位设置为跳转，则仅在最后一轮循环中，对循环分支不可避免地会做出错误预测（退出循环时不需要跳转）。因为循环分支有 9 次正确预测，1 次错误预测，故预测准确率为 90%。

如果该循环程序段执行多次，则之后的每次循环程序段执行时，由于上次循环结束时预测错误，且已将预测位修改为不跳转，使得进入本循环程序段的第一轮循环就出现错误预测。然后翻转预测位，使后 8 轮正确预测，最后一轮又出现错误预测。因此，此时循环分支的预测准确率仅为 80%。

4. 延迟分支(Delayed Branch)

延迟分支是利用编译器对指令代码进行重新排序，或在分支指令之后插入有用指令或空操作(Nop)指令，使分支延迟发生时流水线尽可能保持在充满状态。把分支开销为 n 的分支指令看成是延迟长度为 n 的分支指令，其后紧跟 n 个延迟槽。流水线遇到分支指令时，按正常方式处理，同时执行延迟槽中的指令，分支延迟槽中的指令"掩盖"了流水线原来必需插入的停顿周期，从而减少分支开销。

编译器的任务就是在延迟槽中放入有用指令或 Nop 指令，称为延迟槽调度。有三种调度方法：从分支前(From Before)调入、从目标处(From Target)调入、从失败处(From Fall-Through)调入，如图 7.28 所示。

(1) 从分支前调入：被调度的指令必须与分支无关。

(2) 从目标处调入：必须保证在分支失败时执行被调度的指令不会导致错误。有可能需要复制指令。

(3) 从分支失败处调入：必须保证在分支成功时执行被调度的指令不会导致错误。

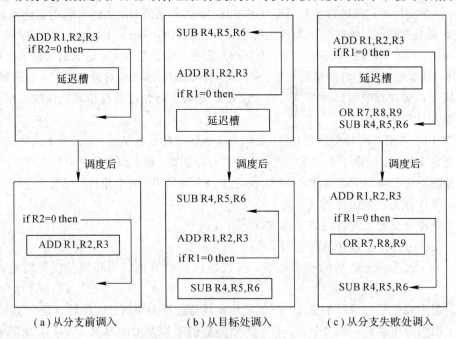

(a) 从分支前调入　　　　(b) 从目标处调入　　　　(c) 从分支失败处调入

图 7.28　调度延迟槽的方法

采用延迟分支法有两个限制：① 放入延迟槽的指令需要满足一定的条件；② 编译器要有预测分支是否成功的能力。为了提高编译器填充延迟槽的能力，大部分带条件跳转的计算机系统都引入了取消分支的技术，即分支指令带有对分支能否成功的预测。当预测正确时，正常执行延迟槽中的指令；否则，将延迟槽中的指令变成空操作(Nop)指令。

5. 结论

事实上，分支指令在允许我们更改程序的执行顺序，使程序设计变得灵活方便的同时，也成为影响流水线性能提高的最大障碍。控制冒险对流水线性能造成的损失远比数据冒险要大得多。

7.6　多发射处理器

对于单条指令流水线来说,理想 CPI 就是 1。也就是说,在没有任何停顿的情况下,流水线毫无断流地处理指令所达到的最大吞吐率是每个时钟周期输出一条指令结果。在实际系统中,可以通过前述的各种手段使单条流水线的实际 CPI 接近于理想 CPI。但随着对指令级并行性更高的要求,期望突破 $CPI_{理想}=1$ 的限制,使实际 $CPI<1$ 成为高性能处理器支持指令级高度并行的基本理念。然而利用每个时钟周期发射一条指令的单流水线处理器是根本无法实现 $CPI<1$ 这个目标的,于是多发射处理器应运而生。

7.6.1　多发射的概念

多发射(Multiple Issue)是在一个时钟周期内启动多个指令并行执行的处理器实现方案。实现多发射处理器主要有两种方法:静态多发射和动态多发射,其主要区别在于编译器和硬件之间的分工。静态多发射(Static Multiple Issue)是在程序编译时由编译器作出指令如何发射的决定。动态多发射(Dynamic Multiple Issue)是在程序执行过程中由处理器硬件作出指令如何发射的决定。

多发射处理器的发射宽度或(并行)度(Degree)是指每个时钟周期可以发射的指令数,它由多发射处理器中可以并行工作的指令流水线数量或可以并行工作的执行单元数量决定。在一个时钟周期内一起发出的一组指令称为发射包(Issue Packet),发射包可以由编译器静态确定,也可以由处理器动态确定。当多发射处理器同时发射多条指令并行执行时,允许指令执行速率超过系统时钟速率,即 $CPI<1$。此时,IPC 是更有用的表示方式,它是 CPI 的倒数,定义为每个时钟周期执行指令的条数。

多发射处理器实现需要解决以下两大问题:

(1) 如何打包指令并将其送到发射槽中?

(2) 如何处理数据冒险和控制冒险?

大多数静态发射处理器依赖编译器协助打包指令和处理数据与控制冒险。编译器的任务包括:确定在指定时钟周期向流水线发送多少条指令以及发送哪些指令,即组织发射包;进行静态分支预测和指令调度,以减少或防止各种冒险,并处理冒险引起的一些后果。

虽然编译器可以针对数据和控制冒险进行必要的指令调度,但并非所有的停顿都是可预测的,例如存储层次结构中的 Cache 不命中会导致不可预测的停顿。所以在动态发射处理器设计中,通常以编译器作为辅助,由处理器硬件在程序运行时采用动态流水线调度(Dynamic Pipeline Scheduling)方式组织发射包和处理数据冒险,使用动态分支预测来推测分支结果,消除尽可能多的控制冒险。动态发射允许处理器在等待停顿结束期间继续执行指令,从而隐藏其中的一些停顿。

典型的多发射处理器有超标量处理器(Superscalar Processor)、超流水处理器(Superpipelining Processor)和超长指令字(Very Long Instruction Word,VLIW)处理器。超标量处理器又分为静态调度超标量处理器和动态调度超标量处理器,两者均为每时钟周期可以发射多条指令，静态调度超标量处理器使用按序执行指令，动态调度超标量处理器使用乱序执行指令。许多超标量处理器的动态发射决策包括动态流水线调度，其硬件支持对指令执行顺序进行重新排序，选择在指定时钟周期中执行哪些指令，同时尽量避免流水线中的冒险和停顿。VLIW 处理器利用编译器实现静态调度，每时钟周期发射固定数目的指令，这些指令或被组织成一条长指令的形式，或被组织成一个固定的指令包，指令间的并行度由指令显式地表示出来。Intel 和 HP 在创建 IA－64 体系结构时，将 VLIW 结构命名为显式并行指令计算（Explicitly Parallel Instruction Computing，EPIC）。超标量处理器、超流水处理器属于动态多发射处理器，VLIW 处理器属于静态发射处理器。

由于发射宽度的增长会削弱静态调度超标量的优势，因此静态超标量主要应用于发射宽度有限（一般情况下只有两条指令）的情况。而对于更大发射宽度，大多数设计者会选择 VLIW 或动态调度超标量来实现。表 7.6 给出了在多发射处理器中应用的五种主要方法以及它们的主要特征。

表 7.6　多发射处理器中应用的方法及其主要特征

方法名称	发射结构	冒险检测	调度	主要特征	实例
超标量（静态）	动态	硬件	静态	按序执行	主要在嵌入领域：MIPS、ARM
超标量（动态）	动态	硬件	动态	部分乱序执行，无推测	目前还没有
超标量（推测）	动态	硬件	带有推测的动态	具有推测的乱序执行	Pentium 4、MIPS R12K、IBM Power 5
VLIW/LIW	静态	软件为主	静态	冒险由编译器确定和指示（通常是隐式的）	大多数实例在嵌入领域，如 TI C6x
EPIC	静态为主	软件为主	多数是静态	所有冒险由编译器显式地确定和指示	Itanium

在多发射处理器中并行地处理指令需要做以下 3 项工作：

（1）检查指令间的相关性，以确定哪些指令可以组合在一起用于并行执行。

（2）将指令分配（Dispatch）给硬件功能单元。

（3）确定多个指令（或放在一个单字中）的启动时刻。

表 7.7 给出了硬件及编译器在这 3 项工作中所起的作用。

表 7.7　并行处理中硬件及编译器的作用

处理器类型	指令成组	分配功能单元	启动
动态超标量	硬件	硬件	硬件
静态超标量，EPIC	编译器	硬件	硬件
动态 VLIW	编译器	编译器	硬件
VLIW	编译器	编译器	编译器

在现代 CPU 中，有许多超标量或 VLIW 设计的处理器，它们支持更高层次的指令级并行(Instruction-Level Parallelism，ILP)机制的开发。

7.6.2　超标量处理器

超标量处理器是由多条指令流水线或多个独立的执行单元组成的处理器。例如，PowerPC 604 有 6 个独立的执行单元：分支执行单元、加载/存储单元、浮点单元和 3 个整数单元，每个单元采用流水结构，构成多条流水线。

1. 超标量处理器的一般结构

在超标量处理器中，简单的操作仅需要一个时钟周期的延迟，正如在基本的标量处理器(单条指令流水线)中一样。许多超标量处理器采用乱序发射、重命名技术，在每个时钟周期发射多条指令，通过使用多条功能流水线对多个标量数据进行并行处理，使每指令时钟数 CPI 实际低于 1。现在实际的超标量处理器可以达到每时钟周期指令数 IPC 为 2~6。

图 7.29 所示的是超标量处理器的一般结构。它由一组流水线结构的功能单元组成，这些功能单元从指令分配器和寄存器文件获取操作数。每个功能单元内含保留站，用来缓存已被发射但尚未执行的正在等待(操作数)的操作。指令译码器、分配器检查在缓冲器中的指令窗口，并决定哪一条指令能被派发到功能单元。一个强大的分配器会尽可能快地发现达到指令级并行的最大指令数，然后尽可能多地将它们派发到各功能单元的保留站中。

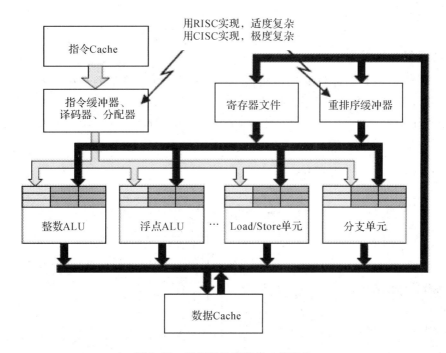

图 7.29　超标量处理器的一般结构

超标量处理器的基本执行过程是：首先从指令 Cache 中获取多条指令并进行相关检查与分支预测，经过静态或动态调度，对指令重新排序；再将不同类型的指令分配到相应的功能流水线上，由发射单元同时启动在不同功能流水线保留站中的指令并行执行。由于大多数处理器采用按序完成策略，因此各流水线执行结果被送入重排序缓冲器，最终提交的是按原程序顺序排序的指令执行结果。

为了充分利用度为 m 的超标量处理器，m 条指令必须是可并行执行的，否则流水线的停顿会使处理器进入等待状态。图 7.30 是度 $m=3$ 的超标量流水线时-空图，每条流水线均由 4 级构成。从图中可以清楚地看到，一个度为 m 的超标量处理器在没有冒险的情况下，其 $\mathrm{IPC_{max}}=m$。

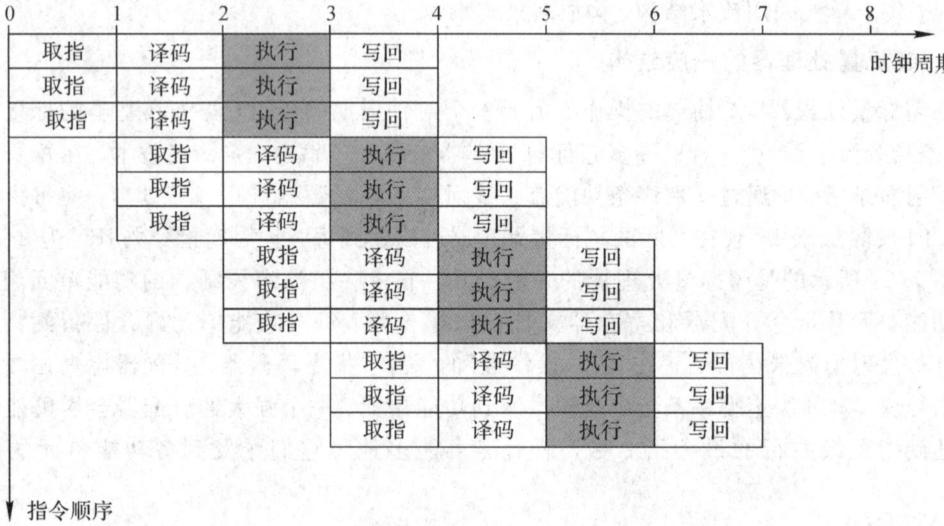

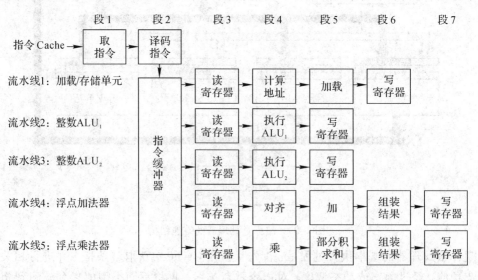

图 7.30　超标量处理器(度 $m=3$)的时-空图

2. 超标量处理器实例

图 7.31 给出的是超标量处理器实例 R10000。R10000 是我们在第 6 章介绍的 SGI/MIPS 公司 1995 年生产的一款 RISC 微处理器，是一个单片的超标量处理器，其每个时钟周期发射 4 条指令，采用乱序控制。当时钟频率为 200 MHz 时，其 CPI 为 0.25，也即每秒

图 7.31　R10000 的指令流水线

执行 800 百万条指令（MIPS＝800）。该微处理器的高性能主要归结于它的快速时钟和 5 个独立的、流水的执行单元，见图 7.31。5 个执行单元中，两个执行定点指令，两个执行浮点指令，一个用于加载和存储指令（包括地址计算）。5 个流水线的长度为 3～5 级，它们的前端是公共的用来取指令和译码指令的 2 级流水线。为了保持流水线尽可能满负荷，需要一个与 CPU 外部存储器的接口，即 R10000 中包含的 1 级 Cache（Level 1，L1），它由 32 KB 的指令 Cache 和 32 KB 的数据 Cache 组成，可以对片外的、更大的 2 级 Cache（Level 2，L2）进行备份。显然，R10000 通过使用多个功能单元，而每个功能单元又采用流水线结构，使它的 IPC 达到了 4。

7.6.3　超长指令字处理器

1. VLIW 处理器的一般结构

VLIW 体系结构是开发指令级并行性的另一种选择。VLIW 处理器的一般结构如图 7.32 所示，对比图 7.29 的超标量处理器的一般结构，两者似乎很相像，但实际上有两个关键不同。

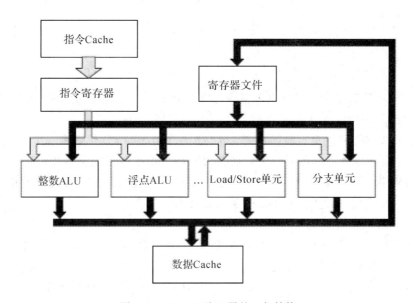

图 7.32　VLIW 处理器的一般结构

（1）VLIW 处理器从指令 Cache 每次取得一条很长的指令字（即 VLIW）存入指令寄存器，该字由几个可以并行执行的原始指令组成，格式见图 7.33(a)，每个原始指令在 VLIW 中所占字段称为一个指令槽或操作槽（Slot），每个槽与功能单元一一对应。指令寄存器将 VLIW 中各原始指令同时派发到各功能单元中并行执行。

（2）VLIW 处理器结构及控制逻辑比超标量处理器简单得多。由于并行执行的指令已由 VLIW 指令一次完整地显式提供，一般不需要完成动态调度或指令/操作的重排序，所以 VLIW 处理器没有复杂的重排序缓冲器和译码、分配逻辑，功能单元中也可以不设置保留站。这导致 VLIW 处理器执行指令的过程也异常简单：从指令 Cache 取得 VLIW 指令，然后在功能单元上并行执行 VLIW 指令。

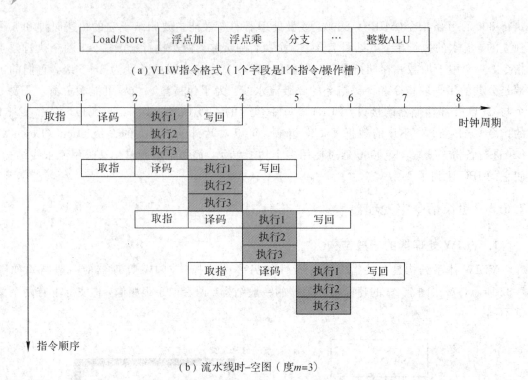

（a）VLIW指令格式（1个字段是1个指令/操作槽）

（b）流水线时-空图（度$m=3$）

图 7.33　VLIW 处理器指令格式和流水线时-空图

使 VLIW 处理器最大限度地发挥指令级并行能力的关键是如何生成 VLIW 指令。大多数 VLIW 处理器采用编译器完成这项工作。

编译器首先对源程序进行冒险检查、分支预测、指令调度，然后将一组不相关、可并行执行、可使尽可能多的功能单元处于忙状态的原始指令按约定的指令槽、依代码顺序组装在一条 VLIW 指令中，存入指令 Cache。典型的 VLIW 处理器具有数百位的指令长度。为了简化指令译码及处理过程，VLIW 指令一般采用固定格式。

在 VLIW 处理器设计与工作中，编译器一直是其中的重要角色。编译器功能的强弱直接影响到 VLIW 处理器实际能够达到的指令级并行程度。对编译器的基本要求是：能够产生充分调度的、没有冒险的程序代码。

图 7.33（b）是 VLIW 处理器流水线时-空图，与超标量处理器类似，一个度为 m 的 VLIW 处理器，其 $\text{IPC}_{\max}=m$。

2. VLIW 处理器实例

TMS320C6200 是 Texas Instruments 公司生产的定点 DSP，是一个高档的 VLIW 处理器，其内部结构如图 7.34 所示。内核采用 Load/Store RISC 结构，有双独立控制的数据通路，各含 4 个深度流水的功能单元(L、S、M、D)，有两组共 32 个 32 位寄存器。L 单元为浮点 ALU，同时完成 40 位整数 ALU/比较、位计数、规格化操作；S 单元为浮点辅助单元，同时完成 32 位 ALU/40 位移位、位域、分支操作；M 单元为浮点乘法器，同时完成 16×16位或 32×32 位的整数乘法；D 单元为 64 位 Load 部件，同时完成 8/16/32 位的 Load/Store、32 位加减、地址计算的操作。单指令字长 32 位，取指令单元每时钟周期可以从程序存储器获得多达 8 条指令到功能单元，这 8 条指令组成一个指令包(VLIW)，总字长为 256

位。芯片内部设置了专门的指令分配模块，可以将 256 位的指令分配到 8 个功能单元中，并由 8 个功能单元并行运行。TMS320C6200 芯片的时钟频率可以达到 250 MHz，当 8 个功能单元同时运行时，该芯片的处理能力达 2000 MIPS。

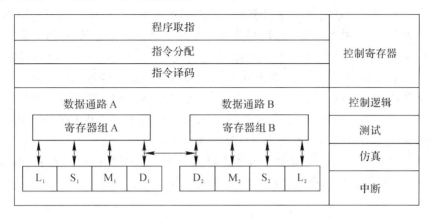

图 7.34　TMS320C6200 CPU 的内部结构

3. VLIW 与 CISC、RISC 的对比

VLIW 被认为是 RISC 的天生继承者，因为它将复杂性从硬件转移到了编译器，从而可以使处理器更简单、更快速。VLIW 的目标是消除在大多数处理器中出现的复杂的指令调度和复杂的指令并行分配，理论上，VLIW 处理器比 RISC 芯片应该更快、更便宜。表 7.8 是 VLIW 与 CISC、RISC 的简要对比，从中可以看出 VLIW 处理器的优势。所以，有一种观点认为，采用 VLIW 结构是简化处理器的有效途径。

表 7.8　VLIW 与 CISC、RISC 的比较

结构特点	CISC	RISC	VLIW
指令长度	可变	固定，通常 32 位	固定，通常数百位
指令格式	字段放置多样化	规则，一致的字段放置	规则，一致的字段放置
指令语义	从简单变化到复杂，每条指令包含多个非独立操作	几乎总是一个简单操作	多个简单、独立的操作
寄存器	少量，有些是专用的	许多，通用的	许多，通用的
涉及存储器	在许多不同类型的指令中与操作捆绑	不与操作捆绑，如 Load/Store 结构	不与操作捆绑，如 Load/Store 结构
硬件设计焦点	微码实现	单流水线实现，无微码	多流水线实现，无微码，无复杂分配逻辑

7.6.4　多发射处理器的限制

超标量结构和超长指令字结构在目前的高性能微处理器中被广泛采用，但是它们的发展都遇到了难以逾越的障碍。

超标量结构使用多个功能部件同时执行多条指令来实现指令级并行(Instruction Level Parallelism，ILP)，但其控制逻辑复杂，多指令译码、发射机制实现困难。研究表明，超标量结构的并行度一般不超过 8。

VLIW 结构遇到的难题是：① 需要强大的编译技术支持，但同时由于程序中指令级并行性的内在限制(如真数据冒险、大约每 6 条指令有 1 条跳转指令等)，即使采用最好的编译器，仍存在 VLIW 处理器利用并行机制的限制；② 为了避免冒险，有时需要在 VLIW 指令槽中插入空操作指令，而较低的槽利用率会浪费宝贵的处理器资源。一种解决方案是减少指令槽来压缩指令长度，以此来减少 VLIW 指令中的空操作，潜在的问题是短的指令可能会限制并行执行的指令数量。如何有效地设计 VLIW 指令格式及编码，使指令级并行性最大化与资源的充分利用达到平衡也是设计中的一个难题。

流水线和多发射的执行均增加了指令的峰值吞吐量，并试图充分利用指令级并行性。然而，程序中的数据和控制冒险为持续提升性能设置了上限，因为处理器有时必须等待解决某些冒险。

多核处理器是目前可以替代并超越超标量处理器和超长指令字处理器的最佳选择。像 UltraSPARC T2 这样的多核(8 个内核)处理器，已经不仅仅是可以并行执行多条指令了，而是已将指令级并行上升到了线程级并行。

7.7　指令级并行概念

自 1985 年以来，所有的处理器都采用流水线方式使指令的执行可以重叠进行以提高性能。由于可以将指令间的关系看作是并行的，因此将指令间的这种潜在重叠称为指令级并行(ILP)。指令流水线是一种在连续指令流中开发指令级并行机制的技术。

指令级并行程度越高，CPU 处理指令的吞吐量就越大，CPU 的性能就越强。所以，如何通过各种可能的技术获得更高的指令级并行性是计算机体系结构、组织、实现的设计者们研究的重要课题。

开发指令级并行的方法大致可以分为两类：一种方法依赖于硬件，动态地发现和开发指令级并行；另一种方法依赖于软件技术，在编译阶段静态地发现可并行的指令。使用基于硬件的动态方法的处理器在市场上占据主导地位，例如 Intel 的 Pentium 系列处理器；而采用静态方法的处理器适用范围局限于科学领域或特定应用环境，例如 Intel 的 Itanium 处理器。过去几年中，这两种方法往往在设计过程中交叉互用。

7.7.1　指令流水线的限制

从式(7.17)和式(7.18)可知，影响指令流水线性能的主要原因是各种冒险导致的流水线停顿。

正如之前所述，在每个时钟周期发射多条指令和使执行单元深度流水是经典的提高指令流水线的技术，也的确可以大幅提升处理器的性能，获得更进一步的指令级并行。然而，开发更高程度的 ILP 面临着严重的困难。

增加指令发射的宽度和指令流水线的深度，使一次发射的被执行指令的数量增多，导致像指令窗口、重新排序缓冲器和重命名寄存器文件、端口数量等硬件结构的容量必须足够大，且跟踪所有发射中指令之间相关性的逻辑以指令数平方的速度增长。电路复杂性的迅速增长又使得能控制发射大量指令的计算机建造更困难，反而又限制了实际的发射宽度和流水线深度。

增加指令发射的宽度和指令流水线的深度，要求复杂硬件电路和高频率时钟的支持，产生的最直接结果是 CPU 功耗的上升。目前已逐渐形成的共识是，功耗是限制当代处理器发展的首要因素。

7.7.2 突破指令流水线限制的途径

单纯地追求流水线深度的设计理念已逐渐被抛弃，现在想要再看到像 Prescott 核心的 Pentium 4 那样具有 31 级流水线的处理器已不是一件容易的事了。取而代之的是，设计者转而从更深层次地解决流水线中可能存在的各种相关性入手，来寻求提高指令流水线性能的各种手段。

从追求 CPU 时钟频率、流水线深度到在 CPU 中寻求更多的并行机制，我们已经看到了对指令流水线的发展和突破。由多核 CPU 带来的多指令流水线，使指令级并行性得到大幅提高的同时，已将并行层次提升到线程级。然而，无论是指令级并行还是线程级并行，解决流水线内部、流水线之间、指令之间或线程之间的相关或冒险问题，仍是保障其并行机制具有高度并行性的关键。

在现代的处理器中，比较成熟的提高指令级并行的技术见表 7.9，表中的一部分技术已在 7.5 节中讨论。

表 7.9 提高指令级并行的技术

技　　术	简要说明	主要解决的问题
转发和旁路	在流水线段间建立直接的连接通路	潜在的数据冒险停顿
简单转移调度	冻结流水线，预取分支目标，多流，循环缓冲器等	控制冒险停顿
延迟分支	利用编译器调度，填充延迟槽	控制冒险停顿
基本动态调度（记分板）	RAW 停顿，乱序执行	真相关引起的数据冒险停顿
重命名动态调度	WAW 和 WAR 停顿，乱序执行	反相关和输出相关引起的数据冒险停顿
分支预测	动态分支预测，静态分支预测	控制冒险停顿
多指令发射	多指令流出（超标量和超长指令字）	理想 CPI
硬件推测	用于多指令发射，使用重排序缓存	数据冒险和控制冒险停顿
循环展开	将循环展开为直线程序，消除判断、分支开销，加速流水	控制冒险停顿
基本编译器流水线调度	对数据相关指令重排序	数据冒险停顿

技　术	简要说明	主要解决的问题
编译器相关性分析	利用编译器发现相关	理想 CPI，数据冒险停顿
软件流水线，踪迹调度	软件流水：对循环进行重构，使得每次迭代执行的指令是属于原循环的不同迭代过程的。 踪迹调度：跨越 IF 基本块的并行度	数据冒险和控制冒险停顿
硬件支持编译器推测	软硬件推测结合	理想 CPI，数据冒险停顿，控制冒险停顿

7.7.3　指令级并行的限制

因为在流水线中无法缓解的相关降低了指令之间的并行性和可持续的发射率，不能在运行时或编译时准确预测的分支将限制利用 ILP 的能力，存储层次结构中的 Cache 失效也限制了保持流水线满负荷的能力，所以，尽管存在每个时钟可发射 4～6 个指令的处理器，但很少有应用程序能够支持每个时钟两个以上指令的发射。另外，仅从指令流水线本身和单一线程中已经不太可能获取更多的指令级并行性，主要有两个方面的原因：一是不断增加的芯片面积提高了生产成本；二是设计和验证所花费的时间变得更长。在目前的处理器结构上，更复杂化的设计也只能得到有限的性能提高。

未来的主流应用需要处理器同时具备执行更多条指令的能力，对单一线程的依赖限制了多数应用可提取的指令并行性，而主流商业应用，例如，在线数据库事务处理、网络服务(Web 服务器)等，一般都具有较高的线程级并行性(TLP)。为此，研究人员提出了两种新型体系结构：单芯片多处理器(CMP)与同时多线程(SMT)处理器，这两种体系结构可以充分利用应用中的指令级并行性和线程级并行性，从而显著提高这些应用的性能。有关多核与多线程的概念已在第 6 章中做了介绍。

线程级并行技术将处理器内部的并行由指令级上升到线程级，旨在通过线程级的并行来增加指令吞吐量，提高处理器的资源利用率。

TLP 处理的基本思想是：当某一个线程由于等待内存访问结果而空闲时，可以立刻导入其他的就绪线程来运行，使处理器流水线始终处于忙碌的状态，从而使系统的处理能力提高，吞吐量提升。

现在，业界普遍认为，TLP 将是下一代高性能处理器主流体系结构采用的技术，ILP 将成为 TLP 技术实现的基础。多线程技术的出现已预示着线程级并行时代的到来。

习　　题

7.1　列举用 k 级流水线设计浮点运算器的优缺点。

7.2　一个浮点流水线有 5 级，其延迟分别为 110 ns、90 ns、120 ns、80 ns、100 ns。该流水线的最大吞吐率是多少 MFlops？

7.3 何谓指令的重叠执行方式？请举一例，并用示意图描述。

7.4 在指令流水线中，影响流水线性能的主要障碍是条件分支指令。请简要介绍至少3种处理条件分支指令的方法。

7.5 假设某指令序列中20%的指令是Load指令，并且紧跟在Load指令之后的半数指令需要使用到Load的加载结果。如果这种数据相关引起的冒险将产生一个时钟周期的延迟，则理想流水线(没有任何延迟，CPI为1)的指令执行速度比这种真实流水线的快多少？

7.6 请为连续执行下列两表达式生成在流水线上没有暂停的指令序列：

  a＝b＋c；

  d＝e－f；

假设从主存加载的延迟为1个时钟周期，a、b、c、d、e、f为存储单元地址。

7.7 某CPU内有5级指令流水线，每级的处理时间(包括级间流水线寄存器延迟)为10 ns、5 ns、5 ns、10 ns、5 ns。

(1) 当执行1000条指令时，该流水线的吞吐率和加速比为多少？

(2) 若要改进该流水线的性能，可对流水线做何改造？改造后的流水线吞吐率可达到多少？

7.8 某流水线由5级构成，在该流水线上执行如图7.35所示的一段程序。设该程序循环执行10次，其中5次在循环体内部产生了分支跳转，且指令 $I_9 \rightarrow I_6$ 跳转可由编译器提前预测而不造成停顿。

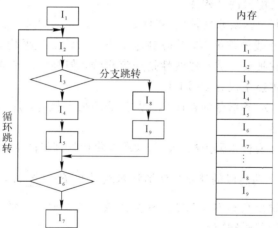

图 7.35 习题 7.8 附图

(1) 画出5级流水线执行该程序的时-空图；

(2) 计算该流水线实际的吞吐率、加速比和效率。

7.9 某CPU有4级指令流水线，各级分别为取指IF、读数RD、执行EX(包括乘、加两路)和写结果WB，如图7.36所示(T为1个时钟周期)。在执行段EX，乘法运行需要4级，加法运行需要1级。假设执行以下运算：

  R1＝R4×R0

  R2＝R4＋R6

  R3＝R2×R5

(1) 分别画出在该流水线上按序执行与乱序执行这段代码的时-空图；

(2) 确定该流水线按序执行与乱序执行这段代码所用的最小时钟数。

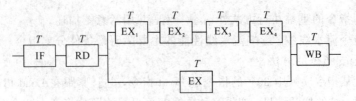

图 7.36 习题 7.9 附图

7.10 考察一台非流水型机器。假设它的时钟周期是 10 ns，ALU 操作和分支操作需要 4 个时钟周期，存储器操作需要 5 个时钟周期；以上操作的比例相应为 40%、20%、40%。假设由于存在时钟偏移和启动时间，一台流水型机器的时钟周期增加了 1 ns，并忽略延迟的影响，那么该流水线的加速比是多少？

7.11 某台单流水线多操作部件处理机，包含有取指、译码、执行三个功能段，在该机上执行如下程序。取指和译码功能段各需 1 个时钟周期；MOV 操作需 2 个时钟周期，ADD 操作需 3 个时钟周期，MUL 需 4 个时钟周期，每个操作都是在第一个时钟周期接收数据，在最后一个时钟把结果写入寄存器。

K：　　MOV R1,R0　　；R1←(R0)

K+1：MUL R0,R2,R1　；R0←(R1)×(R2)

K+2：ADD R0,R2,R3　；R0←(R2)+(R3)

(1) 画出流水线功能段的结构图；

(2) 画出指令执行过程流水线的时-空图。

7.12 一台非流水线处理机 X，其时钟速率为 25 MHz 且平均 CPI 为 4。对 X 进行改进后的处理机是 Y，它被设计成 5 级线性指令流水线，但是由于流水线寄存器延迟及时钟偏移等影响，Y 的时钟速率仅为 20 MHz。

(1) 如果有一个 100 条指令的程序在这两台处理机上执行，那么处理机 Y 与处理机 X 相比较的加速比是多少？

(2) 当这一程序在两台机器上执行时，试计算每台处理机的 MIPS 速率。

7.13 用一条 5 个功能段的浮点加法器流水线计算 $F = \sum_{i=1}^{10} A_i$。每个功能段的延迟时间均相等，流水线的输出端和输入端之间有直接数据转发通路，而且设置有足够的缓冲寄存器。要求用尽可能短的时间完成计算。

(1) 画出流水线时-空图；

(2) 计算流水线的实际吞吐率、加速比和效率。

7.14 图 7.37 是某 4 级指令流水线的时-空图，求该流水线在不断流时的实际吞吐率（假设 $n=100$）。

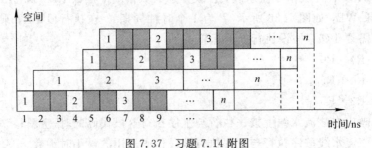

图 7.37 习题 7.14 附图

7.15　假设某超标量处理机的流水线为 4 段，每段运行均为 1 个时钟周期，每个时钟周期可同时启动 3 条指令。现有 9 条互不相关指令的代码序列，那么需要多少个时钟周期才能执行完毕？求流水线的效率，并画出时-空图。

7.16　某超标量处理器中流水线的度 $m=2$，其每条流水线有 8 级，各流水线段采用同步推进控制，控制时钟为系统主频 1 GHz，请问：

（1）流水线各段的运行时间为多少？

（2）一条指令的执行时间是多少？

（3）该处理器的理想 CPI 为多少？TP_{max} 为多少？

（4）在流水线不停顿的情况下，执行 1000 条指令需要多长时间？加速比为多少？

7.17　某超长指令字处理器的流水线由 6 级组成，其中执行段有 5 个并行工作的功能单元，流水线上最慢的流水线段运行时间为 2 ns，请问：

（1）该处理器可以向流水线同时发射的指令数最多为多少？

（2）该处理器的最大指令吞吐率为多少？

第8章 总线与输入/输出系统

无论是微型的片上系统(SoC)还是巨型的高性能计算机,都可以看作是由CPU、存储(子)系统、输入/输出(子)系统以及三者的互连网络组合而成的。在一个计算机系统中,如果没有输入/输出(I/O)系统,计算机将无法与外界协作、交流,它就会成为无用之物。而连接计算机系统中各模块、各子系统的互连网络对于计算机系统的结构、性能有极大的影响。所以,输入/输出系统、互连网络也同CPU、存储系统一样是计算机系统中不可缺少的基本组成。本章将介绍输入/输出系统以及现代计算机中最常用的一种互连网络——总线。

8.1 概 述

8.1.1 总线

一台计算机由CPU、存储器、I/O设备三类模块组成,它们通过适当的通路进行连接,连接三类模块的通路的集合称为互连结构(或互连网络)。仅在两个部件之间传递信息的通路称为专用通路,而在不同时刻传递不同部件之间信息的通路称为共享(公用)总线。更广义地讲,总线就是计算机系统中多个部件或设备共用的传递信息的数据通路(电子通道)。

现代计算机系统的基本互连结构是总线。一个总线结构的计算机是指其内部的各种子系统和模块通过公用总线相互连接、通信而构成的计算机系统,它的基本架构如图8.1所示。系统中的所有功能模块均连接在系统总线上,CPU利用总线对存储器、I/O资源进行管理和操作。

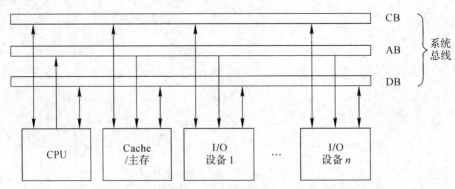

图8.1 利用单总线进行连接通信的计算机系统

例如,将计算机系统主存中的数据输出到外设的过程如下:

(1) CPU送出存储单元地址到AB(地址总线),并通过AB送到主存模块,主存模块对接收到的主存地址进行译码，从而选中指定的存储单元。

（2）CPU 发出读控制信号（RD）至 CB（控制总线），并通过 CB 送到主存模块，使主存芯片对指定的主存单元进行读出操作。

（3）从主存指定单元中读出的数据被加载至 DB（数据总线）。

（4）CPU 送出 I/O 地址到 AB，I/O 接口对 AB 上的 I/O 地址进行译码，以确定待操作的 I/O 设备（接口）。

（5）CPU 发出写控制信号（WR）至 CB，并通过 CB 送到选定的 I/O 设备（接口），使 I/O 设备（接口）对 DB 上的数据（从主存中读出的）进行接收操作。

至此，完成了将主存中的数据输出到外设的传输过程。

从上述过程可以看出，任何模块间的信息（地址、数据、控制）都是通过总线来传递的，总线成为系统的中枢、信息的通路，自然而然地成为了影响系统性能的一个重要的组成部分。

这种利用总线实现计算机系统内部各部件之间进行数据交换的方式在现代计算机系统中已普遍使用，它使系统结构更简洁清晰，系统的构建更简便规范。不仅如此，总线还用在了计算机与外设之间、计算机系统与计算机系统之间的连接上，甚至在集成芯片内部也采用总线作为互连手段，例如在第 6 章介绍的单总线结构的 CPU。

PC 总线技术的发展主要经历了 ISA、PCI 和 PCIe 等几个阶段。PCI 取代旧的 ISA 总线，使得系统总线不再依赖于特定的 CPU，且支持即插即用、热插拔、多级扩展等功能，增加的并行数据传输位数和总线时钟频率也大幅提高了数据的传输速度。而 PCIe 取代 PCI 发生的是根本性变化，PCIe 甚至不能称之为总线了，它是采用串行传输、包交换的点到点网络，传输方式更接近于互联网，而不像传统的总线，相关内容请参见 8.2.4 节。

8.1.2　输入/输出系统

当利用总线将计算机系统中的各模块连接在一起之后，计算机如何与外部世界发生联系，输入/输出设备如何与计算机有效连接便成为输入/输出系统设计要解决的关键问题。输入/输出系统由输入/输出设备、输入/输出接口、输入/输出控制器、输入/输出控制管理软件等部分组成，它主要实现如下功能：

（1）将各种输入/输出设备有效地接入到计算机系统中。

（2）将计算机外部输入设备的信息输入到计算机内部，以便能够得到加工处理，该功能简称为输入操作。

（3）将计算机内部存储或加工处理的信息输出到计算机之外，以提供给计算机外部的输出设备使用，该功能简称为输出操作。

也就是说，输入/输出系统主要负责完成计算机系统与输入/输出设备之间的信息交换。

输入/输出系统的设计目标主要有两点：

① 使 CPU 与外部设备在处理速度上相互匹配；

② 尽可能实现 CPU 与外部设备并行工作，提高系统工作效率。

通常外部设备的工作速度比 CPU 要慢得多，因而实现前一个目标的主要方法是使用缓冲技术。而实现后一个目标的主要设计思路是减少 CPU 对外部设备的直接控制，甚至用专门的硬件装置去管理外部设备的读写操作。输入/输出技术的发展历程,从程序查询方式、中断方式,到直接存储器存取方式(DMA),再到 I/O 通道方式,充分体现了这一设计思路。

输入/输出系统管理的对象不仅仅是输入/输出设备,还包括外部存储器。由于硬盘、光盘等外存有完全不同于主存的构造及读写方式,特别是速度远低于主存,因此对它们的操作方式采用了与输入/输出设备相同的模式与技术,使它们也成为输入/输出系统管理的对象。正是由于输入/输出系统兼管外存,因此输入/输出系统也负责完成数据在外存中进行存、取的操作。

8.1.3 外部设备

输入/输出设备与外部存储器统称为外部设备,简称外设。外设种类繁多,差异很大。一种非常有用的分类方法是将外设分为字符设备(Character Device)和块设备(Block Device)。字符设备以字符为单位做数据输入或输出,显示器、打印机、鼠标、(游戏)操纵杆属于此类。块设备以数据块为单位做数据输入或输出,块的大小一般为 512~32 768 字节,硬盘、光盘、磁带属于此类。无论是 I/O 设备的输入/输出操作,还是外存的读写操作,输入/输出系统对外设的管理都是通过采用适当的输入/输出技术来实现的。

输入设备有多种,最常用的有鼠标、键盘、触摸屏和游戏控制器等。

(1) 鼠标:按工作原理可分为机械鼠标、光学鼠标和激光鼠标等,现在最常见的是光学鼠标;按接口可分为 PS2、USB、无线鼠标等。

(2) 键盘:按工作原理可分为机械键盘、塑料薄膜键盘、电容键盘等;按接口可分为 PS2、USB、无线键盘等。

(3) 触摸屏:近十几年引入的新输入方式,广泛用于平板电脑、手机、电子书阅读器等,按工作原理可分为红外型、电阻型和电容型等。

(4) 游戏控制器:专用于视频游戏操作的输入设备。典型示例如任天堂的 Wiimote 和微软的 Kinect,它们都采用了计算机视觉技术来捕捉人体的动作。

输出设备也有多种,最常用的有打印机、显示器等。

(1) 打印机:将计算机的运行结果、存储信息等打印在纸或其他介质上的常用输出设备。常见的打印机有针式打印机、喷墨打印机、激光打印机等。

(2) 显示器:常见的显示器是液晶显示器,而有机发光二极管(Organic Light-Emitting Diode,OLED)显示器是发展趋势。显示器接口主要有 VGA、DVI、HDMI、DP 等。

8.2 总 线 技 术

总线是计算机系统的互连机构,是连接两个或多个总线设备的公共通信线路,是一组有定义的、可共享的、可传递 0/1 逻辑信号的连接线。总线设备是总线上连接的各种器件、部件、模块等计算机功能部件的统称,它分为主设备(Master)和从属设备(Slave)。主设备是总线上的主控器,是发布控制命令的设备,典型示例是 CPU。而从属设备是总线上的被控对象，是接受控制命令的设备，典型示例是存储器和 I/O 设备。

8.2.1　总线类型与结构

1. 总线类型

为了适应各种连接对象，达到有效连接的目的，总线被设计成多种类型。以下是常用的几种分类方法。

1）按连接层次划分

按照总线连接对象在计算机系统中所处的层次不同，总线可分为：

（1）片内总线：连接 CPU 内部各寄存器、运算器等功能部件的公共连接线。片内总线可以使 CPU 内部设计、功能扩展和升级更容易。

（2）系统总线：连接计算机内部 CPU、主存、I/O 接口等各功能模块的公共连接线，它由地址总线、数据总线、控制总线组成。系统总线也称为内总线，是构成计算机的重要组成部分。

对计算机系统高、精、尖的要求使得现代计算机系统的构成已走向分工协作之路，众多的专业 CPU 制造商、专业存储器制造商、专业 I/O 设备制造商、操作系统制造商、专用工具软件制造商分担了计算机系统中大大小小各种软硬件模块的制造。从硬件设计角度来看，不同厂商生产的 CPU、存储器芯片或模块、I/O 接口及设备如何能够有效地连接在一起，是计算机构成的一大难题。将总线加以规范、制定总线标准是解决这一难题的唯一有效的方法。所有的厂商遵照特定的总线标准生产他们的 CPU、存储器芯片或模块、I/O 接口等计算功能部件，这样，他们的产品就可以在任何采用相同总线的计算机系统中使用，而系统制造商也可以灵活地选择不同厂商生产的产品来组装计算机。不仅如此，总线的标准化也带来了竞争，它使更多的厂商在标准总线的支持下参与产品生产的竞争，促使计算机功能越来越强大，价格越来越便宜，最终的受惠者是计算机用户。

由于对总线性能、使用场合等要求不同，由国际公认的总线制定及标准化组织已先后推出了上百种标准化的系统总线，包括民用级、工业级、军用级总线。使用最广泛的系统总线是 ISA 总线（早期）和 PCI 总线（现在）。

（3）通信总线：计算机之间、计算机与外设之间进行连接的连接线。通信总线也称为外总线或 I/O 总线，是构成计算机系统的重要组成部分。

为了便于不同计算机之间、不同计算机与外设之间进行有效连接，通信总线也采用了标准化。标准化的通信总线也有几十种，其中使用最广泛的通信总线是 RS232 总线（早期）和 USB 总线（现在）。

2）按数据位数划分

按照总线中数据线的多少不同，总线可分为：

（1）并行总线：含有多条双向数据线的总线。并行总线可以实现一个数据的多位同时传输，总线中数据线的数量决定了可传输一个数据的最大位数，如 64 位总线可以实现 64 位数据的各位同时传输。现在常用的标准并行总线有 8、16、32、64 位等几种类型。

由于可以同时传输数据中的每一位，因此并行总线具有数据传输率高的优点。但由于各条数据线的传输特性不可能完全一致,当数据线较长时,数据中的每一位到达接收端时的延迟可能不一致,会造成传输错误,故并行总线不宜过长,适合近距离连接。

(2)串行总线:只含有一条双向数据线或两条单向数据线的总线。串行总线可以实现一个数据的每一位按照一定的速度和顺序依次传输。

由于按位串行传输数据对数据线传输特性的要求不高,只要数据线对信号的衰减在规定的范围内,在长距离连线情况下仍可以有效地传送数据,因此串行总线的优势在于远距离通信。但由于数据是按位顺序传送的,故在相同时钟控制下,串行总线的数据传输率低于并行总线。大多数的通信总线属于串行总线。

3)按用法划分

按照总线的使用方式不同,总线可分为:

(1)专用总线:只连接一对功能部件的总线。专用总线只面向特定的连接对象,在特定的连接对象之间直接建立信息传输通道,它不需要确定数据传输的源和目的,不存在总线竞争,所以控制简单,速度快。

假设计算机系统中有 N 个功能部件采用专用总线互连,那么就需要有 $N\times(N-1)/2$ 组专用总线,包括总线连接线、接口电路、连接头等在内产生的总线成本将会快速增长,使专用总线的使用受到限制。另外,专用总线的时间利用率往往较低,也不利于系统的模块化构造,所以一般仅在特别强调速度的场所使用。

处理器-存储器总线(简称主存总线)就是现代计算机中专用总线的典范,它专用于连接处理器和存储器。它是短的、高速的,并与存储系统相匹配,可使存储器与处理器间的带宽达到最大化。

(2)公用(共享)总线:多个部件、模块、设备共用的互连线。

假设在单一的共享总线上连接 N 个设备,那么,在某时刻只允许一个设备向总线上发送数据,但允许多个设备从总线上接收数据。在公用总线上需要确定每次数据传输的源和目的,要防止总线竞争,所以其控制较为复杂。当有较多的部件、模块、设备通过公用总线连接构成计算机系统时,这个总线可能成为系统速度的瓶颈,这是共享总线面临的最大难题。

共享总线也有很多好处。通过标准化共享总线,可以使系统结构模块化,总线接口标准化,部件选用更灵活,成本造价更低廉。

系统总线是典型的共享总线,计算机中的 CPU、存储器模块、各种外设就是通过共享系统总线互连在一起的。

2. 总线特性

总线不是简单的一组连接线,在所有标准化的总线规范中,总线是被全方位加以规定的。

1)总线的特性

通常总线规范中会详细描述总线各方面的特性,如机械特性、电气特性、功能特性和时间特性。

(1)机械特性:规定了总线的线数,传输线采用的材料,总线插头、插座的形状、尺寸和信号线的排列等要素。

（2）电气特性：规定了总线中每条信号线的有效形式、电流或电压的变化范围、信号传送的方向（输入或输出）、信号采用单端或双端（差动）表示、信号是单向传输或双向传输、信号上拉电阻阻值、驱动电路等要素。

（3）功能特性：规定了总线中每条信号线的功能及数据传输协议。总线信号按功能分为：地址信号、数据信号和控制信号三类，所有地址信号线组成地址总线，所有数据信号线组成数据总线，所有控制信号线组成控制总线。

地址总线用来指定数据总线上数据的来源或目的，其宽度决定了系统的最大的主存地址空间。地址总线也用来寻址 I/O 端口及确定 I/O 地址空间。地址总线的高位用来选择一个特定的主存或 I/O 模块，低位用来选择该模块内的一个主存单元或 I/O 端口。

数据总线提供总线设备间传递数据的通路，通常由 1（或 2 条单向线）、8、16、32 或 64 条线组成，其线数称为数据总线的宽度，定义了可以被同时传送的数据位数。数据总线的宽度是确定整个系统性能的一个关键因素。

控制总线用来控制总线设备对共享的地址总线和数据总线的访问与使用。控制信号在系统模块之间传递命令与定时信息，定时信息指示数据和地址的有效性，命令信号规定要完成的操作。典型的控制线有存储器读、存储器写、I/O 读、I/O 写、传送响应（指示已从总线上接收数据或数据已放在总线上）、总线请求、总线授权、中断请求、中断响应、时钟、复位等。

通常，数据传输协议规定了在数据传输中数据收（目的）、发（源）端的确定方法、数据传输的（包）格式、数据传输的握手机制、错误检测机制、重发机制等相关内容。

（4）时间特性：规定了总线的工作时序，即在总线上完成各种操作时，相关信号状态变化与时钟节拍（时间）之间的关系。时间特性通常用时序图来描述，它具体地规定了完成某种操作要使用哪些信号，信号何时有效、有效形式、有效持续时间，信号间的时间关系等信息。在总线上的两个设备只有遵循时序工作才有可能实现两者间的正确数据传输。

2）总线的性能指标

我们可以多方面设计和评价一个总线的性能，如总线是否具有即插即用（Plug and Play，PNP）功能，是否支持总线设备的热插拔，是否支持多主控设备，是否具有错误检测能力，是否依赖特定的 CPU 等，但以下参数是衡量总线性能很重要的指标。

（1）总线带宽：即总线的最大数据传输率（数据传输率定义为每秒传输的字节数）。在同步通信方式中，总线的带宽与总线时钟密不可分，总线时钟频率的高低决定了总线带宽的大小。总线的实际带宽会受到总线长度（总线延迟）、总线负载、总线收发器性能（总线反射、终端匹配）等多方面因素的影响。

例 8.1 PCI 总线的时钟频率为 33 MHz/66 MHz，当该总线进行 32/64 位数据传送时，总线带宽是多少？

解 假设一个总线时钟周期 T 完成一个数据的传送，时钟频率为 f，数据位为 n，则总线带宽 B 为

$$B = \frac{n}{8T} = \frac{n \times f}{8} \tag{8.1}$$

根据题目给定参数计算的总线带宽如表 8.1 所示。

表 8.1 例 8.1 中的总线带宽

时钟频率/MHz	数据位	总线带宽/(MB/s)
33	32	132
	64	264
66	32	264
	64	528

(2) 总线宽度：即总线的线数，它决定了总线所占的物理空间和成本。对总线宽度最直接的影响是地址线和数据线的数量。主存空间和 I/O 空间的扩充使地址线数量增加，并行传输要求有足够的数据线。如 64 位的数据线和 64 位的地址线在高档微机中已较为普遍，在大型高性能计算机中数据线和地址线更多。对于并行总线，数据线和地址线的复用是减少总线线数的有效方法；对于串行总线，则通过定义极少的(甚至没有)控制信号及 1 位(或 2 位单向)数据线来大幅减少总线线数，其代价是需要较复杂的数据传输格式和协议。如 USB 总线只有 4 条线，即 2 条数据线(差动传输)、1 条电源线和 1 条地线，但它的数据传输格式比较复杂，如图 8.2 所示。

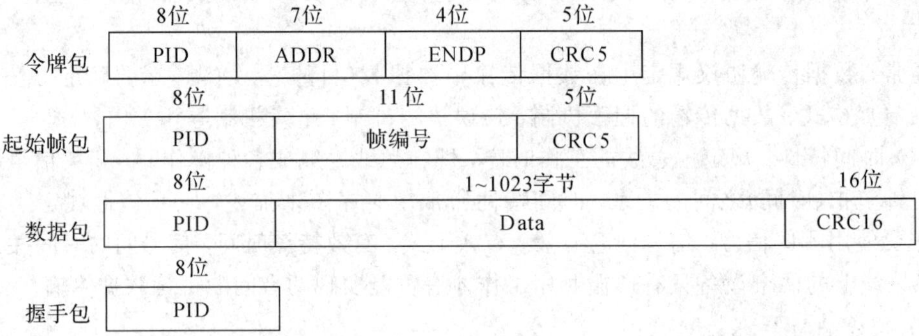

图 8.2 USB 包格式

例 8.2 使用 ISA 总线的 20 条地址线时，允许寻址的主存空间有多大？使用 PCI 总线的 32 条地址线时，允许寻址的主存空间又有多大？

解　　　　　ISA 总线主存空间＝2^{20} 个主存单元＝1 M 个主存单元

PCI 总线主存空间＝2^{32} 个主存单元＝4 G 个主存单元

(3) 总线负载：连接在总线上的设备的最大数量。大多数总线的负载能力是有限的，如 Compact PCI 总线最多可以支持 7 个 PCI 设备，USB 总线利用 Hub(集线器)支持最多 127 个 USB 设备的连接。PCI 总线允许在一条总线中最多接入 32 个物理部件(总线设备，早期版本限制为 10 个)，每一个物理部件可以含有最多 8 个不同的功能部件(称为功能)。除去用于生成广播消息的一个功能部件地址外，在一条 PCI 总线上最多可有 255 个可寻址功能部件。

当需要连接到总线上的设备数超过其负载数时，需要采取总线驱动、多级总线结构等技术手段来解决扩充总线设备数的问题。

3. 总线结构

在早期的计算机系统中，总线只有一个，称为单总线结构，如图 8.1 所示。系统中的所有部件都连接在唯一的系统总线上，当总线上一对功能部件（如 CPU 与存储器）进行信息交换时，其他所有部件的信息传送操作都必须停止，单总线结构使许多操作无法并行进行，严重影响了计算机速度的提高。因此，单总线结构是早期计算机系统速度提高的瓶颈。另外，总线设备性能不一，差别巨大，单总线结构要想适应大量总线设备的连接，势必出现复杂性增加而性能可能下降的状况。

打破瓶颈的有效方法就是为数据传输建立多条通路，使不同的数据可以同时在不同的通路中传输，由此便形成了多总线结构。

多总线结构是由两种以上总线组成的系统互连结构。多总线结构有多种结构形式，如图 8.3 所示的是其中一种。它由三种功能的总线集合而成，即系统总线、内存总线、I/O 总线。利用不同功能的总线，可以实现不同模块间的相互连接和不同功能的并行处理。例如，当 CPU 利用内存总线访问某主存区域时，DMA 控制器（一种总线主设备）可以利用 I/O 总线控制另一个主存区域与 I/O 设备间的数据交换。

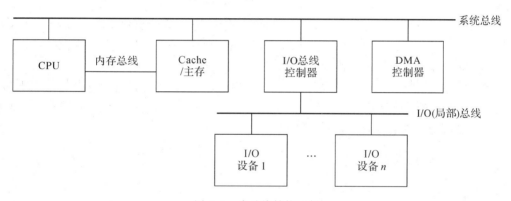

图 8.3　多总线结构示例

PCI（Peripheral Component Interconnect，外部组件互连）总线结构是一种典型的多总线结构。图 8.4 是一个基于 PCI 总线的系统示意图。利用专用的 CPU 总线和存储器（M）总线实现处理器、Cache 和主存（MM）的连接。桥接器是 PCI 总线接口器件，是 PCI 总线上的一种特殊 PCI 设备，在将系统中的设备连接到 PCI 总线上起关键作用。CPU、主存通过主桥（Host Bridge）连接到 PCI 总线 0 上，在 PCI 总线 0 上还连接了视频等高速设备。PCI 总线 0 是系统中的主干 PCI 总线（系统总线），PCI-PCI 桥接器将主干总线 PCI 总线 0 与下级总线 PCI 总线 1 连接在一起。在 PCI 标准术语中，PCI 总线 1 是 PCI-PCI 桥接器的下游（Downstream），而 PCI 总线 0 是 PCI-PCI 桥接器的上游（Upstream）。SCSI（Small Computer System Interface，小型计算机系统接口）和以太网设备等通过二级 PCI 总线连接到这个系统中，在物理实现上，桥接器和二级 PCI 总线被集成到一块 PCI 卡上。PCI-ISA 桥接器用来生成 ISA（Industry Standard Architecture，工业标准体系结构）总线，支持古老的 ISA 设备接入到系统中。图 8.4 中的超级 I/O 控制器（Super I/O Controller）用来控制 ISA 接口的键盘、鼠标及软盘设备。PCI-USB 桥接器用来生成 USB（Universal Serial Bus，通用串行总线）总线，支持现代的各种 USB 设备接入到系统中。

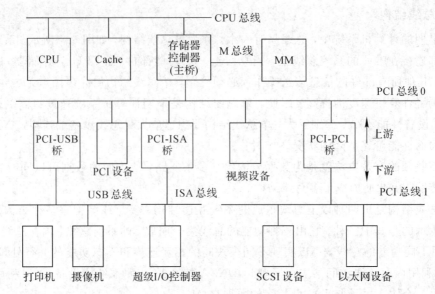

图 8.4 一个基于 PCI 的系统示意图

利用 PCI-PCI 桥、PCI-ISA 桥、PCI-USB 桥芯片，可以产生多级 PCI 总线和 ISA/USB 等扩展总线，多个扩展总线可以连接各种中、低速的 I/O 设备，在扩大总线设备接入数量的同时，也允许某些操作并行执行。

多总线结构中的专用总线在设计上可以与连接设备实现最佳匹配，所以每条总线都可以是精干、快速的。更重要的是，多总线结构的核心优势是支持并行操作，而并行技术是当前计算机提高速度或吞吐量的最有效手段。

8.2.2　总线信息传输方式

1. 总线操作

在计算机系统中，所有功能的实现基本上是由两类操作相互配合而达成的，其一是数据在功能部件内部进行加工处理，其二是数据在功能部件之间进行有效传输。在总线结构中，各功能部件(总线设备)之间为实现各种功能所需要的控制、状态、数据等信息是利用共享总线来传输的，所以在总线上为配合某种功能的实现而进行的各种信息的传输称为总线操作。

总线操作有两种：读操作和写操作。总线读操作是从属设备通过总线向主设备传送数据。总线写操作是主设备通过总线向从属设备传送数据。总线操作的具体实现与采用哪种总线通信方式、地址/数据总线是否复用等密切相关，通常用时序图来描述。

图 8.5、图 8.6 为 PCI 总线的读/写操作时序图。从时序图中可看出，PCI 总线进行数据传输采用的是同步通信方式，地址/数据总线（AD）是复用的。总线读/写操作由地址段（Address Phase）启动（从$\overline{\text{FRAME}}$信号有效开始），在数据段（Data Phase）进行数据传输（$\overline{\text{DEVSEL}}$信号须有效）。$\overline{\text{IRDY}}$和$\overline{\text{TRDY}}$中的任一信号无效时，数据段会插入等待周期。每次具体要完成哪种总线操作由 C/$\overline{\text{BE}}$信号在地址段提供的总线命令（BUS CMD）决定，而 C/$\overline{\text{BE}}$信号在数据段提供有效字节允许信息。当$\overline{\text{IRDY}}$有效而$\overline{\text{FRAME}}$无效时，指示当前的数据段是本次总线操作的最后一个数据段，并在最后一个数据传输之后总线操作结束。

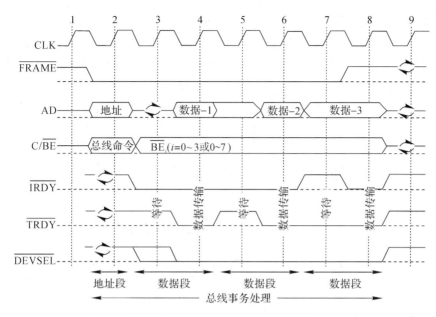

图 8.5　PCI 总线的基本读操作时序

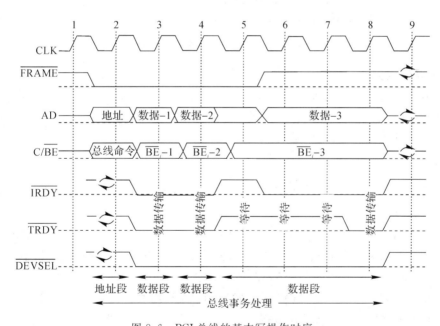

图 8.6　PCI 总线的基本写操作时序

　　为了保证每种总线操作能够正确实现，每种标准总线都对它支持的总线操作做出了严格的规定，包括使用什么信号、信号何时有效、有效时间长短、信号间的时间关系等等。通常将完成一次总线操作所需的时间定义为总线周期，一个总线周期可以是一个时钟周期（大多数为 RISC 系统），也可以是多个时钟周期（大多数为 CISC 系统）。如果从属设备的速度低于主设备，则可以在读/写总线周期中插入等待周期。利用在不同时钟周期主设备通过总线向从属设备发出控制信号或发送设备通过总线将数据传送给接收方，使计算机完成各种操作，从而实现各种功能。

总线上除了读/写操作之外，通常还有中断请求/响应、总线请求/授权等操作。图 8.7 是 PCI 总线的中断响应时序。与传统的中断控制器 8259（见 8.4.2 节）双周期响应不同，PCI 运行的是单周期响应。将 x86 CPU 的两周期中断响应形式转换为 PCI 的一周期形式是很容易由桥（Bridge）来完成的，桥丢弃了来自处理器的第一个中断响应周期。

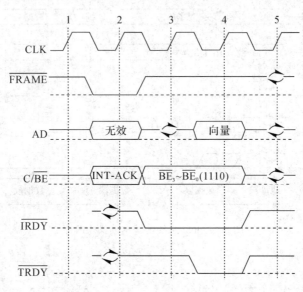

图 8.7　PCI 总线的中断响应时序

2. 数据传输方式

总线上进行一次传输的过程大致分为 5 个阶段：传输请求、总线仲裁、部件/设备寻址、数据传输和总线释放。其中数据传输的基本方式有并行传送方式、串行传送方式、分时传送方式和消息传送方式。

1）并行传送方式

并行传送方式主要是针对数据传输而言的，当一个数据的每一位利用多条数据线同时传输时构成并行传送。

并行传送的传输速率高，一般在高速传输的场合使用。例如，在计算机系统内部、CPU 内部均采用并行数据传送方式。并行传送需要较多的数据线，使得总线连接器尺寸增加，收发设备复杂度增高，成本增大，传输距离受到限制。

并行传送方式采用同步信号确定收、发时刻，并利用时钟严格规定数据在总线上的传输时间，即采用同步通信方式控制数据的传输。

2）串行传送方式

串行传送方式也是针对数据传输而言的，当一个数据的各位利用一条数据线依次进行传输时构成串行传送。

串行传送距离远，所以在计算机系统之间、计算机系统与设备之间常采用串行数据传送方式。串行传送需要最少的数据线，传输成本低。但串行传送的传输速率相对较低，一般在中、低速传输的场合使用。

串行传送对数据传输的控制可以采用同步通信方式，也可以采用异步通信方式。

3）分时传送方式

分时传送方式是指在不同时段利用总线上同一个信号线传送不同信息。例如，PCI 总线的地址和数据线采用共用一组 AD[31/63:0]信号线的方式工作，在总线读/写操作中（见图 8.5 和图 8.6），前两个时钟周期 AD[31/63:0]线上出现的是地址信号，之后的时钟周期 AD[31/63:0]线上出现的是数据信号。这种分时共用信号线的方式又称为分时复用，采用这种方式的目的是减少总线线数，提高总线的利用率。在并行总线中，复用主要用于地址和数据上，这样可以显著减少总线数量，但也可以用于某些控制信号、状态信号上，例如，PCI 总线的 C/$\overline{BE}$[7:0]就是命令与字节允许复用信号线。

分时复用的信号需要时间信息或控制信号来加以分辨，且不能同时有效，所以，分时传送方式会使总线操作速度有所下降，控制复杂度有所增加。但总线线数的显著减少可以极大地降低总线成本。

4）消息传送方式

消息（Message）是一种规定格式的数据包，该数据包包含地址、数据或控制等信息。消息传送以猝发方式传递消息包。猝发方式（Burst Mode）是在一个总线周期中利用一个地址段和多个数据段连续传输数据的一种手段，也称为并发或成组传输。消息传送使一次传输实现更快、更多的信息传递，所以是现代总线广泛使用的数据传输方式，如 PCI、USB 等总线均采用消息传送方式。

3. 总线通信方式

在总线上通信需要收发双方的时间配合或控制，这种时间配合或控制称为总线定时或总线通信，其实质是一种协议或规则，它有两种基本方案：同步（Synchronous）通信和异步（Asynchronous）通信。

1）同步通信方式

一个同步通信总线包括一个收、发双方公用的时钟（在控制线中）和一个固定的协议（Protocol），该协议用于与时钟相关联的通信。在同步通信方式中，利用时钟的边沿（如上升沿）来确定其他总线信号有效或被识别的时刻。例如，在 PCI 总线上，为了完成总线读操作，采用图 8.5 所规定的协议，如地址信号应在时钟 2（CLK_2）期间由主设备送到 AD 线上，第一个数据传输（由从属设备输送到数据总线上）需要在地址段外加一个周转周期（Turnaround-Cycle）后开始，可以以猝发方式连续传输一组数据，地址段与最小的数据段为一个时钟周期，等等。这类协议用一个小型的有限状态机很容易实现。因为协议是预先确定的，且包含较少的逻辑，所以总线能够非常快速地运行，且接口逻辑简单。

同步通信总线有两个主要的缺点：其一，总线上的每个设备必须以相同的时钟速率运行，且时钟速率由慢速设备决定；其二，由于时钟偏移（Clock Skew）问题，使得同步通信总线若快速就不能太长。

2）异步通信方式

异步通信总线不用公共时钟定时，总线中没有时钟线，也因此克服了同步通信总线的两个主要缺点，进而可以连接更广泛的设备。为协调发送设备和接收设备之间的数据传递，异步通信总线使用了握手协议（Handshaking Protocol），该协议利用一组附加的控制线来实现。握手协议由一系列操作步骤组成，从当前步骤进入到下一个步骤必须在收、发双方确认当前步骤已经完成时才能进行。

典型的握手信号有数据就绪(DATA RDY)/请求(REQ)和应答(ACK)，两握手信号有三种协议方式：非互锁、半互锁、全互锁。图 8.8 是由发送设备发起的异步数据传输握手时序，握手信号为发送设备发出的 DATA RDY 和接收设备发出的 ACK。图 8.9 是由接收设备发起的异步数据传输握手时序(全互锁)，握手信号为接收设备发出的 DATA REQ 和发送设备发出的 ACK。

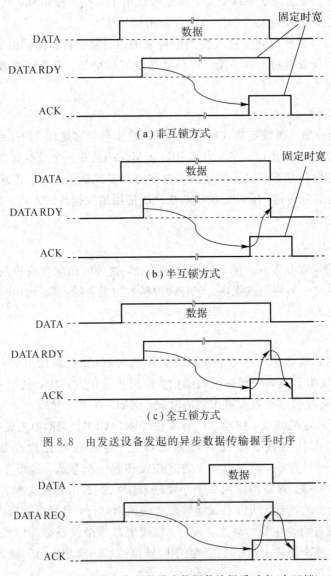

图 8.8　由发送设备发起的异步数据传输握手时序

图 8.9　由接收设备发起的异步数据传输握手时序(全互锁)

图 8.8(a)说明了非互锁方式。在该方式中，发送设备先将数据放在数据总线上，延迟一段时间后发出 DATA RDY，通知接收方数据已在总线上，接收设备在 DATA RDY 有效时接收数据，并发出 ACK 做出回应，表示数据已接收到，发送设备收到 ACK 后撤销数据，准备进行下一次传输。该方式的特点是 DATA RDY 和 ACK 采用定时自动撤销的方法结

束各自信号，实现简单，有利于提高传输速度，但有时不能保证 DATA RDY 和 ACK 正确到达对方。例如，当握手信号过短时，速度慢的设备容易将其错过，而当握手信号过长时，可能会影响下一次握手的正确性。

图 8.8(b)说明了半互锁方式。半互锁方式与非互锁方式类似，只是将 DATA RDY 保持到发送设备接收到 ACK 为止。这样解决了 DATA RDY 的有效时宽问题，但 ACK 的宽度仍采用定时确定。

图 8.8(c)说明了全互锁方式。在全互锁方式中，发送设备在收到 ACK 后复位 DATA RDY，接收设备在 DATA RDY 复位后才复位 ACK。由于 DATA RDY 和 ACK 信号的上升沿和下降沿都是有效的握手触发边沿，因此这种方式也称为四边沿协议。又由于 DATA RDY 和 ACK 的宽度是依据传输情况而变化的，传输距离不同，信号的宽度也不同，从而解决了通信中的异步定时问题。这种异步互锁式总线被广泛采用，它适合各种工作速度的设备，总线周期是可变的，但它比较复杂，每次传输数据时需要传递四个握手信息，不利于提高传输速度。

在串行异步通信中，采用了一种更为简单的通信方式，即在串行异步通信总线中，既不用握手信号，也没有时钟线，它利用收、发双方事先约定的数据传输格式和传输速率来协调数据的传输。例如，在早期计算机系统中普遍使用的 RS232 串行异步通信总线上，收、发双方使用各自的时钟，采用最简单的 3 线(发送线、接收线和地线)连接结构或 7/9 线连接结构，按照事先约定的数据传输格式(如图 8.10 所示)和相同的串行传输波特率，收、发双方就可以实现数据的发送或接收。

图 8.10　串行异步通信数据格式

8.2.3　总线仲裁

在共享总线上，允许连接多个总线主设备和从属设备，有可能出现多个主设备同时要求使用总线的情形。由于所有的总线操作都是由主设备发起或控制的，因此为了防止总线竞争，共享总线上某时刻只允许一个主设备使用总线，并实施对总线的控制。哪个主设备可以使用总线的选择机制称为总线仲裁(Bus Arbitration)。仲裁依据是主设备使用总线的优先级。仲裁机制可分为集中式仲裁和分布式仲裁两类。

1. 集中式仲裁

集中式仲裁采用一个中央总线仲裁器(也称为总线控制器)，由它来决定总线上同时提出使用请求的主设备的总线使用优先级。许多系统将总线仲裁器置于 CPU 内部，也有些系统将其做成一个集成芯片。集中式仲裁有典型的三种方式：菊花链(Daisy Chaining)仲裁方式、轮询(Polling)仲裁方式和独立请求(Independent Requesting)仲裁方式。这三种方式的不同在于所需控制线的数量和仲裁的速度。为了优势互补，有些系统将几种仲裁方式加以组合。

1）菊花链仲裁方式

图 8.11 所示为菊花链仲裁方式。该方式使用三个控制信号：总线请求 BR(Bus Request)、总线授权 BG(Bus Grant)、总线忙 BB(Bus Busy)。参与仲裁的所有总线设备的请求信号 BR_i 与 BR 线连接，当 BR 有效时，表示有一个或多个总线设备请求使用总线。总线仲裁器仅在 BB 无效（总线不忙）时响应 BR，使 BG 有效。接收到 BG 有效的设备将自身连接到总线上，并在其使用总线期间将 BB 线置为有效。

图 8.11 同时示意了设备与总线的连接方式。通常设备与总线通过总线接口相连接，总线接口一般具有三态功能。在设备不需要与总线连接时，使总线接口的控制信号无效，总线接口与总线间的连接信号呈现高阻状态，设备就浮在了总线上（物理连接，逻辑断开）；在设备需要与总线连接时，使总线接口的控制信号有效，设备就真正接入了总线。当设备 D_j 获得总线使用权时，它发出的 $BB_j=1$ 控制总线接口 j 将设备 D_j 与总线相连，使设备 D_j 接管总线。

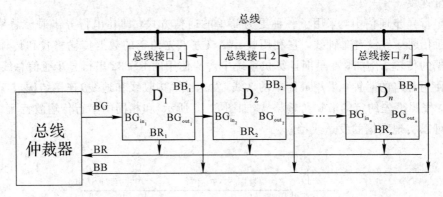

图 8.11 菊花链仲裁方式

菊花链仲裁的主要特点是所有参与仲裁的设备利用自身的 BG_{in_j} 和 BG_{out_j} 信号串行连接成一条链，仲裁器发出的 BG 信号被加载在该链的链头设备上并依次向链尾设备传播。当第一个请求使用总线的设备 D_j 接收到有效的 BG 时，它阻断了 BG 向链尾的进一步传播（使 BG_{out_j} 无效），这样，在链中的设备 $D_{j+1} \sim D_n$ 因得不到有效的 BG 而不能获得总线使用权。无请求的总线设备 D_j 接收到有效 BG 时，会将其由 BG_{out_j} 传送到下一个总线设备的 $BG_{in_{j+1}}$ 上。当两个以上设备同时请求使用总线时，靠近仲裁器（链头）的设备先获得总线使用权。因此，设备在菊花链中的连接次序决定了它被选择的优先级，从链头到链尾，设备的优先级由高到低。

菊花链仲裁逻辑可表示为（假设 BR、BG、BB 均为高有效）

$$BR = BR_1 + BR_2 + \cdots + BR_n$$

$$BB = BB_1 + BB_2 + \cdots + BB_n$$

总线仲裁逻辑　　　$BG = BR \cdot \overline{BB}$

设备相关信号产生逻辑 $\begin{cases} \text{if}(BB_j=0) \text{ then } BB_j = BG_{in_j} \cdot BR_j \\ BG_{in_1} = BG, BG_{out_j} = \overline{BB_j} \cdot BG_{in_j}, BG_{in_{j+1}} = BG_{out_j} \\ \text{if}(D_j \text{ 使用完总线}) \text{ then } \{BR_j=0, BB_j=0\} \end{cases}$

其中，BR_j 为设备 D_j 发出的总线请求信号，BB_j 为设备 D_j 发出的总线忙信号，它们是通过集电极开路门输出到 BR 或 BB 线上的，称为"线或（Wired-OR）"。

菊花链仲裁只需要三个控制线和简单的仲裁电路，对参与仲裁的设备数量基本无限制。由于优先级是由 BG 链路的连线确定的，因此不能更改。在高优先级的设备有足够高的请求率时，可能会封锁低优先级设备对总线使用的请求。若 BG 链路出现问题，将会严重影响正常的仲裁。

2）轮询仲裁方式

在轮询（也称计数查询）仲裁方式中，先为每一个参与仲裁的设备分配唯一的设备地址，所有的设备地址是连续的，然后利用一组与所有设备直接连接的轮询计数（Poll-Count）线替代菊花链的 BG 线，如图 8.12 所示。所有设备的请求信号仍然接到公共的 BR 线上，仲裁器响应 BR 时，在轮询计数线上生成一组顺序的数值（与设备地址一致），每一个设备用自己的设备地址与计数线上的数值作比较，比较结果相等且有总线请求的设备获得总线使用权。获得总线使用权的设备使 BB 有效，并将自身连接到总线上。

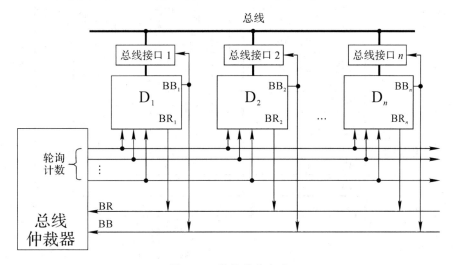

图 8.12　轮询仲裁方式

轮询仲裁逻辑可表示为

$$BR = BR_1 + BR_2 + \cdots + BR_n$$

$$BB = BB_1 + BB_2 + \cdots + BB_n$$

总线仲裁逻辑　$\text{if}(BR \cdot \overline{BB} = 1)$ then $\{poll\_count = poll\_count + 1,$ 输出 $poll\_count\}$

设备相关信号产生逻辑 $\begin{cases} \text{if}((Add_j = poll\_count) \cdot (BR_j = 1)) \text{ then } BB_j = 1 \\ \text{if}(D_j \text{ 使用完总线}) \text{ then} \{BR_j = 0, BB_j = 0\} \end{cases}$

其中，Add_j 为设备 D_j 的设备地址，$poll\_count$ 为仲裁器输出的轮询计数值。

总线设备的优先级由其设备地址在轮询顺序的位置决定。当用计数器生成轮询计数值时，计数器有两种设计方法：一是循环计数，二是采用总线忙信号复位计数器。方法一使各仲裁设备具有相同的优先级，方法二使各仲裁设备优先级由计数查询顺序决定。

如果轮询计数线被连接到可编程寄存器上，那么轮询顺序是可以编程修改的，因此设备优先级可以在软件控制下改变。轮询仲裁方式优于菊花链仲裁方式的另一特点是，轮询中一个设备出现故障不会影响其他设备。这些灵活性是以较多的控制线为代价的（用 k 条计数线取代一条 BG 线），同时，k 条计数线也限制了连接到共享总线上参与仲裁的设备数量，其设备数量 $\leqslant 2^k$。

3）独立请求仲裁方式

独立请求仲裁方式要求共享总线的每个设备有独立的 BR 线和 BG 线，如图 8.13 所示。总线仲裁器可以直接识别所有的请求设备，并做出快速的响应。总线仲裁器决定设备的优先级，且优先级可编程。总线仲裁器内部的优先级比较电路对同时提出总线请求的设备优先级进行比较，优先级高的设备先得到 BG 信号而获得总线使用权。只有获得总线使用权的设备才能使 BB 有效，并将自身连接到总线上。

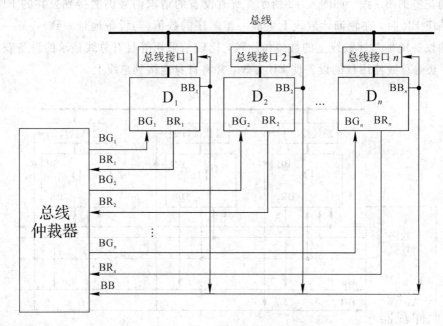

图 8.13 独立请求仲裁方式

独立请求仲裁逻辑可表示为

$$BB=BB_1+BB_2+\cdots+BB_n$$

总线仲裁逻辑   if((BR$_j$=1 且 D$_j$ 是当前请求设备中优先级最高者)·(BB=0))
              then BG$_j$=1

设备相关信号产生逻辑 $\begin{cases} \text{if}(BG_j=1) \text{ then } \{BR_j=0, BB_j=1\} \\ \text{if}(D_j \text{ 使用完总线}) \text{ then } BB_j=0 \end{cases}$

独立请求方式的主要缺陷是，为了控制 n 个设备需要 n 条 BR 线和 n 条 BG 线连接到仲裁器上。相比较而言，除 BB 线外，菊花链仲裁方式仅需 2 条线，轮询仲裁方式需 $\mathrm{lb}n+1$ 条线。

2. 分布式仲裁

分布式仲裁不需要中央仲裁器，仲裁逻辑分布在各个设备中。

图 8.14 所示的是自举分布式仲裁方式，所有设备的忙信号采用"线或"方式连在一起，所有设备可以监听总线忙 BB 和比它优先级高的设备发出的总线请求 BR$_j$，各设备仅在总

线不忙且没有高优先级设备请求的情况下获得总线使用权。

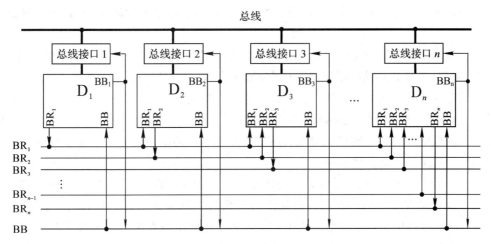

图 8.14　自举分布式仲裁方式

假设图 8.14 中设备的优先级从高到低依次为 $D_1 D_2 \cdots D_n$，则设备仲裁逻辑可表示为

$$BB = BB_1 + BB_2 + \cdots + BB_n$$

$$\begin{cases} \text{if}((BB=0) \cdot (BR_1=1)) \text{ then } \{BR_1=0, BB_1=1\} \\ \text{if}((BR_1 + \cdots + BR_{j-1}=0) \cdot (BB=0) \cdot (BR_j=1)) \text{ then } \{BR_j=0, BB_j=1\}, 2 \leqslant j \leqslant n \\ \text{if}(D_j \text{ 使用完总线}) \text{ then } BB_j=0 \end{cases}$$

与集中式仲裁相比，图 8.14 提供的自举分布式仲裁在信号线数量上并没有优势，并且连接到共享总线上的设备数量还受到总线请求线数量的限制，但分布式仲裁防止了总线潜在的浪费。NuBus(Macintosh Ⅱ 的底板式总线)和 SCSI 总线采用此方案。

图 8.15 所示的是一种链式分布式仲裁方案，它除了没有中央仲裁器外，与菊花链仲裁方式十分相似。它的仲裁逻辑为

$$BR = BR_1 + BR_2 + \cdots + BR_n$$
$$BB = BB_1 + BB_2 + \cdots + BB_n$$

$$\begin{cases} BB_j = BG_{in_j} \cdot BR_j \cdot \overline{BB} \\ BG_{in_1} = 1, BG_{out_j} = \overline{BB_j} \cdot BG_{in_j}, BG_{in_{j+1}} = BG_{out_j} \\ \text{if}(D_j \text{ 使用完总线}) \text{ then } \{BR_j=0, BB_j=0\} \end{cases}$$

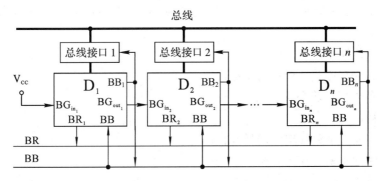

图 8.15　链式分布式仲裁方式

图 8.15 的链式分布式仲裁方式对总线上连接的设备数量没有限制，且仲裁所需的信号线极少，所以它是一种廉价的、高速的方式。又因为不用中央仲裁器，所以不会导致仲裁失败。

Ethernet(以太网)总线采用的是冲突检测分布式仲裁方式。当某设备要使用总线时，它首先检查是否有其他设备正在使用总线，如果没有，它就置总线忙，然后使用总线。若两个以上设备同时检测到总线空闲，它们就可能会立即使用总线而发生冲突。一个设备在传输过程中，它会侦听总线以检测是否发生了冲突，当冲突发生时，所有设备都会停止传输，延迟一个随机时间后再重新使用总线。各设备经过不同的随机延迟后，总会有一个设备先使用总线，从而使冲突得到解决。

Futurebus+(未来总线)总线采用的则是并行竞争分布式仲裁方式。这个方式规定总线上的每个设备都有唯一的仲裁号，需要使用总线的主设备把自己的仲裁号发送到仲裁线上，这个仲裁号将用于并行竞争算法中。每个设备根据竞争算法的结果决定在一定时间后是占用总线还是撤销仲裁号。并行竞争分布式仲裁是一种较复杂但有效的裁决方案。

8.2.4　典型的总线

为了支持越来越强大的计算机系统，对总线的性能要求越来越高，总线的设计及数据传输协议也越来越复杂。总线宽度(线数)、总线时钟、总线仲裁、总线操作等问题都会对总线性能有直接的影响。所以从性价比、适用性等多方面考虑，目前还无法设计一种万能总线，总线设计领域仍然是百花齐放、不断发展的局面。在众多的标准总线中，PCI 总线、PCIe 总线和 USB 总线可以说是当代总线的佼佼者。

1. PCI 总线

由于图形界面及高速音频、视频数据传输的需求，Intel 公司于 1991 年首先提出了 PCI 总线的概念。之后，Intel 联合 IBM、Compaq 等 100 多家公司共同开发 PCI 总线，并成立了 PCI 特别兴趣组(PCI Special Interest Group，PCI-SIG)来管理、制定 PCI 总线标准。1992 年 PCI 总线 1.0 版本正式发布。为了同步推进 PCI 总线的应用，Intel 等公司开始研发各种面向 PCI 标准的总线接口芯片，使 PCI 总线很快就成为了 PC 中的主流系统总线。随后 2.0 版本(1993 年 4 月)、3.0 版本(2004 年 4 月)的发布使 PCI 总线完全占据了 PC 中的系统总线市场。

PCI 总线是一种并行同步的系统总线，总线宽度为 120 或 184 线。PCI 总线具有如下特征：

(1) 不依赖处理器；

(2) 每条总线支持 256 个功能设备；

(3) 支持多达 256 条 PCI 总线；

(4) 低功耗；

(5) 支持猝发式事务处理(数据传输)；

(6) 最高时钟频率为 33/66 MHz；

(7) 数据总线宽度为 32/64 位；

(8) 访问时间为 2 时钟周期写，3 时钟周期读；

（9）并发的总线操作；

（10）支持总线主设备；

（11）隐藏的总线仲裁：集中式的独立请求仲裁方式，PCI 规范未规定仲裁算法；

（12）低的管脚数目：49 个必备信号、52 个可选信号；

（13）事务处理完整性检验；

（14）三个地址空间：存储器空间（4 GB，可达到 16 EB）、I/O 空间（64 KB，可达到 4 GB）和配置空间（用于 PnP）；

（15）自动配置，实现即插即用（PnP）；

（16）软件透明；

（17）具有不同尺寸的插件卡。

标准 PCI 是 32 位的，工作频率为 33 MHz；PCI 2.1 引进了支持 3.3 V 和 5 V 的通用 PCI 卡、64 位插槽和 66 MHz 工作频率；PCI 2.3 不再支持只有 5 V 的适配器，但仍然完全支持 3.3 V 和通用 PCI 产品（兼容 5 V 和 3.3 V 工作电压）；PCI 3.0 规范没有提升传输速度，只是完成了 PCI 局部总线规范从原始的 5 V 信号进化迁移到 3.3 V 信号的计划，支持 3.3 V 和通用 PCI 插件卡，支持 PCI 66、PCI-X、Mini PCI 和 Low Profile PCI 等多种总线。

随着计算机系统速度的不断提升，PCI 总线的速度局限开始显现，PCI-SIG 开始研发 PCI 的新品种。1999 年 9 月，PCI-X 总线 1.0 版本经核准发布，2002 年 7 月 PCI-X 2.0 版本发布。PCI-X 总线以 PCI 架构为基础设计而成，主要用于高端的数据网络和存储网络。PCI-X 引入了 ECC（Error Correction Code，纠错码）机制来改善鲁棒性（稳定性）和数据完整性，其最显著的特点是高速。PCI-X 2.0 版本在 1.0 版本两个速度级别（66 MHz、133 MHz）的基础上增加了 266 MHz 和 533 MHz 两个速度级别，使最大吞吐率可以达到 4.26 GB/s。PCI-X 的适配器、插槽与 PCI 的适配器、插槽完全兼容。

2. PCI Express

为了进一步提高传输速度，英特尔公司于 2001 年提出了 PCI Express（即 PCIe）标准，旨在替代之前的 PCI、PCI-X 等总线标准。PCIe 与 PCI 总线有本质区别，PCIe 是一种点到点的互联机构，借鉴了计算机网络，特别是交换式以太网的思路，将 CPU、主存和各种输入/输出接口芯片作为端结点，通过交换网络进行连接。每一个输入/输出接口芯片通过专门的点到点连线连接到交换网络，而点到点连线由若干信道（Lane）组成，每个信道由两条双向的串行线路构成，因此，在本质上 PCIe 是串行总线，并非和 PCI 一样是并行总线。

图 8.16 为 PCIe 拓扑结构示意图。根复合体（Root Complex）用于将 CPU 和主存与 PCIe 交换网络连接起来，一般用芯片组实现。PCIe 端结点（Endpoint）为输入/输出设备或接口控制器，例如网卡、显卡等，通过点到点线路连接到交换网络。交换网络（Switch）负责将 PCIe 信息流从一个端结点传送到另一个端结点。

在 PCIe 的网络中，信息以数据包的形式传送。数据包从发送端结点发出，经过交换网络的转发，最终传送到接收端结点。每个终端结点和交换结点的 PCIe 端口（Port）都有协议栈，类似于计算机网络领域的 TCP/IP 协议栈。PCIe 协议栈如图 8.17 所示，其包括以下四层。

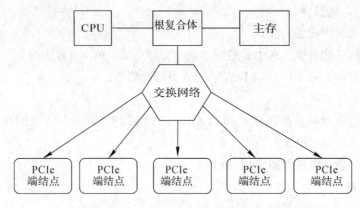

图 8.16　PCIe 拓扑结构图

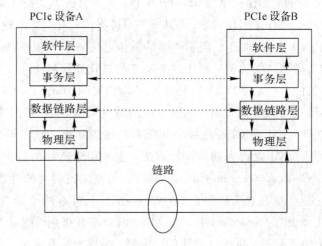

图 8.17　PCIe 协议栈

1）物理层

物理层（Physical Layer）在最底层，它负责将信息流从一个结点传送到相邻结点。每两个相邻结点之间由若干信道（Lane）构成点到点的连接，每个信道是一对连接线，一发一收。相邻结点之间的链路信道数可以是 1、2、4、8、16、32，称为链路宽度，记为 x1、x2、x4、x8、x16、x32。对于通信带宽需求不大的设备，例如声卡，PCIe x1 即可满足需求；而对于通信带宽需求很大的设备，例如显卡，可能需要 PCIe x16 甚至 x32。不同链路信道数的 PCIe 接口的物理尺寸不同，x1 最短，x32 最长。但在实际的主板产品上，目前的 PCIe 插槽主要有 x1、x4、x8、x16 四种，并且向下兼容，即 x1 的 PCIe 设备可以插在所有四种插槽中，而 x16 接口的 PCIe 设备只能插在 x16 插槽中。

与 ISA 和 PCI 总线不同，PCIe 中没有用来同步的公用时钟线，那么如何确定信息流中每一位的开始与结束就成为问题。PCIe 的解决方法是采用扰码（Scrambling）与编码（Encoding）技术，以实现信息流中 0 和 1 比较均匀的分布，从而可以直接从信息流中恢复时钟。其中，扰码技术不增加信息流的长度，其基本方法是基于伪随机码的异或操作。编码技术则增加信息位，PCIe 1.0 和 2.0 使用 8 b/10 b 编码，而 PCIe 3.0 之后则采用 128 b/130 b 编码。8 b/10 b 编码是将 8 位二进制码编码为 10 位二进制码。10 位二进制码共有

1024 种可能的组合，选择其中电压变化较多的 256 个作为合法编码。而 128 b/130 b 编码则是在 128 位信息块的前面增加两位。这两位若是 10，则表示后面 128 位是一个数据块；若是 01，则表示后面 128 位是数据与控制信息的混合。

2）数据链路层

数据链路层(Data Link Layer)的主要任务是在相邻结点之间的 PCIe 链路上正确传送数据包。为此，数据链路层在数据包中增加了 LCRC(Link-Layer CRC)，以确保收到上游结点的数据包是正确的，否则将之丢弃，并要求重传。数据链路层里另一个重要机制是流量控制(Flow Control)，以确保发送方不会超速发送过多数据包从而造成接收方缓冲区溢出。当接收方缓冲区将满时，通知发送方降低速度或停止发送数据包。

数据链路层会生成自己的报文，称为数据链路层报文(Data Link Layer Packet，DLLP)。DLLP 有三种：一是用于流量控制，二是用于功耗管理，三是 ACK 和 NAK 报文。ACK 和 NAK 报文专用于事务层报文(Transaction Layer Packet，TLP)出错重传。当相邻两个 PCIe 结点之间传送 TLP 时，发送方会将欲发送的 TLP 保存在发送缓冲区中。当接收方收到 TLP，并且 LCRC 校验正确时，会给发送方回送一个 ACK 报文；发送方收到 ACK 报文，才会将发送缓冲区中对应的 TLP 删除。而若接收方发现 TLP 出错，则会给发送方回送一个 NAK DLLP；发送方收到 NAK 报文后会将对应的 TLP 从发送缓冲区中取出并重新发送。

3）事务层

事务层(Transaction Layer)主要根据软件层的读写请求生成 TLP 并发送以实现数据的读写操作。其基本运行机制是由源 PCIe 设备发送一个请求包到目的 PCIe 设备，然后由目的 PCIe 设备回送一个完成(Completion)包，里面包含所请求的数据或操作结果，这被称为 Non-Posted 事务。与之相对的概念称为 Posted 事务，意思是仅由源设备发送一个请求包，而不需要目的设备回送完成包。表 8.2 列出了常用操作的 Posted 或 Non-Posted 属性，观察该表可以发现，仅有主存写和消息是 Posted，而其他操作都是 Non-Posted，其原因在于将主存写操作设计为 Posted 可以提高传送效率。

表 8.2　常用操作的 Posted 或 Non-Posted 属性

请求类型	属　性
主存读	Non-Posted
主存写	Posted
主存读锁定	Non-Posted
IO 读	Non-Posted
IO 写	Non-Posted
配置读	Non-Posted
配置写	Non-Posted
消息	Posted

每个事务使用以下四种地址空间：

（1）主存空间：包括主存和 PCIe 设备 I/O 地址空间，主存空间的一部分映射到 I/O 设备。

（2）I/O 空间：用于兼容旧的 PCI 设备。

（3）配置空间：用于读写 I/O 设备中的配置寄存器。

（4）消息空间：用于传送控制信号，例如中断、错误处理或功耗管理等。

其中，前三种地址空间是从 PCI/PCI-X 总线继承过来的，而第四种消息空间是 PCIe 独有的。消息空间取代了 PCI 总线中控制信号的作用。对四种地址空间操作的事务类型如表 8.3 所示，其主存读锁定请求事务的目的是实现对数据的原子读写操作，用于兼容 PCI 设备；Type 0 和 Type 1 配置读写事务，也是为了兼容 PCI 总线。

表 8.3 对四种地址空间操作的事务类型

地址空间	TLP 类型	功　能
主存空间	主存读请求	读写主存空间中的数据
	主存读锁定请求	
	主存写请求	
I/O 空间	I/O 读请求	读写旧 PCI 设备的数据
	I/O 写请求	
配置空间	Type 0 配置读请求	读写 PCIe 设备配置寄存器中的数据
	Type 0 配置写请求	
	Type 1 配置读请求	
	Type 1 配置写请求	
消息空间	消息请求	实现带内消息传递和事件报告
	带数据的消息请求	
主存空间、I/O 空间和配置空间	完成包	实现对请求的响应
	带数据的完成包	
	锁定完成包	
	带数据的锁定完成包	

事务层还提供了优先级机制，以实现服务质量（QoS）控制。TLP 的报头中有三位是优先级（Traffic Class）标记，每个优先级标记对应一个虚通道（Virtual Channel），其实现方式是将不同优先级的 TLP 送入不同的缓冲队列，发送时优先发送高优先级队列中的 TLP。这使得 PCIe 可以支持音频、视频等对时间敏感的应用。

4）软件层

软件层是操作系统与 PCIe 的接口，它可以模仿 PCI 总线，使得已有操作系统可以不经修改直接运行于 PCIe 之上，这是 PCIe 兼容 PCI 总线的基本方式。

例如，PCIe 设备 A 发送信息给 PCIe 设备 B，首先由 PCIe 设备 A 的软件层将命令传递给事务层，由事务层添加报头封装为事务层报文 TLP，然后向下传递给数据链路层，再由数据链路层添加序列号和 CRC 检验码，向下传递给物理层，最后由物理层将报文传递给相邻的 PCIe 交换结点。交换结点中报文自下而上传到事务层，决定路由（确定转发端口），再自上而下传到物理层发送出去，如此进行一系列交换结点的转发，最终到达目的 PCIe 设备 B。信息从 PCIe 设备 B 的物理层向上传送，再经过数据链路层、事务层，到达软件层，由此完成一次信息传送。信息在协议栈中的相邻层之间传递，但每一层只处理本层的信息，从宏观上看，似乎是同一层之间在传递信息，例如图 8.17 中的虚线表示 PCIe 设备 A 和 PCIe 设备 B 的事务层之间以及数据链路层之间在做相应通信。协议栈中，不光要定义相邻层之间的接口，还要定义相互通信的结点同一层之间的通信规范，也就是所谓的协议。

典型的事务层报文 TLP 如图 8.18 所示。其中，报头、数据和 ECRC 的 TLP 核心部分由事务层建立，报头和数据部分根据软件层传来的命令确定。报头中包含了一些重要信息，例如目的端等路由信息，而 ECRC 为可选的端到端的 CRC 校验码，用来校验报头和数据部分。当 TLP 被向下传送到数据链路层后，序列号和 LCRC 被添加在头部和尾部，LCRC 为链路 CRC。之后 TLP 向下传送到物理层，在头、尾部添加帧头和帧尾，然后发送出去。接收端物理层收到 TLP 报文后，去掉帧头和帧尾，向上传给数据链路层。数据链路层校验 LCRC，如果校验错误，则说明该报文已损坏，通知相邻的发送结点重传此报文。去掉序列号和 LCRC 后，TLP 向上传送到事务层。事务层检查报头，如果该报文是发送给当前结点的，则从中提取数据等信息，向上交给软件层；反之，则根据报头中的目的信息决定通过哪个端口转发，并将报文交给该端口的数据链路层，转发出去。

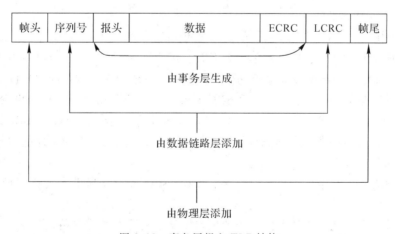

图 8.18　事务层报文 TLP 结构

TLP 与 DLLP 的不同在于，两者生成的来源不同，TLP 来自事务层，DLLP 来自数据链路层。TLP 经过数据链路层处理时会在报文头尾增加序列号和 LCRC 字段（如图 8.18 所示），但它不是 DLLP。

PCIe 是一个复杂的系统，并且还在继续发展。2007 年，PCIe 2.0 问世，支持 x32，每信道带宽达到 500 MB/s，总带宽达到 16 GB/s。2010 年制定的 PCIe 3.0 将 8 b/10 b 编码改为 128 b/130 b 编码，编码效率大大提升，每信道带宽接近 1 GB/s。2017 年制定的 PCIe

4.0 标准再次将带宽翻倍。2019 年制定的 PCIe 5.0 在 PCIe 4.0 的基础上带宽再次翻倍,每信道带宽接近 4 GB/s。PCIe 6.0 正在制定中,预计 2021 年发布,其带宽将再次翻倍,并且编码方案将从之前的 128 b/130 b 方案切换到 PAM4 编码。

3. USB 总线

USB(Universal Serial Bus,通用串行总线)是由 Compaq、Hewlett-Packard、Intel、Lucent、Microsoft、NEC、Philips 这 7 家公司联合开发的通用串行总线,其总线规范几经修订,形成了现在广泛使用的 3.0 版本。

产生 USB 的原始动力是 PC 与电话连接的需求,易于使用及端口膨胀的需求,而对 USB 的现行推动力是 PC 性能的不断提高、大数据量传输的要求以及外设性能与功能的增长。

USB 总线定义了 4 个信号:V_{BUS}(电源)、GND(地)、D+(信号正端)、D-(信号负端),用电缆传送信号和电源,其中一对标准规格的双绞信号线既可以传送单端信号,也可以传送差动信号,命令与差分数据一起被发送、编码(参见图 8.2)。USB 每段电缆的长度是可变的,其长度可以达到几米。

在 USB 2.0 规范中,USB 允许以三种速率传输数据:

(1) 高速(High-speed),其传输位速率为 480 Mb/s。

(2) 全速(Full-speed),其传输位速率为 12 Mb/s。

(3) 低速(Low-speed),其传输位速率为 1.5 Mb/s。

2008 年 11 月发布的 SuperSpeed USB(USB 3.0)规范在速度和电源效率方面有了更大的进步,速度达到 4 Gb/s。之后的 USB 3.1 标准提出了更快的 SuperSpeed+,速度达到 9.7 Gb/s。

USB 总线具有如下特征:

(1) 性能优良。USB 是一种快速的、双向的、低成本的、可热插拔的串行通信总线。

(2) 即插即用。USB 连接模式单一,不需要用户了解详细的电气特性;能够自我识别外设,能自动在驱动器与配置间进行功能映射;可动态地加入与重新配置外设。

(3) 适用范围宽。USB 适用于带宽范围从几千位每秒到几吉位每秒的设备;支持同一束电缆以同步或异步方式传输信息;支持多设备的并行操作;支持最多 127 个物理设备;支持主机与设备间的多数据和消息流传输;允许接入复合设备。因为协议的额外开销较低,所以总线利用率很高。

(4) 支持实时数据操作。USB 对电话、音频、视频等设备提供了足够的带宽和极低的等待时间。

(5) 灵活。USB 允许传送不同大小的包,并根据包的大小与等待时间来确定设备数据传输率的变化范围;它在协议中建立了用于缓冲处理的流控制。

(6) 健壮。USB 在协议中建立了错误处理/故障恢复机制;可实时识别动态加入和移走的设备,支持故障设备的识别。

(7) 与 PC 工业有协同作用。USB 协议对于设计与集成来说是简单的;它与 PC 的即插即用结构相一致;对现有的操作系统接口具有影响力。

(8) 提供低成本实现方案。提供低成本电缆和连接器,适应低成本外设的开发。

(9) USB 结构可以升级为在一个系统中支持多个 USB 主机控制器。

USB 总线虽然历史不长，但 USB 接口已经成为中、低速设备接入计算机系统的主流接口，许多软硬件生产厂商已为 USB 设备接入 USB 总线提供了通用串行总线控制器、总线接口芯片、设备驱动程序等软硬件产品。

4. 总线的应用

作为总线应用的一个示例，图 8.19 给出的是采用 Intel 955 芯片组的 PC 系统。该系统采用了先进的 Core 2 双核处理器，内含 PCI、PCIe、USB 2.0、SMBus(System Management Bus)等多种总线。与以 PCI 总线为核心构建系统架构(参见图 8.4)的情形不同，该系统架构的核心是芯片组，系统完全是围绕着 955 芯片组(MCH 955＋ICH 7 组合)来组建的，PCI 总线在此扮演的仅仅是与 USB 等总线类似的角色。

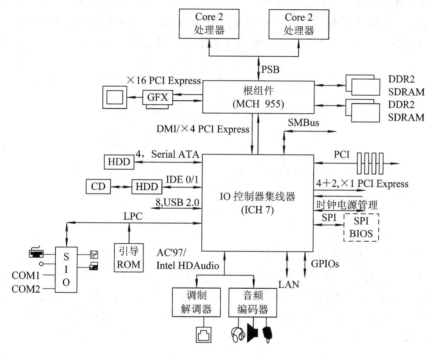

图 8.19 采用 Intel 955 芯片组的 PC 系统

芯片组中基本电路就是传统 PCI 总线结构中的桥接芯片，它在 PCI 总线结构中的作用是实现总线设备/部件与 PCI 总线的连接。但随着多种控制功能不断集成到桥接芯片中，使得桥接芯片从基本的信号转换、提供通路等接口功能逐渐转变为更具控制能力的控制器，这样，系统结构的中心就从 PCI 总线转到了芯片组，PCI 总线的地位同时降为与其他总线等同。ICH(Input/Output Controller Hub，输入/输出控制集线器)就是俗称的南桥芯片，MCH(Memory Controller Hub，存储控制集线器)就是俗称的北桥芯片，南桥芯片、北桥芯片功能之一就是提供连接各种功能部件、设备的多种总线和接口，即图 8.19 中的 PCI、PCIe、USB 2.0、SMBus、PSB(Processor System Bus，处理器系统总线)、LPC(Low Pin Count Bus，LPC 总线)、Serial ATA、SPI(Serial Peripheral Interface，串行外设接口)等。

时钟偏移、反射等现象使并行总线高速运行变得困难，所以计算机业界正逐步从使用并行共享总线转向使用高速串行点对点开关互连结构。

8.3 输入/输出接口

CPU 或 I/O 处理器、总线、I/O 接口、I/O 设备、I/O 管理控制软件等构成了输入/输出系统，该系统的任务是将各种 I/O 设备的信息输入到计算机系统或将计算机系统的信息输出给 I/O 设备。输入/输出系统作为计算机系统与外界联系不可缺少的重要组成部分，它的工作方式直接影响到计算机系统的性能。对输入/输出系统的研究涉及两个方面：一是如何将 I/O 设备与计算机相连接；二是如何快速、有效地使 I/O 设备与计算机进行信息交换。本节重点讨论 I/O 设备与计算机连接的问题，8.4 节重点讨论 I/O 设备与计算机通信的问题。

I/O 设备种类繁多，在功能、操作方式、速度、信号等方面差异巨大，它们中的绝大多数与总线信号、速度等不相符而不能直接和总线相连接。一种普遍采用的有效的方式是利用 I/O 接口连接，如图 8.20 所示，该模型也适用于硬盘、光盘等外存与系统总线的连接。

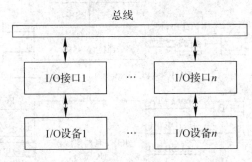

图 8.20　I/O 设备与总线连接的一般模型

1. I/O 接口的作用及模型

I/O 接口不是 I/O 设备与总线之间简单的连接线，它除了在 I/O 设备与总线之间提供基本的信息传输通道传递数据之外，还负责 I/O 设备与总线之间的设备选择、设备控制、信号形式转换、速度匹配、数据缓存、错误检测、负载匹配、支持中断等功能的实现，甚至对于某些复杂的外设，I/O 接口还是"智能"的控制器。

简单 I/O 接口和智能 I/O 接口在硬件逻辑的复杂性上相差很大，但从程序员的角度来看，所有 I/O 接口可以隐藏外设的定时、机电、数据格式等细节，它们的差别仅仅在于接口内部可读/写的寄存器或缓冲器的数量不同。

典型的 I/O 接口模型如图 8.21 所示。I/O 接口位于系统总线与 I/O 设备之间，对内以插卡方式与系统总线连接，对外以接口电缆方式与 I/O 设备连接。I/O 接口内部的数据、状态、控制寄存器在 I/O 设备与系统总线之间提供了三种 I/O 信息的传输通道，分别为数据端口、状态端口和控制端口，统称为 I/O 端口。CPU 利用系统的地址总线 AB 识别不同的端口，利用控制总线 CB 中的读/写控制信号对端口寄存器进行读/写操作，从而完成对 I/O 设备信息的输入/输出。例如，CPU 读状态寄存器获得 I/O 设备的工作状态（如是否准备就绪），CPU 写控制寄存器将控制信号发送给 I/O 设备，利用对数据寄存器的读/写完成从 I/O 设备获取数据或将数据输送给 I/O 设备的操作。接口内部的 I/O 控制逻辑依据 I/O 地址、I/O 读写控制信号、命令（或方式）寄存器的内容生成对 I/O 接口中所有部件的控制信号，控制 I/O 接口完成必需的操作动作。

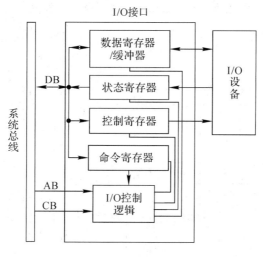

图 8.21　I/O 接口模型

2. I/O 接口设计

I/O 接口设计是输入/输出系统硬件设计的重要一环。I/O 设备不同，其接口电路有很大差别。对于简单的 I/O 设备，可以使用厂家提供的某些集成芯片(如三态缓冲器、锁存器、可编程并行接口芯片、可编程串行接口芯片等)设计满足接口要求的 I/O 接口电路。对于复杂的 I/O 设备，可以利用厂家提供的单片机、微控制器(MCU)、嵌入式处理器等设计满足设备要求的 I/O 控制器，I/O 控制器实质就是一个微小型的计算机系统。

对端口寄存器采用地址加以识别，这个识别过程称作 I/O 寻址；每个端口寄存器有唯一的地址编码，这一地址编码称作端口地址。因端口在接口内部，故端口地址也称作接口地址；又因每个接口面向特定的 I/O 设备，故接口地址也称作 I/O 地址。

根据 5.2.4 节可知，I/O 地址有两种编码方式，即存储器映射方式和 I/O 映射方式。在存储器映射方式中，I/O 地址就是主存地址；在 I/O 映射方式中，I/O 地址不同于主存地址，是 I/O 空间的地址。通常，主存地址和 I/O 地址长度不同，对主存地址和 I/O 地址进行读/写的控制信号也不同，对 I/O 接口进行设计时需要加以注意。

在图 8.21 中，对端口寄存器的寻址是对地址总线 AB 上 CPU 发出的 I/O 地址进行译码来实现的，地址译码器是 I/O 接口中 IO 控制逻辑的一部分。采用接口芯片设计 I/O 接口电路时，地址译码器设计是 I/O 接口设计的重要内容之一。

例 8.3　发光二极管是一种非常简单且常用的外设，假设将发光二极管连接在计算机系统中的 ISA 总线上，且为该外设分配的 I/O 地址为 8820H，试设计发光二极管的接口电路。

解　用锁存器作为接口芯片可以非常方便地将发光二极管接入到计算机系统总线上。锁存器有多种型号，在此选用 74LS273。

发光二极管的接口电路如图 8.22 所示，译码电路对 I/O 地址 8820H 进行译码。在对 8820H 地址进行输出操作时($\overline{\text{IOW}}=0$)，译码器产生有效的 74LS273 锁存信号 CP，CP 上升沿将 CPU 发至数据总线($D_0 \sim D_7$)上控制发光二极管亮灭的信息锁存在 74LS273 中并稳定输出，74LS273 输出的"0/1"电平经反向器驱动加载至发光二极管的负向端，控制发光二极管的亮或灭。在该接口电路中，74LS273 输出"0"电平，发光二极管不亮；74LS273 输出"1"电平，发光二极管亮。

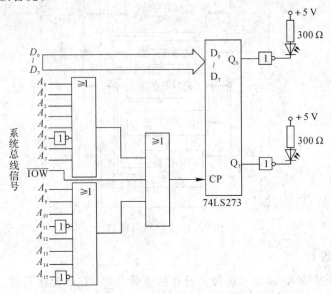

图 8.22　发光二极管接口电路

执行如下 Intel 80x86 指令，可使两个发光二极管发亮：

  MOV DX, 8820H

  MOV AL, 81H

  OUT DX, AL

执行如下 Intel 80x86 指令，可使发光二极管不亮：

  MOV DX, 8820H

  MOV AL, 00H

  OUT DX, AL

如果外设是数字化的并行设备，接口芯片应选择三态缓冲器、锁存器、可编程并行接口芯片等能够提供并行数据传输的器件；如果外设是数字化的串行设备，接口芯片应选择可编程串行接口芯片等能够提供串并数据转换的器件；如果外设是模拟设备，接口电路中应加入 A/D 或 D/A 转换器。如果外设速度较快或希望与计算机并行工作，则接口电路最好设计为具有"智能"的 I/O 控制器(或称设备控制器)。

8.4　输入/输出技术

面对复杂的 I/O 设备，应采用不同的输入/输出技术以满足各种 I/O 设备与计算机进行信息交换的要求。目前可以采用的输入/输出技术有：程序查询(Programmed I/O)方式、中断(Interrupt-driven I/O)方式、直接存储器存取(Direct Memory Access, DMA)方式、I/O 通道(I/O Channel)方式。选择 I/O 技术的基本原则是：① 能满足用户的数据传送速度要求且不丢失数据；② 系统开销尽量小；③ 能充分发挥硬件资源的能力(使 I/O 设备与 CPU尽可能并行工作)。

8.4.1　程序查询方式

程序查询方式是最简单的输入/输出技术，每个计算机系统都具备。利用程序查询 I/O，可以实现处理器（通过接口）与 I/O 设备之间的数据交换。

程序查询方式的实现不是仅有软件（程序）就可以了，它必须有硬件的支持。实现程序查询方式的前提是必须有 I/O 接口，I/O 接口中必须要有状态寄存器，该状态寄存器中要能够记录 I/O 设备的工作状态或与输入/输出操作关联的接口的工作状态。

程序查询方式要求所有的 I/O 操作必须在 CPU 的直接控制下完成，也就是说，每个数据传输操作都由 CPU 执行指令来实现。图 8.23 描述的就是程序查询方式下 CPU 要执行的一段程序。首先，CPU 读取状态端口寄存器获得 I/O 设备当前的工作状态，如果 I/O 设备未准备就绪，则 CPU 等待并不断查询 I/O 设备的状态；如果 I/O 设备已准备就绪，则 CPU 发出读或写数据寄存器的命令，完成将 I/O 设备的数据读入 CPU 内部寄存器或将 CPU 内部寄存器的数据输出到 I/O 设备中的 I/O 操作。

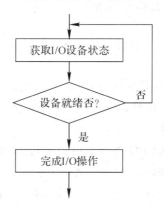

图 8.23　程序查询 I/O 流程

例 8.4　某外设与 80386DX 微机系统的连接电路如图 8.24 所示，当外设不忙（BUSY＝0）时，可以从外设获取数据；当外设忙（正在准备新数据）时，不可以操作外设。请利用程序查询方式编写从外设获取 1000 个数据并存于以 BUFFER 为首地址的主存区域的程序段。

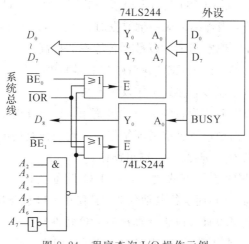

图 8.24　程序查询 I/O 操作示例

解 图中 74LS244 为三态缓冲器，是外设与 80386DX 微机系统总线之间的输入接口器件，上边的 74LS244 为 8 位数据输入端口寄存器，端口地址为 7CH，下边的 74LS244 为状态端口寄存器，端口地址为 7DH。80386DX 微机的 32 位 I/O 系统的地址空间分为 4 个体（Bank），每个体支持 8 位数据的输入/输出，分别用 $\overline{BE_0}$、$\overline{BE_1}$、$\overline{BE_2}$、$\overline{BE_3}$ 选择。

利用程序查询完成指定任务的程序段如下：

```
        MOV   AX, SEG BUFFER
        MOV   DS, AX
        MOV   SI, OFFSET BUFFER
        MOV   CX, 1000
    RE: IN    AL, 7DH        ;读状态寄存器
        SHR   AL, 1
        JC    RE             ;若忙，跳转
        IN    AL, 7CH        ;读数据寄存器
        MOV   [SI], AL       ;数据存于主存单元
        INC   SI
        LOOP  RE             ;若未接收完 1000 个数据，继续循环
        ...
```

若有多个 I/O 设备以程序查询方式与 CPU 进行信息交换，则 CPU 轮流查询 I/O 设备，轮询到且准备就绪的 I/O 设备可以与 CPU 交换数据。轮询的顺序决定了 I/O 设备被 CPU 服务的优先顺序（即优先级）。

如果 I/O 设备速度较慢，则 CPU 查询 I/O 设备状态、等待 I/O 设备就绪要花费许多时间，这对于 CPU 资源是极大的浪费。但程序查询方式实现简单，所以在硬件成本较低的小型计算机系统中，当 CPU 的工作任务比较单一时，中、低速 I/O 设备与 CPU 的信息交换可以选用程序查询方式。

8.4.2 中断方式

程序查询方式主要有以下限制：

（1）I/O 数据传输速率低。CPU 测试 I/O 设备状态，为 I/O 设备服务（进行 I/O 操作），通常需要执行若干条指令，当连续传输一批数据时，至少执行 7 条指令（参见例 8.4）才能完成一个数据的传输，这极大地限制了 I/O 数据传输率的提高。

（2）CPU 工作效率较低。由于 CPU 花费较多的时间进行 I/O 设备状态的查询，因此在单位时间内完成的任务数量较少，导致工作效率不高。

（3）不能保证及时响应 I/O 设备的 I/O 服务请求。当 I/O 设备较多时，由于 CPU 只能轮询 I/O 设备的状态，会出现设备已准备就绪但还未轮到被查询的情况，这样 CPU 就不能为这个已准备就绪的设备及时进行输入/输出操作。

中断是解决上述问题的有效方式之一，是 I/O 设备获得 CPU 服务的主要方式。让 CPU 摆脱检测 I/O 设备状态转而执行其他任务，且仅在 I/O 设备准备就绪时 CPU 才直接、快速访问 I/O 设备，中断可以极大改善计算机的 I/O 特性。

中断是指中断源在需要得到 CPU 服务时，请求 CPU 暂停现行工作转向为中断源服

务，服务完成后，再让 CPU 回到原工作状态继续完成被打断的工作。从程序运行的角度来看，中断是一种程序控制流的变化，如图 8.25 所示。当中断发生时，CPU 暂停当前正在执行的程序，将控制权交给中断处理程序，由中断处理程序执行中断源希望的操作；当中断处理程序执行完毕，控制权又交回被中断的程序。对控制权交换的基本要求是被中断的程序重新运行时必须处于和被中断前完全相同的状态。

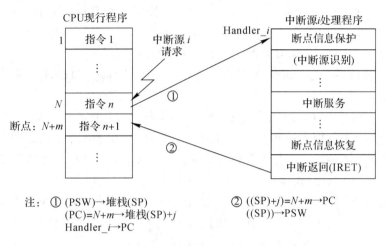

图 8.25　中断过程示意图

中断源就是引起中断发生的源头，它来自 CPU 内部或外部，它可以是某个事件或某个设备，如计算机系统工作异常、运算溢出、功能调用等是内部中断源，而系统电源掉电、设备或线路故障、定时器时间到、启动或停止 I/O 设备、I/O 设备输入/输出操作等是外部中断源。广义地说，任意一个需要 CPU 特别处理（服务）的事件都可以成为中断源。大部分系统将外部中断源分为两类，即非屏蔽中断源和可屏蔽中断源。非屏蔽中断源的中断请求是不可屏蔽的，是 CPU 必须要响应的；可屏蔽中断源的中断请求是可以被屏蔽的，只有在未被屏蔽（中断允许）的情况下 CPU 才有可能响应它。

由内部中断源引发的中断称为内中断或软件中断，由外部中断源引发的中断称为外中断或硬件中断。通常，内中断是不可屏蔽的，而外中断分为可屏蔽和非屏蔽两类。

1. 中断过程

中断一旦发生，中断源首先要利用中断请求信号 INT-REQ 向 CPU 提出中断请求，该请求被记录在 CPU 内部寄存器中，CPU 在每条指令执行结束时检测中断请求是否有效，当有效的中断请求被识别与接受后，CPU 便执行一个特定的中断处理程序（Interrupt-Handling Routine），以此实现对中断源的服务。

一个典型的中断过程（如图 8.25 所示）如下：

（1）若某中断事件发生，中断源向 CPU 发出有效的 INT-REQ。

（2）CPU 结束当前指令的执行，进入对中断请求信号的检测。

（3）如果 CPU 检测到有效的中断请求信号且满足响应条件（CPU 允许中断且该中断未被屏蔽），则向提出请求的中断源发出中断响应信号 INT-ACK，转向（4）；否则，CPU 继续执行下一条指令，转向（2）。

（4）CPU 进行断点保护，即将现行程序被打断处的处理器状态 PSW 和断点（返回）地址(程序计数器 PC 的内容)保存在堆栈中；同时，获得有效 INT－ACK 信号的中断源撤销它发出的中断请求信号，并为 CPU 提供它的中断处理程序入口地址的相关信息。

(5) 如果有多个中断源，则 CPU 要先识别高优先级的中断源，然后根据中断源提供的相关信息获得中断处理程序入口地址(首地址)，并将其装入 PC，再依据 PC 转向执行中断处理程序。

(6) CPU 执行中断处理程序，对获得响应的中断源进行服务，例如，对 I/O 设备进行 I/O 操作，系统掉电时进行重要数据的保护等。

(7) 中断处理完成时，恢复被保存在堆栈中的断点信息。

(8) CPU 执行中断返回指令(IRET)，使 CPU 回到之前被中断的程序断点处继续执行原程序。

过程中的步骤(1)～(4)由硬件实现，步骤(5)由硬件或软件实现，步骤(6)～(8)由软件(中断处理程序)实现。由于中断发生的时刻是任意的，不可预期的，因此断点信息的保护十分重要。如果必需的断点信息未得到妥善保护和恢复，则预期的中断返回将无法有效地实现。

在中断过程中，中断系统需要解决一系列问题，包括中断响应的条件和时机、断点信息保护与恢复、中断服务程序入口地址的获得、中断处理的具体实现等，其中有两个需要着力解决的问题：一是中断源的选择；二是中断源的识别。

2. 中断源的选择与识别

1) 基本原则

当系统中有多个中断源时，会发生两种情况：

(1) 多个中断源同时提出中断请求，CPU 先选择哪个中断请求进行响应？

(2) 当 CPU 正在进行中断处理时，又有新的中断源提出请求，CPU 是否选择对新的中断请求进行服务？

解决中断源选择的方法是采用中断优先级(Interrupt Priority Level，IPL)。首先，根据中断事件的重要性及响应的实时性为每个中断源分配不同级别的优先级，重要的、需及时响应的中断源优先级高，次重要的、慢速的中断源优先级低。内部中断(或异常)优先级高于外部中断，非屏蔽中断优先级高于可屏蔽中断，然后设计中断优先权仲裁逻辑，使得：

(1) 当多个中断源同时提出中断请求时，只有优先级最高的中断源的请求被选择，并被 CPU 处理。

(2) 当高优先级中断正被 CPU 服务时，所有低优先级中断请求被禁止；高优先级中断请求可以打断低优先级中断服务，即允许中断嵌套(Interrupt Nesting)或多重中断。

中断优先权仲裁与总线仲裁极为相似，也可以采用类似菊花链、轮询、独立请求等仲裁方式，可以软件、硬件、软硬件结合来实现。

每个中断源对应不同的中断事件，需要 CPU 为其做不同的服务，因此需要有一个与它的具体功能或操作要求相关联的特定程序，这个程序称为中断服务程序或中断处理程序。CPU 必须识别出提出请求的中断源，并确定或给出对该中断源进行处理所需的中断处理程序入口地址，才能真正实现 CPU 为该中断服务。通常，中断优先权仲裁的结果(优先级最高的中断源)也正是中断源识别期望的结果。

2) 一般方法

中断优先级仲裁分为软件和硬件两大类方案。软件仲裁方案简单，可以灵活地修改中断源的优先级别，但查询、判优完全靠程序实现，占用 CPU 时间，判优速度慢。硬件仲裁方案能自动封锁优先级低的中断请求，判优速度快，节省 CPU 时间，但是成本较高，一旦设计完成，将难以改变其优先级别。图 8.26 为基本的中断优先权硬件仲裁方案。

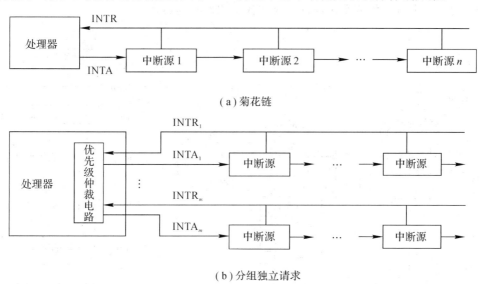

（a）菊花链

（b）分组独立请求

图 8.26　基本的中断优先权硬件仲裁方案

图 8.27 所示为一种中断优先权软件仲裁方案。所有中断源的请求信号以"线或"的方式通过总线加载至 CPU，如果 CPU 接受中断请求，则暂停现行程序，转而执行一个公共的中断服务程序（放置在主存的固定位置）。该服务程序首先读取中断请求寄存器的内容，按照从低位到高位（或相反顺序）逐位检查是否存在有效的中断源请求信号，若 D_{i-1} 位有效（假设为 1），表示中断源 i 发出了中断请求，此时中断源 i 既是当前优先级最高的中断源，也是识别出的中断源，则服务程序发送清除相应中断源请求信号的命令（图中略去了相关电路），然后跳转到该中断源的处理程序并执行。

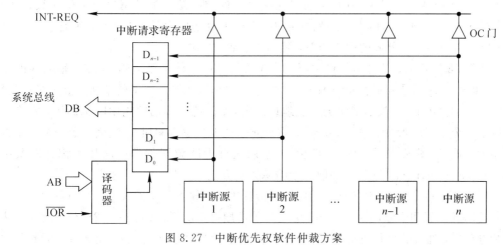

图 8.27　中断优先权软件仲裁方案

在图 8.27 所示的仲裁方案中，软件查询中断请求寄存器各位的顺序决定了各中断源的优先级高低，即先查询的中断请求寄存器位对应的中断源优先级高。同时，该方案也提供了一种软件识别中断源的方法。

图 8.27 所示仲裁方案的优点是中断请求电路较简单，缺点是中断仲裁、响应速度慢，因为软件查询正在请求的中断源、执行公共的中断服务程序均需要一定的时间。一种替代方案如图 8.28 所示，该方案用硬件电路取代了软件查询功能。

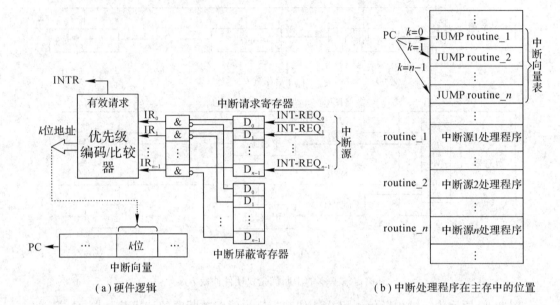

（a）硬件逻辑　　　　　　　　　　　　　　（b）中断处理程序在主存中的位置

图 8.28　向量中断优先权仲裁方案

图 8.28 中的优先级编码/比较器由地址编码和优先级比较电路组成，n 个中断源的请求信号经屏蔽处理后通过 n 条输入线 $IR_0 \sim IR_{n-1}$ 加在地址编码电路上，地址编码电路将当前有效的多个中断请求输入线 IR_i 的序号 i 转换成地址编码，同时作为 IR_i 的优先级编码并提供给优先级比较电路。优先级比较电路按事先设计的 n 条输入线 $IR_0 \sim IR_{n-1}$ 各自的优先级高低对当前有效的多个中断源的优先级进行大小比较，选出优先级最高的中断源，向 CPU 发出中断请求 INTR，并将当前优先级最高的中断源的地址编码作为优先级编码/比较器输出的 k 位地址，插入到中断向量表（主存中设定的存储区域）起始地址设定的字段中，形成指向不同中断源的中断向量，然后加载到 PC 中。

图 8.28 所示的方案中，假设中断源优先级的高低由优先级编码/比较器输入线的编号决定，即输入线编号表示优先级编号，如规定接在小编号输入线上的中断源具有高优先级；中断源识别由编码/比较器输出的 k 位地址确定，k 位地址编码即为中断源编码，它唯一地确定了一个中断向量或矢量（Interrupt Vector），由此中断向量唯一地确定了一个中断处理程序入口地址（图 8.28（a）中的 PC 值）。采用这种中断源识别的中断技术称为向量中断（Vectored Interrupt），这是一种硬件中断源识别方法。

图 8.28 所示仲裁方案的优点是中断仲裁速度快，缺点是不够灵活，一旦硬件确定，各中断源的优先级和中断向量均随之确定。为了增加一定的灵活性，图 8.28(a)中增加了中断屏蔽寄存器，通过软件设置屏蔽寄存器的某些位（如设"1"表示屏蔽），使某些中断源的请求

被悬挂，达到封锁某中断源或适度、动态改变中断源优先级的目的。另外，为了能够在主存中灵活放置各中断处理程序，可以在中断向量确定的中断处理程序入口地址处放置无条件跳转指令，由跳转指令将程序控制权真正交给各中断处理程序，如图 8.28(b)所示，这样做还可以最大限度地减少中断向量表所占据的主存的固定空间，有利于主存调度。

例 8.5　某计算机系统主存地址为 32 位，无条件跳转指令（JUMP）由 5 字节组成，中断系统有 12 个中断源，优先权仲裁采用图 8.28 所示的方案，试为 12 个中断源设计中断向量，使中断向量表空间最小。

解　12 个中断源需要优先级编码/比较器有 12 条中断请求输入线，经编码、比较产生 $k=4$ 位地址输出。当程序计数器 PC 为 32 位时，可以实现对 32 位主存地址空间的访问。中断响应时，可按如图 8.29 所示的方式生成中断向量。此时，中断向量表空间为最小，占 12×8 字节主存单元。

中断源编号	k 位地址编码	32 位中断向量
0	0000	××⋯×**0000** 000
1	0001	××⋯×**0001** 000
2	0010	××⋯×**0010** 000
3	0011	××⋯×**0011** 000
4	0100	××⋯×**0100** 000
5	0101	××⋯×**0101** 000
6	0110	××⋯×**0110** 000
7	0111	××⋯×**0111** 000
8	1000	××⋯×**1000** 000
9	1001	××⋯×**1001** 000
10	1010	××⋯×**1010** 000
11	1011	××⋯×**1011** 000

注：中断向量表空间在主存中的位置
　　取决于×××⋯×的不同编码组合。

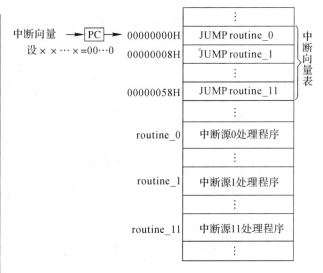

图 8.29　例 8.5 中断向量生成方式之一

例 8.6　某计算机系统有 5 级中断：L_0、L_1、L_2、L_3、L_4，硬件优先级由高至低的顺序为 $L_0 \to L_1 \to L_2 \to L_3 \to L_4$。现希望设置屏蔽字将中断响应优先顺序改为 $L_3 \to L_1 \to L_4 \to L_0 \to L_2$。

（1）试给出各级中断在屏蔽寄存器中设置的屏蔽字（假设"1"表示屏蔽）；

（2）首先 L_0、L_1 级中断源发出中断请求，在 CPU 处理 L_1 级中断时，L_2、L_3、L_4 级中断源又提出了中断请求，试画出优先级修改前、后的中断响应以及处理过程程序运行轨迹示意图。

解 （1）各级中断屏蔽字设置如表 8.4 所示。

表 8.4　例 8.6 各级中断屏蔽字的设置

	L_0 L_1 L_2 L_3 L_4	说　明
L_0	1　0　1　0　0	允许优先级高于 L_0 的 L_1、L_3、L_4 级中断
L_1	1　1　1　0　1	允许优先级高于 L_1 的 L_3 级中断
L_2	0　0　1　0　0	允许优先级高于 L_2 的 L_0、L_1、L_3、L_4 级中断
L_3	1　1　1　1　1	L_3 优先级最高，禁止所有级别中断
L_4	1　0　1　0　1	允许优先级高于 L_4 的 L_1、L_3 级中断

（2）优先级修改前中断响应、处理过程的程序运行轨迹如图 8.30 所示。优先级修改后中断响应、处理过程的程序运行轨迹如图 8.31 所示。

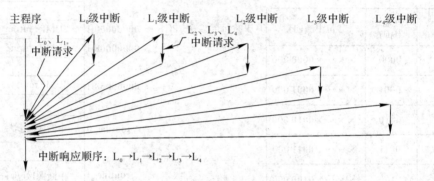

图 8.30　例 8.6 优先级修改前程序运行轨迹

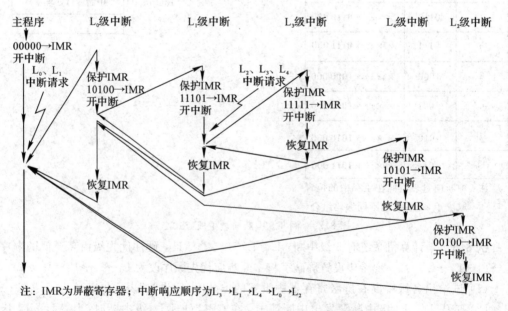

图 8.31　例 8.6 优先级修改后的程序运行轨迹

3）可编程中断控制器 PIC

另一种更灵活、更通用的向量中断方案是使用功能更强大的可编程中断控制器（Programmable Interrupt Controller，PIC）取代优先级编码/比较器。图 8.32 所示是采用 PIC 的系统结构，PIC 在中断系统中起着管理者的作用。它接受来自外部设备的中断请求，确定哪个请求是当前最重要（最高优先权）的，是否比当前正被服务的请求具有更高的优先级别，并且基于这些判断向 CPU 发出中断请求信号 INT。在 CPU 接受中断请求时，PIC 能够为 CPU 提供信息，用于识别中断源。

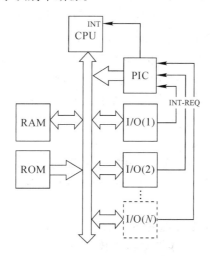

图 8.32　采用 PIC 的系统结构

PIC 的典型范例是可编程中断控制器 82C59A，它能够管理多达 8 个中断源（$IR_0 \sim IR_7$），优先级仲裁方案有：

（1）固定优先级。$IR_0 \sim IR_7$ 的优先级按顺序由高（IR_0）至低（IR_7）。

（2）自动循环优先级。规定刚被服务完的中断源具有最低优先级，其他依序排列。例如，若在中断源 IR_4 的中断处理程序中设置自动循环优先级，当 IR_4 中断处理程序执行结束时，新的中断源优先顺序由高至低为 IR_5、IR_6、IR_7、IR_0、IR_1、IR_2、IR_3、IR_4。

（3）特殊循环优先级。指定某中断源具有最低优先级，其他依序排列。例如，若在中断源 IR_4 的中断处理程序中设置特殊循环优先级，且指定最低优先级中断源为 IR_5，当 IR_4 中断处理程序执行结束时，新的中断源优先顺序由高至低为 IR_6、IR_7、IR_0、IR_1、IR_2、IR_3、IR_4、IR_5。

82C59A 的优先级仲裁电路（Priority Resolver）不仅对 8 个中断源的优先级进行比较，而且将正在被服务的中断源优先级加入比较电路中，这使得不仅可以从多个同时请求 CPU 服务的中断源中选出优先级最高者，而且可以实现高优先级中断打断低优先级的现行中断服务，即中断嵌套，这是 PIC 的优势。

在图 8.28 所示方案中，中断向量被定义为中断处理程序入口地址，与该方案相比，采用 82C59A 的中断系统提供的是另一种向量中断的实现方法，即由 82C59A 提供一字节的中断向量码（每个中断源的唯一编号），该向量码指向中断向量表中相关联的存储单元，而这些存储单元中存放的才是中断处理程序入口地址，也就是说，82C59A 的中断向量（即向量码）实际上是中断处理程序入口地址的指针。所以，中断向量在不同仲裁方案中的定义可能会有所不同。

3. 中断方式的实现

中断方式由中断系统或中断机构实现，它包括硬件和软件两部分，与程序查询方式相比要复杂许多。

硬件包括中断控制逻辑、中断请求与优先权仲裁逻辑、I/O 接口。中断控制逻辑负责整个中断过程的实现，即从每条指令执行结束时检测中断请求信号是否有效到中断返回等一系列操作的控制，该逻辑是 CPU 控制器的一部分，早已集成在 CPU 芯片内部。中断请求逻辑记录中断源的请求以及是否被屏蔽的信息，并将这些信息提供给优先权仲裁逻辑。优先权仲裁逻辑负责对多中断源进行优先级管理、判优、识别(若采用向量中断)，该逻辑的实现方法各个系统不尽相同。由于外部中断源需要用中断请求信号线向 CPU 提出中断请求，为了减少 CPU 引脚线且有良好的仲裁性能，大多数系统采用 PIC 作为优先权仲裁逻辑对外部中断源的优先级进行管理。如果中断源是外设，那么该外设仍然需要通过 I/O 接口与系统总线进行连接，I/O 接口仍然负责外设与 CPU 之间的数据交换。图 8.32 中的 I/O 模块包括 I/O 接口和 I/O 设备。

与程序查询方式下的 I/O 接口相比，中断方式下的 I/O 接口不需要状态端口；当外部中断源本身不能发出中断请求信号时，应该在接口中加入中断请求与响应电路(可以利用 D 触发器构成)。

软件包括初始化程序和中断处理程序。初始化程序负责中断过程中可能使用的中断向量表、可编程中断控制器 PIC、可编程接口芯片的初始设置，它应在中断系统运行前执行。中断处理程序负责信息保护与恢复，对中断源进行实质性的处理。每个中断源必须有自己的中断处理程序。

尽管各中断处理程序不同，但其架构基本一致。图 8.33 是中断处理程序的基本框架，实线框表示必需的操作，虚线框表示可能需要的操作。如果采用向量中断，则软件中断源识别是不需要的。如果希望动态改变中断源的优先级，可以设置中断屏蔽字，如例 8.6 所示。为了保证中断响应不受任何干扰顺利完成，大多数系统在响应中断时(执行中断处理程序之前)硬件采取了禁止外部可屏蔽中断的操作，如果系统允许中断嵌套，通常应在中断处理程序中设置中断允许(开中断)指令，中断返回前再禁止中断(执行关中断指令)。CPU 将程序执行的控制权交给中断处理程序的方式与子程序极为相似，但由于子程序的调用时刻是确定的，而中断处理程序的调用时刻是不确定的，因此，在中断处理程序中对使用到的寄存器、存储单元的原信息加以保护，中断返回前再进行恢复。中断服务是中断处理程序的核心，它针对每个中断源完成所需的处理。中断返回将 CPU 执行程序的控制权重新交还给被中断的程序，并重新允许中断。

中断是一种非常有效的输入/输出技术，它有着广泛的用途。利用中断，CPU 可以与多台 I/O 设备并行工作，可以实现硬件故障自动诊断处理与自动恢复，可以实现灵活的人机通信，可以实现在

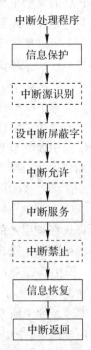

图 8.33　中断处理程序
的基本框架

规定时间内对随机事件做出实时响应与处理，可以实现多任务切换，可以实现用户程序与系统程序的通信，可以实现多处理机通信，等等。

在现代计算机的中断系统中，对某些中断源有另外一个名称——异常（Exception）。所谓异常，就是计算机系统在运行过程中由于硬件设备故障、软件运行错误等导致的程序或系统异常事件。对异常处理采用的基本方法就是中断方式。对于大多数处理器而言，并不特别区别异常与中断，通常将两者统称为中断。

4. RISC-V 和 x86 处理器中的异常与中断

对 RISC-V 处理器而言，只有来自外部 I/O 设备的请求事件称为中断，而除此之外的所有能够打断处理器正常执行流程的事件统称为异常。RISC-V 中具体事件与中断或异常之间的对应关系见表 8.5。

表 8.5　RISC-V 中定义的异常与中断

事件类型	来自外部或内部	RISC-V 定义
系统重启	外部	异常
I/O 设备请求	外部	中断
用户程序调用系统功能	内部	异常
调用了未定义的指令	内部	异常
硬件故障	内部或外部	异常或中断

在 RISC-V 中，当异常或中断发生时，处理器首先将被中断的指令地址保存在 SEPC 寄存器中，并将异常或中断发生的原因、来源记录在 SCAUSE 寄存器中，然后将控制权交给操作系统中指定地址处的指令。操作系统中该指定地址处的指令根据 SCAUSE 寄存器中记录的异常或中断来源执行相应的处理程序，来处理此异常或中断事件，如为用户程序调用相应的系统功能，或针对硬件故障执行相应的处理程序，或停止程序的执行并报告错误等。异常或中断处理完毕后，根据 SEPC 寄存器中的地址将 CPU 控制权交还给原先被中断的指令。

对 RISC-V 基本架构而言，一旦响应中断进入异常模式，MSTATUS 寄存器中的 MIE 域就被硬件自动更新为 0，中断被全局关闭而无法响应新的中断。退出中断后，MIE 域被硬件自动恢复成中断发生之前的值（通过 MPIE 域得到），从而再次全局打开中断。因此，RISC-V 基本架构定义的硬件机制默认无法支持中断嵌套行为。

在 Intel x86 早期处理器中，没有异常的概念，CPU 内部与外部事件及 I/O 操作都可以作为中断源，利用中断向量码查找中断向量表获得中断处理程序入口地址。

在具有保护模式的 Intel x86/x64 系统中，系统的中断在实现上有了中断和异常两种机制，但两者的主要处理过程相同，有一些细节的差别。所有的中断源和异常事件统一编号，用一字节中断向量码表示。利用中断向量码查找中断描述符表获得相关信息（任务门、中断门或陷阱门），最终生成中断或异常处理程序入口地址，或者发起任务切换。某些异常会产生错误码，硬件会自动将错误码保存到该异常处理过程的堆栈中，在中断返回之前要求相关的中断服务程序主动从堆栈中弹出错误码。但是外部硬件中断或者执行 INT n 指令产生的异常不会把错误码压入堆栈中。x86/x64 系统可以通过执行开中断指令实现中断嵌套。

5. 中断处理速度

中断的快速响应特性使其可以应用于实时系统(Real-Time System),但执行中断处理程序会影响中断的效率。一次中断过程需要有响应时间、信息保护与恢复时间,也许还需要中断源识别时间(非向量中断),这些非实质中断处理时间统称为中断额外开销时间,所以一次中断过程所需的完整时间是对中断源实质的处理时间与中断额外开销时间之和。因为中断额外开销时间不会为零,所以中断频率(单位时间内响应中断的次数)受到一定限制。更快速地响应中断、尽可能地缩短中断处理时间是提高中断处理速度的两个重要环节,是中断方式实现中的关注点。

例 8.7 某中断系统响应中断需要 50 ns,执行中断处理程序至少需要 150 ns,其中有 60 ns 用于软件额外开销。那么,该系统的中断频率最大是多少?中断额外开销时间占中断时间的比例是多少?有一个字节设备,数据传输率为 10 MB/s,如果以中断方式且每次中断传送一个数据,那么该系统能实现这个传输要求吗?

解 因为

$$最短的中断间隔时间=最短的中断时间=50 \text{ ns}+150 \text{ ns}=200 \text{ ns}=0.2 \text{ } \mu s$$

所以

$$最大的中断频率=\frac{1}{200 \text{ ns}}=5 \times 10^6 \text{ 次/秒}$$

$$中断额外开销时间=中断系统响应时间+软件额外开销=50 \text{ ns}+60 \text{ ns}=110 \text{ ns}$$

$$中断额外开销时间占中断时间的比例=\frac{110}{200} \times 100\%=55\%$$

因为设备数据传输率为 10 MB/s,即传输数据的间隔时间$=0.1 \text{ } \mu s<$最短的中断间隔时间,所以该系统不能实现这个传输要求。

8.4.3 直接存储器存取方式

中断利用中断请求消除了 CPU 对 I/O 设备状态查询的操作,加快了 I/O 操作的速度。然而,由于中断处理速度的限制,面对高速外设的批量数据传输时,可能会出现中断无法及时响应高速的数据传输而造成数据丢失,或频繁中断使 CPU 忙于应付 I/O 操作的情况。

一种更有效的输入/输出技术可以应对高速外设与计算机系统之间的数据交换,该技术采用 I/O 设备接口控制器在需要的时候替代 CPU 作为总线主设备,在不受 CPU 干预的情况下,由 I/O 设备接口控制器控制 I/O 设备与系统主存之间的直接数据传输,该技术就是直接存储器存取方式(DMA),而 I/O 设备接口控制器称为 DMA 控制器(DMA Controller,DMAC)。

1. DMA 过程

DMA 方式主要实现计算机主存与 I/O 设备间的高速数据传输,实现 DMA 方式需要DMAC。假设总线主设备(如 CPU、DMAC)通过共享系统总线访问主存,I/O 设备通过DMAC 连接到系统总线上,DMAC 内部逻辑及与系统连接如图 8.34 所示。通常,DMAC被设计成独立的可编程芯片,其内部的地址寄存器 DMAAR、数据计数器 DC 可以在 DMA开始前由 CPU 设置;数据寄存器 DMADR 在数据总线与 I/O 设备间提供了一条仅在 DMA

传送时有效的数据通路；控制单元是 DMAC 的核心，它控制整个 DMA 过程的实现，包括请求/响应操作、对主存和 I/O 设备的读/写、DMAAR 加 1、DC 减 1、判断 DMA 结束及发出中断请求等。

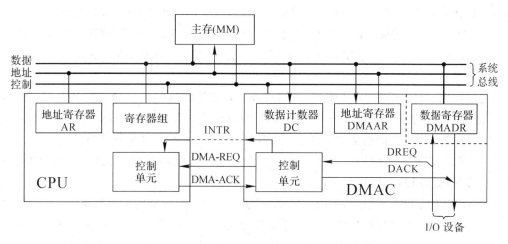

图 8.34　DMAC 内部逻辑及与系统连接示意图

典型的 DMA 传输过程如下：

（1）CPU 执行初始化 DMAC 的程序，设置数据传输方向、数据传送模式等 DMAC 操作信息，并将 DMAAR 初始设置为用于数据传输的主存缓冲区首地址（基地址），DC 初始设置为本次 DMA 传送数据的数量。

（2）I/O 设备在需要时向 DMAC 发出 DMA 请求信号 DREQ，如果 DMAC 接受该请求（或在多 I/O 设备请求时选择优先级最高的请求），则向 CPU 提出 DMA 请求 DMA-REQ。当系统中有多个非级联的 DMAC 时，应将它们先加入到总线仲裁电路中进行仲裁，将优先级最高的 DMA-REQ 信号提交给 CPU。

（3）若 CPU 允许，则在 DMA 断点处（见图 8.35）响应 DMA 请求，放弃地址、数据线的控制，使 DMA-ACK 有效。DMA-REQ 和 DMA-ACK 实质上就是用于总线仲裁的 BR 和 BG。

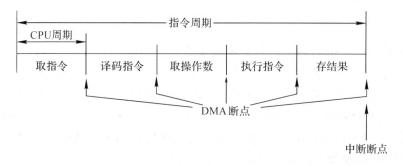

图 8.35　中断和 DMA 响应时刻

（4）当 DMAC 接收到有效的 DMA-ACK 信号时，它使 DACK 有效，通知提出请求的 I/O 设备做好数据传输的准备，同时 DMAC 接管总线，开始控制 I/O 设备与主存之间直接的数据传输。

(5) DMA 传输期间，每传送一个数据，DMAAR 加 1，DC 减 1。

(6) 当(DC)＝0 时，DMAC 使 DMA 传输正常结束；当(DC)≠0 时，重复执行步骤(5)。但如果 I/O 设备不准备继续发送或接收数据，I/O 设备可给 DMAC 发一个特殊的结束信号或使 DREQ 无效来通知 DMAC，DMAC 可使 DMA 传输中止，使本次 DMA 传输结束。

(7) DMA 传输结束时，DMAC 发出完成信号或中断请求 INTR 通知 CPU，并放弃对系统总线的控制。CPU 通过使 I/O 设备停止工作或启动一次新的 DMA 传输来响应 DMAC 的中断请求。

上述步骤(1)为预处理，步骤(7)为结束处理，步骤(2)～(6)为数据传输处理。在步骤(5)传送数据时，数据寄存器 DMADR 是作为 I/O 设备与数据总线 DB 间的数据通路的，这样，I/O 设备与主存之间的数据通路即为：I/O 设备←→DMADR←→DB←→主存，而不需要经过 CPU。在实际系统中，DMADR 既可以在 DMAC 中，也可以从 DMAC 中独立出来，放在设备与总线间的 I/O 接口中。

图 8.34 中的 DMAC 是基本的 DMAC 逻辑，称为一个独立的 DMA 通道，它具有申请总线、控制总线、控制数据传输、释放总线的功能。某些 DMAC 芯片集成了多个 DMA 通道，使得一个 DMAC 芯片就可以连接多个 I/O 设备。如 Intel 的 8237 DMAC 芯片和 Motorola 的 68450 DMAC 芯片均有 4 个优先级不同的通道。

从 DMA 过程可以看出，DMA 方式与中断方式是不同的。DMA 请求是对总线使用权的请求；而中断请求是对程序控制权的请求，它请求 CPU 从现行程序转向执行中断处理程序。CPU 响应 DMA 请求是在 CPU 周期(即总线周期)结束时；而响应中断请求是在指令周期结束时，见图 8.35。CPU 仅参与 DMA 的启动(预处理)和结束处理，DMA 数据传输处理不需 CPU 参与，不需执行程序，在 DMAC 纯硬件逻辑控制下进行，所以可以高速传输数据；而中断过程是由 CPU 全程控制的，它是硬件控制逻辑和中断处理程序软硬件联合运行的结果，软件运行时间限制了中断的速度。在 DMA 方式中，外设与主存之间的数据通路是直接的；而在中断方式中，外设与主存之间的数据通路中间要经过 CPU。另外，中断具有数据传送和处理异常事件的能力，而 DMA 主要进行数据传送；中断因切换程序需要保护和恢复 CPU 现场，而 DMA 不会改变 CPU 现场；为避免高速外设丢失数据，规定 DMA 请求优先权高于中断请求。

2. DMA 工作机制

1) DMAC 与 CPU 的总线控制权交换方式

DMAC 与 CPU 同为总线主设备，在共享系统总线上，CPU 和 DMAC 的冲突主要发生在同时争用总线、访问主存时。引入 Cache，使 Cache-CPU 和 I/O-MM 访问通路相互独立(如采用图 8.4 所示系统)，可以减少冲突。但在 Cache 失效时，如果 CPU 与 DMAC 恰好同时访问主存，冲突仍然会发生。解决冲突的方法就是使 CPU 和 DMAC 分时使用总线。

(1) 周期挪用(窃取)方式(Cycle Stealing Mode)。

在常规程序运行中，CPU 要花费很多时间执行 CPU 内部操作指令(例如 ADD R0，R1)，在这些指令执行期间，CPU 既不控制总线，也不访问主存。周期挪用方式利用 CPU 做内部操作或指令译码等未使用总线的时间，由 DMAC 迅速"窃取"一个总线周期的总线控制权，做一个数据的传输，然后立即将总线控制权交还给 CPU，如图 8.36(a)所示。此状况不会延误 CPU 时间，效率很高，亦称为隐藏周期 DMA(Hidden Cycle DMA)。

若 DMA 操作时恰好遇到 CPU 存取同一个存储器，周期挪用方式则强迫 CPU 暂停一个总线周期，等 DMAC 存取完一个数据后再令 CPU 继续工作，故亦称为暂停 CPU 方式(Suspend CPU Method)，如图 8.36(b)所示。这种 DMA 方式可以说是用"抢"总线而不是用"窃取"总线的方式获得总线控制权的，它会使 CPU 的速度稍微变慢，但 DMA 存取速率却可以不与 CPU 的时钟同步(是非同步的)。

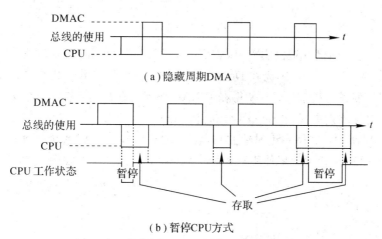

(a)隐藏周期DMA

(b)暂停CPU方式

图 8.36　周期挪用方式

当主存工作速度远高于外设时，采用周期挪用方式可以提高主存的利用率，且对 CPU 的影响较小，因此高速计算机系统常采用这种方法。

(2) 存储器分时方式。

存储器分时方式又称为交替访存方式，它是把原来的一个存取周期分成两个时间片，一片分给 CPU，一片分给 DMAC，使 CPU 和 DMAC 交替访问主存，如图 8.37 所示。这种方式无须申请和归还总线，总线控制权的转移时间可忽略，所以对 DMA 传送来讲效率是很高的，而且 CPU 既不停止现行程序的运行，也不进入保持(暂停)状态，DMA 传送在 CPU 不知不觉中进行，所以也称为透明(Transparent)DMA 方式。这种方式需要主存在原来的存取周期内为两个部件服务，如果要维持 CPU 的访存速度不变，就需要主存的工作速度提高一倍。例如，Motorola 6800 系列 8 位 CPU 只在总线周期(Bus Cycle)的后半周使用总线，故其前半周可用来做 DMA 操作。

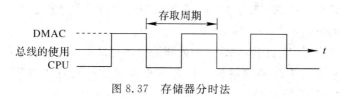

图 8.37　存储器分时法

(3) 停止 CPU 方式(Stop CPU Method)。

停止 CPU 方式可在一次 DMA 周期中传输一个数据或一块数据，块数据传输方式又称突发或猝发方式(Burst Mode)。当 I/O 设备需要 DMA 服务时，DMAC 与 CPU 以总线仲裁方式来协调使用总线的时机，在 CPU 允许且释放总线后，DMAC 占用总线，开始连续若干个总线周期(存取周期)的全速数据传输,直到数据传输完毕后总线控制权才再交回 CPU,所以停止 CPU 方式又称为独占总线方式。图 8.38 是停止 CPU 方式的示意图,在 DMA 期间,CPU 完全处于停止状态。

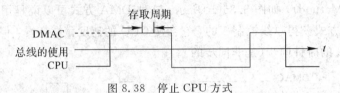

图 8.38　停止 CPU 方式

停止 CPU 方式的优点是控制简单,适用于数据传输率很高的设备进行成组数据传送。缺点一是 CPU 利用率不高,因为在 DMA 期间 CPU 完全不工作;缺点二是主存利用率不高,因为主存速度通常高于外设,使得在 DMAC 访问主存期间主存出现空闲。

(4) 扩展时钟周期方式(Stretch Period Method)。

扩展时钟周期方式利用一组时钟控制电路(见图 8.39(a))将系统时钟拉长,以"欺骗"CPU 的方式在这段延长时间里使用总线做 DMA 操作,操作时序如图 8.39(b)所示。

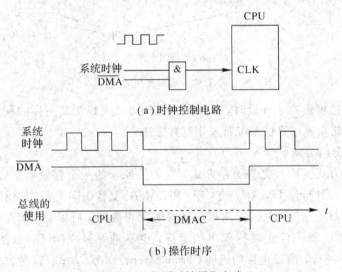

图 8.39　扩展时钟周期方式

在早期的计算机系统中采用单总线结构,CPU 和 DMAC 等总线主设备只能通过总线仲裁的方式获得总线控制权,所以普遍采用的是停止 CPU 方式。这种 CPU 与 DMAC 对总线控制权轮流交替使用的方法除了在 DMA 传输期间提高了 I/O 传输率之外,CPU 的工作效率并没有得到明显的改善。

现代计算机解决 CPU 和 DMAC 冲突的普遍方法是周期挪用方式。在基于 PCI 总线构成的系统中,该冲突由 PCI 桥来解决,并在多总线支持下允许 DMAC 对主存的访问与 CPU 对 Cache 的访问并行进行。

当外设通过智能 I/O 控制器等接口接入到计算机系统时,通常 I/O 控制器连接在主处理机的 I/O 总线上。该 I/O 控制器内含微处理器、DMA 部件和存储单元,微处理器和 DMA 部件两者或其一用于控制 I/O 控制器存储单元和主处理机之间的数据传递。

一般而言,DMA 部件用于在控制器存储单元和主处理机主存之间进行周期挪用数据。

常规的周期挪用机制允许主处理机对来自或发到 I/O 控制器存储单元的数据发起和控制周期挪用操作，而无须中断在 I/O 控制器中微处理器运行的程序，无须中断 DMA 部件的周期挪用操作。一种新的周期挪用机制允许反向操作，它由 I/O 控制器中的微处理器或 DMA 部件控制周期挪用操作，I/O 控制器能够周期窃取来自或发到主处理机主存的数据，同时新机制也允许主处理机周期窃取来自或发到 I/O 控制器存储单元的数据。因为 I/O 控制器容纳两种周期挪用，所以新机制提供了双向周期挪用的能力，且由主处理机控制的周期挪用对 I/O 控制器中的微处理器和 DMA 部件是透明的。

2）DMAC 的数据传输模式

DMAC 通常有三种数据传输模式，即字节传输模式、数据块传输模式、请求传输模式。

（1）字节传输模式。

字节传输模式就是 DMAC 每次仅控制一个数据的传输，之后便结束 DMA 的工作周期，回到空闲周期，将系统总线控制权还给 CPU。

在字节传输模式下，每传送一个字节，DMAC 必须重新向 CPU 或总线仲裁器申请使用总线。如果 I/O 设备的 DREQ 一直维持在高电平（有效）下，则 CPU 在每次 DMA 传输之间都会有一完整的机器周期（即 CPU 周期或总线周期）去执行指令，可以避免 DMAC 一直占用系统总线。

（2）数据块传输模式。

在数据块传输模式下，当 DMAC 得到系统总线的控制权后，就一直使用总线进行数据传输，直到整个数据块传输完毕（字计数为零）或 DMAC 中止传输信号有效才将系统总线归还给 CPU。

（3）请求传输模式。

请求传输模式类似于块传输。在请求传输模式下，数据连续不断地传输，直到整个数据块被传输完毕（字计数为零），或是接收到外部中止信号，或当 I/O 设备的请求信号 DREQ 被解除时，DMA 的数据传输结束。当 DREQ 再次请求时，DMAC 可以控制从先前被暂停之处再继续 DMA 传输，或开始一次新的 DMA 传输过程。

例 8.8　一般要求 DMA 连接的 I/O 设备应是快速的，如视频接收器和硬盘。已知视频接收器在 $\frac{1}{50}$ s 接收 512×512 个字节，硬盘的位密度为 50 Kb/in、转速为 7200 r/min、磁道半径（内道）为 0.9 in（1 in＝2.54 cm），试计算视频接收器和硬盘的数据传输率。

解　视频接收器的传输率为

$$\frac{512 \times 512}{2 \times 10^{-2}} \approx 13.1 \, (\text{MB/s})$$

硬盘的传输率为

$$50 \times \frac{7200}{60} \times 2\pi \times 0.9 \approx 33.93 \, (\text{Mb/s})$$

3. 直接高速缓存存取

直接高速缓存存取（Direct Cache Access，DCA）最早应用于 Intel 至强 E5 系列处理器中，用于提高高速网卡的数据读写速度。Intel 将该技术称为 Direct Data I/O（简称 DDIO），主要用于最靠近主存的 L2 或 L3 级高速缓存。在原有 DMA 方式中，当上层应用想发送数据时，将该数据存放在主存的应用缓冲区中，由网络协议栈将数据从应用缓冲区拷贝到系统缓冲区中，切分为数据包并加上 TCP 与 IP 的报头，然后以 DMA 方式传送到高速网卡并发送出去。与从网卡接收数据的过程类似，数据包以 DMA 方式从网卡接收到系统缓冲区，再拷贝到应用缓冲区。在这样的收发过程中，同时牵涉主存、Cache 和网卡，但 Cache 却几乎没有发挥作用，因为网络数据总是新的。提出 DCA 的关键依据是，在收发数据的过程中，主存的系统缓冲区只是一个中转地，数据读写一次，然后就没有用了。因此，DCA 试图将这一数据中转地改为高速缓存：接收数据时，将网卡收到的数据包直接写入高速缓存，然后将数据包从高速缓存复制到应用缓冲区；发送数据时，将数据从应用缓冲区拷贝到高速缓存，再从高速缓存直接传送给网卡并发送出去。高速缓存中的数据不必写回主存，因此可以减少一次主存的读写，提高了系统总体处理数据包的速度。

8.4.4 I/O 通道方式

将 DMAC 功能进一步提升，使它拥有自己的指令系统，就形成了专用于控制输入/输出的 I/O 处理器。利用专用的 I/O 处理器控制 I/O 操作的方式就是 I/O 通道（I/O Channel）方式。如果 I/O 处理器拥有自己的局部存储器并构成专用计算机，就可以在 CPU 最少干预的情况下对大量的 I/O 设备进行输入/输出控制。这个专用于控制输入/输出的专用计算机称为 I/O 处理机（I/O Processor，IOP），也称为通道控制器。IOP 是为联系计算机与 I/O 设备而设计的通信控制单元，为强调它们对 CPU 的辅助角色，它们也被称为外围处理单元（Peripheral Processing Unit，PPU）。

利用 I/O 通道方式，CPU 可以将与 I/O 相关的任务交给 I/O 处理器（机），使计算机系统的性能得到大幅改善。

I/O 通道是 DMA 的逻辑扩展。I/O 通道的核心是 IOP，它具有执行 I/O 指令的能力。在具有 I/O 通道的计算机系统中，CPU 不执行 I/O 数据传输指令，CPU 通过给 I/O 通道发出执行通道程序的 I/O 指令来启动 I/O 传输。在 CPU 不干预的情况下，IOP 取得并执行 I/O 指令，据此获取通道程序，通过通道程序的执行来控制主存与 I/O 设备间的直接数据传输。用 IOP 指令编写的通道程序（也称 I/O 程序）存于主存或 IOP 的局部存储器中，通道程序将指定一个或多个参与数据传输的设备、用于存储数据的一个或多个存储区域、优先级、错误处理等信息，由 IOP 获取和执行。在通道程序执行完成时，IOP 检测 I/O 系统的状态或向 CPU 发出中断。

和 CPU 一样，IOP 有自己的指令系统，只是规模较小。它通常有三类指令：一是与数据传输相关的指令，如 READ、WRITE 等指令；二是算术、逻辑和分支跳转指令，用于主存地址、I/O 设备优先级等信息的计算；三是 I/O 设备控制指令，如 REWIND（用于磁带）、SEEK ADDRESS（用于硬盘）、PRINT PAGE（用于打印机）等，I/O 设备控制指令由 IOP 以数据形式获取并传送给相应的 I/O 设备去执行。

早期的 IOP 大多由专用电路设计而成，如 Intel 8089 IOP。现在大量采用微处理器（微控制器）作为 IOP，使 IOP 功能更强，设计、使用更方便。

1. 通道工作过程

I/O 通道工作过程如图 8.40 所示。

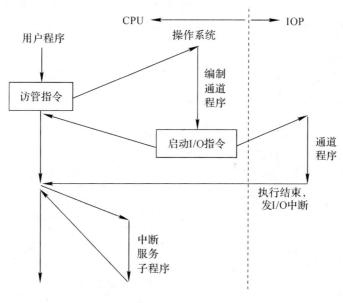

图 8.40　通道工作过程

1）CPU 启动通道工作

CPU 执行访问操作系统管理程序的指令，转入操作系统管理程序，管理程序根据访管指令提供的参数编制通道程序，向通道发出"启动 I/O"命令，然后返回用户程序。

2）数据传输

（1）IOP 从约定的单元或专用寄存器中取得通道程序首地址，然后从主存读出第一条通道指令。

（2）检查通道、子通道的状态是否能用。若不能用，则形成结果特征，回答启动失败，该通道指令无效；若能用，就把第一条通道指令的命令码发送到选定设备，进行启动，等到设备回答并断定启动成功后，建立结果特征"已启动成功"；否则建立结果特征"启动失败"，结束操作。

（3）启动成功后，通道将通道程序首地址保留到子通道中。此时通道可以处理其他工作，设备执行通道指令规定的操作。

（4）设备依次按自己的工作频率发出使用通道的申请，进行排队。通道响应设备申请，将数据从主存经通道送至设备，或反之。在传送完一个数据后，通道修改主存地址和传输计数，直至传输计数为"0"时，结束该条通道指令的执行。

（5）每条通道指令结束后，设备发出"通道结束"和"设备结束"信号。通道程序则根据数据链和命令链的标志决定是否继续执行下一条通道指令。

3）传输后处理

通道程序执行结束后，IOP 发出中断；CPU 响应中断并执行中断处理程序，分析结束原因并进行必要的处理，识别一个新的用于 IOP 执行的通道程序。

2. 通道结构与类型

图 8.41 示意了 I/O 通道的基本结构。通道与两类总线连接，存储总线承担通道与主

存、CPU 与主存间的数据传输任务，IOP(通道控制器)和 CPU 通过存储总线共享对公共主存的访问；通道(I/O)总线承担外设与通道间的数据传输任务。由于 I/O 通道的加入，使计算机系统对 I/O 的控制形成了四层逻辑结构，即

CPU 与主存←→I/O 通道←→设备控制器←→外围设备

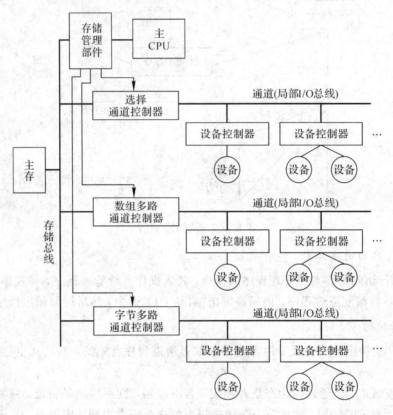

图 8.41 I/O 通道的基本结构

CPU 对通道的管理是通过向通道控制器发布 I/O 指令、处理来自通道控制器的中断来实现的；而通道控制器对设备控制器的管理是通过执行通道指令(IOP 指令)来控制设备控制器的数据传送操作，并以通道状态字接收设备控制器反映的外设状态。通道控制器代替 CPU 对各种设备控制器进行控制。

设备控制器是一个具有控制功能的智能接口，它管理一个或多个设备。设备控制器的任务是接收通道指令，控制外设的操作，向通道反映外设的状态，将各种外设的信号转换成通道能识别的标准信号。

存储管理部件是主存的控制部件，功能之一是按预定的优先级确定下一个周期使用存储总线访问主存的部件。优先次序的规定为 I/O 通道优先权高于 CPU，选择通道和数组多路通道优先权高于字节多路通道。

主存中除了存放针对不同设备进行传输控制的多个通道程序外，还开辟了一个通信区域，该区域中主要放置被执行的通道程序地址、被使用的 I/O 设备标识、IOP 和 CPU 间传递的消息等信息。

I/O 通道有选择通道、数组多路通道和字节多路通道三种类型，如图 8.41 所示。

1) 选择通道(Selector Channel)

选择通道用来控制多个高速设备。在任何时刻，选择通道只允许执行一个设备的通道程序，实现通道中一个设备的高速数据传输。

选择通道连接的设备一般为高优先级的高速设备，如硬盘，这类设备具有独占性。因此，在数据传送期内，选择通道只进行一次设备选择，让设备独占通道，以成组方式进行数据传送，将 N 个字节连续传送完才结束一次通道传输。

选择通道在进行辅助操作时，通道会出现空闲，所以通道的利用率不太高。

2) 数组多路通道(Block Multiplexor Channel)

数组多路通道能同时对多个设备进行 I/O 操作的处理。数组多路通道用来控制多个中、低速的块设备，它允许在一段时间内能交替执行多个设备的通道程序，实现通道中多个设备同时成组交叉地传送数据块。

为了充分利用并尽可能重叠各设备的辅助操作时间，不让通道空闲，数组多路通道采用成组交叉方式工作。当通道传送完定长 K 个字节数据后，重新选择下个设备进行 K 个字节数据的传送。数组多路通道有多个子通道，同时执行多个通道程序，所有子通道能分时共享输入/输出通路。

成组传送使数组多路通道具有高数据传输速率，交叉传送使数组多路通道具有多路并行操作的能力，所以通道具有较高的效率。然而这种通道的设备成本较高，往往需要在通道内设置高速小容量存储器作为传送数据的缓冲器。

3) 字节多路通道(Byte Multiplexor Channel)

字节多路通道用来控制多个低速的字符设备，它允许在一段时间内交替发送或接收通道中多个设备的字节数据。

因为低速字符设备传送一个字符(字节)占用时间很短，而每个字符间却有较长的等待时间，采用字节交叉方式轮流为多个低速设备服务，可以提高通道利用率。字节多路通道有多个按字节方式传送信息的子通道，它们能独立地执行通道指令。各个子通道间能并行操作，以字节宽度分时进出通道。接在每个子通道上的多台设备也能分时使用子通道。

字节多路通道与数组多路通道的相同之处是均为多路通道，可交替执行多个通道程序，使设备同时工作；不同之处在于，字节多路通道中各设备与通道之间的数据传送是以字节为单位交替进行，而数组多路通道的数据传送单位是数据块，且须在一个设备的一个数据块传送完后才能为别的设备传送数据块。

由于 I/O 通道方式的三类通道可以容纳众多不同速率的字符设备与块设备，但控制实现复杂，所以该方式通常用于大型计算机系统中对大规模 I/O 设备的管理。

习　　题

8.1　总线的分类方法主要有哪几种？请分别按这几种方法给出总线的分类。

8.2　什么是存储总线和 I/O 总线？它们各有什么特点？

8.3　串行总线和并行总线有什么区别？各适用于什么场合？

8.4 总线的信息传输方式有哪几种？各自的特点是什么？

8.5 总线的同步通信方式与异步通信方式有什么区别？各适用于哪些场合？

8.6 请描述总线异步通信中的全互锁方式的操作过程。

8.7 主机与外围设备之间信息传送的控制方式有哪几种？采用哪种方式CPU效率最低？

8.8 什么是中断方式？它主要应用在什么场合？请举两例。

8.9 中断仲裁主要解决什么问题？有哪些方法？

8.10 简述输入/输出设备在计算机系统中的作用。通常输入/输出设备接入计算机系统时，需要接口电路的支持，请问I/O接口电路有什么基本功能？

8.11 支持中断的I/O接口一般由哪几部分组成？简要说明它们的作用。

8.12 某计算机系统中有5级中断，中断响应优先级为1→2→3→4→5，现要求其实际的中断响应次序为2→1→4→5→3。

(1) 为各级中断设计屏蔽字（"1"为允许，"0"为屏蔽）；

(2) 在用户程序运行时，同时出现3、5级中断请求，并在5级中断处理未完成时又出现2级中断请求，请画出中断优先级改变前后程序运行轨迹示意图。

8.13 原中断响应的优先顺序为0→1→2→3，请设置中断屏蔽字（"0"为允许，"1"为屏蔽），将中断优先级改为2→0→3→1。

8.14 试对DMA方式举出两种应用实例。

8.15 试比较中断方式与DMA方式的主要异同，并指出它们各自的应用场合。

8.16 叙述利用DMA方式将主存中的一批数据连续传送到外设的一般过程。

8.17 在DMA方式预处理（初始化）阶段，CPU通过程序送出哪些信息？

8.18 某32位微处理器具有32位的地址和数据总线，CPU时钟频率为100 MHz，存储器指令Load和Store的指令周期为2个时钟周期，I/O采用存储器映射编址，CPU支持向量中断和DMA块传输（具有适宜的块长），典型的中断响应时间是13个CPU时钟周期。现在希望在系统中加入一个硬盘驱动器，假设硬盘数据传输率为N B/s，当分别采用中断方式和DMA方式时，请确定N的最大值。要求说明计算理由及假设条件。

第 9 章 并行体系结构

随着计算机速度的提高，人们对计算机性能的要求也越来越高。虽然时钟速度还在继续增加，但仅依靠提高时钟频率使计算机运行得更快变得越来越困难。在计算机实现技术越来越受到挑战时，计算机并行体系结构设计逐渐成为计算机性能有效提升的重要手段，计算机设计者已把注意力由顺序计算机（Sequential Computer）转向了并行计算机（Parallel Computer）。

本章将对计算机并行体系结构中的基本概念和典型结构做出阐述。

9.1 计算机体系结构的并行性

并行计算是指同时对多个任务、多条指令或多个数据项进行的处理，完成并行计算的计算机系统称为并行计算机系统，它是将多个处理器、多个计算机通过网络以一定的连接方式组织起来的大规模系统。

并行计算机系统最主要的特性就是并行性。并行性是指计算机系统同时运算或同时操作的特性，它包括同时性与并发性两种含义。同时性是指两个或两个以上事件在同一时刻发生，并发性是指两个或两个以上事件在同一时间间隔内发生。并行机制可以加速计算机系统的运行速度。

在计算机系统中，实现并行机制的途径有多种，可以归纳为以下四类：

（1）时间重叠：运用的是时间并行技术，它通过让多个处理任务或子任务同时使用系统中的不同功能部件，使系统处理任务的吞吐量增大，从而达到使系统运行速度提高的目的。例如，指令流水线就是时间并行技术的典范。

（2）资源重复：运用的是空间并行技术，它通过大量重复设置硬件资源，使多个处理任务或子任务同时使用系统中的多个相同功能的部件，使系统处理任务的吞吐量增大，从而达到使系统运行速度提高的目的。例如，多核处理器中的多个 CPU 核、并行计算机中的多处理器或多计算机都是空间并行技术的产物。

（3）时间重叠＋资源重复：同时运用时间并行和空间并行技术，这已成为当前并行机制的主流。例如，在新型计算机系统中，CPU 无一例外地采用了多核处理器，其中的每一个处理器核又无一例外地采用了多级流水线方式。

（4）资源共享：与前三种硬件方式不同，这是一种软件方式，通过操作系统的调度使多个任务按一定规则（如时间片）轮流使用同一设备。资源共享既可以降低成本，提高设备利用率，又可以实现多任务分时并行处理。例如，分时系统、共享存储器都是资源共享的体现。

在计算机系统中，可以在不同层次引入并行机制，如图 9.1 所示。当多个 CPU 或者处理元件紧密连在一起时，它们之间具有高带宽和低时延，而且是亲密计算，通常称之为紧耦合(Tightly Coupled)；相反，当它们距离较远时，具有低带宽、高时延，而且是远程计算，通常称之为松耦合(Loosely Coupled)。从片内并行、协处理器、多处理器、多计算机到云计算，随着计算机体系结构并行层次的上移，系统从最底层紧耦合的系统开始逐步转变到高层松耦合的系统。

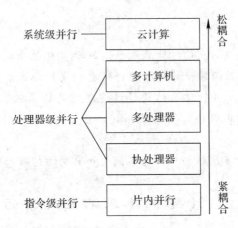

图 9.1 计算机体系结构的并行层次

1. 片内并行

片内并行是在计算机体系结构的最底层——芯片内部引入的一种并行机制，即并行行为都发生在一个单独的芯片内部。它实现加速的方法是使芯片在同一时间内完成更多工作，从而增加芯片吞吐量。片内并行的第一种形式是指令级并行，允许多条指令在片内流水线的不同功能单元上并行执行。第二种形式是芯片多线程，在这种并行中，CPU 可以在多个线程之间来回切换，产生虚拟多处理器。第三种形式是单片多处理器(多核 CPU)，即在同一个芯片中设置了两个或者更多个处理器内核，并且允许它们同时运行。

2. 协处理器

协处理器(Coprocessor)是为减轻主处理器负担、协助主处理器完成特定工作的专用处理器。主处理器和协处理器并行工作可使计算机速度得到提高。

协处理器种类很多，从物理角度看，协处理器可以是单独的机柜(如 IBM 360 的 I/O 通道)，可以是主板上的插件板(如网络处理器)，可以是独立芯片(如数学协处理器 80387)，甚至可以内置于主处理器芯片中(如 Intel 从 80486 开始将数学协处理器置于 CPU 内)。早期的协处理器是单核(即单 CPU)的，现在的协处理器更多是多核的，如 GPU。

从功能角度看，有多种特定功能的协处理器。图形协处理器负责屏幕上图像的显示，使得图像的显示速度更快，色彩更丰富、更细致。数学协处理器负责浮点数计算，并使电子表格及图形程序运行得更快。IOP(IO 处理器)负责外设与计算机系统的数据传输操作。网络处理器负责协议处理，使大量的输入/输出分组、路由表更新等操作能够高速处理。媒体处理器用于处理高分辨率的图像、音频和视频流。加密处理器用于安全领域，特别是网络安全，负责大量的加密和解密计算。甚至一个 DMA 芯片也可以看作是一个协处理器。一些协处理器执行 CPU 分配给它的一条指令或者一组指令，另一些协处理器能不依赖 CPU 而更加独立地运行。3DS、AutoCAD 等复杂的图像设计软件没有协处理器的支持就不能有效地运行。

　　指令级并行对提高速度有帮助，但流水线和超标量体系结构对速度的提高很难超过 10 倍以上。如果要将计算机系统性能提高百倍、千倍甚至百万倍，唯一的办法就是使用多个甚至成千上万个 CPU，让它们连接成一个大的系统，一起并行高效地工作。由多个 CPU 构成的系统分为多处理器系统和多计算机系统。这两种设计的核心是 CPU 间的相互通信，主要区别是它们是否有共享的内存，这种区别影响着并行计算机系统的设计、构建、编程、规模和价格。

3. 多处理器

　　所有的 CPU 共享公共内存的并行计算机称为多处理器系统，如图 9.2(a)所示。运行在多处理器上的所有进程能够共享映射到公共内存的单一虚拟地址空间。任何进程都能通过执行 Load 或者 Store 指令来读或写一个内存字，其余工作由硬件来完成。采用一个进程先把数据写入内存然后由另一个进程读出的方式，两个进程之间可以进行通信。

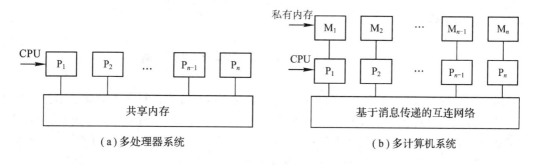

（a）多处理器系统　　　　　　（b）多计算机系统

图 9.2　并行体系结构

　　因为多处理器系统中所有的 CPU 见到的都是同一个内存映像，所以只有一个操作系统副本，从而也就只有一个页面映射表和一个进程表。当一个进程阻塞时，它的 CPU 保存该进程的状态到操作系统表中，并在表中搜索找到另外的进程来运行。这种单系统映像正是多处理器系统区别于多计算机系统的关键，在多计算机系统中，每台计算机都有自己的操作系统副本。

4. 多计算机

　　多计算机系统是由具有大量 CPU 但不共享公共内存的系统构成的。在多计算机系统中，每个 CPU 都有私有本地内存，私有内存只能供 CPU 自己通过执行 Load 和 Store 指令来使用，其他 CPU 则不能直接访问，这种体系结构也被称为分布式内存系统（Distributed Memory System，DMS），如图 9.2(b)所示。当处理器 P_i 发现 P_j 有它需要的数据时，它给 P_j 发送一条请求数据的消息，然后 P_i 进入阻塞（即等待），直到请求被响应。当消息到达 P_j 后，P_j 的软件将分析该消息并把响应消息和需要的数据发送给 P_i。当响应消息到达 P_i 后，P_i 软件将解除阻塞、接收数据并继续执行。所以，进程间通信通常使用 Send 和 Receive 这样的软件原语实现。

　　由于多计算机系统中的 CPU 利用消息传递机制进行通信，因此软件结构和编程比多处理器系统复杂得多。然而，就相同数量的 CPU 来说，大规模的多计算机系统与多处理器系统相比，结构简单，造价便宜。实现一台有数百个 CPU 共享内存的计算机是一项很复杂的工作，而建造一个具有上万个或者更多 CPU 的多计算机系统则是一项相对简单的工作。

面对多处理器系统实现困难但编程容易，多计算机系统实现容易但编程困难的状况，目前并行体系结构领域中的许多研究工作都致力于如何结合多处理器系统和多计算机系统的优点，设计出混合系统，最终的目标是找到具有可扩展性（即随着 CPU 数量的增多计算机执行能力也相应地提高）的设计。

5. 云计算

到目前为止，使具有不同计算机操作系统、数据库和协议的不同组织一起工作，进而共享资源和数据，还是非常困难的。然而，不断增长的对大规模组织间协作的需求引领了新的系统和技术的开发。云计算（Cloud Computing）是网格计算（Grid Computing）、分布计算（Distributed Computing）、并行计算（Parallel Computing）、效用计算（Utility Computing）、网络存储技术（Network Storage Technologies）、虚拟化（Virtualization）、负载均衡（Load Balance）等传统计算机和网络技术发展融合的产物。云计算的核心思想是将大量用网络连接的计算资源统一管理和调度，构成一个计算资源池，对用户按需服务。提供资源的网络被称为云。

9.2　计算机体系结构的分类

Flynn 于 1966 年提出了一种今天仍有价值的对所有计算机进行分类的简单模型，这种分类模型可以为计算机系统设计制订一个框架，这就是 1.4.1 节中介绍的 Flynn 分类法。根据被调用的数据流和指令流的并行度，Flynn 分类法将计算机归为以下四类：

（1）单指令流单数据流（Single Instruction-stream Single Data-stream，SISD）。这是一种单处理器系统，传统的冯·诺依曼计算机就是 SISD 系统。它只有一个指令流和一个数据流，一个时刻只能做一件事情。

（2）单指令流多数据流（Single Instruction-stream Multiple Data-stream，SIMD）。SIMD 计算机中，同一条指令被多个使用不同数据流的多处理器执行。SIMD 计算机中每个处理器有自己的数据存储器（多数据流），有唯一的指令存储器和控制单元，用来获取和分配指令（单指令流），它的控制单元一次发射一条指令，有多个 ALU 针对不同的数据集合同时执行这条指令，即将相同的操作以并行的方式应用于各数据流来实现数据级的并行。世界上第一台阵列计算机是伊利诺伊大学 1972 年研制的 Illiac IV，该计算机就是 SIMD 的原型。虽然主流 SIMD 计算机日益稀少，但是对于有明显的数据级并行机制的应用来说，SIMD 方法是十分高效的。多媒体扩展就是 SIMD 并行的一种形式，如 Pentium SSE 指令就是 SIMD 指令，还有为多媒体处理而设计的流处理器。向量计算机系统结构是这种系统结构中最大的一个分支。过去几年里，随着图形性能重要性的提高，特别是游戏市场的扩大，SIMD 方法再度被广泛应用。要达到构建三维、实时的虚拟环境所需要的理想性能，最好使用 SIMD 方法。

（3）多指令流单数据流（Multiple Instruction-stream Single Data-stream，MISD）。MISD 计算机中，多条指令同时在同一数据上进行操作。至今还没有这类的商用机器。

（4）多指令流多数据流（Multiple Instruction-stream Multiple Data-stream，MIMD）。这是一种同时有多个 CPU 执行不同操作的计算机系统，系统中每个处理器获取自己的指令并对自己的数据进行操作处理。MIMD 计算机可实现线程级并行,是因为多个线程是可以并行操作的。一般来说,这种线程级并行比数据级并行更加灵活,用途也更为广泛。大多数现代的并行计算机都属于这一类,多处理器系统和多计算机系统都是 MIMD 计算机。

Flynn 是一种粗略的分类,随着并行体系结构的发展,有些计算机成为上述多种类型的混合体,有些计算机成为上述某种类型的子类。现在普遍采用的更为细致的分类,如图 9.3 所示。

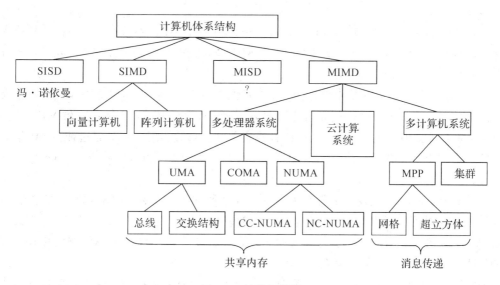

图 9.3　计算机分类

SIMD 分成两个子类。第一类是用于数值计算的向量计算机,可以在一个向量的每个元素上并行执行相同的操作。第二类是对大量数据进行并行处理的阵列计算机,可以利用一个控制单元把指令广播给多个独立的 ALU 来处理。

MIMD 分成多处理器系统(共享存储器的计算机)、多计算机系统(消息传递的计算机)和云计算系统。

在大多数多处理器系统中,内存被分成了多个不同的模块。根据共享内存的实现方式,多处理器系统又分成一致性存储器访问(Uniform Memory Access,UMA)计算机、非一致性存储器访问(Non-Uniform Memory Access,NUMA)计算机和基于 Cache 的存储器访问(Cache Only Memory Access,COMA)计算机。UMA 计算机的特点是多处理器通过共享(监听)总线、交叉开关或者多级交换网络进行通信,CPU 访问所有共享内存模块的时间都相同,即读取每个内存字的时间相等。如果在实现中有困难,就把速度快的内存模块的访问速度降低以保证和最慢的相等,这样程序员就不会感觉到速度的差别。这就是一致性(Uniform)的含义。这种一致性可以保证系统的性能能预测,也有利于程序员编写高效率的代码。相反,虽然 NUMA 多处理器也是在同样的共享地址空间上运行进程,但由于共享内存被分组并分布到每个处理器,使得远程内存的访问时间比本地内存要略微长一些,这种实现也是出于提高性能的考虑,它主要关系到代码和数据的位置。COMA 计算机是不一致的另外一种变种。在 COMA 中,Cache 块可以根据需要在不同的处理器间移动,不像其他设计那样有固定的位置。由于多处理器系统共享内存,因此 CPU 具有通过执行 Load/Store 指令读/写远程内存的能力,这是多处理器系统不同于多计算机系统的最重要特征。

多计算机系统和多处理器系统不一样，它在体系结构层没有共享的内存，存储器独立地分布于各计算机中。在多计算机系统中，CPU 不能通过 Load 和 Store 指令访问其他 CPU 的内存(如果用户程序可以使用 Load 和 Store 指令访问远程内存，则那是由操作系统实现的，而不是底层硬件直接支持的)，只能通过发送消息并等待响应的方式与其他的 CPU 通信。由于多计算机系统不能直接访问远程内存，因此也被称为非远程内存访问(NO Remote Memory Access，NORMA)计算机。

多计算机系统又可以分成以下两大类：

(1) 大规模并行处理(Massively Parallel Processing，MPP)系统。这是一种价格昂贵的超级计算机，它是由许多 CPU 通过高速互连网络紧密耦合在一起构成的。IBM SP/3 就是著名的商用 MPP 计算机。

(2) 集群(Cluster)。它是由普通的 PC 或者工作站组成的，它们可能被放置在一个大的机架或地域上，相互之间通过现成的商用网络连接。从逻辑上讲，这种系统和 MPP 计算机没有太大的区别，但是大型的 MPP 超级计算机往往价值数百万美元，而这种由 PC 组成的网络的价格只是 MPP 的一小部分。集群也称为工作站网络(Network of Workstation，NOW)、工作站集群(Cluster of Workstation，COW)。

云计算是一种基于互联网的计算方式，通过这种方式，云中的共享软硬件资源和信息在使用者看来是可以无限扩展的，并且可以随时获取，按需使用，按使用付费。许多云计算部署依赖于计算机集群，整个运行方式很像电网。云计算系统可以被视为非常大的、国际间的、松耦合的、异构的集群集合。

MIMD 灵活性强，在必要的软件和硬件支持下，MIMD 既能作为单用户多处理器为单一应用程序提供高性能，又可作为多道程序多处理器系统同时运行多个任务，还可以提供结合这两种任务的应用。MIMD 能够充分利用现有微处理器的性价比优势，当今几乎所有商用多处理器系统使用的微处理器与在工作站、单处理器服务器中所使用的微处理器都是相同的。从图 9.3 的分类中可以清楚地看到，MIMD 计算机是高性能计算机发展的主流。

9.3 互 连 网 络

在具有多处理器或多计算机的系统中，互连网络的设计至关重要。

9.3.1 基本概念

互连网络(Interconnection Network)是一种由开关元件按照一定的拓扑结构和控制方式构成的网络，用于实现计算机系统中部件之间、处理器之间、部件与处理器之间，甚至计算机之间的相互连接。它的主要构成元素包括终端节点、链路、连接节点。设备(Device)是计算机内部的一个部件或一组部件(如 CPU、存储器)，也可以是计算机或计算机系统。终端节点(End Node)由设备及相关的软硬件接口组成；链路(Link)是节点与互连网络及互连网络内部的连接线，它可以是有向或无向的；连接节点(Connected Node)用于接入节点设备和连接不同的链路，主要由高速开关构成。互连网络也称为通信子网(Communication Subnet)或通信子系统(Communication Subsystem)，多个网络的相互连接称为网络互连(Internetworking)。我们将跨接所有设备的互连结构称为网络拓扑(Network Topology)结构,将实现信息包(Packet)在互连网络上从源节点送往目的节点的机制称为路由(Routing)。路由包括路径选择与信息传输。

根据连接的设备数和设备的接近程度,可以将互连网络分为以下四类:

(1) 片上网(On-Chip Network,OCN)。OCN 也称为 NoC(Network-on-Chip),用于连接微体系结构中的功能单元以及芯片或多芯片模块内的处理器和 IP 核(Intellectual Property core,知识产权核)。OCN 目前仅支持几十个最大互连距离在厘米级的设备连接,主要用于高性能芯片内部的连接,如 IBM 的 CoreConnect、ARM 的 AMBA、Sonic 的 Smart Interconnect。

(2) 系统/存储区域网(System/Storage Area Network,SAN)。系统区域网用于多处理器和多计算机系统内的处理器之间、计算机之间的互连;存储区域网用于处理器与存储器之间、计算机系统与存储系统之间的互连,也用于在服务器和数据中心环境中的存储设备与 I/O 设备之间的连接。系统区域网一般支持几百个设备的连接,而在 IBM Blue Gene/L 超级计算机中,系统区域网支持数千个设备的互连。系统区域网的互连距离为几米至几千米,如在 2000 年末推出的 SAN(系统区域网)标准 InfiniBand,支持系统与存储 I/O 以 120 Gb/s 的传输率在 300 m 的距离上实现互连。

(3) 局域网(Local Area Network,LAN)。LAN 用于互连分布在机房、大厦或校园环境中的自治计算机系统。集群中互连的 PC 是最好的范例。LAN 最初仅能连接近百个设备,而现在能连接几千个设备。LAN 的互连距离通常为几公里,有些可以达到几十公里。例如,使用最普遍和最持久的 LAN——以太网,在 10 Gb/s 标准版本中支持 40 km 的互连距离。

(4) 广域网(Wide Area Network,WAN)。WAN 连接分布在全球的计算机系统,需要互联网的支持。WAN 可以连接相距几千公里的上百万个计算机。ATM 是 WAN 的一个示例。

计算机体系结构关注互连网络有以下几个原因:

(1) 互连网络除了提供连通性外,还经常用于在多个层次上连接计算机部件,包括在处理器微体系结构(Microarchitecture)中。

(2) 网络一直用于大型机,而今天这种设计在个人计算机中也得到了很好的应用,它提供的高通信带宽使计算能力和存储容量得以提升。

(3) 拓扑结构与其他网络设计参数之间存在着敏感的关系,特别是当终端节点数量非常大(如 Blue Gene/L 巨型计算机中的 64 K 个节点)或当等待时间(Latency)成为关键指标(如在多核处理器芯片中)时。

(4) 拓扑结构也极大地影响着网络的实现成本和整个计算机系统的性能价格比。

所以,为了更有效地设计和评估计算机系统,计算机设计师应该了解互连问题及解决方法。互连网络设计的宗旨是不应成为系统性能和成本的瓶颈。

9.3.2　互连网络的表示及性能参数

1. 图

互连网络可用图表示,图是由有向边或无向边连接有限个节点组成的,通常认为图中所有的节点或所有的边可以是同质的(Homogeneity)。边表示节点间互连的链路,在节点上的节点设备通过边进行信息交换。每个节点都有边与之相连，数学上将与节点相连的边数称为节点度（Degree），进入节点的边数叫入度（扇入，Fanin），从节点出来的边数则叫出度（扇出，Fanout）。一般来说，扇入/扇出越大，路由选择能力越强，容错能力也越强。容错是指当某条链路失效时可以绕过这条链路继续保持系统正常工作。如果每个节点有 k 条边，且边所表示的链路都是正常的，那么我们可以设计一种网络，在 $k-1$ 条链路都失效时也能继续工作。

互连网络的一个重要特性是传输延迟，可以用图的直径（Diameter）来表示。如果用两个节点之间的边数来表示两个节点之间的距离，那么图的直径就是图中相距最远的两个节点之间的距离。图的直径直接关系到 CPU 与 CPU 之间、CPU 与内存之间，甚至计算机与计算机之间交换信息包时的最大延迟。因为信息通过每条链路都要花费一定的时间，所以图的直径越小，最坏情况下的互连网络性能就越好。两个节点之间的平均距离也很重要，它关系到信息包的平均传递时间。一个信息经过互连网络到达接收方造成的总时间延迟为

$$总时延 = 发送方开销 + 飞行时间 + \frac{包长}{频宽} + 接收方开销 \tag{9.1}$$

其中，频带宽度（Band Width，简称频宽）是互连网络传输信息的最大速率；传输时间（Transmission Time）等于信息包长度除以频带宽度；飞行时间（Time of Flight）是第一位信息到达接收方所花费的时间；传输延迟（Transport Latency）等于飞行时间与传输时间之和；发送方开销（Sender Overhead）是处理器把消息放到互连网络的时间；接收方开销（Receiver Overhead）是处理器把消息从网络取出来的时间。

互连网络的另一个重要特性是它的传输能力，即每秒能传送多少数据。一种可以测量互连网络传输能力的有用度量是对分带宽（Bisection Bandwidth，BB），它由对分宽度（Bisection Width，BW）决定。对分宽度 BW 定义为当将网络分成两个基本对等（节点数相等或近似相等）且不连通的子网时，所移走的链路（边）数量的最小值。如果每条链路具有相同的带宽 b，则对分带宽 BB＝$b×$BW。这个数值的意义在于：如果对分带宽是 X，并且网络的两子网之间有大量的通信，那么整个通信流量将被限制在 X 之内，这是最坏的情况。许多设计者认为，对分带宽是互连网络最重要的性能指标，在设计互连网络时就应该考虑使对分带宽达到最大。

按照图的维数（Dimension）可以对互连网络进行分类。图的维数定义为源节点和目的节点之间可供选择的路径数量。如果只有一种选择，图和网络就是一维的；如果有两种选择，图和网络就是二维的；如果有三种选择，图和网络就是三维的，以此类推，可以得到 n 维网络。

2. 互连函数

互连网络也可以用互连函数表示，互连函数定义为互连网络输入和输出端口地址的一对一映射（Bijection），即

$$f(x_{n-1}x_{n-2}\cdots x_1 x_0) = y_{n-1}y_{n-2}\cdots y_1 y_0 \tag{9.2}$$

其中，x 为自变量，是互连网络输入端口编号（即地址）的 n 位二进制编码；y 为因变量，是互连网络输出端口编号的 n 位二进制编码；$f(\ )$ 表示互连网络输入与输出的对应关系，它可以实现对 x 编码进行排列、组合、移位、取反等操作。一个互连网络的连接特征可以对应多个互连函数。

互连函数有以下几种表示方法：

(1) 函数表示法：用 x 表示输入端变量，用 $f(x)$ 表示互连函数，如公式(9.2)。

(2) 表格表示法：适用于规则和不规则连接。例如：

$$\begin{array}{c} 输入端口地址 \\ 输出端口地址 \end{array} \begin{bmatrix} 0 & 1 & ... & N-1 \\ f(0) & f(1) & ... & f(N-1) \end{bmatrix}$$

(3) 循环表示法：将有输入/输出连接且编号能够衔接并循环的一组连线的节点放在一个括号内来表示输入端口与输出端口的映射关系，如存在输入端口→输出端口的连接为 0→2、2→4、4→6、6→0，则有(0 2 4 6)。

(4) 图形表示法：用连线表示输入和输出端口的映射关系。

典型的网络拓扑结构有总线结构、集中式交换网络结构和分布式交换网络结构。交换网络是对共享总线的一种替代，是一种利用若干小交换节点并以不同方式连接而形成的多条点对点链路构成的互连网络。根据连接对象距离的远近，交换网络分为集中式和分布式两类。

9.3.3 集中式交换网络

典型的集中式交换网络有交叉开关网络和多级互连网络。

1. 交叉开关网络

交叉开关(Crossbar Switch)技术来源于电话网络中采用的电路交换技术。电路交换(Circuit Switching)专用于在源节点(Node)和目的节点之间建立通信通道(Communication Path)，通道是在节点间的一组顺序连接的物理链路(Physical Link)。在每条链路上，逻辑信道(Logical Channel)专注于连接，由源节点产生的数据沿着专用通道尽可能快地发送。在每个节点处，进来的数据不需要太多的延迟(假如不需要数据处理的话)就可以被路由或交换到适当的输出通道中。

利用电路交换技术控制若干开关组成的开关连接阵列，就构成了交叉开关网络，它可以依照控制策略将网络的任意输入与输出连接起来。图 9.4 是一个 4×4 交叉开关网络，交叉阵列中行线与列线的交叉点是一个交叉开关，即一个小的交换节点，它的电路状态是打开或闭合，用黑圈表示闭合的交叉开关，用白圈表示打开的交叉开关。

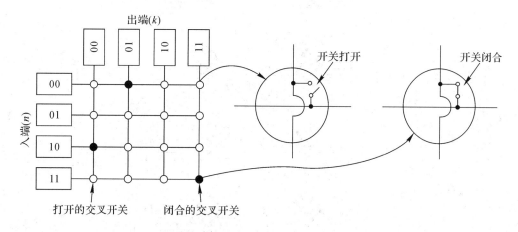

图 9.4 4×4 交叉开关

假设网络入端有 n 个节点，出端有 k 个节点，按照图 9.4 所示方式通过一个 n 行与 k

列的交叉开关阵列进行连接,即可以构成 $n \times k$ 交叉开关网络。通过对 $n \times k$ 个交叉开关的通断状态进行控制,可以使 $n+k$ 个节点中的任何一对节点建立连接。

例 9.1 在 UMA 对称多处理器系统中,假设有 4 个 CPU 作为互连网络入端节点,4 个内存模块作为出端节点,当将它们以图 9.4 所示的交叉开关网络进行连接时,试分析 CPU 与内存模块的连接关系。

解 因为 CPU_2 与内存模块 0 之间的连线交叉点为闭合的交叉开关(黑圈),可表示为
$$(CPU,内存)=(10,00)=1$$
所以 CPU_2 与内存模块 0 之间建立了连接。

同理,因为 $(CPU,内存)=(00,01)=1$,$(CPU,内存)=(11,11)=1$,所以 CPU_0 与内存模块 1 之间建立了连接,CPU_3 与内存模块 3 之间建立了连接。

交叉开关网络的优势:① 它是无阻塞网络,即节点之间不会因为某些交叉点或者链路被占用而无法建立连接(仅在有两个以上节点试图向同一个目的节点发信息时才可能在目的节点接收链路上发生阻塞);② 建立连接时不需要事先规划。事实上,开关网络正在替代总线成为计算机之间、I/O 设备之间、电路板之间、芯片之间甚至芯片内部模块之间的常规通信手段。

交叉开关网络的劣势:它的复杂度随网络端口数量以平方级增长,即交叉开关的数量达到 $n \times k$ 个。对于中等规模的系统,交叉开关设计是可行的,如 Sun Fire E25K 就是采用这样的设计。但如果 $n=k=1000$,那么就需要 100 万个交叉开关,这样大规模的交叉开关网络是很难实现的。

对交叉开关网络的一种改进是通过用多个较小规模的交叉开关模块串联和并联构成多级交叉开关网络,以取代单级的大规模交叉开关。图 9.5 是用 4×4 的交叉开关模块组成 16×16 的两级交叉开关网络,其设备量减少为单级 16×16 的一半。这实际上是用 4×4 的交叉开关模块构成 $4^2 \times 4^2$ 的交叉开关网络,其中,指数 2 为互连网络的级数。若互连网络的入端数和出端数不同,可使用 $a \times b$ 的交叉开关模块,使 a 中任一输入端与 b 中任一输出

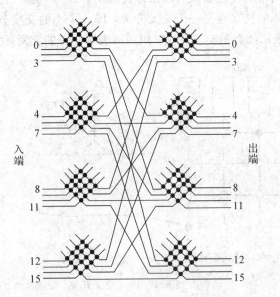

图 9.5 用 4×4 交叉开关模块构成 16×16 的两级交叉开关网络

端相连。用 n 级 $a \times b$ 交叉开关模块，可以组成一个 $a^n \times b^n$ 的开关网络，称作 Delta 网，它在 Patel(1981 年)多处理机中采用。

2. 多级互连网络

另一种组织与控制更为有效的交换网络是基于 $a \times b$ 交换开关构造而成的。2×2 交换开关是一种最常用的二元开关，如图 9.6(a)所示，它有两个输入和两个输出，从任意输入线到达的消息都可以交换到任意的输出线上。

因为每个输入可与一个或两个输出相连，所以在输出端必须避免发生冲突。一对一和一对多映射是容许的，但不容许有多对一映射。只容许一对一映射时，称为置换连接，并称此开关为 2×2 交叉开关。具有直通和交换两种功能的交换开关称为两功能开关，用一位控制信号控制。具有所有四种功能的交换开关称为四功能开关，用两位控制信号控制。交换开关的四种状态(直通 Through，交叉 Cross，上播 Upper Broadcast，下播 Lower Broadcast)如图 9.6(c)所示，通过加载控制信号进行选择。

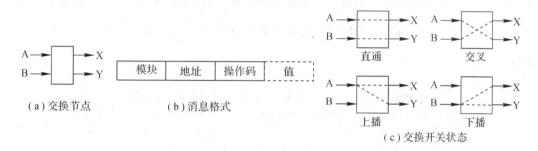

（a）交换节点　　（b）消息格式　　（c）交换开关状态

图 9.6　2×2 的交换开关

假设在 UMA 对称多处理器系统中，交换开关输入端连接的是 CPU，输出端连接的是内存模块，那么消息一般定义为四部分(如图 9.6(b)所示)："模块"字段指出使用哪个内存模块；"地址"定义模块内的地址；"操作码"指定 CPU 对内存的操作(如 READ 或者 WRITE)；可选的"值"字段可以包括一个操作数(如 WRITE 操作要写入的 32 位字)。交换开关检查"模块"字段以判断消息应该通过 X 传递还是通过 Y 传递，以确定对交换开关状态的控制。

让 i 个 2×2 的交换开关并联工作，可以构成更大输入/输出的 $(2i) \times (2i)$ 的交换开关，再将 $(2i) \times (2i)$ 交换开关以级联方式加以连接就可以组成有 $2i$ 个输入端口(Port)和 $2i$ 个输出端口的多级互连网络(Multistage Interconnection Network，MIN)。也就是说，多级互连网络有多级交换开关，每级又有多个交换开关。

多级互连网络采用多个相同的或不同的互连网络直接连接，属于组合逻辑线路，速度快。通常，一个时钟周期就能够实现任意节点到节点之间的互连。多级互连网络中前一级交换开关(包括输入节点)的输出端与后一级交换开关(包括输出节点)的输入端之间的连线模式称为级间拓扑结构，可以用互连函数表示。由于每个交换开关的输入/输出连接关系是可控的，级间的拓扑连接又可以是多样的，所以存在多种多级互连网络拓扑结构，在源节点与目的节点之间的消息传递路径也可以有多条，即可以动态地路由(Route)。多级互连网络属于动态互连网络，而动态互连网络一般用于需要动态规划路由的通信模式中。

多级互连网络设计的关键是：

（1）选择何种交换开关。

（2）交换开关之间采用何种拓扑连接。

（3）对交换开关采用何种控制方式。

最常选用的交换开关是 2×2 交换开关，因为它结构简单，容易控制，成本低。级间连接常用的拓扑有全混洗、蝶形、纵横交叉、立方体连接等。对交换开关的控制一般有以下四种方式：

（1）整体控制：所有交换开关使用同一个控制信号控制。

（2）级控制：同一级交换开关使用同一个控制信号控制。

（3）单元级控制：每个交换开关分别控制。

（4）部分级控制：同一级中部分交换开关使用同一个控制信号控制。

Omega 网络（或称 Ω 网络）是一种只提供必要服务且经济的多级互连网络，如图 9.7 所示。图中使用了 12 个 2×2 交换开关，实现 8 个 CPU 和 8 个内存模块的连接。一般来说，如果有 n 个 CPU 和 n 个内存模块，Omega 网络就需要 $\mathrm{lb}n$ 级，每级 $n/2$ 个交换开关，总共 $\frac{n}{2}\mathrm{lb}n$ 个交换开关。当 n 比较大时，与交叉开关网络的 n^2 个交叉开关相比，其开关数量大幅减少。

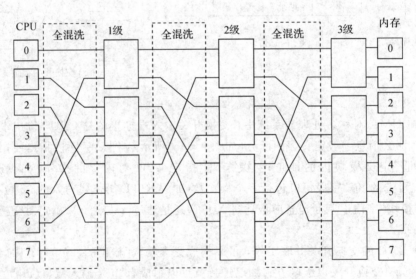

图 9.7 Omega 网络

Omega 网络又称多级混洗交换网络，由 n 级结构相同的网络组成，使用全混洗（Perfect Shuffle）连接作为各级交换开关之间的级间互连模式，利用其后跟随的四功能交换开关，采用单元控制方式，使每级的输入/输出达到全混洗交换；其链路的建立是单向的，它允许消息从任意输入端口到达输出端口。将 Omega 网络加以推广，当使用 $k\times k$ 交换开关时，具有 N 个输入及 N 个输出端口的 MIN 需要至少 $\log_k N$ 级，每级 N/k 个交换开关，总共 $\frac{N}{k}\log_k N$ 个交换开关。

例 9.2 假设 CPU 011 需要从内存模块 110 中读取一个字，试分析 Omega 网络为此提供的连接路径。

解　我们用图 9.8 来说明 Omega 网络的寻径过程。

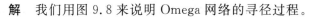
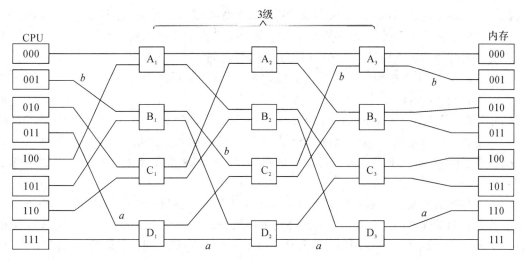

图 9.8　例 9.2 Omega 网络寻径示意图

首先由 CPU 011 发送一条模块字段为 110 的 READ 消息给交换开关 D_1。第 1 级交换开关 D_1 取出模块字段的最高位来确定如何传送这条消息：如果是 0，消息就从交换开关的上输出线输出；如果是 1，就从下输出线输出。本例中，模块字段 110 最高位是 1，这条消息将传递给 D_2。

所有第 2 级交换开关都使用模块字段的第二位来确定如何发送消息。本例模块字段 110 的第二位是 1，这条消息将由 D_2 的下输出线输出，发送给 D_3。

D_3 继续使用模块字段的第三位来决定消息发送的方向。本例模块字段 110 的第三位是 0，该消息将从 D_3 的上输出线输出到达内存模块 110。

这条消息通过的路径在图 9.8 中用字母 a 表示，它正是我们希望获得的消息路径。

消息在交换网络中传送时并不需要 CPU 的模块号，但是可以利用 CPU 模块号记录消息的输入线，这样响应信息就可以找到相应的路径。对路径 a 来说，响应消息路径是 $0(D_1$ 的上输入线)、$1(D_2$ 的下输入线)和 $1(D_3$ 的下输入线)，即响应消息可以由交换网络后级到前级依 CPU 模块号 011 从低位到高位的顺序来寻径。

假如 CPU 011 读取内存模块 110 的同时，CPU 001 需要往内存模块 001 中写入一个字，那么模块字段为 001 的写消息由 CPU 001 发出，并分别按照上、上、下输出线进行寻径，最终到达内存模块 001，图 9.8 中用字母 b 表示了该消息路径。由于这两个内存访问请求使用的交换开关、链路和内存模块都不相同，因此它们可以并行执行。

如果 CPU 000 也同时想访问内存模块 000，那么它的访问请求和 CPU 001 的访问请求在交换开关 A_3 处会发生冲突，它们当中必然有一个请求要处于等待状态。和交叉开关网络不同，Omega 网络是有阻塞的网络。在 Omega 网络中，并非所有的请求都可以同步执行，当需要使用同一条链路或者同一个交换开关，或者请求访问同一个内存模块时，都会发生冲突。

解决内存模块冲突的有效方法是把内存模块构造成一致的内存访问空间。一种常用的技术是使用地址的低几位作为内存模块号。例如，在 32 位计算机中，地址空间按字节编址，当用 $A_4A_3A_2$ 这三位地址作为内存模块号时，连续地址的字就处于不同的内存模块中。

这种连续的内存字位于不同的内存模块的系统称为多体交叉内存系统，因为大多数内存访问都是连续地址的访问，所以这种内存可以获得最大限度的并行性，参见 4.2.5 节。

解决链路或交换开关冲突的有效方法是设计无阻塞的交换网络，使每个 CPU 和每个内存模块之间都有多条路径，这样可以更好地分担流量。

为了减少 MIN 中的阻塞，必须增加附加的开关或使用更大的交换网，以便提供可选择的、从每个源节点到每个目的节点之间的路径。第一种常用的解决方案是增加 $\log_k N-1$ 级附加开关到 MIN 中，让其镜像原有的拓扑结构。因为最终形成的网络准许在新的源和目的对之间建立无冲突路径，所以这种解决方案是路径可重规划且无阻塞的，但它也使级间的跳跃次数（Hop Count）加倍，并且可能要求在某种集中式控制下重新规划一些已建立的通信对路径。

第二种解决方案是在原有的交换网中再插入期望的交换网，在这种情况下，通过中间级开关提供的足够多的选择路径，来允许在第一级和最后一级交换开关之间建立无冲突路径。最著名的例子就是 Clos 网络，如图 9.9 所示的是 3 级 Clos 网，它是严格无阻塞网。为了将所有的交换开关节点规模降低到 2×2，三级 Clos 拓扑结构的多通道特性被递归地应用于中间交换级，最终获得了 2×lbN-1 级的 Beneš 拓扑结构，这是一种路径可重规划且无阻塞的网络结构。Myrinet 网（1994 年至今）采用的就是 Clos 网络拓扑结构。

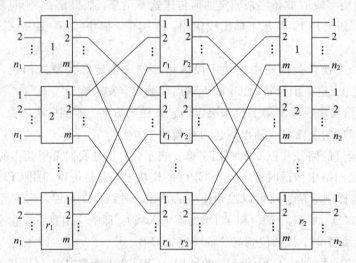

图 9.9　3 级 Clos 网络

图 9.10 说明了两种 Beneš 拓扑结构。图 9.10(a)所示的是 16 端口的 Beneš 拓扑结构，它的中间级开关（在虚线框内）是由一个 Clos 网络实现的，而该 Clos 网络的中间级开关（在点画线框内）又是一个 Clos 网络，如此下去，直到各交换开关只使用 2×2 交换开关时 Beneš 网络就生成了，即 Beneš 网络中除第一级和最后一级之外的所有中间交换级由 Clos 网络递归生成。

到目前为止所描述的 MIN 只有单向的网络链路，而双向网络链路很容易通过简单地对折诸如 Clos 和 Beneš 这样的对称网络来获得。将两个方向的单向链路重叠使用可获得双向链路，再让 2 组交换开关并联工作，可获得 4×4 的交换开关。图 9.10(b)所示为最终形成的对折的 Beneš 拓扑结构，这是一个使用 4×4 交换开关的双向 Beneš 网络，终端节点连到了 Beneš网络（单向的）最内部的交换开关。在网络另一边的端口是开放的，这可以使网络进一步扩展到更大规模。这种类型的网络被称为双向多级互连网络（Bidirectional Multistage Interconnection Network）。在这类网络所具有的许多有用性质中，最重要的是它们的模块化和开拓通信节点的能力，这些通信节点保存着跳过网络各交换级的信息（消息）包。这类网络的规则性减少了路由的复杂性，多通道性使通信量更均衡地分布在网络资源上，且使网络具有了容错能力。

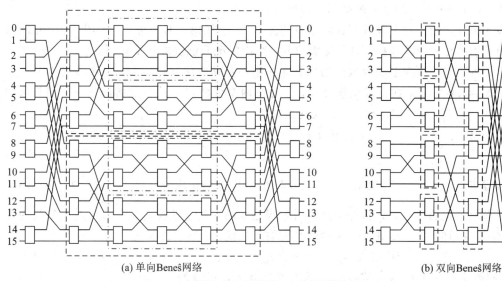

(a) 单向Beneš网络　　　　　　　　　(b) 双向Beneš网络

图 9.10　两种 Beneš 拓扑结构

平衡树是获得具有无阻塞（可重规划）性质的双向 MIN 的另一个途径，其终端节点设备为树的叶子，交换开关为树内的顶点（Vertex）。在树的每层提供足够的链接，使得总链接带宽在每层保持恒定。除了树根外，作为每个顶点的交换开关端口数增加为 $k^i \times k^i$，其中 i 是树的层次，可以通过在每个顶点使用 k^{i-1} 个总开关量来完成，其中每个交换开关有 k 个输入端口和 k 个输出端口，或者 k 个双向端口。具有这样拓扑结构的网络称为胖树（Fat Tree）网络。因为在每个方向上仅有 k 个双向端口的一半被使用，所以在胖树中，每级需要 $\frac{N}{k/2}$ 个交换开关，共计 $\frac{2N}{k}(\log_{k/2} N)$ 个交换开关。因为不需要前向链路，所以在根级交换开关的数量是被减半的，缩减为 N/k。图 9.10(b)也是一棵使用 4×4 交换开关的胖树，也就是说，对折的 Beneš 拓扑结构与胖树是等效的，其中树的顶点显示在点画线框中。

胖树拓扑结构具有无阻塞传输特性，被广泛用于商用多计算机系统，如 Thinking Machines 公司的 CM-5。

例 9.3　在 Omega 网络中，级间连接采用了完全相同的全混洗连接，如图 9.11 所示，试写出其互连函数。

解　设输入端节点编号与输出端节点编号用二进制编码 $x_{n-1}x_{n-2}\cdots x_1 x_0$ 表示，则输入与输出节点全混洗连接关系可用如下互连函数表示：

$$\text{Pshuffle}(x_{n-1}x_{n-2}\cdots x_1 x_0) = x_{n-2}\cdots x_1 x_0 x_{n-1} \quad (9.3)$$

这表示被连接的一对输入/输出节点的编码具有如此关系：将

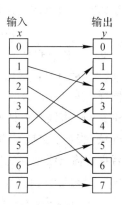

图 9.11　全混洗连接

输入端节点编号的二进制编码循环左移一位就得到与之相连的输出端节点编号的二进制编码。

如在图 9.11 中，有 $f(000)=000$，$f(001)=010$，$f(010)=100$，$f(011)=110$，$f(100)=001$，$f(101)=011$，$f(110)=101$，$f(111)=111$。

例 9.4 在图 9.10 给出了两种 Beneŝ 拓扑网络，试分析图 9.10 (a) 的级间连接模式，并给出图 9.10 (b) 的级间互连函数。

解 （1）分析图 9.10(a) 的级间连接模式。

根据例 9.3 给出的全混洗互连函数及与图 9.11 连接模式对比可看出，图 9.10(a) 的级间连接采用的也是混洗连接，只是每级的节点分组情况和混洗方式不相同。

网络后半程的级间混洗函数采用例 9.3 的循环左移一位互连函数，并从多组 4 个节点全混洗连接开始，每增加一级交换开关，参与组内全混洗连接的节点数增加一倍，节点的组数减少一半，此即子混洗模式，其互连函数为

$$\text{Sshuffle}_k(x_{n-1}x_{n-2}\cdots x_{k+1}\,x_k\,x_{k-1}\cdots x_1 x_0) = x_{n-1}x_{n-2}\cdots x_{k+1}\,x_{k-1}\cdots x_1 x_0 x_k\quad(0\leqslant k\leqslant n-1)$$
$$(9.4)$$

其中，k 表示参与子混洗的程度，即 2^{k+1} 个节点为一组，进行组内全混洗（节点被分为 $\frac{2^n}{2^{k+1}}$ 个组）。

网络前半程的连线方式恰好是网络后半程连线的对折，将例 9.3 中的互连函数改为循环右移一位（逆混洗）就得到 Beneŝ 网前半程的互连函数。逆混洗互连函数为

$$\text{Ishuffle}(x_{n-1}x_{n-2}\cdots x_1 x_0) = x_0 x_{n-1}x_{n-2}\cdots x_1\quad(9.5)$$

Beneŝ 网前半程从全部输入节点全逆混洗连接开始，每增加一级交换开关，参与组内逆混洗连接的节点数减少一半、节点的组数增加一倍，即将端口分组、组内完成逆混洗，此即子逆混洗模式。

（2）确定图 9.10(b) 的级间互连函数。

图 9.10(b) 的级间连接采用的是蝶形连接，其中第 2 级的级间连接如图 9.12 所示，粗线和细线分别组成一个基本的连线图形，因其形状像蝴蝶，故称为蝶形连接。分析图 9.12 输入/输出节点编号间的关系可得出，将输入节点的二进制地址（编号）的最高位与最低位互换位置，就获得了与该输入节点连接的输出节点的二进制地址，故其互连函数为

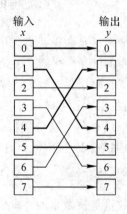

图 9.12 蝶形连接

$$\text{Butterfly}(x_{n-1}x_{n-2}\cdots x_1 x_0) = x_0 x_{n-2}\cdots x_1 x_{n-1}\quad(9.6)$$

如在图 9.12 中，有 $f(000)=000$，$f(001)=100$，$f(010)=010$，$f(011)=110$，$f(100)=001$，$f(101)=101$，$f(110)=011$，$f(111)=111$。

同样，图 9.10(b) 的 Beneŝ 网的每级均是分组应用蝶形互连函数的。

例 9.5 多级立方体网也是动态互连网络，如图 9.13 所示。端口数为 N，采用两功能交换开关（直通、交换），使用级控或单元控制方式；互连模式为输入级恒等置换、各级间子蝶形置换、输出级逆混洗置换。试分析该网络的互连函数。

解 子蝶形置换互连函数为

$$\text{Sbutterfly}_k(x_{n-1}x_{n-2}\cdots x_{k+1}x_k x_{k-1}\cdots x_1 x_0) = x_{n-1}x_{n-2}\cdots x_{k+1}x_0 x_{k-1}\cdots x_1 x_k\quad(9.7)$$

采用三种不同的交换开关控制方式，可以构成三种不同的互连网络。

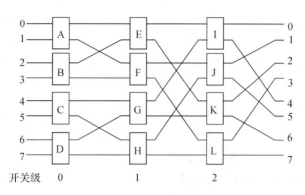

开关级   0   1   2

图 9.13 多级立方体网络

(1) 采用级控制,可以构成交换网,其互连函数为
$$\text{Exchange}(x_{n-1}x_{n-2}\cdots x_i\cdots x_1x_0) = x_{n-1}x_{n-2}\cdots x_i\cdots x_1\bar{x_0} \qquad (9.8)$$

(2) 采用部分级控制,可以构成移数网,其互连函数为
$$\text{Shift}_k(x) = (x+k) \bmod N, 0 \leqslant x, k \leqslant N \qquad (9.9)$$

(3) 采用单元控制,图 9.13 所示网络即为间接二进制 n 维立方体网络。

当所有交换开关直通时,实现恒等互连。即 $N=8$ 时,有如下关系:

$$\text{Ishuffle}(\text{Butterfly}(\text{Sbutterfly}_{(1)}(x_2x_1x_0))) \qquad (\text{链路 0 级})$$
$$=\text{Ishuffle}(\text{Butterfly}(x_2x_0x_1)) \qquad (\text{链路 1 级})$$
$$=\text{Ishuffle}(x_1x_0x_2) \qquad (\text{链路 2 级})$$
$$=x_2x_1x_0 \qquad (\text{输出级})$$

当 A、B、C、D 四个开关交换,其余直通时,实现 Cube_0 互连函数。

当 E、F、G、H 四个开关交换,其余直通时,实现 Cube_1 互连函数。

当 I、J、K、L 四个开关交换,其余直通时,实现 Cube_2 互连函数(见公式(9.10))。

例 9.6 计算使用一级交叉开关网络互连 4096 个节点与采用 2×2、4×4、16×16 交换开关构成的 MIN 互连 4096 个节点产生的相对成本。分别考虑单向链路的相对成本和开关的相对成本,假设 $k\times k$ 交换开关的开关成本与 k^2 成正比。

解 使用一级交叉开关网络时,开关成本与 4096^2 成正比,此时:

单向链路成本 $\propto$(输入节点与网络连接的链路数+输出节点与网络连接的链路数)
$$=4096\times2=8192$$

使用 $k\times k$ 交换开关构成 MIN 时,开关成本与 $k^2\times\dfrac{4096}{k}\times\log_k 4096$ 成正比,此时:

单向链路成本 $\propto$ [每级链路数×(级数+1)]$=N\times(\log_k N+1)=4096\times(\log_k 4096+1)$
相对成本

$$\text{Relative\_cost}(2\times2)_{\text{Switches}}=\frac{4096^2}{2^2\times\dfrac{4096}{2}\times\text{lb}4096}\approx171$$

$$\text{Relative\_cost}(4\times4)_{\text{Switches}}=\frac{4096^2}{4^2\times\dfrac{4096}{4}\times\dfrac{1}{2}\text{lb}4096}\approx171$$

$$\text{Relative\_cost}(16\times16)_{\text{Switches}}=\frac{4096^2}{16^2\times\dfrac{4096}{16}\times\dfrac{1}{4}\text{lb}4096}\approx85$$

$$Relative\_cost\ (2\times2)_{Links}=\frac{8192}{4096\times(lb4096+1)}=\frac{2}{13}\approx0.1538$$

$$Relative\_cost\ (4\times4)_{Links}=\frac{8192}{4096\times\left(\frac{1}{2}lb4096+1\right)}=\frac{2}{7}\approx0.2857$$

$$Relative\_cost\ (16\times16)_{Links}=\frac{8192}{4096\times\left(\frac{1}{4}lb4096+1\right)}=\frac{2}{4}=0.5$$

从计算结果可以看出，N 越大、k 越小，MIN 的成本越低。若不考虑较低的链路成本，则 MIN 的成本低于交叉开关网络的成本。

MIN 所连接的终端节点设备集中于网络周围，因此称为集中式交换网络。MIN 通过一组开关(交换开关)间接连接两终端节点设备，因此 MIN 也称为间接网络。现在 MIN 已成为并行超级计算机、对称多处理器系统、多计算机集群等高性能计算机中普遍采用的通信中枢。

9.3.4 分布式交换网络

利用开关构成互连网络提供了一个非常灵活的通信子系统架构。集中式交换网络在需要更广范围内连接终端节点设备时，会受到拓扑结构的限制。如果将互连网络开关分布到终端节点中，用交换开关、终端节点设备和它们的连接线路构成网络节点(Network Node)，那么就可以不通过集中的互连网络而实现一个网络节点直接与另一个网络节点的连接，这样就产生了分布式交换网络(Distributed Switched Network)，也称为直接网络(Direct Network)。

用于分布式交换网络的拓扑结构与集中式交换网络有几点不同：① 分布式交换开关的数量与系统中的节点数量相同；② 所有在网络中的节点用专用链路连接；③ 是一种完全连接的拓扑结构，可以提供最佳的连通性(即全连通)；④ 比交叉开关网络昂贵。大多数分布式交换网络是静态互连网络，因为源节点与目的节点之间的路径是确定的，而静态互连网络一般用于可预知通信模式的、直接点对点的连接中。

1. 线性网络拓扑结构

图 9.14 是一组线性网络拓扑结构，这组网络的共同特点是从源节点到目的节点只有一条路径。图中只画出了链路(边)和交换节点(点)，节点设备需要通过网络接口连接到交换节点上。

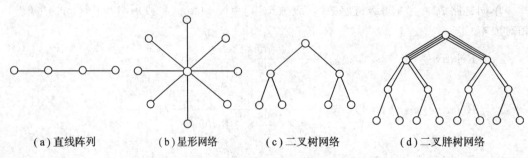

(a)直线阵列　　(b)星形网络　　(c)二叉树网络　　(d)二叉胖树网络

图 9.14　线性网络拓扑结构

图 9.14(a)是一种直线阵列(Linear Array)网络,可用在流水线上,它是构成其他网络结构的基础,并不是在并行计算机系统中采用的互连结构。当有 N 个节点时,节点度为 $1\sim2$,直径为 $N-1$,平均距离为 $2N/3$,对分宽度为 1,网络链路为 $N-1$ 条,网络复杂度达到 $O(N)$。

图 9.14(b)是一个一维的星形(Star)网络,节点设备连接在外围节点上,中间节点只作交换(Hub)。这种设计很简单,便于网络建立、维护和扩充,由 Hub 进行集中管理,一条链路出问题不会影响整个系统。但是对一个大系统来说,它需要更多的链路,成本高于总线网络,中间交换节点会成为系统的主要瓶颈。从容错的角度来看,因为没有冗余通道,如果中心 Hub 出了问题,整个系统就将崩溃。这种网络的对分带宽难以测定。

图 9.14(c)和图 9.14(d)都是树形(Tree)拓扑结构。图 9.14(c)是经典的二叉树,一棵 k 层二叉树有 2^k-1 个节点,节点度是 3,直径是 $2(k-1)$。一般的树可以是非对称或不平衡的,中间节点可以有多枝“树权”(边)。星形是一种特殊的 2 层树,节点度为 $N-1$,直径是 2。树形拓扑的对分带宽等于单条链路的容量,即对分宽度为 1。一般来说,靠近树顶部的节点流量比较大,顶部几个节点将成为通信瓶颈。解决这个问题的一种方法是给顶部的链路增加带宽来增大对分带宽。例如,若二叉树最底层链路的容量为 b,上一层链路的容量就是 $2b$,再上一层链路的容量就是 $4b$,以此类推,这种设计方案称为胖树。图 9.14(d)所示的是二叉胖树,二叉胖树的节点度从叶子节点往根节点逐渐增加,缓解了一般二叉树根节点通信速度高的情况。胖树拓扑结构具有无阻塞传输和对分带宽大等突出特性,是规模较大、覆盖面较广的系统选择的拓扑结构,用于大多数使用多级互连网络的商业系统中。在多计算机集群和超强的超级计算机中,所用的 SAN(系统区域网)大多数是基于胖树的。由 Myrinet、Mellanox 和 Quadrics 提供的商业通信子系统也是由胖树建造的。图 9.10(b)所示的双向 Beneŝ 网络也是一种胖树。

2. 环形网络拓扑结构

图 9.15 是一组环形网络拓扑结构,与线性网络结构的最大不同是网络中有一个连接所有节点的环。环形网络拓扑结构的最大特点是具有对称性(Symmetry),即从任何节点看到的拓扑结构都是一样的。对称拓扑的优点是网络中所有节点具有相同的连接模式,每个节点或每条链路上的负载(或流量)是均匀分布的,网络的硬件实现和软件编程较容易。

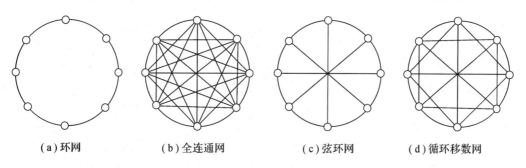

(a)环网　　　　(b)全连通网　　　　(c)弦环网　　　　(d)循环移数网

图 9.15　环形网络拓扑结构

图 9.15(a)是环(Ring)网,它是最基本的环形网络结构,网络中的节点依圆环顺序依次相连,没有起点和终点。若系统中有 N 个节点,那么环中就有 N 个交换节点和 N 条网络链路,网络复杂度达到 $O(N)$,节点度为 2,对分宽度为 2,双向环网的直径为 $\lfloor N/2 \rfloor$,单

向环网的直径是 $N-1$。环结构允许多个传输同时进行，例如，当第二个节点将信息发送到第三个节点时，第一个节点可以将信息发送到第二个节点，等等。然而，因为在逻辑上不相邻的节点对之间不存在专用链路，所以信息包在到达它们的目的地之前必须跳过中间节点，平均距离为 $N/3$，从而增加了传输延迟时间。对于双向环，发送每个信息包都有两条路可选择，信息包可以以任一方向传送，而到达目的地的最短路径通常是被选择的路径。由于多个信息包可能同时争用同一资源，因此信息包可能会在网络资源上阻塞。环网在令牌环(Token-Ring)网、光纤分布式数据接口(Fiber Distributed Data Interface，FDDI)、光纤通道仲裁环(Fiber Channel Arbitrated Loop，FCAL)、键盘发送接收器(KSR)等应用中使用。

图 9.15(b)是全连通网络(Fully Connected Network)。每个节点和其他任何一个节点之间都有一条边(链路)。这种网络的对分带宽最大，直径最小，容错性能最好(对某节点而言，与它相连的边中只要有一条是完好的，它就可以与其他节点相连)。当有 N 个节点时，节点度为 $N-1$，直径为 1，平均距离为 1，对分宽度为 $(N/2)^2$，全连通需要 $N(N-1)/2$ 条边，网络复杂度达到 $O(N^2)$。当 N 比较大时，边的数量因太大而导致网络难以实现。

全连通网和环网是分布式交换拓扑结构的两个极端，环网可以看作是全连通网络的一种低成本替代。在环网的基础上，增加的弦愈多，则节点度愈高，网络直径愈小。全连通网络的性能是最理想的，但当节点数较大时，它是比较昂贵甚至不易实现的。一个理想的开关介质拓扑结构应具有接近环网的成本和接近全连通网的性能。

图 9.15(c)是弦环网，是介于环网和全连通网之间的一种环形网，其节点度为 3。

图 9.15(d)是循环移数网，它也是介于环网和全连通网之间的一种环形网，它是将环上距离为 2 的整数幂的节点对相互连接而构成的网。当节点数 $N=2^n$ 时，循环移数网的节点度为 $2n-1$，直径为 $\lfloor n/2 \rfloor$。

3. 网格形网络拓扑结构

图 9.16 是一组比较流行的网格形(Grid)网络结构，属于二维网络，有多种变体形式。网格结构有规律，易于扩展，其直径与节点数的平方根成正比。许多大型商用系统都使用这种结构，如 Illiac IV、MPP、DAP、CM-2 和 Intel Paragon 等。

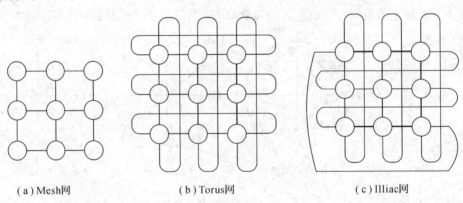

（a）Mesh网　　　　（b）Torus网　　　　（c）Illiac网

图 9.16　网格形网络拓扑结构

图 9.16(a)是基本的网格网，称为网孔(Mesh)网。当节点数 $N=n^k$ 时，可构成 k 维网格，其节点度为 $k\sim 2k$，直径为 $k(n-1)$，平均距离为 $k\times 2n/3$。当 n 是偶数时，对分宽度是

n^{k-1}。Mesh 网的优点是寻址简单，度不变；缺点是不对称，伸缩性差。

图 9.16(b)是二维环面(Torus)网格网。它的结构特点是网格阵列的每行与每列中的节点都连接成环(环也被称为一维 Torus)。Torus 网的容错性能高于基本网格，直径也小于基本网格（对角的节点间只有两条边）。一个 $n \times n$ 二维环面网的节点度为 4，对分宽度为 $2n$，直径为 $2\lfloor n/2 \rfloor$。环面网是一种对称的拓扑结构。

另一种流行的拓扑结构是三维 Torus 结构。这种拓扑结构由三维节点组成，节点坐标 (x,y,z) 的取值范围从 $(1,1,1)$ 到 (l,m,n)。每个节点有六个邻居节点，每个轴向有两个邻居节点。同二维环面结构一样，边缘上的节点折回，同相对边上的节点进行连接。超级计算机 Blue Gene/L 采用的就是三维 Torus 网。

图 9.16(c)是 Illiac 网格，也称为闭合螺面网。它的结构特点是网格阵列的每列节点构成环，而水平节点以蛇形连接。一个 $n \times n$ 的 Illiac 网格的节点度为 4，对分宽度为 $2n$，直径为 $n-1$，为 Mesh 网格直径的一半。超级计算机 Illiac Ⅳ 采用 8×8 Illiac 网格，其节点度为 4，直径为 7。

4. 超立方体网络拓扑结构

图 9.17 是一组超立方体(Hypercube)网络，也称为二进制 n-立方(Binary n-Cube)网。n-立方网有 $N = 2^n$ 个节点，维数为 n，节点分布在 n 维空间，节点度为 n，链路数为 $N(\mathrm{lb}N)/2$，直径为 n，对分宽度为 $N/2$。

（a）3-D

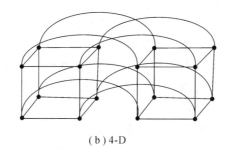
（b）4-D

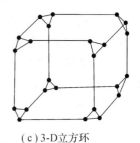
（c）3-D立方环

图 9.17　超立方体网络拓扑结构

图 9.17(a)是标准的 $2 \times 2 \times 2$ 立方体网络，是一种规则的三维拓扑结构，其互连函数为

$$\mathrm{Cube}_k(x_{n-1}x_{n-2}\cdots x_{k+1}\ x_k\ x_{k-1}\cdots x_1 x_0) = x_{n-1}x_{n-2}\cdots x_{k+1}\bar{x}_k x_{k-1}\cdots x_1 x_0 \qquad (9.10)$$

其中，$k = 0 \sim n-1$，$n = \mathrm{lb}N$，N 是节点数。

图 9.17(b)是一个四维立方体，它是通过把两个三维立方体相应的节点连接起来而组成的。按照同样的方法，可以用四个立方体组成五维立方体；复制另外四个立方体，并把两者相应的节点用边连接起来，得到六维立方体；依此类推。使用这种方式构成的 n 维立方体称为超立方体。因为直径随着维数线性增长，所以系统可以获得很好的时延特性。如果把 1024 个节点设计成 32×32 的网格形网络，其直径是 62，是超立方体的 6 倍多。超立方体获得比较小的直径是以扇出为代价的，也就是链路的数量很大，代价很高。尽管如此，超立方体仍然是高性能系统通常选择的互连方案。

将标准的 $2 \times 2 \times 2$ 立方体顶点的一个节点改变为 3 节点的环，就得到了图 9.17(c)所示的带环立方体网络。它的节点数为 $N = 2^n \times n$，维数为 n，节点度为 n。其优点是节点度固定为 n，直径较小；缺点是环成为瓶颈，寻径算法较复杂。

9.4 向量计算机

物理学和工程学的许多问题都涉及阵列或其他高度规则的数据结构，经常要在同一时间对不同数据集合完成相同运算。数据的高度规则和程序的结构化使通过并行执行指令来加速程序执行变得十分容易。采用向量计算机（Vector Computer）可以有效地提高大型科学计算程序的执行速度。

向量计算机属于 SIMD 系统，一般采用共享内存结构。向量计算机对程序员来说和阵列计算机差不多，在对不同的数据元素执行相同操作时能大幅度提高运算速度。向量计算机和阵列计算机处理的都是由数据组成的阵列，对它们执行同样的指令，如将两个向量中的对应元素相加时，阵列计算机对每个向量中的元素都要用一个加法器，而向量计算机提出向量寄存器的概念。向量寄存器由一组常规寄存器组成，可以用一条指令将数据从主存装入向量寄存器中（实际上还是串行装入），然后执行向量加法指令，即从两个对应的向量寄存器中读出相应的向量元素，流水进入加法器中，再将从加法器得到的结果组合成结果向量，并存回到向量寄存器，或直接将它作为操作数执行下一个向量运算。

向量计算机在指令级并行计算机之前就已成功地商业化，它提供向量操作的高级运算。向量计算机的典型特征是执行向量指令，它可以解决指令级并行面临的一些问题。向量指令具有以下几个重要特性：

（1）一条向量指令规定了相当于一个完整循环所做的工作，每条指令代表数十或数百个操作，因此指令获取和译码的带宽必须足够宽。

（2）向量指令使结果的向量元素计算互不相关，因此硬件在一条向量指令执行期内不必检查数据相关（冒险）。可以利用并行的功能部件阵列、单一的深度流水的功能部件或者并行和流水的功能部件的组合来计算向量的各元素。

（3）硬件仅需要在两条向量指令之间对每个向量操作数检查一次数据相关，而不需要对向量的每个元素进行检查。这意味着两条向量指令之间需要的相关性检查逻辑大致与两条标量指令之间需要的相同。

（4）如果向量元素是全部毗邻的，则向量指令访问存储器的最好模式是从一组交叉存取的存储块中获取向量，这样，对整个向量而言仅有一次等待主存的代价。

（5）由于整个循环由预先确定行为的向量指令替代，因此通常由循环分支产生的控制相关（冒险）是不存在的。

所以，向量运算比具有相同数据项的标量运算更快。向量处理机主要用于大型科学和工程计算中。

由 Seymour Cray 创建的 Cray Research 公司（现在是 SGI 公司的一部分）制造了许多向量计算机，最早的 Cray-1 在 1974 年推出。到 2001 年，向量超级计算机（Vector Supercomputer）已慢慢退出超级计算（Supercomputing）的竞技场，取而代之的是由大量超标量微处理器建立的系统。然而在 2002 年，日本公布了当时世界最快的超级计算机——地球模拟器（Earth Simulator），它使美国在高性能计算（High-Performance Computing）领域失去领先地位，又与来自 Cray 的新一代向量计算机一起引发了人们对向量体系结构研究的兴趣。地球模拟器比其竞争者——基于通用微处理器的计算机有更少的处理器，每个节点上的单片向量微处理器在执行许多重要的超级计算程序时具有更高的效率。

9.4.1　基本的向量体系结构

向量处理器一般由一个普通的流水线标量单元加上一个向量单元组成。向量单元内的所有功能部件有几个时钟周期的等待时间(Latency)，这样，更短时钟周期就可以与具有深度流水而不产生冒险的较长运行时间的向量运算相适应。标量单元基本上与先进的流水线CPU 相同，且商用向量机已内置了乱序标量单元(NEC SX/5)和 VLIW 标量单元(Fujitsu VPP5000)。多数向量处理器允许以浮点数、整数或者逻辑数据处理向量。

向量处理器有两个主要的体系结构类型：向量-寄存器处理器(Vector-Register Processor)和存储器-存储器向量处理器(Memory-Memory Vector Processor)。在向量-寄存器处理器中，除加载(Load)和存储(Store)之外的所有向量运算都是在向量寄存器中进行的。这类结构是 Load-Store 体系结构的向量翻版。20 世纪 80 年代后期研制的主要向量计算机(Vector Computer)均采用向量-寄存器体系结构，包括 Cray Research 的处理器(Cray-1、Cray-2、X-MP、YMP、C90、T90、SV1 和 X1)、日本的超级计算机(NEC SX/2～SX/8、Fujitsu VP200～VPP5000、Hitachi S820 和 S-8300)和迷你超级计算机(Convex C-1～C-4)。在存储器-存储器向量处理器中，所有向量运算是存储器到存储器的。第一个这种类型的向量计算机是 CDC 的向量计算机。在实际应用中，存储器-存储器向量体系结构并没有像向量-寄存器体系结构那样成功。

向量-寄存器处理器的基本组成如图 9.18 所示，它是一个以 Cray-1 为基础的模型，标量部分是 MIPS，向量部分是 MIPS 的逻辑向量扩展，其主要模块功能如下：

(1) 向量寄存器组。该结构中有 8 个向量寄存器，每个向量寄存器是一个保存单一向量的定长存储块，保存 64 个元素，并有至少两个读端口和一个写端口。至少 16 个读端口

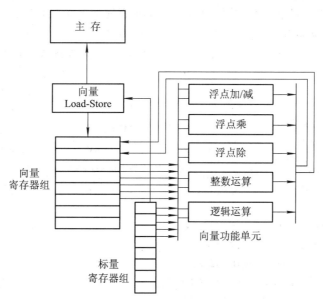

图 9.18　基本的向量-寄存器体系结构

和 8 个写端口连接到功能部件的输入或输出,这将允许在向量运算中对不同的向量寄存器进行高度重叠操作,使多个向量运算同时进行。假设向量寄存器端口足够多,否则可能导致结构相关(冒险)。

(2)向量功能单元。每个单元都是充分流水的,且在每个时钟周期启动一次新操作。需要控制单元检测来自功能部件冲突(结构冒险)和来自寄存器访问冲突(数据冒险)产生的冒险。该结构中有 5 个功能部件,包括 3 个浮点功能部件、1 个整数功能部件和 1 个逻辑功能部件。

(3)向量 Load-Store 部件。这是将向量存入或取出存储器的向量存储控制单元。向量处理器的向量加载和存储是完全流水的,在一个初始等待时间之后,数据可以在向量寄存器和存储器之间以每个时钟周期 1 个字的带宽进行传送。这个部件通常也处理标量加载和存储。

(4)标量寄存器组。标量寄存器也能够为向量功能部件提供输入数据,同时计算传递给向量 Load-Store 部件的地址。它们是常规 32 个通用寄存器和 32 个 MIPS 浮点寄存器。标量值从标量寄存器文件读出,然后锁存在向量功能部件的一个输入端。

我们利用一个典型的向量问题来说明向量处理机是如何工作的。假设我们要做如下的向量运算:

$$Y = a \times X + Y \qquad (9.11)$$

其中,X 和 Y 是向量,最初存于存储器中,a 是标量。该运算是形成 Linpack 基准(Benchmark)程序内部循环的 SAXPY 或 DAXPY 循环。SAXPY 代表单精度 $a \times X + Y$,DAXPY 代表双精度 $a \times X + Y$。

对式(9.11),可以采用标量计算,也可以采用向量计算,假设 X 和 Y 起始地址在 Rx 和 Ry 中,X、Y 向量各包含 64 个元素,算法见图 9.19,标量计算采用 MIPS 指令,向量计算采用向量指令。比较两段代码可见,向量处理机大幅减少了动态指令带宽。因为向量运算在 64 个元素上同时运作,且在标量计算中占循环体几乎一半的额外开销指令在向量计算代码中是不存在的,所以向量运算仅执行 6 条指令就完成了标量计算差不多需 600 条指令的任务。另一个重要区别是流水线互锁(Interlocks)频率。在直接的 MIPS 编码中,每个 ADD. D 指令必须等待 MUL. D 指令,且每个 S. D 指令必须等待 ADD. D 指令。在向量计算

```
L.D F0,a              ; 加载标量a
DADDIU R4,Rx,#512     ; 加载末地址
Loop:
L.D F2,0(Rx)          ; 加载X(i)
MUL.D F2,F2,F0        ; a×X(i)
L.D F4,0(Ry)          ; 加载Y(i)
ADD.D F4,F4,F2        ; a×X(i)+Y(i)
S.D 0(Ry),F4          ; 存入Y(i)
DADDIU Rx,Rx,#8       ; X指针加1
DADDIU Ry,Ry,#8       ; Y指针加1
DSUBU R20,R4,Rx       ; 计算边界
BNEZ R20,Loop         ; 检查是否完成
```

(a)标量计算

```
L.D F0,a              ; 加载标量 a
LV V1,Rx              ; 加载向量 X
MULVS.D V2,V1,F0      ; 向量–标量乘
LV V3,Ry              ; 加载向量 Y
ADDV.D V4,V2,V3       ; 加
SV Ry,V4              ; 存结果
```

(b)向量计算

图 9.19 计算 DAXPY 算法

机上，每条向量指令仅对每个向量中的第一个元素有停顿，随后的元素将顺利流入流水线。因此，每次向量运算仅需要流水线停顿一次，而不是每个向量元素停顿一次。在本例中，在 MIPS 上的流水线停顿频率大约是向量机的 64 倍之多。通过使用软件流水线或循环展开，在 MIPS 上的流水线停顿可以被消除，但在指令带宽上的巨大差别不会减少。

9.4.2　现代的向量超级计算机 Cray X1

Cray X1 和 NEC SX/8 代表了现代向量超级计算机的技术水平。Cray X1 系统结构支持数以千计的强大的向量处理器，这些向量处理器共享单一的全局存储器。

Cray X1 有与众不同的处理器结构。一个大的多流处理器(Multi-Streaming Processor，MSP)由 4 个单流处理器(Single-Streaming Processor，SSP)联合组成，如图 9.20 所示。每个 SSP 是一个完全的单片向量微处理器，包含一个标量单元、数个标量 Cache 和一个双通道向量单元。SSP 标量单元是一个双发射、乱序的超标量处理器，有一个 16 KB 的指令 Cache 和一个 16 KB 的标量写直达(Write-Through)数据 Cache，两者的两路设置与 32 字节的 Cache 块相关联。SSP 向量单元包含 1 个向量寄存器文件、3 个向量运算单元和 1 个向量 Load-Store 控制部件。向量功能单元深度流水比超标量发射机制更容易实现，因此 Cray X1 向量单元以标量单元(400 MHz)两倍的时钟频率(800 MHz)运行。每条通道每个时钟周期能够完成一个 64 位浮点加法和一个 64 位浮点乘法，使每个 MSP 达到 12.8 GFlops 的峰值性能。

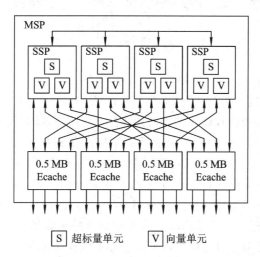

图 9.20　Cray MSP 模块

早先的 Cray 机与最初的 Cray-1 设计是一脉相承的，它们将 8 个主要寄存器用于存放地址、标量数据和向量数据。而 Cray X1 则是从头到脚被重新设计。Cray X1 包括 64 个 64 位标量地址寄存器和 64 个 64 位标量数据寄存器，具有 32 个向量数据寄存器(每个元素 64 位)和 8 个向量屏蔽寄存器(每个元素 1 位)。在寄存器数量上的大幅增加允许编译器映射更多的程序变量进入寄存器，以减少存储器的通信量；同时也允许更好的代码静态调度，以改善指令执行的运行时间重叠。初期的 Cray 有一个紧凑的可变长的指令集，而 Cray X1 具有定长指令，以简化超标量指令的获取和译码。

4 个 SSP 芯片与 4 个 Cache 芯片一起被封装在一个多芯片模块上，其中这 4 个 Cache 芯片构成了所有 SSP 共享的 2 MB 外部高速缓存(External Cache，Ecache)。Ecache 是双路设置，与 32 字节块关联，采用写回(Write-Back)策略。Ecache 可以用于高速缓存向量，减少临时代码存储的存储器通信量。Ecache 有充足的带宽，可以提供每个时钟周期(800 MHz)每通道一个 64 位字或每个 MSP 超过 50 GB/s 的传输率。

在 Cray X1 封装层次的上一级(如图 9.21 所示)，4 个 MSP、16 个存储控制器芯片和 DRAM 一起被放置在一块印制电路板上，形成一个 X1 节点(Node)。每个存储控制器芯片有 8 个独立的 Rambus DRAM 信道，每条信道提供 1.6 GB/s 的存储器带宽。交叉全部的 128 条存储器信道，节点有超过 200 GB/s 的主存带宽。

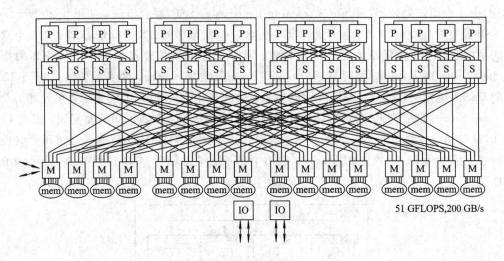

图 9.21 Cray X1 节点

Cray X1 系统包含多达 1024 个节点(4096 个 MSP 或 16 384 个 SSP)，通过一个极高带宽的全局网络连接。网络连接由存储控制器芯片生成，任何处理器可使用加载和存储指令直接访问系统中的所有存储器，这比用于集群系统的消息传递协议(Message-Passing Protocols)提供了更快的全局通信。维护这些大数量、高带宽的共享存储器节点上的 Cache 一致性是富有挑战性的，在 Cray X1 中采取的方法是限制每个 Ecache 仅高速缓存来自本地节点 DRAM 的数据。存储控制器通过操作目录(Directory)表来维护一个节点上的 4 个 Ecache 之间的一致性。来自远程节点的访问将获得存储单元的最新数据，在更新存储器之前远程存储将使本地 Ecache 无效，但远程节点不能缓存本地存储单元。

多数应用程序代码基于 MSP 设计。如果将所有 SSP 用作独立的处理器来编译程序代码，则可能更多达到的是线程级并行(Thread-level Parallelism)，而向量并行(Vector Parallelism)会十分有限。

将 Cray X1 系统与 9.5 节中介绍的多处理器系统加以比较会看到，现代向量计算机其实已进化为多处理器系统，通过 4096 个 MSP 或 16 384 个 SSP 对大数据量的向量进行并行处理，使向量计算机的速度得到大幅提高。

2004 年，Cray 宣布将 Cray X1 升级为 Cray X1E。Cray X1E 使用更新的制造技术，将 2 个 SSP 放置在一块芯片中，使其成为第一个多核向量微处理器。Cray X1E 的每个物理节点包含 8 个 MSP，被组织为 2 个四 MSP 的逻辑节点，每个逻辑节点保留与 Cray X1 同样的编程模型。时钟频率从 400 MHz 标量和 800 MHz 向量提升到 565 MHz 标量和 1130 MHz 向量，改进的峰值性能达 18 GFlops。

2006 年 Cray 推出的分布式存储多向量处理器系统 XT4，时钟频率为 2.6 GHz。在最大配置下，峰值性能为 319 TFlops，存储器容量为 196 TB，处理器数量为 30 508 个，点对点通信带宽小于 7.6 GB/s，每个机柜的对分带宽为 667 GB/s。从 2005 年的 Cray XT3 到 2019 年的 Cray XC50，Cray 超级计算机一直占据世界超级计算机 TOP500 榜单的前 10 名，在 2012 年 11 月 Titan-Cray XK7 位列第 1 名，峰值性能达到 27112.5 TFlops。

9.5　多处理器系统

尽管单处理器系统仍在不断地发展，但多处理器系统已呈现出高性能优势。多处理器系统是世界上第一个真正具有多 CPU 的并行系统，它由多个 CPU 和其共享的公共内存组成（如图 9.2(a)所示）。由于指令级并行（Instruction Level Parallelism，ILP）的空间越来越小，线程级并行（Thread Level Parallelism，TLP）正成为处理器与系统的依赖，而 MIMD 模型可以实现线程级并行机制，所以它成为一般多处理器系统设计首选的系统结构。

多处理器系统的显著特点是共享内存。但根据共享内存的不同实现方式，有 UMA 多处理器系统、NUMA 多处理器系统和 COMA 多处理器系统之分。根据共享内存的不同组织方式，有集中式共享存储器多处理器系统和分布式共享存储器多处理器系统之分。

和所有的计算机系统一样，多处理器系统也必须有磁盘、网络适配器和其他的输入/输出设备。某些多处理器系统只有特定的几个 CPU 才能访问输入/输出设备，因此具有特殊的输入/输出管理。如果在一个系统中，每个 CPU 都能平等地访问所有的内存模块和输入/输出设备，而且在操作系统看来这些 CPU 是可以互换的，那么这种系统就是对称多处理器系统（Symmetric Multi-Processor，SMP）。

9.5.1　UMA 对称多处理器系统

UMA 对称多处理器系统是迄今为止最流行的并行系统结构，它采用集中式共享存储器结构。由于共享存储器对每个处理器而言都是对等的，并且每个处理器访问存储器的时间相同，所以，UMA 对称多处理器系统具有存储器对称、访问时间一致的特点。

UMA 对称多处理器系统的体系结构如图 9.22 所示，多个处理器 - Cache 子系统共享同一个物理存储器，存储器可以按多组方式组织。

大容量、多层次的 Cache 能够大量减少单个处理器对存储器带宽的要求，使多个处理器能够共享同一个存储器。在存储器带宽足够、处理器规模较小的情况下，这种设计极为经济。随着超大规模集成电路技术和线程级并行技术的发展，处理器 - Cache 子系统由初期的单处理器与一级 Cache 发展到多核处理器与多级 Cache。

早期的处理器与共享存储器的连接方式多采用最简单的单总线，所有的处理器 - Cache 子系统和共享存储器通过同一条总线相互通信。当某个 CPU 想读取公共内存时，CPU 首先检查总线是否正在被使用。如果总线是空闲的，CPU 就可以利用总线访问内存。如果总线正在被使用，CPU 只有等待。单总线互连结构使系统的能力受到总线带宽的限制，大多数 CPU 在大多数时间内都处于等待状态。

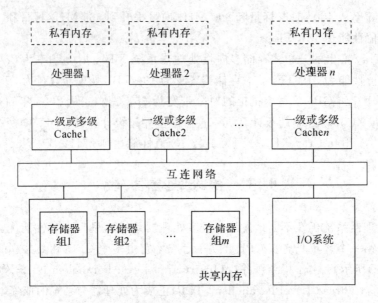

图 9.22　集中式共享存储器多处理器基本结构

为每个 CPU 增加 Cache，使许多读操作可以在 Cache 中进行，这样可以减少总线流量，使系统可以支持更多的 CPU；还可以给每个 CPU 增加私有内存，让 CPU 通过私有总线访问私有内存，使系统形成多总线结构。为使这种体系结构最有效，需要编译器的配合，编译器应该把所有的程序正文、字符串、常量和其他的只读数据、栈及局部变量等放在自己的私有内存中，而共享内存只用于写共享变量，这种精心的数据分布可以极大地减少总线流量。

为了支持更快的处理器，处理器与存储器的互连机制从单总线发展到多总线。然而，现在的高性能处理器对存储器的需求已远超过总线能力，所以处理器与共享存储器间的互连网络开始使用小规模交换机或受限的点对点网络。

随着处理器的飞速发展，单独一个物理共享存储器所能支持的处理器数量正在下降，最多是 16 个或 32 个 CPU。为了增加处理器数量和与存储器之间的通信带宽，交叉开关网络成为多处理器系统中互连网络的一种选择。在这种设计中，共享存储器系统被配置成多个物理组，以便在存储器访问时间保持一致性的情况下增加有效存储器带宽，这种方法是集中式共享存储器和分布式共享存储器的结合。

随着对计算机系统性能的要求越来越高，系统规模在不断扩大，将成千上万个 CPU 组织在一个高性能计算机系统中已是常态。例如，在 2019 年 11 月公布的世界最强超级计算机 TOP500 排名第 1 的 Summit-IBM Power System AC922 使用的 CPU 核数高达 2 414 592 个，见表 6.12。在众多的 CPU 共享存储器时，互连网络这个瓶颈对系统性能有非常大的影响，众多的 CPU 如何与多模块存储器快速、有效地互连已成为多处理器系统设计要解决的关键问题。在 9.3.3 节中介绍的集中式互连网络就是多处理器系统中经常采用的互连网络结构。当然，对互连网络的研究步伐并没有停止，无阻塞、延迟小、结构相对简单、成本较低仍是互连网络研究追求的目标。

对称式共享存储器系统支持共享和私有数据的缓存。私有数据被单个处理器（核）使用，共享数据则被多个处理器所使用，处理器间的通信通过读写共享数据完成。对私有数据的访问在 Cache 中进行，这可以减少对存储器的平均访问时间和对存储器带宽的需求，且对私有数据处理的程序行为与单存储器系统相同。当共享数据装载到 Cache 中时，会在多个 Cache 中形成副本，这样做的目的除了减少访问时延和降低对存储器带宽的要求外，还能减少多个处理器同时读取共享数据的竞争现象。然而，数据在多个 Cache 中的副本也带来了一个非常严重的问题——共享数据在 Cache 中的一致性问题。如何解决共享数据在 Cache 中的一致性问题，是 UMA 对称多处理器系统设计的关键问题之一。

9.5.2　多处理器系统的 Cache 一致性

假设有两个处理器 CPU1 和 CPU2 分别拥有各自的写直达 Cache，用 Cache1 和 Cache2 表示。当 CPU1 和 CPU2 对同一个存储器单元 X 进行读/写操作时，如果 X 的值被 CPU1 改写，那么 Cache1 和存储器中的副本会被更新，但 Cache2 却未更新，这样，在 Cache1 和 Cache2 中就有 X 单元的两个不同的副本，出现数据在 Cache 中不一致的状况。如果此时 CPU2 读取 X，则它将从 Cache2 中得到 X 单元的旧数据，而不是 X 单元当前最新的数据，从而可能引起处理异常。这就是多处理器系统的 Cache 一致性（Cache Coherence 或 Cache Consistency）问题。

在具有多级 Cache 的单处理器系统和具有共享存储器的多处理器系统中都存在 Cache 一致性的问题，特别是处理器众多时，Cache 一致性问题还是一个严重而棘手的问题。产生 Cache 不一致性的原因主要有以下三种：

（1）共享数据。为了减少访问远程共享数据的时延（可通过共享数据迁移实现）、减少对共享存储器带宽的需求和访问共享数据时的竞争（可通过共享数据复制实现），在多个处理器上运行的程序会要求在多个 Cache 中有同一个数据的副本。而这种共享性要求正是 Cache 不一致性的主要原因。

（2）进程迁移。在多处理器系统中，进程可以在处理器中相互迁移。如果某个处理器中的进程修改了私有 Cache 中的数据，但还没写回主存前，由于某种原因需要迁移到其他处理器中继续运行，此时读到的存储器中的数据将是过时的数据。

（3）I/O 操作。绕过 Cache 的 I/O 操作会引起 Cache 与共享主存的不一致性。例如，当 DMA 控制器直接对主存进行写操作时，若 Cache 中有相应数据的副本，就会造成主存与 Cache 之间的不一致。

为了维护 Cache 一致性，多处理器系统引入了 Cache 一致性协议（Cache Coherence Protocol），该协议是由 Cache、CPU 和共享存储器共同实现的防止多个 Cache 中出现同一数据不同副本的规则集合而构成的。协议有多种，但目的只有一个：防止在两个或者更多的 Cache 中出现同一块数据的不同版本。考虑到快速性，多处理器系统一般通过硬件实现 Cache 一致性协议。

实现 Cache 一致性协议的关键在于跟踪所有共享数据块的状态。目前广泛采用的有两类协议，它们采用不同的技术跟踪共享数据。

（1）监听式：主要用于总线作为互连网络的系统。该方案中，Cache 控制器通过监听总线行为来决定自己将采取哪种行动。这种 Cache 被称为监听型 Cache（Snoopy Cache），该方案可用于具有广播特性的通信媒介的系统中。

（2）目录式：该方案是把共享存储器中共享数据块的状态及相关信息存放在一个目录（Directory）中，通过访问目录来跟踪所有共享数据块的状态。目录式一致性协议比监听式的实现开销略大些，但是目录式协议可以用来扩展更多的处理器。Sun 公司的 T1 处理器设计就采用了目录式协议。

1. 监听协议（Snooping Protocol）

大多数多处理器系统使用众多微处理器，并采用总线将微处理器和它的 Cache 与单一的共享存储器进行连接，这使得监听协议可以使用已有的物理连接总线来查询 Cache 块的状态。

有两种常用的监听式 Cache 一致性协议：写直达协议和 MESI Cache 一致性协议。

1）写直达协议

写直达协议是最简单的 Cache 一致性协议，该协议保证共享存储器的数据总是最新的。该协议规定：

（1）当 CPU 要读的字不在 Cache 中时，发生读缺失，Cache 控制器则把包括该字的一个数据块从共享存储器读入 Cache（Cache 块一般为 32 或 64 字节）。接下来对该数据块的读操作就直接在 Cache 中进行（即读命中）。

（2）当发生写缺失时，被修改的字写入共享存储器，但包括该字的数据块不调入 Cache。当发生写命中时，修改 Cache 的同时把该字直接写入共享存储器。

该协议的要点就在于所有的写操作都必须直接写入共享存储器，这也是该协议的名称由来。

下面我们来看该协议的实现。假设有两个 Cache：Cache1 和监听的 Cache2。当 Cache1 读缺失时，它向总线发送一个从共享存储器中取数据的请求。Cache2 监听到该动作，但不操作。当 Cache1 读命中时，不向总线发送请求，因此 Cache2 不知道（也不需要知道）Cache1 发生了读命中。

当 CPU1 执行写操作时，无论 Cache1 写缺失还是写命中，Cache1 都要在总线上发送写请求。Cache2 只要监听到写请求，就要检查写入共享存储器的修改字（字地址）是否在自己的 Cache 中。如果不在，那么从 Cache2 的角度来看，这就是一个远程的写缺失请求，因此它不需要做任何动作；如果在，就出现远程的写命中请求，此时 Cache2 就将包含这个修改字的 Cache 块打上无效标记（因为该字已过时），这相当于把该块从 Cache 中删除。因为所有的 Cache 都在监视总线请求，所以无论何时总线上有写请求，其结果都是操作发起者的 Cache 被更新，共享存储器被更新，其他持有该修改字的 Cache 将其所在 Cache 块置为无效，所以这个协议也被称作写无效（Write-Invalidate）协议。它保证了一个处理器写某个数据项之前对该数据项有唯一的访问权。如果 CPU2 在写操作的下一个周期需要读刚修改的字，则 Cache2 将从共享存储器中读入该字的最新版本，这时，Cache1、Cache2 和共享存储器就具有该字最新的、相同的副本，避免了 Cache 不一致性的出现。

这个基本协议存在多种变化。一种变化是出现远程写命中请求时，监听 Cache 接收监听到的修改字并用该字更新自身，这种协议称作写更新（Write-Update）协议。从效果来看，更新 Cache 与把数据置为无效再从共享存储器中读取是一样的，所有的 Cache 协议都必须在更新策略和无效策略中做出选择。更新策略的负载比无效策略大一些，但是可以防止后续操作出现缺失。在基于总线的多处理器系统中，写无效协议为大多数系统所选择。

另一种变化是 Cache 写缺失时，被修改的字写入共享存储器的同时把相应的字块调入 Cache，这就是写分配策略（Write-Allocate Policy）。这种变化只是对性能有一点影响。

由于每次写操作都要通过总线，只要 CPU 的数量稍多一些，总线就成为瓶颈。

2) MESI Cache 一致性协议

为了保证一定的总线流量，人们设计了 MESI 协议（也称为写回协议），即：

(1) CPU 做写操作时，修改数据写入 Cache 块，但不立刻写入共享存储器，在 Cache 中设置状态以表示该 Cache 块中的数据是正确的，共享存储器中的数据是过时的。

(2) 仅当需要替换该 Cache 块时，将该 Cache 块写回共享存储器。

MESI 协议（1984 年）是 IEEE 标准，是一种比较常用的写回 Cache 一致性协议，它是用协议中用到的四种状态的首字母（即 Modified、Exclusive、Shared、Invalid）来命名的，它从早期的写一次协议（Write-Once Protocol）（1983 年）发展而来。Pentium 和 PowerPC 601 等许多计算机都使用 MESI 协议。

MESI 协议规定每个 Cache 块都处于以下四种状态之一：

· 无效（Invalid）——该 Cache 块包含的数据无效。

· 共享（Shared）——多个 Cache 中都有这块数据，共享存储器中的数据是最新的。

· 独占（Exclusive）——没有其他 Cache 包括这块数据，共享存储器中的数据是最新的。

· 修改（Modified）——该块数据是有效的，共享存储器中的数据是无效的，而且在其他 Cache 中没有该数据块的副本。

(1)"无效"状态的设置。当系统启动时，系统中所有的 CPU 通过它的 Cache 控制器将所有 Cache 块标记为 I（无效），并启动 Cache 控制器开始监听总线。

(2)"独占"状态的设置。假设 CPU1 首先读取共享存储器中的数据块 D，此时 Cache1 控制器不能监听到其他 Cache 拥有数据块 D 的消息，因为这是当前 Cache 中唯一的一个副本，所以 Cache1 控制器将数据块 D 读入 Cache1 后，将其所在的 Cache 块标记为 E（独占）。之后，CPU1 对在该 Cache 块中的数据进行访问时，均不需要经过总线。

(3)"共享"状态的设置。在 Cache1 独占数据块 D 期间，如果 CPU2 需要读取数据块 D，那么它要先向总线发送读数据块 D 的消息（在总线上提供数据块 D 的地址），并启动 Cache2 控制器将数据块 D 从共享存储器读入到 Cache2，同时监听总线。数据块 D 的其他持有者（如 Cache1）监听到 CPU2 读数据块 D 的消息后，立刻在总线上发布通告，宣称自己拥有一份该数据的副本，并将数据块 D 所在的 Cache 块标记为 S（共享）。同时，Cache2 控制器监听到该总线通告后，将 Cache2 中数据块 D 所在的 Cache 块也标记为 S。这样，数据块 D 在 Cache 中的所有副本就都被标记成 S 状态。S 状态意味着该数据块在多个 Cache 中存在，并且共享存储器中的数据是最新的。CPU 对处于 S 状态的 Cache 块进行读操作时不使用总线。

(4)"修改"状态的设置。如果 CPU2 需要向 S 状态的 Cache 块写入数据，它会把一个无效信号和写入字的地址通过总线传送（广播）给其他的 CPU，通知它们把相应的数据副本置为 I（无效）。而 CPU2 自己的 Cache 块的状态则改变成 M（修改），但该块并不需要写回共享存储器。如果处于 E 状态的 Cache 块发生了写操作，则不需要给其他的 Cache 发送无效信号，因为它是 Cache 中唯一的副本。

(5)状态转换。如果数据块 D 已在 Cache2 中，且它所在的 Cache 块处于 M 状态，此时，当 CPU3 读数据块 D 时，拥有该块的 CPU2 知道共享存储器中的数据已是无效，因此 CPU2 就向总线发送将该块写回共享存储器的消息。CPU3 监听到 CPU2 的写消息后，就会等待 CPU2 把该块写回共享存储器后，CPU3 再从共享存储器中取得数据块 D 的副本，然后 Cache2 和 Cache3 中数据块 D 所在的 Cache 块都被标记为 S。

如果数据块 D 已在 Cache2 中，且它所在的 Cache 块处于 M 状态，此时，当 CPU1 想向数据块 D 中写入一个字时，CPU1 向总线发出写请求。CPU2 监听到该写请求后，也向总线发送一个消息，通知 CPU1 等待它把该块写回共享存储器。当写回操作完成后，CPU2 将 Cache2 中的该块标记为 I，因为它知道 CPU1 将会修改该块。如果使用写分配策略，CPU1 仅修改 Cache1 中相应块，并标记为 M 状态。如果没有使用写分配策略，将直接对共享存储器执行写操作而该块不会被读入任何 Cache。图 9.23 为 MESI 协议的简化状态转换图。

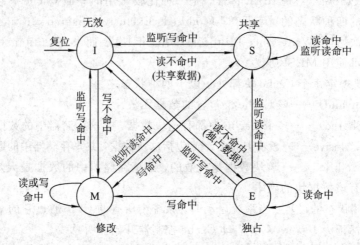

图 9.23　MESI 协议简化状态转换图

还有一种不常使用的 MOESI 扩展协议。除了上述的 4 种独立的状态之外，MOESI 还增加了"拥有者"(Owner)状态，见表 9.1。在 MOESI 协议中，如果 CPU1 获得了共享存储器某个数据区的"拥有者"状态，那么其他处理器可以直接从 CPU1 的缓存中进行更新，而无须访问共享存储区。这个过程减少了对共享存储区的访问次数，加快了访问的速度。在 Futurebus＋ 总线中研发的 MOESI 协议也用在了 AMD 的多处理器芯片组 AMD 760MP 中。

表 9.1　使用 5 种状态的 MOESI 协议

有效(Valid)	共享(Shared)	"脏"(Dirty)	状态	说明
0	×	×	I	无效
1	0	0	E	独占
1	1	0	S	共享
1	0	1	M	修改
1	1	1	O	拥有者

注：① MOESI 协议的 5 种状态由有效(Valid)、共享(Shared)、"脏"(Dirty)位的状态组合确定；

　　② "脏"(Dirty)位用来表示 Cache 块是否被修改过；

　　③ ×为 0 或 1。

使用监听 Cache 一致性协议可以不要求拥有集中式总线，但仍然要求完成广播；协议实现尽管简单，但也限制了系统的扩展和速度。

2. 目录协议（Directory Protocol）

目录协议不需要向所有 Cache 进行广播，因而便于处理器速度和数量的增加，在大规模系统中越来越受到青睐。目录协议经常用在分布式存储器结构的系统中，但也适用于按组进行组织的集中式存储器结构系统。

目录是一个在专用存储器中存储的数据结构，它记录着调入 Cache 的每个数据块的访问状态、该块在各个处理器的共享状态以及是否修改过等信息。

目录协议的设计思想是利用目录来维护 Cache 块的共享信息。最简单的目录协议实现机制是在目录中给每个共享存储器数据块分配一个目录项，目录项个数由存储器中块的个数（其中每个块的大小和二级或三级的 Cache 块大小一样）和处理器个数的乘积决定。由于每条访问共享存储器的指令都要查询这个目录，因此这个目录必须保存在速度非常快的专用硬件中，以保证在不到一个总线周期的时间内做出响应。

为了防止目录成为瓶颈，将目录分组并分布到各处理器上，这样访问不同的目录就要到不同的地点。分布目录可以使具有共享状态的数据块的目录项总是位于一个已知的地点，正是这个特性避免了一致性协议中的广播。图 9.25 显示了目录在分布式存储器结构的多处理器系统中的分布情况。

为了达到 Cache 一致性要求，目录协议需要完成两个基本操作：① 处理读缺失；② 处理共享、未修改的 Cache 块的写操作（处理共享数据块的写缺失由这两个操作简单组合而成）。为了实现这些操作，目录必须跟踪每个 Cache 块的状态。最简单的 Cache 块状态可定义为以下三种：

（1）共享：在一个或多个处理器上具有这个数据块的副本，且主存中的值是最新值（所有 Cache 副本均相同）。

（2）未缓存：所有处理器的 Cache 中都没有该数据块的副本。

（3）独占：仅有一个处理器上有该数据块的副本，且已对该块进行了写操作，而主存的副本仍是旧的（无效）。这个处理器称为该块的拥有者。

Cache 块的状态转换与监听协议相同，只是转换中执行的动作稍有不同（涉及目录通信）。除了跟踪 Cache 块的状态外，还必须跟踪拥有共享数据块副本的处理器。因为执行写操作后，除拥有者外的处理器中的该数据块副本都要设置成无效状态。跟踪处理器最简单的方法是为每个存储器块设置一个位向量。当数据块处于共享状态时，向量的每一位表示所对应的处理器是否拥有该块的副本。当数据块处于独占状态时，可以利用位向量来跟踪块的所有者。

图 9.24 是包含位向量的基本目录结构，每个目录项对应一个存储块，且由状态和位向量组成。状态描述该目录项所对应存储块的当前情况（至少用上述 3 种状态表示）；位向量共有 $N=2^n$ 位，每一位对应一个处理器的本地 Cache，用于指出该 Cache 中有无该存储块的副本。

在基于目录的协议中，目录利用消息机制来完成一致性协议所要求的操作功能。当 CPU 对共享存储器操作出现读缺失、写缺失、数据写回状况时，由 MMU（Memory Management Unit，存储器管理单元）向目录发送一个消息，目录硬件按照消息的请求进行服务，并更新目录状态。具体实现如下：

（1）当一个数据块处于未缓存状态时，若目录接收到对此块读操作而引发的读缺失请求，则目录硬件会将存储器数据送往请求方处理器，且该处理器成为此块的唯一共享节点，本块的状态转换为共享。若目录接收到对此块写操作而引发的写缺失请求，则目录硬件会

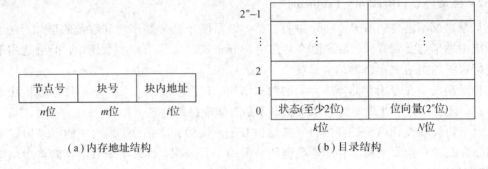

（a）内存地址结构   （b）目录结构

图 9.24　分布在节点上的目录结构

将存储器数据送往请求方处理器，此块成为独占。

（2）当一个数据块是共享状态，且存储器中的数据是当前最新值时，若目录接收到对此块读操作而引发的读缺失请求，则目录硬件会将存储器数据送往请求方处理器，并将其加入共享集合（如位向量）。若目录接收到对此块写操作而引发的写缺失请求，则目录硬件会将数据送往请求方处理器，对共享集合中所有的处理器发送写无效消息，然后将共享集合置为仅含有请求方处理器，其块的状态变为独占。

（3）当某数据块处于独占状态时，本块的最新值保存在共享集合指出的拥有者处理器中，这时有三种可能的目录请求消息。若为读缺失消息，则目录硬件会将"取数据"的消息发往拥有者处理器，使该数据块的状态转变为共享，并将所获得数据通过目录写入存储器，再把该数据返送请求方处理器，将请求方处理器加入共享集合。若为写缺失消息，则目录硬件会记录本块的新拥有者。若为数据写回消息，意味着拥有者处理器的 Cache 要替换此块，此时目录硬件必须将此块写回存储器（使存储器拥有最新数据），然后将共享集合置为空，使原共享块变为未缓存状态。

在上述的目录协议实现中，确定共享集合中的 Cache 位于哪个处理器的方法就是查找图 9.24 目录结构中的位向量。这种用位向量定位处理器的目录结构称为位向量目录，因为位向量的每位与处理器一一对应，所以又将其称为全映射目录。位向量目录的主要优点是存储块的共享信息记录完整，写无效时无效消息发送准确（根据位向量的记录向相应节点发消息）。但是，由于位向量目录所需的目录存储器的大小与系统中处理器数目 N 的平方成正比，即为 $N \times 2^m \times (k+N)$ 位，所以当 N 很大时，实现目录协议的存储开销很大。

显然，目录组织方式影响目录存储开销，同时也影响协议性能及可扩展性。为了减小目录存储开销，提高性能，商用系统和学术研究领域还经常采用另外两种目录结构：有限指针（映射）目录和链式目录。

有限指针目录可以解决目录存储开销过大的问题。它用有限个（比如 p 个）指针来指向当前拥有此数据副本的处理器。有限指针体现优势的前提是同一数据块在系统中各处理器的 Cache 副本数总小于某一常数 $p(p \ll N)$，这种情况下有限指针目录的存储开销要远小于位向量方式。然而，当同一数据块的副本数大于 p 时（指针溢出），必须作特殊处理。一般的处理方法是随机选取一个指针，向其指示的节点发送失效消息，使其相应的副本无效，因此系统的性能也将受到严重影响。

在链式目录中，所有拥有同一存储块副本的 Cache 块通过链表连接起来，通过链表的加入、删除操作使共享块位于一个链表中。如果想得到某个存储块的共享情况，必须搜索整个 Cache 目录链。这使得链式目录协议变得相当复杂。

SGI(Silicon Graphics,美国硅图公司)的 Origin 3000 多处理器系统在目录结构上采用了位向量目录、有限指针目录等结合而成的混合目录结构，AMD Opteron 采用了介于监听协议和目录协议之间的一种新协议，Sun T1～T4 处理器采用了目录协议。这些实例说明，Cache 一致性协议的研究仍然在继续。

另外，Intel Pentium 4 Xeon 和 AMD Opteron 等处理器都被设计成可直接用于 Cache 一致性多处理器系统中，而且有支持监听的外部接口，此接口还可直接连接 2～4 个处理器，使构建小规模的基于总线的多处理器系统已经变得很容易。为了减少对总线的使用，它们都有很大的片内 Cache。在 Opteron 处理器中，对互连多处理器的支持技术被集成到处理器芯片上，就像存储器接口一样。而 Sun、Intel 的多核处理器更为构成小规模的多处理器系统提供了便利。

9.5.3　NUMA 对称多处理器系统

对于处理器数目较少的多处理器系统，各个处理器可以共享单个集中式存储器。在使用大容量 Cache 的情况下，单一存储器(可能是多组)能够确保小数目处理器的存储访问得到及时响应。通过使用多个点对点连接，或者通过交换机，集中共享存储器(组)设计可以扩展到几十个处理器。随着处理器数量的增多以及处理器对存储器要求的增加，系统的任何集中式资源都会变成瓶颈。

为了支持更多的处理器，减少存储器在为多个处理器提供所需要的带宽时无法避免的较长时延，存储器不能再按照集中共享方式组织，而必须分布于各个处理器中，图 9.25 就是基于分布式存储器(DM)结构的多处理器系统的组织结构。将存储器分布到各个节点上有两个好处：① 如果大部分访问是在节点内的本地存储器中进行的，则这样做是增大存储器带宽比较经济的方法；② 缩短了本地存储器访问的时延。分布式存储器系统结构的主要缺点是：由于处理器不再共享单一集中存储器，处理器间的数据通信在某种程度上变得更加复杂，且时延也更大。

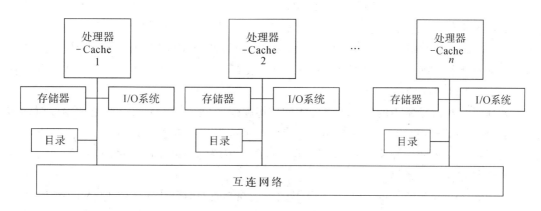

图 9.25　DM-MIMD 系统的基本结构

分布式存储器多处理器系统由多个独立节点构成。每个节点至少包含处理器、存储器、输入/输出系统和互连网络接口，各个节点通过互连网络连接，从直接互连网络(如交换机)到间接互连网络(如多维网格网)都有可能用到。每个节点的处理器可以有多个,这些处理器使用小总线或其他互连技术连接在一起,节点内采用的互连技术的可扩展性低于全局互连网络。

在分布式存储器结构的系统中,通常采用基于目录的协议解决数据一致性问题。在图 9.25 中,每个节点上的目录用来实现 Cache 的一致性。目录可以按图中所示通过公用总线与处理器和存储器通信,也可以通过专用端口连接到存储器,或者可以作为中央节点控制器的一部分来实现。

在分布式存储器结构的系统中,存储器有两种组织结构。第一种是所有分布的存储器共享地址空间。物理上分开的存储器能够作为逻辑上共享的地址空间进行寻址,就是说只要有正确的访问权限,任何一个处理器都能够通过引用地址的方式访问任意节点上的存储器。这类机器称为分布式共享存储器(DSM)系统。所谓共享存储器,指的是共享寻址空间,即两个处理器中相同的物理地址指向存储器中的同一个存储位置。与对称式共享存储器多处理器系统(即 UMA)相比,DSM 系统由于访问时间取决于数据在存储器中的位置,因而也称为 NUMA(非一致性存储器访问)。

第二种是存储器地址空间由多个独立私有的地址空间组成,这些私有地址空间在逻辑上是分散的,并且不能被远程处理器直接寻址。在这种机器中,两个不同处理器中相同的物理地址分别指向两个不同的存储器,每个处理器-存储器模块本质上是一台独立的计算机。采用这种存储器结构的计算机起初由不同的处理节点和专用互连网络组成,而现在已演变为集群。

每一种地址空间组织方式都有相应的通信机制。对于共享地址空间的计算机系统,通过 Load 和 Store 操作隐式地在处理器间传递数据。对于有多个寻址空间的计算机系统,通过显式地在处理器间传送消息来完成数据通信,为此,这类机器也称为消息传递计算机系统。

NUMA 系统与其他多处理器系统相比有以下特点:

(1) 所有 CPU 看到的是同一个地址空间。

(2) 使用 Load 和 Store 指令访问远程共享存储器。

(3) 访问远程共享存储器比访问本地共享存储器速度慢。

没有使用 Cache 的 NUMA 系统称为 NC-NUMA,使用 Cache 的 NUMA 系统称为 CC-NUMA。最早的 NC-NUMA 计算机之一就是卡内基·梅隆的 C_m^* 多处理机系统。

NUMA 系统的一个重要特性是 NUMA 因子(NUMA Factor),NUMA 因子表示从本地与非本地存储单元存取数据的延迟差。依赖于系统的连接结构,系统不同部分的 NUMA 因子可以不同:从相邻节点存取数据要比从相对较远的节点存取数据快,因为较远的节点可能要通过多级交换开关存取数据。所以,当提及 NUMA 因子时,主要是指最大的网络截面,即两个处理器间的最大距离。

现在有一种比较常用的构建系统的方法:将少量的(最多 16 个)RISC 处理器以对称多处理器(SMP)结构组织在一起构成节点,然后利用这些节点构建系统。通常这些 SMP 节点上的处理器用 1 级交叉开关连接,SMP 节点间也采用廉价网络连接(如蝶形网等)。图 9.26 描述的就是这样一个系统。

在图 9.26 中,节点上的 CPU 由交叉开关连接在存储器的公共部分构成 SMP 节点,所有处理器都可以访问所有需要的地址空间,而使 SMP 节点共享存储器的重要途径就是使用 COMA(Cache-Only Memory Architecture)或 CC-NUMA(Cache Coherent Non-Uniform Memory Access)结构。因此,图 9.26 描述的系统可以看成共享存储器 MIMD (SM-MIMD)系统。

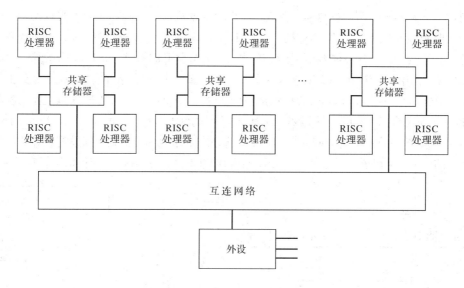

图 9.26　SM-MIMD 系统框图

在 COMA 系统中，本地节点的 Cache 层次延伸到了其他节点的存储器上，所以当需要一组数据而这组数据没有存储在本地节点的存储器上时，这组数据就会从存储此组数据的节点存储器上重新获得。在 CC-NUMA 中被进一步扩展到系统中的所有存储器。由于存储器是物理分布的，在相同的时间内不能保证数据存取操作都是一致的；或者由于数据项在物理上可以被分散到很多节点上（尽管在逻辑上属于一个共享地址空间），所以对不同数据的访问时间有可能不同，这正是非一致性数据访问（NUMA）的特点。监听总线协议（Snoopy Bus Protocol）和目录存储（Directory Memory）协议是 CC-NUMA 系统中可选用的保障 Cache 一致性的实现方案，而目录（存储）协议更适合大系统。

实际建造的 COMA 系统很少，如早期的有 KSR-1(1992 年)和 Data Diffusion (1992 年)计算机，以及 SDAARC(2002 年)计算机。目前，商用机没有采用 COMA 设计的，相反，有几个流行的商用 CC-NUMA 系统，如 Bull NovaScale 5000 系列、惠普 Superdome 和 SGI Altix 4000。

多处理器系统结构涉及一个大而复杂的领域，其中很多领域仍处于不断发展中，新的想法层出不穷，而失败的系统结构也屡见不鲜。多处理器系统的应用非常广泛，不论是运行相互之间没有通信的独立任务，还是必须通过线程通信才能完成的并行程序，都可以使用多处理器系统。

9.6　图形处理单元体系结构

9.6.1　简介

随着图形显示器的大规模应用以及计算机游戏行业（包括 PC 和专用游戏机）的快速增长，传统的微处理器对于图形处理力不从心，摩尔定律又限制了微处理器可用的晶体管数量，因此许多公司加大对图形处理器的投资，也使得图形处理器的发展速度比主流微处理器的发展速度更快。

GPU(Graphic Processing Unit，图形处理单元)最基本的作用是生成 2D 或 3D 图形、图像和视频，广泛应用于图形用户界面、视频、游戏和视觉成像应用程序。为了实现图形、图像和视频的实时可视化交互，GPU 具有统一的图形和计算架构，用于可编程图形处理器和可扩展的并行计算平台，PC 和游戏控制器将 GPU 与 CPU 结合形成 CPU-GPU 异构系统。

图 9.27 给出了已有 CPU-GPU 异构系统的架构。图 9.27(a)代表了分立 GPU 系统的典型布局。图 9.27(b)为 AMD Athlon 64 架构和随后的 Intel Nehalem 架构，通过将访存控制器集成到 CPU 芯片上减少访存延迟。图 9.27(c)为 AMD 加速处理单元（Accelerated Processor Uint，APU），它将 CPU 和 GPU 集成到同一芯片上，这是一个巨大的突破，特别是随着异构统一内存访问技术的引入，不但统一了 CPU 和 GPU 的内存空间，而且还在两者间保证了缓存的一致性。

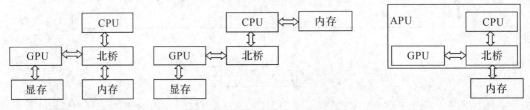

（a）分立GPU系统　　　（b）AMD Athlon 64和Intel Nehalem架构　　（c）AMD 加速处理单元

图 9.27　CPU-GPU 架构

GPU 的主要厂商是 NVIDIA 和 ATI（已被 AMD 公司收购），这两家公司生产的 GPU 分别为 N 卡和 A 卡。NVIDIA 首先提出了 CUDA（Compute Unified Device Architecture，统一计算设备架构），并允许 C 程序代码在 GPU 上运行。而在 AMD 公司的 A 卡上运行的是 OpenCL 代码。值得一提的是，在 SC2015 会议上（*International Conference for High Performance Computing，Networking，Storage and Analysis*），AMD 公司宣布 A 卡 GPU 将支持 CUDA，这意味着将来 CUDA 代码可以直接在 A 卡上运行。

GPU 仅仅是并行计算领域内一个小的分支，但与 CPU 相比，GPU 有以下优点：

（1）浮点计算能力强。GPU 的设计目标是超强的浮点计算能力，因而 GPU 相对多核 CPU 在体系结构设计上有天然的区别。作为多核协处理器的典型，GPU 上一个 Warp 的 32 个线程由一个控制器控制，同时处理同一条指令。这种设计为 GPU 提供了超强的浮点计算能力，从而使得这种 CPU/GPU 异构系统在超级计算机领域表现突出：2010 年基于 CPU/GPU 异构系统的天河 1A 超级计算机夺得 TOP500 桂冠，2012 年相同结构的泰坦超级计算机在 TOP500 夺魁。

（2）超高性价比。在 CPU/GPU 异构系统中，多核 CPU 在提供 256 位宽向量处理的基础上，主要负责复杂的逻辑处理，而多核 GPU 协处理器的设计注重浮点计算能力，特别是双精度浮点计算能力。由于多核 CPU 和 GPU 的设计理念不同，导致其内部结构、元器件成本存在重要区别。GPU 在设计时避免或减弱了类似分支处理、逻辑控制等与浮点计算无关的复杂功能，专注于浮点计算，因此在制造成本上有着巨大的优势。多核 GPU 协处理器仅需 1/10 的成本即可达到与多核 CPU 同等的浮点运算能力。

（3）绿色功耗比。GPU 集成了大量的轻量级微处理器单元，这些处理单元功能简单（仅做浮点运算）、时钟频率低，使得运算产生的功耗极小。比如 NVIDIA Tesla K20c GPU 在休眠状态仅需 15 W 左右功耗，其满载运转时功耗约为 150 W，能提供超过 2 TFlops 单精度浮点运算能力；而 Intel Xeon Phi 31S1P 协处理器在低功耗状态的能耗为 100 W，在满载运行提供 2 TFlops 单精度浮点运算能力时需要 250 W 供能。在 2015 年 11 月发布的 Green500 榜单前 10 名中有 9 台超级计算机使用了 CPU/GPU 异构系统，其中一台使用了 AMD FirePro 协处理器，其余均使用 NVIDIA Tesla 协处理器。

（4）普及度广。部分 GPU 产品（显卡）已在绝大多数 PC 上装备，购置新 GPU 也非常方便。GPU 拥有完善的产品体系，其产品价格从数百到上万不等。

另外，从并行计算领域来说，该领域存在以下几个重大问题：存储墙、编程墙、功耗墙和不平衡的计算机科学生态系统。本节介绍 GPU 编程开发技术，试图帮助程序员突破编程墙；GPU 提供程序员可控制的层次式存储，在一定程度上可以帮助程序员突破存储墙；GPU 的低功耗优势在一定程度上朝着功耗墙发起了冲击；开发 GPU 并行应用，特别是大规模并行应用，让更多的程序员学会编写 GPU 并行代码，充分发挥 CPU/GPU 异构系统和 GPU 集群性能，从而真正扭转计算机科学生态系统重硬轻软的不平衡。

9.6.2　GPU 体系结构

为了更好地认知 GPU 体系结构，首先介绍几个关于 GPU 体系结构的相关术语：

（1）流多处理器（Streaming Multiprocessors，SM）：是 GPU 计算性能的基本单元之一。SM 中包含 SP、DP、SFU 等，SM 采用单指令多线程（SIMT）的执行方式，实现向量化，保证多个线程可以同时执行。

（2）流处理器（Streaming Processor，SP）：也称 Core，是 GPU 运算的基本单元。早期 GPU 的流处理器仅支持单精度浮点运算和整数运算，随着 GPU 体系结构的不断发展，使得 GPU 可以支持双精度浮点运算和完整的 32 位整数运算。

（3）双精度浮点运算单元（DP）：专用于双精度浮点运算的处理单元。

（4）特殊功能单元（Special Function Unit，SFU）：用于执行超越函数指令，比如正弦、余弦、倒数和平方根等函数。每个 SFU 一次执行一个线程的一条指令需要一个时钟周期，SFU 并不始终占用 SM 中的分发单元，即当 SFU 处于执行状态时，指令分发单元可以向其他的执行单元分发相应的指令。

（5）线程处理器簇（Thread Processing Cluster，TPC）：由 SM 控制器、SM 和 L1 Cache 组成，存在于 Tesla 架构和 Pascal 架构中。G80 架构包含 2 个 SM 和 16 KB L1 Cache，GT200 架构包含 3 个 SM 和 24 KB L1 Cache。

（6）图像处理器簇（Graph Processing Cluster，GPC）：类似于 TPC，是介于整个 GPU 和 SM 间的硬件单元。GPC 由 1 个光栅单元、4 个 SM 和 4 个 SM 控制器组成，且 GPC 中的 SM 数量是可扩展的。

（7）流处理器阵列（Scalable /Streaming Processor Array，SPA）：所有处理核心和高速缓存的总和，包含所有的 SM、TPC 和 GPC，与存储器系统共同组成 GPU 架构。

（8）存储控制器（Memory Controller，MMC）：控制存储访问的单元合并访存，每个存储控制器可以支持一定位宽的数据合并访存。

（9）光栅控制单元（Raster Operation Processors，ROP）：每一个光栅控制单元都和特定的内存分区配对，对于游戏来说主要负责计算机游戏的光线和反射运算，兼顾全屏抗锯齿、高分辨率、烟雾、火焰等效果。游戏中的光影效果越厉害，对光栅单元的性能要求也就越高。

（10）存取单元（Load/Store Units，LD/ST）：负责全局内存、共享内存、常量内存、纹理加载等存储器访问操作。

因为 NVIDIA 公司产品占据了 80％左右的市场，所以下面以 NVIDIA GPU 系统结构作为示例来介绍 GPU 体系结构。NVIDIA 不同系统结构的 GPU 产品有如下几代的更迭：

(1) Tesla 架构：其硬件核心有 G80、G92、GT200，产品有 8800GTX、9800GTX、GTX280 等。

(2) Fermi 架构：其硬件核心有 GF100、GF104，产品有 Tesla M2050、K20、GTX480 等。

(3) Kepler 架构：其硬件核心有 GK104、GK110，产品有 Tesla K10、K20、GTX680等，其中 GK104 核心只是一个过渡，不支持所有的 Kepler 架构功能。

(4) Maxwell 架构：其硬件核心有 GM107、GM200、GM204，产品有 GTX750Ti、Tesla M40、GTX TITAN X、GTX980 等，Maxwell 产品 Tesla M40 针对深度学习进行了专门的优化，比如支持 16 位数据类型。

(5) Pascal 架构：目前发布的硬件核心有 GP100、GP102，产品有 Tesla P100、GTX1080Ti 等。根据 NVIDIA 官方公布的数据，Tesla P100 拥有 153 亿个 16 纳米制造工艺晶体管，计算性能达到双精度 5.3 Teraflop 和单精度 10.6 Teraflop。

图 9.28 所示为 Pascal 架构 GPU 的 SM 示意图。Pascal 架构（GP100）中的 SM 可以分为两个处理块，每个处理块拥有 32 个单精度 CUDA 核、16 个双精度处理单元、8 个 LD/ST 单元、8 个 SFU 单元、1 个指令缓冲器、1 个 Warp 调度器、2 个指令分发单元、32 768

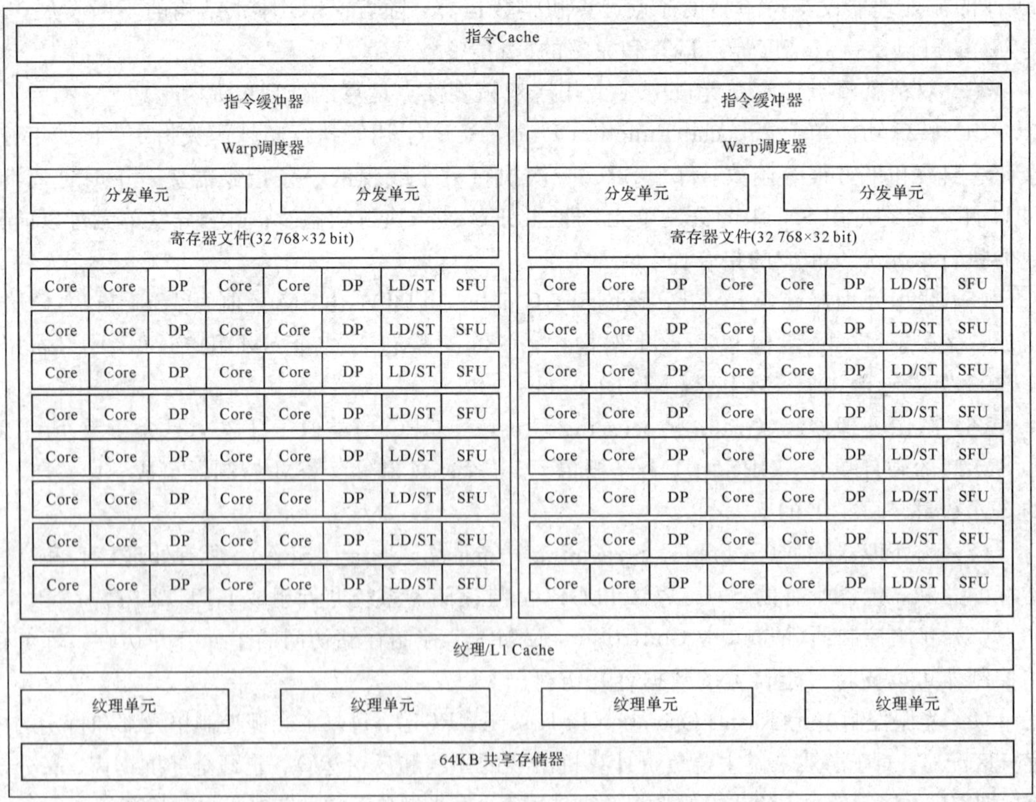

图 9.28　Pascal 架构 SM 示意图

个 32 位寄存器。整个 SM 还拥有 4 个纹理单元和 64 KB 共享存储器。

在 Pascal 架构中，2 个 SM 组成 1 个 TPC，5 个 TPC 组成 1 个 GPC。一个完整的 GP100（如图 9.29 所示）核心拥有 6 个 GPC、30 个 TPC、60 个 Pascal 架构的 SM、8 个 512 位宽的存储控制器（共 4096 位）、3840 个单精度 CUDA 核、240 个纹理单元和 4 个 NVLink 单元。每个存储控制器管理 512 KB 的 L2 Cache（共 4096 KB）。两个存储控制器控制 1 个 HBM2（High Bandwidth Memory 2）DRAM Stack。每个 NVLink 单元可以提供 40 GB/s 的双向通信带宽。

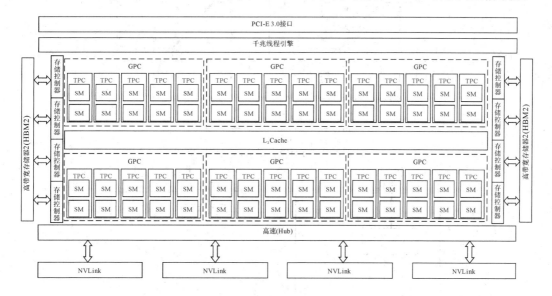

图 9.29　完整的 GP100GPU

根据市场定位的不同，不同的 GPU 产品的 SM 数量和 TPC 数量均有所差异，比如 Telsa P100 GPU 采用了 GP100 核心但并不完整，仅包含 28 个 TPC、56 个 SM、3584 个单精度 CUDA 核心。

相比 Kepler 架构和 Maxwell 架构，Pascal 架构引入了不少新的技术，提供了更加强大的性能。Pascal 架构的优势如下：

（1）浮点运算性能强。Tesla P100 GPU 提供了 5.3 TFlops 双精度运算性能、10.6 TFlops 单精度运算性能，利用 GPU Boost 技术可达到单精度 21.2 TFlops 运算性能。

（2）NVLink 技术。NVLink 能够支持多 GPU 间或 CPU 与 GPU 间的通信，能够提供相当于 PCIe 带宽 5 倍的通信速率，双向通信带宽可达 160 GB/s。

NVLink 可以将多个 GPU 交叉连接构成网络，以获得更好的通信效益。图 9.30 展示了由 8 个 P100 GPU 组成的立体网络。图中每条虚线表示的 NVLink 连接可以提供 40 GB/s 的双向通信带宽。若是相互连接的 GPU 数量下降，那么多出来的 NVLink 单元可以与现有其他 GPU 连接，若是两个 GPU 间连接了两个 NVLink，那么其双向通信带宽为 80 GB/s。

当 NVLink 被用来进行 CPU 和 GPU 通信时，前提条件就是 CPU 和 GPU 都支持 NVLink 技术。目前只有 NVIDIA 公司的部分 GPU 和 IBM 公司的 Power8 CPU 支持 NVLink 技术。当 CPU 和一个 GPU 利用 NVLink 技术连接时，如图 9.31(a) 所示，有 4 条 NVLink 连接，可以提供 160 GB/s 的双向通信带宽。而当 CPU 连接两个 GPU 时，如图 9.31(b) 所示，每个 GPU 仅能提供两条 NVLink 与 CPU 相连，GPU 间有两个 NVLink 连接，故双向通信

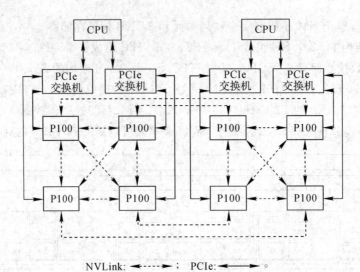

NVLink: ◄----►；PCIe: ◄──────►。

图 9.30　8 个 P100 组成的立体网格

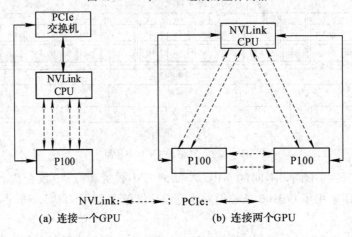

NVLink: ◄----►；PCIe: ◄──────►

(a) 连接一个GPU　　　　　　　　**(b) 连接两个GPU**

图 9.31　NVLink 连接 CPU 和 GPU

带宽仅为 80 GB/s。

（3）HBM2 堆叠内存。P100 首次在 GPU 中引入 HBM2 高速 GPU 存储架构，访存带宽同比增长了 3 倍，最高可以达到 720 GB/s。在 Pascal 架构中，一个存储控制器的访存位宽为 4096 位，而 Kepler 架构和 Maxwell 架构中的 GDDR5 位宽为 384 位。

（4）统一存储空间。P100 首次在 GPU 中引入统一存储空间，统一存储空间提供了 CPU 和 GPU 存储的统一地址空间（49 位寻址空间，可容纳 512 TB 虚拟存储空间）。利用统一存储，程序员无须关心数据存储位置和设备间的通信。

（5）计算抢占。Pascal 架构允许计算任务在指令集被中断，将程序上下文交换到 DRAM，其他程序被调入和执行。计算抢占技术能够避免长时间运行的应用独占系统或发生运行超时，这样，在与类似于交互式图形或交互式调试任务进行协同运行时，允许这类长时运行的应用可以长时间运行来处理大规模数据或等待其他条件。另外，计算抢占可以打破 kernel 函数运行时间限制，GPU 程序在开发时将不必考虑 kernel 函数运行是否会超时。

（6）原子操作扩展。Pascal 架构对原子操作进行了扩展，增加了 64 位数据的支持，包括 64 位的长整型数据和双精度浮点型数据。

9.6.3　GPU 编程方式

与传统 CPU 将芯片大部分区域用于片上缓存不同，GPU 将芯片绝大部分区域用于芯片逻辑，这导致现代 GPU 会有成百上千个内核。为充分利用这些计算资源，必须为每个内核创建一个线程。为了隐藏访存延迟，甚至会为每个内核创建多个线程。这就要求必须转换原有的编程习惯。因为从几个线程到几千个线程需要不同的方式来分配和处理任务负载。

GPU 编程面临的第一个关键难点是 CPU 和 GPU 各自拥有独立内存，因此需要在两者之间进行显式或隐式的数据传输。只有低成本、入门级的系统可以忽视这条规则，因为这些系统会将主存的一块区域分配给 GPU 用于显示或其他目的，当然这是以牺牲性能为代价的，因为 CPU 和 GPU 存在访存竞争。

由于 CPU 和 GPU 的内存是相互独立的，因此无论是 GPU 处理数据，还是 CPU 收集计算结果，都会在二者之间产生显式的数据传输。考虑到实际使用中 GPU 的访存是严重的性能瓶颈，通过性能更低的外围总线 PCIe 进行通信，更是一个严重的性能问题。

GPU 编程面临的第二个问题是 GPU 在浮点数表示和精度方面可能会与传统 CPU 不一致，这样会导致误差累积，从而产生不正确的计算结果。尽管 NVIDIA 和 AMD 对这个问题在最新的 GPU 中给出了解决方案，但是在 GPU 程序开发过程中，当需要对 GPU 和 CPU 程序的计算结果进行正确性验证时，这依然是一个需要注意的问题。

GPU 由最初的不可编程，到使用着色器编程，到如今 GPU 编程有了跨越式发展，GPU 编程工具已经涵盖了包括问题分解和并行性表达等众多功能。一方面，已有需要显式问题分解的工具，如 CUDA 和 OpenCL；另一方面，也有如 OpenACC 这样的工具，拥有让编译器实现完成 GPU 任务所需的数据迁移和线程创建等全部功能。下面将分别对这些 GPU 编程方法进行简单介绍。

1. 图形学 API 编程

最早的 GPU 只能执行固定的几类操作，没有可编程的概念。利用 DirectX 和 OpenGL 等图形 API 进行程序映射时，需要将计算的科学问题转换为图形处理问题，然后调用相应的图形处理接口完成计算，即所谓的可编程着色器（Programmable Shader）。其后出现了相对高级的着色器语言（Shader Language），例如，基于 DirectX 的 HLSL 和基于 OpenGL 后端的 GLSL，以及同时支持 DirectX 和 OpenGL 的 Cg。

2. Brook 源到源编译器

该编译器由斯坦福大学的 Lan Buck 等人在 2003 年开发。Brook 是对 ANSIC 的扩展，是一个基于 Cg 的源到源编译器，可以将类 C 语言的 Brook C 语言通过 Brcc 编译器编译为 Cg 代码，很好地掩藏了图形学 API 的实现细节，大大简化 GPU 程序开发过程。由于早期 Brook 只能使用像素着色器运算，且缺乏有效的数据通信机制，导致效率低下。

3. Brook＋

AMD/ATI 在 Brook 基础上，结合 GPU 计算抽象层（Compute Abstraction Layer，

CAL)推出 Brook+。Brook+利用流与内核的概念,在编程指定流和内核后,由编译器完成流数据和 GPU 的通信,运行时自动加载内核到 GPU 执行。内核程序再编译为 AMD 流处理器设备代码 IL,运行时由 CAL 执行。Brook+相比 Brook 有了巨大改进,但仍存在数据传输和流程序优化困难的缺陷。AMD/ATI 公司的 Stream SDK 中采用了 Brook+作为高级开发语言,用于 AMD 的 Firestream 系列 GPU 编程开发。但目前 Stream SDK 和 Brook+都已弃用,AMD 产品主要以支持 OpenCL 为主。

4. CUDA

CUDA 由 NVIDIA 在 2007 年发布,无须图形学 API,采用类 C 语言,开发简单,到目前已发布 CUDA10.0。CUDA 支持 C/C++、FORTRAN 语言的扩展,提供了丰富的高性能数学函数库,比如 CUBLAS、CUFFT、CUDNN 等。CUDA 定义了 GPU 上执行的数据和核函数,通过运行时 API 或设备 API 进行设备和数据管理。CUDA 结合 GPU 底层体系结构特性,为用户提供更底层控制,程序优化具有巨大优势。

5. OpenCL

OpenCL 是第一个面向异构系统的通用并行编程标准,也是一个统一的编程环境。OpenCL 最初由苹果公司提出,后由 Khronos Group 发布并制定 OpenCL 行业规范,NVIDIA、Intel、AMD 等 IT 巨头均已支持 OpenCL。OpenCL 并行架构包含宿主机和若干 OpenCL 设备,宿主机与 OpenCL 设备互连并整合为一个统一的并行平台,同时为程序提供 API 和运行库。主流的 OpenCL 设备包括多核 CPU、GPU、DSP(数字信号处理器)、FPGA和 Intel Xeon Phi 等。

6. OpenACC

OpenACC 最早由 PGI 公司提出并实现,后被 NVIDIA 公司收购。类似于 OpenMP,OpenACC 提供了一系列编译指导指令,通过在程序并行区域外指定编译指导语句,然后由编译器对并行区域内代码进行分析,编译为目标平台上的源代码,这是一种源到源的转换。OpenACC 隐藏了异构系统主机端和设备端之间数据传输和执行调度等细节,大大简化了异构编程。OpenACC 的执行模型包括 gang、worker 和 vector 三级并行结构。gang 级是粗粒度的,一个加速器可以运行多个 gang;worker 是细粒度的,一个 gang 中有一个或多个 worker;vector 是 worker 内的向量操作或 SIMD。OpenACC 主要支持 CPU+GPU 异构并行计算,目前 NVIDIA 已开放高校和科研用户免费注册使用 OpenACC Toolkit。

7. OpenMP 4.5

OpenMP 4.5 是对标准共享存储编程模型 OpenMP 的扩展,扩展内容主要是支持异构计算。通过在指导命令层指定数据传输和描述加速任务区来实现异构计算。目前 Intel 的 ICC 编译器已经有了 OpenMP 4.0 的实现,其加速器主要支持 Intel Xeon Phi。NVIDIA 预计在 OpenMP 4.5 支持 GPU 加速,GCC 已有初步的支持。另外,若有多个 GPU 或在 GPU 集群中,可以联用 OpenMP 或 MPI 与 GPU 编程方法(比如 CUDA)进行混合编程。MPI+OpenMP+CUDA 是 GPU 集群上主流的混合编程模型。

下面详细介绍 CUDA 编程模型。CUDA 编程模型为全局串行局部并行(Globally Sequential Locally Parallel, GSLP)模型,如图 9.32 所示。在 CUDA 编程模型中引入了主机端和设备端的概念,其中 CPU 作为主机端,GPU 作为设备端,主机端仅有一个,而设备端可以有多个。CPU 负责逻辑处理和运算量少的计算，GPU 负责运算量大的并行计算。完整的 CU-DA 程序包括主机端和设备端两部分代码，主机端代码在 CPU 上执行，设备端代码(又称 kernel 函数)运行在 GPU 上。为了充分利用 GPU，应用程序必须分解为能够并发执行的大量线程，GPU 调度器能够以最小的交换开销并根据实际设备的执行能力高效地执行这些线程。

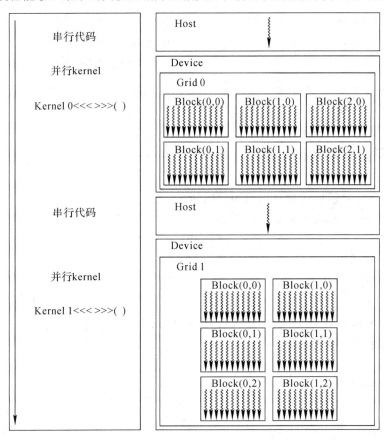

图 9.32　CUDA 全局串行局部并行编程模型

CUDA 通过将线程组织为六维或者更低的维度来解决每个线程执行任务不同部分的问题。每个线程通过一组内部结构变量定义自己在线程结构中的位置，并实现该位置信息与所配数据子集的映射。线程组织共两层结构，线程首先组织为一维、二维或三维的线程块(Block)；线程块又组织为一维、二维或三维的线程网格(Grid)。线程块和线程网格的大小受限于目标设备的计算能力。在调用内核时，程序员指定每个线程块的线程数和构成线程网格的线程块数。每个线程在其线程块内被赋予唯一的线程 ID 号 ThreadIdx，编号 x 为 0、1、2、…、blockDim−1，并且每个线程块在其线程网格内被赋予唯一的线程块 ID 号 blockIdx，编号 x 为 0、1、2、…、gridDim-1。线程块和线程网格可以有一维、二维或三维结构，其 ID 号可通过 x、y 和 z 索引字段访问。

CUDA 运行时提供了丰富的函数，功能涉及设备管理、存储管理、数据传输、线程管理、流管理、事件管理、纹理管理、执行控制、与 OpenGL 和 Direct3D 互操作等。一个完整的 CUDA 代码需要七个关键步骤，特别是多 GPU 情况下；若是单 GPU，可省略为五个步骤。CUDA 代码的七个关键步骤如下：

（1）cudaSetDevice(0)；//获取设备，只有一个 GPU 时默认 0 号可以省略

（2）cudaMalloc((void ∗∗)&d_a, sizeof(float) ∗n)；//分配显存

（3）cudaMemcpy(d_a, a, sizeof(float) ∗n, cudaMemcpyHostToDevice)；//数据传输
//主机到设备

（4）gpu_kernel<<<block,threads>>>(∗∗∗)；//kernel 函数

（5）cudaMemcpy(d_a, a, sizeof(float) ∗n, cudaMemcpyDeviceToHost)；//数据传输
//设备到主机

（6）cudaFree(d_a)；//释放显存空间

（7）cudaDeviceReset()；//重置设备，可以省略

例 9.7 用 CUDA 编程向量加法。

解 向量加法的数学表达式为

$$C = A + B \tag{9.12}$$

（1）设计串行向量加法的 C 语言源代码如下：

```
void addWithCpu(int *a, int *b, int *c,int n)
{
    for (int i = 0; i < n; i++)
        c[i] = a[i] + b[i];
}
```

（2）CUDA 运算程序与 CPU 类似，只是 kernel 函数需要用_global_限定符标识，CUDA并行运算程序源代码如下：

```
_global_
void addKernel(int *c, const int *a, const int *b)
{
    int i = threadIdx. x;
    c[i] = a[i] + b[i];
}
const int arraySize = 5;
const int a[arraySize] = { 1, 2, 3, 4, 5 };
const int b[arraySize] = { 10, 20, 30, 40, 50 };
int c[arraySize] = { 0 };
int *dev_a = 0;
int *dev_b = 0;
int *dev_c = 0;
// Choose which GPU to run on, change this on a multi-GPU system.
cudaSetDevice(0);
// Allocate GPU buffers for three vectors (two input, one output).
cudaMalloc((void ** )&dev_c, size *sizeof(int));
cudaMalloc((void ** )&dev_a, size *sizeof(int));
cudaMalloc((void ** )&dev_b, size *sizeof(int));
// Copy input vectors from host memory to GPU buffers.
```

```
cudaMemcpy(dev_a, a, size *sizeof(int), cudaMemcpyHostToDevice);
// Launch a kernel on the GPU with one thread for each element.
addKernel <<<1, arraySize>>>(dev_c, dev_a, dev_b);
// cudaDeviceSynchronize waits for the kernel to finish,
cudaDeviceSynchronize();
// Copy output vector from GPU buffer to host memory.
cudaMemcpy(c, dev_c, size *sizeof(int), cudaMemcpyDeviceToHost);
cudaFree(dev_c);
cudaFree(dev_a);
cudaFree(dev_b);
```

学习使用 CUDA 库函数能够帮助 GPU 程序员快速开发高性能的 CUDA 程序。针对向量加法运算，在 CUBLAS 库函数中的 cublas<t>axpy() 函数可以实现向量加法的功能。函数调用时要注意以下几点：

（1）包含头文件 cublas_v2.h。

（2）定义 cublasHandle_t 句柄。

（3）主机端到设备端数据传输函数是 cublasSetVector()，设备端到主机端数据传输函数是 cublasGetVector()。

（4）cublasSaxpy() 函数调用时为 cublasSaxpy_v2()。

利用 CUBLAS 库实现向量加法程序的主体部分代码如下：

```
#include <cublas_v2.h>
    ⋮
float *d_a,*d_b;
cublasHandle_t handle;
cublasCreate(&handle);
cudaMalloc((void **)(&d_a), n *sizeof(float));
cudaMalloc((void **)(&d_b), n *sizeof(float));
float alpha=1.0;
cublasSetVector(n, sizeof(float), h_a, 1, d_a, 1);
cublasSetVector(n, sizeof(float), h_b, 1, d_b, 1);
cublasSaxpy_v2(handle,n,&alpha,d_a,1,d_b,1);
cublasGetVector(n, sizeof(float), d_b, 1, h_c, 1);
cudaFree(d_a);
cudaFree(d_b);
cublasDestrog(handle);
```

9.6.4　多线程多处理器体系结构

GPU 是一种多线程多处理器体系结构的协处理器。GPU 的每一个处理器可以有效地执行多线程的程序。高性能计算采用的 GPU 一般会有几个到几十个不等的多线程处理器。GPU 采用多线程处理器而不像 CPU 那样采用几个独立处理器的原因如下：

（1）CPU 和 GPU 架构是迥异的。CPU 设计是用来运行少量比较复杂的任务，GPU 设计则是用来运行大量比较简单的任务。CPU 设计主要执行大量离散而不相关的任务，而 GPU 设计主要解决那些可以分解成千上万个小块并可独立运行的问题。因此，CPU 适合运行操作系统和应用程序软件，即便有大量的各种各样的任务，它也能够在任何时刻妥善处理。

（2）CPU 与 GPU 支持线程的方式不同。CPU 的每个核只有少量的寄存器，每个寄存器都将在执行任何已分配的任务中被用到。为了能执行不同的任务，CPU 将在任务与任务之间进行快速的上下文切换。从时间的角度来看，CPU 上下文切换的代价是非常昂贵的，因为每一次上下文切换都要将寄存器组里的数据保存到 RAM 中，等到重新执行这个任务时，又从 RAM 中恢复。相比之下，GPU 同样用到上下文切换这个概念，但它拥有多个寄存器组而不是单个寄存器组，因此一次上下文切换只需要设置一个寄存器组调度者，用于将当前寄存器组里的内容换进、换出，速度比将数据保存到 RAM 中要快好几个数量级。

（3）CPU 和 GPU 都需要处理失速状态。这种现象通常是由 I/O 操作和内存获取引起的。CPU 在上下文切换的时候会出现这种现象。假定此时有足够多的任务，线程的运行时间也较长，那么它将正常地运转。但如果没有足够多的程序使 CPU 处于忙碌状态，它就会闲置。如果此时有很多小任务，每一个都会在一小段时间后阻塞，那么 CPU 将花费大量的时间在上下文切换上，而只有小部分时间在做有用的工作。CPU 的调度策略基于时间分片，将时间平均分配给每个线程。一旦线程的数量增加，上下文切换的时间百分比就会增加，那么效率就会急剧的下降。

GPU 就是专门用来处理这种失速状态的，并且预计这种现象会经常发生。GPU 采用数据并行的模式，它需要成千上万的线程，从而实现高效工作。它利用有效的工作池来保证一直有事可做，不会出现闲置状态。因此，当 GPU 遇到内存获取操作或在等待计算结果时，流处理器就会切换到另一个指令流，之后再执行之前被阻塞的指令。

CPU 和 GPU 的一个主要差别就是每台设备上处理器数量的巨大差异。每个 SM 可看作是 CPU 的一个核，相对于一个四核的 CPU 来说，目前费米架构的 GPU 核数目是其 4 倍，数据吞吐量是其 32 倍。

GPU 为每个 SM 提供了唯一并且高速的存储器，即共享内存。从某些方面来说，共享内存使用了连接机和 Cell 处理器的设计原理，它为设备提供了在标准寄存器文件之外的本地工作区。自此，程序员可以安心地将数据留在内存中，不必担心由于上下文切换操作需要将数据移出去。另外，共享内存也为线程之间的通讯提供了重要机制。

GPU 执行多线程任务采用的模式主要有两种。一种基于锁步（Lock-Step）思想，使 N 个 SP（流处理器）组的每个 SP 都执行数据不同的相同程序。另一种则是利用巨大的寄存器文件使线程高效切换并达到零负载。GPU 能支持大量的线程就是按照这种方式设计的。

传统的 CPU 会将一个单独的指令流分配到每个 CPU 核心中，而 GPU 所用的 SPMD 模式是将同一条指令送到 N 个逻辑执行单元，也就是说 GPU 只需要相对于传统的处理器 $1/N$ 的指令内存带宽。图 9.33 表示了指令队列中的每条指令都会分配到 SM 的每个 SP 中。每个 SM 就相当于嵌入了 N 个计算核心（SP）的处理器。这与许多高端的超级计算机中的向量处理器或单指令多数据处理器很相似，然而，这样做并不意味着没有开销。当 N 个线程执行相同的控制流时，如果程序未遵循使执行流整齐化，对于每一个分支而言，将会增加额外的执行周期。

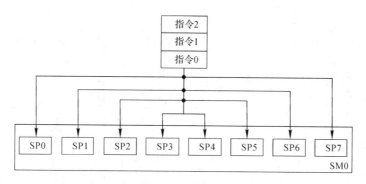

图 9.33　锁步指令分配

为了使每个 SM 中有 N 个 SP 有效地运行起来，GPU 将线程以线程块为单位调度到 SM 上执行。同一线程块内的所有线程并不一定会并行执行，而是以 Warp 为执行单位，Warp 的大小是与硬件相关的，目前 CUDA GPU 定义的 Warp 大小是 32。在任何时间点根据 SM 中 SP 的数量，可以同时运行 32 个线程(1 个 Warp)、16 个线程(1/2 Warp)或者 8 个线程(1/4 Warp)。多个 Warp 的交替执行可隐藏开销较大的访存延时。

当每个线程都获得属于自己的寄存器组时，SM 可以实现 Warp(或者 1/2 Wrap，或者 1/4 Warp)间的无缝切换。这样每个线程就可以在片上执行上下文。这与 CPU 上进行多线程调度不同：在 CPU 上进行线程切换时会产生昂贵的上下文切换开销。每个 SM 可以拥有多个 Warp 调度器。例如，在 Kepler 架构中，每个 SM 有 4 个 Warp 调度器，图 9.34 表示用四个 Warp 调度器调度指令的情形。

Warp 调度器	Warp 调度器	Warp 调度器	Warp 调度器
指令分发单元	指令分发单元	指令分发单元	指令分发单元

时间	Warp 8 指令 11	Warp 9 指令 11	Warp 10 指令 11	Warp 11 指令 11
	Warp 2 指令 42	Warp 3 指令 33	Warp 4 指令 42	Warp 5 指令 42
	Warp 14 指令 95	Warp 15 指令 95	Warp 16 指令 37	Warp 17 指令 95
	⋮	⋮	⋮	⋮
	Warp 8 指令 12	Warp 9 指令 12	Warp 10 指令 12	Warp 11 指令 12
	Warp 14 指令 96	Warp 3 指令 34	Warp 4 指令 38	Warp 5 指令 96
	Warp 2 指令 43	Warp 15 指令 96	Warp 16 指令 43	Warp 17 指令 43

图 9.34　四个 Warp 调度器调度指令

GPU 的 SIMT 执行模式注定了其分支处理不如 CPU 直接。GPU 中一个 Warp 的 32 个线程同时执行相同的指令，因此当遇到条件分支语句时，需要串行逐一执行各分支。图 9.35 所示为 Warp 的两种分支情况，图 9.35(a)显示了 Warp 的所有线程处于同一分支内，此时 Warp 直接执行该分支；图 9.35(b)显示 Warp 的线程处于两个不同的分支，不同的分支需要串行执行，不属于分支判断的线程空闲。显然图 9.35(a)的执行效率更高，性能更好，程序员应尽量在编程时令 Warp 的线程处于同一分支。

9.6.5 GPU 内存系统

GPU 的内存子系统架构设计与 CPU 完全不同。为了能够使 CPU 全速运行，CPU 必

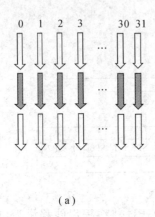
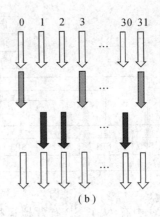

图 9.35　Warp 分支处理

须能够访问主存的任意随机地址。由于当代主存技术(DDR4 RAM)的访存相对较慢,因此需要结合较大的片上缓存 Cache,普遍采用多级缓存的形式。

　　GPU 工作的一部分是过滤和传输大量的图形信息,并处理一次读取的大量连续数据,而随后的操作并不需要这些数据一直保持在片上。这就意味着 GPU 会受益于较高的数据总线,同时只需要少量或者不需要片上缓存,以更加有效地支持通用计算。

　　CPU 和 GPU 的内存组织最大的区别是,GPU 的内存层次结构对程序员并不透明。GPU 拥有更快的片上内存,并且片上内存拥有独立的地址空间,CUDA 程序将频繁使用的数据加载到片上内存。CPU 程序需要充分利用缓存的局部性,但是在 GPU 的编程中需要显式地管理数据在这两种内存间的移动。

　　主机与设备间的数据移动只会发生在全局内存上,GPU 也可以使用其他类型的全局内存,其中绝大部分位于片上并拥有自己的独立空间。表 9.2 从生命周期和访问范围的角度给出了不同内存的特性,GPU 内存结构如图 9.36 所示。

表 9.2　不同内存的特性

类型	位置	缓存	访问	访问范围	生命周期
寄存器	片上	N/A	R/W	线程	线程
本地内存	片外	否	R/W	线程	线程
共享内存	片上	N/A	R/W	线程块	线程块
常量内存	片外	是	R	线程网格	主机控制
全局内存	片外	是	R/W	线程网格	主机控制
纹理内存	片外	是	R	线程网格	主机控制

　　寄存器是速度最快的存储单元,位于 GPU 结构中的 SM 单元上,用来存储 kernel 函数中声明的局部变量。每个 SM 有成千上万个 32 位寄存器,当 kernel 函数启动时,这些寄存器被分配给指定线程。寄存器的访问延迟是 1 个周期,但是实际使用过程中远小于该值,原因是 GPU 程序执行时必然存在指令流水线,隐藏了寄存器的访问,故可以认为寄存器没有访问延迟。寄存器除了能够存储普通的整型和浮点类型数据外,还支持内置数据类型,

例如 char4、int4 和 float2 等。

设备计算能力决定了每个线程可用寄存器的最大数量,如果超过这个数量,本地变量将会溢出到位于片上内存运行时的栈上,从而降低程序性能。每个线程寄存器的数量会影响 SM 上并发执行的线程数量。假如一个 kernel 使用 48 个寄存器,调用的每个线程块有 256 个线程,这就意味着每个线程块需要 48×256=12 288 个寄存器。如果运行行该 kernel 的目标 GPU 每个 SM 有 3.2 万个寄存器,则每个 SM 只能调度两个线程块并发执行,即每个 SM 只能执行 512 个线程,大大降低了每个 SM 最多可同时并发的线程数量。

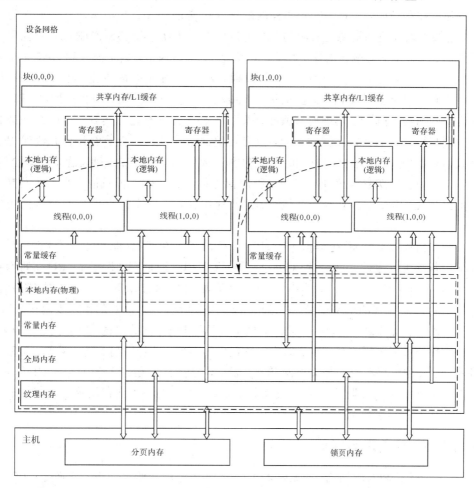

图 9.36 GPU 内存结构示意图

NVIDIA 将一个 SM 上实际并发执行的 Warp 数量同 SM 上能够并发执行的 Warp 最大数量的比值称为占有率(Occupancy)。以上述数据为例,单个 Warp 支持的最大线程数为 32,目前运算 512 个线程意味着有 $\frac{512}{32}=16$ 个 Warp 工作,而 Fermi 结构下最大可运行的线程数是 1536,即 $\frac{1536}{32}=48$ 个 Warp,所以占有率为

$$占有率 = \frac{512/32}{1536/32} = 16/48 = 33.3\%$$

通常情况下占有率的值要尽可能接近 1，提高占有率可通过如下方法：① 减少 kernel 使用的寄存器数量；② 使用拥有更多寄存器的 GPU。

本地内存本身在硬件中没有特定硬件存储单元，而是从全局内存虚拟出来的地址空间。本地内存是为寄存器无法满足存储需求的情况下设计的，主要存放单线程的大型数组和过多变量。本地内存是线程私有的，线程间相互不可见。由于本地内存是从全局内存中虚拟出来的内存地址，故本地内存的访存很慢，访问延迟和全局内存延迟相当。

共享内存位于 GPU 芯片上，访问延迟仅次于寄存器。共享内存可以被一个块（Block）内的所有线程访问，实现 Block 线程内的低开销通信。每个 SM 都有自己独立的共享内存块，且共享内存块的资源是有限的，因此共享内存的使用量将会影响 SM 上驻留的活动线程束的数量，从而影响占有率。在 Fermi 和 Kepler 架构中，共享内存和 L1 Cache 实际上是同一片上内存，大小为 64 KB，用户可以通过编程的方式进行切分。在 Maxwell 架构中每个 SM 有 96 KB 的共享内存，但是每一个线程块最多可以使用 48 KB。因为 GPU 执行是一种内存的加载/存储模型，即所有操作都要指令载入寄存器之后再执行。因此加载数据到共享内存与加载数据到寄存器中不同，只有当数据重复利用、全局内存合并或线程之间有共享数据时使用共享内存才合适，否则将数据直接从全局内存加载到寄存器性能会更好。

常量内存其实只是全局内存的一种虚拟存储形式，是一种只读内存，并没有特殊保留常量内存块。常量内存有两个特性：一是高速缓存，二是支持将单个值广播到线程束的每一个线程。

全局内存在某种意义上等同于 GPU 显存，CPU 和 GPU 都可以对全局内存进行操作。任何设备都可以通过 PCIe 总线对其进行访问，GPU 之间可以不通过 CPU 实现数据从一块 GPU 全局内存搬移到另一块 GPU。CPU 主机端可以通过以下三种方式对 GPU 上的内存进行访问：① 显式的阻塞传输；② 显式的非阻塞传输；③ 隐式的使用零内存复制。

纹理内存是 GPU 重要特征之一，也是 GPU 编程优化的关键。纹理内存是从早期 GPU 用于纹理渲染发展而来的，具有缓存、纹理坐标缩放、地址映射、线性插值、类型转换等诸多功能。纹理内存涉及的相关概念非常广泛，包括主机内存、设备内存、CUDA 数组、纹理存储、纹理绑定、纹理拾取、归一化坐标、非归一化坐标、表面存储等。GPU 用于通用计算的主要功能是加速数据读取。

9.6.6 GPU 应用实例

多核 CPU 和 GPU 的出现意味着主流处理器芯片开始采用并行系统。GPU 面临的挑战是开发计算机视觉和高性能计算的应用程序，开发应用程序的并行性以利用越来越多的处理器内核，就像 3D 图形应用程序将其并行性扩展到具有大量不同内核的 GPU 一样。

例 9.8 使用 CUDA 将基数排序的可并行计算应用程序映射到 GPU。

解 基数排序是对待排序数列各元素的二进制位进行对比，从最低位到最高位，逐位比较，每次都将二进制位值为 0 的元素排在值为 1 的元素前，完成所有位的比较后即可得到升序序列（反之为降序序列）。图 9.37 给出了一个基数排序的实例，通过 8 个步骤可完成 8 位二进制元素的序列排序。

并行排序时，可将序列等分成若干分段，每个子序列可以并行进行基数排序，排序后可得到一些有序的子序列，此时需要进行合并，将单独的有序子序列合并为一个完整的有

	step1	step2	step3	step4	step5	step6	step7	step8	
124	01111100	01111100	11110000	11110000	01000100	01000100	00000101	00000101	5
20	00010100	00010100	00010010	00010010	00000101	00000101	00010010	00010010	18
5	01010110	11110000	01111100	00010100	11110000	00010010	00010100	00010100	20
86	11110000	01000100	00010100	01000100	00010010	00010100	10110111	01000100	68
240	01000100	00000101	01000100	00000101	00010100	01010110	01000100	01010110	86
183	00010010	01010110	00000101	01010110	01010110	11110000	01010110	01111100	124
68	00000101	00010010	01010110	10110111	10110111	10110111	11110000	10110111	183
18	10110111	10110111	10110111	01111100	01111100	01111100	01111100	11110000	240

图 9.37　基数排序实例

序序列。图 9.38 所示为基数排序的合并过程，首先比较每个子序列的最小值（首个元素），取其中最小值移到整个数列的首个元素；接着再次比较所有子序列的最小值，取最小值移到数列尾；以此类推，移完所有元素即可最终得到有序的完整序列。

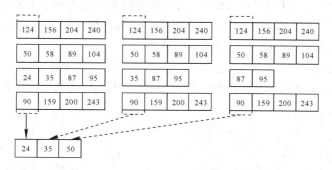

图 9.38　基数排序的合并过程

基数排序要在 GPU 上并行执行，首先进行任务分割，将任务分配给大量线程，每个线程进行基数排序，然后将基数排序结果合并，得到最终结果。首先数据读取过程是并行的；其次求解最小值，采用分段思想进行原子操作。具体的操作思想如图 9.39 所示，在图中将 32 个线程分为 4 份，每份 8 个线程。第一阶段，利用原子操作函数将所有线程上的值归到第 1 份上，即得到 8 个最小值；第二阶段，对这 8 个线程中的数据进行原子操作，最终在 0 号线程上求得最小值。

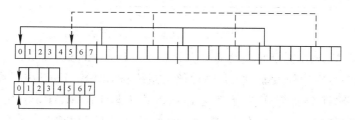

图 9.39　分段原子操作

9.7　多计算机系统

多处理器系统的最大魅力在于程序可以访问内存的任何位置而不需要知道内存的内部拓扑结构和实现机制，但系统难以大规模扩展、内存争用等对性能产生的负面影响限制了多处理器系统的大规模发展。相比而言，多计算机系统在建造大规模计算机系统时就有得天独厚的优势。

9.7.1 多计算机系统的体系结构

简单地说,多计算机系统就是由独立的计算机作为节点,通过高速互连网络相互连接而构成的系统。正如在本章所提及的,作为多计算机系统的节点计算机一般由一个或多个CPU、内存(一个节点上的 CPU 可以共享)、磁盘、I/O 设备和通信处理器(高速互连网络)组成,典型的节点就是一个小规模的 SMP 系统,节点间互连可以使用多种不同的拓扑结构、交换策略和路由算法,一个节点的 CPU 不能访问另一个节点 CPU 的私有内存,在所有多计算机系统上运行的程序都通过使用像 send 和 receive 这样的原语发送消息来交换信息。

多计算机系统有各种不同的形态和规模,目前采用较多的有两大结构:MPP 和集群。MPP(Massively Parallel Processing,大规模并行处理器)是使用专用定制组件构成的超级计算机系统,例如 IBM 的 BlueGene/L。集群是由比较通用的非定制组件构成的超大型计算机系统,例如早期的 Google 的搜索引擎。

多计算机系统的一般结构如图 9.40 所示,它看起来与多处理器系统有些相似,但实际上有本质的区别:多计算机系统是真正意义上的 DM-MIMD 系统,具有多存储器地址空间。

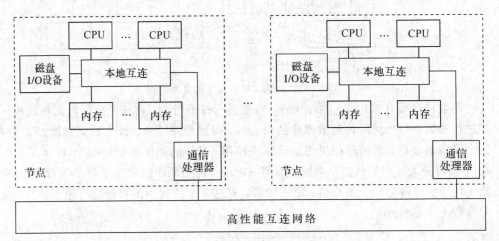

图 9.40 多计算机系统的基本结构

DM-MIMD 系统无疑是高性能计算机(High-Performance Computer)家族中发展速度最快的部分,尽管这种系统相比共享存储器系统和 DM-SIMD 系统更难处理。对于共享存储器系统,数据分布对用户是完全透明的,这与 DM-MIMD 系统是完全不同的,在DM-MIMD 系统中,用户必须在处理器上分配数据,而且处理器之间的数据交换必须明确而显式地完成。

DM-MIMD 系统的优势非常明显:避免了经常困扰共享存储器系统的带宽问题,这是因为带宽可以自动地与处理器数量平衡;共享存储器系统非常重大的问题——存储器速度问题在 DM-MIMD 系统中也显得不那么重要了,这是因为可以不考虑存储器带宽问题而配置更多的处理器。

DM-MIMD 系统也有缺点:处理器之间的通信速度相比 SM-MIMD 系统来说慢很多,所以在通信作业中的同步开销比共享存储器系统要高。另外,不在本地存储器上的数据需从非本地存储器上存取，这个过程对大多数系统来说是非常缓慢的。

对于 DM-MIMD 系统，互连拓扑结构和数据通路的速度对系统的实际有效性至关重要，但丰富的互连结构必须与价格取得平衡。在许多想象的互连结构中，只有很少的一部分在实际中流行，其中之一就是超立方体拓扑结构。

超立方体拓扑的一个优秀特征就是，对于一个具有 2^d 个节点的超立方体，任意两个节点之间的距离不大于 d，所以网络维数仅仅按节点数的对数增加即可。另外，从理论上讲，在超立方体上模拟其他拓扑是可能的，如树、环、2-D 和 3-D Mesh 网等结构。实际上，超立方体的精确拓扑已无关紧要，因为现在市场上所有系统使用的都是被称作虫蚀路由（Wormhole Routing）的结构。

虫蚀路由是指，当信息从 i 节点发送到 j 节点时，头消息（Header Message）先从 i 节点传送到 j 节点，形成这些节点之间的直接连接。一旦这个连接建立，数据就会通过这些连接线路传输，而不用打扰中间节点的运行。除了节点间连接所需的很短的建立时间外，通信时间实际已变为与节点间的距离无关。当然，在繁忙的网络中有一些信息要竞争同一路径时，就会引发等待时间。

另外一种连接大量处理器的比较经济的方法是利用胖树结构。用于网络的简单树结构理论上可以满足计算机系统中所有节点的连接，而在实际中，在接近树根的地方，因为信息集中而发生了拥塞（因为信息必须先传到树的更高层，然后才能向下传到它们的目标节点）。胖树通过在树的高层提供更多的带宽（主要是以多重连接的形式）弥补了普通树的缺点，见图 9.14(d)。

较多的并行 DM-MIMD 系统似乎偏爱 2-D 或 3-D Mesh（Torus）网，基本的理由是大多数的大规模物理连接可以有效地映射在这种拓扑上，而更复杂的互连结构几乎没有任何作用。当然，也有一些系统主张采用除 Mesh 网之外的网络来处理在数据分配和恢复方面的瓶颈问题，IBM 的 BlueGene 系统采用的就是 Torus 网和 Tree 网。

也有一部分 DM-MIMD 系统使用交叉开关网络，对于数量相对较少的处理器来说（64 个之内），交叉开关网络可以是直接的或称 1 级的，当需要连接更多数量的节点时，则使用多级交叉开关网络，通过很少的交换级可以连接数千的节点。除超立方体结构外，其余的对数复杂度网络，如蝶形、Ω 或者混洗交换网络也经常用在 DM-MIMD 系统中。

现在 DM-MIMD 系统的节点处理器大都是成品 RISC 处理器，有时通过向量处理器来加强。DM-MIMD 系统的一个特殊问题是，当节点处理器加强而未加速内部通信时，可能出现通信与计算速度的不匹配。有时候，这种情况会导致将计算约束（Computational-Bound）问题转向通信约束（Communication-Bound）问题。

一般而言，多计算机系统具有以下几个结构特点：

（1）每个节点计算机是一个完全独立的计算机。当该节点计算机出故障时，它的任务可以由其他节点计算机来承担，提高了系统的可靠性。

（2）采用分布式存储器结构。节点间采用分布式存储器，可降低本地存储器访问延迟，降低对存储器和互连网络的带宽要求。

（3）节点间通信采用消息机制。这使得节点之间的通信变得较为复杂且延迟增大，同时编程模型与多处理器系统完全不同。

（4）包容多处理器系统。多计算机系统的节点构成非常灵活，它可以是单机系统，也可以是多机系统；可以采用商用机，也可以是定制的系统；可以是 PC，也可以是工作站。正像我们前面所说，它也可以是多处理器系统。如果节点内包含有小数量（2~8 个）的处理器，且这些处理器采用某种互连网络（如总线）互连形成簇（Cluster），那么就称这种节点为超节点。

9.7.2　消息传递机制

多计算机系统是一个多内存地址空间的机器，不同节点上的 CPU 在不同地址空间通信时需要通过显式地传递消息来完成。消息传递机构根据网络协议，利用不同的消息来请求特定的服务或进行数据传输，从而完成通信。例如，某个处理器要对远程存储器上的数据进行访问或操作，它首先发送远程进程调用（Remote Process Call，RPC）消息，请求传递数据或对数据进行操作；当目的处理器接收到此消息后，执行相应的操作或代替远程处理器进行访问，并发送一个应答消息将结果返回。

在消息传递的通信机制中，有两种消息传递方式：同步消息传递和异步消息传递。同步消息传递是指请求处理器发送一个请求后一直要等到应答结果才继续运行。异步消息传递是指发送方无须等待应答就可以直接把消息送往数据接收方。

消息传递机制硬件实现简单，通信是显式的（可以引起编程者和编译程序的注意，以便着重处理开销大的通信）。但在消息传递的硬件上支持共享存储器比较困难，因为所有对共享存储器的访问均要求操作系统提供地址转换和存储保护功能，即将存储器访问转换为消息的发送和接收。

为了处理进程间通信和同步多计算机系统编程，多计算机系统通常使用 MPI（Message-Passing Interface，消息传递接口）这样的消息传递软件包进行编程。在过去相当长的一段时间里，多计算机系统使用的最流行的通信软件包是并行虚拟机（Parallel Virtual Machine，PVM），而近几年 PVM 已大量被 MPI 取代。与 PVM 相比，MPI 的库调用多，调用的选项多，调用的参数也多，也相应地复杂一些。到 2015 年，第一版 MPI 1.0（1994 年）已升级为 MPI 3.1。由于篇幅有限，本书不对 MPI 进行讨论。

大多数消息传递系统都提供两个原语（通常是库函数调用）：send 和 receive，但是这两个原语可能有多种不同的语义。三种主要的语义是：

（1）同步消息传递。

（2）带缓冲的消息传递（异步消息传递）。

（3）无阻塞的消息传递（异步消息传递）。

使用同步消息传递时，如果发送方执行完 send 后接收方没有执行 receive，发送方将会阻塞直到接收方执行 receive，这时消息将被复制到接收方。当发送方在调用执行完成并重新获得控制权之后，就会得知消息已经被发送并被正确接收了。这种方法的语义最简单而且不需要任何缓冲机制。其主要缺点是在接收方接收到消息并发回确认之前，发送方将一直阻塞。

使用带缓冲的消息传递时，当消息在接收方准备好之前发出时，就会被缓存在某个地方，例如，缓存在邮箱中，直到接收方把它取走。因此，使用带缓冲的消息传递时，发送方可以在 send 之后继续执行，即使接收方正在忙于做其他事情。因为消息实际上已经被发送出去了，发送方可以在 send 之后立即使用消息缓冲区。这种机制可以减少发送方等待的时间。一般来说，只要系统发送了该消息，发送方就可以继续往下执行。但是，发送方无法保证消息是否被正确接收。即使通信是可靠的，接收方也可能在得到消息之前崩溃。

使用无阻塞的消息传递时，发送方在执行调用之后可以立即往下执行。使用这种机制时，send 调用所做的工作只是告诉操作系统在有空的时候把消息发送出去。因此，发送方不会被阻塞。该机制的缺点是当发送方执行完 send 并继续往下执行时，它可能不能使用消息缓冲区，因为该消息可能还没有发送。当然，可以使用某种方法得知何时可以使用消息缓冲区。一种方法是轮询系统，另一种方法是当缓冲区空闲后产生一个中断，但是它们都会增加软件的复杂性。

在消息传递机制中，需要为消息传递建立一条路径，这个过程称为寻径(Path-Finding)。不同的寻径方法会造成不同的通信延迟，所以研究各种寻径方法是消息传递机制中重要的研究内容。

目前使用的寻径方式主要有 4 种：线路交换、存储转发、虚拟直通和虫蚀寻径。

1. 线路交换(Circuit Switch)

线路交换是先建立一条从源节点到目的节点的物理通路，然后再传递消息。线路交换造成的传输延迟为

$$T = \frac{L_t}{B} \times D + \frac{L}{B} \qquad (9.13)$$

其中，L_t 为建立路径所需小信息包(头消息)的长度，L 为数据包的长度，D 为经过的节点数，B 为带宽。

线路交换的优点是实际通信时间较短，使用缓冲区少；缺点是建立源节点到目的节点的物理通路开销很大，占用物理通路的时间长。

2. 存储转发(Store and Forward)

存储转发是为每个节点设置一个数据包缓冲区，包从源节点经过中间节点到达目的节点。存储转发网络的传输延迟与源和目的地之间的距离成正比，即

$$T = \frac{L}{B} \times D + \frac{L}{B} = (D+1) \times \frac{L}{B} \qquad (9.14)$$

储存转发的优点是占用物理通路的时间比较短；缺点是包缓冲区大，延迟大(与节点距离成正比)。

3. 虚拟直通(Virtual Cut Through)

虚拟直通同存储转发分组交换有点类似，只是转发之前不存储整个分组。一旦一个字节到达一个节点，它就可以沿着路径转发到下一个节点，不必等待整个分组都到达。也就是说，当接收方接收到用作寻径的消息头部时，即开始路由选择。传输延迟为

$$T = \frac{L_h}{B} \times D + \frac{L}{B} = \frac{L_h \times D + L}{B} \qquad (9.15)$$

其中，L_h 是消息的寻径头部的长度。一般有，$L \gg L_h \times D$，所以传输延迟近似为 $T = L/B$，与节点数无关。

当出现寻径阻塞时，只能将整个消息存储在寻径节点中。

虚拟直通的优点是通信延迟与节点数无关；缺点是每个节点需要有足够大的缓冲区来存储最大数据包。在最坏的情况下与存储转发方式的通信延迟是一样的，经过的每个节点都发生阻塞，都需缓冲。

4. 虫蚀（Wormhole）寻径

虫蚀寻径是将数据包分割为更小的片（或称微包），用头片直接开辟一条从源节点到目的节点的路径。每个消息中的片以异步流水方式在网络中向前"蠕动"。当消息的头片到达一个节点的寻径器后，寻径器根据头片的寻径消息立即做出路由选择。如果所选择的通道或者节点的片缓冲区不可用，则头片必须在该节点的片缓冲区中等待，其他数据片也在原来的节点上等待。传输延迟为

$$T = T_f \times D + \frac{L}{B} = \frac{L_f}{B} \times D + \frac{L}{B} = \frac{L_f \times D + L}{B} \tag{9.16}$$

其中，L_f 是片的长度，T_f 是片经过一个节点所需时间。一般有 $L \gg L_f \times D$，传输延迟近似为 $T = L/B$，与节点数无关。

虫蚀寻径的优点是：每个节点的缓冲区较小，易于 VLSI 实现；有较低的网络传输延迟；通道共享性好，利用率高；易于实现选播和广播通信方式。其缺点是：当消息的一个片被阻塞时，整个消息都被阻塞，占用了节点资源。

9.7.3 大规模并行处理系统

多计算机系统的类型之一是大规模并行处理（Massively Parallel Processing，MPP）系统，这是一种价值超数百万美元的超级计算机系统。MPP 主要用于科学计算，但也用于商务环境，每秒可以处理大量事务，还可以用于数据仓库（一种存储并管理大量数据库的系统）。

1. MPP 概述

大多数 MPP 系统使用标准的 CPU 作为它们的处理器，如 Intel Xeon 系列、Cray Xeon 系列和 IBM POWER 系列处理器等。MPP 系统与其他系统的不同之处在于，MPP 使用高性能定制的高速互连网络及网络接口，可以在低延迟和高带宽的条件下传递消息。

MPP 是一种异步的分布式存储器结构的 MIMD 系统，它的程序有多个进程，分布在各个处理器上，每个进程有自己独立的地址空间，进程之间以消息传递进行相互通信，所以 MPP 系统还需要使用大量定制的软件和库。

需要使用 MPP 解决的问题往往要处理大量的数据，常常会超过 T（10^{12} 数量级）字节。这些数据必须分布在多个磁盘上，而且需要在节点之间以很高的速率传送，所有 MPP 系统必须具有强大的输入/输出能力。

MPP 还有一个特殊的问题就是容错。在使用成千上万个 CPU 的情况下，有若干个 CPU 失效是不可避免的。但是如果因为一个 CPU 崩溃导致一个运行了许多时的任务被取消，是令人无法接受的，尤其是当这种情况出现若干次时。因此大规模的 MPP 系统使用特殊的硬件和软件来监控系统、检测错误并从错误中平滑地恢复。

2. MPP 实例——BlueGene 系统

下面我们将以基于 RISC 的分布式存储结构的 IBM BlueGene/L 和 Blue Gene/P 超级计算机系统为例来说明 MPP 系统。

IBM 在 1999 年投资 1 亿美元启动了建造大规模并行超级计算机 BlueGene 系统的项目。2001 年 11 月，美国能源部的 Livermore 国家实验室和 IBM 签署了合作协议，成为

BlueGene 家族第一代机器 BlueGene/L 的首位用户。

BlueGene 项目的目标是不仅要制造世界上最快的 MPP 机器，而且还要制造效率最高的机器，具体的指标就是万亿次浮点计算/美元(Teraflops/Dollar)、万亿次浮点计算/瓦(Teraflops/Watt)和万亿次浮点计算/立方米(Teraflops/m³)。正因如此，IBM 未采用以往 MPP 的设计方法(即采用能买到的最快的部件)，而是决定生产一种定制的片内系统部件，让它以适中的速度和功耗运行，这样能够生产出高密度封装的巨型机。最早的芯片是在 2003 年 6 月交货的。BlueGene/L 首先完成了系统的 1/4，具有 16 384 个计算节点(全部的计算节点将达到 65 536 个)，在 2004 年 11 月全部运行，当时它以 71 TFlops 成为世界上最快的超级计算机。BlueGene/L 功率是 0.4 MW，创下了 177.5 TFlops/W 的能效记录。

目前有两种型号的 BlueGene 系统已经实现：BlueGene/L 和 BlueGene/P。这两个系统使用的定制处理器是以 PowerPC 400 处理器序列为基础改造的。

BlueGene/L 处理器实际上就是改进的 PowerPC 440 处理器。它的修改重点在浮点运算单元(Float Point Unit，FPU)，每个 FPU 包含两个浮点功能单元，可以执行 64 位的乘-加、除法和平方根计算。处理器的运行速度是 700 MHz，理论峰值性能是 2.8 GFlops。图 9.41 显示在一个芯片上嵌入了两个处理器核的 BlueGene/L 处理器结构。每个内核有一对流水式双发射浮点单元，两个内核一个时钟周期总共可以发射 4 条浮点指令。芯片中两个 CPU 内核在结构上完全相同，但一个用来计算，一个用来处理 65 536 个节点之间的通信。

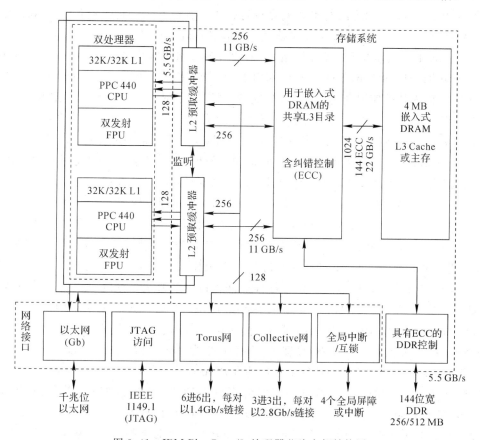

图 9.41 IBM BlueGene/L 处理器芯片内部结构图

芯片上设有三级 Cache。L1 由分离的 32 KB 指令 Cache 和 32 KB 数据 Cache 构成。L2 Cache 仅 2 KB，分读和写两块区域，它实际上是更大的 L3 Cache(4 MB 共享 Cache)的预取和存储缓冲器。入/出预取缓冲器的带宽较高，对 CPU 为 16 B/Cycle，对 L2 缓冲器为 8 B/Cycle。片外存储器最大为 512 MB。两个 CPU 在 L2 级通过监听总线保持 Cache 的一致性。来自其他节点的数据通过 L2 缓冲器传送而旁路 L3 Cache。L2 Cache 上连接有一个小的 SRAM，它和 JTAG 管脚相连，用来启动、调试、同主机通信、支持系统栈，以及提供信号量、屏障和其他同步操作。

BlueGene/P 处理器则是建立在 PowerPC 450 基础之上的，时钟频率为 850 MHz，浮点增强技术与 BlueGene/L 中的 PPC 440 相似。BlueGene/P 节点包含 4 个处理器核，峰值速度达每节点 13.6 GFlops。

BlueGene/L 采用高密度封装构成系统：两个芯片和 512 MB 内存安装在一块计算卡上，16 个计算卡放在一个节点板上，32 个节点板组成一个机柜。所以一个机柜有 1024 个芯片，即 2048 个 CPU。最大配置是 64 个机柜组成一个系统，有 65 536 个芯片，131 072 个 CPU。在正常操作模式中(芯片上的一个 CPU 用于计算而另一个处理通信任务)，系统的理论峰值性能是 183.5 TFlops；当通信需求很低时也可以用两个 CPU 进行计算，使峰值速度加倍。

在 BlueGene/L 系统中，CPU 除了访问它自己所在卡上的 512 MB 内存之外，不能直接访问其他内存，从这一点来看 BlueGene/L 是一个多计算机系统。任何两个 CPU 都不共享相同的内存。另外，因为没有本地磁盘进行换页，所以不用进行页面调度。取而代之的是，系统具有 1024 个 I/O 节点，用来连接磁盘和其他外部设备。

BlueGene/L 系统至少拥有 5 个网络。其中 2 个用于处理器间的通信：一个 3-D Torus 网和一个 Tree 网(即 Collective 网)。Torus 网用于一般通信模式，规模为 64×32×32，其寻径方式为虚拟直通(芯片上使用少量特殊的硬件支持)，动态(自适应)和确定性(固定的)路由均可使用，所有的链接以 1.4 Gb/s 的速度点对点传送数据。而 Tree 网用于经常出现集体通信的模式，如广播等。Tree 网每条链路的硬件带宽(350 MB/s)是 Torus(175 MB/s)的两倍。

BlueGene/L 系统虽然特别巨大，但它也相当简单，除了高密度封装之外很少应用新的技术。保持系统简单的原因就在于它的目标是使系统具有高可靠性和可用性。

2007 年 IBM 宣布了第二代 BlueGene 系统 BlueGene/P。除了更快和更大之外，BlueGene/P 的宏体系结构(Macro-Architecture，宏架构)与 L 型号非常相似。L3 Cache 从 4 MB 增加到 8 MB，每个芯片的存储器增加到 2 GB，带宽变为 13.6 GB/s。与双核 BlueGene/L 芯片不同，四核的 BlueGene/P 芯片可以工作在真正的 SMP 模式下，使它适合使用 OpenMP(OpenMP 是作为共享存储标准而问世的，是为在多处理器上编写并行程序而设计的一个应用编程接口，包括一套编译指导语句和一个用来支持它的函数库)。

BlueGene/P 系统中的一块板携带 32 个四核芯片，而 32 块板安装在一个机架中(有 4096个内核)，因此，一个机架的理论峰值速度为 13.9 TFlops。系统最大内核数为 884 736 个，共 216 个机架，理论峰值性能为 3 PFlops。

与 BlueGene/L 相比，P 系统主通信网络(Torus 和 Tree)带宽增加一倍，系统延迟减少一半。与 BlueGene/L 一样，P 系统也很节能：1024 个处理器(4096 个内核)的机架仅耗电 40 kW。作为对比，表 9.3 给出了 BlueGene/L&P 的主要系统参数。2008 年 6 月发布的世界最强超级计算机 TOP500 的前 10 名中，BlueGene/L - eServer Blue Gene Solution 位列第 2 名，Blue Gene/P Solution 位列第 3、6、9 名。

表 9.3 BlueGene/L&P 系统参数

型号	BlueGene/L	BlueGene/P
时钟频率	700 MHz	850 MHz
理论峰值性能		
每个处理器(64 位)	2.8 GFlops	3.4 GFlops
最大值	367/183.5 TFlops	1.5/3 PFlops
主存		
存储容量/卡	≤ 512 MB	≤ 2 GB
存储容量/最大值	≤ 16 TB	≤ 442 TB
处理器编号	≤ 2×65 536	≤ 4×221 184
通信带宽		
点对点(3-D Torus)	175 MB/s	350 MB/s
点对点(Tree 网)	350 MB/s	700 MB/s

9.8 云 计 算

9.8.1 云计算的概念

云计算的概念最初来自戴尔数据中心解决方案以及 Google-IBM 分布式处理项目。云计算是在分布式计算、网格计算等技术上发展而成的一种新型的商业计算模型，其发展历程如图 9.42 所示。分布式计算在严格约束条件下将任务切分成小任务，采用若干个存储或处理单元来处理这些小任务。随后逐渐发展起来的并行计算同时使用多个处理器处理大型且复杂的任务。随着商业和科学计算的复杂化，网格计算凭借其超强的数据处理能力获得了研究者们的青睐，它强调共享资源，在动态变化且由多个机构组成的虚拟组织中协调资源和解决大型问题。为了降低服务交付和服务应用方式的成本，SaaS 作为软件布局模型为用户搭建了软硬件平台并且提供了运维服务，具有易维护、轻量化和成本低等特点。

图 9.42 云计算发展历程

近年来，云计算凭借配置灵活、资源利用率高等优势，逐渐颠覆传统互联网行业的部署模式。在云计算模式下，服务提供商通过云数据中心为用户提供大量的基础设施和服务，用户通过 Web 接口配置和控制云计算资源，无须担心基础设施的故障问题，从而将更多的时间和精力花在商业模式创新和软件开发上，释放了边际信息化建设成本。目前，被大众普遍接受的云计算定义由美国国家标准与技术研究院制订：云计算是通过互联网以便利的、随需应变的方式获取计算资源(例如存储、网络、服务器、服务和应用等)，同时提高资源利用率的计算模式，其中资源来自可配置的计算资源共享池。而且用户在资源管理、与供应商交互方面的工作量很少，只需要快速配置和发布相关的计算资源即可。

云计算平台的部署模型如图 9.43 所示。

控制力：服务位置、规则可控；
高安全：安全可控；
高性能：硬件加速，配置优化

  固定工作负载

混合云兼具安全性和弹性可扩展能力，可实现公有云、私有云的复合型部署

敏捷：标准化，自动化，快速响应需求；
低成本：按需申请，按量付费；
弹性：可靠无限拓展

  弹性工作负载

图 9.43　云计算部署模型

(1) 公有云是服务提供商为用户提供的成本较低的云服务，允许用户或企业进行公开访问。公有云作为一个连接上游服务商与终端用户的公共支撑平台，打造出了一个全新的互联网生态系统。它具有共享资源服务的核心属性，具有资源扩展性能强、运营成本较低等特点，但是存在着网络性能瓶颈和数据保密安全性低等缺点。比较有名的公有云服务提供商有亚马逊云、阿里云等。

(2) 私有云作为传统的企业数据中心的延伸与优化，对数据加密、服务质量等提供了最有效的保障。用户或机构独立地将其部署在安全的托管场所，私有化和安全性是其最大的特色，这对有数据安全和稳定需求的企业来讲是一个很好的选择。但是私有云的成本较高，涉及部署、技术支持和维护费用。

(3) 近年来为了满足个性化配置的需要，混合云已经成为了云服务的主要发展趋势。它集合公有云和私有云的特点而形成自身独有的特色，从而在平台部署方面达到了最佳效果。企业将敏感数据或者关键性的工作负载部署在私有云上，而一般的工作或者需要扩展的工作部署在公有云上，达到了安全且省钱的目的。

云计算提供了安全且大小可调节的计算资源。当计算规模迅速扩大时，可以快速获取和启动计算资源，从而实现快速扩展计算容量。同时提供了故障恢复应用程序和故障排除工具，保障了平台的稳定性。云计算的特点如图 9.43 所示，具体描述如下：

(1) 虚拟化。通过软件模式将单台物理机虚拟化成若干台逻辑计算机，它们之间相互独立且可以运行不同的操作系统，同时也支持克隆、快照、还原等操作，实现了资源的跨域共享和灵活调度。用户在购买计算资源时只需要指定资源所在的云数据中心或者国家，然后通过简单的操作界面来使用，而不必关注底层的基础架构以及计算资源的实际地理位置。

（2）大规模。通过超大规模的服务器集群将很多节点资源连接起来，协同进行任务计算。例如，谷歌云计算中心已经拥有几百万台服务器，规模较大的企业私有云通常会有上千台服务器。

（3）高可扩展性。用户根据资源使用量动态地扩展资源，弹性伸缩的资源不仅实时满足应用增长的需要和用户的 QoS（Quality of Service，服务质量），而且支持自助式的资源管理，在保障高并发资源需求的同时，避免平台空闲期的资源浪费，有效地控制成本。

（4）按需服务。用户可通过互联网快速地选配一定数量的资源并确定资源使用的时长，这些资源位于规模庞大的资源池中。

（5）高可靠性。在软硬件层面，云计算采取检测心跳、多重备份数据等策略保障应用和数据的可靠性。同时，自动进行节点错误检测并及时排除失效节点，从而有效地避免资源的超负荷运行和减少资源的浪费。

（6）极其廉价。在特殊的容错机制的保障下，资源节点通常采用低廉且通用的 x86 节点构成。同时公有化部署提高了资源的利用率，自动化管理方式极大地减少了云数据中心的运营和维护费用。

作为面向服务架构的进一步发展，云计算在软硬件之间架起了桥梁，使得各种软硬件资源都能以服务的形式提供给用户。云计算体系结构从下到上共分四层，如图 9.44 所示。

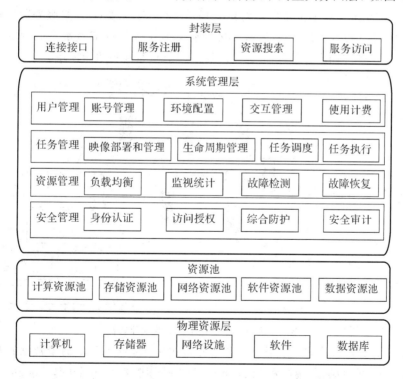

图 9.44　云计算体系结构

（1）位于最底层的是物理资源层，主要包括各种软件和硬件等设施。

（2）资源池采用虚拟化方式重新定义和划分 IT 资源，这些资源在系统管理层中被管理和分配。

（3）系统管理层主要负责安全管理、资源管理、任务管理和用户管理。其中，安全管理用来保障计算设备的安全性，措施包括身份认证、访问授权等；资源管理主要负责保持计算节点的负载均衡，同时监视并统计资源的使用量，检查和测试资源节点的运行情况并对故障进行及时处理；任务管理负责任务的调度并执行，还包括映像部署等；用户管理作为云计算商业模式的重要环节，提供了用户交互接口管理、管理和识别账号、对用户使用的资源进行计费等。

（4）最上层是封装层，将云计算资源封装成各种软件服务提供给用户，包括连接接口、服务注册、资源搜索和服务访问等。

云计算体系结构中的关键部分是系统管理层和资源池。

9.8.2　云计算系统实例——Google 云计算平台

Google 是全球最大的互联网公司，也是互联网行业的引领者、创新者，它拥有全球最大的搜索引擎，以及 Google Maps、Google Earth、Gmail、YouTube、GoogleCalendar、GoogleDocs、GoogleDrive 等大规模业务。这些应用的共性在于数据量极其庞大，且要面向全球用户提供实时服务，因而 Google 必须解决海量数据存储和快速处理的问题，云计算技术就是 Google 的解决方案。

Google 云计算平台是建立在大量服务器集群上的，其基础架构如图 9.45 所示，节点是最基本的处理单元，除了少量负责特定管理功能的节点（如 GFS 主服务器（Master）、分布式锁服务器（Chubby）和调度器（Scheduler）等），其余大量的节点都是同构的，即同时运行 BigTable 服务器、GFS 块服务器和 MapReduce Job 等核心功能模块。

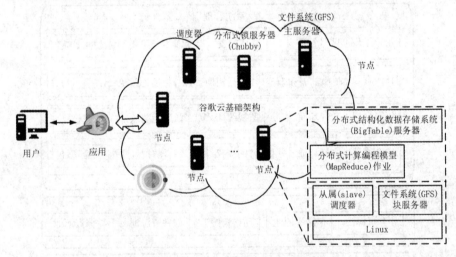

图 9.45　Google 云计算平台基础架构

Google 云计算涉及许多重要技术，其中分布式文件系统 GFS、海量数据并行处理技术 MapReduce、结构化数据存储技术 BigTable、分布式锁服务 Chubby 是 Google 云计算平台技术架构的核心技术，如图 9.46 所示。

GFS 是 Google 自己设计的分布式文件系统，被大量安装在由 Linux 操作系统管理的普通 PC 构成的集群系统中。整个集群系统由一台 Master（主服务器，通常有几台备份）与若干台 ChunkServer（块服务器）构成，可以多 Client（客户端）访问。GFS 中的每个文件被拆分成若干 64 MB 大小的文件块(Chunk),每个 Chunk 有多个(默认 3 个)副本放在不同的 ChunkServer 上。Master 负责维护 GFS 中的元数据(Metadata),即文件名及其 Chunk 信息。Client 先从 Master 上得到文件的 Metadata,根据要读取的数据在文件中的位置,与相应的 ChunkServer 通信。

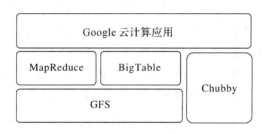

图 9.46　Google 云计算平台技术架构

现在,Google 内部至少运行着 200 多个 GFS 集群,其中有些集群的计算机数量超过 5000 台,并且服务于多个 Google 应用,比如 Google 搜索。Google 拥有的数以万计的连接池从 GFS 集群中获取数据,集群的数据存储规模可达到 5 PB,且集群中的数据读写吞吐量可达到每秒 40 GB。为了更适合新的 Google 产品,Google 已经在开发下一代 GFS。

在 Google 数据中心有大规模数据需要处理,比如被网络爬虫(Web Crawler)抓取的大量网页等。由于这些数据很多是 PB 级别,导致处理工作不得不尽可能地并行化,而 Google 为了解决这个问题,引入了 MapReduce 编程模型。通过 Map(映射)和 Reduce(化简)两个步骤来并行处理大规模的数据集。用户指定一个 map 函数,通过这个 map 函数处理 key/value(键/值)对,并产生一系列的中间 key/value 对,然后使用 reduce 函数来合并所有的具有相同 key 值的中间 key/value 对中的值部分。MapReduce 的主要贡献在于提供了一个简单强大的接口,通过这个接口,大尺度的计算可自动地并发和分布执行。

BigTable 系统是 Google 开发的用于管理超大规模结构化数据的分布式存储系统,可管理分布在数以千计服务器上的 PB 级数据(如网页和地理数据)。BigTable 使用结构化的文件存储数据,处理的是多级映射的数据结构,每秒可以处理数百万的读/写操作。

BigTable 系统为 Google 的六十多种产品和项目提供存储和获取结构化数据的支撑,其中包括 Google Print、Orkut、Google Maps、Google Earth 和 Blogger 等,而且 Google 至少运行着 500 个 BigTable 集群。Google 正在开发下一代 BigTable。

Chubby 系统是 Google 为解决分布式一致性问题而设计的提供粗粒度锁服务的文件系统。其本质就是一个分布式的、存储大量小文件的文件系统。Chubby 系统中的锁就是文件。在 GFS 中,创建文件就是进行加锁操作,创建文件成功的那个服务器就是抢占到了锁。用户通过打开、关闭和存取文件获取共享锁或者独占锁,并且通过通信机制向用户发送更新信息。

Google 将自己设计的服务器刀片安装在服务器机架中,30 个机架放置在一个集装箱中,数据中心以集装箱货柜为单位部署。每个服务器机架内部连接各服务器的网络是 100 M 以太网,服务器机架之间连接的网络是 1000 M 以太网。

Google 已经建立了世界上最快、最强大、最高质量的数据中心,它们分布在全球 38 个地区,服务器已经达到上千万台,并且还在不断增长中。

9.9 并行处理面临的挑战

不论是运行相互之间没有通信的独立任务，还是运行必须通过线程通信才能完成的并行程序，都可以应用多处理器系统(如 SMP、MPP)。然而，有两个障碍使得并行处理的应用遇到了挑战。这两个障碍都可以用 Amdahl 定律解释。第一个障碍是程序可获得的并行度是有限的，第二个障碍是相对较高的通信开销。

有限的程序并行度使并行处理器很难得到较高的性能。我们用例 9.9 来说明。

例 9.9 假设要用 100 个处理器获得 50 倍的加速比。那么原来的计算程序中串行部分该占多大比例?

解 根据第 1 章给出的 Amdahl 定律

$$\text{加速比} = \cfrac{1}{\cfrac{\text{改进部分所占比例}}{\text{改进部分的加速比}} + (1 - \text{改进部分所占比例})} \tag{9.17}$$

假设程序仅有两种执行模式:一种是使用所有处理器的并行模式，即改进模式;另一种是仅利用一个处理器的串行模式。在这种假设下，理想的改进部分的加速比为处理器个数，而改进模式所占的比例就是程序中可并行化的那部分程序运行时间的比例。代入式(9.17)得

$$50 = \cfrac{1}{\cfrac{\text{并行部分所占比例}}{100} + (1 - \text{并行部分所占比例})}$$

即

$$0.5 \times \text{并行部分所占比例} + 50 \times (1 - \text{并行部分所占比例}) = 1$$
$$49.5 \times \text{并行部分所占比例} = 49$$
$$\text{并行部分所占比例} = 0.9899$$

也就是说，若要得到线性加速比(即用 n 个处理器得到的加速比为 n)，整个程序必须没有串行部分，全部是并行的。而当原程序中仅有 1.01% 的串行部分时，就已使得 100 个处理器并行工作的加速比快速下降为 50。

实际中，程序并不只是完全在并行或串行的模式下运行，而且在并行模式中也可能仅仅使用了一部分处理器，因此加速比还可能进一步下降。

第二个障碍与并行处理器中远程访问的时延较长有关。在现有共享存储多处理器系统中，处理器间的数据通信少则花费 50 个时钟周期(多核)，多则超过 1000 个时钟周期(大规模多处理器系统)，时间的长短由通信机制、互连网络的类型和多处理器的规模决定。长通信时延的影响非常大，我们用例 9.10 来说明。

例 9.10 假设有一个应用程序在一台 100 个处理器的多处理器系统上运行，该处理器访问一个远程存储器需要 100 ns;除了涉及通信的存储器访问外，所有访问都命中本地存储系统，执行远程访问时处理器会阻塞;处理器的时钟频率为 2 GHz。如果基本 CPI(假设所有的访问命中 Cache)是 0.5，那么多处理器在没有远程访问时比只有 0.5% 的指令涉及远程访问时能快多少?

解　参考公式(7.17)可得出，具有 0.5% 远程访问的多处理器系统 CPI 可用下式计算：

$$CPI = 基本 CPI + 远程请求率 \times 远程请求开销时钟数$$
$$= 0.5 + 0.5\% \times 远程请求开销时钟数$$

因为

$$远程请求开销时钟数 = \frac{远程请求开销时间}{时钟周期时间} = \frac{100 \text{ ns}}{1/2 \text{ GHz}} = 200 \text{ 时钟数}$$

$$CPI = 0.5 + 1.0 = 1.5$$

所以，全部为本地调用的多处理器将会快 $1.5/0.5 = 3$ 倍。

实际的性能分析会更加复杂，因为有些非远程访问可能会在本地存储器系统层次中不命中，且远程访问时间也可能会变化。例如，因为使用全局互连网络的多个远程访问引起的竞争会导致延迟增加，使远程访问的开销可能会更大。

要减少长时间远程访问的延迟，可以通过系统结构或程序实现。例如，在硬件上使用 Cache 缓存共享数据或者在软件上重新构造数据；可以增加本地访问，减少远程访问的频率；还可以使用多线程或预取技术来减少通信延迟的影响。

要提高程序的并行度，只有在软件中采用更好的并行算法。线程级并行将是提高程序并行度强有力的技术手段，它的优势正在不断显现，且多核处理器对多线程并行执行的支持力度也越来越大。

9.10　高性能计算机发展现状

高性能计算机从 20 世纪 70 年代开始发展，先后出现了向量机、大规模并行处理机 (MPP)、集群等。1982 年克雷公司生产的世界上第一台并行向量机 CrayX-MP/2 采用了先行控制和重叠操作技术、运算流水线、交叉访问的并行存储器等并行处理结构。20 世纪 90 年代起，基于微处理器的 MPP 逐渐成为高性能计算机主流，其主要特点是具有较多松耦合处理单元，每个单元内都具有操作系统及管理数据库的实例副本，而单元内的 CPU 也具有私有的资源，但 MPP 最大的缺点就是资源不共享。20 世纪 90 年代中期，随着计算机的成熟和局域网技术的快速发展，主流方式为计算机集群。集群就是将多个松散的计算机(节点)用软件或硬件连接起来，完成高度紧密的计算协调工作的计算机系统。集群一般采用局域网连接，也包含其他连接方式。

美国等发达国家在 20 世纪 90 年代重点研究高性能计算机，并取得了不少重要成果。美国的橡树岭国家实验室(Oak Ridge National Laboratory，ORNL)属于美国能源部，以面向国家的科研服务为主，在计算科学、地球科学、生物科学、物理学、材料科学等领域都有该实验室的高性能计算的应用。美国的劳伦斯·利弗莫尔国家实验室(Lawrence Livermore National Laboratory，LLNL)运用先进的科学技术确保国家核武器的安全可靠，将高性能的计算应用到国防与全球安全、光子科学、工程学、物理与生命科学等多个科研领域。日本建有大型自然科学研究机构，即日本理化研究所先进科学计算机构(Advanced Institute for Computational Science，AICS)，其设有超级计算中心，提供高速计算能力，为国家级科学研究服务。德国于利希超级计算中心（Julich Supercomputing Center，JSC）在环境科学、网格技术、能源科学、生物医学等领域为德国核物理研究所的科学研究提供计算服务。斯图加特高性能计算中心（HLRS）对生物力学模拟、分子动力学、DICOM 工具盒领域进行重点研究，该中心是斯图加特大学的核心部门，主要面向商业运作，推动德国高性能计算机的发展和应用。

国外的高性能计算机高速发展的同时，国内的高性能计算机发展也在奋起直追，逐步减小与世界先进水平的差距。中科院超算中心（SSAS）是我国最早的计算科学机构，主要研究并行计算的实现及应用服务，其不仅为院内各类科研院所提供科学计算服务，也为院外单位和高等院校提供科学计算服务。国家超级计算天津中心（NSCC-TJ）于 2009 年正式批准建设，这是一个具有交叉性质的超级计算中心，虽然它与美国等发达国家的超级计算中心仍有着巨大的差距，但也为国内众多科研机构提供高性能计算服务，包括人类基因、海洋生态环境、可控核聚变等研究，取得了不少高水平的成果。天河二号超级计算机由国防科技大学于 2013 年研制成功，又是一个应用于国家级超算中心的高性能计算机，而且它在交叉性质上更胜一筹，尤其在智慧城市、基因测序、生物医药、云计算和信息服务等领域都应用了高性能计算能力。2015 年底研制完成并落户在国家超级计算无锡中心的神威·太湖之光超级计算机由国家并行计算机工程技术研究中心研制，2016 年 6 月在国际超级计算机 TOP500 排名取代天河二号一举夺冠，其峰值性能高达每秒 12.5 亿亿次浮点运算，成为世界首台运行速度超 10 亿亿次的超级计算机。近些年来，我国高性能计算机发展迅速，取得了不错的成果。

习 题

9.1 计算机系统中，并行性的含义是什么？提高计算机系统并行性的技术途径有哪些？

9.2 某程序有 26 个任务，在 A、B、C 三台处理机组成的多处理机上运行。每个任务在 A 处理机上执行的时间为 20 s，在 B 处理机上执行的时间为 30 s，在 C 处理机上执行的时间为 40 s，不考虑机间通信时间，问：

(1) 如何分配任务，可使该程序的总执行时间最短？

(2) 最短的总执行时间为多少？

9.3 在多处理器系统中，有 8 个处理单元和 8 个存储模块。

(1) 画出 8 个处理单元和 8 个存储模块互连的 3 级混洗交换网络。

(2) 若要使 1 号处理单元的数据播送给 0、2、4、6 号存储模块，同时使 0 号处理单元的数据播送给 1、3、5、7 号存储模块，请在图中标出各交换开关的状态，并写出该互连网络实现的互连函数。

9.4 设互连网络端口为 32 个，请分别计算下列互连函数（E 为交换函数，PS 为全混洗函数，B 为蝶形函数。自变量为十进制数表示的端口编号）。

(1) $E(12)$；

(2) PS(8)；

(3) $B(9)$；

(4) $E(\text{PS}(4))$；

(5) $\text{PS}(E(18))$。

9.5 设 16 个处理器编号分别为 0，1，…，15，要用单级互连网络相互连接。若互连函数分别为：

(1) Cube$_3$；

(2) Pshuffle；

(3) Pshuffle(Pshuffle)。

试确定网络入端与出端的连接关系。

9.6 某 SIMD 机器有 256 个处理器 PE，采用完全混洗互连网络相互连接，问加入执行全混洗互连函数 10 次，则原来在 PE$_{123}$ 中的数据将被送往何处？　　　　　　（　）

A. PE$_{237}$　　　　　　B. PE$_{222}$　　　　　　C. PE$_{111}$　　　　　　D. PE$_{175}$

9.7 一个多级 Omega 网络采用不同大小开关模块构造时，

(1) 证明：一个 $k \times k$ 开关模块的合法状态（连接）数目等于 k^k；

(2) 当用 2×2 开关模块构造 64 个输入端的 Omega 网络时，计算有多少种置换可 1 次无阻塞的直接通过网络（简称 1 次通过）；

(3) 当采用 8×8 开关模块构造 64 个输入端的 Omega 网络时，计算 1 次通过所能实现置换的百分比。

9.8 两个互连网络如图 9.47 所示。图(a)为 Omega 网，实现 8 个处理器互连；图(b)为 3 级立方体网，输入端为 8 个处理器，输出端为 8 个存储器。两个网络均采用级控方式，且所有交换开关均为两功能（控制信号为"0"时直通，为"1"时交换）。若级控信号为：

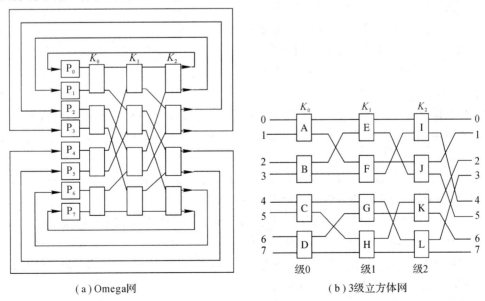

图 9.47　习题 9.8 附图

(1) $K_0 K_l K_2 = 100$；

（2）$K_0 K_1 K_2 = 110$；

（3）$K_0 K_1 K_2 = 111$。

请按表 9.4 填写出两个互连网络在 3 种级控方案下实现的连接。

表 9.4　两个互连网络在 3 种级控方案下实现的连接

输入排列 （处理器）	输出排列（处理器/存储器）		
	$K_0 K_1 K_2 = 100$	$K_0 K_1 K_2 = 110$	$K_0 K_1 K_2 = 111$
0			
1			
2			
3			
4			
5			
6			
7			

9.9　在多计算机中，有 16 个节点。

（1）画出 16 个节点互连的 4×4 的 2-D Torus 网。

（2）计算该网的最大节点度、对分宽度和直径。

9.10　假设一个互连网络的频宽为 10 Mb/s，发送方开销为 230 μs，接收方开销为 270 μs。如果两台计算机相距 100 m，现在要发送一个 1000 B 的消息给另一台计算机，已知光速为 299 792.5 km/s，信号在导体中传递的速度大约是光速的 50%。

（1）试计算总时延（要考虑飞行时间）。

（2）如果两台机器相距 1000 km，那么总时延又为多大？

9.11　一个 256 节点的系统，每个节点由一个 CPU 和通过局部总线与 CPU 相连的 16 MB 的 RAM 组成。全部的共享存储器空间是 2^{32} 字节，分成了 2^{26} 个 Cache 块，每块 64 字节。共享存储器在节点之间静态分配，0～16 M 位于节点 0，16 M～32 M 位于节点 1，依此类推。节点通过互连网络连接，互连网络可以是网格型、超立方体及其他类型的拓扑结构。每个节点的共享存储器中保存有记录 Cache 块状态的目录项，用于保持 Cache 的一致性。试计算使用目录会占用多少共享存储器？

9.12　计算向量 $\boldsymbol{D} = (\boldsymbol{A} + \boldsymbol{B}) \times \boldsymbol{C}$，向量长度均为 8，时钟周期时间为 10 ns。在下列不同类型的处理机上分别计算向量所需的最短时间是多少？写出简要计算过程。

（1）SISD 单处理机，有一个通用运算部件，每 3 个时钟周期完成一次加法，每 4 个时钟周期完成一次乘法。

（2）流水线处理机，有一条两功能静态流水线，加法经过其中的 3 段，乘法经过其中的 4 段，每段的延迟时间均为一个时钟周期。

（3）向量处理机，有独立的向量加法器和向量乘法器，每 5 个时钟周期完成一次向量加法，每 8 个时钟周期完成一次向量乘法。

(4) SIMD 并行计算机，有 8 个 PE(处理器)，每个 PE 有一个通用运算部件，每 3 个时钟周期完成一次加法，每 4 个时钟周期完成一次乘法。不计 PE 之间传送数据所用的时间。

9.13 考虑 3000 km×3000 km、垂直高度为 11 km 的大气范围。将 3000 km×3000 km×11 km 的区域分成 10^{-3} km^3 的小区域，则有近 10^{11} 个不同的小区域。现在需要计算天气预报数据。假设时间参数已量化，每一小区域的计算包括参数的初始化及与其他区域的数据交换，且每一小区域做一次计算需要 100 条运算指令，一天的气象数据需要计算 50 次。若进行 24 小时天气预报，用一台 10 亿次/秒(PIII500)计算机进行计算，大约需要多少小时？如果希望 1 小时得到预报结果，至少需要多少台 PIII500 计算机并行工作？

9.14 消息寻径方法有哪几种？传输延迟如何确定？

9.15 Amdahl 定律是描述计算机系统性能很重要的工具。

(1) 给出 Amdahl 定律公式，并加以解释；

(2) 设某并行计算机 C 的并行度为 30，f 为 C 不能并行处理的操作所占总操作的百分比。当 C 达到加速比为 20 时，f 为多少？如果加速比上升到最大值的 90% 时，f 又为多少？

9.16 某对称多处理器系统有 100 个处理器并行执行某个应用程序，其中可并行执行的程序代码占 85%，其余代码需处理器串行执行。

(1) 与完全串行执行该应用程序相比，该系统可得到的加速比是多少？

(2) 若每台处理器的执行速率为 100 MIPS，则系统的 MIPS 为多少？

9.17 设 a 为一个计算机系统中 n 台处理机可以同时执行的程序代码的百分比，其余代码必须用单节点处理机顺序执行。而单个节点机的处理效率是 4 MIPS，那么在 $a=0.8$、0.9、0.99 的条件下，要让系统的效率达到 20 MIPS，则至少需要多少台节点机？

9.18 在 Google 中：

(1) 如果 1 个查询的典型响应是 4000 B，Google 每天为 100 百万个查询服务，那么平均带宽需求是多少？

(2) 假设我们需要每周复制 1 个数据站点的 15 TB 数据到另外 2 个站点中，那么此时的平均带宽需求是多少？

参 考 文 献

[1] STALLINGS W. 计算机组成与体系结构：性能设计[M]. 10版. 北京：机械工业出版社，2019.

[2] PATTERSON D A, HENNESSY J L. Computer Organization and Design：The Hardware/Software Interface(RISC-V Edition)[M]. Elsevier Inc. ，2018.

[3] HENNESSY J L， PATTERSON D A. Computer Architecture：A Quantitative Approach[M]. 6 th ed. Elsevier Inc. ，2019.

[4] BRYANT R E， O'HALLARON D R. 深入理解计算机系统[M]. 3版. 龚奕利，贺莲，译. 北京：机械工业出版社，2016.

[5] TANENBAUM A S，AUSTIN T. 计算机组成：结构化方法[M]. 6版. 刘卫东，宋佳兴，译. 北京：机械工业出版社，2014.

[6] 胡振波. 手把手教你设计CPU：RISC-V处理器[M]. 北京：人民邮电出版社，2018.

[7] Intel Corporation. Intel 64 and IA-32 Architectures Software Developer's Manual[M]. Intel Corporation，2018.

[8] WATERMAN A, ASANOVIC K. The RISC-V Instruction Set Manual，Volume I：Unprivileged ISA[M]. SiFive Inc. ，2019.

[9] WATERMAN A，ASANOVIĆ K. The RISC-V Instruction Set Manual，Volume II：Privileged Architecture[M]. SiFive Inc. ，2019.

[10] PATTERSON D A，WATERMAN A. The RISC-V Reader：An Open Architecture Atlas[M]. Strawberry Canyon LLC，2017.